全国电力行业"十四五"规划教材

高等教育电气与电子信息类专业系列教材

"十三五"江苏省高等学校重点教材
2018-1-106

U0655483

AC/DC SPEED CONTROL SYSTEM AND MATLAB SIMULATION

交直流调速系统与MATLAB仿真

（第三版）

主　编　周渊深

编　写　朱希荣　宋永英

　　　　周晨阳　周玉琴

主　审　张万忠　张春光

中国电力出版社

CHINA ELECTRIC POWER PRESS

内 容 提 要

本书以编者 2009 年教育部普通高等教育精品教材、2013 年江苏省高等学校重点教材《交直流调速系统与 MATLAB 仿真（第二版）》为基础，进一步精简传统的调速技术内容，重点介绍典型的直流和交流调速系统；加强了调速系统的仿真实验内容，升级了仿真软件版本，丰富了仿真实验和实物实验研究内容，将交直流调速技术和 MATLAB 仿真技术有机结合在一起，以满足应用型本科的实践教学需要。本书遵循理论和实践相结合的原则。本书具有如下特点：典型的调速系统都配有相关的仿真实验和实物实验内容，做到学以致用；书中安排了课程设计大纲、任务书、指导书和相关的设计资料，将实践内容与理论教学内容紧密结合；本书采用的基于调速系统电气原理结构图的仿真技术方法与实物实验方法相似，仿真效果好，并且部分调速系统的仿真实验是以系统的工程计算为基础的。本书配套有教学课件、拓展知识、仿真模型、课程设计、实物实验等数字资源。

本书可作为本科电气工程及其自动化、自动化、机械设计制造及其自动化等专业以及高职高专学生的教材，也可作为电气爱好者和工程技术人员的参考用书。

图书在版编目（CIP）数据

交直流调速系统与 MATLAB 仿真/周渊深主编 . —3 版 . —北京：中国电力出版社，2020.10
（2025.1 重印）
　ISBN 978 - 7 - 5198 - 5065 - 4

　Ⅰ.①交…　Ⅱ.①周…　Ⅲ.①直流电机－调速－计算机仿真－Matlab 软件－高等学校－教材②交流电机－调速－计算机仿真－Matlab 软件－高等学校－教材　Ⅳ.①TM330.12 - 39②TM340.12 - 39

中国版本图书馆 CIP 数据核字（2020）第 200975 号

出版发行：中国电力出版社
地　　　址：北京市东城区北京站西街 19 号（邮政编码 100005）
网　　　址：http://www.cepp.sgcc.com.cn
责任编辑：陈　硕（010 - 63412532）
责任校对：黄　蓓　常燕昆
装帧设计：赵姗姗
责任印制：吴　迪

印　　　刷：北京雁林吉兆印刷有限公司
版　　　次：2007 年 12 月第一版　2020 年 10 月第三版
印　　　次：2025 年 1 月北京第十一次印刷
开　　　本：787 毫米×1092 毫米　16 开本
印　　　张：21
字　　　数：520 千字
定　　　价：63.00 元

前　言

　　本书主要介绍典型的直流和交流调速系统，以及调速系统的仿真技术。针对应用型本科学生的特点，本书在内容上做到理论联系实际，强调工程应用。本书具有如下特点：①典型的调速系统都配有相关的仿真实验，做到学以致用；②书中安排了课程设计大纲、任务书，将实践内容与理论教学内容紧密结合；③每章章尾有习题；④部分内容提供了电子资源。

　　"交直流调速系统"是一门实践性很强的专业课程。为了加强实践教学内容，本书利用作者早期的科研成果，采用基于调速系统电气原理结构图的图形化仿真技术，完成了交直流调速系统中典型系统的仿真实验。该仿真方法与实物实验方法相似，仿真效果好，简单易学好理解。本次修订增加了部分交流调速系统的仿真实验。

　　全书除绪论外，分为6章，主要内容包括：

　　第1章介绍了典型的直流调速系统。以研究直流可控电源为线索，讨论调速系统的主回路；在熟悉常用反馈检测装置的基础上，按照系统由简单到复杂的发展过程，系统地介绍了直流开环调速系统、单闭环调速系统、转速电流双闭环调速系统、直流可逆调速系统和PWM-M直流调速系统。着重介绍各种闭环控制系统的建立、系统的工程实现，学习分析调速系统的基本方法。本章内容按照调速系统不断改进和完善的过程进行内容编排。

　　第2章为直流调速系统的动态设计内容，首先介绍了传统的频率域Bode图设计方法，然后重点介绍了简洁的直流调速系统的工程设计方法，适当介绍了内模控制等智能控制设计方法。

　　第3章采用MATLAB R2012b版本的仿真软件，针对前述介绍的各种典型直流调速系统，在进行工程计算的基础上，运用面向调速系统电气原理结构图的图形化仿真技术进行了仿真实验，得到的实验模型经测试可在2019b版本下正常运行。

　　第4章介绍了交流调压调速系统、串级调速系统和传统的变频调速系统，注重与直流调速系统进行对比分析；其中分别讨论了三种系统所涉及的晶闸管交流调压电源、串级调速系统的转子整流器和晶闸管有源逆变电源、变频调速系统使用的变频电源。

　　第5章重点介绍了感应电动机高性能的矢量控制技术、矢量控制变频调速系统及其调节器的设计方法；简要介绍了双馈电机矢量控制和异步电动机直接转矩控制。

　　第6章分别进行了交流调压和串级调速系统的工程计算，采用面向电气原理结构图的图形化仿真技术，对各种典型的交流调速系统进行了仿真实验。

　　数字资源中安排了专业课程设计，给出了课程设计大纲和课程设计任务书模板、提供了基本的课程设计指导书和相关的设计资料，将实践内容与理论教学内容紧密结合。

　　全书按64学时理论教学内容编写；仿真实验可由学生在课后时间借助计算机自行完成；

数字资源中实物实验可结合课程教学安排 10～12 实验学时进行，建议完成 5 个实验项目。设计性、综合性实验可安排在专业实习中进行，课程设计时间以 2～3 周为宜。

本书是一本将交直流调速技术和 MATLAB 仿真技术以及实验技术有机结合在一起的教材，它选择了典型的交直流调速系统为基本内容，配套相应的 MATLAB 仿真实验内容，以体现其针对性。但第 3、6 章的工程计算与仿真实验，以及数字资源中的实物实验、课程设计内容也可自成体系。通观全书，实践教学内容占了相当篇幅。

与本书第二版相比较，将绪论、第 1、2 章部分内容的体系作了调整；精简了部分传统内容，并将这些内容制作了电子资源供读者查阅；在交流调速系统方面增加了直接转矩控制和双馈电机矢量控制内容；增加了约三分之一的交流调速系统仿真实例。纵观全书，仿真实验、课程设计和实践内容达到全书内容的一半以上。

本书由江苏海洋大学周渊深教授主编，并编写了绪论、第 1、2、3、6 章；江苏海洋大学朱希荣副教授编写了第 4、5 章；江苏海洋大学宋永英高级实验师编写了实验和课程设计内容，并对全部实物实验进行了试做；周渊深教授、江南大学博士生周晨阳完成了仿真实验的调试和相关内容的编写；周玉琴老师绘制了本书插图，全书由周渊深统稿。

在编写本书的过程中参阅和利用了部分兄弟院校的教材及国内外文献资料，对原作者一并致谢。

此外，教材配备了教学课件、拓展知识、与教材配套的仿真实验模型、实物实验、课程设计等数字资源，读者可通过扫描书中二维码获取。

特别说明：以工程计算为基础进行仿真实验的内容属于初次尝试，难免有不妥之处，欢迎读者批评指正，以便改进。作者联系电子邮箱 zys62@126.com。

限于编者水平和编写时间仓促，书中疏漏和错误之处，也请读者批评指正。

作　者

2020.9

第一版前言

本书是根据应用型本科教学要求而编写，主要介绍典型的直流和交流调速系统，以及调速系统的仿真技术。本书遵循理论和实际相结合的原则，使学生既能掌握各种系统的基本原理，又能掌握这类系统的分析方法及应用。本书注重反映工业中新的调速技术、调速系统，将交流和直流调速系统融合在一本书中。

本书内容选材合理，理论联系实际，强调工程应用，根据工程现场要求进行内容取舍。具有如下特点：①本着实用的原则，尽量简化理论推导，注重物理概念的阐述与分析；②主要理论教学内容配有相关的实例分析和仿真实验，做到学以致用；③书中安排了实验及课程设计指导书，将实训内容与理论教学内容紧密结合；④每章开头有内容提要，章尾有小结和习题。

"交直流调速系统"是一门实践性很强的专业课程。为了加强实践教学内容，本教材利用作者的科研成果，首次运用基于调速系统电气原理结构框图的仿真技术，完成了交直流调速系统中典型系统的仿真实验。

全书除绪论、实验、课程设计指导书和附录外，分为七章：第一章为直流调速系统及其仿真，按照系统由简单到复杂的发展过程，系统地介绍了直流开环调速系统、单闭环调速系统、转速电流双闭环调速系统、三环调速系统、直流可逆调速系统及其仿真技术。着重介绍闭环控制系统基本概念的建立、系统的工程实现，学习分析调速系统的基本方法，重点讨论可逆系统中的环流问题及相关处理技术，并且对上述介绍的典型调速系统进行了建模与仿真实验。第二章为直流调速系统的动态设计及其仿真，首先介绍了传统的频率域 Bode 图设计方法，然后重点介绍了简洁的直流调速系统的工程设计方法，最后介绍了先进的内模控制设计方法，并进行不同方法的性能比较。第三章介绍了直流脉宽调速系统及其仿真，概要介绍了直流 PWM-M 调速系统，以及直流 PWM-M 调速系统的仿真。第四章介绍交流调压调速系统和串级调速系统及其仿真，注重与直流调速系统进行对比分析，给出了交流调压调速系统和串级调速系统的仿真实例。第五章介绍了交流异步电动机的变频调速系统及其仿真，重点讨论了各种变频器尤其是 SPWM 变频技术以及由其构成的变频调速系统，并进行了系统的仿真。第六章重点介绍了矢量控制技术、矢量控制变频调速系统及其调节器的设计方法，并进行了系统的仿真。第七章介绍了同步电动机调速系统及其永磁同步电动机调速系统的仿真。全书按 64 学时理论教学内容编写，仿真实验可由学生在课后时间利用计算机自行完成，实物实验可结合课程教学安排 8～12 学时进行，复杂和大型实验可安排在专业实习中进行，课程设计时间以 1～2 周为宜。

本书是一本将交直流调速技术和 MATLAB 仿真技术有机结合在一起的新颖教材，它选择了典型的交直流调速系统为基本内容；然后将 MATLAB 仿真技术的内容穿插到"交直流调速系统"的各章节，以体现其针对性。但仿真技术的内容也可自成体系。调速技术和仿真技术两内容既有机结合，又可各自独立，自成体系。即将附录与各章最后的仿真内容组合起来，就是调速系统的 MATLAB 仿真技术的内容，其余内容即为交直流调速技术的基本内容。

本书由淮海工学院周渊深教授主编，并编写了第一、二、六章；朱希荣老师编写了绪论、第四、五、七章；宋永英高级实验师编写了实验和课程设计指导书、附录以及第三章，并对全部实物实验进行了试做；冯源实验师完成了仿真实验的调试和相关内容的编写；周玉琴老师绘制了本书插图，全书由周渊深统稿。

本书由淮海工学院张万忠、张春光两位教授主审，提出了许多忠恳和建设性的意见，在此表示诚挚的谢意。江苏省溧阳市电子电器设备厂的许开其高级工程师也审阅了本书并提出了修改意见。在编写本书的过程中参阅和利用了部分兄弟院校的教材及国内外文献资料，对原作者也一并致谢。

由于编者水平有限和编写时间比较仓促，书中疏漏和不妥之处，敬请读者批评指正。

作者
2007 年 12 月

第二版前言

　　本书根据应用型本科院校的教学要求而编写，主要介绍典型的直流和交流调速系统，以及调速系统的仿真技术。本书针对应用型本科学生的特点，在内容上做到理论联系实际，强调工程应用，主要具有如下特点：①典型的调速系统都配有相关的仿真实验和实物实验内容，可做到学以致用；②书中安排了课程设计大纲、任务书、指导书和相关的设计资料，将实践内容与理论教学内容紧密结合；③每章都设有导语和习题。

　　"交直流调速系统"是一门实践性很强的专业课程。为了加强实践教学内容，作者利用自身科研成果，采用基于调速系统电气原理结构图的图形化仿真技术，完成了交直流调速系统中典型系统的仿真实验。该仿真方法与实物实验方法相似，仿真效果好，简单易学好理解。本次修订还增加了部分调速系统的工程计算，并以此为基础进行仿真实验。

　　全书除绪论外，分为 8 章。第 1 章介绍了典型的直流调速系统。以研究直流可控电源为线索讨论调速系统的主回路；在熟悉常用反馈检测装置的基础上，按照系统由简单到复杂的发展过程，系统地介绍了直流开环调速系统、单闭环调速系统、转速电流双闭环调速系统、直流可逆调速系统和 PWM - M 直流调速系统；着重介绍各种闭环控制系统的建立、系统的工程实现，以及分析调速系统的基本方法。本章内容按照调速系统不断改进和完善的过程进行内容编排。

　　第 2 章为直流调速系统的动态设计内容，首先介绍了传统的频率域 Bode 图设计方法，然后重点介绍了简洁的直流调速系统的工程设计方法，同时适当介绍了内模控制等智能控制方法。

　　第 3 章采用较新版本的 MATLAB7.6 仿真软件，针对前述介绍的各种典型直流调速系统，在进行工程计算的基础上，运用面向调速系统电气原理结构图的图形化仿真技术进行了仿真实验。

　　第 4 章介绍了交流调压调速系统、串级调速系统和传统的变频调速系统，注重与直流调速系统进行对比分析；分别讨论了三种系统所涉及的晶闸管交流调压电源、串级调速系统的转子整流器和晶闸管有源逆变电源、变频调速系统使用的变频电源。

　　第 5 章重点介绍了异步电动机高性能的矢量控制技术、矢量控制变频调速系统及其调节器的设计方法。

　　第 6 章简要介绍了同步电动机变频调速系统。

　　第 7 章分别进行了交流调压和串级调速系统的工程计算，采用面向电气原理结构图的图形化仿真技术，对各种典型的交流调速系统进行了仿真实验。

　　第 8 章根据交直流调速系统实践性强的特点，基于与课程相关的教学实验设备，介绍了交直流调速系统的实验研究内容；安排了专业课程设计，给出了课程设计大纲和课程设计任务书模板，提供了基本的课程设计指导书和相关的设计资料，将实践内容与理论教学内容紧密结合。

全书按 64 学时理论教学内容编写。仿真实验可由学生在课后时间借助计算机自行完成；实物实验可结合课程教学安排 10～12 实验学时进行，建议完成 5 个实验项目；设计性、综合性实验可安排在专业实习中进行；课程设计时间以 2～3 周为宜。

本书是一本将交直流调速技术与 MATLAB 仿真技术以及实验技术有机结合在一起的教材，它选择了典型的交直流调速系统为基本内容，配套相应的 MATLAB 仿真实验和实物实验内容，以体现其针对性。同时，第 3、7、8 章的仿真实验、实物实验和课程设计内容也可自成体系。

本书由淮海工学院周渊深教授主编，并编写了绪论、第 1、2、3、7 章；淮海工学院朱希荣副教授编写了第 4～6 章；淮海工学院宋永英高级实验师、江苏省溧阳市电子电器设备厂的许开其高级工程师编写了实验和课程设计指导书，并对全部实物实验进行了试做；周渊深、宋永英完成了仿真实验的调试和相关内容的编写；周玉琴老师绘制了本书插图。全书由周渊深统稿。

在编写本书的过程中参考了部分相关教材及国内外文献，在此向原作者致谢！

此外，本书配备了多媒体课件，请登录中国电力出版社教材服务网（http：//jc. cepp. sgcc. com. cn）下载；习题答案、与教材配套的仿真实验模型请与编者联系，电子邮箱 zys62@126. com。

限于编者水平和编写时间仓促，书中疏漏和错误之处在所难免，特别是以工程计算为基础进行仿真实验的内容属于初次尝试，请读者批评指正，以便改进。

编 者

2015 年 5 月

目　录

0 绪　　论

一、 自动控制系统的分类

自动控制系统主要分为生产过程自动控制系统和电力拖动自动控制系统两大类。

1. 生产过程自动控制系统

生产过程自动控制系统的特征是以温度 T、压力 P、流量 Q 等过程参数为被控量，通过自动化仪表对生产过程参数进行控制。

2. 电力拖动自动控制系统

电力拖动自动控制系统的特征是以生产机构的转速 v、位置 θ 等运动参数为被控量，以电动机为执行机构，实现对生产机构运动参数的控制。

本书主要讨论电力拖动自动控制系统。

二、 电力拖动自动控制系统的分类

随着科学技术的发展，电力拖动自动控制系统的应用越来越广泛。按生产机械要求控制的物理量来分类，电力拖动自动控制系统可分为如下几类。

1. 转速控制系统

转速控制系统即调速控制系统，如电动机的转速控制、磁带机的转速控制等。

2. 位置控制系统

位置控制系统即位置随动（伺服）系统，如液面位置的控制、雷达方位角的控制、火炮角位置的控制、机械加工中的轨迹控制和数控机床的伺服控制等。

3. 张力控制系统

在加工各种带材和线材的过程中，必须保持一定的卷进、卷出张力，才能使带材卷得紧而齐，线材拉得粗细均匀而不断，这通常需要通过张力控制系统来实现。

4. 多电动机同步控制系统

整个系统中有多个传动点，每个传动点由一个电动机拖动单元拖动，从而组成多电动机同步控制系统。系统中各电动机应能同时按规定的速比稳速运行，并有良好的多机统调和单机单调性能。

上述各类系统中，转速控制系统的实质是调速系统；位置控制系统是在调速系统基础上加上位置外环；张力控制系统是在调速系统基础上增加了张力外环；多电动机同步控制系统则是在多个调速系统单元上外加同步控制装置。

总之，上述各种系统的基础都是调速控制系统。根据调速控制系统中的电动机是交流电动机还是直流电动机，又分为交流调速系统和直流调速系统。

三、 交直流调速控制技术的发展概况

1. 直流调速控制技术发展概况

直流调速系统的主要优点在于调速范围广、静差率小、稳定性好以及具有良好的动态性能。在高性能的拖动技术领域中，相当长时期内几乎都采用直流电力拖动系统。其按供电方式不同，可分为直流发电机机组供电、水银整流器供电、晶闸管整流器供电和脉宽调制电源

（PWM）供电系统等类型。

目前，我国直流调速控制技术的发展趋势主要有以下几个方面：

（1）提高调速系统的单机容量；

（2）提高电力电子器件的生产水平，使供电电源变流器结构变得简单、紧凑；

（3）提高控制单元技术水平，使其具有控制、监视、保护、诊断及自修复等多种功能。

2. 交流调速控制技术发展概况

交流电动机自19世纪80年代问世后，由于一直没有理想的调速方案，因而只被应用于恒速拖动领域。20世纪70年代后，矢量控制、直接转矩控制、无转速传感器等技术的发展方兴未艾，各种智能控制策略不断涌现，交流调速控制技术展现出更为广阔的应用前景。

四、 控制系统的计算机仿真

控制系统的计算机仿真是一门涉及控制理论、计算数学与计算机技术的综合性新型技术，是以控制系统的数学模型为基础，以计算机为工具，对控制系统进行仿真实验研究的一种方法。随着计算机技术的发展，计算机仿真越来越多地取代纯物理仿真，为控制系统的分析、计算、研究、综合设计以及自动控制系统的计算机辅助教学，提供了快速、经济、科学及有效的手段。

MATLAB是一种目前流行的控制系统仿真软件，传统的仿真方法是以控制系统的传递函数为基础，应用MATLAB的Simulink工具箱对其进行计算机仿真研究。本书将采用一种面向控制系统电气原理结构图，使用SimPower System工具箱进行调速系统仿真的新方法。

五、 本课程的性质及其与前导课程的关系

"交直流调速系统"课程是电气工程及其自动化专业的主干课程，是该专业许多前导课程的综合应用。图0-1所示为本书第1章将要介绍的一个典型的速度闭环负反馈调速系统原理框图。本课程和前导课程的关系可以结合这一框图进行说明：

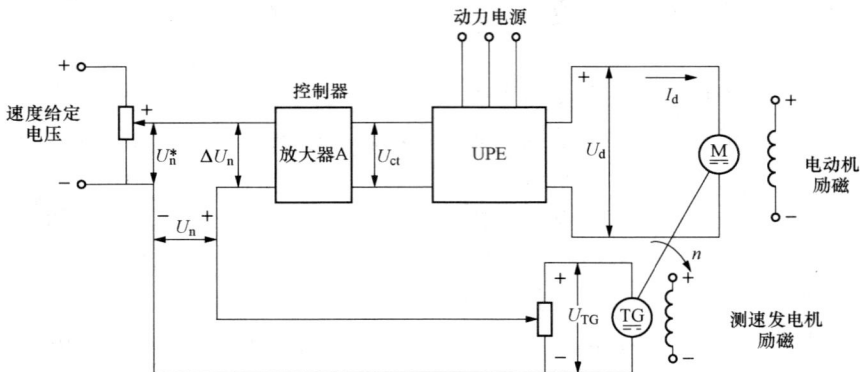

图0-1　速度闭环负反馈调速系统原理框图

U_n^*—速度给定电压；U_n—速度反馈电压

（1）电路、电子技术课程主要解决速度控制器A的线路设计、参数计算、元件选择、调试等问题。

（2）电力电子技术课程主要解决由电力电子器件组成的变换器等单元的分析、计算和调试等问题。

（3）电机与拖动基础课程解决负载与电动机之间的电力拖动、测速发电机问题。

（4）自动控制原理课程主要解决控制系统的理论分析与设计问题。

"交直流调速系统"课程则是综合应用上述课程的相关知识去解决电动机的转速控制问题。

1 直流调速系统及其控制技术

本章简述了直流调速系统的基本概念、基本组成，并在此基础上从最简单的开环系统入手，系统地介绍了转速负反馈有静差、无静差调速系统和电压负反馈调速系统、转速电流双闭环调速系统、可逆调速系统和直流脉宽调速系统的组成、工作原理、稳态分析和稳态参数计算；叙述了限流保护——电流截止负反馈环节的工作原理；简述了转速微分负反馈对转速超调的抑制作用。

1.1 直流调速系统的基本概念

直流调速系统具有良好的运行和控制特性，长期以来在调速领域占据着垄断地位。近年来交流调速系统发展很快，有望取代直流调速系统。但就目前而言，直流调速仍然是自动调速系统的主要形式。直流调速系统技术在理论和实践应用上都比较成熟，从控制技术的角度来看，它又是交流调速系统的基础。因此，着重讨论直流调速系统十分必要。

1.1.1 直流电动机的调速方法

一、 直流他励电动机供电原理图

直流调速系统通常采用他励直流电动机，其供电原理图如图 1-1 所示。

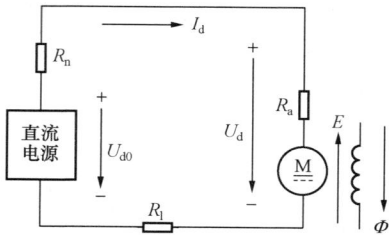

图 1-1 直流他励电动机供电原理图

二、 直流他励电动机电气方程

由图 1-1 可得直流他励电动机的有关电气方程：

$$U_{do} = E + I_d(R_n + R_a + R_l) = E + I_d R$$

$$E = C_e n = K_e \Phi n$$

$$n = \frac{E}{K_e \Phi} = \frac{U_{d0} - I_d R}{K_e \Phi} = \frac{U_d - I_d R_a}{K_e \Phi} \quad (1-1)$$

式中：U_{do} 为电枢供电电源的空载电压；U_d 为电动机电枢两端的电压；E 为电枢反电动势；R 为电枢回路总电阻，$R = R_n + R_a + R_l$，其中 R_n 为供电电源内阻，R_a 为电枢电阻，R_l 为线路及其外接电阻；n 为转速，r/min；Φ 为励磁磁通；C_e 为电动机在额定磁通下的电动势转速比，$C_e = K_e \Phi$，K_e 为由电动机结构决定的电动势系数。

三、 直流他励电动机的调速方法

由式（1-1）直流他励电动机转速方程可见，其有三种调节转速方法，即调节电枢供电电压 U_{do}，减弱励磁磁通 Φ，改变电枢回路电阻 R。

（一）调节电枢供电电压的调速

从式（1-1）可知，当磁通 Φ 和电阻 R_a 一定时，改变电枢供电电压 U_d，可以平滑地调

节转速 n，机械特性将上下平移，如图 1-2 所示。由于受电动机绝缘性能的影响，电枢电压只能向小于额定电压的方向变化，所以这种调速方式只能在电动机额定转速以下调速。调压调速是调速系统的主要调速方式。

（二）减弱励磁磁通的调速

由式（1-1）可知，当 U_d 和 R_a 不变时，减小励磁磁通 Φ（考虑到直流电动机额定运行时，磁路已接近磁饱和，因此励磁磁通只能向小于额定磁通的方向变化），电动机转速将高于额定转速，其机械特性向上移动，如图 1-2 中虚线以上部分的机械特性曲线。

由于弱磁调速是在额定转速以上调速，电动机最高转速受换向器和机械强度的限制，其调速范围不能太大。因此在实际生产中，弱磁调速往往只是配合调压调速，在额定转速以上做小范围的升速。调压与调励磁相结合，可以扩大调速范围。

图 1-2　直流他励电动机调压调速和弱磁调速时的机械特性图

（三）改变电枢回路电阻调速

改变电枢回路电阻调速一般是在电枢回路中串接附加电阻。该调速方法损耗较大，只能进行有级调速；电动机的人为机械特性比固有特性软，通常只用于少数小功率场合。

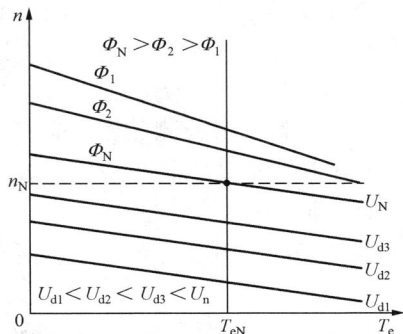

1.1.2　直流调速系统的基本结构

直流调速系统的基本结构如图 1-3 所示，其一般由电源、变流器、电动机、控制器、传感器和生产机械（负载）组成。

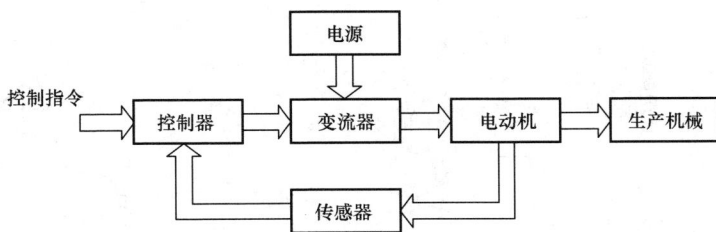

图 1-3　直流调速系统的基本结构

直流调速系统的基本工作原理是，将控制指令信号（如速度给定信号）和传感器采集的反馈检测信号（如速度、电流和电压等）经过一定的处理，作为控制器的输入；控制器按一定的控制算法进行运算并输出相应的控制信号，控制变流器改变输入到电动机的电源参数，使电动机改变转速；再由电动机驱动生产机械按照相应的控制要求运动。

根据图 1-3 所示的基本结构，可以看出直流调速系统由下列两部分组成。

（一）主回路

直流调速系统的主回路由电源、变流器、直流电动机等部件组成。直流电动机的控制是通过改变其供电电源参数来实现的。例如，改变直流电动机电枢电压或励磁电压的方向可以控制电动机的正反转；而改变电枢电压或励磁电流的大小可以实现电动机的调速。

当电源为交流电源时，为了给直流电动机供电，变流器应该采用整流器；当电源是直流电源时，变流器通常采用直流斩波器或脉宽调制变换器。

（二）控制回路

直流调速系统的控制回路由控制指令装置、控制器、反馈信号检测装置等部件组成。

（1）控制指令装置。它是产生控制系统给定信号的部件。对直流调速系统而言，它发出转速给定信号。

（2）反馈信号检测装置。它是构成反馈系统的重要部件，实时检测调速系统的各种状态，如电压、电流、转矩或转速等参数。

（3）控制器。研发或选择适当的控制方法或策略，通过控制器加以实现，是自动调速系统的主要任务。有关内容将在后面介绍。

1.1.3　直流调速系统主回路中的可控直流电源

实现直流调压调速，首先要有一个平滑可调的直流电源。常用的可调直流电源有以下三种：

（1）旋转变流机组。用交流电动机和直流发电机组成机组，以获得可调的直流电压。

（2）静止相控整流器。采用静止的相控整流器（如晶闸管可控整流器），以获得可调的直流电压。

（3）直流斩波器或脉宽调制变换器。采用恒定直流电源或不可控整流电源供电，利用直流斩波器或脉宽调制变换器产生可变的直流平均电压。

一、 旋转式变流机组供电的直流调速系统

旋转式变流机组供电的直流调速系统（简称 G-M 系统）如图 1-4 所示。

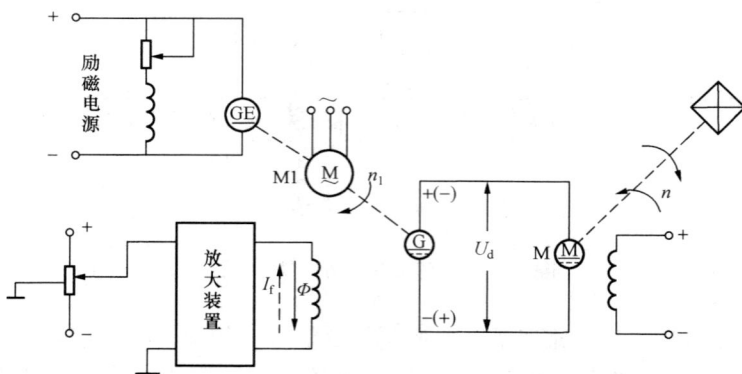

图 1-4　旋转式变流机组供电的直流调速系统

（一）系统组成

由交流电动机 M1 拖动直流发电机 G 发电，发电机给需要调速的直流电动机 M 供电。调节发电机的励磁电流 I_f 可改变其输出电压 U_d，从而调节直流电动机的转速 n。

（二）调速原理

调节 $I_f \rightarrow \Phi$ 变化 $\rightarrow U_d$ 改变 $\rightarrow$ 转速 n 变化。改变 I_f 方向，n 方向跟着改变。

（三）特点

为了供给直流发电机和电动机励磁电流，还需设置一台直流励磁发电机 GE。因此 G-M 系统设备多、体积大、费用高、效率低、安装维护不便、运行有噪声，目前正在被逐步淘汰。

二、 相控整流电源供电的直流调速系统

随着晶闸管的问世，由晶闸管组成的相控整流电源开始取代旋转变流机组，使直流调速系统技术产生了重大变革。相控整流电源供电的直流调速系统（简称 V-M 系统）如图 1-5 所示。

（一）系统组成

系统由给定环节 G-D、触发器 G-T、相控整流电源 V、平波电抗器 L、直流电动机 M 组成。其中相控整流电源由工频交流电源供电，通过改变触发控制角 α 的大小来控制输出直流电压。相控整流器可以是单相、三相或更多相数；电路形式可以是半波、全波、半控、全控等类型。相控变流器由于没有运动部件，故称为静止变流器。

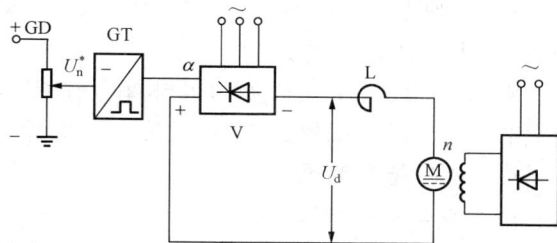

图 1-5 相控整流电源供电的直流调速系统

（二）调速原理

通过调节触发电路的移相控制角 α，便可改变整流电压 U_d，实现平滑调速。

（三）特点

相控变流器响应快，为毫秒级，比旋转变流机组快了 2～3 个数量级；体积更小、寿命更长；与旋转变流机组相比，具有效率高、噪声小等诸多优点。其主要缺点是功率因数低，电源谐波电流大，特别是当容量较大时，已成为不可忽视的"电力公害"，需要进行无功补偿和谐波治理。

三、 直流斩波器供电的直流调速系统

直流斩波器又称直流脉宽调制（PWM）变换电源，是可控直流电源的另一种形式。直流斩波器电源供电的直流调速系统如图 1-6 所示。

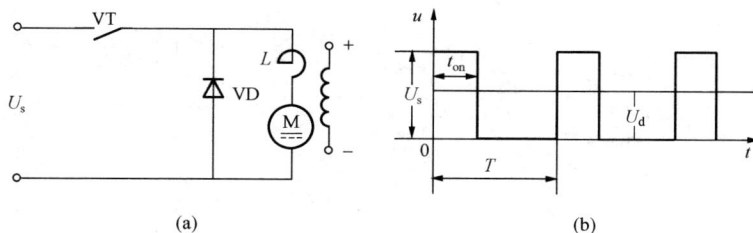

图 1-6 直流斩波器电源供电的直流调速系统
（a）电气原理图；（b）电压波形

（一）系统组成

用恒定直流电源或不可控整流电源 U_s 供电，利用直流斩波器或脉宽调制变换电源产生可变的平均电压 U_d。

（二）调速原理

VT 是工作于开关状态的电力电子器件。VT 导通时，U_s 加到 M 上；VT 关断时，U_s

7

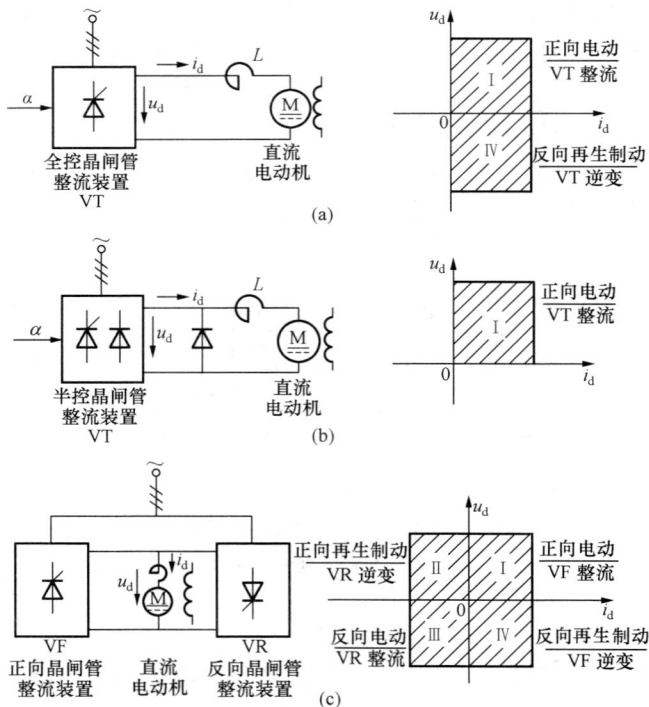

图 1-7 相控整流装置主电路接线及运行象限

（a）全控型；（b）半控（或有续流二极管）型；（c）可逆型

8

图 1-7（c）为可逆型相控整流电路，它由一个正向晶闸管全控整流电路 VF 和一个反向晶闸管全控整流电路 VR 反并联组成。VF 工作时，直流电动机可分别工作于第 I 和第 IV 象限，与图 1-7（a）相同；VR 工作时对应于第 II 和第 III 象限。详细原理请读者扫描封面二维码学习数字资源内容。

（二）控制特性

对于相控整流电源而言，直流电动机是一个反电动势负载。晶闸管整流装置的输出电压平均值 U_d 与移相控制角之间的关系可分三种情况考虑。

第一种情况，全控型整流电路工作于电流连续状态时，有稳态关系式

$$U_d = KU_2\cos\alpha \tag{1-2}$$

式中：α 为移相控制角；U_2 为交流电源相电压有效值；K 为由电路结构决定的常数，如三相全控桥式电路时，$K=2.34$。

第二种情况，半控型整流电路工作于电流连续状态时，对于结构上对称的半控电路有稳态关系式

$$U_d = KU_2\frac{1+\cos\alpha}{2} \tag{1-3}$$

式中：K 为由电路结构决定且与全控或半控无关，与第一种情况数值相同。

"结构上对称"是指半控整流电路中晶闸管和整流二极管在拓扑上是对称的。

第三种情况，电流断续工作状态。当电枢电流断续时，由于电枢电压是一个反电动势负载，使得输出电压平均值偏离式（1-2）和式（1-3）且明显上升，且随着电流断续加重，电压上升更加明显。其特性在稍后的机械特性分析中再详细介绍。

如图 1-8 所示，可控直流电源的控制特性是指输入控制电压 U_{ct} 与输出电压平均值 U_d 的关系。输出量与输入量之间的放大系数 K_s 可以通过实测特性法或根据装置的参数估算而得到。

实测特性法是指用试验方法测出该环节的输入—输出特性，即 $U_d(t)=f(U_{ct})$，如图 1-8 所示。

由图 1-8 可知，该特性是非线性的，只能在一定的工作范围内近似看成线性特性。应用中可按调速范围截取线性段，因而放大系数 K_s 可由线性段内的斜率决定，即

$$K_s = \frac{\Delta U_d}{\Delta U_{ct}} \tag{1-4}$$

参数估算法是工程设计中常用的方法。例如：当触发器控制电压的调节范围为 0～10V 时，如果对应整流器输出电压 U_d 的变化范围是 0～220V，可估算得到 $K_s=220/10=22$。

图 1-8 触发—整流环节输入—输出特性 $U_d(t)=f(U_{ct})$

五、 PWM 直流斩波电源

PWM 直流斩波电源也有多种电路形式。下面讨论几种典型电路的结构、工作原理和控制特性。

（一）电路结构和工作区域

（1）单象限 PWM 直流斩波变换电路图和工作象限如图 1-9 所示。

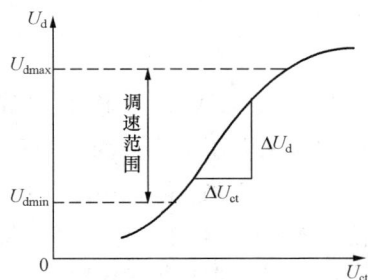

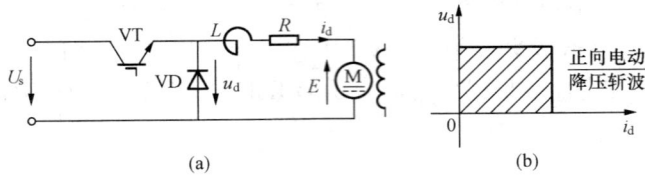

图 1-9　单象限 PWM 直流斩波变换器电路图和工作象限示意图
(a) 电路图；(b) 工作象限示意图

当 VT 导通（t_{on}期间）时，输出电压 $u_d = U_s$；当 VD 导通时 $u_d = 0$。一个周期 T_c 内输出电压平均值为

$$U_d = \frac{t_{on}}{T_c}U_s = DU_s \tag{1-5}$$

式中：D 为占空比，$D = \dfrac{t_{on}}{T_c}$，由于 $0 \leq D \leq 1$，因此 $0 \leq U_d \leq U_s$。

输出电压 u_d 和电流 i_d 都是单方向的，因此该电路只能工作于第 I 象限，如图 1-9（b）所示。

（2）I、II 象限 PWM 直流斩波变换器电路图和工作象限如图 1-10 所示。

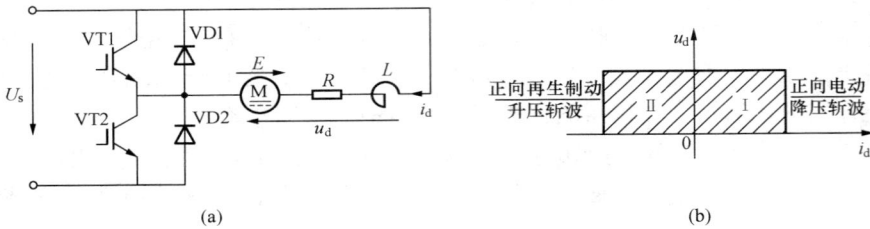

图 1-10　I、II 象限 PWM 直流斩波变换器电路图和工作象限示意图
(a) 电路图；(b) 工作象限示意图

当 VT2 或 VD2 导通（t_{on}期间）时，$u_d = U_s$；当 VT1 或 VD1 导通时，$u_d = 0$。在一个周期内输出电压平均值为 $0 \leq U_d \leq U_s$。

当 $U_d > E$ 使得 $i_d > 0$，电路工作于第 I 象限，直流电动机工作于正向电动状态；当 $U_d < E$ 使得 $i_d < 0$，电路工作于第 II 象限，直流电动机工作于正向再生制动状态。

（3）III、IV 象限 PWM 直流斩波变换器电路和工作象限如图 1-11 所示。

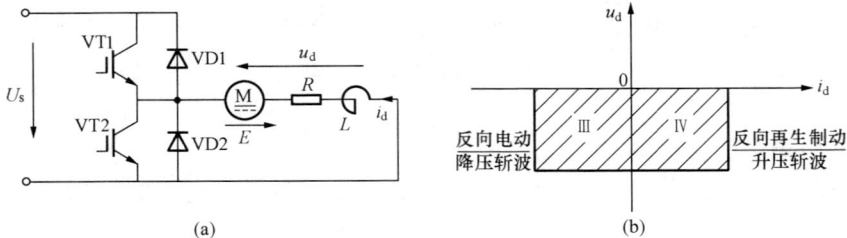

图 1-11　III、IV 象限 PWM 直流斩波变换器电路图和工作象限示意图
(a) 电路图；(b) 工作象限示意图

图 1-11（a）是一个典型的Ⅲ、Ⅳ象限 PWM 变换器电路。当 VT1 或 VD1 导通时，$u_d = -U_s$；当 VT2 或 VD2 导通时，$u_d = 0$。在一个周期内输出电压平均值为 $-U_s \leqslant U_d \leqslant 0$。

当电枢反电动势 E 的幅值小于 U_d 时，输出平均值电流 $I_d < 0$，PWM 变换器工作于第Ⅲ象限，为反向降压斩波（Buck），直流电动机工作于反向电动状态；当 $|E| > |U_d|$ 时，$I_d > 0$，PWM 变换器工作于第Ⅳ象限，为反向升压斩波（Boost），直流电动机工作于反向再生制动状态。图 1-11（b）是其工作象限示意图。由图可知，电源电压 U_s、输出平均电压 U_d 和导通占空比 D 之间的关系为

$$U_d = -DU_s \leqslant 0 \tag{1-6}$$

（4）将图 1-10（a）和图 1-11（a）结合起来，就得到一个 H 形桥式四象限 PWM 变换器，如图 1-12 所示。

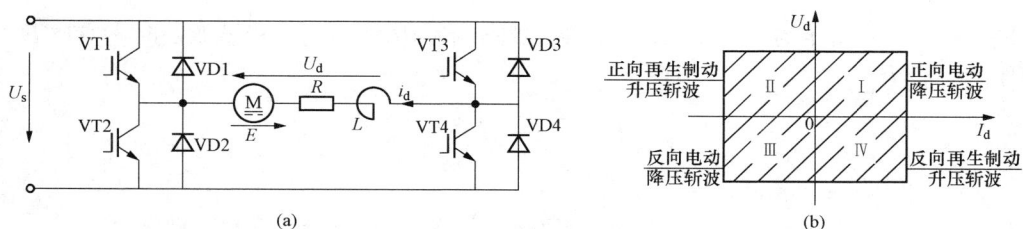

图 1-12　H 形桥式四象限 PWM 直流斩波变换器电路图和工作象限示意图
（a）电路图；（b）工作象限示意图

当 VT3 导通、VT4 关断时，对 VT1 和 VT2 进行 PWM 控制，就是图 1-10（a），可工作于Ⅰ、Ⅱ象限；当 VT3 关断、VT4 导通时，对 VT1 和 VT2 进行 PWM 控制，就是图 1-11（a），可工作于Ⅲ、Ⅳ象限。由图 1-12（a）的对称性可知，当 VT1 导通、VT2 关断时，控制 VT3 和 VT4 也可使其工作于第Ⅲ、Ⅳ象限；当 VT1 关断、VT2 导通时，同样控制 VT3 和 VT4 也可使其工作于第Ⅰ、Ⅱ象限。

双极型 PWM 控制方式时的输出电压平均值为

$$U_d = \frac{t_{on}U_s - t_{off}U_s}{T_c} = \frac{t_{on} - t_{off}}{T_c}U_s = (2D - 1)U_s \tag{1-7}$$

式中：t_{on} 为导通时间；t_{off} 为关断时间；占空比 $D = t_{on}/T_c$ 与式（1-5）和式（1-6）相同。

H 形桥式四象限直流斩波 PWM 变换器是一个可逆四象限变换器，其具有如下工作特性：当占空比 $D = 0.5$ 时，$U_d = 0$；当 $D < 0.5$ 时，$U_d < 0$；当 $D > 0.5$ 时，$U_d > 0$；输出电流平均值 I_d 的方向由 U_d 和 E 的幅值大小决定；输出电流不会断续，因此不会出现输出特性非线性。详细原理请读者扫描书中二维码学习数字资源。

（二）控制特性

PWM 变换器的控制一般采用锯齿波同步的自然采样调制法，或者基于自然采样调制原理的规则采样法。PWM 调制原理如图 1-13 所示。

图 1-13（a）所示为锯齿波信号 u_t 与控制信号 u_{ct} 相比较得到 PWM 信号的原理电路，图 1-13（b）是单极型 PWM 调制原理，由图可得单极型调制时占空比和控制电压 U_{ct} 的关系为

$$D = \frac{t_{on}}{T_c} = \frac{U_{ct}}{U_{tmax}} \tag{1-8}$$

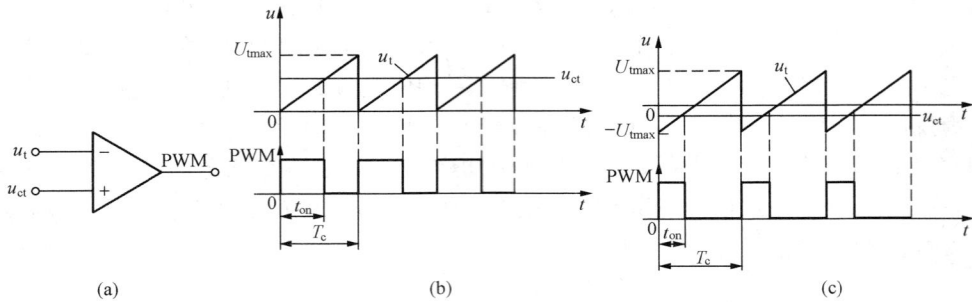

图 1-13 PWM 调制原理

（a）原理电路；（b）单极型调制原理图；（c）双极型调制原理图

图 1-13（c）所示为双极型 PWM 调制原理波形。由图可得双极型调制时占空比 D 和控制电压的关系为

$$D = \frac{1 + U_{ct}/U_{tmax}}{2} \tag{1-9}$$

式中：U_{tmax} 为锯齿波的峰值；$0 \leqslant D \leqslant 1$。

将式（1-9）代入式（1-7）得四象限双极型 PWM 变换器的控制特性为

$$U_d = \frac{U_s}{U_{tmax}}U_{ct} = K_s U_{ct} \tag{1-10}$$

式中：K_s 为 PWM 变换器的放大倍数，$K_s = U_s/U_{tmax}$。

（三）PWM-M 系统的机械特性

对于图 1-9 所示的单象限 PWM 变换电源，选择适当的载波频率和平波电感 L 时，其电流断续区非常小，一般可以忽略不计；Ⅱ象限或Ⅳ象限 PWM 变换电源是电流可逆的电源，不会出现电流断续情况。因此，由 PWM 直流斩波电源供电的直流电动机调速系统（简称为 PWM-M 系统）的机械特性，一般不考虑电流断续的情况。PWM-M 系统的四象限机械特性如图 1-14 所示。

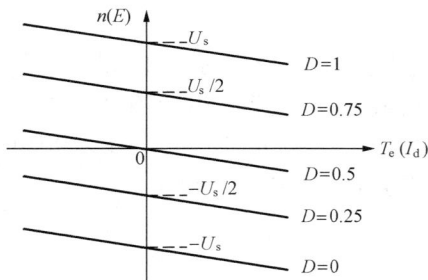

图 1-14 PWM-M 系统的四象限
机械特性

综上所述，变流机组电源由于体积大、效率低、快速性差等缺点，处于逐步淘汰阶段。晶闸管可控整流电源具有效率高、体积小、成本低、无噪声、快速性好等优点，处于应用推广阶段。但是晶闸管整流电源也有缺点，如由于晶闸管的单向导电性，可逆运行困难；晶闸管元件的过电压、过电流能力差，其整流电路需设置许多保护环节；系统的功率因数低，有较大的谐波电流等。为了弥补晶闸管整流电源的不足，可采用 PWM 直流斩波电源。与晶闸管可控电源相比，PWM 电源具有开关频率高、动稳态性能好、效率高等一系列优点；但受到器件容量的限制，PWM 电源目前只应用于中、小容量系统。

为此，本书以介绍晶闸管—电动机（V-M）系统为主，适当介绍脉宽调制—电动机（PWM-M）系统。

1.1.4 直流调速系统控制回路中的转速、 电流、 电压测量方法

系统的闭环控制离不开反馈信号检测，调速系统通常需要检测的物理量有转速、电压、电流等。

信号检测的方法有直接检测和间接检测两种。直接检测是采用各种传感器直接获取检测信号；间接检测是用其他可测信号通过数学模型和函数关系，推算出难以直接检测的所需信号。本节主要介绍常用的直接检测方法

一、转速检测

常用的转速检测传感器有测速发电机、旋转编码器等。测速发电机输出的是电压模拟信号，旋转编码器为数字测速装置。

（一）测速发电机

测速发电机的作用是把输入的转速信号转换成输出的电压信号。采用测速发电机的基本要求是：

（1）输出电压与转速间有严格的正比关系；

（2）在一定的转速时所产生的电动势及电压应尽可能地大，以达到高灵敏度的要求。

测速发电机可分为直流测速发电机和交流测速发电机两类，这里仅介绍直流测速发电机。

直流测速发电机的基本结构和工作原理与普通直流发电机相同。采用直流测速发电机检测转速的电路如图 1-15 所示。

当磁通 Φ 一定时，直流测速发电机 TG 的电枢绕组感应电动势为 $E_a = k_e \Phi n$，若取样电阻为 R_2，则其输出电压为

$$U_n = I_d R_2 = \frac{E_a}{R} R_2 = \frac{k_e \Phi n R_2}{R} \quad (1-11)$$

式中：R 为回路总电阻。

令 $\alpha = \dfrac{k_e \Phi R_2}{R}$，则式（1-11）可写为 $U_n = $

图 1-15 直流测速发电机转速检测电路

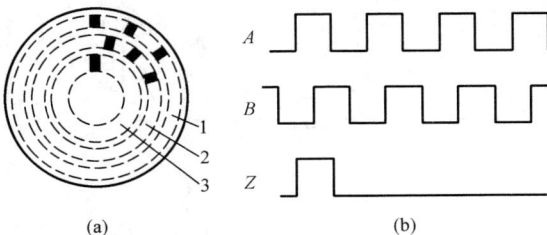

αn，α 称为转速反馈系数。可见，直流测速发电机的输出电压 U_n 与转速 n 成正比。

（二）旋转编码器

测速发电机常用于模拟控制系统中，且测速精度有限。在数字测速中，常用旋转式光电编码器作为转速或转角的检测元件。旋转式光电编码器码盘和透光细缝以及其输出波形如图 1-16 所示。

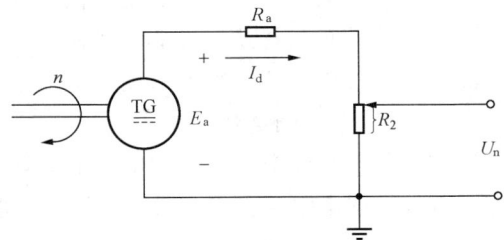

图 1-16 旋转式光电编码器及其输出波形

（a）码盘及透光细缝；（b）输出脉冲波形

旋转式光电编码器由与电动机同轴相连的码盘、码盘一侧的发光元件和另一侧的光敏元件构成。码盘上有 3 圈透光细缝，如图 1-16（a）所示。第 1 圈与第 2 圈的细缝数相等，细缝位置（阴影处）相

差 90°电度角。输出 A、B、Z 三路方波脉冲，A 脉冲相位与 B 脉冲相位相差 90°，如图 1-16 (b) 所示。第 3 圈只有一条细缝，码盘转一圈生成一个 Z 脉冲，可以用作为定位脉冲或复位脉冲。为简化起见，图 1-16 中仅绘出了部分细缝，实际的码盘一周有数百条到数千条细缝，可以达到很高的分辨率。

利用旋转式光电编码器输出的脉冲可以计算转速，方法有 M 法、T 法和 M/T 法。3 种方法计算转速、判断转向的原理读者可扫描二维码获取数字资源内容。

二、电流检测

（一）电流互感器测电流

电流互感器类似于一个升压变压器，它的一次绕组匝数 N_1 很少，一般只有几匝，而二次绕组匝数 N_2 很多。电流互感器工作时，一次绕组串联在被测线路中，流过被测电流；二次绕组与电流表等阻抗很小的仪表接成闭路。采用电流互感器可在不切断电路的情况下，测得电路中的电流。电流互感器原理结构如图 1-17 所示。

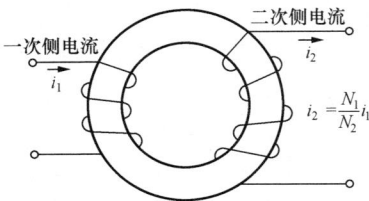

假设一次侧电流为 i_1，匝数为 N_1；二次侧电流为 i_2，匝数为 N_2，根据变压器原理，可得二次侧电流为

$$i_2 = \frac{N_1}{N_2}i_1 \tag{1-12}$$

可见，只要测得二次侧电流 i_2，就可得知一次侧电流 i_1 的大小。

图 1-17 电流互感器原理结构

电流互感器输出的是电流，测量时，互感器二次侧接一电阻 R，将电流信号转变成电压信号，然后接到放大器或交直流变换器上供进一步的处理。

图 1-18 所示为电流互感器在直流调速系统中的一个具体应用。图中，电流互感器测得的交流电流经二极管桥式整流后输出直流电压反馈信号 U_{io}。

（二）取样电阻测电流

取样电阻测直流电动机电枢电流的原理如图 1-19 所示。这种方法是使用阻值很小的标准电阻 R（取样电阻）串接在被测电路中，将被测电流 I_x 转换成被测电压 U_x。如果得到的被测电压很小，还需要放大处理。

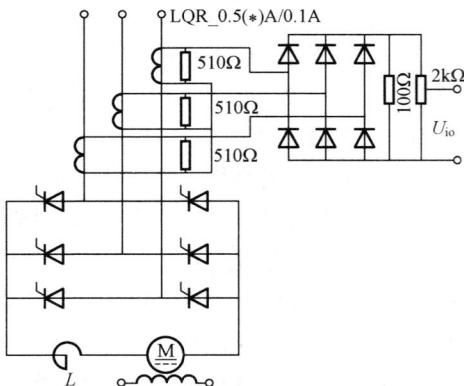

图 1-18 电流互感器在直流调速系统中检测电流的原理图

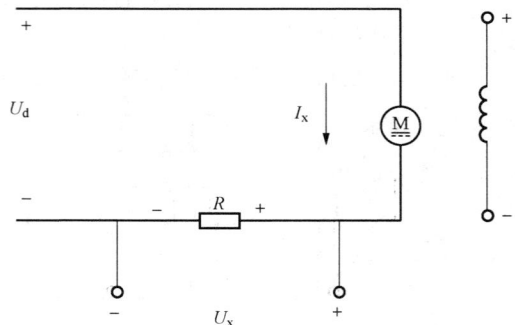

图 1-19 取样电阻检测直流电动机电枢电流的原理图

这种方法的优点是简单可靠，没有时间延迟。其缺点是大功率下不宜采用；测得的信号没有电隔离，给信号处理电路带来不便。

（三）霍尔电流传感器

当载流体或半导体处于与通过其的电流流向相垂直的磁场中时，在其两端将产生电位差，这一现象称为霍尔效应。利用霍尔效应制成的霍尔元件可作为检测磁场、电流、位移等的传感器。

图 1-20 所示为采用霍尔传感器检测电流的原理电路。

图 1-20 中，对霍尔元件 HL 施加直流电压后产生原电流 I_c，由被测电流 I_d 产生磁场，按霍尔效应输出相应的电位差 U_H，即有

$$U_H = K_H B I_c \qquad (1-13)$$

式中：K_H 为霍尔常数；B 为与被测电流成正比的磁感应强度；I_c 为控制电流。

由霍尔器件输出的电压 U_H 再经过放大器 A 放大后，输出电流检测信号 U_{io}。

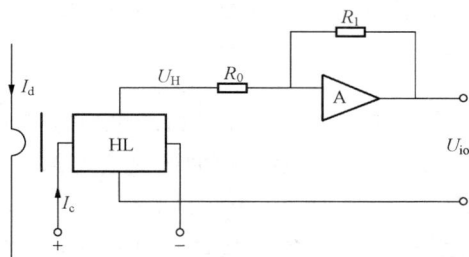

图 1-20 霍尔传感器检测电流的原理电路

三、电压检测

电压检测可采用电压互感器。电压互感器实质上就是一个降压变压器，其工作原理和结构与双绕组变压器基本相同。图 1-21（a）。所示为电压互感器的检测原理图，它的一次绕组匝数 N_1 很多，直接并联到被测的高压线路上；二次绕组匝数 N_2 较少，接高阻抗的测量仪表（如电压表或其他仪表的电压线圈）。图 1-21（b）为电压互感器电路符号。

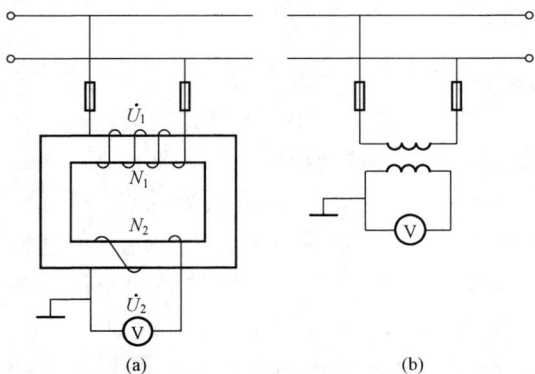

图 1-21 电压互感器的检测原理图和电路符号
（a）检测原理图；（b）电路符号

由于电压互感器的二次绕组所接仪表的阻抗很高，二次侧电流很小，近似等于零，所以电压互感器正常运行时相当于降压变压器的空载运行状态。根据变压器的变压原理，有

$$\frac{U_1}{U_2} = \frac{N_1}{N_2} = k \text{ 或 } U_2 = \frac{U_1}{k} \quad (1-14)$$

式（1-14）表明，利用一、二次绕组的不同匝数，电压互感器可将高电压转换成低电压供测量等。电压互感器常用来检测交流电压，直流电压可采用电阻分压器法等检测方法。

上面根据直流调速系统的基本结构，从系统的主回路和控制回路两个方面重点介绍了直流电动机供电电源的类型和反馈信号的检测方法。

1.1.5 稳态调速性能指标和开环系统存在的问题

一、稳态调速性能指标

（一）调速控制要求

（1）调速要求。在一定的范围内，实现有级或无级调速。

（2）稳速要求。以一定的准确度在要求的转速上稳定运行，基本不受各种扰动的影响。

（3）加、减速要求。对频繁起、制动的设备要求尽可能快地加、减速，缩短起、制动时间，以提高生产效率；对不宜经受剧烈转速变化的机械，则要求起、制动尽可能平稳。

上述三方面要求，可具体用调速系统的稳态和动态两方面的性能指标来衡量。针对前两项要求，可用调速范围和静差率这两项稳态性能指标来描述。

（二）稳态性能指标

1. 调速范围

调速范围是指电动机在额定负载下运行的最高转速与最低转速之比，用 D 表示，即

$$D = \frac{n_{max}}{n_{min}} \tag{1-15}$$

在调压调速系统中，电动机的最高转速 n_{max} 可用其额定转速 n_N 来表达。

D 越大，说明系统的调速范围越宽。根据这个指标的大小，交直流调速系统可分为：①$D<3$，为调速范围小的系统；②$3 \leqslant D < 50$，为调速范围中等的系统；③$D \geqslant 50$，为宽调速范围的系统。现代交直流调速控制系统的调速范围可以做到 $D \geqslant 10000$。

2. 静差率

当系统在某一转速下运行时，负载由理想空载增加到额定负载所引起的转速降落 Δn_N 与理想空载转速 n_0 之比，称作静差率，用 s 表示，即

$$s = \frac{\Delta n_N}{n_0} = \frac{n_0 - n_N}{n_0} \tag{1-16}$$

或用百分数表示，即

$$s = \frac{\Delta n_N}{n_0} \times 100\%$$

静差率是用来表示负载转矩变化时电动机转速变化的程度。静差率与下列因素有关：

（1）静差率与机械特性的硬度有关。机械特性越硬，静差率越小，转速稳定度越高。

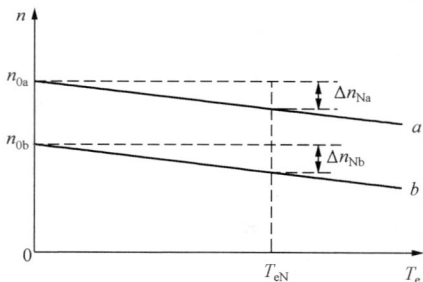

图 1-22　不同转速下的静差率

（2）静差率和机械特性硬度有区别。图 1-22 中的两条直线 a 和 b 为调压调速系统的机械特性，两者的硬度相同，即额定速降 $\Delta n_{Na} = \Delta n_{Nb}$；但它们的静差率却不同，其原因是理想空载转速不同。根据式（1-16）的定义，由于 $n_{0a} > n_{0b}$，所以 $s_a < s_b$。这就是说，对于同样硬度的机械特性，理想空载转速越低，静差率越大，转速的相对稳定度也越差。在一个调速系统中，如果能满足最低速时的静差率 s 要求，则大于最低速的静差率一般都能满足要求。

所以，一般所提的静差率要求指的是系统在最低速时的静差率指标。

（3）调速范围和静差率两项指标是相互联系的。例如，额定负载时的转速降落 $\Delta n_N = 50r/min$，当理想空载转速 $n_0 = 1000r/min$ 时，转速降落占 5%；当 $n_0 = 500r/min$ 时，转速降落占 10%；当 $n_0 = 50r/min$ 时，转速降落占到 100%，电动机就停止不动了。由此可见，离开了对静差率的要求，调速范围便失去了意义。也就是说，一个调速系统的调速范围，是指在最低速时满足静差率要求下系统所能达到的最大调节范围。脱离了对静差率的要求，任何调压调速系统都可以得到极高的调速范围；脱离了调速范围，静差率要满足要求也就容易

得多了。

3. D、S 和 Δn_N 之间的关系

因为调速系统的静差率是指系统工作在最低速时的静差率，即 $s=\dfrac{\Delta n_N}{n_{0min}}$，于是有

$$n_{min} = n_{0min} - \Delta n_N = \frac{\Delta n_N}{s} - \Delta n_N = \frac{1-s}{s}\Delta n_N$$

将上式代入调速范围的表达式 $D=\dfrac{n_{max}}{n_{min}}$，得

$$D = \frac{sn_N}{\Delta n_N(1-s)} \tag{1-17}$$

式（1-17）表示调速范围、静差率和额定转速降之间应当满足的关系。对于同一个调速系统，它的特性硬度或 Δn_N 值是一定的，因此由式（1-17）可见，如果要求的静差率 s 越小，则系统能够达到的调速范围越小。

例如，某调速系统的额定转速 $n_N=1450r/min$，额定速降 $\Delta n_N=80r/min$，当要求静率差 $s\leqslant25\%$ 时，系统能达到的调速范围是

$$D = \frac{sn_N}{\Delta n_N(1-s)} = \frac{0.25 \times 1450}{80 \times (1-0.25)} = 6.04$$

如果要求 $s\leqslant15\%$，则调速范围只有

$$D = \frac{sn_N}{\Delta n_N(1-s)} = \frac{0.15 \times 1450}{80 \times (1-0.15)} = 3.20$$

当对 D、s 都提出一定要求时，为了满足要求，就必须使 Δn_N 小于某一个值。可见，调速要解决的问题就是如何减少转速降落。

二、 开环直流调速系统的性能和存在的问题

由晶闸管整流装置给直流电动机供电的调速系统简称为 V-M 系统。开环 V-M 系统的组成、工作原理和特点见 1.1.3 节"二、相控整流电源供电的直流调速系统"的有关内容。此处主要讨论开环 V-M 系统的机械特性和近似处理方法。

（一）电流连续时的 V-M 系统开环机械特性

电流连续时 V-M 系统开环机械特性如图 1-23 的实线部分所示，表达式为

$$n = \frac{1}{C_e}(U_{do} - I_{dL}R) = n_0 - \Delta n \tag{1-18}$$

式中：C_e 为电动机在额定磁通下的电动势转速比，$C_e=K_e\Phi$；n_0 为开环调速系统的理想空载转速；Δn 为开环调速系统的稳态速降。

当电动机加负载时，产生 $\Delta n = I_{dL}R/C_e$ 的转速降。Δn 越小，机械特性的硬度越大。系统开环运行时，Δn 完全取决于电枢回路电阻 R 及所加负载 I_{dL} 的大小。

（二）电流断续时的 V-M 系统开环机械特性

由于晶闸管整流装置的输出电压是脉动的，相应的负载电流也是脉动的。当电动机负载较轻或主回路电感量不足时，会造成电流断续。这时，随着负载电流的减小，反电动势反而急剧升高，使理想空载转速比图 1-23 中的 n_0 高得多，如图中虚线所示。

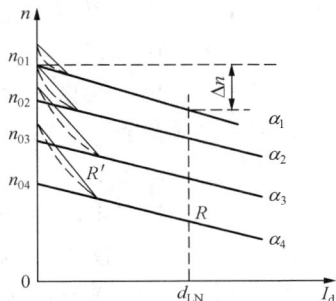
图 1-23 开环系统机械特性

17

由图 1-23 可见，V-M 系统的机械特性由两段组成，即电流连续段和断续段。当电流连续时，特性较硬而且呈线性；电流断续时，特性较软且呈显著的非线性。

（三）机械特性的近似处理方法

当主回路电感量足够大，电动机又有一定的空载电流时，可近似认为电机工作电流连续，可把特性直线段的延长线与纵轴的交点 n_0 作为理想空载转速。对于特性断续比较显著的情况，可以改用另一段较陡的直线来逼近断续段特性。这相当于把总电阻 R 换成一个更大的等效电阻 R'，其数值可以从实测特性上计算出来。严重时 R' 可达实际电阻 R 的几十倍。

从总体来看，开环 V-M 系统的机械特性是很软的，一般满足不了工业生产对调速系统的要求，通常需要设置反馈环节，以改善系统的机械特性性能。

1.2　单闭环直流调速系统

1.2.1　单闭环转速负反馈直流调速系统

一、问题的提出

问 题

某一车床拖动电动机的额定转速 $n_N = 900\text{r/min}$，要求 $n_{miN} = 100\text{r/min}$，由开环系统决定的 $\Delta n_n = 80\text{r/min}$，要求 $S \leqslant 0.1$。问开环 V-M 系统能否满足要求？如不满足怎么办？

分 析　若要系统同时满足 $D = \dfrac{n_N}{n_{\min}} = \dfrac{900}{100} = 9$ 和 $S \leqslant 0.1$ 的指标要求，则允许的 Δn_N 为

$$\Delta n_N = \frac{n_N s}{D(1-s)} = \frac{900 \times 0.1}{9 \times 0.9} = 11.1(\text{r/min})$$

而开环系统实际的 $\Delta n_N = 80\text{r/min}$，远大于允许的 $\Delta n_N = 11.1\text{r/min}$，为此必须降低实际的 Δn_N。因为 $\Delta n_N = n_0 - n_N$，要降低 Δn_N，实际是要使机械特性变硬。也就是负载从空载变到满载时，要求速度基本不变，即要求转速基本不受负载变化的影响。根据反馈控制原理，要维持某一物理量基本不变，就应该引入该物理量的负反馈。因此可以引入被控量转速的负反馈，构成转速闭环控制系统。由于系统只有一个转速反馈环，故称为单闭环调速系统。

二、系统的组成

单闭环转速负反馈直流调速系统原理图如图 1-24 所示。该系统的控制对象为直流电动机 M，被调量为转速 n，测速发电机 TG 与电位器 RP2 组成转速检测环节，从而引出与转速成正比的负反馈电压 U_n，U_n 与转速给定电压 U_n^* 比较后，得到偏差电压 ΔU_n，经放大器 A 放大后产生移相控制电压 U_{ct} 送给晶闸管触发器 GT，以调节晶闸管整流输出电压 U_d，从而控制电动机的转速，图中 L 为平波电抗器，这就构成了转速负反馈控制的调速系统。

单闭环转速负反馈直流调速系统的主要环节如下：

（1）给定环节。其作用是产生控制信号，它一般由高精度的直流稳压电源和用于改变给

定信号大小的精密电位器组成。

（2）比较与放大环节。其作用是将给定信号和反馈信号进行比较与放大，它一般由 P、I、PI 等类型的运算放大器组成。

（3）触发器和整流装置环节。该组合体为电力电子变换器，其作用是进行功率放大，将直流移相控制信号 U_{ct} 放大成直流平均电压 U_{d0}。一般触发器的输出移相角 α 与输入移相控制

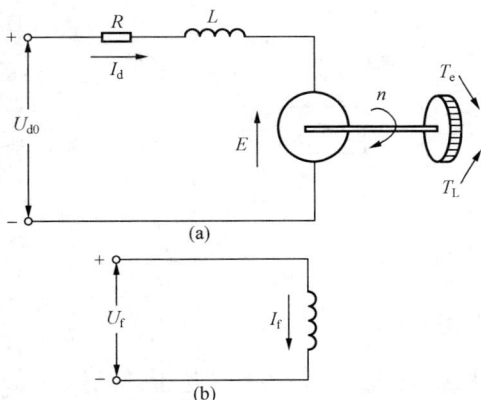

图 1-24 单闭环转速负反馈调速系统原理图

电压 U_{ct} 呈非线性关系，整流器的输出平均电压 U_{d0} 与输入 α 呈非线性。当将触发器和整流装置作为一个整体来分析时，其输出 U_{d0} 与输入 U_{ct} 却基本呈线性关系，即 U_{d0} 正比于 U_{ct}。

通常触发器的类型有单结晶体管触发器、锯齿波触发器、正弦波触发器和集成触发器。整流装置从线路结构上可分为单相、三相；从整流波形上可分为半波、全波；从电路拓扑中使用元件的情况可分为半控、全控整流电路。

（4）速度检测环节。该环节是通过一台小型直流发电机（直流测速发电机），将电动机的转速转换成转速反馈电压，电压的大小与转速成正比。

（5）直流电动机环节。为分析方便起见，该环节中的电压、电动势、电流均使用大写字母。在动态分析时，就认为是瞬时值；在稳态分析时，就认为是平均值。由图 1-25 可见，直流电动机有两个独立的回路，即电枢回路和励磁回路。

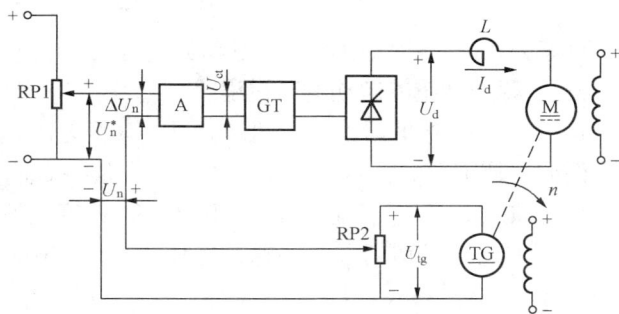

图 1-25 直流电动机电路图
(a) 电枢回路；(b) 励磁回路

直流电动机各物理量间的动态关系式为

$$U_{d0} = I_d R + L \frac{dI_d}{dt} + E \qquad (1-19)$$

$$T_e = K_m \Phi I_d = C_m I_d \qquad (1-20)$$

$$T_e - T_L = \frac{GD^2}{375} \frac{dn}{dt} \text{ 或 } I_d - I_{dL} = \frac{GD^2}{375C_m} \frac{dn}{dt}$$

$$(1-21)$$

$$E = K_e \Phi n = C_e n \qquad (1-22)$$

式中：U_{d0} 为整流电源空载电压；I_d 为电动机电枢电流；I_{dL} 为负载电流；T_e 为电磁转矩；T_L 为负载转矩；R 为电枢回路总电阻；L 为电枢回路总电感；K_m 为转矩常量；C_m 为电机的转矩电流比，N·m/A，$C_m = \frac{30}{\pi} C_e$；C_e 为电机的电动

势转速比，V·min/r；GD^2 为电力拖动系统运动部分折算到电机轴上的飞轮惯量，N·m^2。由于为动态分析，式（1-19）～式（1-22）中电压、电动势、电流代表瞬时值。

当电动机进入稳态运行时，其稳态关系式为

$$U_{d0} = I_d R + E$$

$$T_e = K_m \Phi I_d = C_m I_d$$

$$T_e = T_L, \ I_d = I_{dL}$$

19

$$E = K_e\Phi n = C_e n$$

稳态分析时，上式中电压、电动势、电流代表平均值。

三、 调速系统的自动调节过程

1. 对给定信号的调节——调速过程：改变 U_n^* 则 n 改变

例如：调节前 $U_n^* = U_{n1}^*$，则 $U_{ct} = U_{ct1}$，$U_d = U_{d1}$，$n = n_1$；当 U_n^* 上升到 U_{n2}^* 时，则 $U_{ct} = U_{ct2}$，$U_d = U_{d2}$，$n = n_2$；也就是，n 随着 U_n^* 改变而改变，输出紧紧跟随输入。

2. 对扰动信号的调节——稳速过程：n 基本不受负载波动等扰动输入的影响

例如：$T_L \uparrow \rightarrow n \downarrow \rightarrow U_n \downarrow \rightarrow \Delta U_n = (U_n^* - U_n) \uparrow \rightarrow U_{ct} \uparrow \rightarrow U_{d0} \uparrow \rightarrow I_d \uparrow \rightarrow n \uparrow$，即负载波动时，$n$ 基本不受扰动输入的影响，速降很小。

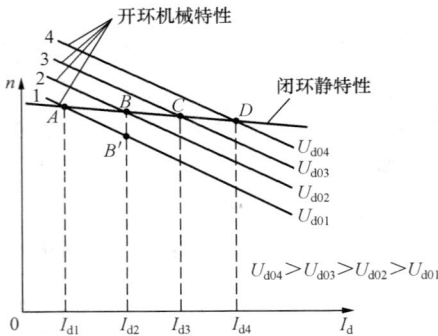

图 1-26 闭环系统静特性

四、 闭环系统的静特性

（一）闭环系统静特性的定性分析

由图 1-26 可见：

（1）未设置转速负反馈环节。当负载电流由 I_{d1} 增加到 I_{d2} 时，转速将由 n_A 下降到 $n_{B'}$（此时输出的整流电压平均值为 U_{d01}）。

（2）设置转速负反馈环节。当负载电流由 I_{d1} 增加到 I_{d2} 时，整流输出电压由 U_{d01} 增加到 U_{d02}，转速将由 n_A 下降到 n_B（此时输出的整流电压平均值为 U_{d02}），由于 U_{d0} 平滑变化，所以连接 n_A 和 n_B，就可得到闭环系统的静特性，它比开环机械特性硬。

（二）闭环系统静特性的定量分析

（1）系统结构图。根据图 1-24 可得到闭环系统的结构图，如图 1-27 所示。

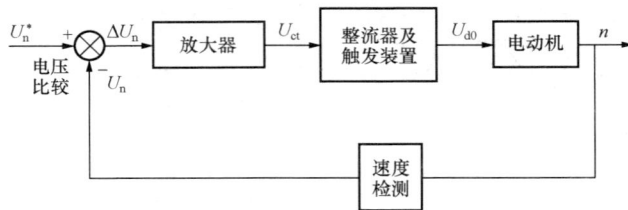

图 1-27 闭环系统结构图

（2）分析方法。首先列出各环节的输入、输出稳态关系式，并将其填进上述结构图中各环节的方框内；然后根据系统结构，用代数法或结构图法求闭环系统的静特性方程。

（3）系统中各环节的稳态输入、输出稳态关系式如下：

电压比较环节 $\quad\quad\quad\quad\quad\quad \Delta U_n = U_n^* - U_n$

放大器 $\quad\quad\quad\quad\quad\quad\quad\quad U_{ct} = K_p \Delta U_n$

晶闸管整流器及触发装置（电力电子变换器） $\quad\quad U_{d0} = K_s U_{ct}$

电动机 $\quad\quad\quad\quad\quad\quad\quad\quad n = \dfrac{E}{C_e} = \dfrac{U_{d0} - I_d R}{C_e}$

转速检测环节 $\quad\quad\quad\quad\quad U_n = \alpha_2 U_{tg} = \alpha_2 C_{etg} n = \alpha n$

式中：K_p 为放大器的电压放大系数；K_s 为晶闸管整流器及触发装置（电力电子变换器）的

电压放大系数；α_2 为反馈电位器分压比；C_{etg} 为测速发电机额定磁通下的电动势转速比；$\alpha = \alpha_2 C_{etg}$ 为转速反馈系数，$V \cdot min/r$。

单闭环转速负反馈调速系统的稳态结构图如图 1-28 所示。图中各方块内的符号代表该环节的放大系数。

消去上述各环节关系式中的中间变量，或通过系统稳态结构图的变换，均可得到系统的静特性方程式，即

$$n = \frac{K_p K_s U_n^* - I_d R}{C_e(1 + K_P K_s \alpha/C_e)}$$

$$= \frac{K_p K_s U_n^*}{C_e(1 + K)} - \frac{R I_d}{C_e(1 + K)}$$

$$= n_{0cl} - \Delta n_{cl} \qquad (1\text{-}23)$$

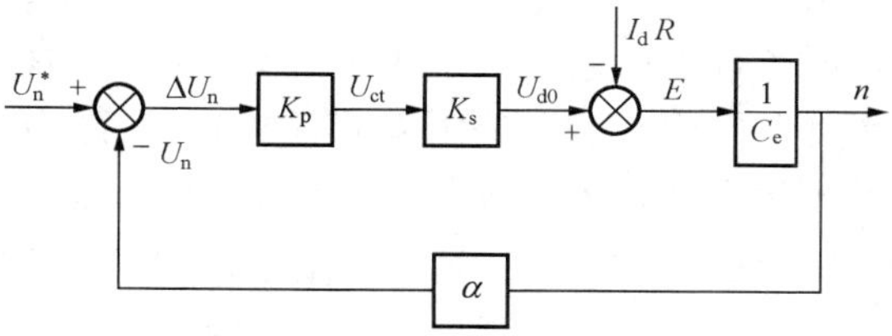

图 1-28 单闭环转速负反馈调速系统
稳态结构图

式中：K 为闭环系统的开环放大系数，它是系统中各环节单独放大系数的乘积，$K = K_p K_s \alpha/C_e$；n_{0cl} 为闭环系统的理想空载转速；Δn_{cl} 为闭环系统的稳态速降。

闭环调速系统的静特性表示闭环系统电动机转速与负载电流（或转矩）的稳态关系，它在形式上与开环机械特性相似，但在本质上二者有很大不同，故定名为闭环系统的"静特性"，以示区别。

五、 闭环系统静特性与开环系统机械特性的比较

将闭环系统的静特性方程与开环系统的机械特性进行比较，就能清楚地看出闭环控制的优越性。如果断开转速反馈回路（令 $\alpha = 0$，则 $K = 0$），则上述系统的开环机械特性为

$$n = \frac{U_{d0} - I_d R}{C_e} = \frac{K_p K_s U_n^*}{C_e} - \frac{I_d R}{C_e} = n_{0op} - \Delta n_{op} \qquad (1\text{-}24)$$

式中：n_{0op} 和 Δn_{op} 分别为开环系统的理想空载转速和稳态速降。

比较式（1-23）和式（1-24）可以得出如下结论：

（1）闭环系统静特性比开环系统机械特性硬得多。在同样的负载下，两者的稳态速降分别为

$$\Delta n_{op} = \frac{R I_d}{C_e}, \Delta n_{cl} = \frac{R I_d}{C_e(1 + K)}$$

它们的关系为

$$\Delta n_{cl} = \frac{\Delta n_{op}}{1 + K} \qquad (1\text{-}25)$$

显然，当 K 值较大时，Δn_{cl} 比 Δn_{op} 要小得多，也就是说闭环系统的静特性比开环系统的机械特性硬得多。

（2）闭环系统的静差率比开环系统的静差率小得多。闭环系统和开环系统的静差率分别为

$$s_{cl} = \frac{\Delta n_{cl}}{n_{0cl}}, s_{op} = \frac{\Delta n_{op}}{n_{0op}}$$

当 $n_{0cl} = n_{0op}$ 时，则有

$$s_{cl} = \frac{s_{op}}{1 + K} \qquad (1\text{-}26)$$

（3）当要求的静差率一定时，闭环系统的调速范围可以极大拓展。如果电动机的最高转速都是 n_N，且对最低转速的静差率要求相同，则开环时 $D_{op} = \dfrac{n_N s}{\Delta n_{op}(1-s)}$，闭环时 $D_{cl} =$

$\dfrac{n_\text{N}s}{\Delta n_\text{cl}(1-s)}$，所以有

$$D_\text{cl}=(1+K)D_\text{op} \tag{1-27}$$

（4）闭环系统必须设置放大器。上述三条优越性是建立在 K 值足够大的基础上的。由系统的开环放大系数 $K=K_\text{p}K_\text{s}\alpha/C_\text{e}$ 表达式可看出，若要增大 K 值，只能增大 K_p 和 α 值，因此必须设置放大器。在开环系统中，U_n^* 直接作为 U_ct 来控制，因而不用设置放大器。而在闭环系统中，引入转速负反馈电压 U_n 后，$U_\text{ct}=K_\text{p}\Delta U_\text{n}$，而 $\Delta U_\text{n}=U_\text{n}^*-U_\text{n}$ 很低，所以必须设置放大器，才能获得足够的控制电压 U_ct（参见图 1-24）。

综上所述，可得出这样的结论：闭环系统可以获得比开环系统硬得多的静特性，且闭环系统的开环放大系数越大，静特性就越硬，在保证一定静差率要求下其调速范围越大，但必须增设转速检测环节和放大器。

在开环 V-M 系统中，Δn 的大小完全取决于电枢回路电阻 R 及所加的负载大小。闭环系统能减少稳态速降，但不能减小电阻。那么降低稳态速降的实质是什么呢？

从静特性上看（见图 1-26），当负载电流由 I_d1 增大到 I_d2 时，若为开环系统，仅依靠电动机内部的调节作用，转速将由 n_A 降落到 $n_\text{B'}$（此时输出的整流电压平均值为 U_d01）。设置了转速负反馈环节，它将使整流输出电压由 U_d01 上升到 U_d02，电动机由机械特性曲线 1 的 A 点过渡到曲线 2 的 B 点上稳定运行。这样，每增加（或减少）一点负载，整流电压就相应地提高（或降低）一点，因而就过渡到另一条机械特性曲线上。闭环系统的静特性就是由许多这样的位于各条开环机械特性上的工作点集合而成的，如图 1-26 中的 A、B、C、D 点。可见，闭环系统的静特性比开环系统硬。闭环系统能随负载的变化而自动调节整流电压，从而调节电动机的转速。

【例 1-1】 龙门刨床工作台采用 Z2-93 型直流电动机，已知 $P_\text{N}=60\text{kW}$，$U_\text{dN}=220\text{V}$，$I_\text{dN}=305\text{A}$，$n_\text{N}=1000\text{r/min}$，$R_\text{a}=0.05\Omega$，$K_\text{s}=30$，晶闸管整流器的内阻 $R_\text{rec}=0.13\Omega$，要求 $D=20$，$s\leqslant5\%$。若采用开环 V-M 系统能否满足要求？若采用 $\alpha=0.015\text{V}\cdot\text{min/r}$ 转速负反馈闭环系统，问放大器的放大系数为多大时才能满足要求？

解：开环系统在额定负载下的转速降落为 $\Delta n_\text{N}=\dfrac{I_\text{dN}R}{C_\text{e}}$，$C_\text{e}$ 可由电动机铭牌额定数据求出，即

$$C_\text{e}=\frac{U_\text{dN}-I_\text{dN}R_\text{a}}{n_\text{N}}=\frac{220-305\times0.05}{1000}=0.2(\text{V}\cdot\text{min/r})$$

所以

$$\Delta n_\text{N}=\frac{I_\text{dN}R}{C_\text{e}}=\frac{305\times(0.05+0.13)}{0.2}=275(\text{r/min})$$

高速时静差率

$$s_1=\frac{\Delta n_\text{N}}{n_\text{N}+\Delta n_\text{N}}=\frac{275}{1000+275}=0.216=21.6\%$$

最低速为

$$n_\text{min}=\frac{n_\text{N}}{D}=\frac{1000}{20}=50(\text{r/min})$$

此时的静差率

$$s_2 = \frac{\Delta n_N}{n_{min} + \Delta n_N} = \frac{275}{50 + 275} = 0.85 = 85\%$$

由以上计算可以看出，低速时的 s_2 远大于高速时的 s_1，并且二者均不能满足小于 5% 的要求，而开环系统本身的稳态速降 $\Delta n_N = I_{dN}R/C_e$ 又不能变化，所以开环系统不能满足要求。

如果要满足 $D=20$，$s \leqslant 5\%$ 的要求，则 Δn_N 应为

$$\Delta n_N = \frac{n_N s}{D(1-s)} = \frac{1000 \times 0.05}{20 \times (1-0.05)} = 2.63 (\text{r/min})$$

很明显，只有将额定稳态速降从开环系统的 $\Delta n_{op} = 275\text{r/min}$ 降低到 $\Delta n_{cl} = 2.63\text{r/min}$ 以下，才能满足要求。若采用 $\alpha = 0.015 \text{V·min/r}$ 的转速负反馈闭环系统，由式（1-25）可得放大器的放大系数为

$$K = \frac{\Delta n_{op}}{\Delta n_{cl}} - 1 = \frac{275}{2.63} - 1 = 103.6$$

$$K_p = \frac{K}{K_s \alpha / C_e} = \frac{103.6}{30 \times 0.015 / 0.2} = 46$$

可见，只要放大器的放大系数大于或等于 46，转速负反馈闭环系统就能满足要求。

六、反馈控制规律

转速闭环调速系统是一种基本的负反馈控制系统，它具有以下四个基本特征，也就是反馈控制的基本规律。

（一）比例控制有静差

采用比例放大器的负反馈控制系统是有静差的。从前面对静特性的分析中可以看出，闭环系统的稳态速降为

$$\Delta n_{cl} = \frac{R I_d}{C_e (1+K)} \tag{1-28}$$

只有当 $K = \infty$ 时才能使 $\Delta n_{cl} = 0$，即无静差。实际上采用比例放大器不可能获得无穷大的 K 值，况且过大的 K 值将导致系统不稳定。

从控制作用上看，比例放大器输出的控制电压 U_{ct} 与转速偏差电压 ΔU_n 成正比，如果实现了无静差控制，则 $\Delta n_{cl} = 0$，转速偏差电压 $\Delta U_n = 0$，$U_{ct} = 0$，控制系统就不能产生控制作用，系统将停止工作。所以这种系统是以偏差存在为前提的，反馈环节只是检测偏差，通过控制减小偏差，而不能消除偏差，因此它是有静差系统。

（二）被调量紧紧跟随给定量变化

在转速负反馈调速系统中，改变给定电压 U_n^*，转速就随之跟着变化。因此，对于负反馈控制系统，被调量总是紧紧跟随给定信号变化的。

（三）闭环系统对包围在反馈环内的主通道上的扰动作用都能有效抑制

当给定电压 U_n^* 不变时，把引起被调量转速发生变化的所有因素称为扰动。上面讨论了负载变化引起的稳态速降。实际上，引起转速变化的因素还有很多，如交流电源电压的波动，电动机励磁电流的变化，放大器放大系数的变化，由温度变化引起的主回路电阻的变化等等。图 1-29 画出了各种扰动作用，其中代表电流 I_d 的箭头表示负载扰动，其他指向各方框的箭头分别表示会引起该环节放大系数变化的扰动作用。图 1-29 清楚地表明：负反馈环内且作用在控制系统主通道上的各种扰动，最终都要影响被调量转速的变化，而且都会被检

测环节检测出来，通过反馈控制作用减小它们对转速的影响。例如：

（1）当放大器的放大系数漂移，使 $K_p \uparrow$，则

$$K_p \uparrow \rightarrow U_{ct} \uparrow \rightarrow U_{d0} \uparrow \rightarrow I_d \uparrow \rightarrow n \uparrow \rightarrow U_n \uparrow \rightarrow \Delta U_n = (U_n^* - U_n) \downarrow \rightarrow U_{ct} \downarrow \rightarrow U_{d0} \downarrow \rightarrow n \downarrow$$

即放大器放大系数漂移引起的转速变化，最终可通过负反馈控制作用减小它们对转速的影响。

（2）当电网电压扰动，使 $U_{d0} \uparrow$，则

$$U_{d0} \uparrow \rightarrow I_d \uparrow \rightarrow n \uparrow \rightarrow U_n \uparrow \rightarrow \Delta U_n = (U_n^* - U_n) \downarrow \rightarrow U_{ct} \downarrow \rightarrow U_{d0} \downarrow \rightarrow n \downarrow$$

最终也可通过负反馈得到调节。

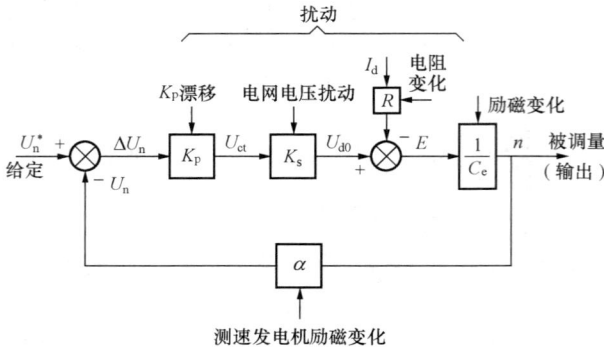

图 1-29 反馈控制系统给定作用和扰动作用

抗扰性能是闭环负反馈控制系统最突出的特征。根据这一特征，在设计调速系统时一般只考虑其中最主要的扰动，如在调速系统中只考虑负载扰动，按照抑制负载扰动的要求进行设计，其他扰动的影响必然会受到闭环负反馈的抑制。

（四）反馈控制系统对于给定电源和检测装置中的扰动无法抑制

由于被调量转速紧紧跟随给定电压的变化，当给定电压发生波动时，转速也随之变化。反馈控制系统无法鉴别是正常的调节还是不应有的波动，因此高精度的调速系统需要高精度的给定电源。

另外，反馈控制系统也无法抑制反馈检测环节本身的误差所引起的被调量的偏差。如图 1-29 中测速发电机的励磁发生变化，则转速反馈电压 U_n 必然改变，通过系统的反馈调节，反而使转速离开了原应保持的数值。此外，测速发电机输出电压中的纹波，由于制造和安装不良造成的转子和定子间的偏心等，都会给系统带来周期性的干扰。为此，高精度的系统还必须有高精度的反馈检测元件作保障。

七、系统的稳态参数计算

设计有静差调速系统，首先必须进行系统静特性参数计算。下面以一个具体的直流调速系统说明系统稳态参数计算。

【例 1-2】 直流调速系统如图 1-30 所示，根据下面给定的技术数据，对系统进行稳态参数计算。已知数据如下：

（1）电动机额定数据为 $P_N = 10kW$，$U_{dN} = 220V$，$I_{dN} = 55A$，$n_N = 1000r/min$，电枢电阻 $R_a = 0.5\Omega$。

（2）晶闸管整流装置：三相全控桥式整流电路，整流变压器 Yy 接法，二次侧线电压 $U_{2l} = 230V$，触发整流环节的放大系数 $K_s = 44$。

（3）V-M 系统：主回路总电阻 $R = 1.0\Omega$。

（4）测速发电机：ZYS231/110 型永磁式直流测速发电机，额定数据为 $P_{N1} = 23.1W$，$U_{dN} = 110V$，$I_{dN} = 0.21A$，$n_{N1} = 1900r/min$。

生产机械：要求调速范围 $D = 10$，静差率 $s \leqslant 5\%$。

解：（1）为了满足 $D = 10$，$s \leqslant 5\%$，额定负载时调速系统的稳态速降应为

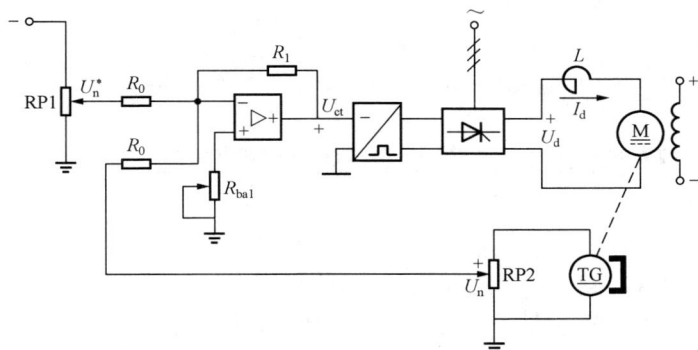

图 1 - 30　反馈控制有静差直流调速系统原理图

$$\Delta n_{\text{cl}} \leqslant \frac{n_{\text{N}} s}{D(1-s)} = \frac{1000 \times 0.05}{10 \times (1-0.05)} = 5.26(\text{r/min})$$

（2）根据 Δn_{cl}，确定系统的开环放大系数 K。

$$C_{\text{e}} = \frac{U_{\text{dN}} - I_{\text{dN}} R_{\text{a}}}{n_{\text{N}}} = \frac{220 - 55 \times 0.5}{1000} = 0.192\,5[(\text{V} \cdot \text{min})/\text{r}]$$

$$K \geqslant \frac{I_{\text{dN}} R}{C_{\text{e}} \Delta n_{\text{cl}}} - 1 = \frac{55 \times 1.0}{0.192\,5 \times 5.26} - 1 = 53.3$$

（3）计算测速反馈环节的参数。测速反馈系数 α 可由测速发电机的电动势转速比 C_{etg} 和电位器 RP2 的分压系数 α_2 求得，即 $\alpha = \alpha_2 C_{\text{etg}}$。

根据测速发电机的数据，有

$$C_{\text{etg}} = \frac{U_{\text{dN}} - I_{\text{dN}} R_{\text{a1}}}{n_{\text{N1}}} \approx \frac{U_{\text{dN}}}{n_{\text{N1}}} = \frac{110}{1900} \approx 0.057\,9[(\text{V} \cdot \text{min})/\text{r}]$$

本系统控制回路直流稳压电源为 15V，系统给定电压不能超过稳压电源值，且应留有余地。假设最大转速给定电压为 12V 时，对应电动机的额定转速（即 $U_{\text{n}}^* = 12\text{V}$ 时）$n_{\text{N}} = 1000\text{r/min}$。测速发电机与电动机直接硬轴连接。

当系统处于稳态时，近似认为 $U_{\text{n}}^* \approx U_{\text{n}}$，则

$$\alpha \approx \frac{U_{\text{n}}^*}{n_{\text{N}}} = \frac{12}{1000} = 0.012[(\text{V} \cdot \text{min})/\text{r}]$$

$$\alpha_2 = \frac{\alpha}{C_{\text{etg}}} = \frac{0.012}{0.057\,9} \approx 0.2$$

电位器 RP2 的选择方法如下：

当测速发电机输出最高电压时，其电流约为额定值的 20%，这样，测速发电机电枢压降对检测信号的线性度影响较小，则

$$R_{\text{RP2}} \approx \frac{C_{\text{etg}} n_{\text{N}}}{0.2 I_{\text{dN1}}} = \frac{0.057\,9 \times 1000}{0.2 \times 0.21} \approx 1379(\Omega)$$

此时，RP2 所消耗的功率为

$$P_{\text{RP2}} = C_{\text{etg}} n_{\text{N}} \times 0.2 I_{\text{dN1}} = 0.057\,9 \times 1000 \times 0.2 \times 0.21 \approx 2.43(\text{W})$$

为使电位器不过热，实选功率应为消耗功率的一倍以上，故选 RP2 为 10W、1.5kΩ 的可调电位器。

（4）计算放大器的电压放大系数。

$$K_p = \frac{KC_e}{\alpha K_s} = \frac{53.3 \times 0.192\,5}{0.012 \times 44} \approx 19.43(\text{实取} K_p = 20)$$

如果取放大器输入电阻 $R_0 = 20\text{k}\Omega$，则 $R_1 = K_p R_0 = 20 \times 20 = 400(\text{k}\Omega)$。

1.2.2 单闭环转速负反馈直流调速系统的限流保护

一、问题的提出

（1）对电动机而言，其在全压起动瞬间或堵转时（$n=0$）会产生很大的电流；

（2）对调速系统机械特性而言，由于闭环静特性很硬，起动或堵转时，静特性与横轴的相交点（$n=0$）离坐标原点很远，若无限流环节，起动电流将远远超过允许值。这对电动机换向不利，对过载能力低的晶闸管来说也是不允许的。

二、解决措施及其实现

（一）解决措施

电动机起动或堵转时，通过限流环节，使 $I_d \leqslant I_{dal}$；正常运行时，限流环节自动取消。

（二）措施的实现

1. 采用电流负反馈使 $I_d \leqslant I_{dal}$

（1）系统原理图。带电流负反馈限流环节的转速闭环调速系统原理图如图 1-31 所示。该系统是在转速负反馈调速系统的基础上增加了一个电流负反馈限流控制环节，用取样电阻 R_s 获取电流反馈信号。

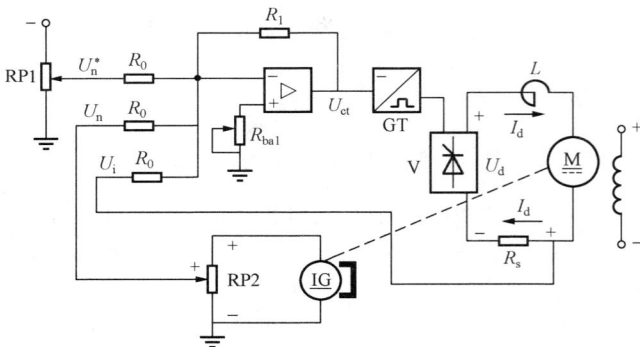

图 1-31 带电流负反馈限流环节的转速闭环调速系统原理图

（2）限流原理。运算放大器的输入偏差电压 $\Delta U = U_n^* - U_n - U_i$，其中电流反馈信号 $U_i = I_d R_s$。起动时，电流很大，通过电流负反馈调节，$I_d \uparrow \rightarrow U_i \uparrow \rightarrow \Delta U \downarrow \rightarrow U_{ct} \downarrow \rightarrow U_d \downarrow \rightarrow I_d \downarrow$ 调节，使电流下降，从而限制了起动电流。堵转时，也有类似的调节过程。

（3）系统的稳态结构图。带电流负反馈限流环节的转速闭环调速系统稳态结构图如图 1-32 所示。它是在转速负反馈调速系统稳态结构图的基础上增加了一个电流负反馈限流环节，电流负反馈信号被引入到比较环节。

（4）系统的静特性方程。电流负反馈输入信号的作用相当于增加了输入给定信号 $-I_d R_s$，产生的速降为 $-\dfrac{K_p K_s (I_d R_s)}{C_e (1+K)}$。

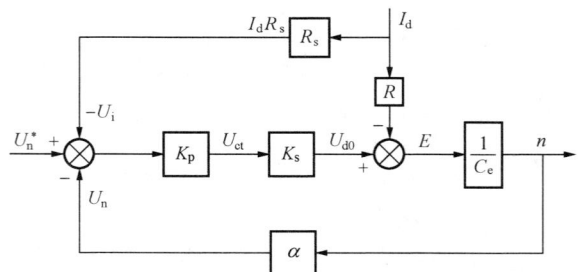

图 1-32 带电流负反馈限流环节的转速闭环调速系统稳态结构图

所以系统的静特性方程可表示为

$$n = \frac{K_p K_s U_n^*}{C_e(1+K)} - \frac{R}{C_e(1+K)} I_d - \frac{K_p K_s R_s}{C_e(1+K)} I_d$$

$$= \frac{K_p K_s U_n^*}{C_e(1+K)} - \frac{R + K_p K_s R_s}{C_e(1+K)} I_d$$

（5）存在的问题。从静特性方程可知，正常运行时电流负反馈的存在将使系统的静差大大增加，甚至超过开环调速系统的速降。

2. 采用电流截止负反馈，在起动结束正常运行时自动取消电流负反馈限流环节

（1）带电流截止负反馈的转速闭环调速系统。电动机起动时电流大，电流负反馈限流环节工作；起动结束正常运行时，电流减小，电流负反馈限流环节自动取消。这种当电流达到一定程度时才出现的电流负反馈，称为电流截止负反馈。在转速闭环调速系统的基础上，增加电流截止负反馈环节，就可构成带电流截止负反馈环节的转速闭环调速系统，其原理图如图 1-33 所示。

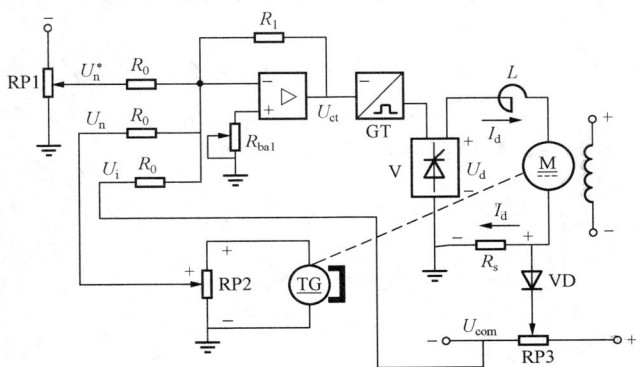

图 1-33 带电流截止负反馈的转速闭环调速系统原理图

电流反馈信号从串联于电枢回路的小电阻 R_s 上取出，大小为 $I_d R_s$，正比于电枢电流。电流截止环节由提供电流截止比较电压 U_{com} 的调节电位器 RP3 及其直流电源和二极管 VD 组成。二极管的作用是保证电流反馈控制电路中电流单方向流动，相当于电流截止的控制开关。设 I_{dcr} 为临界截止电流，引入电流截止比较电压 U_{com} 并使其等于 $I_{dcr} R_s$，将其与 $I_d R_s$ 反向串联。参见图 1-34（a）。

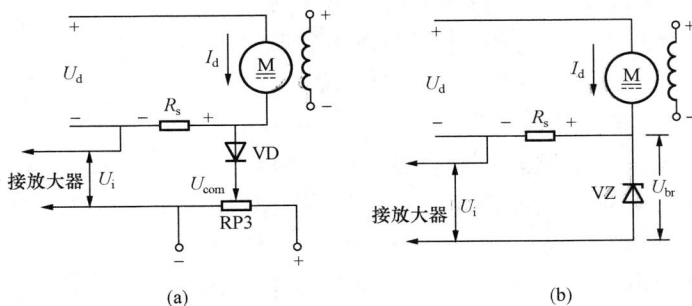

图 1-34 电流截止负反馈环节
（a）利用独立直流电源作比较电压；（b）利用稳压管产生比较电压

（2）电流截止负反馈原理。系统正常工作时，$I_d R_s \leq U_{com}$，即 $I_d \leq I_{dcr}$，二极管 VD 截止，电流负反馈被切断，此时系统就是一般的转速负反馈闭环调速系统，其静特性很硬。

电动机起动或堵转时，系统过流 $I_d R_s > U_{com}$，即 $I_d > I_{dcr}$，二极管 VD 导通，电流反馈信号 $U_i = I_d R_s - U_{com}$ 加至放大器的输入端，此时偏差电压 $\Delta U = U_n^* - U_n - U_i$，$U_i$ 随 I_d 的增

大而增大，使 ΔU 下降，从而 U_{d0} 下降，抑制 I_d 上升。此时系统静特性较软。限流过程如下

$$I_d \uparrow \to U_i \uparrow \to \Delta U \downarrow \to U_{ct} \downarrow \to U_{d0} \downarrow \to I_d \downarrow$$

调节 U_{com} 的大小，即可改变临界截止电流 I_{dcr} 的大小，从而实现系统限制电枢电流的控制要求。图 1-34 （b）所示为利用稳压管 VZ 的击穿电压 U_{br} 作为比较电压的电路，其线路简单，但不能平滑调节临界截止电流值，调节不便。

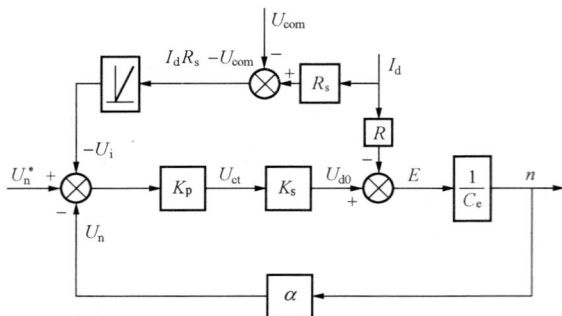

图 1-35 带电流截止负反馈的转速闭环
调速系统稳态结构图

（3）系统的稳态结构图。其是在带电流负反馈限流环节的转速闭环调速系统稳态结构图基础上，增加了一个非线性比较环节而得到，如图 1-35 所示。

根据电流截止负反馈的稳态结构图可推出系统的静特性方程式。

当 $I_d R_s \leqslant U_{com}$ 时，电流截止负反馈不起作用，系统的闭环静特性方程式为

$$n = \frac{K_p K_s U_n^*}{C_e(1+K)} - \frac{R}{C_e(1+K)} I_d$$

$$= n_0 - \Delta n \qquad (1-29)$$

当 $I_d R_s > U_{com}$ 时，电流截止负反馈起作用，其静特性方程为

$$n = \frac{K_p K_s U_n^*}{C_e(1+K)} - \frac{K_p K_s}{C_e(1+K)}(R_s I_d - U_{com}) - \frac{R I_d}{C_e(1+K)}$$

$$= \frac{K_p K_s (U_n^* + U_{com})}{C_e(1+K)} - \frac{(R + K_p K_s R_s) I_d}{C_e(1+K)} = n_0' - \Delta n' \qquad (1-30)$$

思考

式（1-29）中的 R 与转速闭环负反馈调速系统中的 R 一样吗？

由式（1-29）、式（1-30）画出静特性曲线，如图 1-36 所示。式（1-29）对应于图中的 n_0-A 段，它就是静特性较硬的转速负反馈闭环调速系统。式（1-30）对应于图中的 A-B 段，此时电流负反馈起作用，特性急剧下垂。n_0-A 段与 A-B 段相比有如下特点：

（1）$n_0' \gg n_0$，这是由于比较电压 U_{com} 与给定电压 U_n^* 的作用一致，因而提高了虚拟的理想空载转速 n_0'。实际上，图 1-36 中虚线 n_0'-A 段因电流负反馈环节被截止而不存在。

（2）$\Delta n_0' \gg \Delta n$，这说明电流负反馈起作用时，相当于在主电路中串入一个大电阻 $K_p K_s R_s$。因此，随负载电流的增大，转速急剧下降，稳态速降极大，特性急剧下垂。

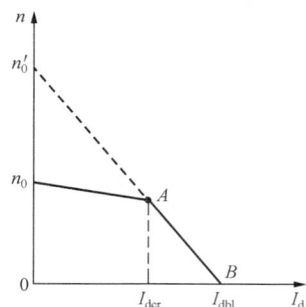

图 1-36 带电流截止负反馈的
转速闭环调速系统稳态特性

这样的两段式静特性通常称为"挖土机特性"。当挖土机遇到坚硬的石块而过载时，电动机停下（如图 1-36 中的 B 点），此时的电流等于堵转电流 I_{dbl}，A 点为临界截止电流 I_{dcr}。

在实际系统中，也可用电流互感器来检测主回路的电流，从而将主回路与控制回路实行电气隔离，保证人身和设备的安全。还可采用如图 1-37 所示的电路实现电流截止，用电压

反馈信号 U_i 去封锁运算放大器。在运算放大器的输入输出端跨接开关管 VT，一旦产生 U_i，则 VT 导通，使运算放大器的反馈电阻短接，放大倍数接近于零，则控制电压 U_{ct} 近似为零。当负载电流减小时，从电位器上引出的正比于负载电流的电压不足以击穿稳压管 VZ，U_i 消失，VT 截止，运算放大器恢复工作。图中，电位器 RPS 是用来调节截止电流的。

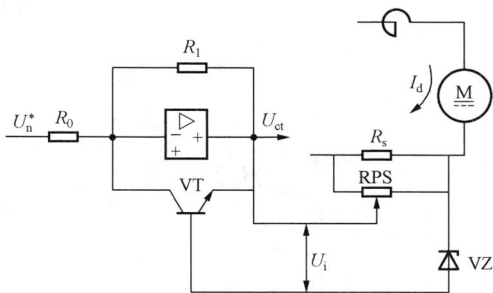

图 1-37 封锁运算放大器的电流截止环节

1.2.3 电压负反馈调速系统

要实现转速负反馈必须有测速发电机，这不仅成本高而且给系统的安装与维护带来不便。电压负反馈控制可以解决此问题，它适用于对调速指标要求不高的系统。

从 $n=\dfrac{U_d-I_dR_a}{C_e}\approx\dfrac{U_d}{C_e}$ 可知，如果忽略电枢电阻压降，则直流电动机的转速 n 近似正比于电枢两端电压 U_d。因此，可采用电压负反馈代替转速负反馈，维持转速 n 基本不变，如图 1-38 所示。

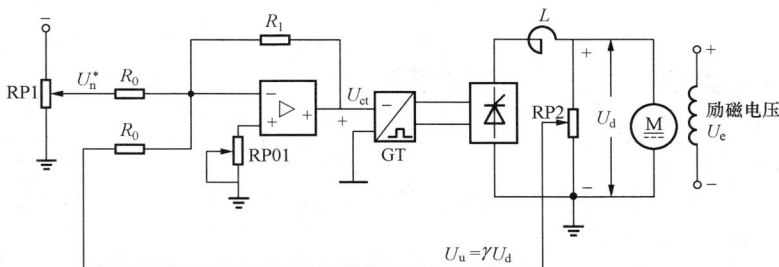

图 1-38 电压负反馈调速系统原理图

由图 1-38 可见，电压反馈检测元件是起分压作用的电位器 RP2。RP2 并联于直流电动机电枢两端，将它的一部分电压 $U_u=\gamma U_d$ 反馈到输入端，其中 γ 为电压反馈系数。反馈电压与转速给定电压 U_n^* 比较后，得到偏差电压 ΔU_n，经放大器放大后产生控制电压 U_{ct} 送给晶闸管触发器 GT，用以调节晶闸管整流输出电压 U_{d0}，从而控制电动机的转速。

为了获得电压反馈信号，需要把电枢回路总电阻分成两部分，即 $R=R_n+R_a$，由此可得

$$U_{d0}-I_dR_n=U_d$$
$$U_d-I_dR_a=E \tag{1-31}$$

式中：R_n 为晶闸管整流装置的内阻（含平波电抗器电阻）；R_a 为电枢电阻。

电压负反馈调速系统稳态结构图如图 1-39 所示。利用结构图运算规则，可将图 1-39（a）分解为（b）～（d）三个部分，先分别求出每部分的输入输出关系，再叠加起来，即得电压负反馈调速系统的静特性方程式

$$n=\frac{K_pK_sU_n^*}{C_e(1+K)}-\frac{R_nI_d}{C_e(1+K)}-\frac{R_aI_d}{C_e} \tag{1-32}$$

29

$$K = \gamma K_{\mathrm{p}} K_{\mathrm{s}}$$

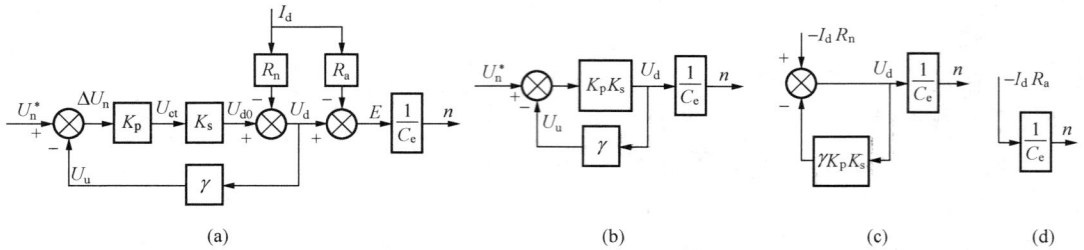

图 1-39 电压负反馈调速系统稳态结构图

（a）系统稳态结构图；（b）U_{n}^* 单独作用；（c）$-I_{\mathrm{d}}R_{\mathrm{n}}$ 单独作用；（d）$-I_{\mathrm{d}}R_{\mathrm{a}}$ 单独作用

由式（1-32）可知，电压负反馈将反馈环包围的整流装置内阻引起的稳态速降减小到 $1/(1+K)$。当电枢电流增加时，$I_{\mathrm{d}}R_{\mathrm{n}}$ 增大，电枢电压 U_{d} 降低，电压负反馈信号 U_{u} 随之降低。输入运算放大器的偏差电压 $\Delta U_{\mathrm{n}} = U_{\mathrm{n}}^* - U_{\mathrm{u}}$ 增大，使整流装置输出的电压增加，从而补偿了转速降落。由此可知，电压负反馈系统实际上是一个自动调压系统。而扰动量 $I_{\mathrm{d}}R_{\mathrm{a}}$ 不被负反馈环所包围，由它引起的稳态速降得不到抑制，系统的稳态精度较差。解决此问题的办法是：在电压负反馈调速系统的基础上再引入电流正反馈，以补偿电枢电阻引起的稳态压降。

1.2.4 转速负反馈无静差直流调速系统

一、 问题的提出

从前面反馈控制规律的学习中了解到，采用比例放大器的反馈控制系统是有静差的。这是因为闭环系统的稳态速降为

$$\Delta n_{\mathrm{cl}} = \frac{RI_{\mathrm{d}}}{C_{\mathrm{e}}(1+K)}$$

只有当 $K = \infty$ 时，才能使 $\Delta n_{\mathrm{cl}} = 0$，即实现无静差。由于比例放大器的放大倍数 K_{p} 为有限值，所以 K 值也不可能为无穷大。因此，采用比例放大器的反馈控制系统是有静差的。

要实现无静差，必须使 $K = \infty$，才能使 $\Delta n_{\mathrm{cl}} = 0$。根据 $K = K_{\mathrm{p}}K_{\mathrm{s}}\alpha/C_{\mathrm{e}}$ 可知，只有通过 $K_{\mathrm{p}} = \infty$ 来实现。要使 $K_{\mathrm{p}} = \infty$，可以使用积分调节器。

二、 积分调节器 （I） 和积分控制规律

图 1-40（a）为由线性集成运算放大器构成的积分调节器（简称 I 调节器），图 1-40（b）为积分调节器的输出特性。

当 U_{o} 初始值为零，U_{i} 为阶跃输入时，得

$$U_{\mathrm{o}} = \frac{U_{\mathrm{i}}}{\tau}t \tag{1-33}$$

式中：τ 为积分时间常数，$\tau = R_0 C$。

当输入量 U_{i} 为恒值时，输出量 U_{o} 随时间线性增长。只要 U_{i} 不为零，积分调节器的输出量就不断积累，如图 1-40（b）所示。输出信号的响应具有滞后性，U_{om} 为饱和值。当

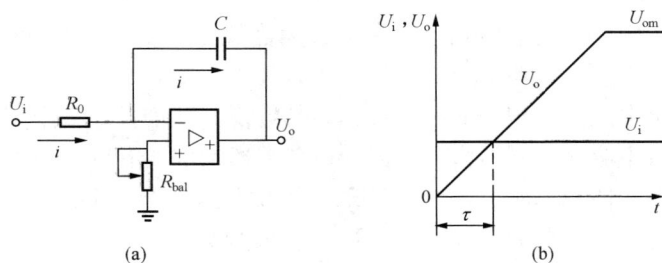

图 1-40 积分调节器原理图及其输出特性

(a) 电路原理图；(b) 输出特性

输入量变为零时，输出量并不变为零而是保持输入信号为零前的输出值。在电路中，这个电压就是充电后的电容器电压。若要实现积分调节器的输出量下降，只有使输入量改变极性。

在转速负反馈调速系统中若采用积分环节，则可以实现转速无静差调节。这是因为若以稳态速降 Δn 作为输入量，当稳态速降不为零时，其积分积累过程不停止，系统输出量 n 不断增长，使稳态速降减小，直至为零，停止积分。但积分控制有滞后性，满足不了系统的快速性要求，工程上常采用比例积分调节器。

三、比例积分调节器（PI）

比例积分调节器（简称 PI 调节器），如图 1-41（a）所示。

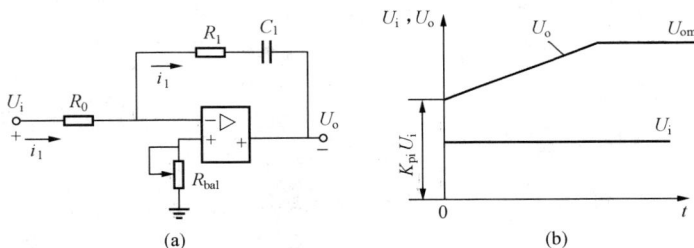

图 1-41 比例积分调节器原理图及其输出特性

(a) 电路原理图；(b) 输出特性

比例积分调节器的输出为

$$U_o = \frac{R_1}{R_0}U_i + \frac{1}{R_0 C_1}\int U_i \mathrm{d}t = K_{pi}U_i + \frac{1}{\tau}\int U_i \mathrm{d}t \qquad (1-34)$$

式中：K_{pi} 为 PI 调节器的比例放大系数，$K_{pi} = R_1/R_0$；τ 为 PI 调节器的积分时间常数，$\tau = R_0 C_1$。

由上述可见，PI 调节器的输出电压是由比例和积分两个部分组成。比例部分 $K_{pi}U_i$ 能迅速反映输入，加快响应过程；积分部分 $\frac{1}{\tau}\int U_i \mathrm{d}t$ 是输入量对时间的积累过程，最终消除误差。在零初始状态和阶跃输入下，PI 调节器的输出特性如图 1-41（b）所示。比例积分调节器兼有比例与积分调节器二者的优点，在自动控制系统中获得了广泛应用。

PI 调节器控制的物理过程实质是，当突加输入信号时（动态时），由于电容两端电压不能突变，电容相当于短路，调节器相当于一个放大倍数为 $K_{pi}=R_1/R_0$ 的比例调节器，其输出信号为输入信号的 K_{pi} 倍，实现快速控制；此时放大倍数数值不大，有利于系统的稳定。随着电容充电，输出电压开始积分的积累过程，其数值不断增长，直到实现转速的无静差控制。实际上，输出量不会无限制地增长，因为调节器通常都设有输出限幅电路，当输出电压达到运算放大器的限幅值 U_{om} 时，就不再增长。稳态时，电容相当于开路，与积分调节器相同，其放大系数为运算放大器的开环放大倍数，数值很大（在 10^4 数量级以上），这使系统的稳态误差大大减小。这样不仅很好地实现了快速性与无静差控制，同时又解决了系统的动、静态对放大系数要求不同的矛盾。

四、 采用比例积分调节器的无静差直流调速系统

图 1-42 所示为采用比例积分调节器的无静差直流调速系统原理图。

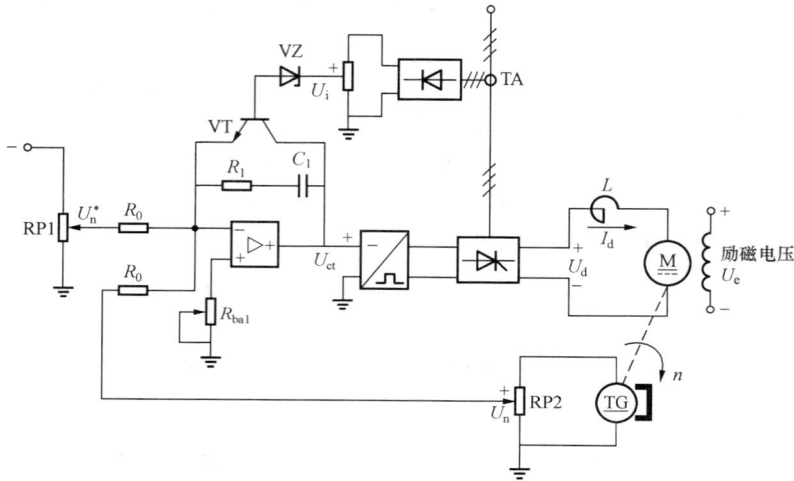

图 1-42　采用比例积分调节器的无静差直流调速系统原理图

由图 1-42 可以看出，此系统采用转速负反馈和电流截止负反馈环节，转速调节器（ASR）采用 PI 调节器。当系统负载突增时的动态过程曲线如图 1-43 所示。

稳态时，PI 调节器的输入偏差电压 $\Delta U_n=0$。当负载由 T_{L1} 增至 T_{L2} 时，转速 n 下降，U_n 也下降，使偏差电压 $\Delta U_n=U_n^*-U_n$ 不为零，PI 调节器进入调节过程。

由图 1-43 可知，PI 调节器的输出电压的增量 ΔU_{ct} 分为两部分。在调节过程的初始阶段，比例部分立即输出

$$\Delta U_{ct1} = K_p \Delta U_n \tag{1-35}$$

其波形与 ΔU_n 相似，见虚线 1；积分部分 ΔU_{ct2} 波形为 ΔU_n 对时间的积分见虚线 2。比例积分为曲线 1 和曲线 2 相加，如曲线 3。

在初始阶段，积分曲线上升较慢，比例部分正比于 ΔU_n，虚曲线 1 上升较快。当 Δn（ΔU_n）达到最大值时，比例部分输出 ΔU_{ct1} 达到最大值，积分部分的输出电压 ΔU_{ct2} 增长速度最大。此后，转速开始回升，ΔU_n 开始减小，比例部分 ΔU_{ct1} 曲线转为下降，积分部分 ΔU_{ct2} 继续上升，直至 ΔU_n 为零。此时积分部分起主要作用。可以看出，在调节过程的初、中期，比例部分起主要作用，保证了系统的快速响应；在调节过程的后期，积分部分起主要

32

作用，最后消除偏差。

五、比例积分调节器的实用电路举例

由 FC54 运算放大器构成的 PI 调节器如图 1 - 44 所示。现对各环节的作用介绍如下：

（1）零点调节、零点漂移抑制和锁零电路。由运算放大器构成的调节器的基本要求之一是"零输入时，零输出"。若由于某些因素造成输入为零时，输出不为零，则可调节调零电位器 RP1 使输出为零。PI 调节器在稳态时，电容 C_1 相当于开路，放大倍数很大，运算放大器零点漂移的影响便很大，在由 R_1、C_1 串联构成的反馈电路两端并联一个反馈电阻 R_1'，可抑制零漂引起的输出电压的波动。R_1' 一般取 2~4MΩ。

运算放大器零漂的存在，还可能使系统在"停车"时爬行，为此，通常采用锁零电路。图 1 - 44 中采用 N 沟道耗尽型场效应晶体管（如 3DJ6）。当"停车"时，系统发出锁零信号，使场效应晶体管的栅极电压为零，则源、漏极间有较大电流通过（D、S 之间相当于短路），运算放大器的反馈电路被短接，起锁零作用。当系统运行时，锁零信号消失，栅极在 -15V 电源作用下呈负压，源、漏极间相当于开路。保证系统正常运行。栅极电路中的阻容滤波环节，主要起抗干扰作用，以防误动作。

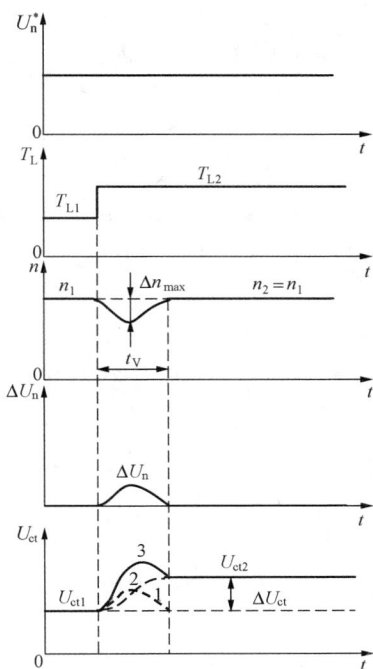

图 1 - 43　系统负载突增时的
动态过程曲线

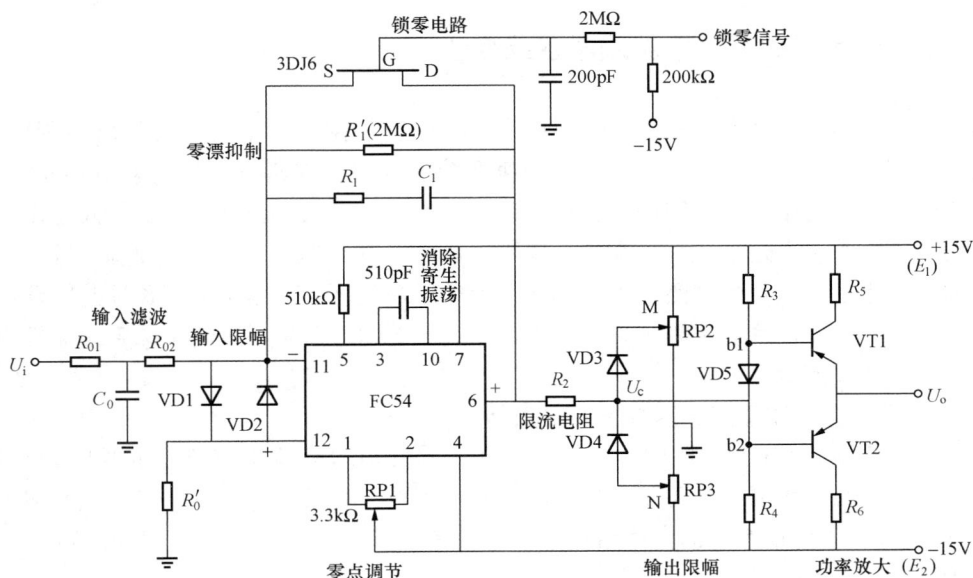

图 1 - 44　比例积分调节器的实用电路

（2）消除寄生振荡电路。由于运算放大器的开环放大倍数很高，晶体管的结间电容，引

线的电感和分布电容，使输出、输入间存在寄生耦合，产生高频寄生振荡。在 FC54 的 3、10 两端子间外接一补偿电容可消除寄生振荡。

（3）调节器的输入、输出限幅电路和输入滤波电路。为防止过大的信号输入使运算放大器发生"堵塞现象"，在运算放大器的正、反相输入端间，外接两个反并联的二极管 VD1 和 VD2，它们构成输入限幅电路。

为滤去输入信号中的谐波，在运算放大器的反向输入端外接 T 形滤波电路。稳态时，电容 C_0 相当于开路，其输入回路电阻 $R_1 = R_{01} + R_{02}$（一般 $R_{01} = R_{02} = 10 \sim 20 \mathrm{k\Omega}$）。动态时，T 形滤波器相当于一个"惯性环节"。

为了保证运算放大器的输出线性特性并保护调速系统的各个部件，设置输出电压限幅是十分必要的。输出限幅电路有很多种。图 1-44 中是采用二极管钳位的输出限幅电路（也称外限幅）。图中 E_1、E_2 为 ±15V 电源，调节电位器 RP2、RP3 可以调节正、反向电压的限幅值，R_2 为限幅时的限流电阻。

当输出电压 $U_c > U_M + \Delta U_D$ 时，二极管 VD3 导通，此时输出电压

$$U_c = U_{cm}^+ = U_M + \Delta U_D$$

式中：U_M 为 M 点对地电压；ΔU_D 为二极管压降；U_{cm}^+ 为正向输出电压限幅值。

当输出电压 $U_c < |U_N| + \Delta U_D$ 时，二极管 VD4 导通，输出电压 $U_c = U_{cm}^- = |U_N| + \Delta U_D$。$U_{cm}^-$ 为反向电压限幅值；U_N 为 N 点对地电压此处 U_N 为负值。

（4）调节器的输出功率放大电路。运算放大器的最大输出功率是有限的，如 FC54 最大输出电流为 10mA，一般不能直接驱动负载，因此需要外加功率放大电路。图 1-44 中由 VT1、VT2 构成推挽功率放大器，R_5、R_6 是集电极限流电阻。二极管 VD5 是用来补偿 VT1 和 VT2 基极死区电压的。

1.2.5 单闭环负反馈直流调速系统综述

前面介绍了转速负反馈调速系统、带电流截止负反馈限流环节的转速负反馈调速系统、电压负反馈调速系统以及转速负反馈无差调速系统，这四种调速系统都是单闭环控制系统。判断一个调速系统是单闭环控制还是多环控制，先要看它有几个控制器，以及几个以控制器为核心的闭环。由于上述系统都只有一个控制器，所以它们都属于单闭环控制系统。尽管第二、四种系统除了转速负反馈闭环外还包含电流负反馈闭环，但由于电流负反馈闭环没有自己独立的控制器，所以系统仍属于单闭环控制系统。单闭环负反馈直流调速系统通常由主回路、控制回路和控制策略组成。

一、单闭环负反馈直流调速系统的主回路

V-M 直流调速系统的主回路包括交流电源、将交流电整流成直流电的晶闸管整流器、电动机等。由于晶闸管触发器与晶闸管整流器密不可分，有时也将触发器归在主回路一起讨论。PWM-M 直流调速系统的主回路包括恒定直流电源、将恒定直流电变换成可变直流电的直流斩波器、电动机等。

二、单闭环负反馈直流调速系统的控制回路

直流调速系统的控制回路由于系统的不同，其组成有所不同。

（1）转速负反馈调速系统的控制回路包括转速给定电源、转速反馈检测环节、给定与反

馈信号比较环节和速度控制器。转速检测采用直流测速发电机。

（2）带电流截止负反馈限流环节的转速负反馈调速系统，其控制回路除了转速负反馈调速系统的控制电路外，还包括电流负反馈限流环节。它由电流反馈检测环节、电流截止电路组成。电流检测既可用电枢回路串"取样电阻测电流"方法，也可采用图 1 - 18 的"电流检测电路"方法。

（3）电压负反馈调速系统的控制回路包括转速给定电源、电压反馈检测环节、给定与反馈信号比较环节和电压控制器。电压检测采用在直流电动机两端并联"取样电阻测电压"方法，工程上为了安全起见，实际采用电压隔离器。

（4）转速负反馈无差调速系统的控制回路组成与带电流截止负反馈限流环节的转速负反馈调速系统基本相同，其区别在控制器的控制策略上。

三、 单闭环负反馈直流调速系统的控制策略

上述单闭环负反馈调速系统中所采用的控制策略比较简单，有差调速系统采用比例控制（P），无差调速系统则采用积分控制（I）或比例—积分控制（PI），此外还可采用比例—积分—微分控制（PID）。随着控制理论的发展，各种现代控制方法、智能控制方法不断涌现，控制策略越来越先进，控制算法也越来越复杂。

四、 单闭环负反馈直流调速系统控制策略的实现

简单的 P、I、PI、PID 控制可以采用运算放大器实现，智能控制等复杂的控制算法则需要运用微机和数字信号处理器（DSP）等硬件来实现。

1.3　转速、电流双闭环调速系统

1.3.1　理想起动及其实现

1. 普通起动

如图 1 - 45（a）所示，电动机起动瞬间转速很小，电枢电流很快上升到最大电流。随着转速的上升，电动机反电动势增加，使起动电流 i_d 到达最大值后又迅速降下来，电磁转矩也随之减小，必然影响起动的快速性（即起动时间 t_s 较长）。

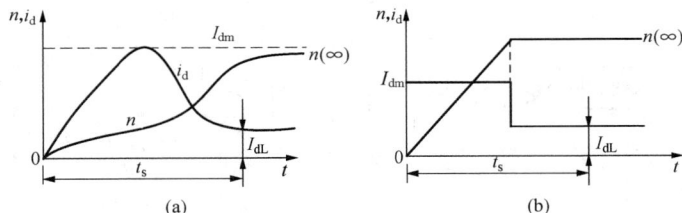

图 1 - 45　调速系统起动过程的电流和转速波形

（a）普通起动过程；（b）理想快速起动过程

2. 理想起动

理想快速起动过程的波形如图 1 - 45（b）所示。在整个起动过程中，使起动电流 i_d 一

直保持最大允许值 I_{dm}，此时电动机以最大转矩起动，转速迅速以直线规律上升，以缩短起动时间；起动结束后，电流从最大值迅速下降为负载电流值且保持不变，转速维持给定转速不变。

3. 理想起动的实现

为了实现理想起动过程，工程上常采用转速电流双闭环负反馈调速系统。在整个工作过程中，电流负反馈一直起调节作用，起动阶段使电枢电流保持最大值 I_{dm}，起动结束后使其等于负载电流 I_{dL}；而在起动阶段，转速环不能让其发挥调节作用，否则转速不能线性上升。此时，可利用 PI 调节器的饱和特性，使转速环在起动阶段饱和而失去调节作用。起动结束后，转速调节器退出饱和。转速负反馈外环起主要作用，使转速保持不变。

1.3.2　系统的组成及工作原理

1. 系统的组成

图 1-46 所示为转速、电流双闭环调速系统（简称双闭环调速系统）原理图。为了使转速负反馈和电流负反馈分别起作用，系统中设置了转速调节器 ASR 和电流调节器 ACR。由图可见，电流调节器 ACR 和电流检测—反馈回路构成了电流环，转速调节器 ASR 和转速检测—反馈环节构成了转速环，故称为双闭环调速系统。因转速环包围电流环，故称电流环为内环（副环），转速环为外环（又称主环）。在电路中，ASR 和 ACR 串联，即将 ASR 的输出当作 ACR 的输入，再由 ACR 的输出去控制晶闸管整流器的触发装置。ASR 和 ACR 均为比例积分调节器，其输入输出设有限幅电路。ACR 输出限幅值为 U_{ctm}，它限制了晶闸管整流器输出电压 U_d 的最大值。ASR 输出限幅值为 U_{im}^*，它决定了主回路中的最大允许电流 I_{dm}。

2. 系统的工作原理

（1）调速系统起动时，突加阶跃给定信号 U_n^*，由于机械惯性，转速很小，转速偏差电压 ΔU_n 很大，转速调节器 ASR 饱和，输出为限幅值 U_{im}^* 且不变，转速环相当于开环。在此情况下，电流负反馈环起恒流调节作用，使 $I_d = I_{dm}$，转速线性上升。

（2）当转速达到给定值且略有超调时，转速调节器的输入信号变极性，ASR 退饱和，转速负反馈环起调节作用，使转速保持恒定，即 $n = U_n^* / \alpha$ 保持不变。

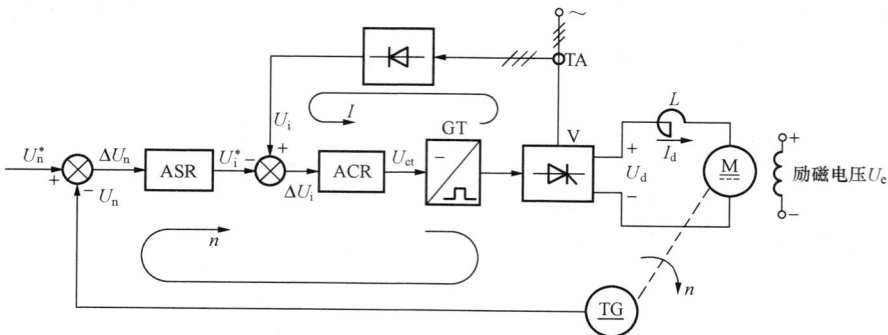

图 1-46　双闭环调速系统原理图

ASR—转速调节器；ACR—电流调节器；TG—测速发电机；TA—电流互感器；GT—触发装置

U_n^*—转速给定电压；U_n—转速反馈电压；U_i^*—电流给定电压；U_i—电流反馈电压

（3）此时，转速环要求电流迅速响应转速 n 的变化，而电流环则要求维持电流不变，不利于电流对转速变化的响应，有使静特性变软的趋势。但由于转速环是外环，起主导作用，而电流环的作用只相当转速环内部的一种扰动作用而已，只要转速环的开环放大倍数足够大，最终靠 ASR 的积分作用，可消除转速偏差。

1.3.3 双闭环调速系统的稳态结构图、静特性及稳态参数计算

一、双闭环调速系统的稳态结构图

为了更清楚地了解转速、电流双闭环直流调速系统的特性，必须对双闭环调速系统的稳态结构图进行分析。图 1-47 所示为双闭环调速系统的稳态结构图。图中，ACR 和 ASR 的输入、输出信号的极性，主要视触发电路对控制电压的要求而定。若触发器要求 ACR 的输出 U_{ct} 为正极性，由于调节器一般为反向输入，则要求 ACR 的输入 U_i^* 为负极性，所以要求 ASR 输入的给定电压 U_n^* 为正极性。

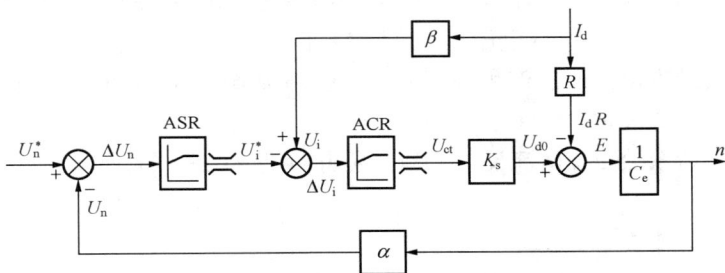

图 1-47　双闭环调速系统的稳态结构图

由图 1-47 可见，系统存在：

（1）以电流调节器 ACR 为核心的电流环。它由电流调节器 ACR 和电流负反馈环组成，通过电流负反馈的自动调节作用去稳定电流。

（2）以转速调节器 ASR 为核心的转速环。它由转速调节器 ASR 和转速负反馈环组成，通过转速负反馈的作用维持转速稳定，最终消除转速偏差。

二、双闭环调速系统的静特性

分析双闭环调速系统静特性的关键是掌握转速 PI 调节器的稳态特征，它有两种状态：①饱和——输出达到限幅值，输入量的变化不再影响输出（除非输入信号变极性使调节器退饱和），这时转速环相当于开环；②不饱和——输出未达到限幅值，通过转速调节器的调节，使输入偏差电压 ΔU_n 在稳态时为零。

（1）调速系统起动时，转速调节器 ASR 饱和，转速环相当于开环。此时电流负反馈环起恒流调节作用，转速线性上升，从而获得极好的下垂特性，如图 1-48 中的 AB 段虚线。

（2）当转速达到给定值且略有超调时，转速调节器退饱和进行调节。由于转速环是外环，起主导作用，

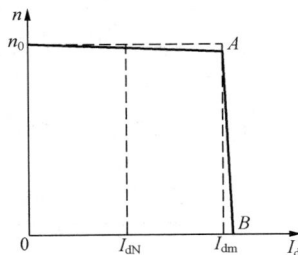

图 1-48　双闭环调速系统的静特性

I_{dN}—电枢电流额定值；I_{dm}—电枢电流最大值

最终靠 ASR 的调节，可消除转速偏差，使转速保持恒定。见图 1-48 中 n_0-A 段虚线。图中实线为考虑工程实际情况后的特性，而虚线为理想工作条件下的特性。

三、 双闭环调速系统各变量的稳态工作点和稳态参数计算

当系统的 ASR 和 ACR 两个 PI 调节器都不饱和且系统处于稳态时，各变量间的关系为：

速度调节器 ASR 的输入

$$\Delta U_{\mathrm{n}} = U_{\mathrm{n}}^{*} - U_{\mathrm{n}} = U_{\mathrm{n}}^{*} - \alpha n = 0 \tag{1-36}$$

速度调节器 ASR 的输出

$$U_{\mathrm{i}}^{*} = U_{\mathrm{i}} = \beta I_{\mathrm{dL}} \tag{1-37}$$

电流调节器 ACR 的输入

$$\Delta U_{\mathrm{i}} = U_{\mathrm{i}}^{*} - U_{\mathrm{i}} = U_{\mathrm{i}}^{*} - \beta I_{\mathrm{dL}} = 0 \tag{1-38}$$

电流调节器 ACR 的输出

$$U_{\mathrm{ct}} = \frac{U_{\mathrm{d0}}}{K_{\mathrm{s}}} = \frac{C_{\mathrm{e}} n + I_{\mathrm{d}} R}{K_{\mathrm{s}}} = \frac{C_{\mathrm{e}} U_{\mathrm{n}}^{*}/\alpha + I_{\mathrm{dL}} R}{K_{\mathrm{s}}} \tag{1-39}$$

从上述公式可知，在稳态工作点上，转速 n 由给定电压 U_{n}^{*} 决定，而转速调节器的输出量 U_{i}^{*} 由负载电流 I_{dL} 决定，控制电压 U_{ct} 由转速 n 和 I_{d} 的大小决定。很明显，比例调节器的输出量总是由输入量决定；而比例积分调节器与比例调节器不同，它的输出与输入无关，而是由它后面所接的环节决定。

另外，转速反馈系数 α 和电流反馈系数 β 还可通过下面两式计算

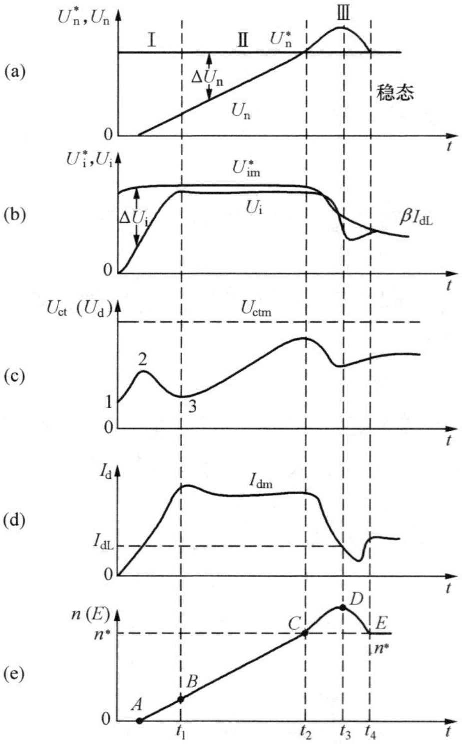

图 1-49 双闭环调速系统的起动特性

$$\alpha = \frac{U_{\mathrm{nm}}^{*}}{n_{\max}} \tag{1-40}$$

$$\beta = \frac{U_{\mathrm{im}}^{*}}{I_{\mathrm{dm}}} \tag{1-41}$$

式中：U_{nm}^{*}、U_{im}^{*} 分别是最大转速给定电压和转速调节器的输出限幅电压；$n_{\max}$ 为对应最大给定电压 U_{nm}^{*} 的最大转速。

1.3.4 双闭环调速系统的起动特性

双闭环调速系统的起动特性如图 1-49 所示。

在突加阶跃转速给定信号 U_{n}^{*} 情况下，由于起动瞬间电动机转速为零，ASR 的输入偏差电压 $\Delta U_{\mathrm{n}} = U_{\mathrm{n}}^{*}$，ASR 饱和，输出限幅值 U_{im}^{*}，ACR 的输出 U_{ct} 及电动机电枢电流 I_{d} 和转速 n 的动态响应过程可分为三个阶段。在分析起动过程的阶段时，要抓住这样几个关键：①$I_{\mathrm{d}} > I_{\mathrm{dL}}$，$\frac{\mathrm{d}n}{\mathrm{d}t} > 0$，$n$ 升速；②$I_{\mathrm{d}} < I_{\mathrm{dL}}$，$\frac{\mathrm{d}n}{\mathrm{d}t} < 0$，$n$ 降速；③$I_{\mathrm{d}} = I_{\mathrm{dL}}$，$\frac{\mathrm{d}n}{\mathrm{d}t} = 0$，$n$=常数。

双闭环调速系统的起动过程见表 1-1。

表 1-1   双闭环调速系统起动过程

阶段 项目	起动过程的第Ⅰ阶段（$0\sim t_1$） （电流上升）	起动过程的第Ⅱ阶段（$t_1\sim t_2$） （恒流升速）	起动过程的第Ⅲ阶段（t_2以后） （转速趋于稳定）
原因	刚起动时，转速 n 为零，$\Delta U_n = U_n^* - \alpha n$ 最大，它使 ASR 的输出电压 $\lvert -U_i^* \rvert$ 迅速增大，很快上升到限幅值 U_{im}^*，如图 1-49（a）、（b）所示。此时 U_{im}^* 作为电流环的给定电压，其输出电流迅速上升，当 $I_d = I_{dL}$ 时，n 开始上升，由于 ACR 的调节作用，使 $I_d = I_{dm}$，标志着电流上升过程结束，如图 1-49（c）、（d）所示	随着转速上升，电动机反电动势 E 上升（$E \propto n$），电流从 I_{dm} 有所回落。但由于电流调节器的无差调节作用，使 $I_d = I_{dm}$，电流保持最大值 I_{dm}，即 $I_{dm} = U_{im}^*/\beta$。转速线性上升，接近理想的起动过程	随着转速 n 上升，当 $n = n^*$ 时，$\Delta U_n = U_n^* - \alpha n = 0$。但此时电枢电流仍保持最大值，电动机转速继续上升，从而出现了转速超调现象。当转速 n 大于 n^* 时，$\Delta U_n = U_n^* - \alpha n < 0$，转速调节器的输入信号反向，输出下降，ASR 退出饱和。经 ASR 的调节，最终使 n 保持在 n^* 的数值上；而 ACR 调节使 $I_d = I_{dL}$，如图 1-49（e）所示
状态	ASR 迅速达到饱和状态，不再起调节作用。因电磁时间常数 T_L 小于机电时间常数 T_m，U_i 比 U_n 增长快，这使 ACR 的输出不饱和，起主要调节作用	ASR 保持饱和，ACR 保持线性调节状态，U_{ct} 有调整裕量	ASR 退出饱和，速度环开始调节，n 跟随 U_n^* 变化；ACR 保持在不饱和状态，I_d 紧密跟随 U_i^* 变化
特征关系	$\beta = U_i^*/I_d$，$U_{im}^* \approx \beta I_{dm}$ 为电流闭环的整定依据	$\lvert U_{im}^* \rvert > U_i$，$\Delta U_i = -U_{im}^* + \beta I_d < 0$，$U_{ct}$ 线性上升	稳态时，ASR、ACR 调节器输入/输出电压： $\Delta U_n = U_n^* - U_n = U_n^* - \alpha n = 0$ $\Delta U_i = -U_i^* + U_i = -U_i^* + \beta I_d = 0$ $U_{ct} = (C_e n^* + RI_{dL})/K_s$
关键位置	A：$I_d = I_{dL}$ 时，n 开始升速 B：$I_d = I_{dm}$ 时，快速起动开始	C：$n = n^*$，$U_n^* = U_n = \alpha n$	D：$\mathrm{d}n/\mathrm{d}t = 0$，$n$ 为峰值 E：$n = n^*$，$I_d = I_{dL}$ 为稳态值

可以看出，转速调节器在电动机起动过程的第一阶段由不饱和状态到饱和状态，第二阶段处于饱和状态，第三阶段从退饱和到线性调节状态；而电流调节器始终处于线性调节状态。

1.3.5 双闭环调速系统动态性能的改进——转速微分负反馈

双闭环调速系统动态性能的不足就是有转速超调，而且抗扰性能的提高也受到一定的限制。实践证明，在转速调节器上引入转速微分负反馈，可以抑制转速超调、显著降低动态速降，提高抗扰性能。在某些不允许转速有超调的情况下得到了应用。

带转速微分负反馈的转速调节器如图 1-50（a）所示。与普通转速调节器相比，增加了电容 C_{dn} 和电阻 R_{dn}，即在转速负反馈的基础上叠加一个转速微分负反馈信号。在转速变化过程中，只要有转速超调和动态速降的趋势，微分负反馈就开始进行调节，它能比普通双闭环系统更快达到平衡，如图 1-50（b）曲线 2 所示。

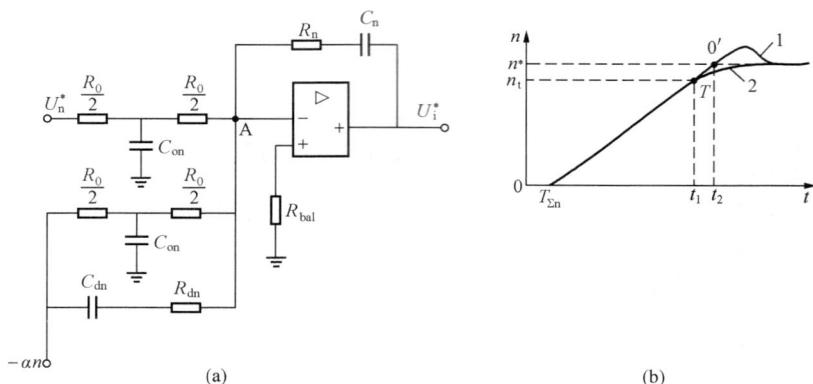

图 1-50　带转速微分负反馈的转速调节器和转速微分负反馈对系统起动性能的影响
（a）带微分负反馈的转速调节器；（b）转速微分负反馈对系统起动性能的影响

1.4　三环调速系统

多环调速系统种类繁多，本节以带电流变化率内环和带电压内环的三环调速系统为例，来说明多环调速系统的控制规律。

一、带电流变化率调节器的三环调速系统

在双闭环调速系统中，为了提高系统的快速性，在电动机起动的初期和后期，希望电流能快速地上升或下降。为此在电流环内再设置一个电流变化率环，通过电流变化率环的调节，使电流变化率不致过高同时又能保持允许的最大变化率，使整个电流波形更接近理想的动态波形。这样就构成了转速、电流、电流变化率三环调速系统，如图 1-51 所示。

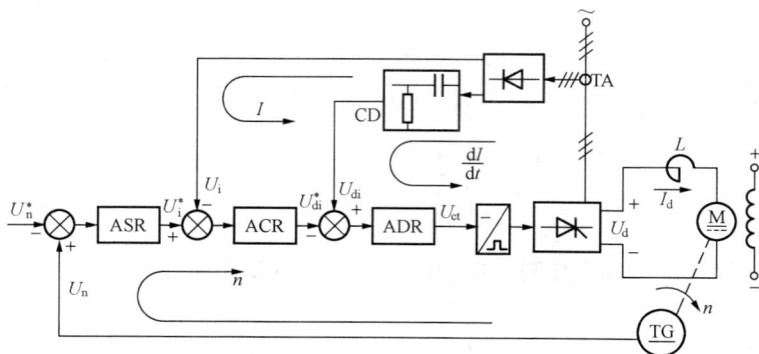

图 1-51　带电流变化率内环的三环调速系统
ADR—电流变化率调节器

图 1-51 所示系统中，ASR 的输出仍是电流环的给定电流信号，其限幅值控制最大电流；但 ACR 的输出不直接控制触发电路，而是作为电流变化率环的电流变化率给定信号。

由 ADR 的输出去控制触发电路，其最大输出限幅值决定触发脉冲的最小控制角 $\alpha_{\min}$。ADR 的负反馈信号也是来自电流检测器，并通过微分环节 CD 得到。同理，ACR 的输出限幅值控制最大的电流变化率。

二、 带电压内环的三环调速系统

在实际调速系统中，转速、电流、带电压内环的三环调速系统，适用于大容量且对动态性能要求较高的调速系统。图 1-52 所示为带电压内环的三环调速系统原理图。

转速、电流环原理与前面所述相同，下面介绍电压环的作用。与转速电流双闭环调速系统相比，在抗电网电压扰动作用方面，电压环有其优越性，只要电网电压有扰动存在，则电压环先进行调节。电压环的调节比电流环更为及时。

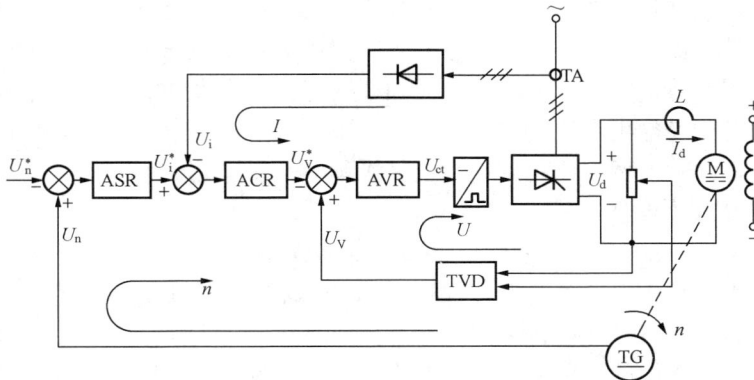

图 1-52　带电压内环的三环调速系统原理图
AVR—电压调节器

1.5　直流脉宽调速系统

1.5.1　PWM - M 直流脉宽调速系统概述

调节电枢电压的直流调压调速除了利用晶闸管整流器，将交流电压整流成可调直流电压外，还可采用脉宽调制技术，将恒定的直流电压调制成大小可调的直流电压，用以实现直流电动机电枢端电压的平滑调节，构成直流脉宽调速系统。采用门极可关断晶闸管（GTO）、电力晶体管（GTR）、P - MOSFET、IGBT 等全控型电力电子器件组成的直流脉冲宽度调制（Pulse Width Modulation，PWM）型调速系统（PWM - M），近年来已日趋成熟，用途越来越广。其与 V - M 系统相比，在许多方面具有较大的优越性，具体包括：

（1）主电路线路简单，需用的功率元件少；

（2）开关频率高，电流容易连续，谐波少，电机损耗和发热都较小；

（3）低速性能好，稳速准确度高，因而调速范围宽；

（4）系统快速响应性能好，动态抗扰能力强；

（5）主电路元件工作在开关状态，导通损耗小，装置效率较高；

（6）直流电源采用不可控三相整流时，功率因数高。

各种全控型器件构成的直流脉宽调速系统的原理是相同的，只是不同器件具有各自不同的驱动、保护及器件的使用问题。PWM-M系统和V-M系统的主要区别在主电路和PWM控制电路。至于闭环控制系统以及静、动态分析和设计基本相同。

1.5.2　PWM变换器和PWM-M系统开环机械特性

一、脉宽调制原理

部分由公共直流电源或蓄电池供电的工业传动设备，要求将固定的直流电压变换为不同幅值的直流电压。例如，有调速要求的地铁列车、无轨电车或由蓄电池供电的机动车辆等，需要把固定电压的直流电源变换为直流电动机电枢用的可变电压的直流电源。PWM是通过功率管的开关作用，将恒定直流电压转换成频率一定、宽度可调的方波脉冲电压，通过调节脉冲电压的宽度而改变输出电压平均值的一种功率变换技术。由脉冲宽度调制变换器向电动机供电的系统，称为脉冲宽度调制调速系统，简称PWM-M调速系统。

二、脉宽调制变换器

PWM变换器有不可逆和可逆两类，可逆变换器又有双极式、单极式等多种电路。变换器电路和工作原理详见1.1.3节"五、PWM直流斩波电源"的有关分析。

三、脉宽调速系统的开环机械特性

不管是具有制动功能的不可逆PWM电路，还是双极式和单极式的可逆PWM电路，其稳态的电压、电流波形都是相似的。由于电路中具有反向电流通路，在同一转向下电流可正可负，无论是重载还是轻载，电流波形都是连续的，这就使得机械特性的关系式简单得多。

对于有制动功能的不可逆电路和单极式可逆电路，其电压方程式为

$$\left.\begin{array}{l} U_s = Ri_d + L\dfrac{di_d}{dt} + E, \quad 0 \leqslant t < t_{on} \\ 0 = Ri_d + L\dfrac{di_d}{dt} + E, \quad t_{on} \leqslant t < T_c \end{array}\right\} \tag{1-42}$$

对于双极式可逆电路，只需将式（1-42）中第二个方程中的电源电压改为$-U_s$，其余不变，即

$$\left.\begin{array}{l} U_s = Ri_d + L\dfrac{di_d}{dt} + E, \quad 0 \leqslant t < t_{on} \\ -U_s = Ri_d + L\dfrac{di_d}{dt} + E, \quad t_{on} \leqslant t < T_c \end{array}\right\} \tag{1-43}$$

一个周期内电枢两端的平均电压为U_{av}，其平均电流用I_{av}表示，平均电磁转矩为$T_e = C_m I_{av}$，而电枢回路电感两端电压$L di_{av}/dt$的平均值为零。式（1-42）或式（1-43）的平均值方程都可以写成

$$DU_s = RI_{av} + E = RI_{av} + C_e n$$

则机械特性方程式为

$$n = \frac{DU_s}{C_e} - \frac{R}{C_e}I_{av} = n_0 - \frac{R}{C_e}I_{av} \tag{1-44}$$

或用转矩表示

$$n = \frac{DU_s}{C_e} - \frac{R}{C_e C_m} T_e = n_0 - \frac{R}{C_e C_m} T_e \qquad (1-45)$$

式中：n_0 为理想空载转速，$n_0 = DU_s/C_e$，与占空比 D 成正比。

PWM - M 系统的机械特性如图 1-14 所示。

1.5.3 PWM - M 直流调速系统

图 1-53 所示为单闭环脉宽调速控制系统的原理框图，其中属于脉宽调速系统特有的环节有脉宽调制器 UPW、调制波发生器 GM、逻辑延时环节 DLD 和全控型电力电子器件驱动器 GD。

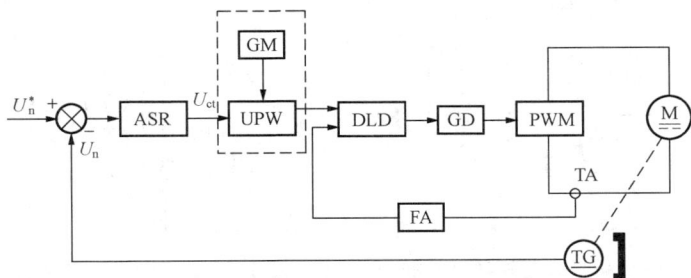

图 1-53　单闭环控制的脉宽调速系统原理图
UPW—脉宽调制器；GM—调制波发生器；DLD—逻辑延时环节；
GD—全控型电力电子器件驱动器；FA—瞬时动作的限流保护

（1）脉宽调制器（UPW）。脉宽调制器是一个电压—脉冲变换装置，由速度调节器 ASR 输出的控制电压 U_{ct} 进行控制，它将输入的直流控制信号转换成与之成比例的方波脉冲电压信号，以便对电力电子器件进行控制，从而得到希望的方波输出电压。

（2）逻辑延时环节（DLD）。在可逆 PWM 变换器中，跨接在直流电源两端的上、下两个开关管经常交替工作，由于开关器件存在关断时间，在切换过程中如果一个开关管还未完全关断，此时另一管子已经导通，则将造成上下两管直通，从而使电源短路。为了避免发生这种情况，应设置一个逻辑延时环节。

（3）限流保护环节（FA）。在逻辑延时环节中还可以引入保护信号，如瞬时动作的限流保护信号（见图 1-53 中的 FA），一旦桥臂电流超过允许最大电流时，使 VT1、VT4（或 VT2、VT3）两管同时封锁，以保护开关管。

（4）驱动电路（GD）。驱动电路的作用是对提供的脉冲信号进行功率放大，以驱动主电路的电力开关管，每个开关管应有独立的驱动电路。为了确保开关管在开通时能迅速达到饱和导通，关断时能迅速截止，正确设计驱动电路是非常重要的。

1.6　可逆直流调速系统

1.6.1　可逆运行及可逆电路

电动机可逆运行的本质是电磁转矩可逆。要实现可逆运行，关键是使电动机的电磁转矩改变方向。由直流电机的电磁转矩表达式 $T_e = K_m\Phi I_d$ 可知，转矩方向由磁场方向和电枢电压的极性共同决定。磁场方向不变，通过改变电枢电压极性实现可逆运行的系统，称为电枢可逆系统；电枢电压极性不变，通过改变励磁磁场方向，实现可逆运行的系统，称为磁场可逆系统。与此对应，晶闸管—电动机系统的可逆电路就有两种方式，即电枢反接可逆电路和励磁反接可逆电路。

一、电枢反接可逆电路

两组晶闸管反并联供电的电枢反接可逆电路如图 1-54 所示。H 型 PWM 可逆电源供电的电枢反接可逆电路如图 1-55 所示。

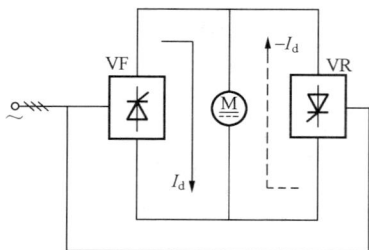

图 1-54　两组晶闸管反并联供电的
电枢反接可逆电路

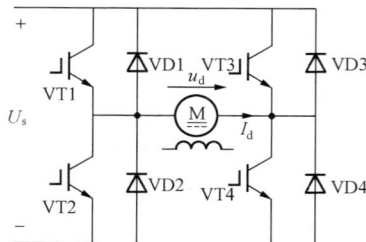

图 1-55　H 型 PWM 电源供电的
电枢反接可逆电路

在图 1-54 中，当正组晶闸管装置 VF 向电动机供电时，提供正向电枢电流 I_d，电动机正转；当反组晶闸管装置 VR 向电动机供电时，提供反向电枢电流 $-I_d$，电动机反转。H 型 PWM 可逆电源供电的可逆电路如图 1-55 所示，当 VT1、VT4 导通时，提供正向电枢电流 I_d，电动机正转；当 VT2、VT3 导通时，提供反向电枢电流 $-I_d$，电动机反转。

两组晶闸管装置供电的可逆电路在连接上又有两种形式，即反并联电路和交叉连接电路，如图 1-56 所示。两者的差别在于反并联电路中的两组晶闸管由同一个交流电源供电，且要有四个限制环流的电抗器；而交叉连接电路由两个独立的交流电源供电，只要两个限制环流的电抗器。这里所说的两个独立的交流电源可以是两台整流变压器，也可以是一台整流变压器的两个二次绕组。

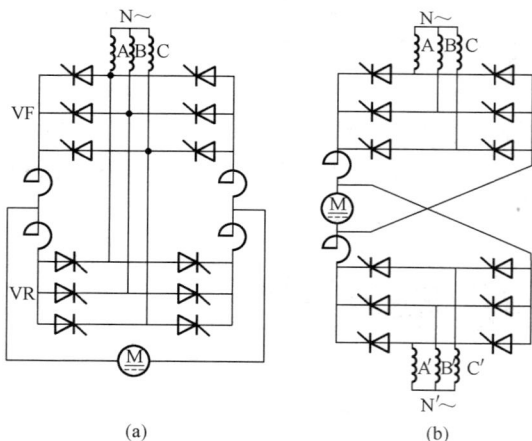

(a)　　　　　　　　　　(b)

图 1-56　两组三相桥式变流器可逆电路
（a）反并联可逆电路；（b）交叉连接可逆电路

由两组晶闸管组成的电枢可逆电路，具有切换速度快、控制灵活等优点，在要求频繁、快速正反转的可逆系统中得到广泛应用，是可逆系统的主要形式。

二、励磁反接可逆电路

要使直流电动机反转，除了改变电枢电压极性外，改变励磁电流的方向也能使直流电动机反转。因此又有励磁反接可逆电路，如图 1-57 所示。这时电动机电枢只要用一组晶闸管装置供电并调速，如图 1-57（a）所示，而励磁绕组则由另外的两组晶闸管装置反并联供电，像电枢反接可逆电路一样，可以采用反并联或交叉连接中的任意一种方案来改变其励磁电流的方向。图 1-57（b）中只画了两组晶闸管装置反并联提供励磁电流的方案，其工作原理读者可以自行分析。

由于励磁功率只占电动机额定功率的 1%～5%，显然励磁反接所需的晶闸管装置容量要比电枢反接可逆装置小得多，只要在电枢回路中用一组大容量的装置就够了。这对于大容量的调速系统，励磁反接的方案投资较少。但由于励磁绕组的电感较大，励磁电流的反向过程要比电枢电流的反向过程慢得多。

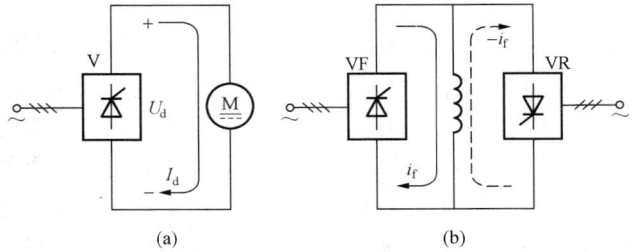

图 1-57　两组晶闸管供电的励磁反接可逆电路
（a）电枢电路；（b）励磁反接可逆电路

此外，在反向过程中，当励磁电流由额定值下降到零这段时间里，如果电枢电流依然存在，电动机将会出现弱磁升速的现象，这在生产工艺上是不允许的。因此，励磁反接的方案只适用于对快速性要求不高，正、反转不太频繁的大容量可逆系统，如卷扬机、电力机车等。而对快速性要求较高的中、小容量可逆系统，则应采用电枢反接可逆系统。

三、回馈制动

要使电动机快速减速或停车，最经济有效的方法就是采用回馈制动，将制动期间释放的能量通过晶闸管装置回送到电网。电动机回馈制动时，晶闸管装置必须工作在逆变状态。

制动时，电动机的转速方向与电磁转矩方向相反。要实现回馈制动，要么改变电动机的转速方向，要么改变电磁转矩（即电枢电流）的方向。而电动机在减速制动过程中，转速方向不变，要实现回馈制动，必须设法改变电动机电磁转矩的方向，即改变电枢电流的方向。

对于单组 V-M 系统，要想改变电枢电流方向是不可能的（带位能负载的系统除外），也就是说利用一组晶闸管不能实现带非位能负载系统的回馈制动。但是，可以利用两组晶闸管装置组成的可逆电路实现直流电动机的快速回馈制动。也就是电动机制动时，原工作于整流状态的一组晶闸管装置待整流，利用另外一组反并联的晶闸管装置逆变，实现电动机的回馈制动，如图 1-58 所示。

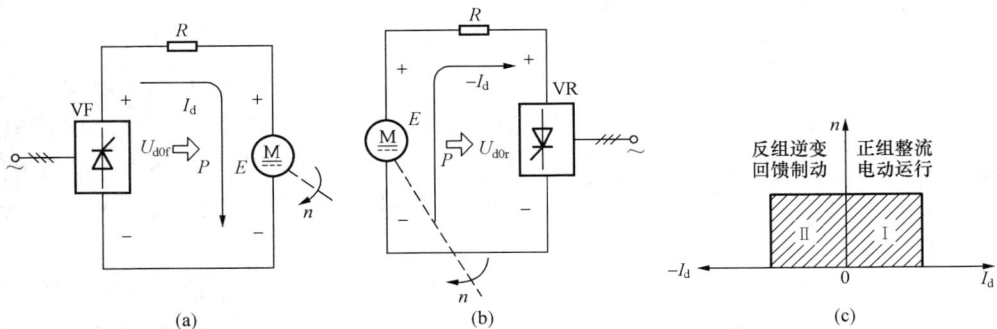

图 1-58　V-M 系统正组整流电动运行和反组逆变回馈制动
（a）正组整流电动运行；（b）反组逆变回馈制动；（c）工作象限

图 1-58（a）表示正组晶闸管整流装置 VF 给电动机供电，晶闸管装置处于整流状态，输出整流电压 U_{d0f}（极性见图），电动机吸收能量作电动运行。当需要回馈制动时，通过控制电路切换到反组晶闸整流管装置 VR［见图 1-58（b）］，并使其工作于逆变状态，输出逆变电压 U_{d0r}（极性见图）。由于这时电动机的反电动势极性未改变，当 E 略大于 $|U_{d0r}|$ 时，产生反向电流 $-I_d$ 而实现回馈制动，这时电动机释放能量经晶闸管装置 VR 回馈到电网。图 1-58（c）绘出了电动运行和回馈制动运行的工作象限。

由此可见，即使是不可逆系统，如果要求快速回馈制动，也应有两组反并联（或交叉联接）的晶闸管装置，正组作为整流供电，反组提供逆变制动。这时反组晶闸管只在短时间内给电动机提供反向制动电流，并不提供稳态运行电流，因而其容量可以小一些。对于两组晶闸管供电的可逆系统，在正转时可以利用反组晶闸管实现回馈制动，反转时可以利用正组晶闸管实现回馈制动，正反转和制动的装置合二为一，两组晶闸管的容量自然就没有区别了。将可逆线路正反转及回馈制动时的晶闸管和电动机的工作状态归纳起来，见表 1-2。

表 1-2　　　　　　　　　　　　V-M 系统可逆线路的工作状态

V-M 系统的工作状态	正向运行	正向制动	反向运行	反向制动
电枢端电压极性	+	+	-	-
电枢电流极性	+	-	-	+
电动机旋转方向	+	+	-	-
电动机运行状态	电动	回馈制动	电动	回馈制动
晶闸管工作组别和状态	正组整流	反组逆变	反组整流	正组逆变
机械特性所在象限	I	II	III	IV

注　表中各量的极性均以正向电动运行时为"+"。

1.6.2　可逆调速系统中的环流分析

一、环流的利弊及其种类

（一）环流的定义

所谓环流，是指不流过电动机或其他负载，而直接在两组晶闸管之间流通的短路电流，图 1-59 中所示为反并联线路中的环流电流 I_c。

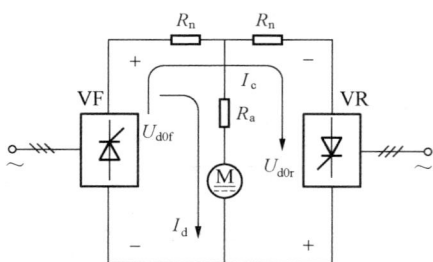

图 1-59　反并联可逆线路中的环流
I_d—负载电流；R_n—整流装置内阻

（二）环流的优缺点

优点：在保证晶闸管安全工作的前提下，适度的环流能使 V-M 系统在空载或轻载时保持电流连续，避免电流断续对系统静、动态性能的影响；可逆系统中的少量环流，可以保证电流无换向死区，加快过渡过程。

缺点：环流的存在会显著地加重晶闸管和变压器的负担，消耗无功功率，环流太大时甚至会损坏晶闸管，为此必须予以抑制。

在实际系统中，要充分利用环流的有利面而避免其不利面。

（三）环流的种类

环流可以分为两大类：

（1）稳态环流。当晶闸管装置在一定的控制角下稳定工作时，可逆线路中出现的环流称为稳（静）态环流。稳态环流又可分为直流平均环流和瞬时脉动环流。由于两组晶闸管装置之间存在正向直流电压差而产生的环流，称为直流平均环流；由于整流电压和逆变电压瞬时值不相等而产生的环流，称为瞬时脉动环流。

（2）动态环流。系统稳态运行时并不存在，只在系统处于过渡过程中出现的环流，称为动态环流。

这里仅对系统影响较大的稳态环流作定性分析。下面以晶闸管反并联线路为例来分析稳态环流。

二、直流平均环流与配合控制

（一）直流平均环流

（1）直流平均环流产生的原因。在图 1-59 所示的反并联可逆线路中，当正组晶闸管 VF 和反组晶闸管 VR 都处于整流状态，且正组整流电压 U_{d0f} 和反组整流电压 U_{d0r} 正负相连产生的电流；或 VR 虽处于逆变状态，但整流电压 U_{d0f} 大于逆变电压 U_{d0r} 而产生的电流统称为直流平均环流。

（2）消除直流平均环流的措施。为防止产生直流平均环流，最好的解决办法是：当正组晶闸管 VF 处于整流状态输出电压 U_{d0f} 时，让反组晶闸管 VR 处于逆变状态，输出一个逆变电压 U_{d0r} 且使整流电压小于等于逆变电压，即 $U_{\mathrm{d0f}} \leqslant U_{\mathrm{d0r}}$，此时 $\alpha_{\mathrm{f}} \geqslant \beta_{\mathrm{r}}$。

同理，若 VF 处于逆变状态，VR 处于整流状态，可以分析出，当 $\alpha_{\mathrm{r}} < \beta_{\mathrm{f}}$ 时，有直流环流；当 $\alpha_{\mathrm{r}} \geqslant \beta_{\mathrm{f}}$ 时，无直流环流。

综上所述，可以得出：当 $\alpha < \beta$ 时，有直流环流；当 $\alpha \geqslant \beta$ 时，无直流环流。所以，在两组晶闸管组成的可逆线路中，消除直流环流的方法是使 $\alpha \geqslant \beta$，即整流组的触发角大于或等于逆变组的逆变角。工程上为了控制方便起见，常采用 $\alpha = \beta$ 工作制的配合控制方式。

（二）$\alpha = \beta$ 工作制的配合控制实现消除直流环流的原理

1. 实现方法

实现 $\alpha = \beta$ 工作制的配合控制比较容易，只要将两组触发脉冲的零位都整定在 $90°$，并且使两组触发装置的移相控制电压大小相等、极性相反即可。所谓触发脉冲的零位，就是指控制电压 $U_{\mathrm{ct}} = 0$ 时，调节偏置电压使触发脉冲的初始相位确定在 $\alpha_{\mathrm{f0}} = \alpha_{\mathrm{r0}} = 90°$，此时两组晶闸管的整流和逆变电压均为零。这样的触发控制电路如图 1-60 所示，它用同一个控制电压 U_{ct} 去控制两组触发装置，即正组触发装置 GTF 由 U_{ct} 直接控制，而反组触发装置 GTR 由 $\bar{U}_{\mathrm{ct}}$ 控制，$\bar{U}_{\mathrm{ct}} = -U_{\mathrm{ct}}$ 是经过反号器 AR 后得到的。

2. 移相控制特性

同步信号为锯齿波的两组触发装置的移相

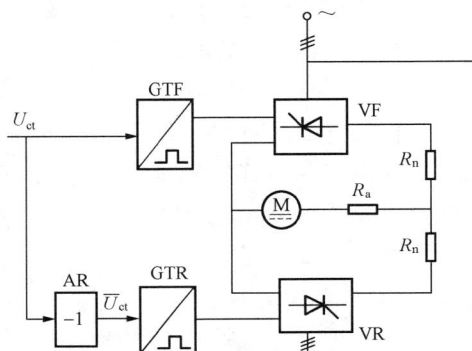

图 1-60　$\alpha = \beta$ 工作制配合控制的可逆线路

GTF—正组触发装置；GTR—反组触发装置；

AR—反相器

控制特性示于图 1-61 所示。

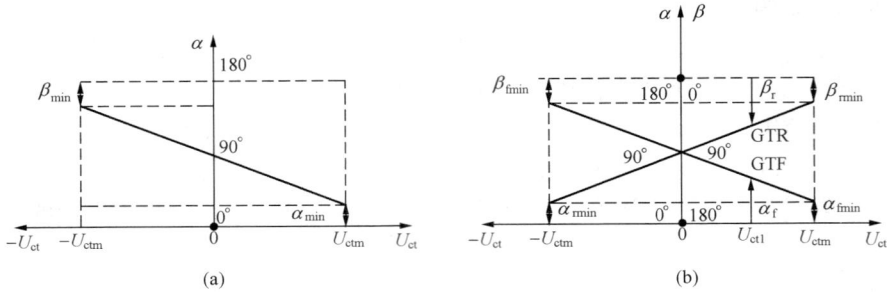

图 1-61 触发装置的移相控制特性

(a) 每组特性；(b) 两组特性

（1）当 $U_{ct}=0$ 时，$\alpha_f=\beta_r=90°$，触发脉冲在 90°的零位；

（2）当 $U_{ct}>0$ 时，正组控制角 $\alpha_f<90°$，正组晶闸管处于整流状态，而反组控制角 $\alpha_r>90°$ 或 $\beta_r<90°$，反组晶闸管处于逆变状态。

因为 $\overline{U}_{ct}=-U_{ct}$，所以在 U_{ct} 移相过程中，始终保持了 $\alpha_f=\beta_r$，$U_{d0f}=-U_{d0r}$。

（3）为了防止晶闸管有源逆变器因逆变角 β 太小而发生逆变颠覆事故，必须在控制电路中设置限制最小逆变角 β_{min} 的保护环节。为保持 $\alpha=\beta$ 的配合控制，对 α_{min} 也要加以限制，使 $\alpha_{min}=\beta_{min}$。通常取 $\alpha_{min}=\beta_{min}=30°$。

三、脉动环流及其抑制

（一）脉动环流产生的原因

当采用 $\alpha=\beta$ 配合控制时，整流器和逆变器输出的直流平均电压是相等的，因而没有直流平均环流。然而，此时晶闸管装置输出的瞬时电压是不相等的，当正组整流电压瞬时值 u_{dof} 大于反组逆变电压瞬时值 u_{dor} 时，便产生瞬时电压差 Δu_{do}，从而产生瞬时环流。控制角不同时，瞬时电压差和瞬时环流也不同，控制角为 60°时瞬时脉动环流最大。图 1-62（a）为三相零式反并联可逆线路在 $\alpha_f=\beta_r=60°$ 时的情况，图 1-62（b）是正组瞬时整流电压 u_{dof} 的波形，图 1-62（c）是反组瞬时逆变电压 u_{dor} 的波形。图 1-62（b）、（c）中打阴影线的部分是 a 相整流和 b 相逆变时的电压，显然其瞬时值并不相等，而其平均值却相等。瞬时电压差 $\Delta u_{do}=u_{dof}-u_{dor}$，其波形绘于图 1-62（d）。由于这个瞬时电压差的存在，便在两组晶闸管之间产生了瞬时脉动环流 i_{cp}。图 1-62（a）绘出 a 相整流和 b 相逆变时的瞬时环流回路，由于晶闸管装置的内阻 R_n 很小，环流回路的阻抗主要是电感，所以 i_{cp} 不能突变，并且落后于 Δu_{do}；又由于晶闸管的单向导电性，i_{cp} 只能在一个方向脉动，所以称作瞬时脉动环流。但这个瞬时脉动环流存在直流分量 I_{cp}，显然 I_{cp} 和平均电压差所产生的直流环流是有根本区别的。

（二）脉动环流的抑制

直流平均环流可以用 $\alpha \geq \beta$ 的配合控制来消除，而抑制瞬时脉动环流的办法是在环流回路中串入电抗器，称为环流电抗器或均衡电抗器，如图 1-62（a）中的 L_{c1} 和 L_{c2}。一般要求把瞬时脉动环流中的直流分量 I_{cp} 限制在负载额定电流的 5%～10%之间。环流电抗器的电感量及其接法因整流电路而异，可参看有关晶闸管电路的书籍或手册。

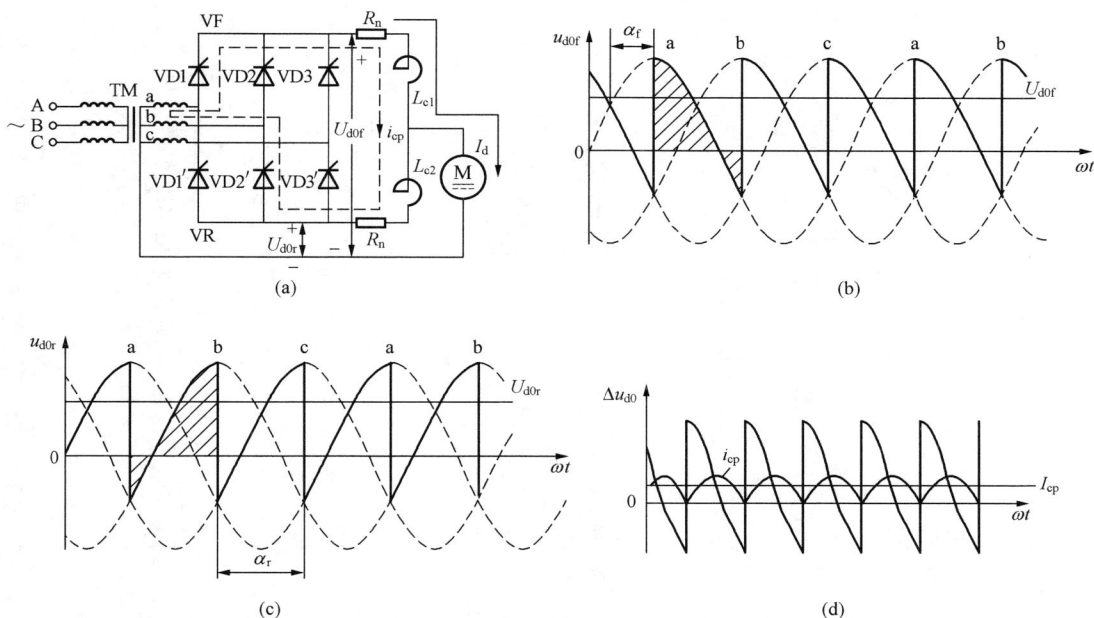

图 1-62　配合控制的三相零式反并联可逆线路中的脉动环流
（a）三相零式可逆线路中的脉动环流回路；（b）$\alpha_f = 60°$ 时整流电压 U_{d0f} 的波形；
（c）$\alpha_r = 120°$ 时逆变电压 U_{d0r} 的波形；（d）Δu_{d0} 和 i_{cp} 波形

图 1-62（a）所示的三相零式可逆线路中，有一条环流通路设有两个环流电抗器。在环流回路中它们是串联的，当正组整流时，L_{c1} 因流过较大的负载电流 I_d 而饱和，失去了限制环流的作用；而反组逆变回路中的电抗器 L_{c2} 由于没有负载电流通过，才真正起限制瞬时脉动环流的作用。三相桥式反并联可逆线路由于有两条并联的环流通路，应设置四个环流电抗器，如图 1-56（a）所示。若采用交叉连接的可逆线路，环流电抗器的数量可以减少一半，如图 1-56（b）所示。

四、动态环流及其消除

动态环流是系统在速度调节过程中出现的环流。正、反两组晶闸管装置的触发脉冲角在调速过程中由于操作的原因，不可能时刻保持相等，会出现 $\alpha < \beta$ 的情况，此时 U_{d0f} 大于 U_{d0r} 便产生电压差 ΔU_{d0}，从而产生环流，该环流称为动态环流。动态环流的产生是随机的，它与转速调节的方法有关。为了消除动态环流，需要注意调节方法，时刻保持正、反两组晶闸管的触发脉冲角在调速过程中完全相等。

1.6.3　有环流可逆调速系统

下面介绍 $\alpha = \beta$ 配合控制的有环流可逆调速系统。$\alpha = \beta$ 工作制虽然可以消除直流平均环流，但不能消除瞬时脉动环流，这样的系统称作有（脉动）环流可逆调速系统。如果在这种系统中不施加其他控制，则这个瞬时脉动环流是自然存在的，因此又称作自然环流系统。

（一）系统的组成特点

$\alpha = \beta$ 配合控制的有环流可逆调速系统原理框图如图 1-63 所示。

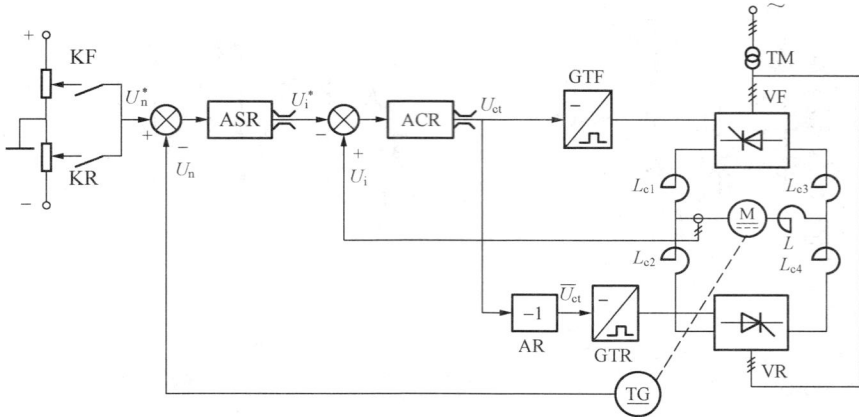

图 1-63 $\alpha = \beta$ 配合控制工作制的有环流可逆调速系统原理框图

（1）主电路采用了两组晶闸管反并联的三相桥式线路，设置了四个均衡电抗器 L_{c1}、L_{c2}、L_{c3}、L_{c4} 和一个体积较大的平波电抗器 L。

（2）控制线路采用典型的转速、电流双闭环系统，转速调节器和电流调节器都设置了双向输出限幅，以限制最大动态电流和最小控制角与最小逆变角。

（3）为了始终保持 $\overline{U}_{ct} = -U_{ct}$，在 GTR 之前加放大倍数为 1 的反相器 AR。

（4）根据可逆系统正反向运行的需要，给定电压 U_n^* 应有正负极性，可由继电器 KF 和 KR 来切换，调节器的输出电压对此能作出相应的极性变化。

（5）为了保证转速和电流的负反馈，必须使反馈信号也能反映出相应的极性。测速发电机产生的反馈电压极性随电动机转向改变而改变。值得注意的是电流反馈，简单地采用一套交流互感器不能反映出极性，要得到反映电流反馈极性的方案有多种，本系统采用的是霍尔电流变换器直接检测直流电流的方法。

（二）系统的工作原理

1. 系统的停车状态

此时，转速给定电压 $U_n^* = 0$，ASR 的输出 $U_i^* = 0$，ACR 的输出 $U_{ct} = 0$，反向器的输出 $\overline{U}_{ct} = 0$，则 $\alpha_{f0} = \alpha_{r0} = 90°$，两组晶闸管的整流和逆变电压均为零，电动机不转动，$n = 0$。

2. 电动机的正向起动和运行

正向继电器 KF 接通，转速给定值 U_n^* 为正值，经转速调节器、电流调节器输出的移相控制信号 U_{ct} 为正，正组触发器 GTF 输出的触发脉冲控制角 $\alpha_f < 90°$，正组变流装置 VF 处于整流状态，电动机正向运行。U_{ct} 经反相器 AR 后，使反组触发器 GTR 的移相控制信号 $\overline{U}_{ct}$ 为负，反组触发器输出的脉冲控制角 $\alpha_r > 90°$ 或 $\beta_r < 90°$，且 $\alpha_f = \beta_r$，反组变流装置 VR 处于待逆变状态。所谓待逆变，就是逆变组除环流外并不流过负载电流，也没有电能回馈电网，这种工作状态称为待逆变状态。

同理，反相继电器 KR 接通，转速给定值 U_n^* 为负值，反组变流装置 VR 处于整流状态，正组变流装置 VF 处于待逆变状态，电动机反向运行。

在这种 $\alpha = \beta$ 配合控制下，负载电流可以很方便地按正反两个方向平滑过渡，在任何时候实际上只有一组晶闸管装置在工作，另一组则处于等待工作状态。

3. 正向制动过程的分析

可逆调速系统的起动过程与不可逆系统相同，制动过程有它的特点，反转过程则是正向制动过程与反向起动过程的衔接。所以只要重点分析正向制动过程就可以了。

整个正向制动过程按电流方向的不同可分成两个主要阶段：

第一阶段——本组逆变阶段。电流 I_d 由正向负载电流 $+I_{dL}$ 下降到零，其方向未变，仍通过正组晶闸管装置 VF 流通，这时 VF 处于逆变状态。

第二阶段——它组制动阶段。在此阶段，电流 I_d 的方向变负，由零变到负向最大电流 $-I_{dm}$，维持一段时间后再衰减到零，这时电流流过反组晶闸管装置 VR。

它组制动过程可分成三个子阶段：①它组建流子阶段（II$_1$）；②它组逆变子阶段（II$_2$）；③反向减流子阶段（II$_3$）。在图 1-64 波形图中分别标以 II$_1$、II$_2$ 和 II$_3$ 表示。

电流 I_d 从正向负载电流 $+I_{dL}$ 下降到零再由零变到负向最大电流 $-I_{dm}$，以及从负向最大电流 $-I_{dm}$ 衰减到零所占时间比较短，相对而言，维持 $-I_{dm}$ 的时间较长一些，这一阶段主要是转速降落。

$\alpha=\beta$ 工作制配合控制的有环流可逆调速系统正向制动过程的详细分析内容，请读者扫描二维码阅读相关资料。

（三）有环流可逆系统的优缺点

优点：制动和起动过程可完全衔接，没有任何间断或死区，适用于快速正、反转的系统。

缺点：需要添置环流电抗器，晶闸管等元件负担加重（负载电流加上环流）。

因此，有环流可逆系统只适用于中、小容量的系统。

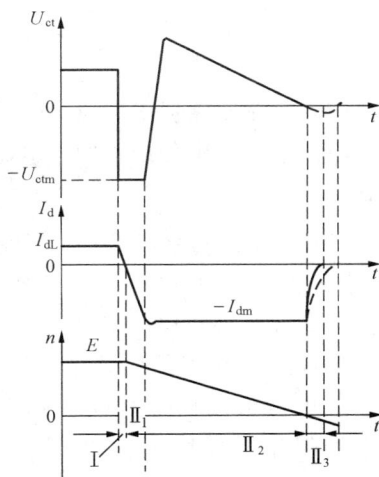

图 1-64 $\alpha=\beta$ 工作制配合控制的有环流可逆调速系统正向制动波形

1.6.4 无环流可逆调速系统

有环流可逆调速系统虽然具有反向快、过渡过程平滑等优点，但需要设置几个环流电抗器，增加了系统的体积、成本和损耗。因此，当生产工艺过程对系统过渡特性的平滑性要求不很高时，特别是对于大容量的系统，常采用既没有直流环流又没有脉动环流的无环流可逆调速系统。按实现无环流的原理不同，可将无环流系统分为两类：逻辑无环流系统和错位无环流系统。

一、逻辑控制的无环流可逆调速系统

当一组晶闸管工作时，用逻辑控制电路封锁另一组晶闸管的触发脉冲，使其完全处于阻断状态，确保两组晶闸管不同时工作，从根本上切断环流的通路，这就是逻辑控制的无环流可逆系统。逻辑无环流可逆调速系统的原理图如图 1-65 所示。

（一）系统的组成和工作原理

（1）主电路采用两组晶闸管反并联线路。

（2）没有环流，不设置环流电抗器；仍保留平波电抗器，以保证电流连续。

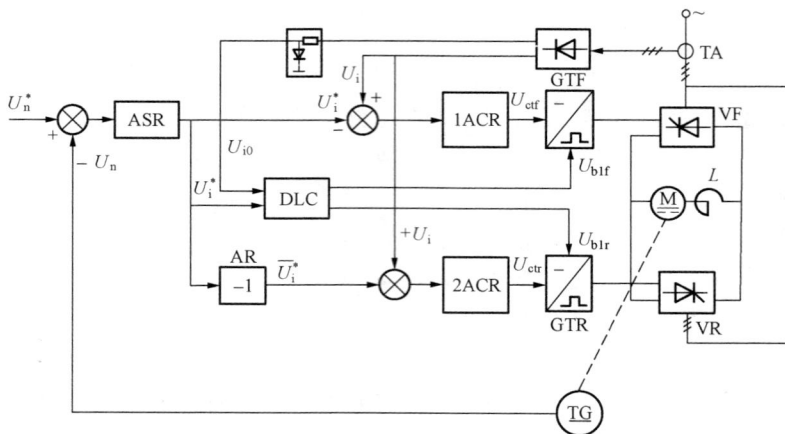

图 1-65 逻辑无环流可逆调速系统原理图

（3）控制回路仍采用典型的转速、电流双闭环系统。

（4）电流环中分设了两个电流调节器，1ACR 用来控制正组触发装置 GTF，2ACR 用来控制反组触发装置 GTR。

（5）1ACR 的给定信号 U_i^* 经反相器后作为 2ACR 的给定信号 $\overline{U_i^*}$，于是电流反馈信号 U_i 的极性在正、反转时都不必改变，从而可以采用不反映极性的电流检测器，如图 1-65 中所画的交流互感器和整流器。

（6）系统的关键部分是设置了无环流逻辑控制器 DLC，它按照系统的工作状态，指挥系统进行自动切换，或者允许正组触发器发出触发脉冲而封锁反组，或者允许反组触发器发出触发脉冲而封锁正组。确保一组开放，另一组封锁，以保证系统可靠工作。

正、反组触发脉冲的零位仍整定在 90°，工作时移相方法和自然环流系统一样，只是用 DLC 来控制两组触发脉冲的封锁和开放。除此之外，系统其他的工作原理和自然环流系统没有多大区别。下面着重分析无环流逻辑控制器 DLC。

（二）可逆系统对无环流逻辑控制器 DLC 的要求

1. DLC 的任务

根据可逆系统的运行状态，正确地控制两组触发脉冲的封锁与开放，使得在正组晶闸管 VF 工作时封锁反组脉冲；在反组晶闸管 VR 工作时封锁正组脉冲，不允许两组触发脉冲同时开放。

2. DLC 的输入信号（模拟量）

（1）DLC 的输入信号之一。可逆系统共有四种运行状态，即四象限运行。当电动机正转和反向制动时，系统运行在第Ⅰ和第Ⅳ象限，它们的共同点是电磁转矩方向为正；当电动机正向制动和反转时，系统运行在第Ⅱ和第Ⅲ象限，其共同点是电磁转矩为负。由此可见，根据电磁转矩的方向可决定 DLC 应当封锁某一组，开放另一组。但由于电磁转矩难以检测，不适宜作为 DLC 的输入信号。进一步分析发现，转速调节器 ASR 的输出 U_i^*，也就是电流给定信号的极性正好反映了电磁转矩的极性。所以，电流给定信号 U_i^* 可以作为逻辑控制器

DLC 的输入信号之一。DLC 先鉴别 U_i^* 的极性，当 U_i^* 由正变负时，封锁反组，开放正组；反之，当 U_i^* 由负变正时，封锁正组，开放反组。

（2）DLC 的输入信号之二。U_i^* 的极性变化只是逻辑切换的必要条件，而不是充分条件。在自然环流系统的制动过程分析中已经说明了这一点。例如，当系统正向制动时，U_i^* 极性已由负变正，标志着制动过程的开始，但是在电枢电流尚未反向以前，仍要保持正组开放，以实现本组逆变。若本组逆变尚未结束，就根据 U_i^* 极性的改变而去封锁正组触发脉冲，结果将使逆变状态下的晶闸管失去触发脉冲，发生逆变颠覆事故。因此，U_i^* 极性的变化只表明系统有了使电流（转矩）反向的意图，电流（转矩）极性的真正改变要等到电流下降到零之后进行。这样，DLC 还必须有一个"零电流检测"信号 U_{i0}，作为发出正、反组切换指令的充分条件。DLC 只有在切换的必要和充分条件都满足后，经过必要的逻辑判断，才能发出切换指令。所以，零电流检测信号也应作为 DLC 的输入信号。

3. 对 DLC 的延时要求

逻辑切换指令发出后并不能立刻执行，还须经过两段延时时间，以确保系统的可靠工作，这就是封锁延时 t_{d1} 和开放延时 t_{d2}。

（1）封锁延时 t_{d1}，从发出切换指令到真正封锁原来工作组的触发脉冲之前所等待的时间。设置封锁延时后，检测到零电流信号并再等待一段时间 t_{d1}，等到电流确实下降为零，这才可以发出封锁本组脉冲的信号。

（2）开放延时 t_{d2}，从封锁原工作组脉冲到开放另一组脉冲之间的等待时间。因为在封锁原工作组脉冲时，原导通的晶闸管要到电流过零时才能真正关断，而且在关断之后还要有一段恢复阻断的时间，如果在这之前就开放另一组晶闸管，仍可能造成两组晶闸管同时导通，形成环流短路事故。为防止这种事故发生，在发出封锁本组信号之后，必须再等待一段时间 t_{d2}，才允许开放另一组脉冲。

由上分析可见，过小的 t_{d1} 和 t_{d2} 会因延时不够而造成两组晶闸管换流失败，造成事故；过大的延时将使切换时间拖长，增加切换死区，影响系统过渡过程的快速性。对于三相桥式电路，一般取 $t_{d1} = 2 \sim 3\text{ms}$，$t_{d2} = 5 \sim 7\text{ms}$。

4. DLC 的连锁保护

确保两组晶闸管的触发脉冲电路不能同时开放。

5. DLC 的输出信号（数字量）

DLC 的输出信号包括封锁正组的脉冲信号 U_{blf} 和封锁反组的脉冲信号 U_{blr}，它们均是数字量。

综上所述，对无环流逻辑控制器 DLC 的要求可归纳如下：

（1）两组晶闸管进行切换的充分必要条件是，电流给定信号 U_i^* 改变极性和零电流检测器发出零电流信号 U_{i0}，这时才能发出逻辑切换指令。

（2）发出切换指令后，必须先经过封锁延时 t_{d1} 才能封锁原导通组脉冲；再经过开放延时 t_{d2} 后，才能开放另一组脉冲。

（3）在任何情况下，两组晶闸管的触发脉冲决不允许同时开放，当一组工作时，另一组的脉冲必须被封锁住。

（三）无环流逻辑控制器 DLC 的组成原理

根据以上要求，DLC 的组成及输入、输出信号如图 1-66 所示。

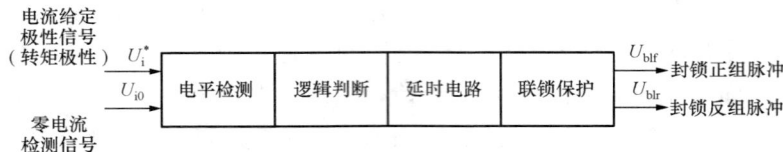

图 1-66　DLC 的组成及输入输出信号

DLC 的输入为反映转矩极性变化的电流给定信号 U_i^* 和零电流检测信号 U_{i0}，输出是封锁正组和封锁反组脉冲的信号 U_{blf} 和 U_{blr}。这两个输出信号通常以数字信号形式表示："0" 表示封锁，"1" 表示开放。逻辑控制器 DLC 由电平检测、逻辑判断、延时电路和联锁保护四部分组成。

1. 电平检测器

电平检测器的功能是将控制系统中的模拟量信号转换成 "1" 或 "0" 两种状态的数字量，它实际上是一个模数转换器。一般由带正反馈的运算放大器组成，它具有一定宽度的回环继电特性。

电平检测器根据转换对象的不同，又分为转矩极性鉴别器 DPT 和零电流检测器 DPZ。

图 1-67（a）为转矩极性鉴别器 DPT 的输入、输出特性，DPT 的输入信号为电流给定 U_i^*，它是左右对称的。其输出是转矩极性信号 U_T，为数字量 "1" 和 "0"，输出上、下不对称，将运算放大器的正向饱和值 +10V 定义为 "1"，运算放大器的负限幅输出 −0.6V 定义为 "0"。图 1-67（b）为零电流检测器 DPZ 的输入、输出特性。其输入是经电流互感器及整流器输出的零电流信号 U_{i0}，主电路有电流时 U_{i0} 约为 +0.6V，DPZ 输出 $U_Z=0$；主电路电流接近零时，U_{i0} 下降到 +0.2V 左右，DPZ 输出 $U_Z=1$。所以 DPZ 的输入应是左右不对称的。为此，零电流检测器的特性向右偏移。为了突出电流是 "零" 这种状态，用 DPZ 的输出 U_Z 为 "1" 表示主电路电流接近零，而当主电路有电流时，U_Z 则为 "0"。

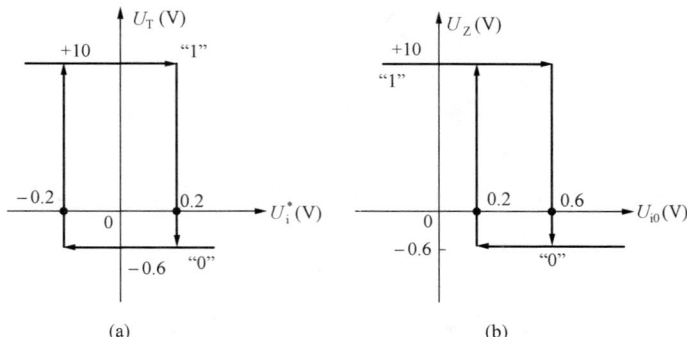

图 1-67　转矩极性鉴别器 DPT 和零电流检测器 DPZ 的输入输出特性
（a）DPT 的输入输出特性；（b）DPZ 的输入输出特性

2. 逻辑判断电路

逻辑判断电路的功能是根据转矩极性鉴别器和零电流检测器输出信号 U_T 和 U_Z 的状态，

正确地发出切换信号 U_F 和 U_R，封锁原来工作组的脉冲，开放另一组脉冲。根据系统的运行状态对 DLC 的要求，可列出逻辑判断电路的输出 U_F 和 U_R 与输入 U_T 和 U_Z 各量之间的逻辑表达式为

$$\overline{U_F} = U_R(\overline{U_T} + \overline{U_Z}) \tag{1-46}$$

若用与非门实现，可变换成

$$U_F = \overline{U_R(\overline{U_T} + \overline{U_Z})} = \overline{U_R(\overline{\overline{U_T U_Z}})} \tag{1-47}$$

同理，可以写出 U_R 的逻辑代数与非表达式，即

$$U_R = \overline{U_F[\overline{(\overline{U_T U_Z})U_Z}]} \tag{1-48}$$

根据式（1-47）和式（1-48），可以采用具有高抗干扰能力的 HTL 与非门组成逻辑判断电路，如图 1-68 中的逻辑判断电路部分。

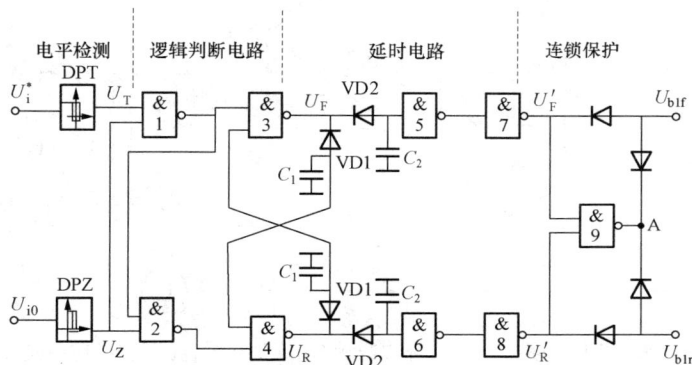

图 1-68　无环流逻辑控制器 DLC 原理图

3. 延时电路

在逻辑判断电路发出切换指令 U_F、U_R 后，必须经过封锁延时 t_{d1} 和开放延时 t_{d2}，才能执行切换指令。因此，逻辑控制器中还须设置延时电路。延时电路的种类很多，最简单的是阻容延时电路，它由接在与非门输入端的电容 C 和二极管 VD 组成。利用二极管的隔离作用，先使电容 C 充电，待电容端电压充到开门电平时，使与非门动作，从而得到延时，如图 1-68 所示的延时电路部分。

4. 联锁保护电路

系统正常工作时，逻辑电路的两个输出 U_F' 和 U_R' 总是一个为"1"态，另一个为"0"态。但是一旦电路发生故障，两个输出 U_F' 和 U_R' 同时为"1"态，将造成两组晶闸管同时开放而导致电源短路。为了避免这种事故，在无环流逻辑控制器的最后部分设置了多"1"联锁保护电路，如图 1-68 所示。其工作原理如下：正常工作时，U_F' 和 U_R' 一个是"1"，另一个是"0"。这时保护电路的与非门输出 A 点电位始终为"1"态，则实际的脉冲封锁信号 U_{blf} 和 U_{blr} 与 U_F' 和 U_R' 的状态完全相同，使一组开放，另一组封锁。当发生 U_F' 和 U_R' 同时为"1"故障时，A 点电位立即变为"0"态，将 U_{blf} 和 U_{blr} 都拉到"0"，使两组脉冲同时封锁。

至此，无环流逻辑控制器中各环节的工作原理都已分析过了，读者可结合逻辑无环流系统的原理框图自行分析系统的各种运行状态。

逻辑无环流可逆调速系统的优点是：可省去环流电抗器，没有附加的环流损耗，从而可

以节省变压器和晶闸管装置的设备容量；与有环流系统相比，因换流失败而造成的事故率大为降低。其缺点是由于 DLC 中的延时造成了电流换向死区，影响了系统过渡过程的快速性。

以上所介绍的逻辑无环流系统中采用了两个电流调节器和两套触发装置分别控制正、反组晶闸管。实际上，任何时刻系统中只有一组晶闸管在工作，另一组由于脉冲被封锁而处于阻断状态，其电流调节器和触发装置是闲置着的。如果采用电子模拟开关进行选择，就可以将这一套电流调节器和触发装置节省下来。利用电子模拟开关进行"选触"的逻辑无环流系统原理框图示于图 1-69，其中 SAF、SAR 分别是正、反组电子模拟开关。除此之外，系统的工作原理都和前述系统相同。

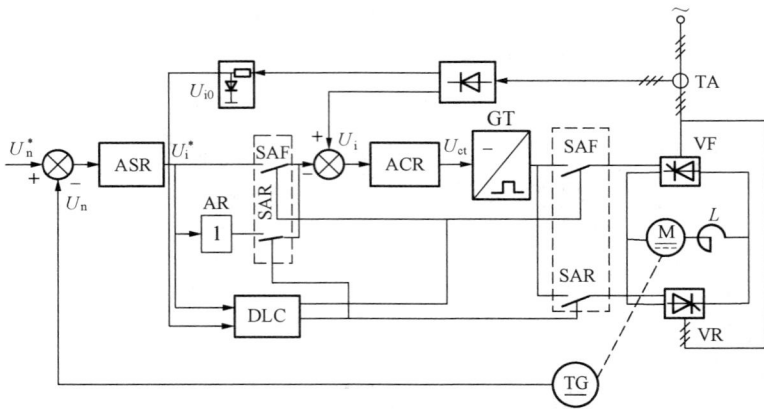

图 1-69　利用电子模拟开关进行"选触"的逻辑选触无环流可逆系统原理图

二、 错位控制的无环流可逆调速系统

错位控制的无环流可逆调速系统简称为错位无环流系统。

系统中设置两组晶闸管变流装置，当一组晶闸管整流时，另一组处于待逆变状态，但两组触发脉冲的相位错开较远（>150°），使待逆变组触发脉冲到来时，逆变组晶闸管元件却处于反向阻断状态，不能导通，从而也不可能产生环流。这就是错位控制的无环流可逆系统的原理。

错位无环流系统与逻辑无环流系统的区别是：

（1）逻辑无环流系统采用 $\alpha = \beta$ 控制，两组脉冲的关系是 $\alpha_f + \alpha_r = 180°$，初始相位整定在 $\alpha_{f0} = \alpha_{r0} = 90°$，并要设置逻辑控制器进行切换才能实现无环流。

（2）错位无环流系统也采用 $\alpha = \beta$ 控制，但两组脉冲关系是 $\alpha_f + \alpha_r = 300°$ 或 $360°$，初始相位整定在 $\alpha_{f0} = \alpha_{r0} = 150°$ 或 $180°$。

习　　题

一、 判断题 （正确填"T"， 错误填"F"）

1. 当系统机械特性硬度相同时，理想空载转速越低，静差率越小。　　　　　（　　）
2. 如果系统低速时的静差率能满足要求，则高速时肯定满足要求。　　　　　（　　）
3. 电流截止负反馈是一种用来限制主电路过电流的方法。　　　　　　　　　（　　）
4. 电压负反馈调速系统的调速精度要比转速负反馈的精度高。　　　　　　　（　　）

5. 电压负反馈调速系统不能补偿电动机电枢电阻引起的转速降。（　　）

6. 在转速电流双闭环调速系统中，转速调节器的输出电压是电流环的给定电压。（　　）

7. 要改变直流电动机的转向，可同时改变电枢电压和励磁电压的极性。（　　）

8. 电动机可逆运行的本质是电磁转矩可逆。（　　）

9. $\alpha=\beta$ 工作制可以消除直流平均环流，但不能消除瞬时脉动环流，故称作有环流可逆调速系统。（　　）

二、单项选择题

1. 下列哪种调速方法是直流调速系统的主要调速方案（　　）。
A. 调节电枢电压　　B. 减弱励磁磁通　　C. 改变电枢回路电阻 R

2. 当系统的机械特性硬度一定时，如要求的静差率 s 越小，调速范围 D（　　）。
A. 越小　　B. 越大　　C. 不变　　D. 可大可小

3. 当系统的机械特性硬度一定时，如果理想空载转速 n_0 越小，则静差率 s（　　）。
A. 越小　　B. 可大可小　　C. 不变　　D. 越大

4. 某调速系统的调速范围是 $100\sim900 \text{r/min}$，要求 $s=10\%$，系统允许的稳态速降是（　　）。
A. 11.1r/min　　B. 10r/min　　C. 90r/min　　D. 800r/min

5. 转速闭环控制系统建立在（　　）基础上，按偏差进行控制。
A. 转速负反馈　　B. 转速正反馈　　C. 电压负反馈　　D. 电流负反馈

6. 在直流 V-M 调速系统的静态结构图中，U_n^* 是（　　）。
A. 额定电压值　　B. 额定电压标幺值　　C. 转速反馈值　　D. 转速给定值
E. 以上都不是

7. 直流 V-M 调速系统主电路输入端的电源是（　　）。
A. 交流电源　　B. 直流电源　　C. 两者都可以

8. 在转速负反馈直流调速系统中，闭环系统的调速范围为开环系统调速范围的（　　）倍。
A. $1+K$　　B. $1+2K$　　C. $1/(2+K)$　　D. $1/(1+K)$

9. 转速负反馈自动调速系统在运行中如果突然失去速度负反馈，电动机将（　　）。
A. 堵转　　　　　　　　B. 保持原速
C. 停止　　　　　　　　D. 转速高且不可调

10. 某调速系统采用电压负反馈时的静差率比采用转速负反馈时的静差率（　　）。
A. 大　　B. 小　　C. 一样大

11. 电压负反馈调速系统对主回路中的电阻 R_n 和电枢电阻 R_a 产生的电阻压降所引起的转速降，（　　）补偿能力。
A. 没有　　　　　　　　B. 有
C. 对前者有，后者无　　D. 对前者无，后者有

12. 在电压负反馈单闭环有静差直流调速系统中，当下列（　　）参数变化时系统没有调节作用。
A. 放大器的放大系数 K_p　　　　B. 供电电网电压
C. 电枢电阻 R_a　　　　　　　　D. 整流装置内阻 R_n

57

13. 为了解决系统对动、稳态性能的要求，转速调节器常采用（   ）。

A. 比例　　　　　　B. 比例积分　　　　　　C. 比例微分

14. 为了实现理想起动过程，工程上常采用（   ）调速系统。

A. 转速负反馈　　　　　　　　　　B. 电流正反馈

C. 转速电流双闭环　　　　　　　　D. 电压负反馈

15. 速度电流双闭环调速系统，在突加给定电压的起动过程中，电流调节器处于（   ）状态。

A. 调节　　　　　　B. 截止　　　　　　C. 饱和

16. 在转速电流双闭环调速系统中，如果要使主回路最大电流值减小，应使（   ）。

A. 转速调节器输出电压限幅值增加　　B. 电流调节器输出电压限幅值增加

C. 转速调节器输出电压限幅值减小　　D. 电流调节器输出电压限幅值减小

17. 双闭环调速系统中，两个调节器（ACR 和 ASR）分别起到不同的作用，下列哪种不属于电流调节器 ACR 的作用。（   ）

A. 加快过渡过程，实现快速起动　　　B. 在电动机堵转时限制过大电流

C. 消除转速偏差，保持转速恒定　　　D. 抑制电网电压的波动

18. 双闭环直流调速系统中，ASR 输出限幅值 U_{im}^* 决定了（   ）。

A. 整流器输出电压最大值 U_{dm}　　　B. 主回路中最大允许电流 I_{dm}

C. ACR 输出限幅值 U_{ctm}　　　　　D. 最大转速 n_{max}

19. 在闭环负反馈系统中，当以调节器为核心的闭环多于一个时，称其为多环系统。下列不是多环系统的是（   ）

A. 转速电流双闭环系统　　　　　　　B. 电压负反馈带电流补偿的调速系统

C. 带电流变化率内环的三环调速系统　D. 带电压内环的三环调速系统

20. V - M 可逆系统共有四种运行状态，即四象限运行。当电动机正向制动和反转时，系统运行在第Ⅱ和第Ⅲ象限，则电磁转矩方向为（   ）

A. 均为正　　　B. 均为负　　　C. 正和负　　　D. 负和正

21. $\alpha=\beta$ 配合控制的有环流可逆调速系统中，两组晶闸管的触发脉冲的零位都整定在（   ）。

A. 0°　　　B. 30°　　　C. 90°　　　D. 150°

22. 逻辑无环流可逆直流调速系统中，当转矩极性信号改变极性，并有（   ）时，逻辑电路才允许进行切换。

A. 零电流信号　　　　　　B. 零给定信号

C. 零转速信号　　　　　　D. 电流给定信号改变极性

23. 错位无环流系统中，当一组晶闸管整流时，另一组处于待逆变状态，但两组触发脉冲的相位错开（   ）以上，使待逆变组触发脉冲到来时，逆变组晶闸管元件却处于反向阻断状态，不能导通，从而不可能产生环流。

A. 30°　　　B. 60°　　　C. 90°　　　D. 150°

三、填空题

1. 电压负反馈的稳态精度较差，在此基础上再引入（   ），以补偿电枢电阻引起的稳态速降。

2. 在转速电流双闭环调速系统中，转速 n 的大小由（　　）决定。

3. 当双闭环调速系统进入稳态后，ASR 的输出值为（　　），ACR 输出值为（　　）。

4. V‐M 系统的可逆电路有两种方式，即（　　）可逆电路和（　　）可逆电路。

5. 在有环流可逆直流调速系统中，脉动环流在 α 等于（　　）时最大；抑制瞬时脉动环流的办法是在环流回路中串入（　　）。

6. 在 $\alpha=\beta$ 配合工作制有环流调速系统中，三相桥式反并联可逆调速系统需要配置（　　）个限制脉动环流的均衡电抗器；三相桥式交叉连接可逆调速系统需配置（　　）个电抗器；三相零式反并联可逆调速系统需配置（　　）个限流电抗器。

四、简答题

1. 简述调速范围 D、静差率 s 和额定转速 n 间的关系。

2. 在转速开环 V‐M 系统中，Δn 的大小取决于什么？给出速降表达式。

3. 说明转速闭环系统静特性比其开环系统机械特性硬的原因。

4. 在电压负反馈有静差调速系统中，当放大器的放大系数、电网电压、电压反馈系数发生变化时，系统对这些扰动信号是否有抑制作用？

5. 有差系统与无差系统在控制规律（即控制器）上的区别是什么？

6. 积分调节器即可实现无差调节，为什么要用比例积分调节器？

7. 在转速闭环 V‐M 系统中，如果反馈极性接反了，会产生什么什么后果？

8. 双闭环 V‐M 系统在稳定运行时，ASR、ACR 的输入偏差电压分别为多少？ASR 的输出电压为多少？（ASR、ACR 均采用 PI 调节器，设负载大小为 I_{dL}，转速反馈系数为 α，电流反馈系数为 β）

9. 无环流逻辑控制器 DLC 由哪几个部分组成？

10. 无环流逻辑控制器中设置哪些延时环节？延时过大或过小会有什么影响？

11. 逻辑无环流切换装置 DLC 的输入、输出信号有哪些？它们分别是模拟量还是数字量？

五、问答题

1. 写出直流电动机的转速表达式，说明它有哪三种调速方式？每种调速方式的优缺点是什么？

2. 试从开环特性方程上说明，为什么在 V‐M 开环调速系统中负载电流增加后电动机的转速会降低？为什么加入速度负反馈后，速降会减小？

3. 试说明闭环负反馈系统的基本控制规律。

4. 发生下列情况时，无静差调速系统是否会产生速度偏差？为什么？

（1）如果给定电压由于电源性能不稳定；

（2）运放器产生零漂；

（3）测速发电机输出电压与转速不是线性关系。

5.（1）画出单闭环转速负反馈调速系统的静态结构图，其中速度调节器为比例调节器。

（2）写出反馈回路断开时的转速 n 表达式和反馈回路不断开时的转速 n 表达式。

（3）该系统是有差系统还是无差系统？

（4）该系统的输出与输入有什么关系？（只说明定性关系）

（5）该系统对反馈环内主通道上的干扰能否抑制？

（6）该系统对给定电源有什么要求？对反馈检测装置有什么要求？

6. 分析单闭环转速负反馈调速系统为什么要引入电流截止负反馈？转速、电流双闭环调速系统是否也需要引入电流截止负反馈？为什么？

7. 在转速负反馈调速系统中，当速度调节器 ASR 采用 PI 调节器时，稳态时速度无差。据此，有人说"在电压负反馈调速系统中，当电压调节器 AUR 采用 PI 调节器时，也能使转速无差。"，试问这种说法对否？为什么？

8. 画出直流电动机理想起动时的转速、电流与时间的关系曲线。采用理想起动的目的是什么？如何实现？

9. ASR、ACR 均为 PI 调节器的双闭环调速系统，在带额定负载运行时，转速反馈线突然断线，当系统重新进入稳定运行时，电流调节器的输入偏差信号 ΔU_i 是否为零？

10. 从直流电动机的电磁转矩表达式说明：要改变其转向，可以采用什么方法？为此，直流可逆调速系统可以分为哪两类？

11. 一组晶闸管供电的直流调速系统需要快速回馈制动时，为什么必须采用可逆线路？

12. 在自然环流可逆系统中，为什么要严格控制最小逆变角 $\beta_{\min}$ 和最小整流角 $a_{\min}$？系统中如何实现？

13. 为什么一条环流通路需要配两个均衡电抗器？

14. 无环流可逆系统有几种？它们消除环流的出发点是什么？

六、 计算题

1. 某 V-M 系统为转速负反馈有静差调速系统，电动机额定转速 $n_n=1000r/min$，系统开环转速降落为 $\Delta n_{op}=100r/min$，调速范围为 $D=10$。如果要求系统的静差率由 15% 降落到 5%，试回答系统的开环放大系数将如何变化？

2. 有一 V-M 系统，已知：$P_N=22kW$，$U_{dN}=220V$，$I_{dN}=116A$，$n_N=1500r/min$，$R_a=0.1\Omega$，主回路总电阻 $R=0.3\Omega$。开环工作时，试计算 $D=10$ 时 s 的值。

3. 有一直流 V-M 调速系统，已知 $P_N=2.8kW$，$U_{dN}=220V$，$I_{dN}=15.6A$，$n_N=1500r/min$，$R_a=1.5\Omega$，整流装置 $R_n=1\Omega$，$K_s=37$，要求调速范围 $D=30$，$s=10\%$，试求：

（1）计算开环系统的稳态速降和满足调速要求所允许的稳态速降。

（2）采用转速负反馈，画出系统的静态结构图。

（3）当 $U_n^*=20V$ 时，转速 $n=1000r/min$，此时转速负反馈系数应为多少？

（4）计算所需的放大器的放大倍数。

（5）若改用电压负反馈，能否达到所提出的调速要求？

4. 在转速、电流双闭环调速系统中，ASR、ACR 均采用 PI 调节器。

（1）试作出负载突减时 I_{dL}、I_d、n 在调整过程中的波形。

（2）若 $U_{nm}^*=15V$，$n=1500r/min$，$U_{im}^*=10V$，$I_{dm}=20A$，$R=2\Omega$，$K_s=20$，$C_e=0.127(V\cdot min)/r$。当 $U_n^*=5V$，$I_{dl}=10A$ 时，求稳态运行时的 n、U_n、U_i、U_i^*、U_{ct}。

（3）若系统中测速机励磁和电网电压发生变化，系统有没有克服这两种扰动的能力？为什么？

5. 双闭环调速系统中，ASR 和 ACR 均采用带饱和限幅的 PI 调节器，在此系统中 $U_{im}^*=10V$，电动机电枢回路总电阻 $R=2\Omega$，电枢回路最大电流 $I_{dm}=30A$，晶闸管装置的放大倍数

$K_s=30$。当系统稳定运行时，电动机发生堵转，若系统能够稳定下来，求稳定后下列各量的值：n、U_n、U_i^*、U_i、I_d、U_{d0}、U_{ct}。

6. ASR、ACR 均采用 PI 调节器的双闭环调速系统，$U_{im}^*=8V$，主电路最大电流 $I_{dm}=80A$，当负载电流由 20A 增加到 50A 时，U_i^* 应如何变化？U_{ct} 应如何变化？U_{ct} 值由哪些条件决定？

7. 试设计一个晶闸管稳压电源，使用在一个供电质量比较差的地区，用反馈控制方式使电压稳定。问：

(1) 采用什么类型的反馈控制方式可使电压基本恒定？

(2) 设计控制系统电气原理框图（建议采用"比例"调节器）；

(3) 画出静态结构图；

(4) 写出静特性方程；

(5) 分析当电网电压波动引起输出电压变化后，系统是如何进行恒压调节的？

2 直流调速系统的动态分析与设计

本章进行了单闭环直流调速系统的稳定性分析，介绍了 PI 调节器串联校正方法。在此基础上，进行了转速电流双闭环调速系统的动态性能分析。针对串联校正方法的不足，介绍了直流调速系统的工程设计方法，并对单闭环、双闭环调速系统进行了具体设计，可使读者加深对工程设计方法的理解和应用。

2.1 单闭环直流调速系统的动态分析

上一章主要讨论了单闭环转速负反馈调速系统的稳态性能，如果转速负反馈调速系统的开环放大倍数 K 足够大，系统的稳态速降就会大大降低，满足系统的稳态要求。但是 K 过大时，可能引起系统的不稳定，需要采取动态校正，才能正常运行。为此，应进一步讨论系统的动态性能。

2.1.1 单闭环调速系统的动态数学模型

为定量分析单闭环调速系统的动态性能，必须先建立系统的动态数学模型。建模的一般步骤是：列出系统中各环节的微分方程→进行拉普拉氏变换→得到各环节的传递函数→根据系统的结构关系画出系统的动态结构图→求出系统的传递函数→利用传递函数进行动态性能分析。下面按照这一步骤进行具体介绍。

一、直流电动机的数学模型和传递函数

直流电动机电枢回路的电压方程式为

$$U_{d0} - E = I_d R + L \frac{dI_d}{dt} = R\left(I_d + \frac{L}{R} \frac{dI_d}{dt}\right) \tag{2-1}$$

在零初始条件下，对式（2-1）两侧进行拉氏变换得

$$U_{d0}(s) - E(s) = R[I_d(s) + T_l I_d(s)s] = RI_d(s)(1 + T_l s) \tag{2-2}$$

则电压与电流间的传递函数为

$$\frac{I_d(s)}{U_{d0}(s) - E(s)} = \frac{1/R}{1 + T_l s} \tag{2-3}$$

式中：T_l 为电枢回路电磁时间常数，$T_l = L/R$。

直流电动机的运动方程式为

$$T_e - T_L = \frac{GD^2}{375} \frac{dn}{dt} \tag{2-4}$$

因 $T_e = C_m I_d$、$T_L = C_m I_{dL}$，得

$$I_d - I_{dL} = \frac{GD^2}{375 C_m} \frac{dn}{dt} = \frac{T_m}{R} \frac{dE}{dt} \tag{2-5}$$

式中：C_m 为转矩系数。

$$T_m = \frac{GD^2 R}{375 C_e C_m}$$

式中：I_d 为电枢电流；I_{dL} 为负载电流；T_m 为电动机的机电时间常数。

同理，对式（2-5）两侧进行拉氏变换，可得

$$\frac{E(s)}{I_d(s) - I_{dL}(s)} = \frac{R}{T_m s} \tag{2-6}$$

直流电动机的动态结构图如图 2-1 所示。

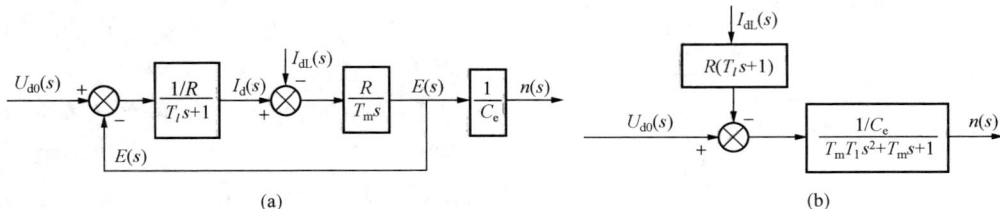

图 2-1　直流电动机的动态结构图

（a）简化前；（b）简化后

直流电动机传递函数中主要参数的工程计算方法讨论：

（1）电磁时间常数 $T_l = \frac{L}{R}$。电动机的电磁时间常数 $T_l = \frac{L}{R}$，而 $L = L_s + L_f$。L_f 为外接电感。电动机本身的电枢电感可通过 $L_s = K_D \frac{U_{dN}}{2 p_m n_N I_{dN}} \times 10^3 \,(\text{mH})$ 求得，其中 $K_D = 6 \sim 8$，U_{dN}、I_{dN}、n_N 为电动机的额定参数，p_m 为电动机的极对数。

电动机电枢回路总电阻 $R = R_a + R_n + R_f$，其中 R_f 为外接电阻，R_a 为

$$R_a = \frac{U_{dN} I_{dN} - P_N}{2 I_{dN}} = (0.5 \sim 0.6)(1 - \eta)\frac{U_{dN}}{I_{dN}}$$

式中：P_N 为电动机额定功率；η 为电机的效率。

整流装置的内阻

$$R_n = 1.5 \frac{m}{2\pi} U_K\% \frac{U_2}{I_2} \,(\Omega)$$

式中：m 为一周内整流电压的波头数；$U_K\%$ 为整流变压器短路比；U_2、I_2 分别为整流变压器二次侧电压与电流。

（2）机电时间常数 $T_m = \frac{GD^2 R}{375 C_e C_m}$。

1）J_G 为系统总的转动惯量，$J_G = \frac{GD^2}{4g}$；J_{Gd}、J_{G1}、$J_{G2}\cdots$ 分别为电动机和各传动机构的转动惯量；i_1、i_2、$i_3\cdots$ 分别为各传动机构的传动比。则有

$$J_G = J_{Gd} + J_{G1}/i_1^2 + J_{G2}/i_2^2 + \cdots$$

可近似认为

$$J_G = J_{Gd} + J_{G1}/i_1^2 + J_{G2}/i_2^2 + \cdots \approx 1.25 J_{Gd} \approx J_{Gd}$$

2）$C_m = \frac{30}{\pi} C_e$，而 $C_e = \frac{U_{dN} - I_{dN} R_a}{n_N}$。

二、 直流电源装置的数学模型和传递函数

直流调速系统中直流电源装置有多种类型，此处主要讨论晶闸管整流电源装置和直流斩波电源装置的数学模型传递函数。

1. 晶闸管触发和整流装置的数学模型传递函数

在晶闸管整流电路中，当控制角由 α_1 变到 α_2 时，若晶闸管已导通，则 U_{d0} 的改变要等到下一个自然换相点以后才开始。这样，晶闸管整流电路的输出电压 U_{d0} 的改变相对于控制电压的改变延迟了一段时间 T_s，T_s 称为失控时间。由于 T_s 的大小随 U_{ct} 发生变化的时刻而改变，故 T_s 是随机的，参见图 2 - 2。

最大可能的失控时间是两个自然换相点之间的时间，它与交流电源的频率和晶闸管整流器的型式有关，表达式为

$$T_{smax} = \frac{1}{mf}$$

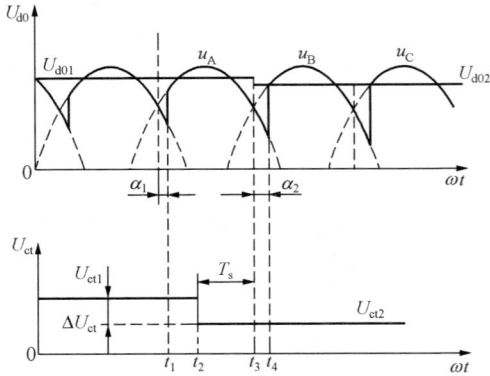

图 2 - 2　晶闸管整流装置的失控时间

式中：f 为交流电源频率；m 为一周内整流电压的波头数。

相对于整个系统的响应时间来说，T_{smax} 并不大，一般情况下可取其统计平均值 $T_s = T_{smax}/2$，并认为是常数。表 2 - 1 列出了不同整流电路的平均失控时间。

表 2 - 1　　　　　　　　不同整流电路的平均失控时间 （$f = 50\text{Hz}$）

整流电路形式	平均失控时间 T_s（ms）	整流电路形式	平均失控时间 T_s（ms）
单相半波	10	三相半波	3.33
单相桥式（全波）	5	三相桥式，六相半波	1.67

用单位阶跃函数表示滞后，则晶闸管触发和整流装置的输入输出关系为

$$U_{d0}(t) = K_s U_{ct} 1(t - T_s) \tag{2 - 7}$$

式（2 - 7）清楚地表明了 $t > T_s$ 时，U_{ct} 才起作用。式（2 - 7）经拉氏变换后得

$$\frac{U_{d0}(s)}{U_{ct}(s)} = K_s e^{-T_s s} \tag{2 - 8}$$

由于式（2 - 8）中包含指数项 $e^{-T_s s}$，它使系统成为非最小相位系统，分析和设计都比较麻烦。为了简化，先将 $e^{-T_s s}$ 按泰勒级数展开，则得

$$e^{-T_s s} = 1 / \left(1 + T_s s + \frac{T_s^2 s^2}{2!} + \frac{T_s^3 s^3}{3!} + \cdots \right)$$

由于 T_s 很小，忽略高次项，则可视为一阶惯性环节，晶闸管整流器的动态传递函数为

$$\frac{U_{d0}(s)}{U_{ct}(s)} \approx \frac{K_s}{1 + T_s s} \tag{2 - 9}$$

根据自动控制原理的知识，将式（2 - 9）中的 s 换成 $j\omega$，经推导可知其成立的条件是 $\omega_c \leqslant \dfrac{1}{3T_s}$。其中 ω_c 为该环节开环频率特性的截止频率，此式为校验条件。

2. 直流斩波电源装置的传递函数

与晶闸管整流装置传递函数的相关分析类似，PWM 直流斩波电源装置也存在失控时间，在分析其小信号动态模型时，最大失控时间为载波周期 T_c，最小失控时间为零，考虑到 u_{ct} 阶跃变化的幅值和时间的随机性，其统计平均失控时间为 $T_c/2$。与式（2-8）和式（2-9）类似，对纯延时环节 $e^{-T_s s}$ 进行线性化处理，可得 PWM 直流斩波电源的传递函数为

$$W(s) = \frac{U_d(s)}{U_{ct}(s)} = \frac{K_s}{T_s s + 1} \tag{2-10}$$

式中：K_s 为电源放大倍数，$K_s = U_s / U_{tmax}$；T_s 为惯性时间系数，$T_s = T_c/2$。

式（2-10）形式与（2-9）相同。

三、 放大器的数学模型和传递函数

若不考虑放大器的输入端滤波，则放大器的数学模型为 $U_{ct}(t) = K_p \Delta U_n(t)$，其传递函数为

$$\frac{U_{ct}(s)}{\Delta U_n(s)} = K_p \tag{2-11}$$

四、 测速反馈环节的数学模型和传递函数

同样，若不考虑测速反馈环节的滤波电路，则该环节的数学模型为 $U_n(t) = \alpha n(t)$，其传递函数为

$$\frac{U_n(s)}{n(s)} = \alpha \tag{2-12}$$

五、 单闭环直流调速系统的动态数学模型

根据前面推导的各个环节的传递函数，按照单闭环系统间的结构关系依次连接起来，便得到转速闭环系统的动态结构图，如图 2-3 所示。

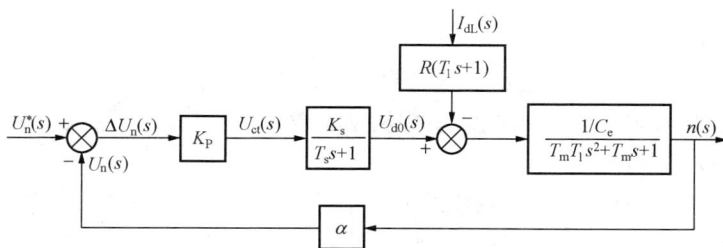

图 2-3 转速闭环系统的动态结构图

2.1.2 单闭环调速系统的动态分析——稳定性分析和 PI 调节器串联校正

求取系统传递函数的目的之一是为了得到系统的特征方程，系统的特征方程可通过令系统传递函数的分母等于零而得到。本系统是两输入（给定输入和扰动输入）一输出系统，由自动控制原理知识可知，系统对给定输入的传递函数和系统对扰动输入的传递函数的分母是一样的，为此可令图 2-3 中 $I_{dL} = 0$，只求单闭环调速系统的输出对给定输入信号的传递函数。由图 2-3 可得系统的闭环传递函数（设 $I_{dL} = 0$）为

$$W_{cl}(s) = \frac{n(s)}{U_n^*(s)} = \frac{\dfrac{K_p K_s / C_e}{(T_s s + 1)(T_m T_1 s^2 + T_m s + 1)}}{1 + \dfrac{K_p K_s \alpha / C_e}{(T_s s + 1)(T_m T_1 s^2 + T_m s + 1)}}$$

$$= \frac{\dfrac{K_p K_s / C_e}{1 + K}}{\dfrac{T_m T_1 T_s}{1 + K} s^3 + \dfrac{T_m (T_1 + T_s)}{1 + K} s^2 + \dfrac{T_m + T_s}{1 + K} s + 1} \tag{2-13}$$

这是一个三阶系统。

一、稳定性分析

由式（2-13）可知，闭环调速系统的特征方程为

$$\frac{T_m T_1 T_s}{1 + K} s^3 + \frac{T_m (T_1 + T_s)}{1 + K} s^2 + \frac{T_m + T_s}{1 + K} s + 1 = 0 \tag{2-14}$$

其一般表达式为

$$a_0 s^3 + a_1 s^2 + a_2 s + a_3 = 0$$

根据三阶系统的劳斯·赫尔维茨判据，系统稳定的充分必要条件是

$$a_0 > 0, \ a_1 > 0, \ a_2 > 0, \ a_3 > 0 \ 且 \ a_1 a_2 > a_0 a_3$$

依据稳定条件得

$$\frac{T_m (T_1 + T_s)(T_m + T_s)}{(1 + K)^2} > \frac{T_m T_1 T_s}{1 + K}$$

即

$$(T_1 + T_s)(T_m + T_s) > (1 + K) T_1 T_s$$

化简整理得

$$K < \frac{T_m (T_1 + T_s) + T_s^2}{T_1 T_s} = K_{cr} \tag{2-15}$$

式中：K_{cr} 为临界放大系数。

K 值超出 K_{cr} 时，系统将不稳定，这与第一章讨论的静特性 K 越大越好相矛盾。对于自动控制系统，稳定是首要条件，因此必须增设动态校正装置以满足稳定要求。

二、PI 调节器串联校正

在设计闭环调速系统时，常常会遇到动态性能指标与稳态性能指标发生矛盾的情况，这时必须设计合适的动态校正装置来改造系统，使它同时满足动态性能和稳态性能指标两方面的要求。

动态校正的方法很多，而且对于一个系统来说，能够符合要求的校正方案也不是唯一的。在电力拖动自动控制系统中，最常用的是串联校正和并联校正。其中串联校正原理比较简单，也容易实现。对于带电力电子变换器的直流闭环调速系统，由于其传递函数的阶次较低，一般采用 PI 调节器的串联校正方案就能完成动态校正任务。

常用的串联调节器有比例微分 PD、比例积分 PI 和比例积分微分 PID 三种类型。由 PD 调节器构成的超前校正，可提高系统的稳定裕度，并获得足够的快速性，但稳态准确度可能受到影响；由 PI 调节器构成的滞后校正，可以保证稳态准确度，却是以牺牲快速性来换取系统稳定的；用 PID 调节器实现的滞后—超前校正则兼有二者的优点，可以全面提高系统的控制性能，但具体实现与调试要复杂一些。一般调速系统要求以动态稳定性和稳态准确度

为主，对快速性的要求可以差一些，所以主要采用 PI 调节器；在随动系统中，快速性是主要要求，须用 PD 或 PID 调节器。

在设计校正装置时，最基本的研究工具是伯德图（Bode Diagram）。在实际系统中，动态稳定性不仅必须保证，而且还要有一定的裕度，以防参数变化和一些未知因素的影响。在伯德图上，用来衡量最小相位系统稳定程度的指标是相角裕度 γ 和以分贝表示的增益裕度 GM。一般要求

$$\gamma = 30° \sim 60°, GM > 6\text{dB}$$

在定性分析系统性能时，通常将伯德图分成低、中、高三个频段。图 2-4 绘出了自动控制系统的典型伯德图，从其中三个频段的特征可以判断系统的性能。

（1）如果中频段以 -20dB/dec 的斜率穿越 0dB 线且这一斜率能覆盖足够的频带宽度，则系统的稳定性好。

（2）截止频率（或称剪切频率）ω_c 越高，则系统的快速性越好。

（3）低频段的斜率陡、增益高，则系统的稳态准确度高。

（4）高频段衰减越快，则高频特性负分贝值越低，说明系统抗高频噪声干扰的能力越强。

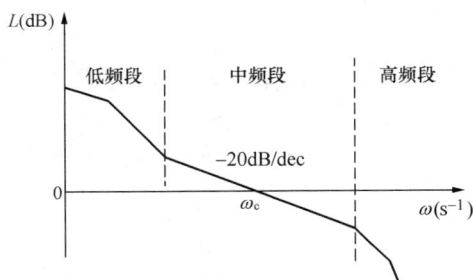

图 2-4　自动控制系统的典型伯德图

以上四个方面常常是互相矛盾的。对稳态准确度要求高时，常需要放大倍数大，却可能使系统不稳定；加上校正装置后，系统稳定了，又可能牺牲快速性；提高截止频率可加快系统的响应，又容易引入高频干扰；如此等等。设计时往往须用多种手段，反复试凑，在稳、准、快和抗干扰这四个矛盾之间折中，才能获得比较满意的结果。

进行调速系统具体设计时，首先应进行总体设计，选择基本部件，按稳态性能指标计算参数，形成基本的闭环控制系统，称为原始系统；然后，建立原始系统的动态数学模型，画出其伯德图，检查它的稳定性和其他动态性能。如果原始系统不稳定或动态性能不好，就必须配置合适的动态校正装置，使校正后的系统全面满足所要求的性能指标。

采用模拟控制时，调速系统的动态校正装置常采用 PI 调节器，重画 PI 特性如图 2-5 所示。分析得到 PI 调节器的传递函数为

$$W_{\text{pi}}(s) = \frac{\tau_1 s + 1}{\tau s} = \frac{\tau_1}{\tau} \frac{\tau_1 s + 1}{\tau_1 s} = K_{\text{pi}} \frac{\tau_1 s + 1}{\tau_1 s}$$

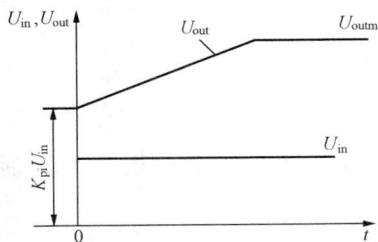

图 2-5　阶跃输入时 PI 调节器输出电压的时间特性

由图 2-3 可知，单闭环转速负反馈调速系统的原始系统的开环传递函数为

$$W(s) = \frac{K}{(T_s s + 1)(T_m T_1 s^2 + T_m s + 1)}$$

根据提供的参数 $T_s = 0.00167\text{s}$，$T_1 = 0.017\text{s}$，$T_m = 0.075\text{s}$，通过式（2-15）计算得到系统稳定的临界放大系数 $K_{\text{cr}} = 49.42$。而根据［例1-2］的有关稳态参数值，经计算得到闭环系统的开环放大系数 $K = 53.3$。由于 $K_{\text{cr}} < K$，原始的单闭环转速负反馈调速系统是不稳定的，

67

需要进行 PI 调节器串联校正。

原始系统的开环对数幅频及相频特性见图 2-6 中幅、相频特性①所示，其中三个转折频率分别为 $\omega_1=\frac{1}{T_1}=20.4\mathrm{s}^{-1}$、$\omega_2=\frac{1}{T_2}=38.5\mathrm{s}^{-1}$、$\omega_3=\frac{1}{T_3}=600\mathrm{s}^{-1}$，且 $20\lg K=34.5\mathrm{dB}$，$\omega_{c1}=207.6\mathrm{s}^{-1}$。

由图 2-6 可见，相角裕度 γ 和增益裕度 GM 都是负值，所以原始闭环系统不稳定。这和用代数判据得到的结论是一致的。

为使系统稳定，必须设置 PI 调节器，其对数频率特性见图 2-6 中幅、相频特性②所示。

实际设计时，一般先根据系统要求的动态性能或稳定裕度，确定校正后的预期对数频率特性，与原始系统特性相减，即得校正环节特性，如图 2-6 中幅频特性③所示，其中 $\omega_{c2}=30\mathrm{s}^{-1}$；最后得到 PI 调节器的传递函数为 $W_{pi}(s)=\frac{0.049s+1}{0.092s}$。

从图 2-6 可以看出，校正后系统的稳定性指标 γ 和 GM 都已变成较大的正值，有足够的稳定裕度，而截止频率从 $\omega_{c1}=207.6\mathrm{s}^{-1}$ 降到 $\omega_{c2}=30\mathrm{s}^{-1}$，快速性被压低了许多，显然这是一个偏于稳定的方案。

上述用绘制伯德图的方法来设计动态校正装置，虽然概念清楚，但是在半对数坐标纸上用手工绘制终究比较麻烦，有时还需反复试凑，才能获得满意的结果。2.4 节中将介绍较为简便的工程设计方法。

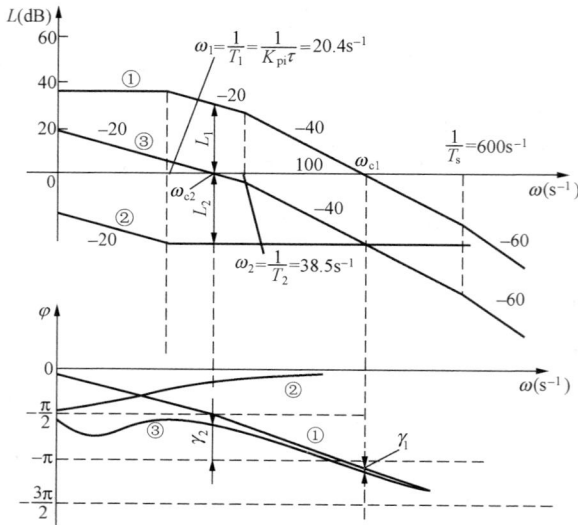

图 2-6　闭环直流调速系统的 PI 调节器校正
①—原始系统的对数幅频和相频特性；
②—校正环节添加部分的对数幅频和相频特性；
③—校正后系统的对数幅频和相频特性

2.2　双闭环直流调速系统的动态分析

在闭环负反馈系统中，当以调节器为核心的闭环多于一个时，称其为多环系统。常见的多环系统有转速电流双闭环调速系统、带电流变化率内环和带电压内环的三环调速系统。尤其以转速电流双闭环调速系统最为典型。

一、转速电流双闭环调速系统的动态数学模型

在转速电流双闭环调速系统中，转速调节器 ASR 和电流调节器 ACR 常采用 PI 调节器。ASR 和 ACR 的传递函数分别为

$$W_{ASR}(s)=K_n\frac{\tau_n s+1}{\tau_n s} \tag{2-16}$$

$$W_{ACR}(s)=K_i\frac{\tau_i s+1}{\tau_i s} \tag{2-17}$$

结合单闭环调速系统的动态结构图，可得双闭环调速系统的动态结构图，如图 2-7 所示。

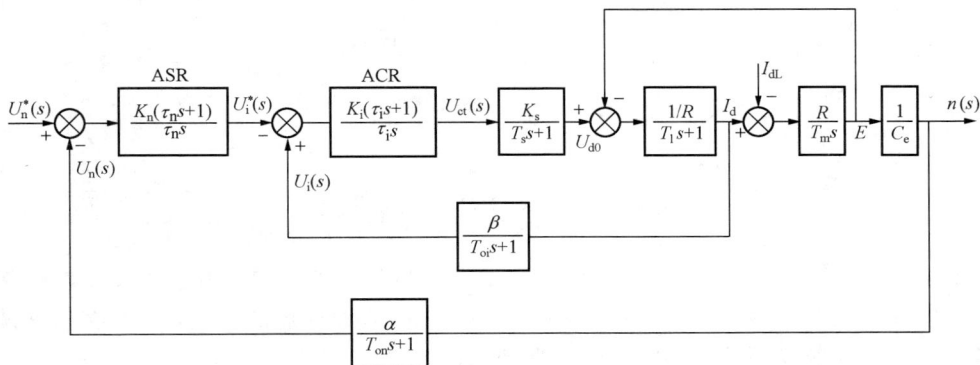

图 2-7　双闭环调速系统的动态结构图

T_{on}—转速反馈滤波时间常数；T_{oi}—电流反馈滤波时间常数

二、 双闭环调速系统的动态性能分析

双闭环调速系统的动态性能包括动态跟随性能和动态抗扰性能。当采用转速电流双闭环控制时，该系统的动态性能比转速单闭环系统有了较明显的提高。

1. 动态跟随性能

动态跟随性能反映的是控制系统的输出对于系统单位阶跃给定输入信号的跟随能力。

（1）单闭环转速负反馈系统的动态结构图如图 2-8 所示。

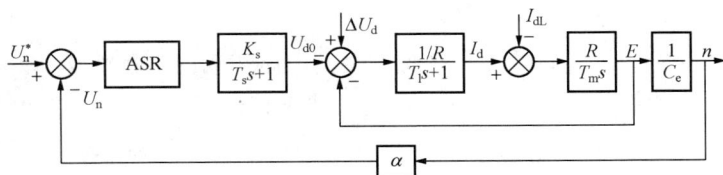

图 2-8　单闭环转速负反馈系统的动态结构图

转速调节器 ASR 的输出到电流 I_d 之间的传递函数为（$\Delta U_d = 0$、$\Delta E = 0$）

$$W(s) = \frac{K_s/R}{(T_s s + 1)(T_1 s + 1)} = \frac{K_s/R}{T_s T_1 s^2 + (T_s + T_1)s + 1}$$

（2）双闭环调速系统的动态结构图如图 2-9 所示。

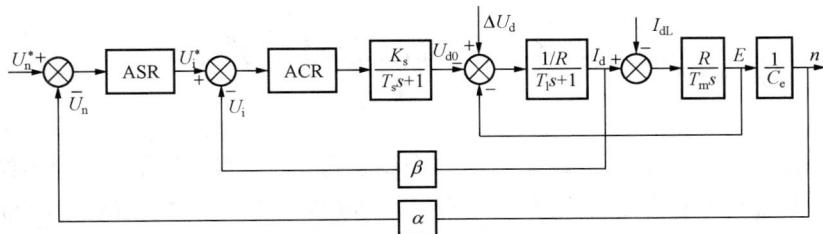

图 2-9　双闭环调速系统的动态结构图

转速调节器 ASR 到输出电流 I_d 之间的传递函数为（为了推导传函方便起见，假定 ACR 为比例调节器，其传递函数为 K_i；且 $\Delta U_d = 0$、$\Delta E = 0$）

$$W'(s) = \frac{K_i \dfrac{K_s}{T_s s + 1} \dfrac{1/R}{T_l s + 1}}{1 + K_i \dfrac{K_s}{T_s s + 1} \dfrac{1/R}{T_l s + 1} \beta} = \frac{K_i K_s / R}{\left[(T_s s + 1)(T_l s + 1) + (K_i K_s \beta / R)\right]}$$

$$= \frac{K_i K_s / R}{T_s T_l s^2 + (T_s + T_l)s + 1 + K_i K_s \beta / R} = \frac{\dfrac{K_i K_s / R}{1 + K_i K_s \beta / R}}{\dfrac{T_s T_l}{1 + K_i K_s \beta / R} s^2 + \dfrac{(T_s + T_l)}{1 + K_i K_s \beta / R} s + 1}$$

从 $W(s)$ 和 $W'(s)$ 的表达式可以看出，在双闭环调速系统中，电流负反馈能够将环内的传递函数加以改造，使等效时间常数减小，经过电流环改造后的等效环节作为转速调节器的被控对象，可使转速环的动态跟随性能得到明显改善。

2. 动态抗扰性能

动态抗扰性能反映的是控制系统的输出对于系统扰动输入信号的反抗能力。调速系统中最主要的扰动是电网电压扰动和负载扰动。

（1）抗电网电压扰动。

1）在单闭环转速负反馈系统中，电网电压扰动必须等到影响转速 n 后，才能通过转速负反馈来调节，即

电网电压扰动 $\uparrow \to U_{d0} \uparrow \to I_d \uparrow \to n \uparrow \to U_n \uparrow \to \Delta U_n = (U_n^* - U_n) \downarrow \to U_{ct} \downarrow \to U_{d0} \downarrow$。

2）在转速电流双闭环调速系统中，由图 2-9 可知，电网电压扰动被包围在电流环内，电网电压波动时，可以通过电流反馈及时得到抑制，即

当电网电压扰动 $\uparrow \to U_{d0} \uparrow \to I_d \uparrow \to U_i \to \Delta U_i = (U_i^* - U_i) \downarrow \to U_{ct} \downarrow \to U_{d0} \downarrow$。

所以，双闭环调速系统能有效提高系统对电网电压扰动的抗扰性能。

（2）抗负载扰动性能。从双闭环调速系统的动态结构图 2-9 可以看出，负载扰动作用（I_{dL}）在电流环之后，和单闭环调速系统一样，只能靠转速调节器来抑制。但由于电流环改造了环内的传递函数，使它更有利于转速外环的控制，因此双闭环调速系统也能提高系统对负载扰动的抗扰性能。

综上所述，双闭环调速系统的（电流）内环能够改造环内的传递函数，使它更有利于（转速）外环的控制，从而提高系统的动态跟随性能和对负载扰动的抗扰性能。另外，内环的存在可以及时抑制环内的电网电压波动。

这一结论同样适用于带电流变化率内环和带电压内环的三环调速系统。

2.3　系统动态性能指标

在 2.1.2 的"PI 调节器串联校正"中，介绍了频域中用伯德图表示的系统动态性能，下面介绍时域中的系统动态性能指标。动态性能指标是衡量系统动态过程性能的指标，主要包括系统动态跟随性能和动态抗扰性能。

2.3.1 跟随性能指标

常用零初始条件下系统对单位阶跃给定信号的输出过程来表示跟随过程，如图 2-10 所示。

其主要跟随性能指标如下：

（1）上升时间 t_r：输出量从零开始，第一次上升到稳态值 C_∞ 所经历的时间。

（2）超调量 σ：最大输出量 $C_{\max}$ 超出稳态值的偏差与稳态值之比的百分值，即

$$\sigma\% = \frac{C_{\max} - C_\infty}{C_\infty} \times 100\%$$

超调量反映了系统的相对稳定性。

（3）过渡过程时间 t_s：输出衰减到与稳态值之差进入 $\pm5\%$ 或 $\pm2\%$ 的允许误差范围之内所需的最小时间，用于衡量系统调节过程的快慢。

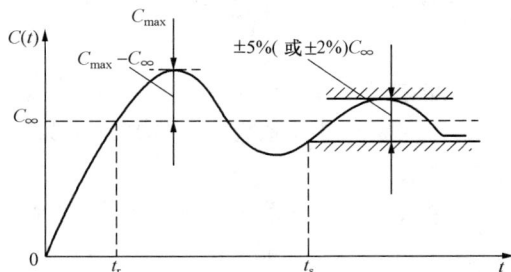

图 2-10　阶跃响应曲线和跟随性能指标

2.3.2 抗扰性能指标

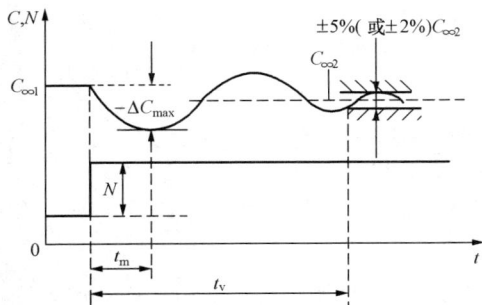

图 2-11　典型扰动过渡过程和抗扰性能指标

典型的扰动过渡过程如图 2-11 所示。抗扰性能指标定义如下：

（1）最大动态降落 $\Delta C_{\max}\%$：系统稳定运行时，突加扰动量 N，在过渡过程中引起输出量的最大降落值，一般用输出量原稳态值 $C_{\infty 1}$ 的百分数表示，即

$$\Delta C_{\max}\% = \frac{\Delta C_{\max}}{C_{\infty 1}} \times 100\%$$

当输出量在动态降落后又恢复到新的稳态值 $C_{\infty 2}$ 时，偏差 $C_{\infty 1} - C_{\infty 2}$ 表示系统在该扰动作用下的稳态降落，动态降落一般都大于稳态降落。

（2）恢复时间 t_v：从阶跃扰动作用开始，到输出量恢复到与新稳态值 $C_{\infty 2}$ 之差进入 $\pm5\%$ 或 $\pm2\%$ 允许误差范围之内所需的时间。

2.4　调速系统的工程设计方法

用伯德图进行单环系统设计时，一般是根据系统要求的动态性能或稳定裕度，确定希望的预期对数频率特性，再与原始系统特性相减，得到校正环节特性，进而设计出校正装置。伯德图设计方法很灵活，没有一个固定的模式，有时需反复试凑，才能得到满意的结果。而

且与设计者的经验有很大的关系，不便于初学者掌握。对于多环调速系统，该方法就难以应用了。为此，本节介绍一种简洁、方便的多环调速系统的工程设计方法。

多环调速系统调节器参数的工程设计内容包括确定典型系统、选择调节器类型、计算调节器参数、计算调节器电路参数、校验等。

2.4.1　工程设计步骤

（1）选择典型系统，找出控制系统动态性能指标与典型系统参数的关系。

1）在众多的开环系统中，选择两类具有优越的静、动态跟随性能和抗扰性能的系统作为典型系统；

2）深入讨论典型系统的静、动态性能，求出典型系统参数与跟随性能和抗扰性能指标间的关系；

3）根据生产工艺要求的跟随性能和抗扰性能指标，依据上述求出的典型系统参数与性能指标的关系，求出与性能指标对应的典型系统，并将其作为预期的典型系统。

（2）将得到的预期典型系统与作为被控对象的实际系统进行比较，确定用于校正的调节器的类型、调节器的参数和调节器的电路参数。

（3）进行设计校验。

2.4.2　典型系统的选择和性能分析

一、典型系统的选择

任何系统的开环传递函数都可表示为

$$W(s) = \frac{K(\tau_1 s + 1)(\tau_2 s + 1)\cdots}{s^r(T_1 s + 1)(T_2 s + 1)\cdots} \tag{2-18}$$

其中，分子和分母都可能含有复零点和复极点，分母中的 s^r 项表示整个系统含有 r 个积分环节，或者说系统在原点处有 r 重极点。

（1）根据 $r=0，1，2，\cdots$ 的不同数值，将系统分别称为 0 型、Ⅰ型、Ⅱ型系统······

（2）型号越高，系统的准确度越高，而稳定性越差。

在稳态准确度方面：0 型系统＜Ⅰ型＜Ⅱ型系统；0 型系统的稳态准确度不够。在稳定性方面：0 型系统＞Ⅰ型＞Ⅱ型系统；Ⅲ型以上的系统很难稳定。

通常选用Ⅰ型和Ⅱ型系统作为典型系统的候选系统，而Ⅰ型和Ⅱ型系统仍然有无数个，又在其中选出两个特例作为典型系统。它们分别是：

典型Ⅰ型系统　　　　　　$W(s) = \dfrac{K}{s(Ts+1)}$

典型Ⅱ型系统　　　　　　$W(s) = \dfrac{K(\tau s+1)}{s^2(Ts+1)}$

二、典型Ⅰ型系统的性能分析

1. 典型Ⅰ型系统的闭环结构和开环对数频率特性

典型Ⅰ型系统的开环传递函数见图 2-12（a）中主通道方框图内，闭环系统结构图以及开环对数频率特性如图 2-12 所示。

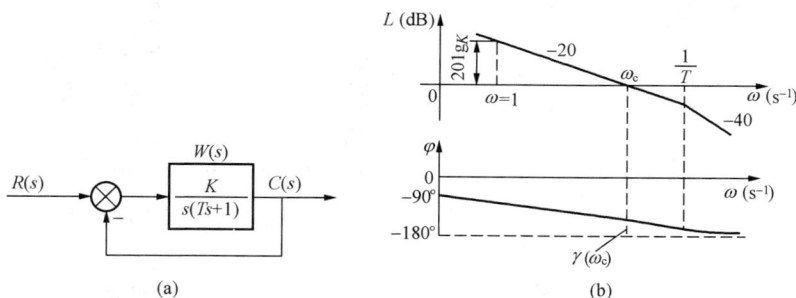

图 2 - 12　典型 I 型系统的闭环结构图和开环对数频率特性
（a）闭环系统的动态结构图；（b）开环对数频率特性

2. 典型 I 型系统的性能分析

根据自动控制原理的知识，控制系统的性能分析包括"稳、准、快"三个方面，即系统的稳定性、准确性和快速性。

（1）稳定性分析。

1）稳定性判断。典型 I 型系统的稳定性可以从两个方面来判断：

a. 从开环对数频率特性上看，典型 I 型系统的幅频率特性是以 -20dB/dec 的斜率穿越 0dB 线，根据自动控制系统的典型伯德图知识，可知系统的稳定性好。

b. 从系统的相角裕度 γ 看，一般要求 $\gamma = 30° \sim 60°$ 系统就能稳定。而典型 I 型系统的相角裕度 $\gamma(\omega_c) = 180° + \varphi(\omega_c) = 180° - 90° - \tan T\omega_c$，由于 $\omega_c < (1/T)$，所以 $\gamma(\omega_c) > 45°$。

由此可知，典型 I 型系统总是稳定的。

2）稳定性与典型系统参数的关系。在典型 I 型系统的开环传递函数中，系统有 K、T 两个参数。而时间常数 T 是控制对象固有的，可变参数只有开环放大系数 K。

由图 2 - 12（b）可知，在 $\omega = 1$ 处，典型 I 型系统（$\omega_c < 1/T$）对数幅频特性的幅值为

$$L(\omega)\big|_{\omega=1} = 20\lg K = 20(\lg\omega_c - \lg1) = 20\lg\omega_c \tag{2-19}$$

则 $K = \omega_c$。从稳定性判据分析，K 越大典型系统的稳定性越差。

（2）准确性与稳态跟随性能分析。典型 I 型系统的准确性包括稳态跟随性能和动态跟随性能两个方面。稳态跟随性能又称为稳态误差，它与系统参数 K 的关系见表 2 - 2。动态跟随性能与系统参数的关系与快速性一起分析。

表 2 - 2　　　　　　　　典型 I 型系统在不同输入信号作用下的稳态误差

输入信号	阶跃输入信号 $R(t) = R_0$	斜坡输入信号 $R(t) = v_0 t$	加速度输入信号 $R(t) = a_0 t^2/2$
稳态误差	0	V_0/K	∞

由表 2 - 2 可以看出，对斜坡输入信号有跟踪误差，开环放大倍数 K 增大，稳态误差减小。

（3）快速性与动态跟随性能分析。系统的快速性主要包括输出信号的上升时间和过渡过程时间。而动态跟随性能指标具体包括反映系统稳定性的超调量，反映快速性的上升时间和过渡过程时间（调节时间）等指标。快速性的分析包含在调速系统的动态跟随性能的分析

中。为此，下面重点讨论典型Ⅰ型系统参数（K、T）与动态性能指标的关系。

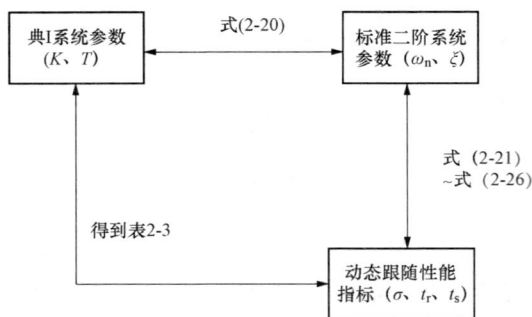

图 2-13　典型Ⅰ型系统参数（K、T）与动态跟随性能指标关系的求取路径示意图

典型Ⅰ型系统参数（K、T）与动态跟随性能指标关系的求取路径示意图如图 2-13 所示。

依据图 2-13 可求出系统参数（K、T）与动态跟随性能指标的关系，过程如下：

1）典型Ⅰ型系统参数（K、T）与标准二阶系统参数（ω_n、ξ）的关系。典型Ⅰ型系统的闭环传递函数是一个二阶系统，由图 2-12（a）可得系统的闭环传递函数为

$$W_{cl}(s) = \frac{W(s)}{1+W(s)} = \frac{\dfrac{K}{T}}{s^2 + \dfrac{1}{T}s + \dfrac{K}{T}} = \frac{\omega_n^2}{s^2 + 2\xi\omega_n s + \omega_n^2} \qquad (2-20)$$

比较等式两边可得，自然振荡频率 $\omega_n = \sqrt{K/T}$，阻尼比 $\xi = \dfrac{1}{2}\sqrt{\dfrac{1}{KT}}$。

2）标准二阶系统参数（ω_n、ξ）与时域阶跃响应动态跟随性能指标的关系。根据自动控制原理的知识，当 $0 < \xi < 1$ 时，在零初始条件下的阶跃响应动态性能指标计算公式为：

a. 时域指标。

超调量 $\qquad\qquad\qquad\qquad \sigma\% = e^{\frac{-\xi\pi}{\sqrt{1-\xi^2}}} \times 100\% \qquad\qquad\qquad (2-21)$

峰值时间 $\qquad\qquad\qquad\qquad t_p = \dfrac{2\xi\pi T}{\sqrt{1-\xi^2}} \qquad\qquad\qquad\qquad (2-22)$

上升时间 $\qquad\qquad\qquad\qquad t_r = \dfrac{2\xi T}{\sqrt{1-\xi^2}}(\pi - \arccos\xi) \qquad\qquad (2-23)$

调节时间 $\qquad\qquad t_s \approx \dfrac{3}{\xi\omega_n} = 6T \quad (\text{误差带 } \Delta = 5\%,\ \xi < 0.9) \qquad (2-24)$

b. 频域指标。

截止频率 $\qquad\qquad\qquad\qquad \omega_c = \dfrac{\left[\sqrt{4\xi^4+1} - 2\xi^2\right]^{\frac{1}{2}}}{2\xi T} \qquad\qquad\qquad (2-25)$

相角稳定裕度 $\qquad\qquad \gamma(\omega_c) = \arctan\dfrac{2\xi}{\left[\sqrt{4\xi^4+1} - 2\xi^2\right]^{\frac{1}{2}}} \qquad\qquad (2-26)$

根据式（2-20）确定的典型Ⅰ型系统参数（K、T）与标准二阶系统参数（ω_n、ξ）的关系，以及式（2-21）～式（2-26）确定的二阶系统参数（ω_n、ξ）与动态跟随性能指标（σ、t_r、t_s）的关系，可得到典型Ⅰ型系统参数（K、T）与动态跟随性能指标的关系，见表 2-3。

由表 2-3 可以看出，典型 I 型系统的特点是：

1）KT 增大，阻尼比 ξ 减小，超调量 $\sigma\%$ 变大，稳定性变差，调节时间 t_s 减小，快速性变好。

2）当 K 值过大时，调节时间 t_s 反而增加，快速性变差。

3）当 $KT=1/2$ 或 $\xi=0.707$ 时，稳定性和快速性都较好，通常称为"I型系统最佳参数"。

这时，系统的开环传递函数为 $W(s)=\dfrac{1}{2T}\dfrac{1}{s(Ts+1)}$，闭环传递函数为 $W_{cl}(s)=\dfrac{1}{2T^2s^2+2Ts+1}$，其跟随性能指标为 $\sigma\%=4.3\%$，$t_s=4.2T(5\%)$。

表 2-3　　典型 I 型系统动态跟随性能指标和频域指标与系统参数关系 $[\xi=(1/2)\sqrt{1/KT}]$

系统参数 KT	0.25	0.31	0.39	0.5	0.69	1.0
阻尼比 ξ	1.0	0.9	0.8	0.707	0.6	0.5
超调量 σ	0	0.15%	1.5%	4.3%	9.5%	16.3%
峰值时间 t_p	∞	13.14T	8.33T	6.28T	4.71T	3.62
上升时间 t_r	∞	11.12T	6.67T	4.72T	3.34T	2.41T
调节时间 $t_s(5\%)$	9.5T	7.2T	5.4T	4.2T	6.3T	5.6T
相角稳定裕度 $\gamma(\omega_c)$	76.3°	73.5°	69.9°	65.5°	59.2°	51.8°
截止频率 ω_c	0.243/T	0.296/T	0.367/T	0.455/T	0.596/T	0.786/T

3. 典型 I 型系统参数与抗扰性能指标的关系

图 2-14（a）是在扰动 $N(s)$ 作用下的典型 I 型系统。其开环传递函数为

$$W(s)=W_1(s)W_2(s)=\frac{K}{s(Ts+1)} \tag{2-27}$$

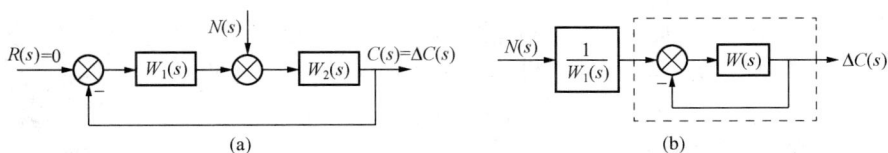

图 2-14　扰动作用下的典型 I 型系统

因仅讨论抗扰性能，可令输入信号 $R(s)=0$，即得等效结构图如图 2-14（b）所示。在扰动作用下的输出表达式为

$$\Delta C(s)=\frac{N(s)}{W_1(s)}\frac{W(s)}{1+W(s)}$$

显然，从图 2-14（b）的虚线框内看，系统的抗扰性能除了与其结构有关外，还与抗扰作用点之前的传递函数 $W_1(s)$ 有关。

设 $W_1(s)=K_1\dfrac{T_2s+1}{s(T_1s+1)}$，$W_2(s)=\dfrac{K_2}{(T_2s+1)}$ 且 $T_2>T_1=T$；令 $m=T_1/T_2=T/T_2$。经过相关推导，可得到不同 m 值时 $\Delta c(t)$ 的动态响应曲线，从而求得输出值最大动态降落 $\Delta C_{max}\%$［用基准值 $C_b=(1/2)NK_2$ 的百分比表示，N 为阶跃扰动输入］和对应的时间 t_m（用 T 的倍数表示）以及允许误差带为 $\pm5\%C_b$ 时的恢复时间 t_v，其动态抗扰性能列于表 2-4。

表 2 - 4　　　　　典型 I 型系统动态抗扰性能指标与系统参数的关系
（控制结构和阶跃扰动作用点如图 2 - 14 所示，$KT = 0.5$）

$m = \dfrac{T_1}{T_2} = \dfrac{T}{T_2}$	$\dfrac{1}{5}$	$\dfrac{1}{10}$	$\dfrac{1}{20}$	$\dfrac{1}{30}$
$\Delta C_{max}/C_b$	55.5%	33.2%	18.5%	12.9%
t_m	2.8T	3.4T	3.8T	4.0T
t_v（5%）	14.7T	21.7T	28.7T	30.4T

【例 2 - 1】　某典型 I 型电流控制系统结构如图 2 - 15 所示，电流输出回路总电阻 $R = 5\Omega$，电磁时间常数 $T_1 = 0.3s$，系统小时间常数 $T = 0.01s$，额定电流 $I_{dN} = 44A$，该系统要求阶跃给定的电流超调量 $\sigma < 5\%$，试求直流扰动电压 $\Delta U = 32V$ 时的电流最大动态降落（以额定电流的百分数 $\Delta I_m/I_{dN}$ 表示）和恢复时间 t_v（按基准值 C_b 的 5% 计算）。

解：系统要求阶跃给定的电流超调量 $\sigma < 5\%$，查表 2 - 3，应选

$$K = \frac{1}{2T} = \frac{1}{2 \times 0.01} = 50$$

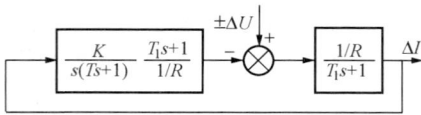

图 2 - 15　电压扰动时的电流控制系统结构图

根据系统两个时间常数比值 $T/T_2 = 0.01/0.3 = 1/30$，由表 2 - 4 知，系统电流最大动态降落为 $\Delta C_{max}/C_b = 12.9\%$，恢复时间 t_v（5%）= 30.4T，可得

放大系数　　　　　$K_2 = \dfrac{1}{R} = \dfrac{1}{5} = 0.2(1/\Omega)$

基准值　　　　　$C_b = 0.5\Delta U K_2 = 0.5 \times 32 \times 0.2 = 3.2(A)$

电流最大降落值　$\Delta I_m = 0.129 C_b = 0.129 \times 3.2 = 0.413(A)$

所以　　　　　$\Delta I_m/I_{dN} = 0.413/44 = 0.009\,39 = 0.939\%$

$$t_v = 30.4T = 30.4 \times 0.01 = 0.304(s)$$

三、典型 II 型系统的性能分析

1. 典型 II 型系统的闭环结构和开环对数频率特性

典型 II 型系统的开环传递函数见图 2 - 16（a）中主通道方框图内，闭环系统结构图以及开环对数频率特性如图 2 - 16 所示。

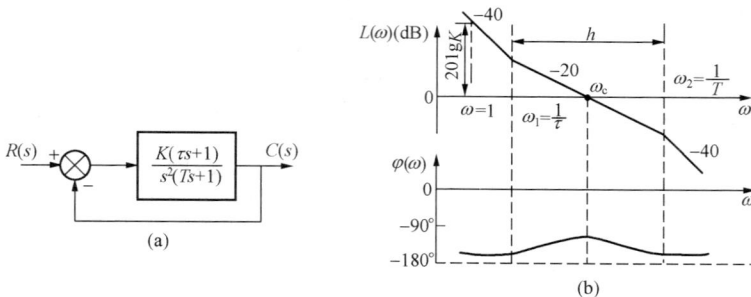

图 2 - 16　典型 II 型系统的闭环结构图和开环对数频率特性
（a）闭环系统的动态结构图；（b）开环对数频率特性

2. 典型 II 型系统的性能分析

（1）稳定性分析。

1）从开环对数频率特性看，中频段是以－20dB/dec斜率穿越0dB线的，并且具有一定的幅值和相角裕度，可以确保系统有足够的稳定性。

2）从系统的相角裕度 γ 看，典型 II 型系统的相角裕度为

$$\begin{aligned} \gamma(\omega_c) &= 180° + \varphi(\omega_c) \\ &= 180° + (-180° + \arctan\omega_c\tau - \arctan\omega_c T) \\ &= \arctan\omega_c\tau - \arctan\omega_c T \end{aligned} \tag{2-28}$$

显然，τ 比 T 大得越多，系统稳定裕度越大，稳定性越好。典型 II 型系统也是稳定的。

（2）准确性与稳态跟随性能分析。典型 II 型系统的准确性也包括稳态跟随性能（稳态误差）和动态跟随性能两个方面。稳态误差与系统参数 K 的关系见表 2-5。

表 2-5   典型 II 型系统在不同输入信号作用下的稳态误差

输入信号	阶跃输入信号 $R(t)=R_0$	斜坡输入信号 $R(t)=v_0 t$	加速度输入信号 $R(t)=a_0 t^2/2$
稳态误差	0	0	a_0/K

由表 2-5 可以看出，对加速度输入信号有跟踪误差，开环放大倍数 K 增大，稳态误差减小。

（3）快速性与动态跟随性能分析。典型 II 型系统是由两个积分环节、一个惯性环节和一个一阶微分环节组成的，其开环对数频率特性的低频转折频率为 $\omega_1=1/\tau$，高频转折频率为 $\omega_2=1/T$，且 $\omega_2>\omega_c>\omega_1$。

与典型 I 型系统相仿，时间常数 T 是系统固有的，所不同的是，典型 II 型系统有两个参数 K 和 τ 待选择，这就增加了选择参数的复杂性。为分析方便，引入一个新变量 h，令

$$h = \frac{\tau}{T} = \frac{\omega_2}{\omega_1} \tag{2-29}$$

h 表示了在对数坐标中斜率为－20dB/dec的中频段的宽度，称作"中频宽"。由于中频段的状况对控制系统的动态性能起着决定性的作用，因此 h 值是一个关键的参数。

在图 2-16 中，$\omega=1$ 点处是 －40dB/dec 特性段，则

$$20\lg K = 40\lg\omega_1 + 20\lg\frac{\omega_c}{\omega_1} = 20\lg\omega_1\omega_c \tag{2-30}$$

显然，$K=\omega_1\omega_c$

典型 II 型系统参数（K、T、τ）与动态跟随性能指标关系的求取路径示意图如图 2-17 所示。

1）典型 II 型系统参数（K、τ、T）与频域参数（h、ω_c）的关系。由频率特性可见：①由于 T 一定，改变 τ 也就改变了中频宽 h，即 h 与 τ 相关；②在 τ 确定以后，再改变 K 相当于使开环对数幅频

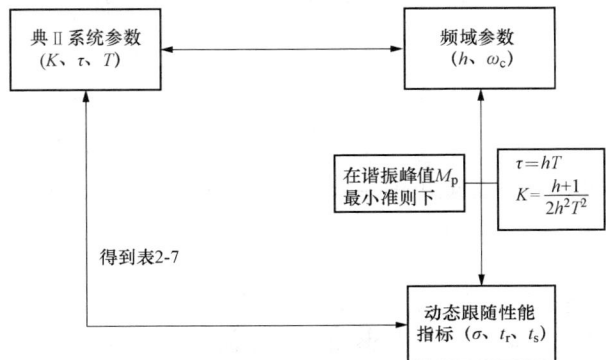

图 2-17　典型 II 型系统参数（K、τ、T）与动态跟随性能指标关系的求取路径示意图

特性上下平移，即改变了截止频率 ω_c，所以 ω_c 与 K 相关。

由此可见，在 T 一定时，选择了 h 和 ω_c 两个参数，就相当于选择了参数 τ 和 K。因此，寻找系统性能指标与系统参数 τ 和 K 的关系，就转化为寻找系统性能指标与参数 h 和 ω_c 的关系。

2）用"谐振峰值 M_p 最小准则"求 h 和 K 两个参数的配合关系。典型 II 型系统有 K 和 τ 两个参数待选择，τ 与 h 已经有确定关系，如果能找出 h 和 K 两个参数间的配合关系，使 K 变为 h 的函数，则典型 II 型系统的设计就变为一个参数 h 的设计了。

工程设计法通常采用"振荡指标法"中的闭环幅频特性谐振峰值 M_p 最小准则，经推导可以得到闭环幅频特性最小谐振峰值 M_{pmin}、ω_c、ω_1、ω_2 与 h 间的关系，即

$$\frac{\omega_2}{\omega_c} = \frac{2h}{h+1} \tag{2-31}$$

$$\frac{\omega_c}{\omega_1} = \frac{h+1}{2} \tag{2-32}$$

对应的最小峰值

$$M_{pmin} = \frac{h+1}{h-1} \tag{2-33}$$

可以看出，M_{pmin} 值仅取决于中频宽 h。表 2-6 列出了不同 h 值时的 M_{pmin} 和对应的频率比。

表 2-6　　　　　　不同中频宽 h 时的 M_{pmin} 值和频率比

h	3	4	5	6	7	8	9	10
M_{pmin}	2	1.67	1.5	1.4	1.33	1.29	1.25	1.22
ω_2/ω_c	1.5	1.6	1.67	1.71	1.75	1.78	1.80	1.82
ω_c/ω_1	2.0	2.5	3.0	3.5	4.0	4.5	5.0	5.5

经验表明，M_{pmin} 在 1.2~1.5 之间，系统的动态性能较好，有时也允许达到 1.8~2.0，所以 h 可在 3~10 之间选择，h 更大时，对降低 M_{pmin} 的效果就不显著了。

在确定了 h 后，根据式（2-31）就可求出 ω_c，即

$$\omega_c = \omega_2 \frac{h+1}{2h} = \frac{h+1}{2hT} \tag{2-34}$$

而 T 是已知的，在确定了 h 之后，要计算 τ 和 K 也就比较容易了。由 h 的定义可知

$$\tau = hT \tag{2-35}$$

也可证明具有最小谐振峰值的开环放大系数 K 为

$$K = \omega_1\omega_c = \frac{h+1}{2h^2 T^2} \tag{2-36}$$

式（2-35）和式（2-36）是工程设计方法中计算典型 II 型系统参数的公式。只要按动态跟随性能指标的要求确定了 h 值，就可以代入这两个公式来进行系统设计。下面分别讨论动态跟随性能和抗扰性能指标与 h 值的关系，作为确定 h 值的依据。

参数 h 与动态跟随性能指标关系的求取步骤如下：

1）将 $\tau = hT$ 和 $K = \omega_1\omega_c = \dfrac{h+1}{2h^2 T^2}$ 代入典型 II 型系统的开环传递函数。

2）求出典型Ⅱ型系统的闭环传递函数。

3）求出单位阶跃输入 $R(s)=1/s$ 下闭环系统的输出。

4）以 T 为时间基准，对具体的 h 值，求出单位阶跃响应函数 $C(t)$，从而计算出超调量 σ、上升时间 t_r、调节时间 t_s 和振荡次数 K。采用数字仿真计算的结果列于表 2-7 中。

表 2-7　　　典型Ⅱ型系统阶跃输入跟随性能指标（按 M_{pmin} 准则确定参数关系）

h	3	4	5	6	7	8	9	10
$\sigma\%$	52.6	43.6	37.6	33.2	29.8	27.2	25	23.3
t_r	2.4T	2.65T	2.85T	3.0T	3.1T	3.2T	3.3T	3.35T
$t_s(5\%)$	12.15T	11.65T	9.55T	10.45T	11.30T	12.25T	13.25T	14.20T
振荡次数 K	3	2	2	1	1	1	1	1

与表 2-3 比较，典型Ⅱ型系统跟随过程超调量比典型Ⅰ型系统大，由于过渡过程的衰减振荡性质，调节时间随 h 的变化不是单调的，工程设计常选用 $h=5$ 的单位阶跃输入性能指标为最佳参数，即 $\sigma=37.6\%$，$t_r=2.85T$，$t_s(5\%)=9.55T$。

（4）典型Ⅱ型系统参数与抗扰性能指标的关系。

1）稳态抗扰性能。对典型Ⅱ型系统仍采用图 2-14 所示的抗扰情况来说明。扰动点前后传递函数分别为

$$W_1(s)=\frac{K_1(hTs+1)}{s(Ts+1)},\ W_2(s)=\frac{K_2}{s}$$

式中：T 为系统固有时间常数；K_1、K_2 分别为扰动点前后的放大系数，$\tau=hT$。

扰动作用下典型Ⅱ型系统的动态结构图为图 2-18 所示。

若阶跃扰动作用为 $N(s)=N/s$，则稳态误差为

$$e_N=\lim_{t\to\infty}\Delta c(t)=\lim_{s\to 0}s\Delta C(s)=\lim_{s\to 0}s\frac{W_2(s)}{1+W_1(s)W_2(s)}\frac{N}{s}=0 \tag{2-37}$$

可以看出，若要使阶跃扰动作用下系统的稳态误差为零，则在扰动作用点之前必须含有积分环节。

2）动态抗扰性能。如前所述，系统的动态抗扰性能因系统结构、扰动作用点和作用函数而异的。如图 2-18 所示。其计算方法如下：

a. 将 $\tau=hT$ 和 $K=K_1K_2=\dfrac{h+1}{2h^2T^2}$ 代入图 2-18 所示系统传递函数中。

b. 求出扰动作用下系统的闭环传递函数 $\dfrac{\Delta C(s)}{N(s)}$，此时，令 $R(s)=0$。

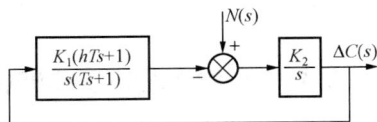

图 2-18　扰动作用下的典型Ⅱ型系统的动态结构图

c. 求出阶跃扰动 $N(s)=N/s$ 作用下闭环系统的输出。

d. 以 T 为时间基准，计算出不同 h 值的动态抗扰过程曲线 $\Delta C(t)$，从而求出各项动态抗扰性能指标，列于表 2-8 中。在计算中，为了使各项指标都落在合理的范围内，取输出量基准值为

$$C_b=2K_2TN \tag{2-38}$$

表 2 - 8 典型 Ⅱ 型系统动态抗扰性能指标与参数的关系

h	3	4	5	6	7	8	9	10
$\Delta C_{max}/C_b$	72.2%	77.5%	81.2%	84.0%	86.3%	88.1%	89.6%	90.8%
t_s	2.45T	2.70T	2.85T	3.00T	3.15T	3.25T	3.30T	3.40T
$t_v(5\%)$	13.60T	10.45T	8.80T	12.95T	16.85T	19.80T	22.80T	25.85T

注 控制结构和阶跃扰动作用点如图 2 - 18 所示，参数关系符合 M_{pmin} 准则。

比较表 2 - 8 和表 2 - 7，可以看出：

a. 随 h 的增加，超调量 σ 减小，调节时间 t_s 增加，而最大动态降落 $\Delta C_{max}/C_b$ 增大，恢复时间 t_v 增加；

b. 在 $h<5$ 后，由于振荡次数增加，调节时间 t_s 和恢复时间 t_v 反而增长了；

c. 当 $h=5$ 时，t_s 与 t_v 都最小。

因此，综合考虑典型 Ⅱ 型系统的跟随与抗扰性能，$h=5$ 应该是较好的选择。

【例 2 - 2】 某调速系统如图 2 - 19 所示，已知系统参数 $K_1=25$，$K_2=0.0358$，$T=$ 0.02s，$T_m=0.4$s，问按 M_{pmin} 准则将系统设计成典型 Ⅱ 型系统时，其调节器参数如何选择，并计算性能指标 σ、$t_s(5\%)$、$\Delta C_{max}/C_b$、$t_v(5\%)$。

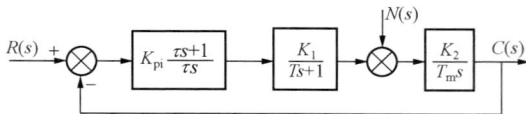

图 2 - 19 ［例 2 - 2］题图

解： 系统开环传递函数为

$$W_{op}(s) = \frac{K_{pi}K_1K_2}{\tau T_m} \frac{(\tau s + 1)}{s^2(Ts + 1)}$$

按 M_{pmin} 准则选择系统参数，即 $h=5$，有

$$\tau = hT = 5 \times 0.02 = 0.1(s)$$

由

$$\frac{K_{pi}K_1K_2}{\tau T_m} = \frac{h+1}{2h^2 T^2}$$

得

$$K_{pi} = \frac{h+1}{2h^2} \frac{\tau T_m}{T^2} \frac{1}{K_1K_2} = \frac{5+1}{2 \times 5^2} \times \frac{0.1 \times 0.4}{0.02^2} \times \frac{1}{25 \times 0.035\,8} = 13.4$$

查表 2 - 7 和表 2 - 8，则 $h=5$ 时的性能指标为

$$\sigma = 37.6\%, \quad t_s(5\%) = 9.55T = 9.55 \times 0.02 = 0.19(s)$$

$$\Delta C_{max}/C_b = 81.2\%, \quad t_v(5\%) = 8.8T = 8.8 \times 0.02 = 0.176(s)$$

2.4.3 确定校正调节器的类型、 参数和调节器的电路参数， 设计校验

前面分析讨论了典型系统的性能，得到了典型系统参数与系统性能指标的关系；然后根据生产工艺提出的性能指标，就可求出具体的典型系统，并把它作为预期系统。再把预期的典型系统与作为被控对象的实际系统（固有系统）进行对比，得到校正用的调节器类型、调节器参数和调节器的电路参数。

有些实际系统配上常用的调节器（如 P、I、PI、PID 调节器等）就可直接将其改造成典型系统，而另外一些实际系统须经过工程上的近似处理和调节器串联校正，才可以校正成上述两种典型系统。下面讨论实际系统的工程近似处理方法。

一、 工程设计中的近似处理

1. 高频段小惯性环节的近似处理

当高频段有多个小时间常数 T_1，T_2，T_3，…的小惯性环节时，可以等效地用一个时间常数 T 的惯性环节来代替，其等效时间常数为 $T=T_1+T_2+T_3+\cdots$。近似处理的原则是近似前后的相角裕度不变。

例如，近似前系统的开环传递函数为

$$W_{op}(s) = \frac{K}{s(T_1 s+1)(T_2 s+1)}$$

式中：T_1、T_2 为小时间常数；

近似后系统的开环传递函数为

$$W'_{op}(s) \approx \frac{K}{s(Ts+1)}$$

$$T = T_1 + T_2$$

下面验证是否满足近似原则：

（1）近似处理前，实际系统在 ω_c 处的相角裕度为

$$\gamma_{op}(\omega_c) = 90° - \arctan T_1\omega_c - \arctan T_2\omega_c = 90° - \arctan \frac{(T_1+T_2)\omega_c}{1-T_1 T_2\omega_c^2}$$

当 T_1、T_2 为小时间常数时，有 $T_1 T_2\omega_c^2 \ll 1$ 或 $\omega_c \ll \sqrt{\dfrac{1}{T_1 T_2}}$，则 $\gamma_{op}(\omega_c) \approx 90° - \arctan T\omega_c$，其中 $T=T_1+T_2$。

（2）近似处理后，系统在 ω_c 处的相角裕度为

$$\gamma'_{op}(\omega_c) \approx 90° - \arctan T\omega_c$$

则 $\gamma_{op}(\omega_c)=\gamma'_{op}(\omega_c)$，说明近似是合理的。所对应系统的开环传递函数为

$$W_{op}(s) = \frac{K}{s(T_1 s+1)(T_2 s+1)} \approx \frac{K}{s(Ts+1)} = W'_{op}(s)$$

小惯性环节等效前后的开环对数幅频特性如图 2-20 所示。图中 $W_{op}(s)$ 是高频段包含两个小时间常数惯性环节的开环对数幅频特性，$W'_{op}(s)$ 是以等效时间常数 T 表示的典型 I 型系统。说明近似是合理的。

也就是说，两个小时间常数为 T_1 和 T_2 的惯性环节，当它们对应的频率 $\omega_1=1/T_1$、$\omega_2=1/T_2$ 都在远远大于截止频率 ω_c 的高频区段时，可以用一个等效的小时间常数 $T=T_1+T_2$ 的惯性环节来代替。

同理，当高频段有多个小时间常数 T_1、T_2、T_3…的环节时，可以等效地用一个小时间常数 T 的环节来代替，其等效时间常数 T 为

$$T = T_1 + T_2 + T_3 + \cdots \qquad (2-39)$$

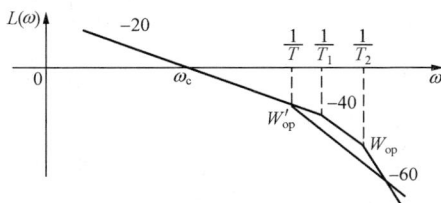

图 2-20 小惯性环节等效前后的
开环对数幅频特性

若要使稳定裕度不受较大影响，应保证 $\dfrac{1}{T}$，$\dfrac{1}{T_1}$，$\dfrac{1}{T_2}$，$\dfrac{1}{T_3}$，…$\gg \omega_c$。

工程上一般允许有 10% 以内的误差，考虑到开环频率特性的截止频率 ω_c 与闭环频率特性的通频带 ω_b 一般比较接近，因此高频段小惯性环节近似处理的条件如下：

（1）两个小惯性环节近似条件可以写成 $\omega_c \leqslant \sqrt{\dfrac{1}{10T_1T_2}}$，而 $\sqrt{10} \approx 3$，则近似处理的条件为

$$\omega_c \leqslant \frac{1}{3}\sqrt{\frac{1}{T_1T_2}} \qquad (2-40)$$

（2）三个小惯性环节的近似条件为

$$\omega_c \leqslant \frac{1}{3}\sqrt{\frac{1}{T_1T_2+T_2T_3+T_3T_1}} \qquad (2-41)$$

2. 低频段大惯性环节的近似处理

低频段大惯性环节可近似等效成积分环节。例如，近似前系统的开环传递函数为

$$W_{op}(s) = \frac{K(\tau s+1)}{s(T_1s+1)(Ts+1)} \qquad (T_1 \gg \tau > T)$$

式中：T_1 为大时间常数。

按近似方法处理后系统的开环传递函数为

$$W'_{op}(s) = \frac{K(\tau s+1)}{T_1s^2(Ts+1)}$$

下面验证是否满足近似原则：

（1）近似前在 ω_c 处的相角裕度为

$$\gamma_{op}(\omega_c) = 90° - \arctan T_1\omega_c + \arctan \tau\omega_c - \arctan T\omega_c$$
$$= \arctan \frac{1}{T_1\omega_c} + \arctan \tau\omega_c - \arctan T\omega_c$$

当 T_1 为低频段大时间常数惯性环节时，有

$$\gamma_{op}(\omega_c) = \arctan \frac{1}{T_1\omega_c} + \arctan \tau\omega_c - \arctan T\omega_c \qquad (2-42)$$
$$\approx \arctan \tau\omega_c - \arctan T\omega_c$$

（2）近似后在 ω_c 处的相角裕度为

$$\gamma'_{op}(\omega_c) = \arctan \tau\omega_c - \arctan T\omega_c \qquad (2-43)$$

可见，近似前后两个系统的相角裕度近似相等，符合近似原则。

图 2-21 所示为 $W_{op}(s)$ 和 $W'_{op}(s)$ 对应的开环对数幅频特性。

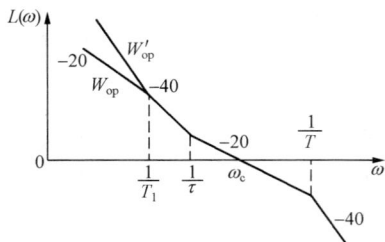

图 2-21　大惯性环节等效前后的
开环对数幅频特性

为了尽量保持近似处理前后 ω_c 处的相角裕度不变，则应满足 $T_1\omega_c \gg 1$ 或 $\omega_c \gg (1/T_1)$ 的条件时，才能使满足

$$\Delta\gamma(\omega_c) = \arctan \frac{1}{T_1\omega_c} \approx 0$$

当低频段的大惯性环节满足 $\omega_c \gg (1/T_1)$ 的条件时，可以近似地用时间常数为 T_1 的积分环节来代替。按工程惯例近似条件为 $\omega_c \geqslant (3/T_1)$。因为近似处理前系统的相角裕度大于处理后的典型 Ⅱ 型系统的相角裕度，因此系统的实际性能指标只会比设计值好，而不会变差。

3. 高阶系统的降阶处理

当系统传递函数的高次项系数小到一定程度可以忽略不计时，可以将高阶系统近似用低

阶系统代替。现以三阶系统为例来说明。

设 $W(s)=\dfrac{K}{as^3+bs^2+cs+1}$，其中 a、b、c 都是正系数，若 $c\gg a$ 或 b，且有 $bc>a$，则系统是稳定的。忽略高次项，则有

$$W(s)\approx\frac{K}{cs+1} \tag{2-44}$$

对应的近似条件是 $b\omega^2\leqslant1/10$，$a\omega^2\leqslant c/10$，仿照前述的方法，近似条件可写成

$$\omega_c\leqslant\frac{1}{3}\min\left[\sqrt{\frac{1}{b}},\sqrt{\frac{c}{a}}\right]$$
$$bc>a \tag{2-45}$$

二、 确定校正调节器的类型、 参数和调节器的电路参数

调速系统的串联校正实际上是将调节器的传递函数乘以被控对象的传递函数后，将被控对象改造成典型系统。在确定了系统要求的性能指标后，典型系统的参数即可明确，另外被控对象的参数是已知的，根据"调节器的传递函数乘被控对象的传递函数等于典型系统的传递函数"的关系，就可求出调节器的类型和参数，再将其转换成调节器的电路参数。

三、 设计校验

在实际系统的分析过程中，多处进行了近似处理，凡是经过近似处理的地方都必须进行校验，检验是否满足近似条件。

2.4.4 工程设计方法在双闭环直流调速系统中的应用

一、 多环调速系统的工程设计方法

1. 单闭环调速系统的设计步骤

（1）实际系统的反馈单位化变换与化简。典型Ⅰ型和Ⅱ型系统的闭环控制要求是单位反馈，而实际系统的反馈通道一般有检测元件和反馈滤波环节，属于非单位反馈。为此必须进行结构图变换，将其化简成单位反馈的系统。

（2）确定将实际系统校正成哪一类典型系统及对实际系统进行必要的近似处理。采用工程设计方法选择调节器时，应先根据控制系统的要求，确定要将实际系统校正成哪一类典型系统。一般的调速系统经过近似处理，采用适当类型的调节器进行串联校正后，都可以化成典型系统。

（3）调速系统的串联校正——调节器的类型和参数选择。当将实际系统校正成不同类型的典型系统时，采用的调节器类型和参数也不同。下面分别讨论将实际系统校正成典型Ⅰ型和典型Ⅱ型系统时的调节器类型和参数选择。

1）校正成典型Ⅰ型系统。设被控对象 $W(s)$ 由一个大惯性环节和几个小惯性环节组成，其传递函数为

$$W(s)=\frac{K_1}{(T_1s+1)(T_2s+1)(T_3s+1)}$$

式中：K_1 为控制对象放大倍数；T_2、T_3 为小时间常数，且 $T_1\gg T=T_2+T_3$。

因系统截止频率 $\omega_c\ll1/T$，可以先将两个小惯性环节化简为一个惯性环节，即

$$W(s)\approx\frac{K_1}{(T_1s+1)(Ts+1)}$$

为了将系统校正成典型Ⅰ型系统，可串联 PI 调节器，其传递函数为 $W_{pi}(s)=K_{pi}\dfrac{\tau s+1}{\tau s}$。取 $\tau=T_1$，以抵消大惯性环节，则串联校正后的开环传递函数为

$$W_{op}(s)=W_{pi}(s)W(s)=\frac{K}{s(Ts+1)}$$

$$K=K_1 K_{pi}/\tau$$

同理，如果控制对象是一个惯性环节，或者是一个积分环节加一个惯性环节，或者是两个大惯性环节加一个小惯性环节，要校正成典型Ⅰ型系统，则应分别选择 I 调节器、P 调节器、PID 调节器，见表 2-9。

表 2-9 校正成典型Ⅰ型系统的调节器类型

被控对象	$\dfrac{K_1}{(T_1s+1)(T_2s+1)}$ $T_1>T_2$	$\dfrac{K_1}{Ts+1}$	$\dfrac{K_1}{s(Ts+1)}$	$\dfrac{K_1}{(T_1s+1)(T_2s+1)(T_3s+1)}$ T_1、T_2、T_3 差不多大，或 T_3 略小	$\dfrac{K_1}{(T_1s+1)(T_2s+1)(T_3s+1)}$ $T_1\gg T_2$、T_3
调节器	$K_{pi}\dfrac{\tau s+1}{\tau s}$	$\dfrac{K_i}{s}$	K_p	$\dfrac{(\tau_1 s+1)(\tau_2 s+1)}{\tau s}$	$K_{pi}\dfrac{\tau s+1}{\tau s}$
参数配合	$\tau=T_1$			$\tau_1=T_1$，$\tau_2=T_2$	$\tau=T_1$，$T=T_2+T_3$

2) 校正成典型Ⅱ型系统。如果控制对象由一个积分环节和一个惯性环节组成，其传递函数为 $W(s)=\dfrac{K_1}{s(Ts+1)}$，可以采用 PI 调节器串联校正，得到典型Ⅱ型系统，对应的开环传递函数为

$$W_{op}(s)=W(s)W_{pi}(s)=\frac{K_1}{s(Ts+1)}K_{pi}\frac{\tau s+1}{\tau s}=K\frac{\tau s+1}{s^2(Ts+1)}$$

$$K=K_1 K_{pi}/\tau \text{ 且 } \omega_c\ll 1/T$$

用同样的方法可求出不同被控对象时所配的调节器，表 2-10 列出了几种情况下调节器的选择方案。

表 2-10 校正成典型Ⅱ型系统的调节器类型

被控对象	$\dfrac{K_1}{s(Ts+1)}$	$\dfrac{K_1}{(T_1s+1)(T_2s+1)}$ $T_1\gg T_2$	$\dfrac{K_1}{s(T_1s+1)(T_2s+1)}$ T_1、T_2 相近	$\dfrac{K_1}{s(T_1s+1)(T_2s+1)}$ T_1、T_2 都较小	$\dfrac{K_1}{(T_1s+1)(T_2s+1)(T_3s+1)}$ $T_1\gg T_2$、T_3
调节器	$K_{pi}\dfrac{\tau s+1}{\tau s}$	$K_{pi}\dfrac{\tau s+1}{\tau s}$	$\dfrac{(\tau_1 s+1)(\tau_2 s+1)}{\tau s}$	$K_{pi}\dfrac{\tau s+1}{\tau s}$	$K_{pi}\dfrac{\tau s+1}{\tau s}$
参数配合	$\tau=hT$	$\tau=hT_2$，认为 $\dfrac{1}{T_1s+1}\approx\dfrac{1}{T_1s}$	$\tau_1=hT_1$（或 hT_2） $\tau_2=T_2$（或 T_1）	$\tau=h(T_1+T_2)$	$\tau=h(T_3+T_2)$，认为 $\dfrac{1}{T_1s+1}\approx\dfrac{1}{T_1s}$

（4）调节器的电路参数计算。根据调节器参数与调节器电路参数的关系，可计算出与调节器参数对应的电路参数。

（5）设计校验。设计过程中，很多地方做了近似处理，为此需要进行近似条件的校验。

2. 多环调速系统的一般设计步骤

（1）先设计内环后设计外环，然后将设计好的内环等效成一个环节；在设计外环时，将等效内环作为外环的一个环节来处理，直到设计完整个系统。

（2）在具体设计某个单闭环时，可按下列步骤进行：

1）进行必要的结构图变换与化简；

2）确定将实际系统校正成哪一类典型系统和实际系统的近似处理（如果需要）；

3）选择调节器的类型和参数；

4）计算调节器的电路参数；

5）设计校验。

二、 工程设计方法在双闭环直流调速系统中的应用举例

双闭环直流调速系统是多环系统的一种典型系统。用工程设计方法设计的步骤是：先从电流环（内环）开始，对其进行必要的变换和化简；然后根据电流环控制要求，确定把电流环校正为哪种典型系统，根据需要进行必要的近似处理；按照被控对象确定电流调节器的类型及其参数；再根据电流调节器参数计算调节器的电路参数并进行校验。电流环设计完成后，把电流环等效成一个环节，作为转速环（外环）的一个组成部分，再用同样的方法设计转速环。

图 2-22 所示为双闭环调速系统的动态结构图。在电流环、转速环的反馈通道和输入端增加了电流滤波、转速滤波和给定滤波环节。因为电流检测信号中常含有交流成分，须加低通滤波，其滤波时间常数 T_{oi} 按需要而定。滤波环节可以抑制检测信号中的交流分量，但同时也给反馈检测信号带来延迟。所以在给定信号通道中加入一个给定滤波环节，使给定信号与反馈信号同步，并可使设计简化。由测速发电机得到的转速反馈电压含有电机的换向纹波，因此也需要滤波，其时间常数用 T_{on} 表示。

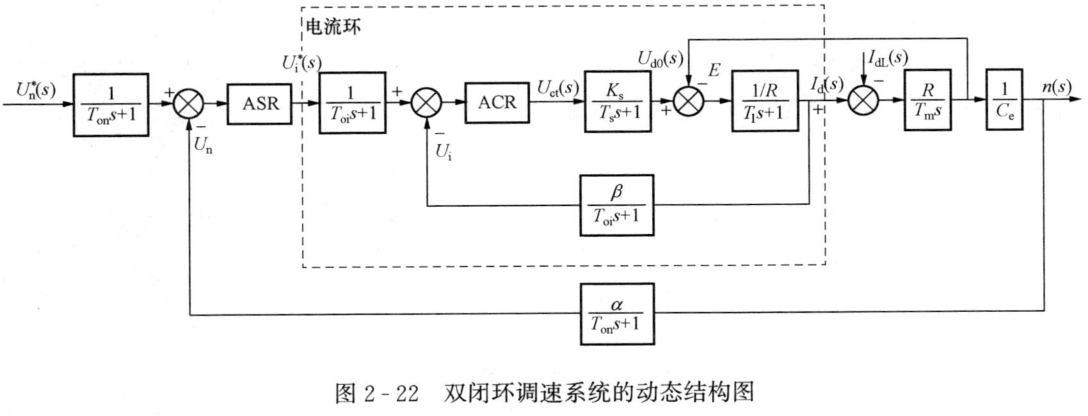

图 2-22 双闭环调速系统的动态结构图

1. 电流环的设计

电流环中电流调节器的控制对象包括电枢回路形成的电磁惯性环节及晶闸管变流装置、触发装置、电流检测和反馈滤波环节形成的一些小惯性环节。若要使电流环超调小、跟随性

85

能好，可将电流环校正成典型Ⅰ型系统；若要其具有较好的抗扰性能，则应校正成典型Ⅱ型系统。

（1）电流环动态结构图的变换与化简。图2-22虚线框中是电流环的结构图。电流环的变换与化简方法如下：

1）因 T_1 远小于 T_m，电流调节过程比转速变化快得多，因而对电流环来说，E 是一个变化缓慢的扰动，可认为 E 基本不变，即 $\Delta E=0$。忽略 E 的变化对电流环动态性能的影响，如图2-23（a）所示。

2）将电流给定滤波器和反馈滤波器两个环节等效地置于环内前向通道上，使电流环结构变为单位反馈系统，如图2-23（b）所示。

3）将反馈滤波和晶闸管变流装置形成的小惯性环节作近似处理，并取 $T_{\Sigma i}=T_{oi}+T_s$，则电流环的结构图最终简化为图2-23（c）。

由图2-23（c）可知，电流环控制对象的传递函数中具有两个惯性环节。

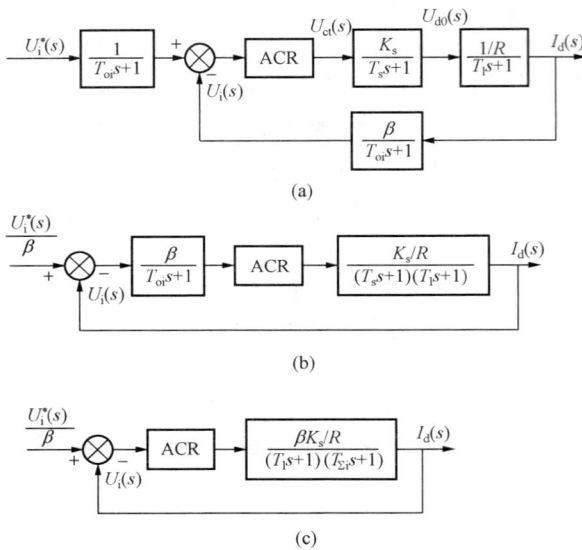

(a)

(b)

(c)

图2-23 电流环动态结构图的化简与变换

（2）确定把电流环设计成何种类型和对实际系统进行必要的近似处理。电流环一般情况下设计成典型Ⅰ型，如果强调抗扰性能则设计成典型Ⅱ型系统。

（3）电流调节器类型选择及参数计算。

1）按典型Ⅰ型系统设计电流环。从图2-23（b）可得电流环的开环传递函数为

$$W(s) = W_{ACR}(s) \frac{K_s}{T_s s+1} \frac{1/R}{T_1 s+1} \frac{\beta}{T_{oi} s+1}$$

根据近似方法，有

$$W(s) = W_{ACR}(s) \frac{\beta K_s/R}{(T_1 s+1)(T_{\Sigma i}s+1)}$$

$$T_{\Sigma i} = T_{oi} + T_s$$

若将电流环校正成典型Ⅰ型系统，调节器的类型应选择PI调节器，其传递函数为

$$W_{ACR}(s) = K_{pi} \frac{\tau_i s+1}{\tau_i s}$$

并取调节器参数 $\tau_i = T_1$（因为 $T_1 \gg T_{\Sigma i}$），则经过调节器串联校正后，电流环的开环传递函数为

$$W(s) \approx \frac{K_I}{s(Ts+1)}$$

$$K_I = \frac{K_{pi}K_s\beta}{T_1 R}, \quad T = T_{\Sigma i}$$

当电流环设计成典型Ⅰ型系统时，一般按工程最佳参数进行参数选择，取 $K_I T=0.5$，则电流环开环放大倍数为

$$K_I = \frac{K_{pi}K_s\beta}{\tau_i R} = 0.5 \frac{1}{T} = 0.5 \frac{1}{T_{\Sigma i}}$$

由此可得电流调节器的参数为

$$K_{\mathrm{pi}} = 0.5 \frac{R}{K_{\mathrm{s}}\beta} \frac{T_1}{T_{\Sigma i}} \qquad (2-46)$$

$$\tau_{\mathrm{i}} = T_1 \qquad (2-47)$$

2）按典型Ⅱ型系统设计电流环。按典型Ⅱ型系统设计电流环，应将控制对象中的大惯性环节近似为积分环节，即

$$\frac{1}{T_1 s + 1} \approx \frac{1}{T_1 s}$$

而电流调节器仍可选择 PI 调节器。但积分时间常数 τ_{i} 应选得小些，即 $\tau_{\mathrm{i}} = hT_{\Sigma i}$。按 M_{pmin} 准则计算电流调节器参数，选用工程最佳参数 $h=5$，则电流环开环放大系数放大倍数 K_I 为

$$K_I = \frac{K_{\mathrm{pi}}\beta K_{\mathrm{s}}}{RT_1 \tau_{\mathrm{i}}} = \frac{h+1}{2h^2 T_{\Sigma i}^2}$$

则电流调节器的参数为

$$K_{\mathrm{pi}} = \frac{h+1}{2h} \frac{R}{\beta K_{\mathrm{s}}} \frac{T_1}{T_{\Sigma i}} \qquad (2-48)$$

$$\tau_{\mathrm{i}} = hT_{\Sigma i} \qquad (2-49)$$

（4）电流调节器的电路实现。图 2-24 为含给定滤波和反馈滤波的 PI 调节器原理图。图中 U_{i}^* 为电流调节器的给定电压，$-\beta I_{\mathrm{d}}$ 为电流负反馈电压，调节器的输出为触发装置的控制电压 U_{ct}。经过推导（详细的推导过程请读者扫描二维码阅读）得到

$$K_{\mathrm{pi}} = R_{\mathrm{i}}/R_0,\ \tau_{\mathrm{i}} = R_{\mathrm{i}}C_{\mathrm{i}},\ T_{\mathrm{oi}} = R_0 C_{\mathrm{oi}}/4$$

由此可得，调节器电路参数计算式为

$$R_{\mathrm{i}} = K_{\mathrm{pi}}R_0,\ C_{\mathrm{i}} = \tau_{\mathrm{i}}/R_{\mathrm{i}},\ C_{\mathrm{oi}} = 4T_{\mathrm{oi}}/R_0$$

$$(2-50)$$

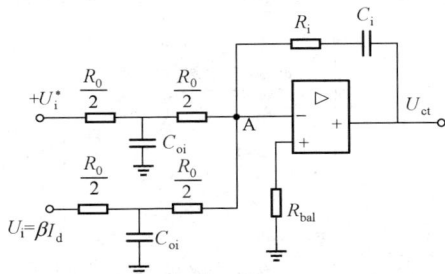

图 2-24 含给定滤波和反馈滤波的
电流 PI 调节器原理图

式中：T_{oi} 为电流滤波器时间常数，$T_{\mathrm{oi}} = R_0 C_{\mathrm{oi}}/4$。

（5）设计校验。因为上述讨论是在一系列近似条件下得出的，具体计算时，必须校验以下条件：

晶闸管整流装置传递函数近似条件

$$\omega_{\mathrm{ci}} \leqslant 1/(3T_{\mathrm{s}}) \qquad (2-51)$$

忽略电动机反电动势影响的近似条件

$$\omega_{\mathrm{ci}} \geqslant 3\sqrt{1/(T_{\mathrm{m}}T_1)} \qquad (2-52)$$

高频段小时间常数惯性环节近似条件

$$\omega_{\mathrm{ci}} \leqslant \frac{1}{3}\sqrt{1/(T_{\mathrm{s}}T_{\mathrm{oi}})} \qquad (2-53)$$

2. 转速环的设计

（1）转速环动态结构图的变换与化简。

1）电流环的等效闭环传递函数。在设计转速调节器时，应把已设计好的电流环作为转速环中的一个等效环节，因此，需求出电流环的闭环等效传递函数。

以按典型 I 型系统设计的电流环等效传递函数求取为例，按典 I 系统设计的电流环的闭环传递函数为

$$W_{icl}(s) = \frac{\dfrac{K_I}{s(T_{\Sigma i}s+1)}}{1+\dfrac{K_I}{s(T_{\Sigma i}s+1)}} = \frac{1}{\dfrac{T_{\Sigma i}}{K_I}s^2 + \dfrac{1}{K_I}s + 1} \qquad (2\text{-}54)$$

转速环的截止频率 ω_{cn} 一般较低，因此 $W_{icl}(s)$ 可降阶近似为

$$W_{icl}(s) \approx \frac{1}{\dfrac{1}{K_I}s + 1} \qquad (2\text{-}55)$$

由于 $K_I = 0.5/T_{\Sigma i}$，故有 $W_{cli}(s) \approx \dfrac{1}{2T_{\Sigma i}s+1}$。近似条件为

$$\omega_{cn} \leqslant \frac{1}{5T_{\Sigma i}} \qquad (2\text{-}56)$$

这种近似处理的概念可用图 2-25 中的对数幅频特性来表示。对照式（2-54），电流环原来是一个二阶振荡环节，其阻尼比 $\xi = 0.707$，无阻尼自然振荡周期为 $\sqrt{2}T_{\Sigma i}$，对数幅频特性的渐进线如图 2-25 中的特性曲线 A。近似为一阶惯性环节后得到特性曲线 B。当转速环截止频率 ω_{cn} 较低时，原系统和近似系统只有高频段的一些差别。

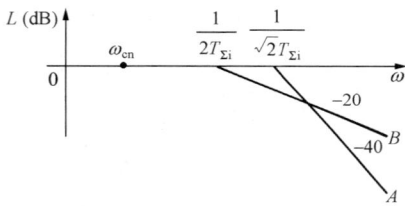

图 2-25   电流环原系统和近似系统的
对数幅频特性

由于电流环结构图变换后的输入信号为 $U_i^*(s)/\beta$，则电流环的等效闭环传递函数为

$$\frac{I_d(s)}{U_i^*(s)} \approx \frac{1/\beta}{2T_{\Sigma i}s+1} \qquad (2\text{-}57)$$

如果电流环按照典型 II 型系统设计，其等效闭环传递函数与式（2-57）形式相同，只是惯性环节 s 前的时间常数不同。

2）转速环动态结构图的变换与化简。电流环用其等效传递函数代替后，整个转速环的动态结构图如图 2-26（a）所示。同理，将其等效为单位负反馈的形式，即把给定滤波器和反馈滤波器等效地移到环内，且近似处理为小惯性环节

$$T_{\Sigma n} = T_{on} + 2T_{\Sigma i}$$

则转速环结构图可以简化成图 2-26（b）。

（2）确定将转速环校正成何类典型系统并进行必要的近似处理。可以看出，转速环的被控对象是由一个积分环节和一个小惯性环节组成。根据调速系统稳态时无静差和动态时有良好的抗扰性能两项要求，在负载扰动点之前必须含有一个积分环节，因此转速环应该按典型 II 型系统设计，使系统具有良好的抗扰性能。而实际系统的转速调节器饱和特性会抑制典型 II 型系统的阶跃响应超调量大的问题。

（3）转速调节器类型选择和参数计算。选用 PI 转速调节器可把转速环校正成典型 II 型系统，其传递函数为

$$W_{ASR}(s) = K_{pn}\frac{\tau_n s + 1}{\tau_n s}$$

式中：K_{pn} 为转速调节器的比例系数；τ_n 为转速调节器的积分时间常数。

(a)

(b)   (c)

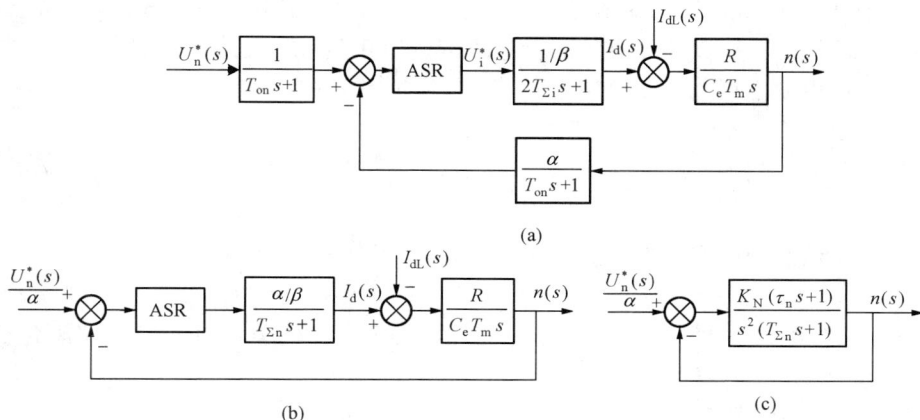

图 2-26 转速环动态结构图的变换与化简

(a)结构图；(b)、(c)变换与化简

调速系统的开环传递函数为

$$W(s) = \frac{K_{pn}\alpha R(\tau_n s + 1)}{\tau_n \beta C_e T_m s^2 (T_{\Sigma n} s + 1)} = \frac{K_N(\tau_n s + 1)}{s^2 (T_{\Sigma n} s + 1)} \tag{2-58}$$

式中：K_N 为转速环的开环增益，$K_N = \dfrac{K_{pn}\alpha R}{\tau_n \beta C_e T_m}$。

不考虑负载扰动时，校正后的转速环结构图如图 2-26（c）。

若采用 M_{pmin} 准则设计转速环，按典型Ⅱ型系统的参数选择方法，转速调节器的参数为

$$\tau_n = h T_{\Sigma n} \tag{2-59}$$

$$K_{pn} = \frac{(h+1)\beta C_e T_m}{2h\alpha R T_{\Sigma n}} \tag{2-60}$$

应当说明，转速环的开环放大倍数 K_N 和转速调节器的参数 K_{pn} 和 τ_n，因调速系统的动态指标要求和采用哪种选择参数的方法不同而不同。如无特殊表示，一般以选择 $h=5$ 为好。

（4）转速调节器的电路实现。含给定和反馈滤波的 PI 转速调节器电路如图 2-27。转速调节器电路参数与电阻、电容值的关系为

$$R_n = K_{pn} R_0, \quad C_n = \tau_n / R_n, \quad C_{on} = 4T_{on} / R_0 \tag{2-61}$$

（5）设计校验。上述设计应校验以下条件：

高阶系统降阶近似条件

$$\omega_{cn} \leqslant \frac{1}{5T_{\Sigma i}} \tag{2-62}$$

高频段小时间常数惯性环节近似条件

$$\omega_{cn} \leqslant \frac{1}{3} \sqrt{\frac{1}{2T_{\Sigma i} T_{on}}} \tag{2-63}$$

图 2-27 含给定滤波和反馈滤波的
转速 PI 调节器原理图

三、转速调节器退饱和时转速超调量的计算

上述转速环的设计是按线性系统进行的。但在转速电流双闭环调速系统起动过程的第Ⅰ、Ⅱ阶段，ASR 处于饱和限幅状态，转速调节器输出为限幅值 U_{im}^*，直到转速调节器输入改变

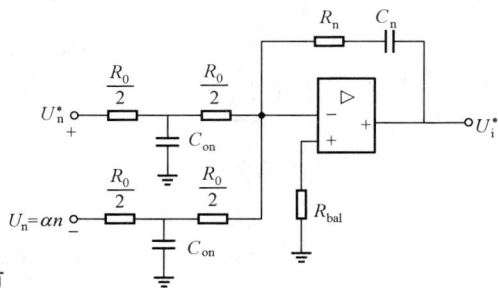

极性，ASR 才退出饱和。ASR 饱和这段时间就是图 2-28 中的恒流升速阶段，转速环此时如同开环，不起作用。所以前面讲到的转速环按典型 Ⅱ 型系统设计时超调大、动态跟随性能差的问题在这里也就不可能表现出来了。

1. 转速电流双闭环调速系统起动时间的计算

恒流升速起动时间 $t_0 \sim t_2$。从图 2-28 可见，双闭环调速系统整个起动时间为

$$T = t_0 + (t_2 - t_0) + t_v = t_2 + t_v$$

式中：t_v 为转速退饱和过渡过程时间，它的计算与"退饱和超调量"一起进行。

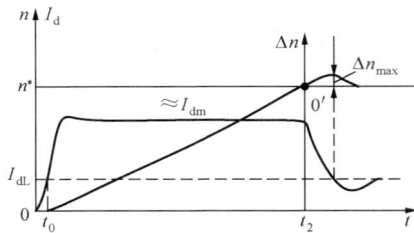

图 2-28 转速调节器饱和情况下双闭环调速系统起动时的转速和电流波形

由于 $0 \sim t_0$ 较小，可以忽略不计，因此 $t_2 \approx t_0 \sim t_2$

在允许的最大电流下，电动机恒加速起动，其加速度为

$$\frac{\mathrm{d}n}{\mathrm{d}t} \approx (I_{dm} - I_{dL}) \frac{R}{C_e T_m} \qquad (2-64)$$

恒流阶段一直延续到 t_2 时刻，此时 $n = n^*$，由式（2-64）可得

$$t_2 - t_0 = \frac{C_e T_m n^*}{R(I_{dm} - I_{dL})} \approx t_2 \qquad (2-65)$$

2. 转速电流双闭环调速系统"退饱和超调"和"退饱和时间 t_v"的计算

当电动机的转速升到给定值以后，反馈值超过给定值时，转速偏差出现负值，转速调节器退出饱和，进入线性状态。转速调节器刚退出饱和时，电动机的电流 I_d 仍大于负载电流 I_{dL}，所以电动机仍继续加速，直到 $I_d \leqslant I_{dL}$，转速才降下来，因此转速必然有超调。而这超调绝不是线性系统在阶跃输入下的超调，而是经过饱和非线性区后退饱和过程中的超调，称之为"退饱和超调"。

由于饱和是非线性工作状态，不可以用表 2-7 中典型 Ⅱ 型系统阶跃输入跟随性能指标来进行计算，需要对"退饱和超调"进行专门的分析和计算。

转速调节器退饱和后，调速系统重新进入线性工作状态，从图 2-28 上看，将退饱和过程与负载扰动过程作一对比，就可以发现它们有相同的规律，从而可得出根据负载扰动指标计算退饱和超调量的简便方法。

由于讨论的是退饱和以后的过程，所以可将图 2-28 的坐标从 0 点移到 0′ 点，也就是假定调速系统原来是在 I_{dm} 负载下运行于转速 n^*。下面作三点分析：

（1）在 0′ 点突然将负载由 I_{dm} 降到 I_{dL}，转速会在负载突减的情况下，产生一个动态速升与恢复的过程。分析可知，突减负载的速升过程与退饱和超调过程的效果是完全相同的。转速调节器退饱和后，系统便进入线性工作状态，这时系统的动态结构图可以绘成图 2-29（b）。其初始条件为

$$\Delta n(0) = 0 \text{ 或 } n(0) = n^*, \quad I_d(0) = I_{dm}$$

（2）在系统突减负载（$I_{dm} \downarrow \to I_{dL}$）的动态速升过程与突加负载（$I_{dL} \uparrow \to I_{dm}$）的动态速降过程中，同样负载变化所引起的转速变化 Δn 的大小是相同的，只是符号相反。

（3）突加负载（$I_{dL} \uparrow \to I_{dm}$）的动态速降过程正是抗扰动态性能指标的定义，因此可以用表 2-8 中给出的典型 Ⅱ 型系统抗扰动态性能指标，直接查出相应的动态速降大小，从而计算出退饱和超调量和退饱和时间 t_v。

但应注意，超调量的基准值是稳态转速 n^*，而表 2-8 动态速降的基准值是 $C_b = 2K_2NT$，需要首先计算 C_b。

退饱和超调过程的扰动量 $N = I_{dm} - I_{dL}$。在这里 $K_2 = \dfrac{R}{C_e T_m}$，$T = T_{\Sigma n}$，则系统动态速升的基准值为

$$C_b = \frac{2(I_{dm} - I_{dL})T_{\Sigma n}R}{C_e T_m}$$

若令 λ 为电动机电流允许过载倍数，$\lambda = I_{dm}/I_{dN}$，I_{dN} 为电动机额定电流；Z 为负载系数，$Z = I_{dL}/I_{dN}$；Δn_N 为调速系统开环机械特性的额定稳态速降，$\Delta n_N = I_{dN}R/C_e$。则有

$$C_b = 2(\lambda - Z)\Delta n_N \frac{T_{\Sigma n}}{T_m} \qquad (2\text{-}66)$$

再经过超调量基准值 $n(\infty) = n^*$ 和动态速降基准值的换算后，可求出退饱和超调的计算式为

$$\sigma\% = \left(\frac{\Delta C_{max}}{C_b}\%\right)\frac{C_b}{n^*} = \left(\frac{\Delta C_{max}}{C_b}\%\right)\frac{2(\lambda - Z)\Delta n_n T_{\Sigma n}}{n^* T_m}$$
$$(2\text{-}67)$$

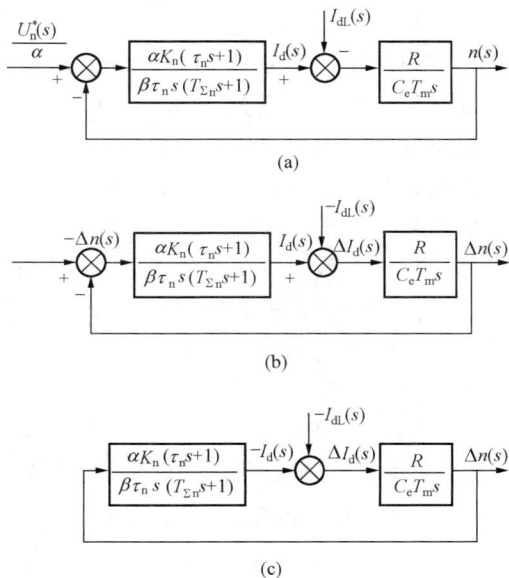

图 2-29 转速环的等效动态结构图
(a) 以转速 n 为输出量；
(b) 以转速偏差 Δn 为输出量；
(c) 图（b）的等效变换

而"退饱和时间 t_v"的计算直接可从表 2-8 中给出的典型 Ⅱ 型系统抗扰动态性能指标中查出。

【例 2-3】 某调速系统，机电时间常数 $T_m = 0.34\text{s}$，转速环小时间常数 $T_{\Sigma n} = 0.012\,4\text{s}$，额定负载时开环系统的稳态速降 $\Delta n_N = I_{dN}R/C_e = 380\text{r/min}$，空载起动电流 $I_{st} = I_{dm} = 1.5I_{dN}$，当 $h = 5$ 时，空载起动到额定转速 $n^* = n_N = 1000\text{r/min}$。问退饱和超调量为多少？

解： 设理想空载 $Z = 0$，而电动机允许过载倍数 $\lambda = 1.5$，则

$$C_b = 2(\lambda - Z)\Delta n_N \frac{T_{\Sigma n}}{T_m} = 2 \times 1.5 \times 380 \times \frac{0.012\,4}{0.34} = 41.58$$

$$\frac{\Delta C_b}{n_N} = \frac{41.58}{1000} = 0.041\,58$$

查表 2-8 可知，当 $h = 5$ 时，$\dfrac{\Delta C_{max}}{C_b}\% = 81.2$，则

$$\sigma\% = \left(\frac{\Delta C_{max}}{C_b}\%\right)\frac{C_b}{n_N} = 81.2 \times 0.041\,58 = 3.37$$

可见，退饱和超调量要比线性系统的超调量小得多，这种退饱和超调与线性系统的超调有本质上的不同。由于退饱和超调量的大小与动态速降大小是一致的，所以确定转速调节器结构和参数时，完全可以按抗扰性能指标来设计，即按典型 Ⅱ 型系统来校正，并选择中频 $h = 5$ 为宜。

四、设计举例

某晶闸管供电的双闭环直流调速系统，整流装置采用三相桥式全控整流电路，基本数据

如下：

直流电动机：220V、136A、1460r/min，$C_e=0.132$V·min/r，允许过载倍数 $\lambda=1.5$。

晶闸管装置放大系数：$K_s=40$。

电枢回路总电阻：$R=0.5\Omega$。

时间常数：$T_l=0.03$s，$T_m=0.18$s。

电流反馈系数：$\beta=0.05$V/A（$\approx 10/1.5I_{dN}$）。

转速反馈系数：$\alpha=0.007[(V·min)/r]$（$\approx 10V/n_N$）。

设计要求为：①稳态指标，无静差；②动态指标，电流超调量 $\sigma_i\%\leqslant 5$；空载起动到额定转速时的转速超调量 $\sigma_n\%\leqslant 10$。

1. 电流环的设计

（1）确定时间常数。

1）整流装置滞后时间常数 T_s。三相桥式电路的平均失控时间 $T_s=0.0017$s。

2）电流滤波时间常数 T_{oi}。三相桥式电路每个波头的时间是 3.33ms，为了基本滤平波头，应有（1~2）$T_{oi}=3.33$ms，因此取 $T_{oi}=2$ms$=0.002$s。

3）电流环小时间常数 $T_{\Sigma i}$。按小时间常数近似处理，取 $T_{\Sigma i}=T_s+T_{oi}=0.0037$s。

（2）确定将电流环设计成何种典型系统。根据设计要求 $\sigma_i\%\leqslant 5$，且

$$\frac{T_l}{T_{\Sigma i}}=\frac{0.03}{0.0037}=8.11<10$$

因此，电流环可按典型 I 型系统设计。

（3）确定电流调节器的结构和参数选择。电流调节器选用 PI 型，其传递函数为

$$W_{ACR}(s)=K_{pi}\frac{\tau_i s+1}{\tau_i s}$$

电流调节器参数选择如下：

ACR 积分时间常数为 $\tau_i=T_l=0.03$s

因要求 $\sigma_i\%\leqslant 5$，故应取 $K_I T_{\Sigma i}=0.5$，所以电流环开环增益

$$K_I=\frac{0.5}{T_{\Sigma i}}=\frac{0.5}{0.0037}=135.1(s^{-1})$$

于是，ACR 的比例系数为

$$K_{pi}=K_I\frac{\tau_i R}{\beta K_s}=135.1\times\frac{0.03\times 0.5}{0.05\times 40}=1.013$$

（4）计算电流调节器的电路参数。电流调节器原理图如图 2-24 所示，按所用运算放大器，取 $R_0=40$kΩ，各电阻和电容值为

$$R_i=K_i R_0=1.013\times 40=40.52(kΩ)（取 40kΩ）$$

$$C_i=\tau_i/R_i=(0.03/40)\times 10^3=0.75(\mu F)（取 0.75\mu F）$$

$$C_{oi}=4T_{oi}/R_0=(4\times 0.002/40)\times 10^3=0.2(\mu F)（取 0.2\mu F）$$

（5）校验近似条件。电流环截止频率

$$\omega_{ci}=K_I=135.1s^{-1}$$

1）校验晶闸管装置传递函数的近似条件是否满足 $\omega_{ci}\leqslant\frac{1}{3T_s}$。因为 $\frac{1}{3T_s}=\frac{1}{3\times 0.0017}=196.1(s^{-1})>\omega_{ci}$，所以满足近似条件。

2）校验忽略反电动势对电流环影响的近似条件是否满足 $\omega_{ci}\geq 3\sqrt{\dfrac{1}{T_m T_l}}$。因为 $3\sqrt{\dfrac{1}{T_m T_l}}=$

$3\sqrt{\dfrac{1}{0.18\times 0.03}}=40.82(\mathrm{s^{-1}})<\omega_{ci}$，所以满足近似条件。

3）校验小时间常数的近似处理是否满足条件 $\omega_{ci}\leq\dfrac{1}{3}\sqrt{\dfrac{1}{T_s T_{oi}}}$。因为 $\dfrac{1}{3}\sqrt{\dfrac{1}{T_s T_{oi}}}=$

$\sqrt{\dfrac{1}{0.0017\times 0.002}}/3=180.8(\mathrm{s^{-1}})>\omega_{ci}$，所以满足近似条件。

按照上述参数，电流环满足动态设计指标要求和近似条件。

2. 转速环的设计

（1）确定时间常数。

1）电流环等效时间常数为 $2T_{\Sigma i}=0.0074\mathrm{s}$；

2）转速滤波时间常数 T_{on}。根据所用测速发电机纹波情况，取 $T_{on}=0.01\mathrm{s}$；

3）转速环小时间常数 $T_{\Sigma n}$。按小时间常数近似处理，取 $T_{\Sigma n}=2T_{\Sigma i}+T_{on}=0.0174\mathrm{s}$。

（2）确定将转速环设计成何种典型系统。由于设计要求转速环无静差，转速调节器必须含有积分环节；又根据动态设计要求，所以应按典型Ⅱ型系统设计转速环。

（3）转速调节器的结构选择和参数。转速调节器选用 PI 型，其传递函数为

$$W_{ASR}(s)=K_{pn}\frac{\tau_n s+1}{\tau_n s}$$

下面选择转速调节器参数。按跟随和抗扰性能都较好的原则取 $h=5$，则 ASR 超前时间常数

$$\tau_n=hT_{\Sigma n}=5\times 0.0174=0.087(\mathrm{s})$$

转速环开环增益

$$K_N=\frac{h+1}{2h^2 T_{\Sigma n}^2}=\frac{6}{2\times 25\times 0.0174^2}=396.4(\mathrm{s^{-2}})$$

于是，ASR 的比例系数为

$$K_{pn}=\frac{(h+1)\beta C_e T_m}{2h\alpha R T_{\Sigma n}}=\frac{6\times 0.05\times 0.132\times 0.18}{2\times 5\times 0.007\times 0.5\times 0.0174}=11.7$$

（4）计算转速调节器的电路参数。转速调节器原理图如图 2-27 所示，按所用运算放大器，取 $R_0=40\mathrm{k\Omega}$，各电阻和电容值为

$$R_n=K_n R_0=11.7\times 40=468(\mathrm{k\Omega})（取 470\mathrm{k\Omega}）$$

$$C_n=\tau_n/R_n=(0.087/470)\times 10^3=0.185(\mu\mathrm{F})（取 0.2\mu\mathrm{F}）$$

$$C_{on}=4T_{on}/R_0=(4\times 0.01/40)\times 10^3=1(\mu\mathrm{F})（取 1\mu\mathrm{F}）$$

（5）校验近似条件。转速环截止频率

$$\omega_{cn}=\frac{K_N}{\omega_1}=K_N\tau_n=396.4\times 0.087=34.5(\mathrm{s^{-1}})$$

1）校验电流环传递函数简化条件是否满足 $\omega_{cn}\leq\dfrac{1}{5T_{\Sigma i}}$。现在 $\dfrac{1}{5T_{\Sigma i}}=\dfrac{1}{5\times 0.0037}=54.1(\mathrm{s^{-1}})>$ ω_{cn}，满足简化条件。

2）校验小时间常数近似处理是否满足 $\omega_{cn}\leq\dfrac{1}{3}\sqrt{\dfrac{1}{2T_{on}T_{\Sigma i}}}$。因为 $\dfrac{1}{3}\sqrt{\dfrac{1}{2T_{on}T_{\Sigma i}}}=$

$$\frac{1}{3}\sqrt{\frac{1}{2\times0.01\times0.003\,7}}=38.75(\text{s}^{-1})>\omega_{\text{cn}}\text{，满足近似条件。}$$

3）校核转速超调量。当 $h=5$ 时，$\dfrac{\Delta C_{\max}}{C_b}\%=81.2\%$，而

$$\Delta n_{\text{N}}=I_{\text{dN}}R/C_e=136\times0.5/0.132=515.2(\text{r/min})$$

因此

$$\sigma_{\text{n}}\%=\left(\frac{\Delta C_{\max}}{C_b}\%\right)\times2(\lambda-Z)\frac{\Delta n_{\text{N}}}{n^*}\times\frac{T_{\Sigma n}}{T_{\text{m}}}=81.2\times2\times1.5\times\frac{515.2}{1460}\times\frac{0.017\,4}{0.18}$$
$$=8.31(\%)<10(\%)$$

能满足设计要求。

2.5　多环调速系统的内模控制设计方法

2.5.1　内模控制概述

前面介绍的调节器串联校正和工程设计方法都是建立在调节器参数和被控对象参数精确配合基础上的，工程上实际很难做到这一点。为了克服系统性能高度依赖于被控对象准确数学模型的不足，必须寻求一些对模型精度要求不高的控制策略，如模糊控制等智能控制方法。但它们一般都比较复杂，工程上实现较困难。

内模控制（Internal Model Control，IMC）是从化工过程控制中发展起来的一种控制策略，是一种实用性很强的控制方法。内模控制不过分依赖于被控对象的准确数学模型，对模型精度要求低，系统跟踪调节性能好，鲁棒性强，能消除不可测干扰的影响；所设计的控制器结构简单、参数单一、调整方向明确，工程上容易实现，是一种先进控制技术。

内模控制最初用于多变量、非线性、强耦合、大时滞的工业过程控制，这方面已经有不少成功的例子。近年来，内模控制在电力拖动领域的应用日益广泛。

2.5.2　内模控制（IMC）基本原理

首先回顾一下常用的反馈控制系统结构，如图 2-30 所示。图中 $C(s)$ 为反馈控制器，$G(s)$ 为被控对象，$D(s)$ 为不可测干扰。

在图 2-30 中，反馈信号直接取自系统的输出，这就使得不可测干扰 $D(s)$ 对输出的影响在反馈中与其他因素混在一起，无法突出，得不到及时补偿，影响控制效果。

如果将图 2-30 变成图 2-31 的内模

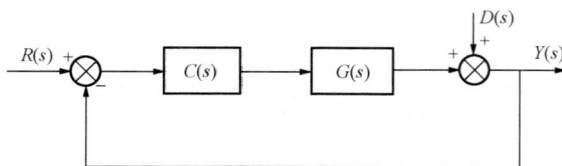

图 2-30　反馈控制系统结构框图

控制结构（等效变换），其中 $\hat{G}(s)$ 为被控对象的内模，且用 $C_{\text{IMC}}(s)$ 来表示图中虚线框的等效控制器，则有

$$C_{\text{IMC}}(s) = \frac{C(s)}{1+\hat{G}(s)C(s)} \tag{2-68}$$

$$C(s) = \frac{C_{\text{IMC}}(s)}{1-\hat{G}(s)C_{\text{IMC}}(s)} \tag{2-69}$$

一般称 $C(s)$ 为反馈控制器，

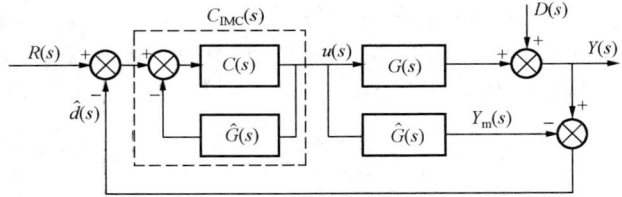

图 2-31　等效内模控制结构框图

$C_{\text{IMC}}(s)$ 为内模控制器，图 2-31 可用图 2-32 来表示。其中忽略了 $D(s)$ 的作用。

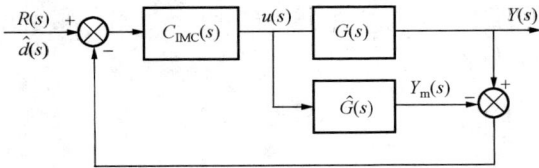

图 2-32　内模控制结构图

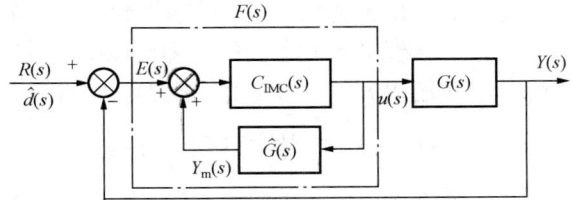

图 2-33　等效反馈控制结构图

把图 2-32 稍作变换可得图 2-33，它是内模控制的等价结构。IMC 是经典控制的一种特殊情况，经典控制系统中的等效控制器 $F(s)$ ［即反馈控制器 $C(s)$］与内模 $\hat{G}(s)$ 及内模控制器 $C_{\text{IMC}}(s)$ 有关，即

$$F(s) = [I - C_{\text{IMC}}(s)\hat{G}(s)]^{-1}C_{\text{IMC}}(s) \tag{2-70}$$

实际设计内模控制器时，通常采用两步走的方法：首先设计一个稳定的理想控制器，而不考虑系统的鲁棒性和约束；其次加入低通滤波器 $L(s)$，通过调整 $L(s)$ 的结构和参数来稳定系统，并使系统获得所期望的动态品质和鲁棒性。这是目前适合工程应用的一种设计方法。

当已知对象的预测模型 $\hat{G}(s)$ 时，采用式（2-71）所表达的控制器，则可使控制系统具有一定的鲁棒性。

$$C_{\text{IMC}}(s) = \hat{G}^{-1}(s)L(s) \tag{2-71}$$

如果为了与常规的反馈控制器相比较，则可用式（2-70）将内模控制器 $C_{\text{IMC}}(s)$ 变换为反馈控制器 $F(s)$。

2.5.3　内模控制（IMC）特点

由图 2-31 可知内模控制具有以下特点：

（1）能对不可测干扰 $D(s)$ 所造成的输出偏差进行调节。例如，当干扰 $D(s)$ 出现时，则

$$D(s)\uparrow \rightarrow Y(s)\uparrow \rightarrow \hat{d}(s)[=Y(s)-Y_m(s)]\uparrow \rightarrow [R(s)-\hat{d}(s)]\downarrow \rightarrow u(s)\downarrow \rightarrow Y(s)\downarrow$$

即系统能对不可测干扰 $D(s)$ 进行抑制。

（2）能对模型与对象失配（即 $\hat{G}(s)\neq G(s)$）所造成的输出偏差进行调节。例如，当出现预测模型 $\hat{G}(s)$ 与实际模型 $G(s)$ 不一致，如 $\hat{G}(s)>G(s)$ 时，则有

$$[\hat{G}(s)>G(s)] \rightarrow Y_m(s)\uparrow \rightarrow \hat{d}(s)[=Y(s)-Y_m(s)]\downarrow \rightarrow [R(s)-\hat{d}(s)]\uparrow \rightarrow u(s)\uparrow$$
$$\rightarrow Y(s)\uparrow \rightarrow \hat{d}(s)\uparrow \rightarrow [R(s)-\hat{d}(s)]\downarrow \rightarrow u(s)\downarrow \rightarrow Y(s)\downarrow$$

即系统对模型不准确所造成的输出变化也可进行抑制。

（3）当模型与对象准确匹配 [即 $\hat{G}(s)=G(s)$]，且 $C_{\mathrm{IMC}}(s)=\hat{G}^{-1}(s)$ 时，系统对任何不可测干扰 $D(s)$ 都能加以克服，而对任何输入 $R(s)$ 均可实现无偏差跟踪。

例如，从图 2-31 可得

$$Y(s) = \frac{C_{\mathrm{IMC}}(s)G(s)}{1+C_{\mathrm{IMC}}(s)[G(s)-\hat{G}(s)]}R(s) + \frac{1-C_{\mathrm{IMC}}(s)\hat{G}(s)}{1+C_{\mathrm{IMC}}(s)[G(s)-\hat{G}(s)]}D(s) \quad (2-72)$$

其反馈信号为

$$\hat{d}(s) = Y(s) - Y_{\mathrm{m}}(s) = [G(s)-\hat{G}(s)]u(s) + D(s) \quad (2-73)$$

如果模型准确 [即 $G(s)=\hat{G}(s)$]，当选择 $C_{\mathrm{IMC}}(s)=\hat{G}^{-1}(s)$ 且该系统可实现，则式（2-72）变为 $Y(s)=R(s)$，此时系统的输出始终等于输入，不受任何干扰影响。

（4）当模型与对象失配 [即 $\hat{G}(s)\neq G(s)$] 时，若 $C_{\mathrm{IMC}}(s)$ 满足 $C_{\mathrm{IMC}}(0)=\hat{G}^{-1}(0)$，则系统对阶跃输入 $R(s)$ 和常值干扰 $D(s)$ 均不存在稳态偏差。

若选择 $C_{\mathrm{IMC}}(s)$ 使之满足 $C_{\mathrm{IMC}}(0)=\hat{G}^{-1}(0)$，且 $\dfrac{\mathrm{d}}{\mathrm{d}s}[C_{\mathrm{IMC}}(s)\hat{G}(s)]\mid_{s=0}=0$，则系统对所有斜坡输入 $R(s)$ 和干扰 $D(s)$ 均不存在稳态偏差。

由图 2-31 可得

$$E(s) = R(s) - Y(s) = \frac{[1-C_{\mathrm{IMC}}(s)\hat{G}(s)]}{1+C_{\mathrm{IMC}}(s)[G(s)-\hat{G}(s)]}[R(s)-D(s)] \quad (2-74)$$

显然，若 $C_{\mathrm{IMC}}(0)=\hat{G}^{-1}(0)$，则对于阶跃输入和扰动，稳态偏差 $e(\infty)=0$；同样可证明特点（4）的后一种情况。

下面按先内环后外环的顺序，对双闭环调速系统中的电流和转速环内模控制器进行分析研究。为简单起见，假定干扰为零。

2.5.4　多环调速系统的内模控制设计步骤

一、单环调速系统内模控制设计步骤

目前工程上设计内模控制器的具体步骤是：

（1）根据被控对象 $G(s)$ 确定内模 $\hat{G}(s)$。当模型与对象匹配时，$G(s)=\hat{G}(s)$，由内模 $\hat{G}(s)$ 求得逆内模 $\hat{G}^{-1}(s)$。

（2）根据闭环系统性能要求，确定滤波器 $L(s)$ 的结构与参数。滤波器的作用是确保系统的稳定性、鲁棒性及内模控制器的可实现性。$L(s)$ 包含了可实现因子和滤波器的功能。滤波器的最简单形式为

$$L(s) = \frac{\lambda^n}{(s+\lambda)^n} \quad (n=1,2,\cdots)$$

根据被控对象的形式不同，可选择不同结构的滤波器。

（3）根据 $C_{\mathrm{IMC}}(s)=\hat{G}^{-1}(s)L(s)$ 设计内模控制器 $C_{\mathrm{IMC}}(s)$。若 $\hat{G}(s)$ 为非最小相位系统，则将其分解为 $\hat{G}(s)=\hat{G}_{+}(s)\hat{G}_{-}(s)$，其中 $\hat{G}_{+}(s)$、$\hat{G}_{-}(s)$ 为含有纯时延和不稳定零点的系统部分，$\hat{G}_{-}(s)$ 为最小相位系统部分。当系统传递函数中无右半平面零点时，有 $\hat{G}^{-1}(s)=\hat{G}^{-1}_{-}(s)$，所以一个优化的内模控制器可表达为 $C_{\mathrm{IMC}}(s)=\hat{G}^{-1}_{-}(s)L(s)$。

一般说来，滤波器中的 n 应取得足够大，以保证内模控制器 $C_{\mathrm{IMC}}(s)$ 为有理，而参数 λ 的取值还直接与闭环系统的性能相关。λ 值越小，则闭环输出响应越慢。对一阶系统而言，

λ 与阶跃响应上升时间的关系近似为 $t_r = 2.2/\lambda$。

（4）如有需要，可根据 $F(s) = C_{IMC}(s)/[1 - \hat{G}(s)C_{IMC}(s)]$ 将内模控制器 $C_{IMC}(s)$ 转换成等效的反馈控制器 $F(s)$，它就是对应的闭环控制器。

二、多环调速系统的内模控制设计步骤

对于转速电流双闭环这样的多环系统，仿照上述的工程设计方法思想，编者提出了按如下步骤进行内模控制器设计的方法：

（1）按先内环后外环顺序，先设计电流环再设计转速环。即用"内模控制器设计步骤"的方法先设计电流环，然后将设计好的电流环等效成转速环内的一个环节，再用与电流环设计同样的方法设计转速环。

（2）就单个控制环而言，可按"内模控制器设计步骤"的方法进行控制器的设计。

2.5.5　内模控制在转速电流双闭环直流调速系统中的应用

下面按多环调速系统的内模控制设计步骤，对转速电流双闭环调速系统的 ACR 和 ASR 进行设计。

一、电流调节器 ACR 的内模控制设计

双闭环直流调速系统的动态结构图如图 2-22 所示。虚线框中为电流环，忽略反电动势的影响，电流环的动态结构图如图 2-34 所示。

假定被控对象与模型匹配，则电流环的内模为

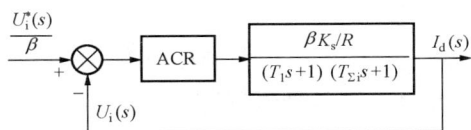

图 2-34　电流环动态结构图

$$\hat{G}(s) = \frac{\beta K_s}{R(T_l s + 1)(T_{\Sigma i} s + 1)}$$

（1）电流环的逆内模为

$$\hat{G}^{-1}(s) = \frac{R}{\beta K_s}(T_l s + 1)(T_{\Sigma i} s + 1) \tag{2-75}$$

（2）低通滤波器选为

$$L(s) = \frac{\lambda_i}{s + \lambda_i} \tag{2-76}$$

（3）电流环内模控制器

$$C_{IMC}(s) = \hat{G}^{-1}(s)L(s) = \frac{R}{\beta K_s}(T_l s + 1)(T_{\Sigma i} s + 1)\frac{\lambda_i}{s + \lambda_i} \tag{2-77}$$

（4）等效反馈控制器（即电流调节器 ACR）为

$$W_{ACR}(s) = F(s) = [1 - \hat{G}(s)C_{IMC}(s)]^{-1}C_{IMC}(s) = \frac{\lambda_i}{s}\hat{G}^{-1}(s) = \frac{\lambda_i R(T_l s + 1)(T_{\Sigma i} s + 1)}{\beta K_s s}$$

$$\tag{2-78}$$

从式（2-78）可以看到，用内模控制方法设计的电流调节器 ACR 为 PID 调节器，其传递函数 $W_{ACR}(s)$ 中可调参数只有 λ_i，便于整定 ACR 参数，电流环具有内模控制系统的全部优点。

二、转速调节器 ASR 的内模控制设计

将设计好的电流环进行等效，当内模控制系统被控对象与模型匹配时，系统输出为

$$Y(s) = \frac{C_{\text{IMC}}(s)G(s)}{1+C_{\text{IMC}}(s)\left[G(s)-\hat{G}(s)\right]}R(s) + \frac{1-C_{\text{IMC}}(s)\hat{G}(s)}{1+C_{\text{IMC}}(s)\left[G(s)-\hat{G}(s)\right]}D(s)$$

当被控对象与模型匹配时，$G(s) = \hat{G}(s)$；此外，又假设 $D(s)=0$，则 $Y(s)=L(s)R(s)$，电流环的等效传函为 $Y(s)/R(s)=L(s)$。注意到电流环的等效传递函数只与 $L(s)$ 的参数有关，而与电流环的被控对象参数（整流器、电动机的参数）无关，这说明电流环采用内模控制方法设计后，其控制性能不依赖于被控对象的参数。

电流环等效传递函数中 $Y(s)=I_\text{d}(s)$，$R(s)=\dfrac{U_\text{i}^*(s)}{\beta}$，$L(s)=\dfrac{\lambda_\text{i}}{s+\lambda_\text{i}}$，所以电流环的等效传递函数为

$$\frac{I_\text{d}(s)}{U_\text{i}^*(s)} = \frac{Y(s)}{\beta R(s)} = \frac{L(s)}{\beta} = \frac{\lambda_\text{i}}{\beta(s+\lambda_\text{i})} = \frac{1/\beta}{(1/\lambda_\text{i})s+1} \tag{2-79}$$

式中：λ_i 为根据电流环性能指标确定的时间常数，当电流反馈系数 β 确定后，极点 $-\lambda_\text{i}$ 决定了电流环性能。

将（2-79）式代入转速环，则等效变换后的转速环动态结构如图 2-35 所示。图中 $T_{\Sigma\text{n}}=1/\lambda_\text{i}+T_\text{on}$。

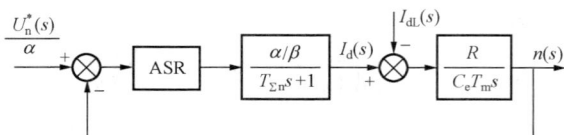

图 2-35 转速环的动态结构图

设 $K_1=\alpha/\beta$，$K_2=R/(C_\text{e}T_\text{m})$，$K=K_1K_2$，$T=T_{\Sigma\text{n}}$，则速度调节器的被控对象的传递函数为 $P(s)=\dfrac{K}{s(Ts+1)}$，而内模 $\hat{G}(s)=P(s)$。

（1）转速环逆内模为

$$\hat{G}^{-1}(s) = \frac{s(Ts+1)}{K} \tag{2-80}$$

根据控制理论中稳态抗扰误差与控制系统结构的关系，要使系统对负载扰动无静差。则转速调节器 ASR 中的传函数 $W_{\text{ASR}}(s)$ 必须含有积分环节。用内模控制法设计转速调节器，同样必须满足这一要求。

（2）低通滤波器选为

$$L(s) = \frac{2\lambda_\text{n}s+1}{(\lambda_\text{n}s+1)^2}$$

式中：λ_n 为根据转速环性能指标确定的时间常数。

（3）转速内模控制器

$$C_{\text{IMC}}(s) = \hat{G}^{-1}(s)L(s) = \frac{s(Ts+1)}{K}\frac{2\lambda_\text{n}s+1}{(\lambda_\text{n}s+1)^2} \tag{2-81}$$

（4）等效反馈控制器（即转速环调节器 ASR）为

$$W_{\text{ASR}}(s) = F(s) = \left[1-\hat{G}(s)C_{\text{IMC}}(s)\right]^{-1}C_{\text{IMC}}(s) = \frac{(Ts+1)(2\lambda_\text{n}s+1)}{K\lambda_\text{n}^2 s} \tag{2-82}$$

转速调节器也为 PID 控制器，只有一个可调参数 λ_n。

由于内模控制器 $C_{\text{IMC}}(s)=G^{-1}(s)L(s)$，而 $G^{-1}(s)$ 已由系统确定，所以内模控制器的设计主要是滤波器 $L(s)$ 的设计，必须满足（2）～（4）。

综上所述，用内模控制方法设计转速电流双闭环调速系统的调节器时，闭环间的设计步骤与工程设计方法类似，闭环内的方法按内模控制器设计方法进行。设计出的调节器不管结

构如何，要选择的参数只有一个，它决定了闭环系统的性能。

2.5.6 基于直流调速系统动态结构图的 MATLAB 仿真

为了比较工程设计方法和内模控制方法设计的 ASR、ACR 性能优劣，利用 **2.4.4** 中的转速电流双闭环调速系统作为仿真实验对象，系统动态结构图如图 2-22 所示。已知基本数据如下：直流电动机额定电压/电流为 220V/136A，额定转速为 1460r/min，$C_e = 0.132$（V·min）/r，允许过载倍数 $\lambda = 1.5$；晶闸管整流器放大倍数 $K_s = 40$；电枢回路总电阻 $R = 0.5\Omega$；时间常数 $T_1 = 0.03s$，$T_m = 0.18s$；电流反馈系数 $\beta = 0.05V/A$，速度反馈系数 $\alpha = 0.007V \cdot min/r$，$T_s = 0.0017s$，$T_{oi} = 0.002s$，$T_{on} = 0.01s$。

（1）根据"设计举例"中的设计结果，按工程设计方法设计的调节器传递函数为：

电流调节器 $\quad W_{ACR}(s) = K_{pi}\dfrac{\tau_i s + 1}{\tau_i s} = 1.013 \times \dfrac{0.03s + 1}{0.03s}$

速度调节器 $\quad W_{ASR}(s) = K_{pn}\dfrac{\tau_n s + 1}{\tau_n s} = 11.7 \times \dfrac{0.087s + 1}{0.087s}$

（2）用内模控制方法设计的调节器的传递函数为：

电流调节器 $\quad W_{ACR}(s) = \dfrac{\lambda_i R(T_1 s + 1)(T_{\Sigma i} s + 1)}{\beta K_s s}$

转度调节器 $\quad W_{ASR}(s) = \dfrac{(Ts + 1)(2\lambda_n s + 1)}{K\lambda_n^2 s}$

根据电流环的性能要求 λ_i 取 2000，根据转速环的性能要求 λ_n 取 0.03，则

$$W_{ACR}(s) = \dfrac{\lambda_i R(T_1 s + 1)(T_{\Sigma i} s + 1)}{\beta K_s s} = \dfrac{(0.03s + 1)(0.0037s + 1)}{0.002s}$$

$$W_{ASR}(s) = \dfrac{(Ts + 1)(2\lambda_n s + 1)}{K\lambda_n^2 s} = \dfrac{(0.0105s + 1)(0.06s + 1)}{0.00265s}$$

由于人们对用 MATLAB 在 Simulink 环境下，进行基于控制系统动态结构图（传递函数）的仿真方法比较熟悉，此处没有给出控制系统的建模过程，仅给出仿真模型（见图 2-36 和图 2-37）。

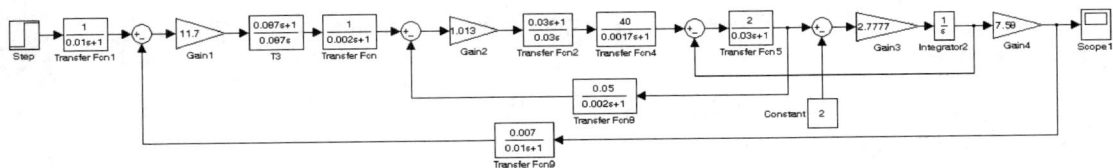

图 2-36 按工程设计方法设计的转速电流双闭环调速系统仿真模型

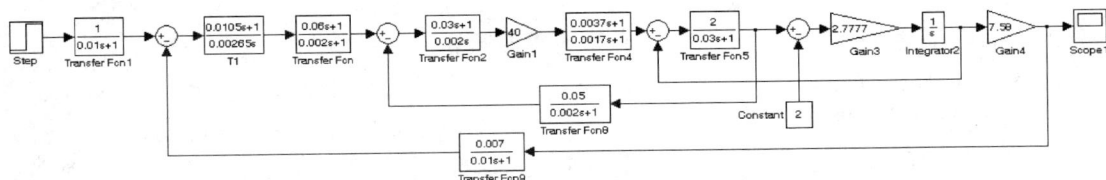

图 2-37 按内模控制方法设计的转速电流双闭环调速系统仿真模型

仿真得到系统在突加阶跃给定、空载起动时的速度响应曲线如图 2-38（a）、（b）所示。比较两图可以看出，在同样的给定输入和系统参数下，采用内模控制的双闭环调速系统的性能优于采用工程设计方法设计的系统，内模控制系统在突加阶跃给定时，超调小，响应快，是一种高性能的控制方法。

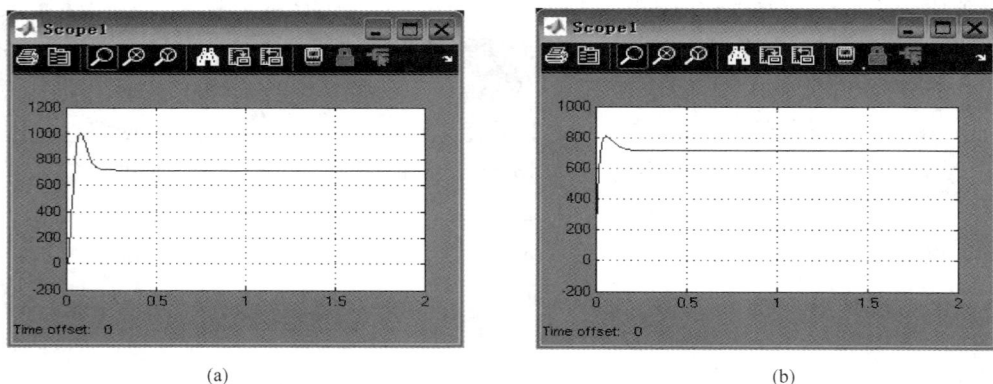

(a)　　　　　　　　　　　　　　　　　　　(b)

图 2-38　不同方法设计的转速电流双闭环调速系统速度输出曲线

（a）工程设计方法设计的系统速度输出曲线；（b）内模控制方法设计的系统速度输出曲线

习　题

一、判断题 （正确填"T"，错误填"F"）

1. 相对于单闭环控制，双闭环调速系统中内环的存在可以及时抑制环内的扰动。（　　）

2. 调速系统工程设计方法中，典型Ⅰ型系统是由一个积分和一个惯性环节串联而成的单位反馈系统。（　　）。

3. 调速系统工程设计方法中，典型Ⅱ型系统是由两个积分环节、一个惯性环节和一个二阶微分环节组成的单位反馈系统。（　　）

4. 用工程设计法设计直流双闭环调速系统时，要先设计内环后设计外环。（　　）

5. 用工程设计法设计直流双闭环调速系统时，其中电流环既可设计成典型Ⅰ型，也可设计成典型Ⅱ型。（　　）

6. 工程设计法中，近似处理的原则是近似前后的相角裕度不变。（　　）

二、单项选择题

1. 衡量交直流调速系统动态性能的指标分为跟随性能指标和抗扰性能指标，下列指标中属于抗扰性能指标的是（　　）。

A. 上升时间　　　　　B. 调节时间　　　　　C. 恢复时间　　　　　D. 超调量

2. 双闭环直流调速系统对于（　　）是无法抑制的。

A. 电网电压波动　　　　　　　　　　B. 电动机励磁电流的变化

C. 放大器放大系数的漂移　　　　　　D. 测速发电机励磁的变化

3. 若调速系统要求以动态稳定性和稳态精度为主，对快速性的要求可差一些，则应采用（　　）调节器。

A. 比例微分 PD   B. 比例积分 PI

C. 比例微分积分 PID   D. 比例 P

4. 根据调速系统的典型伯德图判断系统的性能时下列说法中错误的是（　　）。

A. 中频段以 -40dB/dec 斜率穿过 0dB 线，且中频段足够宽，则系统的稳定性好。

B. 截止频率 ω_c 越高，则系统的快速性越好。

C. 低频段的斜率陡、增益高，说明系统的稳态精度高。

D. 高频段衰减越快，则高频特性负分贝值越低，说明系统抗高频噪声干扰的能力强。

5. 已知被控对象（为单位反馈系统）的开环传递函数为 $\dfrac{K}{(T_1s+1)(T_2s+1)(T_3s+1)}$，其中 $T_1,T_2\gg T_3$。若将系统校正成典型 Ⅰ 型系统，应串联（　　）调节器。

A. P   B. PI   C. PID   D. PD

6. 已知被控对象（为单位反馈系统）的开环传递函数为 $\dfrac{K}{s(Ts+1)}$。若将系统校正成典型 Ⅱ 型系统，应串联（　　）调节器。

A. P   B. PI   C. PID   D. PD

7. 工程设计法设计典型 Ⅱ 型系统时，采用"振荡指标法"中的闭环幅频特性谐振峰值 M_p 最小准则。截止频率 ω_c 与 h 的关系为（　　）。

A. $\omega_c = hT$ B. $\omega_c = \dfrac{h+1}{2hT}$

C. $\omega_c = \dfrac{h+1}{2h}$ D. $\omega_c = \dfrac{h+1}{2h^2T^2}$

8. 工程设计方法在双闭环直流调速系统的应用中，若把电流环设计成典型 Ⅱ 型时有几处近似处理，具体计算时必须校验近似条件。下列（　　）是忽略反电动势对电流环的影响的近似条件。

A. $\omega_{ci} \leqslant 1/(3T_s)$ B. $\omega_{ci} \geqslant 3\sqrt{1/(T_mT_1)}$

C. $\omega_{ci} \leqslant \dfrac{1}{3}\sqrt{1/(T_sT_{oi})}$ D. $\omega_{ci} \geqslant 3/T_1$

9. 通过对转速调节器退饱和超调量的计算得知（　　）。

A. 退饱和超调量与线性系统的超调量差不多

B. 退饱和超调量比线性系统的超调量小得多

C. 退饱和超调量比线性系统的超调量大得多

D. 退饱和超调量比线性系统的超调量小一点

10. 含有滤波环节的输入等效电路如图 2-39 所示，该电路的滤波时间常数 τ_{oi} 为（　　）。

A. $\tau_{oi} = R_0C_{oi}$

B. $\tau_{oi} = R_0C_{oi}/2$

C. $\tau_{oi} = R_0C_{oi}/4$

D. $\tau_{oi} = R_0C_{oi}/8$

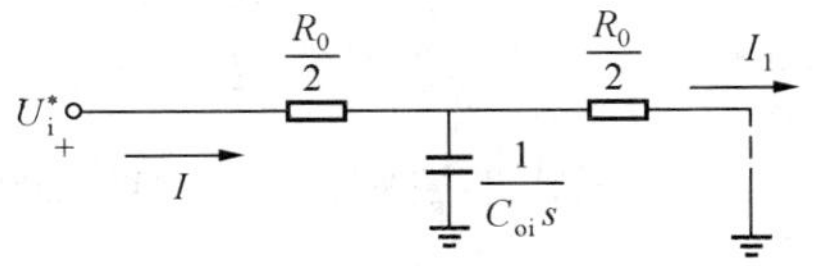

图 2-39　含滤波环节的输入等效电路

三、问答题

1. 控制系统的跟随性能指标和抗扰性能指标分别包含哪些具体指标？

2. 转速环主要抗何种扰动？电流环主要抗何种扰动？

3. 写出典型Ⅰ型和典型Ⅱ型系统的传递函数及其最佳参数。

4. 典Ⅰ系统是几阶系统？是几阶无差系统？

5. 典Ⅱ系统是几阶系统？是几阶无差系统？

6. 在 ASR 饱和情况下起动时，双闭环调速系统跟随性能与抗扰性能有什么关系？分别在 h 为何值时性能最好？

7. 分别画出单闭环转速负反馈调速系统和单闭环电压负反馈调速系统的稳态结构图；标出稳态结构图中各个环节的信号；再分别说明两种系统在电网电压降低后如何进行恒压调节，以及哪种系统对电网电压的扰动具有更强的抗扰能力。

四、 计算题

1. 某反馈控制系统已校正成典型Ⅰ型系统，已知时间常数 $T=0.02\text{s}$，要求阶跃响应的超调量 $\sigma \leqslant 10\%$，试求：（1）系统的开环放大倍数；计算过渡过程时间 t_s 和上升时间 t_r；（2）要求上升时间 $t_\text{r} \leqslant 0.05\text{s}$，则放大倍数应该多大？$\sigma$ 为多少？

2. 设典型Ⅰ型系统的参数 $K=10\text{s}^{-1}$，$T=0.1\text{s}$，试回答：（1）当阶跃信号作用于系统时，求系统的超调量 σ；（2）计算过渡过程时间 t_s 和上升时间 t_r；（3）若要求 $\sigma\% \leqslant 5$，应该如何设计系统参数？

3. 有一系统，已知 $W(s)=\dfrac{20}{(0.25s+1)(0.005s+1)}$，要求将系统校正成典型Ⅰ型系统，试选择调节器类型并计算调节器参数。

4. 设控制对象的传递函数为 $W(s)=\dfrac{K_1}{(T_1s+1)(T_2s+1)(T_3s+1)(T_4s+1)}$，式中 $K_1=2$，$T_1=0.4\text{s}$，$T_2=0.08\text{s}$，$T_3=0.015\text{s}$，$T_4=0.005\text{s}$。要求阶跃输入时系统超调量 $\sigma\%<5$。试分别用Ⅰ、PI 和 PID 调节器将其校正成典型Ⅰ型系统，试设计各调节器参数并计算调节时间 t_s。

5. 有一系统，已知 $W_\text{op}(s)=\dfrac{30}{(0.3s+1)(0.004s+1)(0.001s+1)}$，要求将系统校正成典型Ⅰ型系统，试选择调节器类型。

6. 不作近似处理，分别将下面具有开环传递函数（1）的单位反馈系统校正成具有三阶最佳参数的典型Ⅱ型系统，将具有开环传递函数（2）的单位反馈系统校正成具有二阶最佳参数的典型Ⅰ型系统，写出串联调节器的类型和传递函数，并求出调节器的参数。

（1）$\dfrac{100}{0.5s(0.01s+1)}$；（2）$\dfrac{80}{(0.25s+1)(0.02s+1)}$

7. 已知某系统前向通道传递函数为 $W(s)=\dfrac{20}{0.12s(0.01s+1)}$，反馈通道传递函数为 $\dfrac{0.003}{0.005s+1}$，试将该系统校正为典型Ⅱ型系统，并画出校正后系统动态结构图。

8. 由三相半波整流电路供电的转速电流双闭环调速系统，已知电动机参数为：$P_\text{N}=60\text{kW}$，$U_\text{dN}=220\text{V}$，$I_\text{dN}=305\text{A}$，$n_\text{N}=1000\text{r/min}$，$R_\text{a}=0.066\Omega$；允许电流过载倍数 $\lambda=1.5$，$R=0.18\Omega$，$L=2.16\text{mH}$，$GD^2=95.5\text{N}\cdot\text{m}^2$；$K_\text{s}=30$，$T_\text{oi}=0.0022\text{s}$，$T_\text{on}=0.014\text{s}$，额定转速时的给定电压 $U_\text{n}^*=15\text{V}$，调节器的限幅值为 12V。系统的调速范围 $D=10$，稳态转速无差，电流超调量 $\sigma_\text{i}\% \leqslant 5\%$，试回答：

（1）电流反馈系数 β 和转速反馈系数 α 的值；

（2）设计电流调节器，画出调节器电路并计算出反馈电阻和电容数值（取输入电阻为 $40\text{k}\Omega$）；

（3）设计转速调节器，画出调节器电路并计算出反馈电阻和电容数值（取输入电阻为 $20\text{k}\Omega$）；

（4）若从空载起动到额定转速，计算转速超调量 σ_n 和起动时间；

（5）计算在额定负载下最低速起动时的转速超调量。

3 直流调速系统的工程计算与 MATLAB 仿真实验

本章以前述的直流调速系统理论为基础，基于数字资源中的课程设计资料，进行直流调速系统的工程计算，应用 MATLAB 的 Simulink 和 SimPower System 工具箱，采用面向电气原理结构图的图形化仿真技术，对典型的单闭环直流调速系统、转速电流双闭环调速系统、三环调速系统、可逆调速系统和直流脉宽调速系统进行仿真实验分析。

交直流调速系统是一门实践性很强的课程，在学习了调速系统的理论知识后，必须通过一定的实践才能更清楚地掌握控制系统的组成和本质，使理论得到深化，并使理论与实践融为一体。本教材将交直流调速系统的工程计算和仿真实验内容独立成章，通过学习重点培养学生的实践能力，数据分析和处理能力，运用理论知识分析并解决实际问题的能力，从而提高学生的实践技能。

本书的实践内容包括：交直流调速系统的工程计算、基于 MATLAB 的交直流调速系统仿真实验、基于与课程教学内容配套的教学实验设备的实物实验，以及调速系统的课程设计四部分内容。其中第 3 章为直流调速系统的工程计算和 MATLAB 仿真实验，第 6 章为交流调速系统的工程计算和 MATLAB 仿真实验，交直流调速系统课程设计和实物实验内容请查阅数字资源。

本章以江苏扬州市某电机厂生产的 Z4 系列某型号直流电动机的技术参数为基础，对直流调速系统仿真实验所需要的参数进行工程计算，然后把求出的参数代入到仿真模型中进行仿真实验研究。即仿真实验是以工程计算为基础的。

3.1 开环直流调速系统的工程计算和仿真实验

3.1.1 开环直流调速系统的工程计算

开环直流调速系统的计算主要是主回路参数的计算。

一、电动机有关参数的计算

电动机生产商提供的电动机参数见表 3 − 1。

表 3 − 1　　　　　　　　　　　　　　　　Z4 系列某型号电动机参数

型号	额定功率 P_N(kW)	额定转速 n_N(r/min)	额定电压 U_{dN}(V)	电枢电流 I_{dN}(A)	励磁功率 P_f(W)	电枢回路电阻 R_a(Ω)	电枢回路电感 L_a(mH)	磁场电感 L_f(H)	效率 η(%)	惯量矩 GD_a^2(kg·m²)
Z4 - ×××-××	15	1360	270	44.5	200	0.6	12	8	64.9	0.4

在仿真过程中，电动机模型参数对话框中需要填入电枢回路电阻、电枢回路电感、励磁回路电阻、励磁回路电感、电枢回路和励磁回路间的互感、总的转动惯量等。除表 3 − 1 中

已知参数外，其他参数计算如下。

1. 励磁回路电阻

已知直流励磁功率为 200W，在模型中设定励磁电压 220V，则励磁回路电阻为

$$R_f = U_f^2 / P_f = 220^2 / 200 = 242\Omega$$

2. 电枢和励磁回路间的互感

互感取电动机仿真模型的默认值 1.8H。

3. 总转动惯量

在考虑了传动机构的转动惯量后，根据数字资源中的技术数据，取总的转动惯量为

$$GD^2 = 2.5GD_a^2 = 2.5 \times 0.4 = 1(\text{kg} \cdot \text{m}^2)$$

二、 电枢回路外接电感

外接电感取 5mH。

三、 整流变压器参数计算

（1）整流变压器二次侧电压计算

$$U_2 = \frac{\left(\dfrac{I_{dmax}}{I_{dN}}\right)I_{dN}R_a + U_{dN} + \left(\dfrac{I_{Tmax}}{I_{dN}} - 1\right)I_{dN}R_a}{K_{UV}\left(b\cos\alpha_{min} - K_X U_{dl}\dfrac{I_{Tmax}}{I_N}\right)}$$

$$= \frac{1.5 \times 44.5 \times 0.6 + 270 + (1.5 - 1) \times 44.5 \times 0.6}{2.34 \times (0.95 \times 0.98 - 0.5 \times 0.05 \times 1.5)} = 155(\text{V})$$

式中：U_2 为变压器的二次侧相电压，V；U_{dN} 为电动机的额定电压，V；K_{UV} 为整流电压计算系数；b 为电网电压的波动系数，一般取 $b = 0.90 \sim 0.95$；α 为晶闸管的触发延迟角；K_X 为换相电感压降计算系数；U_{dl} 为变压器阻抗电压比，100kVA 以下取 0.05，容量越大，U_{dl} 也越大（最大为 0.1）；I_{Tmax} 为变压器的最大工作电流，等于电动机的最大电流 I_{dmax}，A；I_n 为电动机的额定电流，A。

查数字资源中的资料可得，三相全控桥式整流电路的计算系数 $K_{UV} = 2.34$，$K_X = 0.5$。其他参数 $U_{dl} = 0.05$，$b = 0.95$；$\alpha_{min} = 10°$，$\cos\alpha_{min} = 0.98$；$I_{dmax}/I_{dN} = I_{Tmax}/I_{dN} = 1.5$。

（2）整流变压器二次侧电流计算。整流变压器二次侧相电流 I_2 为

$$I_2 = K_{IV}I_{dN} = 0.816 \times 44.5 = 36.3(\text{A})$$

式中：K_{IV} 为二次侧相电流计算系数；I_{dN} 为整流器额定直流电流。

查数字资源中的资料可得三相全控桥式整流电路的 $K_{IV} = 0.816$。

3.1.2 开环直流调速系统的 MATLAB 仿真实验

应用计算机仿真技术对交直流调速系统进行仿真分析，可以加深人们对所学理论的理解，提高其实践动手能力。计算机仿真还是一种低成本的实验手段，近年来获得了广泛应用。

目前，使用 MATLAB 对控制系统进行计算机仿真的主要方法是：以控制系统的传递函数为基础，使用 MATLAB 的 Simulink 工具箱对其进行计算机仿真研究。本章提出一种面向控制系统电气原理结构图，使用 SimPower System 工具箱进行调速系统仿真的新方法。

在 MATLAB 5.2 以上的版本中，新增了一个电力系统（SimPower System）工具箱［本教材使用 MATLAB（R2012b 版本）］，该工具箱与控制系统工具箱有所不同，用户不需编程且不需推导系统的动态数学模型，只要从工具箱的元件库中复制所需的电气元件，按电气系统的结构进行连接；系统的建模过程接近实物实验系统的搭建过程，且元件库中的电气元件能较全面地反映相应实际元件的电气特性，仿真结果的可信度很高。

本节以直流调速系统为研究对象，采用面向电气原理结构图的仿真方法，对典型的直流调速系统进行仿真实验分析。

面向电气原理结构图的仿真方法如下：首先以调速系统的电气原理结构图为基础，弄清楚系统的构成，从 SimPower System 和 Simulink 模块库中找出对应的模块，按系统的结构进行建模；然后对系统中的各个组成环节进行元件参数设置，在完成各环节的参数设置后，进行系统仿真参数的设置；最后对系统进行仿真实验，并进行仿真结果分析。为了使系统得到好的性能，通常要根据仿真结果来对系统的各个环节进行参数的优化调整。

按照这一步骤，下面对本书第一章所介绍的直流调速系统进行建模与仿真。

为了方便建模，将开环直流调速系统的电气原理结构图重新绘于图 3-1（其他的系统也如此）。从结构图可知，该系统由给定环节、脉冲触发器、晶闸管整流桥、平波电抗器、直流电动机等部分组成。图 3-2 是采用面向电气原理结构图方法构作的开环直流调速系统的仿真模型。下面介绍各部分建模与参数设置过程。

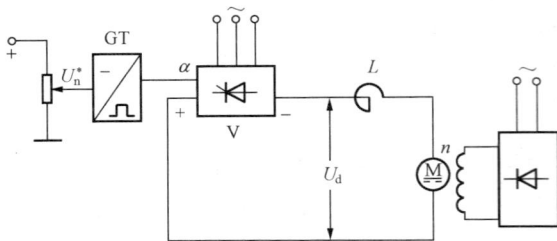

图 3-1 晶闸管开环直流调速系统原理图

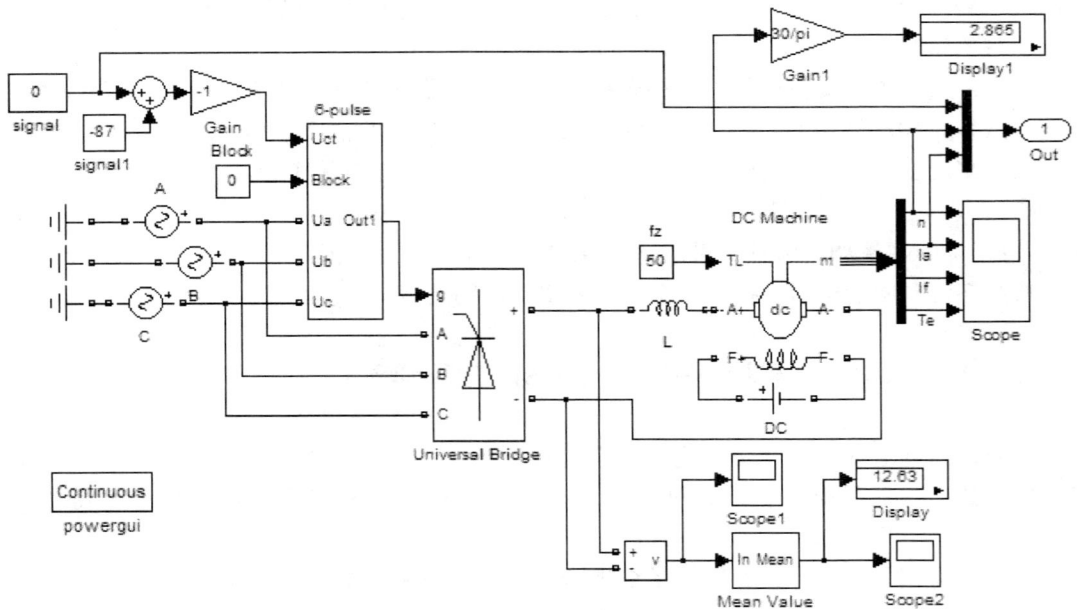

图 3-2 开环直流调速系统的仿真模型

一、 系统的建模和模型参数设置

系统的建模包括主电路的建模和控制电路的建模两部分。

1. 主电路的建模和参数设置

开环直流调速系统的主电路由三相对称交流电压源、晶闸管整流桥、平波电抗器、直流电动机等组成。由于同步脉冲触发器与晶闸管整流桥是不可分割的两个环节，通常作为一个组合体来讨论，所以将触发器归到主电路进行建模。

（1）三相对称交流电压源的建模和参数设置。首先按"SimPower Systems/Electrical sources/AC Voltage Source"路径从电源模块组中选取1个"AC Voltage Source"模块，再用复制的方法得到三相电源的另2个电压源模块，并用模块标题名称修改方法将模块标签分别改为 A、B、C 相；然后按"SimPower Systems/ Elements /Ground"路径从元件模块组中选取"Ground"元件进行连接。

为了得到三相对称交流电压源，其参数设置方法及参数设置如下：双击 A 相交流电压源图标（这是打开模块参数设置对话框的方法，后面不再赘述），打开电压源参数设置对话框，A 相交流电源参数设置如图 3-3 所示。其中，幅值取 218V，初相位设置成 0°，频率为 50Hz，其他为默认值；B、C 相交流电源参数设置方法与 A 相相同，除了将初相位设置成互差 120°外，其他参数与 A 相相同。由此可得到三相对称交流电源，本模型的相序是 A-B-C。

A 相交流电源的幅值确定过程如下：根据 3.1.1 中内容，计算得到的整流变压器二次侧电压为 155V，这是有效值，其峰值为 218V。图 3-2 中没有接整流变压器，而是直接接入了交流电源代替了二次侧电压，所以交流电源的峰值应设置为 218V。

（2）晶闸管整流桥的建模和参数设置。首先按"SimPower Systems/Power Electronics/Universal Bridge"路径从电力电子模块组中选取"Universal Bridge"模块；然后双击该模块图标打开"Universal Bridge"参数设置对话框，参数设置如图 3-4 所示。当采用三相整流桥时，桥臂数取 3；电力电子元件选择晶闸管。

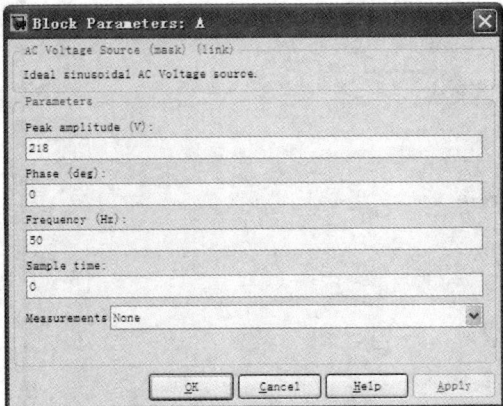

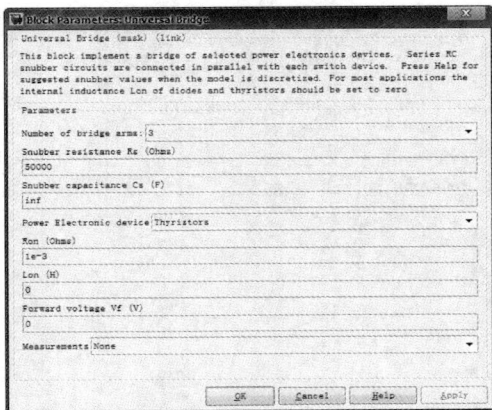

图 3-3 A 相电源参数设置　　　　图 3-4 Universal Bridge 参数设置

该参数设置的原则是：如果是针对某个具体的变流装置进行参数设置，对话框中的 R_s、C_s、R_{on}、L_{on}、V_f 应取该装置中晶闸管元件的实际值；如果是一般情况，这些参数可先取默认值进行仿真，若仿真结果理想，就认可这些设置的参数；若仿真结果不理想，则通过仿真实验，不断进行参数优化，最后确定其参数。这一参数设置原则对其他环节的参数设置也是适用的。

（3）直流电动机的建模和参数设置。按"SimPower Systems/Machines/DC Machine"路径从电机系统模块组中选取"DC Machine"模块。

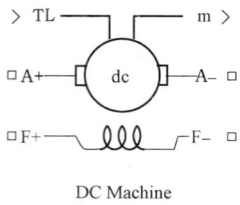

图3-5　直流电机模块图标

SimPower Systems 库中直流电机模块的图标如图 3-5 所示。

直流电机模块有 1 个输入端子、1 个输出端子和 4 个电气连接端子。电气连接端子 F＋和 F－与直流电机励磁绕组相连。A＋和 A－与电机电枢绕组相连。输入端子（TL）是电机负载转矩的输入端。输出端子（m）输出一系列的电机内部信号，它由 4 路信号组成，见表 3-2。通过"信号分离（Demux）"模块可以将输出端子 m 中的各路信号分离出来。

表 3-2　　　　　　　　　　　　　直流电机输出信号

输出	符号	定义	单位
1	ω_n	电机转速	rad/s
2	I_d（仿真模型中为 I_a）	电枢电流	A
3	I_f	励磁电流	A
4	T_e	电磁转矩	N·m

直流电机模块是建立在他励直流电机基础上的，可以通过励磁和电枢绕组的并联和串联组成并励或串励电机。直流电机模块可以工作在电动机状态，也可以工作在发电机状态，这完全由电机的转矩方向确定。

双击直流电机模块，将弹出该模块的参数对话框，如图 3-6 所示。在该对话框中含有如下参数：

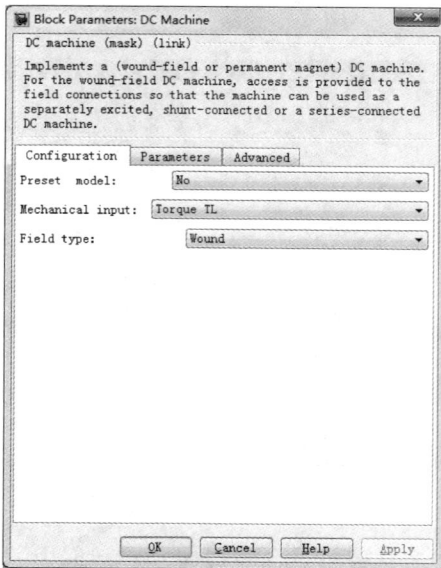

(a)

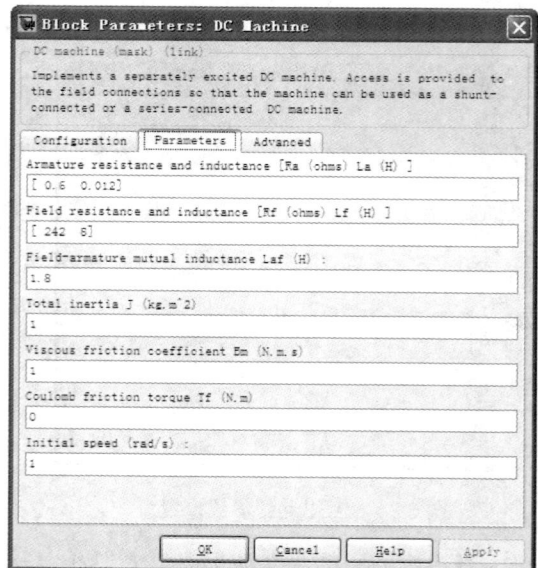

(b)

图 3-6　直流电机模块参数对话框

1）预设模型（Preset model）下拉框：选择系统设置的内部模型，电机将自动获取各项参数，如果不想使用系统给定的参数，请选择"No"。

2）机械量输入（Mechanical input）复选框：点击该复选框，可以浏览并选择电机的机械参数（Torque TL、Speed ω、Mechanical rotational port）。

3）励磁类型（Field type）复选框：点击该复选框，可以浏览并选择电机磁场励磁的类型（Wound、Permanent magnet）。

4）电枢电阻和电感（Armature resistance and inductance）文本框：电枢电阻 R_a（单位：Ω）和电枢电感 L_a（单位：H）。

5）励磁电阻和电感（Field resistance and inductance）文本框：励磁电阻 R_f（单位：Ω）和励磁电感 L_f（单位：H）。

6）励磁和电枢互感（Field - armature mutual inductance）文本框：互感 L_{af}（单位：H）。

7）转动惯量（Total inertia J）文本框：转动惯量 J（单位：kg·m²）。

8）黏滞摩擦系数（Viscous friction coefficient）文本框：直流电机的总摩擦系数 B_m（单位：N·m·s.）。

9）干摩擦转矩（Coulomb friction torque）文本框：直流电机的干摩擦转矩常数 T_f（单位：N·m）。

10）初始角速度（Initial speed）文本框：指定仿真开始时直流电机的初始速度（单位：rad/s）。

直流电动机的励磁绕组"F+-F－"接直流恒定励磁电源，励磁电源可按路径"SimPower Systems/ Electrical sources/DC Voltage Source"从电源模块组中选取"DC Voltage Source"模块，并将电压参数设置为220V；电枢绕组"A+-A－"经平波电抗器接晶闸管整流桥的输出；电动机经 TL 端口接恒转矩负载，直流电动机的输出参数有转速 w_n、电枢电流 I_a、励磁电流 I_f、电磁转矩 T_e，分别通过"示波器"模块观察仿真输出和用"out"模块将仿真输出信息返回到 MATLAB 命令窗口，再用绘图命令 plot（tout，yout）在 MATLAB 命令窗口里绘制出输出图形。

直流电动机的参数设置可按下述步骤进行：双击直流电动机图标，打开直流电动机的参数设置对话框，参数设置如图 3-6 所示。参数设置的依据是产品说明书中参数和工程计算参数。

（4）平波电抗器的建模和参数设置。首先按"SimPower Systems/Elements/Series RLC Branch"路径从元件模块组中选取"Series RLC Branch"模块，然后打开参数设置对话框，类型直接选为电感就可以得到电抗器了，参数设置如图 3-7 所示。

（5）脉冲触发器的建模和参数设置。通常工程上将触发器和晶闸管整流桥作为一个整体来研究。同步脉冲触发器包括同步电源和 6 脉冲触发器两部分。6 脉冲触发器可按路径"SimPower Systems/ Extra Library/ Control Blocks/Synchronized 6 - Pulse Generator"从控制子模块组获得，6 脉冲触发器需用三相线电压同步，所以同步电源的任务是将三相交流电源的相电压转换成线电压。同步冲触发器和封

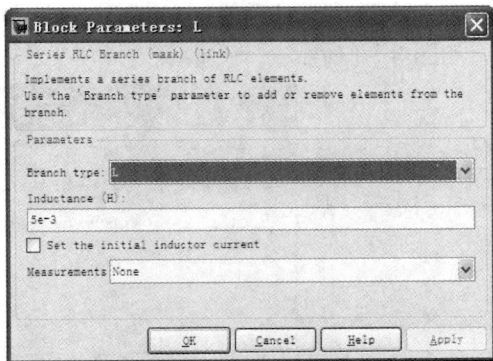

图 3-7　平波电抗器参数设置

装后的子系统符号如图 3-8（a）、（b）所示。

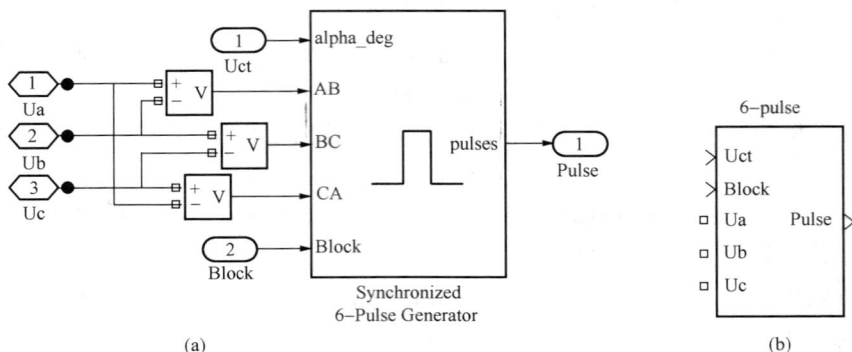

图 3-8 同步脉冲触发器和封装后的子系统符号

（a）同步脉冲触发器；（b）子系统符号

至此，根据图 3-1 所示主电路的连接关系，可建立起主电路的仿真模型，如图 3-2 左半部分。图中，触发器开关信号 Block 为"0"时，开放触发器；为"1"时，封锁触发器。

2. 控制电路的建模和参数设置

开环直流调速系统的控制电路只有一个给定环节，它可按路径"Simulink/Sources/Constant"选取"Constant"模块，并将模块标签改为"Signal"；然后双击该模块图标，打开参数设置对话框，将参数设置为某个值。

图 3-2 中，"Signal"信号设为 0rad/s 是为了整定系统的零点，即给定信号为"，0"时，输出速度应该也为"0"。而"Signal1"是偏置信号，用于系统调"0"。经过测试：当输入为"0"时，偏置信号等于−87，输出最小。

图 3-2 右上方的"Gain1"将速度单位转换成"r/min"，数字仪表 Display1 显示输出速度，以便于精确读数。图 3-2 右下方的电压转换器 V、电压平均值测量表"Mean Value"用于测量输出电压平均值，并通过数字仪表显示整流电压平均值。

将主电路和控制电路的仿真模型按照开环直流调速系统电气原理图的连接关系进行模型连接，即可得到图 3-2 所示的开环直流调速系统仿真模型。

二、 系统的仿真参数设置

在 MATLAB 的模型窗口打开"Simulation"菜单，进行"Simulation parameters"设置，如图 3-9 所示。

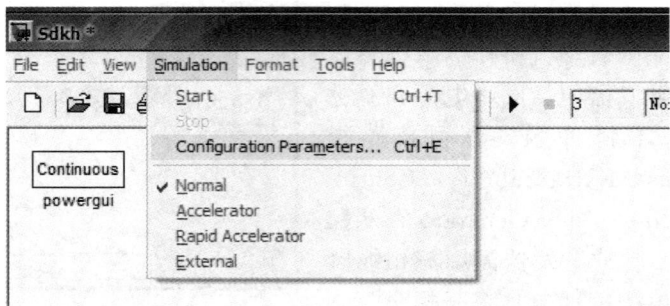

图 3-9 仿真参数设置

点击"Configuration Parameters…"菜单后，得到仿真参数设置对话框，参数设置如图 3-10 所示。仿真中所选择的算法为 ode23s。由于实际系统的多样性，不同的系统需要采用不同的仿真算法，到底采用哪一种算法，可通过仿真实践进行比较选择；仿真 Start time 一般设为 0；Stop time 根据实际需要而定，一般只要能够仿真出完整的波形即可。

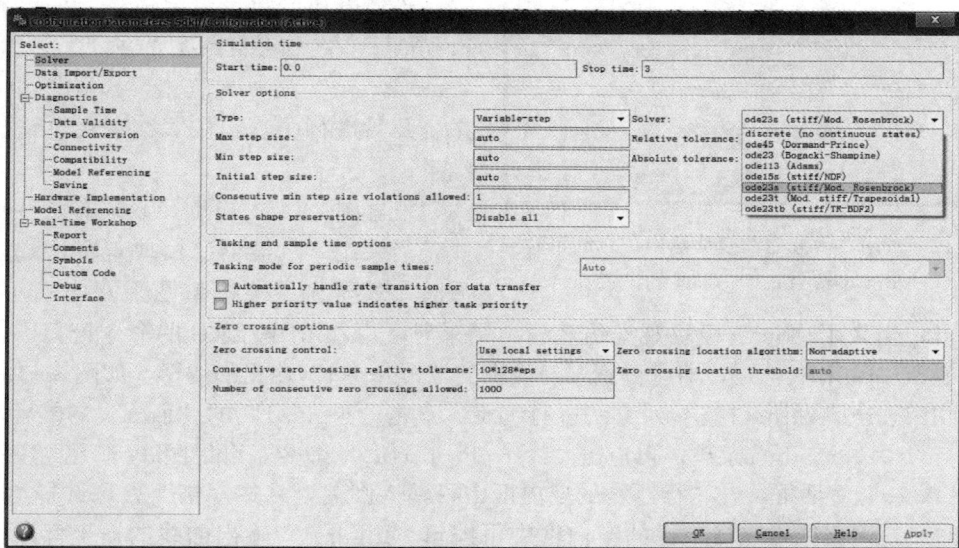

图 3-10　仿真参数设置对话框及参数设置

如果用"out"模块将仿真输出信息返回到 MATLAB 命令窗口，再用绘图命令 plot（tout，yout）在 MATLAB 命令窗口里绘制图形，观察仿真输出，则图 3-11 中的 Limit data points to last 的值要设大一点，否则 Figure 输出的图形会不完整。

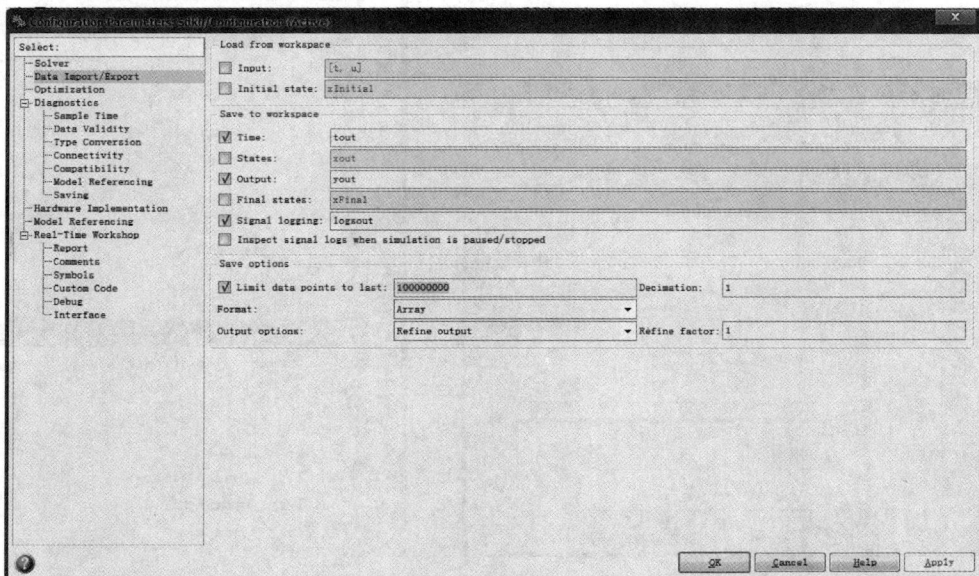

图 3-11　采用"out"模块输出仿真结果时的 Limit data points to last 的设置

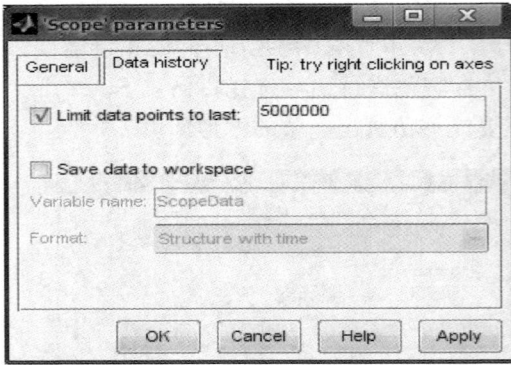

图 3-12 采用"示波器"模块输出仿真结果时的
Limit data points to last 的设置

如果通过"示波器"模块观察仿真输出，同样图 3-12 中的 Limit data points to last 值也要设大一点。

三、系统的仿真及仿真结果的输出

当建模和参数设置完成后，即可开始进行仿真。在 MATLAB 的模型窗口打开"Simulation"菜单，点击"Start"命令后，系统开始进行仿真，仿真结束后可输出仿真结果。

根据图 3-2 的模型，系统有两种输出方式。当采用"示波器"模块观察仿真输出结果时，只要在系统模型图上双击"示波器"图标即可；当采用"out"模块观察仿真输出结果时，可在 MATLAB 的命令窗口，输入绘图命令 plot（tout，yout），即可得到未经编辑的"Figure 1"输出的图形，如图 3-13 所示。

对"Figure1"图形可按下列方法进行编辑。点击"Figure1"的"Edit"菜单后，可得图 3-14 的"Edit"下拉菜单，再点击"Axes Properties"命令，可得图 3-15 的"Property Editor - Axes"对话框，在"标题"的空白框中可输入图名，在"网格"处可选择给"Figure1"曲线打网格线，在横坐标的空白框中可编辑"Figure1"输出曲线的横坐标及坐标标签；同理，可对纵坐标进行编辑。点击输出曲线可对被选中的"Figure 1"的输出曲线编辑；在工具栏中选择"Insert"按钮中的"Text Arrow"命令，可对输出曲线进行注释。最终复制"Figure 1"输出曲线，可得经过编辑后的"Figure 1"输出图形，如图 3-16 所示。

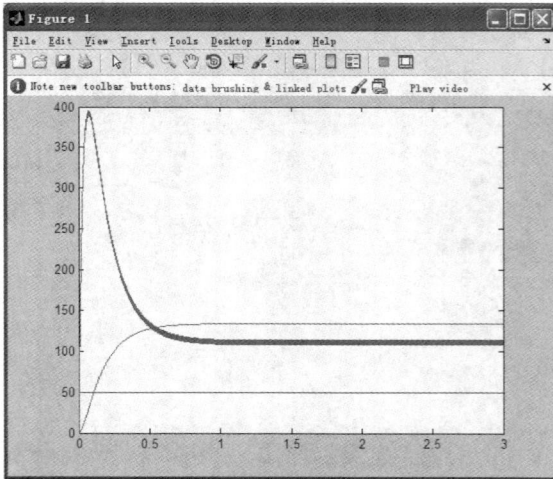

图 3-13 未经编辑的"Figure1"图形

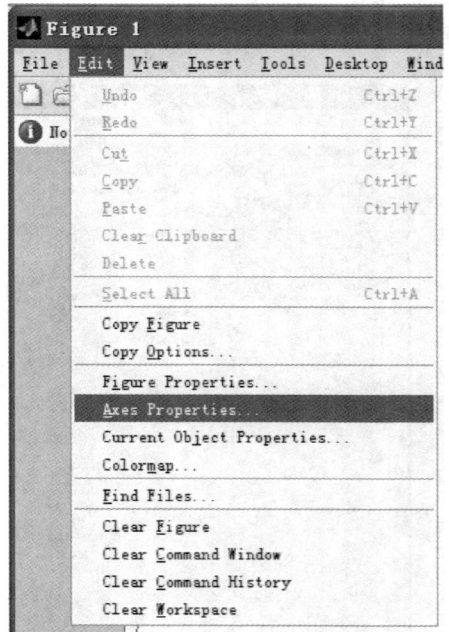

图 3-14 "Figure 1"Edit 菜单的下拉菜单

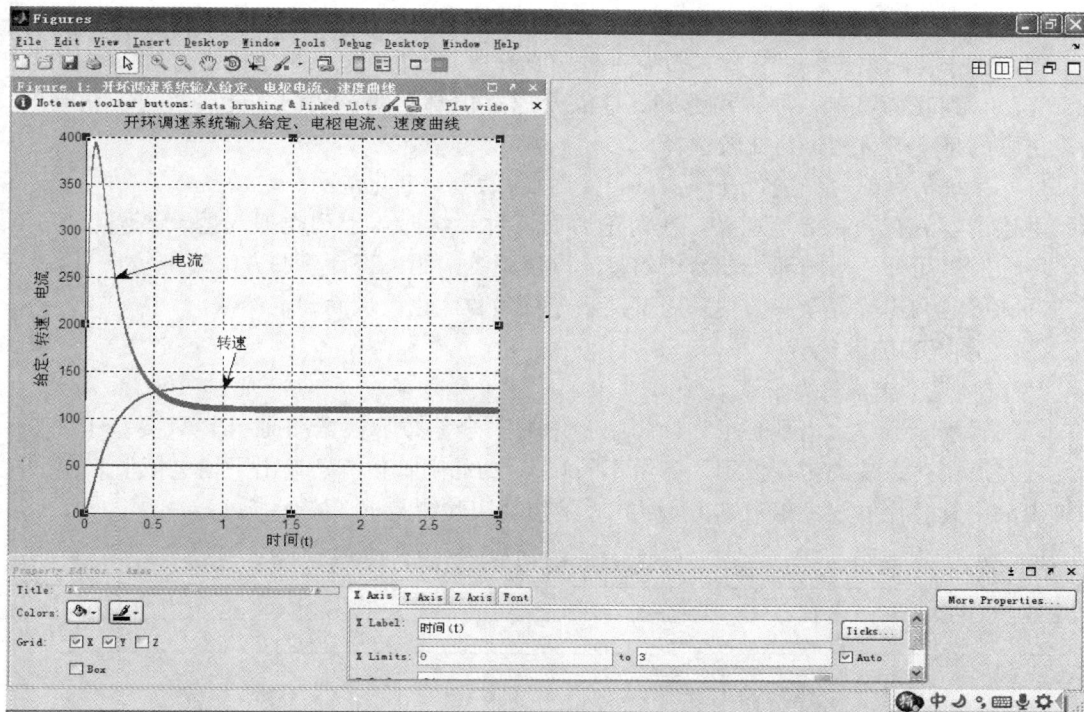

图 3-15 "Property Editor-Axes"对话框

图 3-16 分别显示的是开环直流调速系统的给定信号、电枢电流和转速曲线。可以看出，这个结果和实际电机运行的结果相似，系统的建模与仿真是成功的。

现将开环直流调速系统建模与参数设置的一些原则和方法归纳如下：

（1）系统建模时，将其分成主电路和控制电路两部分分别进行。

（2）在进行参数设置时，晶闸管整流桥、平波电抗器、直流电动机等装置（固有环节）的参数设置原则是：

1）如果针对某个具体的装置进行参数设置，则对话框中的有关参数应取该装置的实际值。

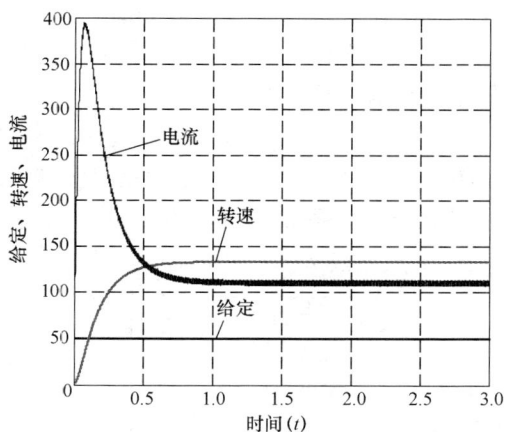

图 3-16 经编辑后的"Figure 1"输出图形

2）如果不是针对某个具体装置的一般情况，可先取这些装置的参数默认值进行仿真，若仿真结果理想，则认可这些设置的参数；若仿真结果不理想，则通过仿真实验，不断进行参数优化，最后确定其参数。

（3）给定信号的变化范围、调节器的参数和反馈检测环节的反馈系数（闭环系统中使用）等可调参数的设置，其一般方法是通过仿真实验，不断进行参数优化。具体方法是分别设置这些参数的一个较大值和较小值进行仿真，了解它们对系统性能影响的趋势，据此逐步将参数进行优化。

（4）仿真时间根据实际需要而定，以能够仿真出完整的波形为前提。

（5）由于实际系统的多样性，没有一种仿真算法是万能的，不同的系统需要采用不同的仿真算法，到底采用哪一种算法更好，这需要通过仿真实践，从仿真能否进行、仿真的速度、仿真的精度等方面进行比较选择。

（6）系统仿真前应先进行开环调试，找出 U_{ct} 的单调变化范围。

上述内容具有一般指导意义，在讨论后面各种系统时，遇到类似问题就不再细说原因了。下面对单闭环、双闭环等较简单的直流调速系统采用工程计算的方法确定仿真参数；而对三环和可逆调速等复杂系统则采用试探法进行参数优化，从而确定参数。

四、系统的仿真分析

1. 晶闸管整流器放大倍数 K_s 的测定

晶闸管整流器放大倍数是工程计算中常用的一个参数，根据图 1-8，只要基于图 3-2 的开环直流调速系统的仿真模型，测量不同 U_{ct} 时的晶闸管整流器输出平均电压值 U_d 就可以计算出晶闸管整流器放大倍数 K_s。表 3-3 是仿真实验测定 K_s 的有关数据。

表 3-3 实验测定 K_s 的有关数据

U_{ct}(V)	10	20	30	40	50	60
U_d(V)	83	146	201	247	285	318
K_s 计算值	6.3	5.5	4.6	3.8	3.3	

根据 $K_s = \dfrac{\Delta U_d}{\Delta U_{ct}}$，分别计算不同 U_{ct} 时的 K_s 值，最后得到 K_s 的平均值，即

$$K_s = \frac{6.3 + 5.5 + 4.6 + 3.8 + 3.3}{5} = 4.7$$

用其作为晶闸管整流器放大倍数。

2. 晶闸管整流器—触发器模型的测定

图 3-17 是通过仿真实验手段测定触发器—晶闸管整流器输入/输出关系的仿真模型。图中 R 是电阻性负载，阻值取 0.6Ω，即电动机定子电阻值。

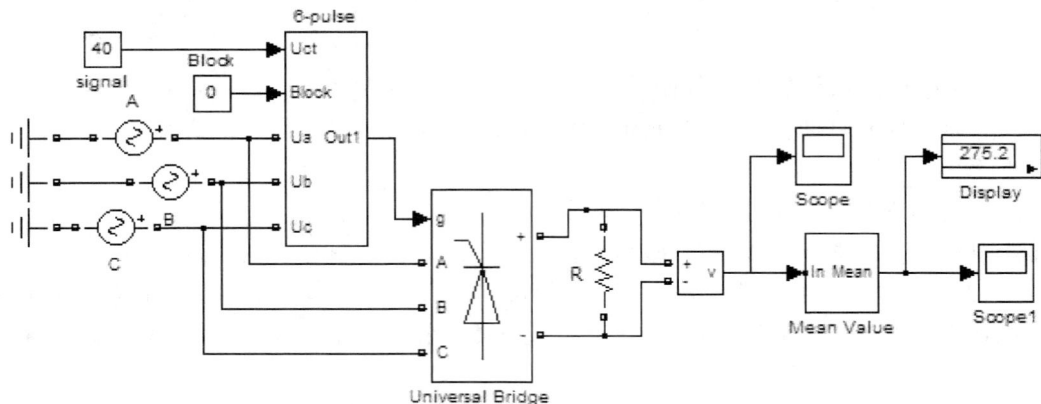

图 3-17 测定晶闸管整流器—触发器输入/输出关系的仿真模型

表 3-4 是仿真实验测定的 U_d 和运用公式计算的 U_d 数据。其中 U_d 的计算式为：$\alpha \leqslant 60°$ 时，电流连续 $U_d = 2.34U_2\cos\alpha$；$\alpha > 60°$ 时，电流断续 $U_d = 2.34U_2[1 + \cos(\pi/3 + \alpha)]$。

表3-4					仿真实验测定的 U_d 和运用公式计算的 U_d 数据							
$α$（°）	0	5	10	20	30	40	50	60	65	70	75	80
U_d实验值（V）	362	360	356	338	307	275	234	185	151	114	101	70
U_d计算值（V）	362.5	361	357	340.5	314	278	233	181	154	129	106	85

由表3-4可见，实验值和计算值是非常接近的。

3. 触发器脉冲移相的观察

图3-18为打开6—脉冲触发器子系统后观察脉冲移相效果的仿真模型。图中 Selector1 是多路选择开关，它将第一路脉冲与 A 相相电压 U_A 和线电压 U_{AB} 在示波器中显示其相位之间的关系。

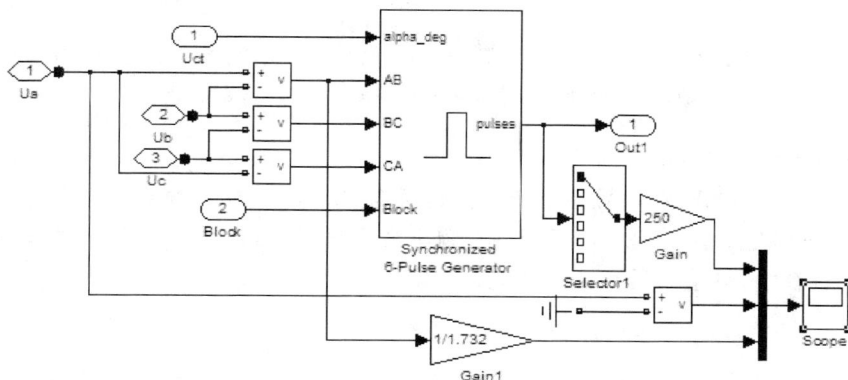

图3-18 观察6—脉冲触发器脉冲移相效果的仿真模型

为了方便观察，Gain1 模块将线电压 U_{AB} 幅值转换成与相电压相同，图3-19、图3-20 分别是脉冲控制角为 0°、60°时的相电压、线电压与脉冲的相位关系以及整流电压波形情况。其中第一个正弦波为线电压，第二个正弦波为相电压。需要说明的是正弦波的第一个周期系统还没有稳定，观察波形从第二个周期开始。相电压的 30°或线电压的 60°为脉冲控制角的零度。

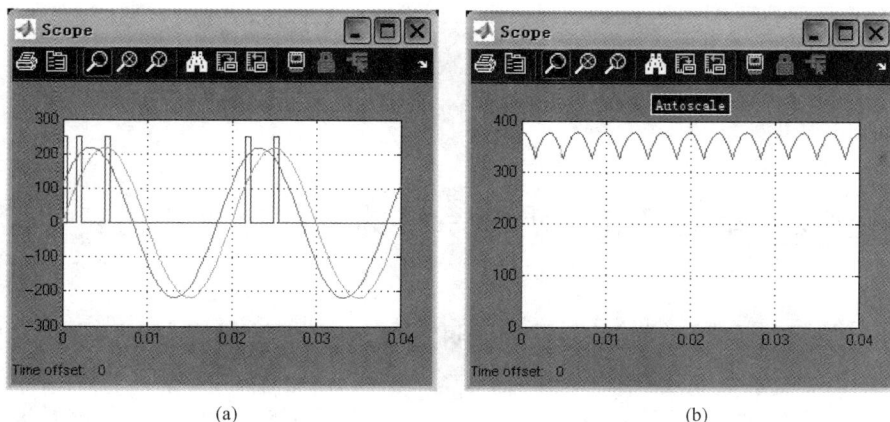

(a)　　　　　　　　　　　(b)

图3-19 脉冲控制角 0°时的相电压、线电压与脉冲的相位关系以及整流电压波形
(a) 相电压、线电压和脉冲的相位关系；(b) 整流电压波形

115

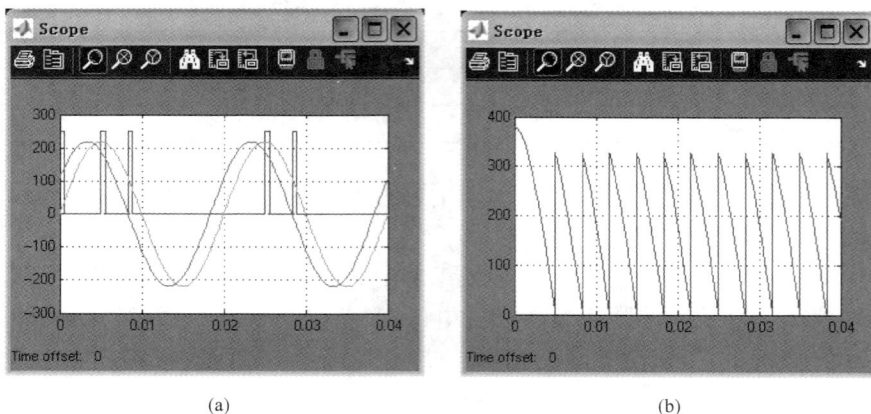

图 3-20 脉冲控制角 60°时的相电压、线电压与脉冲的相位关系以及整流电压波形
（a）相电压、线电压和脉冲的相位关系；（b）整流电压波形

4. 改变给定控制信号的调速效果

利用 Simulink 中的阶跃信号模块产生初始值为 30，跳变时间为 3s，终值为 60 的输入信号，观察其调速性能。图 3-21 是开环直流调速系统调速时的给定信号、电枢电流和转速曲线变化情况，由此可见系统具有调速功能。

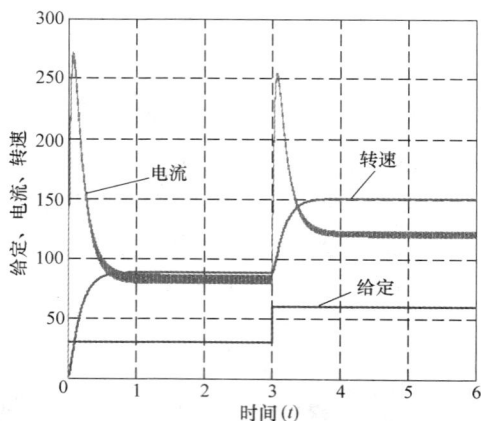

图 3-21 开环调速系统调速时的给定信号、电枢电流和转速变化曲线

3.2 单闭环直流调速系统的工程计算和仿真实验

3.2.1 单闭环有静差转速负反馈调速系统的工程计算和仿真实验

单闭环有静差转速负反馈调速系统的电气原理结构图见图 3-22 所示。该系统由给定环境、转速调节器、同步脉冲触发器、晶闸管整流桥、平波电抗器、直流电动机、速度反馈环节等部分组成。

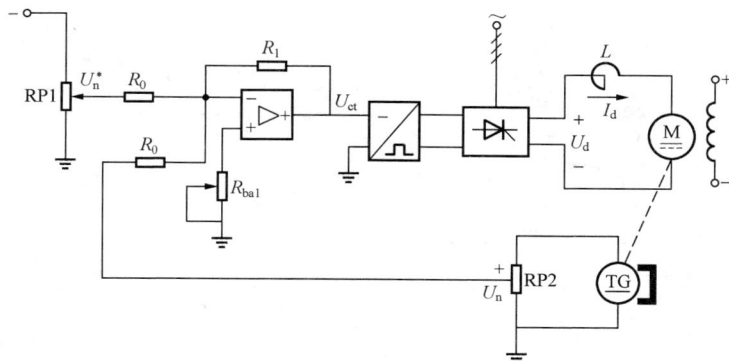

图 3 - 22　单闭环有静差转速负反馈调速系统电气原理结构图

一、 系统的工程计算

已知电枢回路总电阻 $R=2R_a=1.2\Omega$，要求调速范围 $D=10$，静差率 $s\leqslant10\%$，电动机参数同表 3 - 1。

（1）带额定负载时，系统的稳定速降为

$$\Delta n_{cl}=\frac{n_N s}{D(1-s)}=\frac{1360\times0.05}{10\times(1-0.05)}=7.16(r/min)$$

$$C_e=\frac{U_{dN}-I_{dN}R_a}{n_N}=\frac{270-44.5\times0.6}{1360}=0.179[(V\cdot min)/r]$$

（2）系统的开环放大系数 K 为

$$K\geqslant\frac{I_{dN}R}{C_e\Delta n_{cl}}-1=\frac{44.5\times2\times0.6}{0.179\times7.16}-1=40.7$$

（3）放大器的放大系数 K_p 计算如下：

$$\alpha\approx\frac{U_n^*}{n_N}=\frac{85}{1360}\times\frac{30}{\pi}=0.6(V\cdot min/r)$$

$$K_p=\frac{KC_e}{\alpha K_s}=\frac{40.7\times0.179}{0.6\times4.7}\approx2.58$$

二、 单闭环有静差转速负反馈调速系统的建模与仿真

图 3 - 23 所示为采用面向电气原理结构图方法构作的单闭环有静差转速负反馈调速系统的仿真模型。与图 3 - 1 的开环直流调速系统相比较，二者的主电路是基本相同的（本章所有的单闭环调速系统的主电路都有这个特点），系统的差别主要在控制电路上。为此，在后面介绍主电路的建模与参数设置时，主要介绍其不同之处。

（一） 系统的建模和模型参数设置

1. 主电路的建模和参数设置

由图 3 - 23 的仿真模型知，该系统主电路与开环调速系统相同。为了避免重复，此处只介绍控制部分的建模与参数设置。

2. 控制电路的建模和参数设置

单闭环有静差转速负反馈调速系统的控制电路由给定信号、转速调节器、转速反馈等环节组成。

给定信号模块的建模和参数设置方法与开环调速系统相同，此处参数设置为 80rad/s。

117

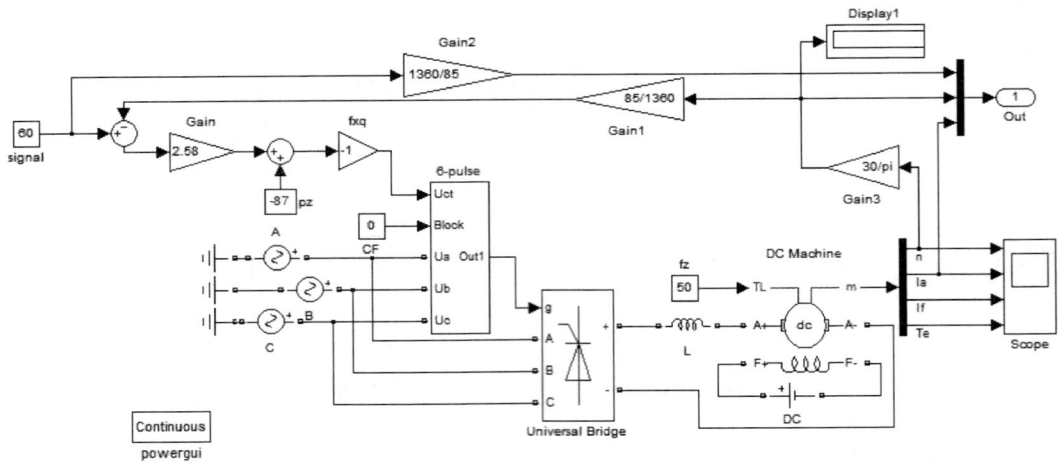

图 3 - 23　单闭环有静差直流调速系统的仿真模型

有静差调速系统的速度调节器采用比例调节器，放大倍数为 2.58，它是通过计算而得到的。

转速调节器、偏置、反向器等模块的建模与参数设置都比较简单，只要分别按路径 "Simulink/Commonly Used Blocks/Gain" 选择 "Gain" 模块；按路径 "Simulink/Sources/Constant" 选取 "Constant" 模块。找到相应的模块后，按要求设置好参数即可。

将主电路和控制电路的仿真模型按照单闭环转速负反馈调速系统电气原理图的连接关系进行模型连接，即可得到图 3 - 23 所示的系统仿真模型。

（二）系统的仿真参数设置

系统仿真参数的设置方法与开环系统相同。仿真中所选择的算法为 ode23t；仿真 Start time 设为 0，Stop time 设为 3，其他与开环系统相同。

（三）系统的仿真和仿真结果

当建模和参数设置完成后，即可开始进行仿真。图 3 - 24 是单闭环有静差转速负反馈调

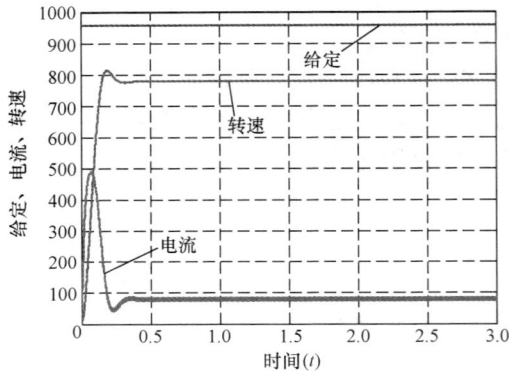

图 3 - 24　单闭环有静差转速负反馈调速系统的给定、电流和转速曲线

速系统在 K_p＝2.58 时的给定、电流和转速曲线。可以看出，转速仿真曲线与给定信号相比是有差系统。

（四）系统仿真结果的分析

1. 转速控制器放大倍数 K_P 对转速偏差的影响

当放大倍数选择计算值 2.58 时，从图 3 - 24 可见，转速有比较大的偏差。其他条件不变，将放大倍数增加到 10（任意选的一个值）进行仿真，图 3 - 25 为其电流和转速曲线。增大转速控制器的放大倍数，速度偏差减少了许多。但实验也发现，只要放大倍数有限，速度偏差总是存在的。过分加大 K_P 会引起电流振荡。

2. 负载变化对速度的影响

图 3-26 是当其他参数不变，负载在 2s 时刻从 50N·m 变化到 150N·m 时调速系统的给定、电流和转速曲线。由图可见，负载增加了 2 倍，而速度下降不多，说明系统对负载干扰有较强的抗扰能力。

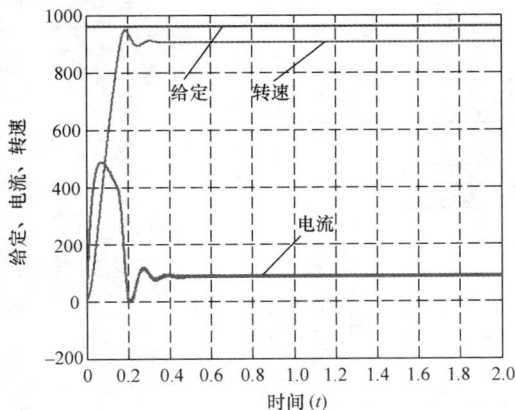

图 3-25　放大倍数 K_P 为 10 时调速系统的电流和转速曲线

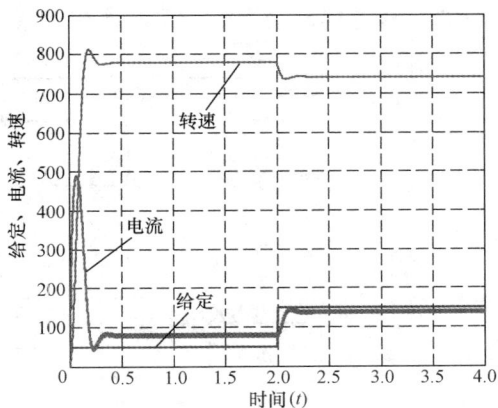

图 3-26　负载变化时有差调速系统的给定负载、电流和转速曲线

3.2.2　单闭环无静差转速负反馈调速系统的工程计算和仿真

单闭环无静差转速负反馈调速系统的电气原理结构图如图 3-27 所示。该系统由给定环节、转速调节器、同步脉冲触发器、晶闸管整流桥、平波电抗器、直流电动机、转速反馈环节、限流环节等部分组成。建模时暂不考虑限流环节。

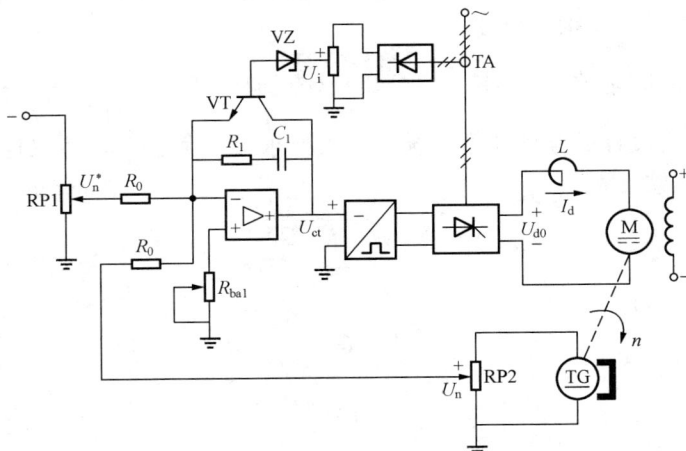

图 3-27　单闭环无静差转速负反馈调速系统电气原理结构图

一、系统的工程计算

（一）转速反馈系数

$$\alpha = \frac{30}{\pi} \frac{U_n}{n_N} = 9.55 \times \frac{85}{1360} = 0.6(\text{V} \cdot \text{min/r})$$

119

（二）确定时间常数

（1）整流装置滞后时间常数 T_s。三相桥式整流电路的平均失控时间 $T_s = 0.0017s$；转速环滤波时间常数 $T_{on} = 0.01s$。

（2）转速环小时间常数 $T_{\Sigma n}$，按小时间常数近似处理，取 $T_{\Sigma n} = T_{on} + T_s = 0.0117s$。

（三）转速环的动态结构图及其化简（见图 3-28）

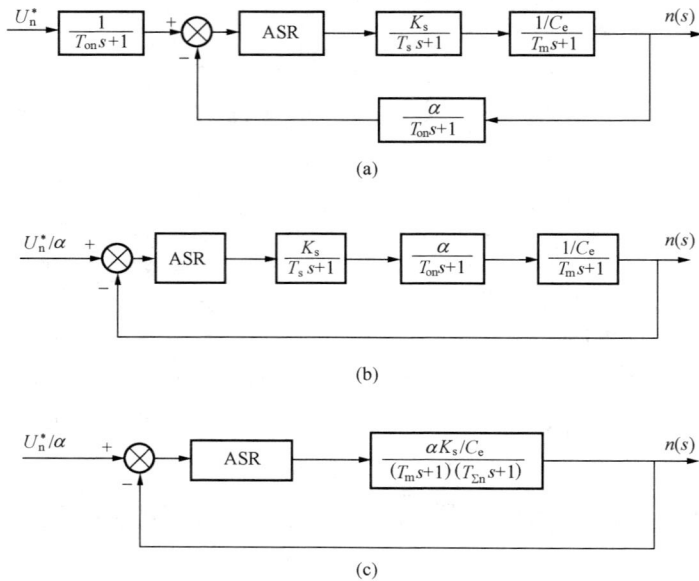

(a)

(b)

(c)

图 3-28 转速环动态结构图的化简过程
（a）转速环动态结构图；（b）转速环单位反馈化简；（c）转速环的化简结果

（四）转速调节器（ASR）的设计

（1）由于机电时间常数 T_m 比较大，所以可作近似处理，使 $\dfrac{1}{T_m s + 1} \approx \dfrac{1}{T_m s}$。

（2）转速环通常设计成典型 II 型系统，因为要求转速无静差，所以速度调节器选择 PI 调节器。其传递函数为

$$W_{ASR}(s) = K_n \frac{\tau_n s + 1}{\tau_n s}$$

由动态结构图可得

$$K_n \frac{\tau_n s + 1}{\tau_n s} \frac{\alpha K_s / C_e}{T_m s(T_{\Sigma n} s + 1)} = \frac{K(\tau s + 1)}{s^2 (T s + 1)}$$

$$T = T_{\Sigma n} = 0.0117s, \quad \tau = \tau_n = hT_{\Sigma n} = 5 \times 0.0117 = 0.0585(s)$$

由 $\dfrac{K_n \alpha K_s}{C_e \tau_n T_m} = K$ 得 $K_n = \dfrac{KC_e \tau_n T_m}{\alpha K_s}$，而

$$T_m = \frac{GD^2 R}{375 C_e C_m} = \frac{2.5 \times GD_a^2 \times 9.8 \times 2R_a}{375 \times 0.179 \times 9.55 \times 0.179} = \frac{9.8 \times 1.2}{114.7} = 0.1(s)$$

$$K = \frac{h+1}{2h^2 T_{\Sigma n}^2} = \frac{5+1}{2 \times 5^2 \times 0.0117^2} = 876.62$$

（3）化简得

$$K_n = \frac{KC_e\tau_n T_m}{\alpha K_s} = \frac{876.62 \times 0.179 \times 0.058\,5 \times 0.1}{0.6 \times 4.7} = 0.33$$

其中，晶闸管装置的放大系数 $K_s = 4.7$，由前面实验测定。

二、单闭环无静差转速负反馈调速系统的建模与仿真

（一）系统的建模和模型参数设置

图 3-29 所示为无静差速度负反馈调速系统的仿真模型。

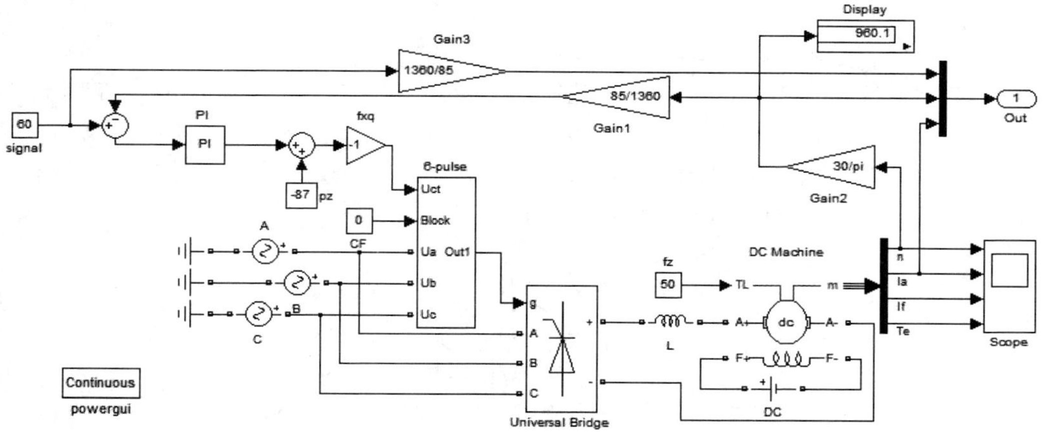

图 3-29 无静差速度负反馈调速系统的仿真模型

（二）系统的仿真参数设置

仿真中所选择的算法为 ode23t；仿真 Start time 设为 0，Stop time 设为 2.5，其他与上一系统相同。

（三）系统的仿真结果

当建模和参数设置完后，即可开始进行仿真。图 3-30 所示为单闭环无静差转速负反馈调速系统的给定、电流和转速曲线。观察无静差系统的仿真结果，可以看出结果还是能够满足要求的。电流开始比较大，不过随着转速的增加，电流在逐渐减小，转速经 PI 调节器调节，在 1 个周期之后基本实现了无静差。

（四）系统仿真结果分析

下面考察单闭环无静差转速负反馈调速系统中负载变化对速度的影响，图 3-31 是当其他参数不变，负载在 2s 时刻从 50N·m 变化到 150N·m 时调速系统的给定、电流和转速曲线。由图可见，负载增加了 2 倍，而速度稳态时无差，说明系统对负载干扰有较强的抗扰能力。

3.2.3 带电流截止环节的转速负反馈调速系统的工程计算和仿真

带电流截止负反馈环节的转速闭环调速系统电气原理结构图如图 3-32 所示。

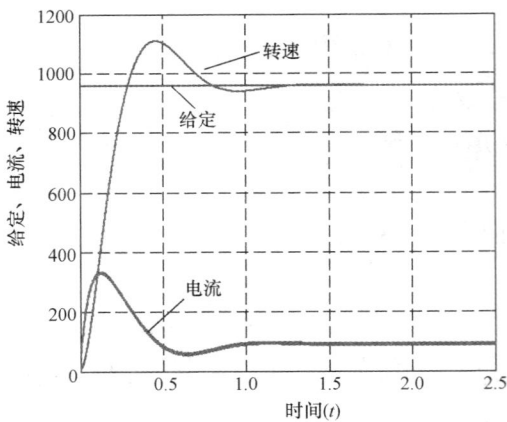

图 3-30 单闭环无静差转速负反馈调速系统的
　　　　给定、电流和转速曲线

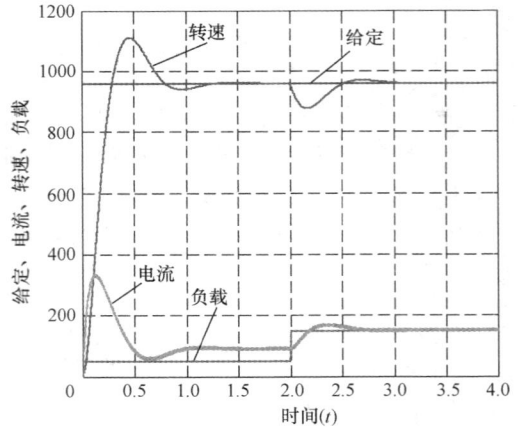

图 3-31 负载变化时无差调速系统的给定、
　　　　电流、转速和负载曲线

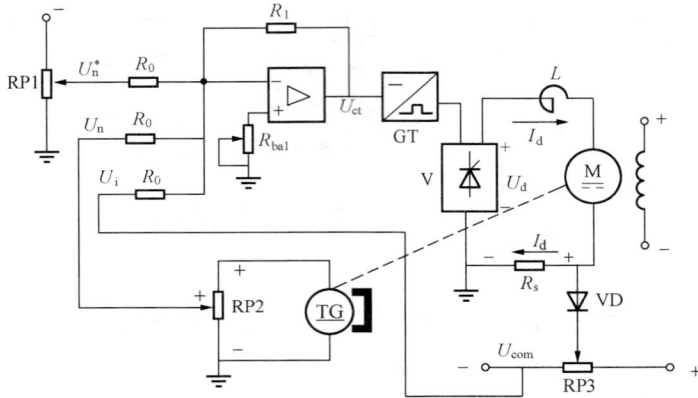

图 3-32 带电流截止负反馈环节的转速闭环调速系统原理结构图

该系统由给定环节、转速调节器、同步脉冲触发器、晶闸管整流桥、平波电抗器、直流电动机、转速反馈环节、限流环节等部分组成。

一、 系统的工程计算

电流反馈系数

$$\beta = 10/1.5I_{dN} = 10/(1.5 \times 44.5) = 0.15(V/A)$$

二、 带电流截止环节的转速负反馈调速系统的建模与仿真

(一) 系统的建模和模型参数设置

图 3-33 所示为带电流截止负反馈环节的转速闭环调速系统的仿真模型。

比较图 3-29 和图 3-33 可以看出，两个系统的主电路完全一样；在控制电路中，后者比前者多了图 3-34 这样一个电流截止反馈环节。

图 3-34 中 Switch 为一个选择开关元件，在 MATLAB 环境下双击这个元件，可以看到一个可设参数的窗口。假设这个参数在这里称为设定值，那么当这个开关元件的输入口 2 所输入的值大于等于设定值时，元件输出"输入口 1"的输入量，否则输出"输入口 3"的输

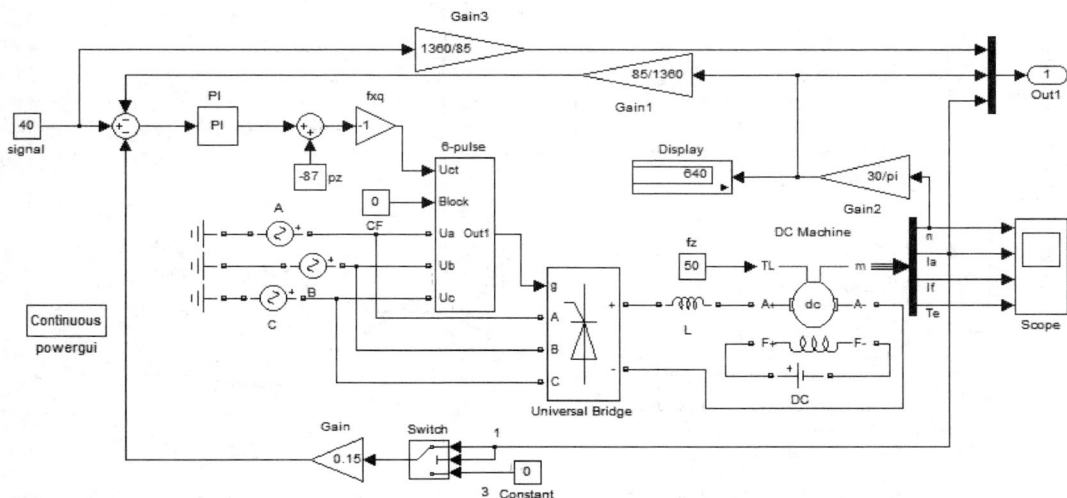

图 3-33　带电流截止负反馈环节的转速负反馈调速系统仿真模型

入量。

这样，不难得到：当电流小于设定值时，电流截止环节不起作用；而当电流大于这个设定值时，电流截止环节立刻进入工作状态，参与对系统的调

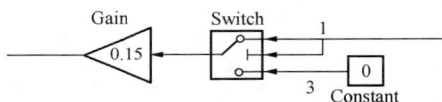

图 3-34　电流截止反馈环节

节。此处设定值是 150，当设置不同值时，图 3-35 中截止电流的值也不一样。系统中其他参数设置情况为：给定设为 40rad/s；开关元件的设定值为 150，其他参数的设置与无差系统相同。

（二）系统的仿真参数设置

仿真中所选择的算法为 ode23t；仿真 Start time 设为 0，Stop time 设为 2，其他与上一系统相同。

（三）系统的仿真结果

当建模和参数设置完成后，即可开始进行仿真。图 3-35 是带电流截止负反馈的无静差转速负反馈调速系统的给定、电流和速度曲线。由图可以看出：起动时，电枢电流被限制在了 150。当系统电流值小于 150 时，电流截止环节不参与调节，这时的系统就是一个转速负反馈系统了，这个阶段在图 3-35 中也可看出。

（四）系统仿真结果分析

图 3-36 是其他参数不变，而改变电流截止负反馈环节的截止电流设定值的工作情况，当截止电流设定值从 150A 变化到 200A 时调速系统的给定、电流和转速曲线。由图可见，起动电流的最大值由图 3-35 的 150A 增大到了图 3-36 的 200A。

3.2.4　电压负反馈调速系统的工程计算和仿真

电压负反馈调速系统的电气原理结构图如图 3-37 所示。

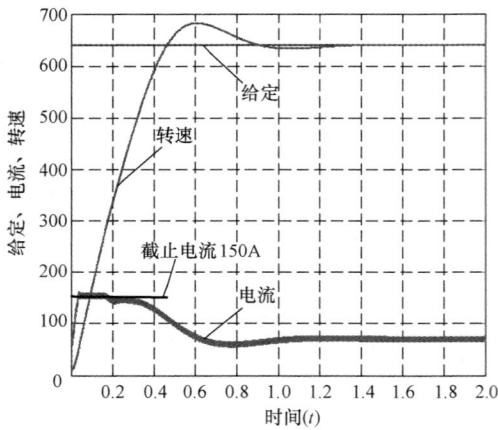

图 3-35 带电流截止负反馈环节的调速系统给定、电流和转速曲线

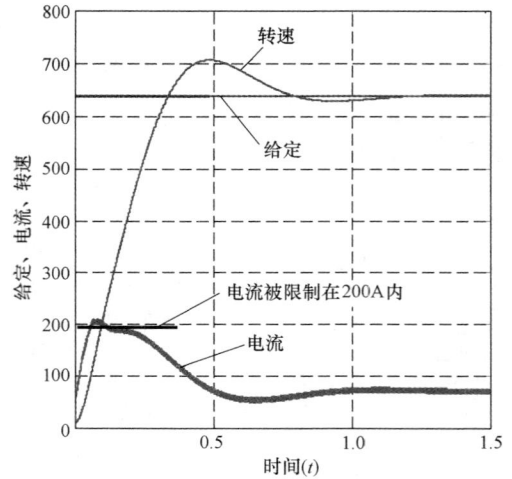

图 3-36 增大电流截止环节设定值时调速系统的给定、电流和转速曲线

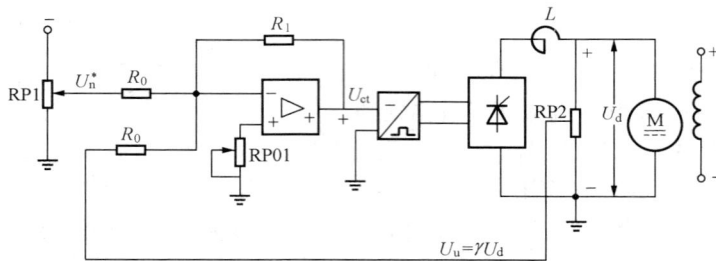

图 3-37 电压负反馈调速系统电气原理结构图

该系统由给定环节、电压调节器、同步脉冲触发器、晶闸管整流桥、平波电抗器、直流电动机、电压反馈环节等部分组成。

一、系统的工程计算

（1）电压反馈系数，$\gamma = 85/U_{dN} = 85/270 = 0.315$。

（2）确定时间常数。

1）整流装置滞后时间常数 T_s，三相桥式全控整流器取 $T_s = 0.0017s$；

2）电压滤波时间常数 T_{ov}，取 $T_{ov} = 0.001s$；

3）电压环小时间常数 $T_{\Sigma v}$，按小时间常数近似处理，取 $T_{\Sigma v} = T_{ov} + T_s = 0.0027s$。

（3）电压环的动态结构图及其化简图，如图 3-38 所示。在图 3-38（a）的化简过程中，图 3-38（b）中的 $T_{\Sigma v} = T_{ov} + T_s$。其中 $U_d(s)/U_{d0(s)} = \dfrac{R_a(T_{ea}s+1)}{R(T_e s+1)}$，$T_{ea} = \dfrac{L_\Sigma}{R_a}$，$R = R_n + R_a$，$T_e = \dfrac{L_\Sigma}{R}$，$L_\Sigma = L_p + L_a$，外接电感 $L_p = 0.005H$。

（4）电压调节器（AVR）的类型选择。电压环可设计成典型Ⅱ型，为此作近似处理，使 $\dfrac{1}{T_1 s + 1} \approx \dfrac{1}{T_1 s}$。则电压调节器选定为积分调节器，传递函数为

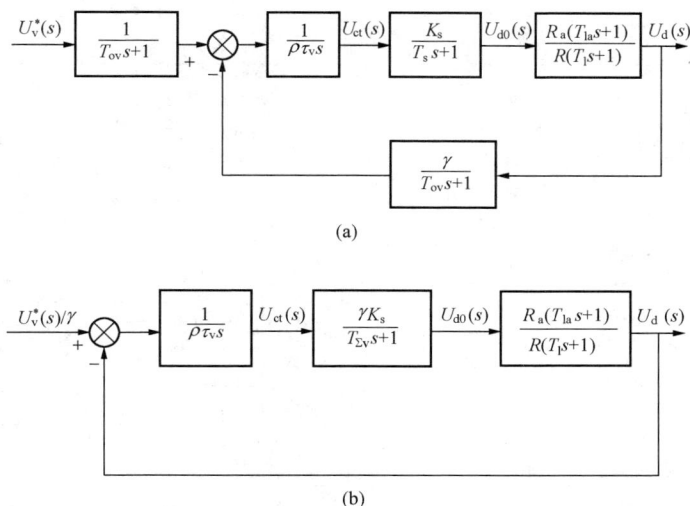

(a)

(b)

图 3 - 38 电压环动态结构的化简过程图

(a) 电压环动态结构图;(b) 电压环的单位反馈化简

$$W_{AVR}(s) = \frac{1}{\rho \tau_v s}$$

式中:ρ 为调整时间常数的分压比;τ_v 为积分时间常数。

(5) 电压调节器(AVR)的参数计算。由动态结构图可得

$$\frac{1}{\rho \tau_v s} \frac{\gamma K_s}{T_{\Sigma v} s + 1} \frac{R_a(T_{la} s + 1)}{R T_1 s} = \frac{\gamma K_s R_a(T_{la} s + 1)}{\rho \tau_v R T_1 s^2 (T_{\Sigma v} s + 1)} = \frac{K(\tau s + 1)}{s^2(T s + 1)}$$

比较最后等式两边的系数,可得 $K = \dfrac{\gamma K_s R_a}{\rho \tau_v R T_1}$。

已知 $T = T_{\Sigma v}$,$T_{la} = \tau$,$K_s = 4.7$,$R_a = 0.6\Omega$,$R \approx 2R_a = 2 \times 0.6 = 1.2(\Omega)$,计算得

$$T_1 = \frac{L_\Sigma}{R} = \frac{L_p + L_a}{2R_a} = \frac{0.005 + 0.012}{1.2} = 0.014(s)$$

$$K = \frac{h+1}{2h^2 T_{\Sigma v}^2} = \frac{5+1}{2 \times 5^2 \times 0.0027^2} = 16\,461$$

取 $\rho = 0.1$,求得

$$\tau_v = \frac{\gamma K_s R_a}{K\rho T_1 R} = \frac{0.315 \times 4.7 \times 0.6}{16\,461 \times 0.1 \times 0.014 \times 1.2} = 0.032(s)$$

二、 电压负反馈调速系统的建模与仿真

(一) 系统的建模和模型参数设置

图 3 - 39 所示为电压负反馈调速系统的仿真模型。

比较图 3 - 39 和图 3 - 29 可看出,前者主电路与无静差调速系统一样,控制电路的差别主要是反馈信号取法不一样。电压反馈是从电动机的两端取出电压后,经过一定的处理,进入积分(I)调节器中的。

系统中积分 I 调节器的参数 $K_v = \dfrac{1}{\rho \tau_v} = \dfrac{1}{0.1 \times 0.032} = 313$;电压反馈系数为计算值 0.315;其他参数则和无差系统的参数完全一样。

(二) 系统的仿真参数设置

仿真中所选择的算法为 ode23t;仿真 Start time 设为 0,Stop time 设为 2,其他与上一系统相同。

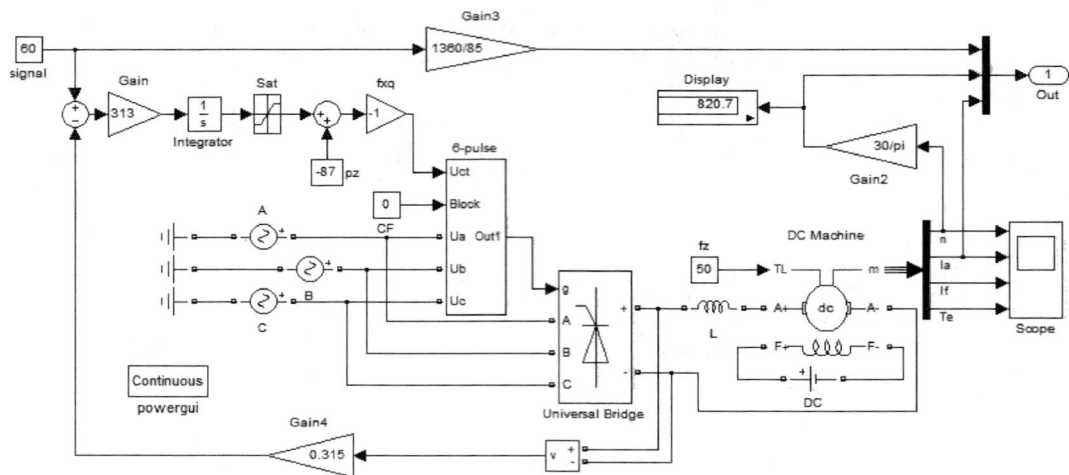

图 3-39　电压负反馈调速系统的仿真模型

（三）系统的仿真结果

当建模和参数设置完成后，即可开始进行仿真。图 3-40 所示为电压负反馈调速系统的给定、电流和转速曲线。从图 3-40 可以看出，即使电压调节器采用了积分调节器，但速度是有差的。

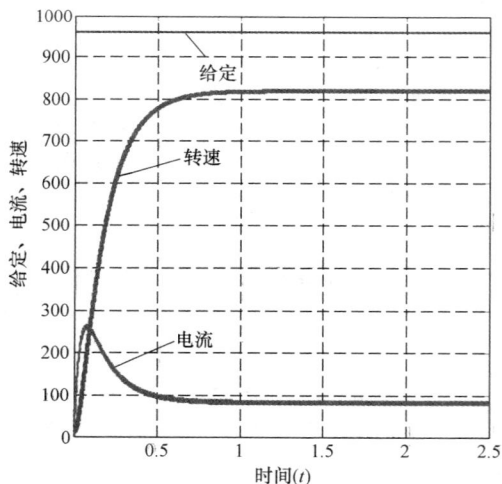

图 3-40　电压负反馈调速系统给定、
电流和转速曲线（Gain＝313）

（四）系统仿真结果分析

电压负反馈调速系统实质上是一个恒压调节系统，通过电压负反馈调节使电压基本恒定，间接使速度恒定。

根据电压负反馈调速系统的机械特性方程

$$n = \frac{K_p K_s U_n^*}{C_e(1+K)} - \frac{R_n I_d}{C_e(1+K)} - \frac{R_a I_d}{C_e}$$ 可知，由于电枢电阻没有被电压负反馈环包围，所以当电压调节器采用积分控制时，它只能使电压无差，但不能做到速度无差。图 3-40 所示的仿真实验结果验证了这一结论。

图 3-41 为减小或增大图 3-39 中 Gain 模块值大小时，电压负反馈调速系统的给定、电流和转速曲线。由图可见，改变电压调节器的积分常数只影响电流、速度的过渡过程，而稳态速度是有差的。仿真实验证明，改变电压反馈系数可以减小速度稳态误差。试探得到电压反馈系数为 0.28 时，速度稳态误差较小。

3.2.5　转速电流双闭环调速系统的工程计算和仿真

转速电流双闭环直流调速系统的电气原理结构图如图 3-42 所示。

126

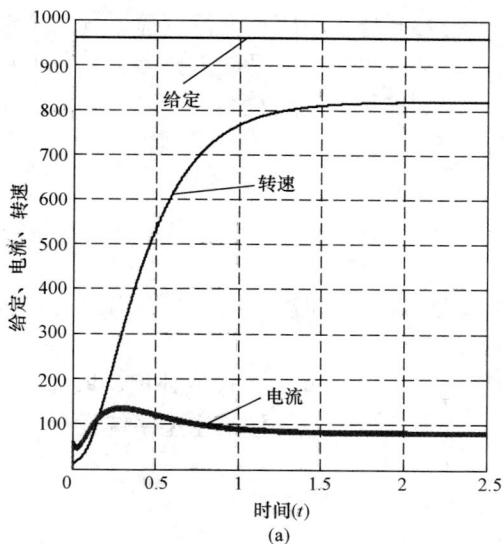

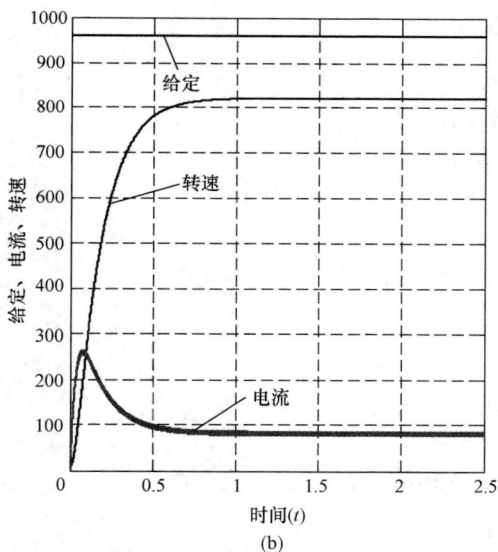

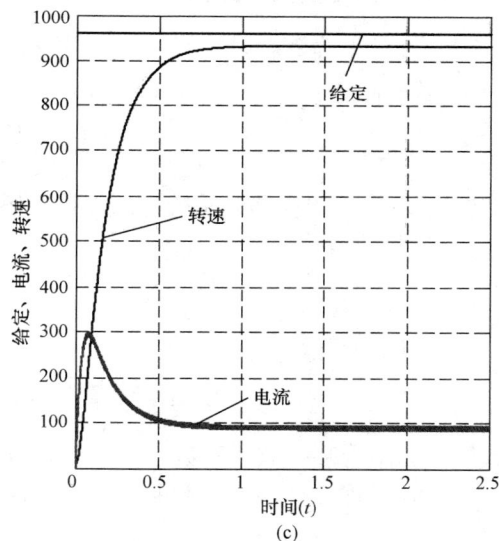

图 3-41 电压调节器参数或电压反馈系数变化时电压负反馈调速系统的给定、电流和转速曲线

(a) Gain=2；(b) Gain=1000；(c) Gain=313，反馈系数 0.28

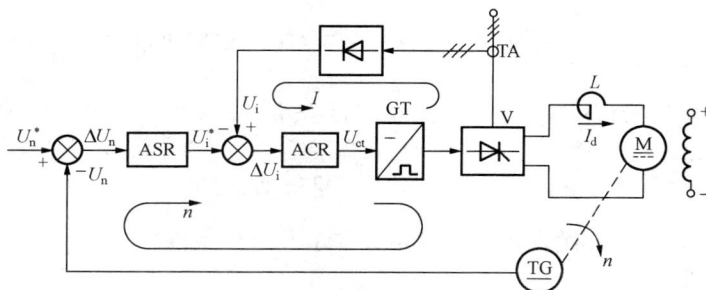

图 3-42 转速电流双闭环直流调速系统电气原理结构图

转速电流双闭环调速系统与开环、单闭环直流调速系统的主电路是一样的，仍然是由交流电源、同步脉冲触发器、晶闸管整流桥、平波电抗器、直流电动机等部分组成；差别反映在控制电路上，多环调速系统的控制电路更复杂。

一、系统的工程计算

（一）电流环设计

（1）电流反馈系数：$\beta \approx 10/1.5 I_{dN} = 10/(1.5 \times 44.5) = 0.15(\text{V/A})$。

（2）确定时间常数。

1）整流装置滞后时间常数 T_s，三相桥式电路的平均失控时间 $T_s = 0.001\,7\text{s}$。

2）电流滤波时间常数 $T_{oi} = 0.002\text{s}$。

3）电流环小时间常数 $T_{\Sigma i}$，按小时间常数近似处理，取 $T_{\Sigma i} = T_{oi} + T_s = 0.003\,7\text{s}$。

（3）系统中没有特殊要求，所以电流环按典 I 型系统设计。

（4）机电时间常数 $T_m = 0.1\text{s}$。

（5）电流调节器 ACR 的选择及参数计算。

1）ACR 选用 PI 调节器，其传递函数为

$$W_{ACR}(s) = K_i \frac{\tau_i s + 1}{\tau_i s}$$

2）时间常数

$$\tau_i = T_l = \frac{L_\Sigma}{R} = \frac{L_p + L_a}{2R_a} = \frac{0.009 + 0.012}{1.2} = 0.017\,5(\text{s})$$

式中：L_p 为双闭环调速系统中的外接电感，数值设置见建模章节的说明。

3）开环增益

$$K_I = \frac{0.5}{T_{\Sigma i}} = \frac{0.5}{0.003\,7} = 135.1(\text{s}^{-1})$$

4）比例系数

$$K_i = K_I \frac{\tau_i R}{\beta K_s} = 135.1 \times \frac{0.017\,5 \times 1.2}{0.15 \times 4.7} = 4$$

式中：晶闸管装置放大系数 $K_s = 4.7$ 由前面仿真实验得到。

（6）工程计算时，一般要进行近似条件校验。电流环截止频率 $\omega_{ci} = K_I = 135.1(\text{s}^{-1})$

1）校验整流器传递函数的近似条件是否满足 $\omega_{ci} \leqslant \frac{1}{3T_s}$。因为 $\frac{1}{3T_s} = \frac{1}{3 \times 0.001\,7} = 196.1(\text{s}^{-1}) > \omega_{ci}$，所以满足近似条件。

2）校验忽略反电动势对电流环影响的近似条件是否满足 $\omega_{ci} \geqslant 3\sqrt{\frac{1}{T_m T_l}}$。因为 $3\sqrt{\frac{1}{T_m T_l}} = 3\sqrt{\frac{1}{0.1 \times 0.017\,5}} = 72(\text{s}^{-1}) < \omega_{ci}$，所以满足近似条件。

3）校验小时间常数的近似处理是否满足条件 $\omega_{ci} \leqslant \frac{1}{3}\sqrt{\frac{1}{T_s T_{oi}}}$。因为 $\frac{1}{3}\sqrt{\frac{1}{T_s T_{oi}}} = \frac{1}{3}\sqrt{\frac{1}{0.001\,7 \times 0.002}} = 180.8(\text{s}^{-1}) > \omega_{ci}$，所以满足近似条件。

按照上述参数，电流环满足动态设计指标要求和近似条件。

（二）转速环设计

（1）转速的反馈系数 $\alpha = (30/\pi) \times 85/n_N = 812/1360 = 0.6[(\text{V} \cdot \text{min})/\text{r}]$。

（2）确定时间常数。

1）电流环的等效时间常数为 $2T_{\Sigma i}=0.007\ 4$s。

2）转速滤波时间常数 T_{on} 取 0.01s。

3）转速环小时间常数 $T_{\Sigma n}$ 按小时间常数近似处理：$T_{\Sigma n}=2T_{\Sigma i}+T_{on}=0.017\ 4$s 。

（3）根据动态设计要求，转速环按典 Ⅱ 型设计。

（4）转速调节器 ASR 的类型选择及参数计算。

1）ASR 选 PI 型调节器，其传递函数为

$$W_{ASR}(s)=K_n\frac{\tau_n s+1}{\tau_n s}$$

2）时间常数

$$\tau_n=hT_{\Sigma n}=5\times0.017\ 4=0.087(s)$$

3）开环增益

$$K_N=\frac{h+1}{2h^2 T_{\Sigma n}^2}=396.4$$

4）比例系数

$$K_n=\frac{(h+1)\beta C_e T_m}{2h\alpha R T_{\Sigma n}}=\frac{6\times0.15\times0.179\times0.1}{10\times0.6\times1.2\times0.017\ 4}=0.13$$

$$T_m=\frac{GD^2 R}{375 C_e C_m}=\frac{2.5\times0.4\times9.8\times1.2}{375\times0.179\times9.55\times0.179}=0.1,\ C_m=\frac{30}{\pi}C_e$$

（5）近似条件校验。转速环截止频率

$$\omega_{cn}=\frac{K_N}{\omega_1}=K_N\tau_n=396.4\times0.087=34.49(s^{-1})$$

1）校验电流环传递函数简化条件是否满足 $\omega_{cn}\leqslant\dfrac{1}{5T_{\Sigma i}}$。因为 $\dfrac{1}{5T_{\Sigma i}}=\dfrac{1}{5\times0.003\ 7}=54.1$ $(s^{-1})>\omega_{cn}$，所以满足简化条件。

2）校验小时间常数近似处理是否满足 $\omega_{cn}\leqslant\dfrac{1}{3}\sqrt{\dfrac{1}{2T_{on}T_{\Sigma i}}}$。因 $\dfrac{1}{3}\sqrt{\dfrac{1}{2T_{on}T_{\Sigma i}}}=$ $\dfrac{1}{3}\sqrt{\dfrac{1}{2\times0.01\times0.003\ 7}}=38.75(s^{-1})>\omega_{cn}$，满足近似条件。

二、 转速电流双闭环调速系统的建模与仿真

（一）系统的建模和模型参数设置

图 3 - 43 所示为转速电流双闭环调速系统的仿真模型。

1. 主电路的建模和参数设置

转速电流双闭环系统主电路的建模和模型参数设置与单闭环直流调速系统绝大部分相同，只是通过仿真实验的探索，将平波电抗器的电感值修改为 9e - 3H。下面介绍控制电路的建模与参数设置过程。

2. 控制电路的建模和参数设置

转速电流双闭环系统的控制电路包括给定环节、转速调节器 ASR、电流调节器 ACR、偏置电路、反向器、电流反馈环节、转速反馈环节等。偏置电路偏置值修改为－217，其他参数与前面相同。

给定环节的参数设置为 130rad/s（读者可自行探索给定信号的允许变化范围）；电流反

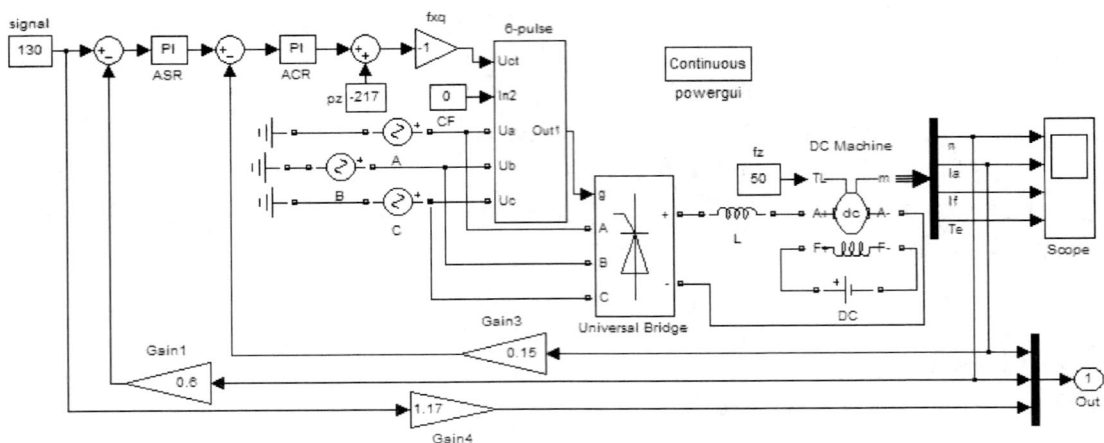

图 3-43　转速电流双闭环调速系统仿真模型

馈系数设为 0.15；速度反馈系数设为 0.6。

双闭环调速系统有两个 PI 调节器，即 ACR 和 ASR。这两个调节器的参数设置分别是：①ACR，$K_{pi}=4$，$K_{ii}=4/0.017\ 5=228.6$，上下限幅值为 [130，-130]；②ASR，$K_{pn}=0.13$、$K_{in}=0.13/0.087=1.5$，上下限幅值为 [25，-25]。其他未作说明的为系统默认参数。

上述参数都是根据前面工程计算得来的。

（二）系统的仿真参数设置

仿真中所选择的算法为 ode23s；仿真 Start time 设为 0，Stop time 设为 3.5。

（三）系统的仿真结果

当建模和参数设置完成后，即可开始进行仿真。图 3-44 所示为转速电流双闭环调速系统的给定、电流和转速曲线。

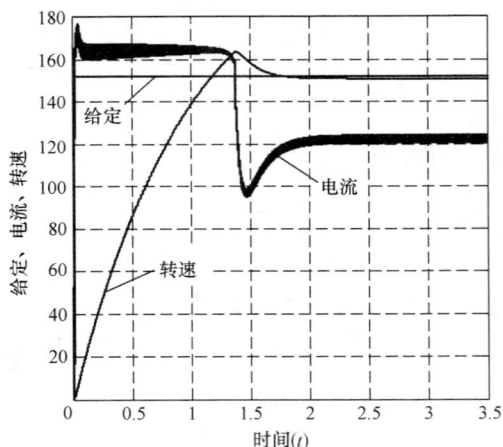

图 3-44　转速电流双闭环调速系统的
给定、电流和转速曲线

（四）系统仿真结果分析

从图 3-44 所示仿真结果可以看出，非常接近于理论分析的波形。在起动过程的第一阶段是电流上升阶段。突加给定电压，ASR 的输入很大，其输出很快达到限幅值，电流也很快上升，接近其最大值。第二阶段，ASR 饱和，转速环相当于开环状态，系统表现为恒值电流给定作用下的电流调节系统，电流基本上保持不变，拖动系统恒加速，转速近似线性增长。第三阶段，当转速达到给定值后。转速调节器的给定与反馈电压平衡，输入偏差为零，但是由于积分的作用，其输出还很大，所以出现超调。转速超调之后，ASR 输入端出现负偏差电压，使其退出饱和状态，进入线性调节阶段，使转速保持恒定。实际仿真结果基本上反映了这一点。

3.3 多环直流调速系统的仿真实验

在 3.1～3.2 节中，首先进行了开环系统和典型的单闭环、双闭环直流调速系统的工程计算，以获取仿真用的参数，计算中用到的知识正是前面直流调速系统理论分析时的有关内容，从而有助于对所学知识的理解；其次采用面向电气原理结构图的仿真方法，对系统进行了建模与仿真分析。在开环系统中重点讨论了系统的调速范围；在单闭环有静差调速系统中讨论了调节器放大倍数对速度偏差的影响；在单闭环无静差调速系统中讨论了系统对负载扰动的抑制作用；而在电压负反馈调速系统中，则证明了电压调节器即使采用积分控制器，它也只能做到电压无差，但不能做到速度无差。工程计算指导了仿真实验，可避免仿真时参数选取的盲目性；仿真实验也验证了理论的有效性。

但是，前面调速系统的工程计算都是建立在系统的数学模型——传递函数上的，而系统传递函数的获取则是做了一定的近似，因此，工程计算获取的参数不一定是优化的参数。为此，下面采用试探法进行参数优化，对转速电流双闭环系统、转速微分负反馈双闭环系统、带电流变化率内环、带电压内环的三环直流调速系统以及各种类型的可逆直流调速系统进行建模和仿真。

用试探法进行参数优化的具体方法是：

(1) 对固有环节（如晶闸管整流桥、平波电抗器、直流电动机等装置）的参数设置原则是：如果针对某个具体的装置进行参数设置，则对话框中的有关参数应取该装置的实际值；如果是不针对某个具体装置的一般情况，可先取这些装置的参数默认值进行仿真，若仿真结果理想，则认可这些设置的参数；若仿真结果不理想，则通过仿真实验，不断进行参数优化，最后确定其参数；

(2) 给定信号的变化范围、调节器的参数和反馈检测环节的反馈系数（闭环系统中使用）等可调参数的设置，其一般方法是通过仿真实验，不断进行参数优化。具体方法是分别设置这些参数的一个较大和较小值进行仿真，弄清它们对系统性能影响的趋势，据此逐步将参数进行优化。

3.3.1 转速电流双闭环直流调速系统的建模与仿真

基于试探法的转速电流双闭环直流调速系统的仿真模型如图 3-45 所示。

（一）系统的建模和模型参数设置

1. 主电路的建模和参数设置

转速电流双闭环系统主电路的建模和模型参数设置与单闭环直流调速系统绝大部分相同，通过仿真实验的探索，将平波电抗器的电感值修改为 9e-3H。

2. 控制电路的建模和参数设置

转速电流双闭环系统的控制电路包括给定环节、转速调节器 ASR、电流调节器 ACR、限幅器、偏置电路、反向器、电流反馈环节、速度反馈环节等。

通过对"给定信号" U_{signal} 参数变化范围仿真实验的探索而知，U_{ct} 与输出电压是单调下

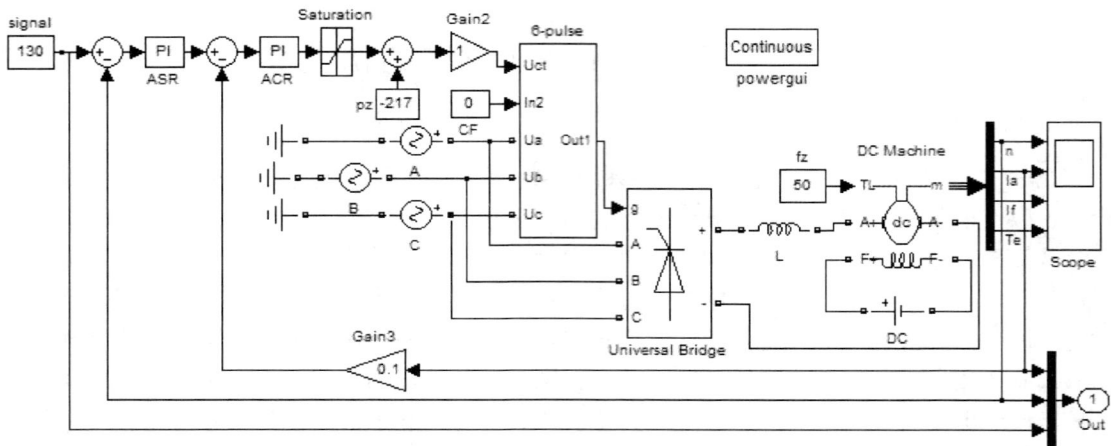

图 3-45　转速电流双闭环直流调速系统的仿真模型

降的函数关系。为此，在系统中通过限幅器、偏置、反向器等模块的应用，将调节器的输出限制在同步脉冲触发器能够正常工作的范围之内，并且 U_{signal} 与速度呈单调上升的函数关系，符合人们的习惯。

　　本给定环节的参数设置为130rad/s（读者可自行探索给定信号的允许变化范围）；电流反馈系数设为0.1；速度反馈系数设为1。

　　双闭环系统有两个 PI 调节器，即 ACR 和 ASR。这两个调节器的参数设置分别是：

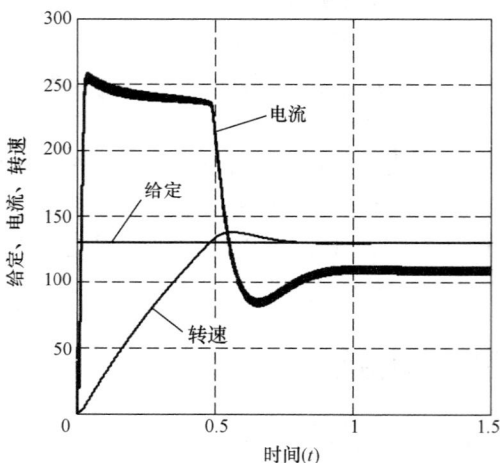

图 3-46　转速电流双闭环调速系统的
给定、电流和转速曲线

①ACR，$K_{pi}=10$、$K_{ii}=100$、上下限幅值为 [130，−130]；②ASR，$K_{pn}=1.2$、$K_{in}=10$；上下限幅值为 [25，−25]；③电流调节器后面的限幅器限幅值为 [97，0]。其他未作说明的为系统默认参数。

（二）系统的仿真参数设置

通过对仿真算法的比较实践，本系统选择的仿真算法为 ode23s；仿真 Start time 设为 0，Stop time 设为 1.5，其他与上一节的系统相同。

（三）系统的仿真、仿真结果的输出及结果分析

当建模和参数设置完成后，即可开始进行仿真。图 3-46 所示为转速电流双闭环调速系统的给定、电流和转速曲线。

3.3.2　带转速微分负反馈的双闭环调速系统的建模与仿真

　　双闭环调速系统的不足是有转速超调。实践证明，在转速调节器上引入转速微分负反馈，可以抑制转速超调。带转速微分负反馈的转速调节器和普通转速调节器相比，就是在转速负反馈的基础上叠加上一个转速微分负反馈信号。在转速变化过程中，只要有转速超调的

趋势，微分负反馈就开始进行调节，它能比普通双闭环系统更快达到平衡。

图 3-47 所示为采用面向电气原理结构图方法构作的带转速微分负反馈的双闭环系统仿真模型，与普通的双闭环调速系统相比，只是增加了图 3-48 所示的转速微分负反馈环节，其他的系统结构和参数和普通的双闭环调速系统完全一样。

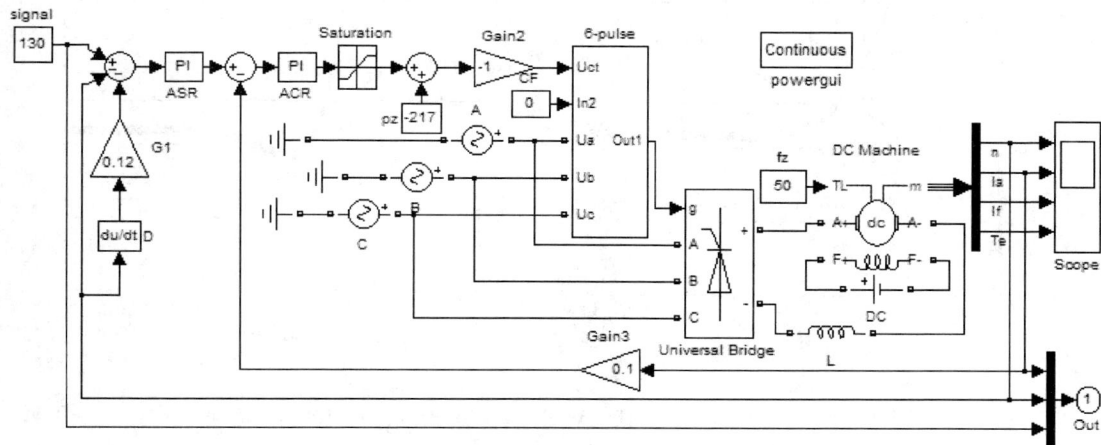

图 3-47　带转速微分负反馈的双闭环调速系统仿真模型

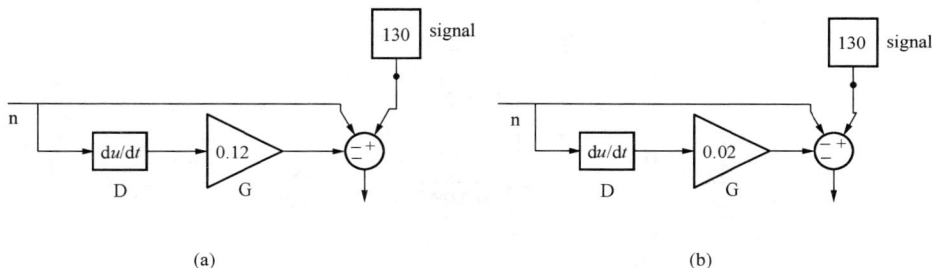

(a)　　　　　　　　　　　　　(b)

图 3-48　转速微分负反馈环节
（a）反馈系数 $G=0.12$；（b）反馈系数 $G=0.02$

图 3-49 所示为带转速微分负反馈的双闭环系统的给定、电流和转速曲线。

图 3-49 的仿真参数和普通的双闭环调速系统完全一样，而从仿真结果可以看出，在转速调节器上引入转速微分负反馈，可以抑制转速超调。当转速微分负反馈系数较大时，无速度超调；当转速微分负反馈系数较小时，有速度超调，充分说明了微分负反馈的作用。

3.3.3　晶闸管三闭环直流调速系统的建模与仿真

一、带电流变化率内环的三环调速系统的建模与仿真

在双闭环调速系统中，为了提高系统的快速性，在电动机起动的初期和后期，希望电流能快速地上升或下降。为此在电流环内再设置一个电流变化率环，通过电流变化率环的调节，使电流变化率不致过高同时又能保持允许的最大变化率，使整个电流波形更接近理想的动态波形。这样就构成了转速、电流、电流变化率三环调速系统，如图 3-50 所示。图中 ADR 是电流变化率调节器。

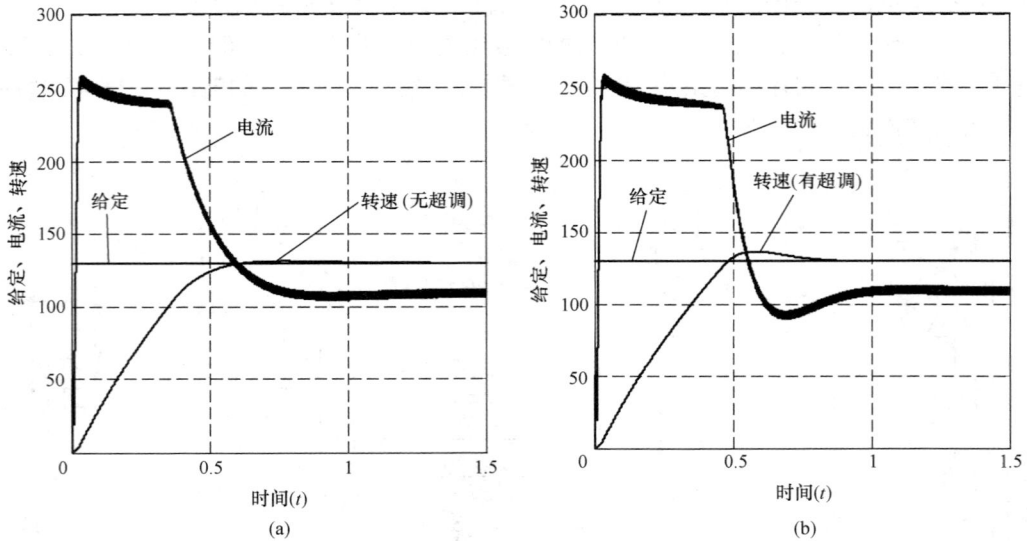

图 3-49 带转速微分负反馈的双闭环系统的给定、电流和转速曲线

(a) 反馈系数 $G=0.12$ 无超调；(b) 反馈系数 $G=0.02$ 有超调

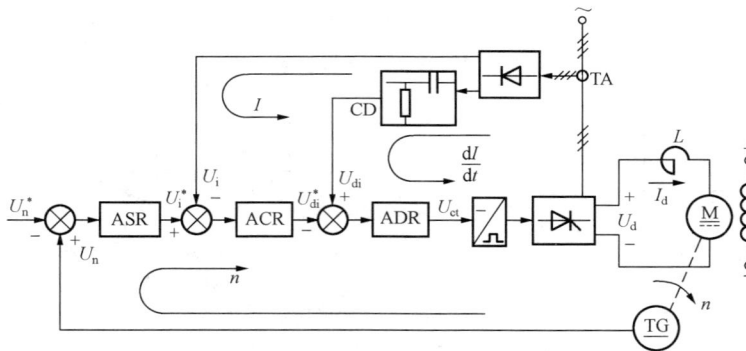

图 3-50 带电流变化率内环的三环调速系统电气原理结构图

图 3-50 系统中，ASR 的输出仍是 ACR 的给定电流信号，其限幅值控制最大电流；但 ACR 的输出不直接控制触发电路，而是作为电流变化率调节器 ADR 的电流变化率给定信号。由 ADR 的输出去控制触发电路，其最大输出限幅值决定触发脉冲的最小控制角 $\alpha_{\min}$。ADR 的负反馈信号也是来自电流检测器，并通过微分环节 CD 得到。同理，ACR 的输出限幅值控制最大的电流变化率。

（一）系统的建模和模型参数设置

图 3-51 所示为采用面向电气原理结构图方法构作的带电流变化率内环的三环调速系统仿真模型。

1. 主电路的建模和参数设置

带电流变化率内环的三环调速系统和双闭环直流调速系统的主电路模型是相同的，主电路仍然由交流电源、同步脉冲触发器、晶闸管整流桥、平波电抗器、直流电动机等组成。同

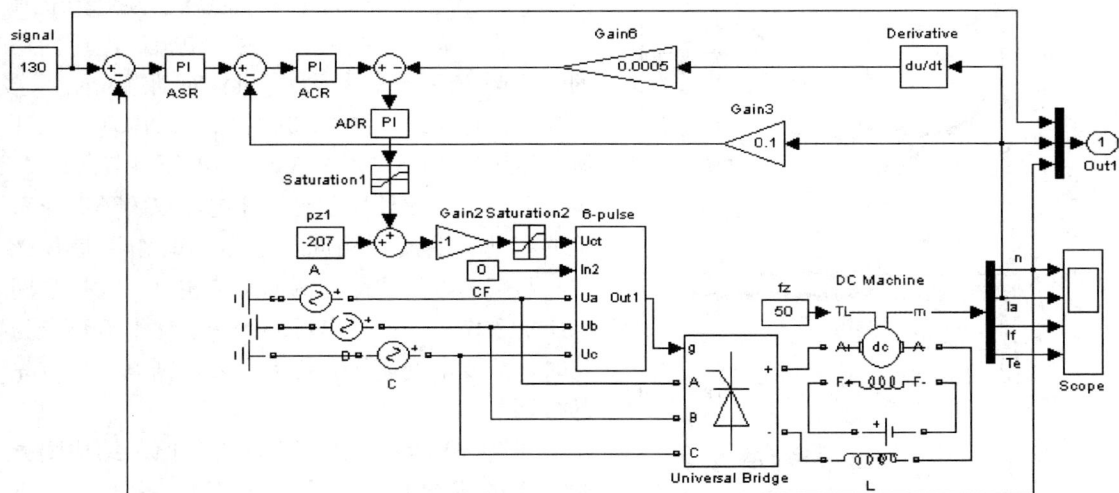

图 3-51　带电流变化率内环的三环调速系统的仿真模型

样通过仿真实验优化将平波电抗器的电感值修改为 9e-3H。下面介绍控制电路部分的建模与参数设置过程。

2. 控制电路的建模和参数设置

带电流变化率内环的三环调速系统的控制电路包括：给定环节、转速调节器 ASR、电流调节器 ACR、电流变化率调节器 ADR、限幅器、偏置电路、反向器、电流反馈环节、电流变化率反馈环节、速度反馈环节等。偏置电路、反向器的作用、建模和参数设置与前述各系统相同。

给定环节的参数设置为 130rad/s（读者可自行探索给定信号的允许变化范围）；电流反馈系数设为 0.1；速度反馈系数设为 1。

三闭环系统有三个 PI 调节器，即 ASR 、ACR 和 ADR。这三个调节器的参数设置分别是：

（1）ASR：$K_{pn}=4$，$K_{in}=10$，上下限幅值为 [30，-30]。

（2）ACR：$K_{pi}=5$，$K_{ii}=100$，上下限幅值为 [130，-130]。

（3）ADR：$K_{pd}=500$，$K_{id}=300$，上下限幅值为 [1e5，-1e5]；限幅器限幅值 [207，110]；

上述参数也是优化而来，其他没作详尽说明的参数和双闭环系统是一样的。

（二）系统的仿真参数设置

仿真中所选择的算法为 ode23s；仿真 Start time 设为 0，Stop time 设为 1，其他与双闭环系统相同。

（三）系统仿真、仿真结果的输出及结果分析

当建模和参数设置完成后，即可开始进行仿真。图 3-52 所示为带电流变化率内环的三环调速系统的给定、电流和转速曲线。

由图 3-52 可见，通过电流变化率环的调节，输出电流下降得更快，使整个电流波形更接近理想的动态波形。

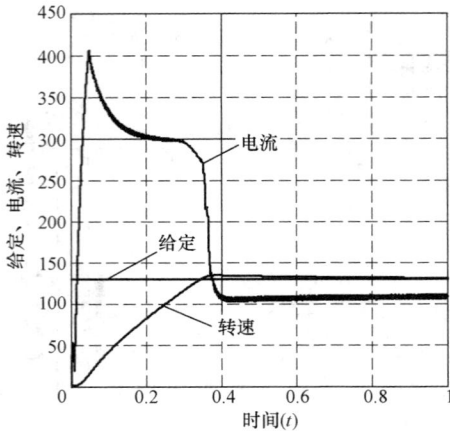

图 3-52 带电流变化率内环的三环调速
系统的给定、电流和转速曲线

二、 带电压内环的三环调速系统的建模与仿真

在实际调速系统中，转速、电流、电压内环的三环调速系统适用于大容量且对动态性能要求较高的调速系统。图 3-53 为带电压内环的三环调速系统原理图，其中 AVR 为电压调节器。

转速、电流环原理与转速电流双闭环调速系统的转速、电流环相同，电压环的作用是什么呢？与转速电流双闭环调速系统相比，在抗电网电压扰动作用方面，电压环的调节比电流环更为及时，只要电网电压有扰动存在，则电压环首先进行调节。

图 3-54 所示为采用面向电气原理结构图方法构作的带电压内环的三环调速系统的仿真模型。

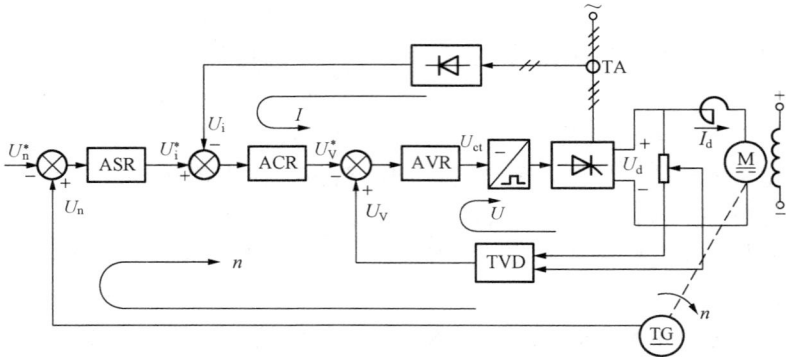

图 3-53 带电压内环的三环调速系统电气原理结构图

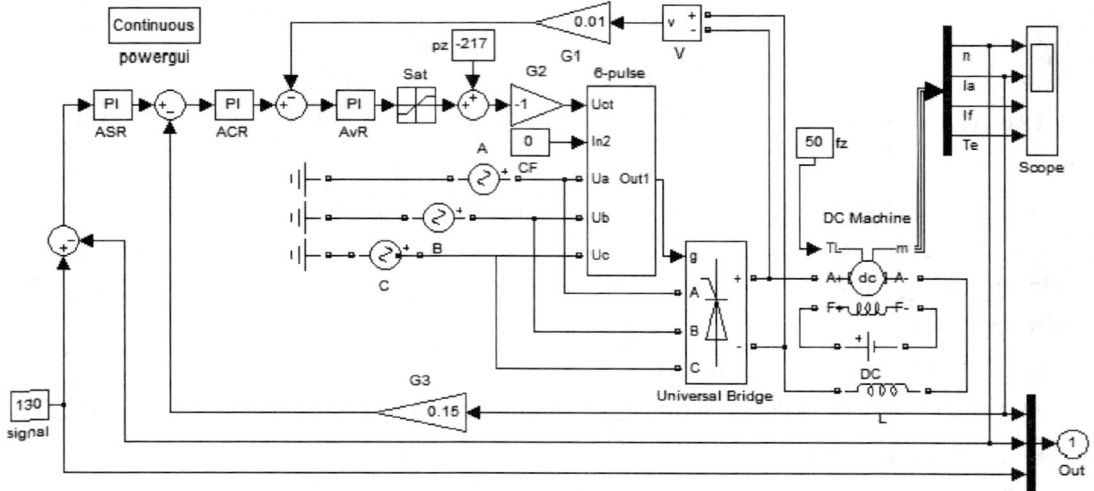

图 3-54 带电压内环的三环调速系统的仿真模型

（一）系统的建模和模型参数设置

1. 主电路的建模和参数设置

带电压内环的三环调速系统的主电路仍然由交流电源、同步脉冲触发器、晶闸管整流桥、平波电抗器、直流电动机等组成。通过仿真实验优化将平波电抗器的电感值修改为 9e-3H。

2. 控制电路的建模和参数设置

带电压内环的三环调速系统的控制电路包括给定环节、转速调节器 ASR、电流调节器 ACR、电压调节器 AVR、限幅器、偏置电路、反向器、电流反馈环节、电压反馈环节、速度反馈环节等。偏置电路、反向器的作用、建模和参数设置与前述各系统相同。

给定环节的参数设置为 130rad/s（读者可自行探索给定信号的允许变化范围）；电流反馈系数设为 0.15，由电流环计算而得；速度反馈系数设为 1。

三闭环系统有三个 PI 调节器，即 ASR、ACR 和 AVR。这三个调节器的参数设置分别是：

（1）ASR：$K_{pn}=1.2$，$K_{in}=10$，上下限幅值为 [25，-25]。

（2）ACR：$K_{pi}=3.8$，$K_{ii}=216$，上下限幅值为 [130，-130]。

（3）AVR：$K_{pv}=3$，$K_{iv}=15$，上下限幅值为 [130，-130]；限幅器的限幅值 [107，0]。

上述参数也是优化而来，其他没作详尽说明的参数是和双闭环系统一样的。

（二）系统的仿真参数设置

仿真中所选择的算法为 ode45；仿真 Start time 设为 0，Stop time 设为 2，其他与双闭环系统相同。

（三）系统仿真、仿真结果的输出及结果分析

当建模和参数设置完成后开始进行仿真。图 3-55 是带电压内环的三环调速系统的给定、电流和转速曲线。

从图 3-55 的仿真结果可以看出，带电压内环的三环调速系统的电流曲线和转速动态性能和普通的双闭环调速系统基本上相同。电压内环的主要作用是抗电网电压扰动。

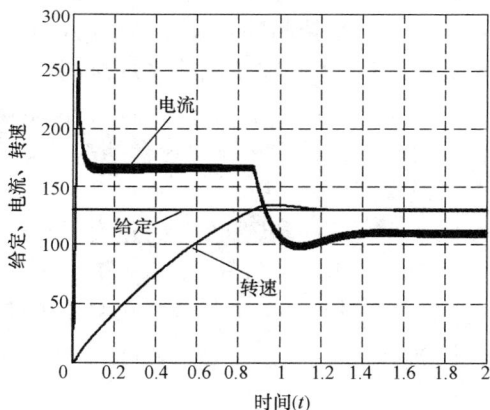

图 3-55　带电压内环的三环调速系统的给定、电流和转速曲线

3.3.4　晶闸管直流可逆调速系统的 MATLAB 仿真

通过上面对典型单闭环和多环直流调速系统的仿真分析可以看到，这些系统的主电路模型是相同的，控制电路有差别。本节所要讨论的直流可逆调速系统的建模与前面所述的系统相比较，控制电路和主电路都有区别，其建模有一定的特点。

一、逻辑无环流可逆直流调速系统的建模与仿真

逻辑无环流直流可逆调速系统是一个典型的可逆调速系统，系统的电气原理结构图如图 3-56 所示。下面介绍该系统各部分的建模与参数设置过程。

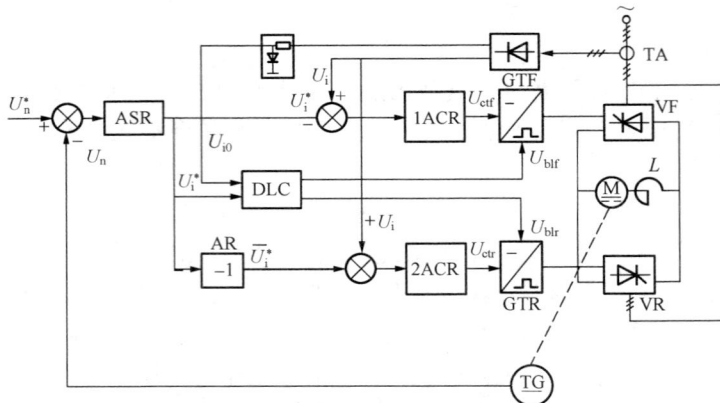

图 3-56 逻辑无环流直流可逆调速系统电气原理结构图

（一）系统的建模和模型参数设置

1. 主电路的建模和参数设置

由图 3-56 可见，主电路由三相对称交流电压源、反并联的晶闸管整流桥、平波电抗器、直流电动机等部分组成。在逻辑无环流可逆系统中，逻辑切换装置 DLC 是一个核心装置，它的作用是控制同步脉冲触发器，而同步脉冲触发器是归在主电路讨论的，所以将逻辑切换装置 DLC 也归在主电路进行建模。

三相交流电源、平波电抗器、直流电动机、同步脉冲触发器的建模和参数设置在前面已经作过讨论，此处着重讨论逻辑切换装置 DLC、反并联的晶闸管整流桥及其子系统的建模和参数设置问题。

（1）逻辑切换装置 DLC 的建模。在逻辑无环流可逆系统中，DLC 是一个核心装置，其任务是：在正组晶闸管桥 Bridge 工作时开放正组脉冲，封锁反组脉冲；在反组晶闸管桥 Bridge1 工作时开放反组脉冲，封锁正组脉冲。

根据对 DLC 的工作要求，DLC 应由电平检测、逻辑判断、延时电路和联锁保护四个部分组成。

1）电平检测器的建模。电平检测的功能是将模拟量转换成数字量供后续电路使用，它包括转矩极性鉴别器和零电流鉴别器，它将转矩极性信号 U_i^* 和零电流检测信号 U_{i0} 转换成数字量供逻辑电路使用，在实际系统中是用工作在继电状态的运算放大器构成，而用 MATLAB 建模时，可按路径"Simulink/Discontinuities/ Relay"选择"Relay"模块来实现。

2）逻辑判断电路的建模。逻辑判断电路根据可逆系统正反向运行要求，经逻辑运算后发出逻辑切换指令，封锁原工作组，开放另一组。其逻辑控制要求如下：

$$U_F = \overline{U_R} + U_T U_Z$$

$$U_R = \overline{U_F} + \overline{U_T} U_Z$$

有关符号含义见图 3-57 所示，利用路径"Simulink/Logic and Bit Operations/ Logical Operator"选择"Logical Operator"模块可实现上述功能。

3）延时电路的建模。在逻辑判断电路发出切换指令后，必须经过封锁延时 $t_{d1} = 3\text{ms}$ 才能封锁原导通组脉冲，再经开放延时 $t_{d2} = 7\text{ms}$ 后才能开放另一组脉冲。在数字逻辑电路的 DLC 装置中是在与非门前加二极管及电容来实现延时，它利用了集成芯片内部电路的特性。

计算机仿真是基于数值计算，不可能通过加二极管和电容来实现延时。通过对数字逻辑电路的 DLC 装置功能分析发现：当逻辑电路的输出 $U_f(U_r)$ 由 "0" 变 "1" 时，延时电路应产生延时；当由 "1" 变 "0" 或状态不变时，不产生延时。根据这一特点，利用 Simulink 工具箱中 Discrete 模块组中的单位延迟 (Unit Delay) 模块，按功能要求连接即可得到满足系统延时要求的仿真模型，见图 3-57 中有关部分。

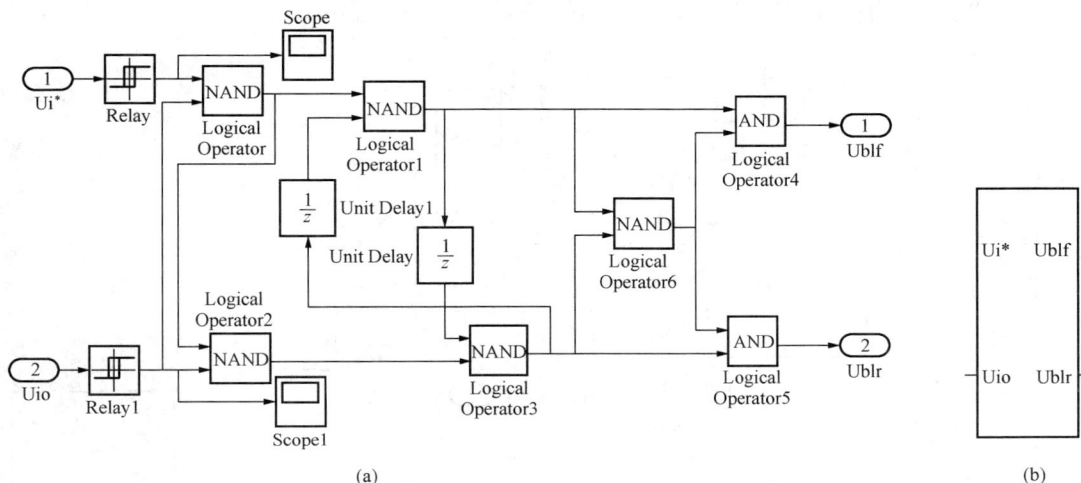

图 3-57　DLC 仿真模型及模块符号
(a) DLC 仿真模型；(b) DLC 模块符号

4) 联锁保护电路建模。DLC 装置的最后部分为逻辑联锁保护环节。正常时，逻辑电路输出状态 U_{blf} 和 U_{blr} 总是相反的。一旦 DLC 发生故障，使 U_{blf} 和 U_{blr} 同时为 "1"，将造成两个晶闸管桥同时开放，必须避免此情况。利用 Simulink 工具箱的 Logic and Bit Operations 模块组中的逻辑运算 (Logical Operator) 模块可实现多 "1" 保护功能。

图 3-57 (a) 所示为作者设计的 DLC 仿真模型，封装后的 DLC 模块符号如图 3-57 (b) 所示。为了检验 DLC 仿真模型的正确性，对其进行了测试。图 3-58 (a)、(b) 所示为测试用输入信号波形；图 3-58 (c)、(d) 所示为 DLC 输出信号波形。

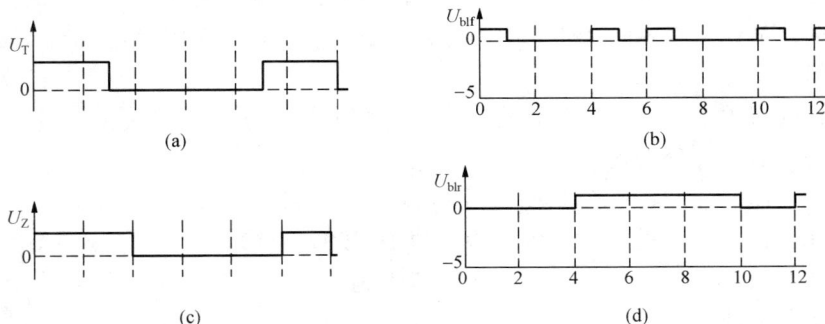

图 3-58　测试 DLC 的输入输出信号波形
(a) 测试用 U_T 输入信号；(b) U_T 输出信号 U_{blf}；(c) 测试用 U_Z 输入信号；(d) U_Z 输出信号 U_{blr}

测试表明：其功能完全符合系统所要求的各量间的逻辑关系。DLC 由于延时为毫秒级，波形上反映延时不明显。

（2）主电路子系统的建模与封装。将除平波电抗器、直流电动机外的部分主电路按电气原理结构图的关系进行了连接，得到图 3-59（a）所示的部分主电路子系统，封装后的子系统模块符号如图 3-59（b）所示。为方便作图，将同步脉冲触发器的输入端子顺序稍作调整，其中"Uct"为脉冲控制端，"In2"为触发器开关信号控制端。

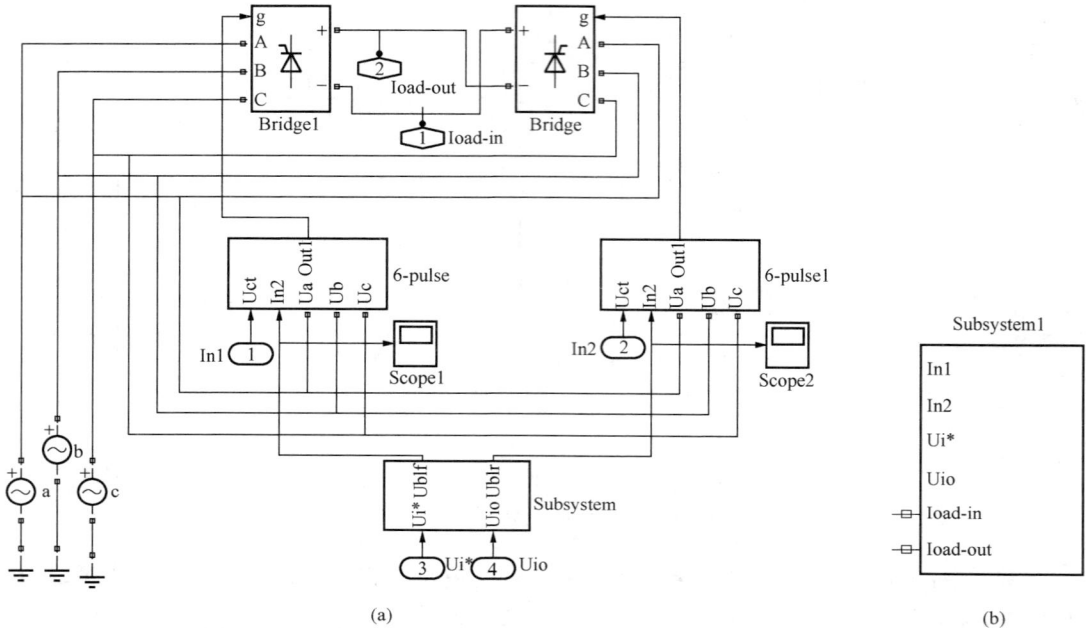

图 3-59　逻辑无环流部分主电路子系统的建模及子系统模块符号
（a）主电路子系统；（b）子系统模块符号

2. 控制电路的建模和参数设置

逻辑无环流直流可逆调速系统的控制电路包括给定环节、1 个转速调节器 ASR、2 个电流调节器 ACR、限幅器、偏置电路、反向器、电流反馈环节、速度反馈环节等。控制电路的连接方式与电气原理结构图 3-56 非常接近。限幅器、偏置电路、反向器的作用、建模和参数设置与前几节也基本相同。要说明的是：为了得到比较复杂的给定信号，这里采用了将简单信号源组合的方法。

控制电路的有关参数设置：电流反馈系数设为 0.1；速度反馈系数设为 1。

调节器的参数设置分别是：

（1）ASR：$K_{pn}=1.2$，$K_{in}=0.3$，上下限幅值为 [25，-25]。

（2）ACR：$K_{pi}=2$，$K_{ii}=50$，上下限幅值为 [90，-90]。

（3）ACR1：$K_{pi1}=2$，$K_{ii1}=50$，上下限幅值为 [90，-90]。

（4）限幅器限幅值 [97，00]。

（5）负载设置为 0 是为了使正、反向电流对称。其他未作说明的为系统默认参数。

逻辑无环流直流可逆调速系统的仿真模型如图 3-60 所示。

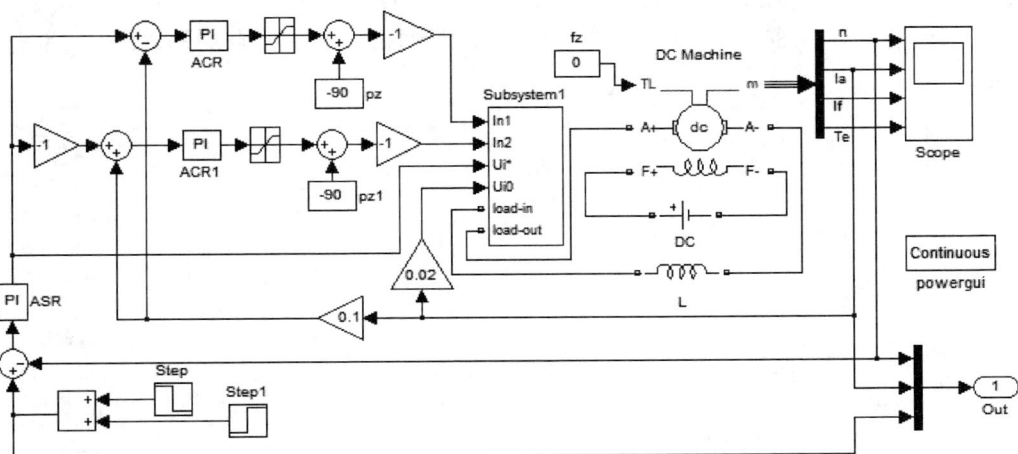

图 3-60 逻辑无环流直流可逆调速系统的仿真模型

(二) 系统的仿真参数设置

仿真中所选择的算法为 ode23t；仿真 Start time 设为 0，Stop time 设为 12，其他与上述系统相同。

(三) 系统的仿真、仿真结果的输出及结果分析

当建模和参数设置完成后，即可开始仿真。图 3-61 所示为逻辑无环流直流可逆调速系统的给定、电流和转速曲线。从仿真结果可看出：仿真系统实现了速度和电流的可逆，而且具有快速切换的特性。

二、 错位控制无环流可逆直流调速系统的建模与仿真

错位控制的无环流可逆调速系统简称为"错位无环流系统"。

(一) 相关知识

1. 与逻辑无环流系统的区别

逻辑无环流系统采用 $\alpha = \beta$ 控制，两组脉冲的关系是 $\alpha_f + \alpha_r = 180°$，初始相位整定在 $\alpha_{f0} = \alpha_{r0} = 90°$，并要设置逻辑控制器进行切换才能实现无环流。

错位无环流系统也采用 $\alpha = \beta$ 控制，但两组脉冲关系是 $\alpha_f + \alpha_r = 300°$ 或 $360°$，初始相位整定在 $\alpha_{f0} = \alpha_{r0} = 150°$ 或 $180°$。

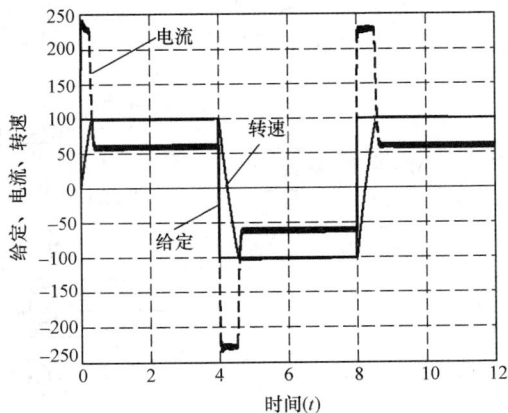

图 3-61 逻辑无环流直流可逆调速系统的
给定、电流和转速曲线

错位无环流系统两组控制角的配合特性如图 3-62 所示。由图可见，无环流的临界状况是 CO_2D 线，此时零位在 O_2 点，相当于 $\alpha_{f0} = \alpha_{r0} = 150°$，$CO_2D$ 线的方程式为 $\alpha_f + \alpha_r = 300°$，这种临界状态不可靠。为安全起见，实际系统常将零位整定在 $\alpha_{f0} = \alpha_{r0} = 180°$（即 O_3 点），EO_3F 直线的方程是 $\alpha_f + \alpha_r = 360°$。这种整定方法，不仅安全可靠，而且调整也很方便。

零位整定在 $180°$ 时，触发装置的移相控制特性如图 3-63 所示。这时，如果一组脉冲控制角小于 180°，另一组脉冲控制角一定大于 180°。而大于 180°的脉冲对系统是无用的，因此常常只让它停留在 180°处，或使大于 180°后停发脉冲。图中控制角超过 180°的部分用虚线表示。

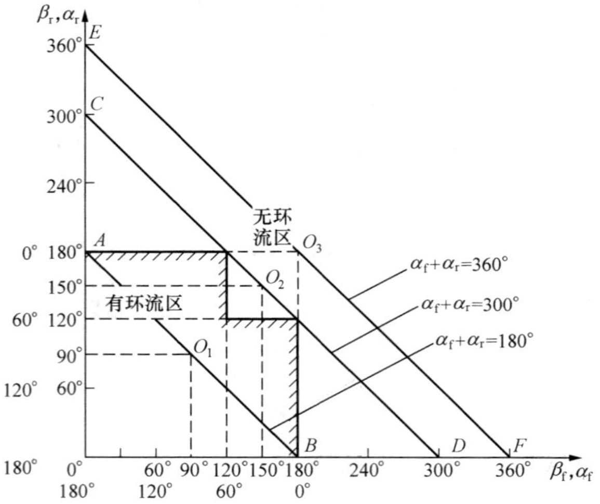

图 3-62 正反两组控制角的配合特性和无环流区

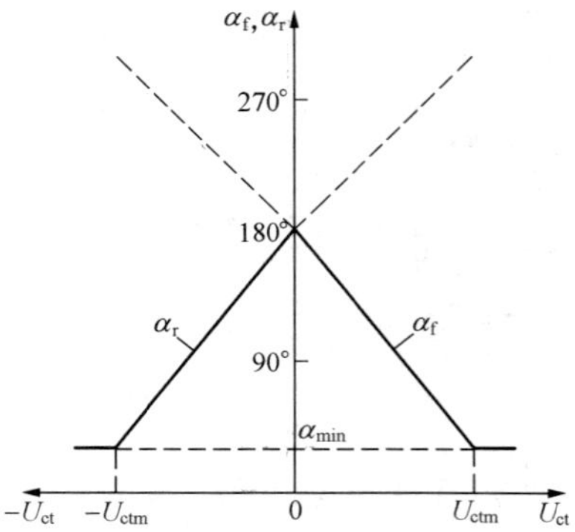

图 3-63 错位无环流系统移相控制特性

2. 带电压内环的错位无环流系统

如上所述，零位整定在 180°（或 150°）后，触发脉冲从 180°移到 90°的这段时间内，整流器没有电压输出，形成一个 90°的死区。在死区内，α 角变化并不引起输出 U_d 变化。为了压缩死区，可在错位无环流可逆系统中增加一个电压环。带电压内环的错位无环流可逆系统如图 3-64 所示。与其他可逆系统不同的地方是不用逻辑切换装置，另外，增加了一个由电压变换器 TVD 和电压调节器 AVR 组成的电压环。

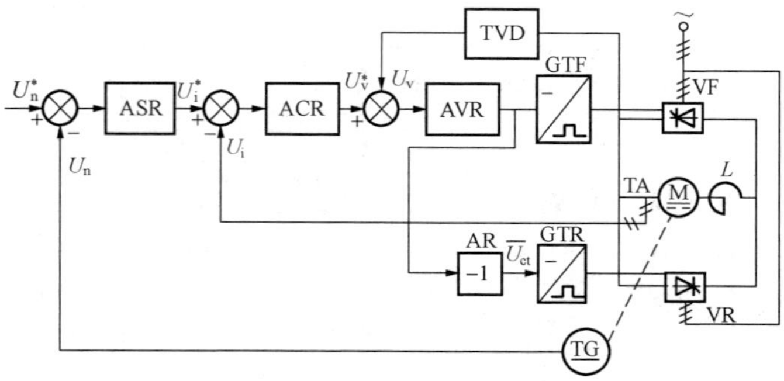

图 3-64 带电压内环的错位无环流可逆系统原理结构图

错位无环流系统的零位整定在 180°时，两组的移相控制特性恰好分在纵轴的左右两侧，因而两组晶闸管的工作范围可按 U_{ct} 的极性来划分，U_{ct} 为正时正组工作，U_{ct} 为负时反组工作。通过对 U_{ct} 的极性进行鉴别后，再通过电子开关选择触发正组还是反组，从而构成了错位选触无环流系统。

（二）系统的建模和模型参数设置

1. 主电路的建模和参数设置

由图 3-64 可见，主电路由三相对称交流电压源、反并联的晶闸管整流桥、平波电抗器、直流电动机等部分组成。错位控制的无环流可逆调速系统的主电路建模和参数设置，基本上与逻辑无环流可逆系统相同。主电路模型如图 3-65 所示。

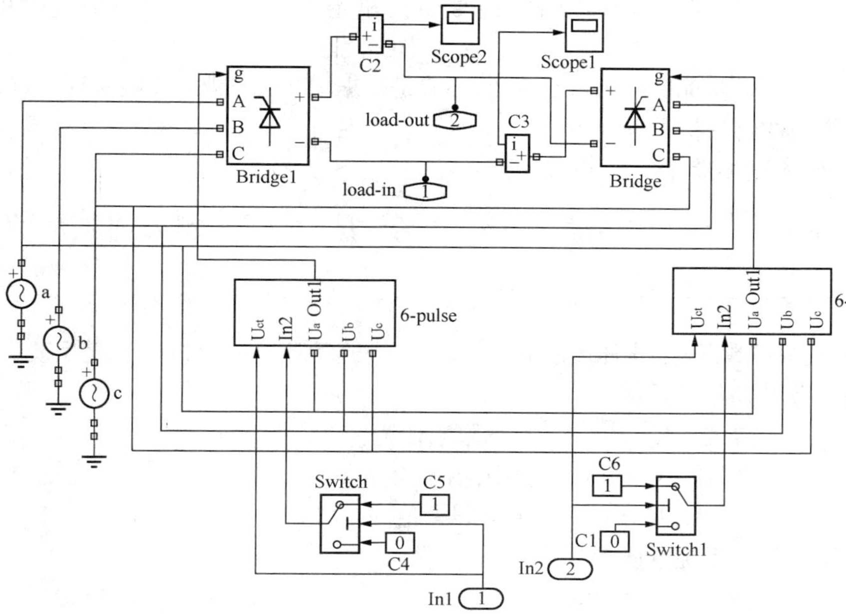

图 3 - 65　错位选触无环流调速系统的主电路模型

采用上述模型下半部分的选择开关即可实现错位选触无环流控制。选择开关的第二输入端接输入控制角 α，参数 Threshold 设置为 180。当控制角 $\alpha \geqslant 180°$ 时，通过给 6—脉冲触发器的 Block 端置 "1" 关闭触发器，达到使整流器不工作的目的；当控制角 $\alpha < 180°$ 时，通过给 6—脉冲触发器的 Block 端置 "0" 开通触发器，使整流器工作。

根据图 3 - 64 所示带电压内环的错位无环流可逆系统结构，下面给出错位选触控制无环流可逆调速系统的仿真模型如图 3 - 66 所示。

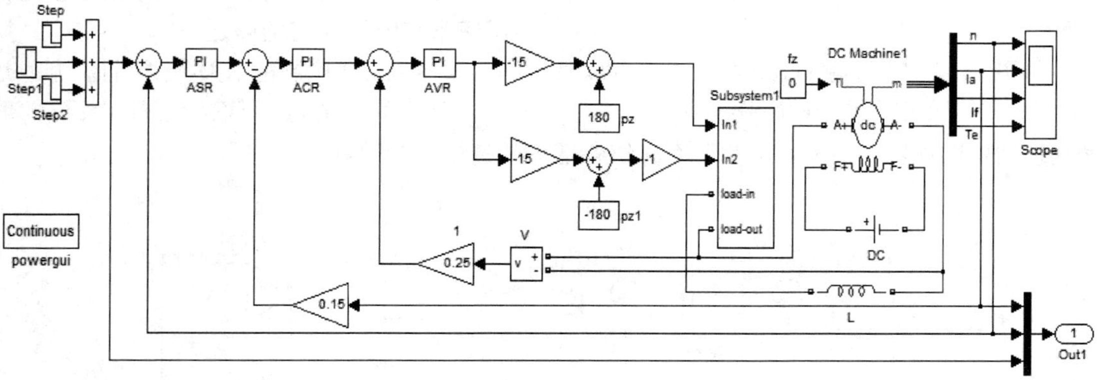

图 3 - 66　错位选触控制无环流可逆调速系统的仿真模型

2. 控制电路的建模和参数设置

错位选触无环流可逆调速的控制电路包括给定环节、1 个转速调节器 ASR、1 个电流调节器 ACR 和 1 个电压调节器 AVR、2 个偏置电路、3 个反向器、电压反馈环节、电流反馈环节、速度反馈环节等，给定信号由简单信号源组合而成，平波电抗器电感取 9e-2H。

电压调节器 AVR 与 Subsystem1 之间的环节是根据图 3-63 错位控制无环流调速系统移相控制特性而得来的，分析过程如下。

根据图 3-63 移相控制特性，可以得到：

(1) $\alpha_f = 180° + \dfrac{180° - \alpha_{fmin}}{-U_{ctm}} U_{ct}$。此处取 $\alpha_{fmin} = 30°$，$U_{ctm} = 10V$，则 $\alpha_f = 180° - 15U_{ct}$。

(2) $\alpha_r = 180° + \dfrac{180° - \alpha_{rmin}}{U_{ctm}} U_{ct}$。此处取 $\alpha_{rmin} = 30°$，$U_{ctm} = 10V$，则 $\alpha_r = 180° + 15U_{ct}$。

控制电路的有关参数设置：电压反馈系数为 0.25；电流反馈系数为 0.15；转速反馈系数为 1。
调节器的参数设置分别是：

(1) ASR：$K_{pn} = 1.2$，$K_{in} = 0.3$，上下限幅值为 [25，-25]。

(2) ACR：$K_{pi} = 0.4$，$K_{ii} = 30$，上下限幅值为 [90，-90]。

(3) AVR：$K_{pv} = 1.2$，$K_{iv} = 0.6$，上下限幅值为 [90，-90]。

其他未作说明的为系统默认参数。

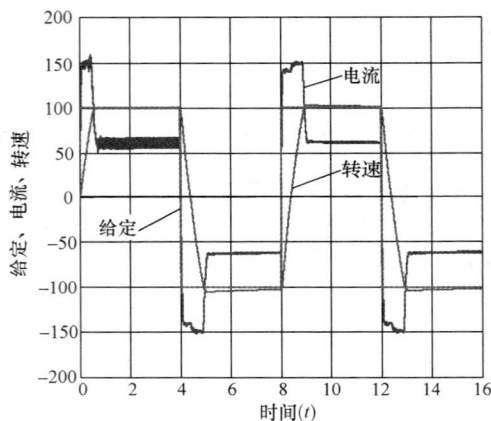

图 3-67 错位选触控制无环流可逆调速系统的给定、电流和转速曲线

（三）系统的仿真参数设置

仿真所选择的算法为 ode23t；仿真 Start time 设为 0，Stop time 设为 16；其他与上述系统相同。

（四）系统的仿真、仿真结果的输出及结果分析

当建模和参数设置完成后，即可开始进行仿真。图 3-67 所示为错位选触控制无环流可逆调速系统的给定、电流和转速曲线。

三、$\alpha = \beta$ 配合控制的有环流可逆直流调速系统的建模与仿真之一

$\alpha = \beta$ 配合控制的有环流调速系统也是一个典型的直流可逆调速系统，系统的电气原理结构图如图 3-68 所示。下面介绍各部分的建模与参数设置过程。

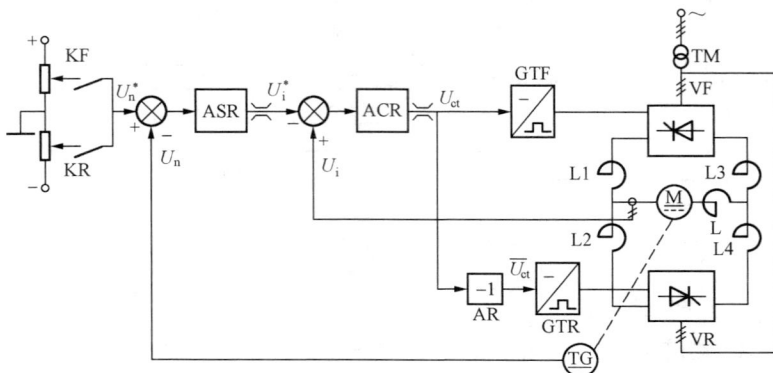

图 3-68 $\alpha = \beta$ 配合控制的有环流可逆调速系统原理框图

（一）系统的建模和模型参数设置

1. 主电路的建模和参数设置

由图 3-69 可见，主电路由三相对称交流电压源、反并联的晶闸管整流桥、平波电抗器、直流电动机等部分组成。在有环流可逆系统中，一个明显的特征是反并联的晶闸管整流桥回路中串接了 4 个均衡电抗器 L1～L4，作用是抑制脉动环流。

$\alpha=\beta$ 配合控制的有环流调速系统的主电路建模和参数设置大部分与逻辑无环流可逆系统相同，不同的地方是在反并联的晶闸管整流桥回路中串接了 4 个均衡电抗器 L1～L4。主电路模型如图 3-69 所示，图中均衡电抗器为 L1～L4。经过试验，均衡电抗器的电感值取 4e-2H。

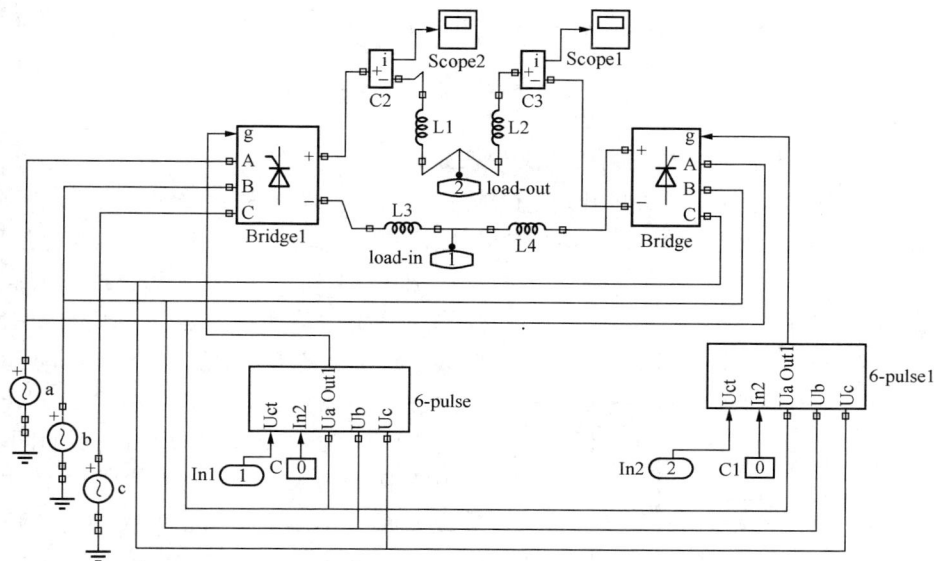

图 3-69 $\alpha=\beta$ 配合控制的有环流调速系统的主电路模型

下面给出 $\alpha=\beta$ 配合控制的有环流可逆调速系统的仿真模型，如图 3-70 所示。

2. 控制电路的建模和参数设置

$\alpha=\beta$ 配合控制的有环流可逆调速系统的控制电路包括给定环节、1 个转速调节器 ASR、1 个电流调节器 ACR、2 个偏置电路、3 个反向器、电流反馈环节、速度反馈环节等。控制电路的连接方式与电气原理结构图 3-68 非常接近。ACR 和第 1 个反向器为 $\alpha=\beta$ 配合控制电路。给定信号由简单信号源组合而成。

控制电路的有关参数设置：电流反馈系数设为 0.1；速度反馈系数设为 1。

调节器的参数设置分别是：

（1）ASR：$K_{pn}=1.2$，$K_{in}=0.3$，上下限幅值为 [25，-25]。

（2）ACR：$K_{pi}=2$，$K_{ii}=50$，上下限幅值为 [90，-90]。

其他未作说明的为系统默认参数。

（二）系统的仿真参数设置

仿真所选择的算法为 ode23t；仿真 Start time 设为 0，Stop time 设为 12；其他与上述系统相同。

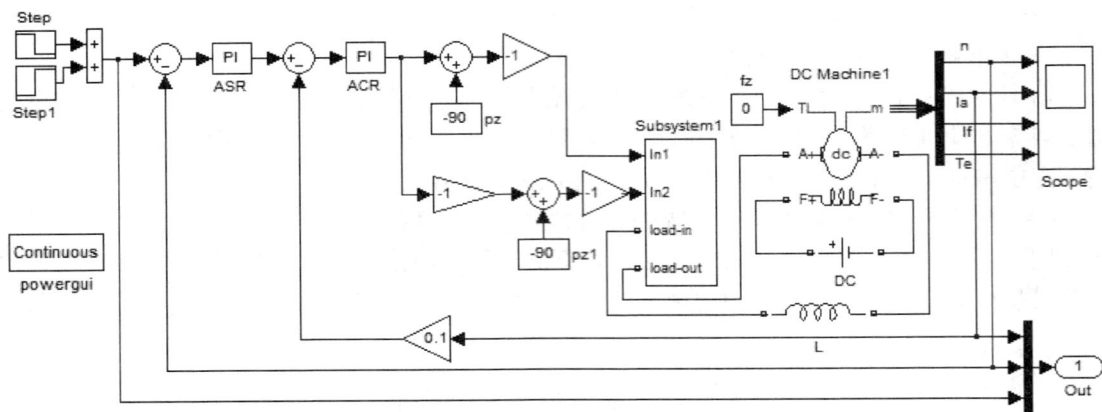

图 3-70 $\alpha=\beta$ 配合控制的有环流可逆调速系统的仿真模型

（三）系统的仿真、仿真结果的输出及结果分析

当建模和参数设置完成后，即可开始进行仿真。图 3-71 所示为 $\alpha=\beta$ 配合控制的有环流可逆调速系统的给定、电流和转速曲线。从仿真结果可以看出：仿真系统实现了速度和电流的可逆。

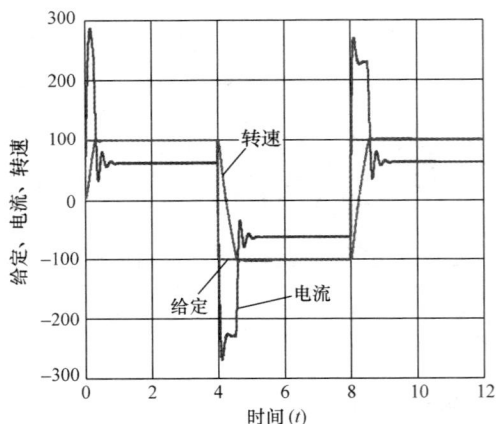

图 3-71 $\alpha=\beta$ 配合控制的有环流可逆调速系统的给定、电流和速度曲线

图 3-72 所示为 $\alpha=\beta$ 配合控制的有环流可逆调速系统中均衡电抗器为 L1、L2 中的电流曲线。Scope2 是 L1 中的电流，Scope1 是 L2 中的电流。由图可见，环流约为"110"，电动机电枢电流约为"60"，在 $t=1\sim4$ 期间，图 3-69 中晶闸管桥 Bridge1 工作，L1 中流过环流和负载电流，Scope2 中的总电流约为"170"；L2中只流过环流，Scope1 中的电流约为"110"。$t=4\sim8$ 期间，图 3-69 中晶闸管桥 Bridge 工作，L2 中流过环流和负载电流，Scope1 中的总电流约为"170"；L1 中只流过环流，Scope2 中的电流约为"110"。这与理论分析基本一致。由于示波器测量的是均衡电抗器中的电流，每个周期的环流有所增加可能是均衡电抗器中的电流没有释放完造成的。

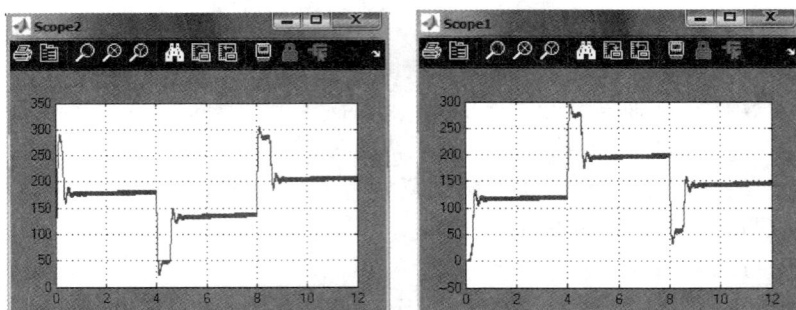

图 3-72 有环流可逆调速系统中均衡电抗器为 L1、L2 中的电流曲线

四、 $\alpha=\beta$ 配合控制的有环流可逆直流调速系统的建模与仿真之二

$\alpha=\beta$ 配合控制的有环流可逆直流调速系统也可以仿照错位选触无环流可逆调速系统的方法，用移相控制特性来设计电流调节器 ACR 与 Subsystem1 之间的控制环节模块。

图 3-73 所示为 $\alpha=\beta$ 配合控制的有环流可逆直流调速系统的移相控制特性，其零位定在 $90°$。根据图 3-73 的移相控制特性，分析得到：

(1) $\alpha_f=90°+\dfrac{90°-\alpha_{fmin}}{-U_{ctm}}U_{ct}$。此处取 $\alpha_{fmin}=30°$，$U_{ctm}=10V$，则 $\alpha_f=90°-6U_{ct}$。

(2) $\alpha_r=90°+\dfrac{90°-\alpha_{rmin}}{U_{ctm}}U_{ct}$。此处取 $\alpha_{rmin}=30°$，$U_{ctm}=10V$，则 $\alpha_r=90°+6U_{ct}$。

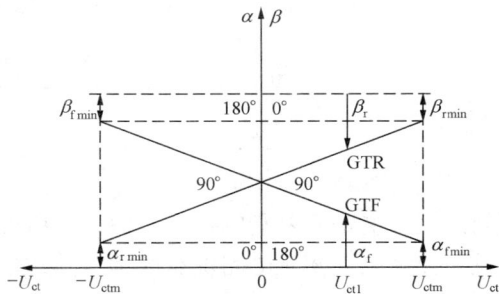

图 3-73 $\alpha=\beta$ 配合控制的移相控制特性

图 3-74 所示为根据移相控制特性构建的 $\alpha=\beta$ 配合控制的有环流可逆调速系统仿真模型。模型中控制电路的有关参数设置：电流反馈系数设为 0.1；速度反馈系数设为 1。

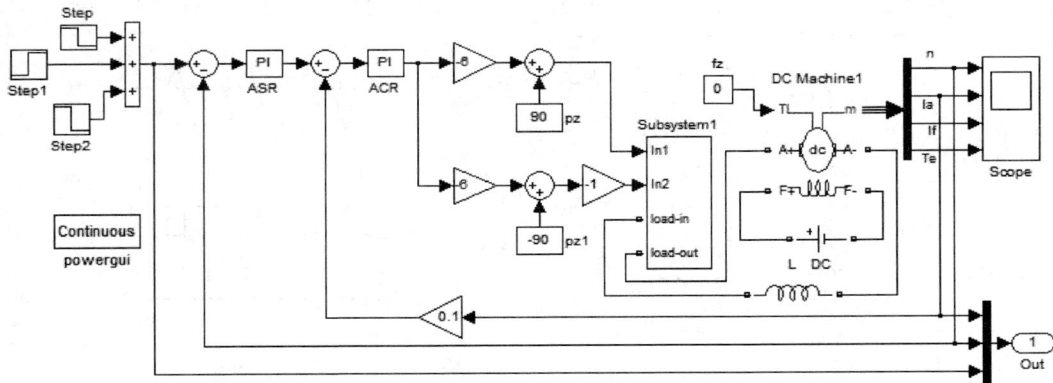

图 3-74 根据 $\alpha=\beta$ 配合控制移相控制特性构建的调速系统模型

调节器的参数设置分别是：

(1) ASR：$K_{pn}=1.2$，$K_{in}=0.3$，上下限幅值为 $[25，-25]$。

(2) ACR：$K_{pi}=0.4$，$K_{ii}=9$，上下限幅值为 $[90，-90]$。

其他未作说明的为系统默认参数。

（一）系统的仿真参数设置

仿真所选择的算法为 ode23t；仿真 Start time 设为 0，Stop time 设为 16。

（二）系统的仿真、仿真结果的输出及结果分析

当建模和参数设置完成后，即可开始进行仿真。图 3-75 所示为根据移相控制特性构建的 $\alpha=\beta$ 配合控制有环流可逆调速系统仿真

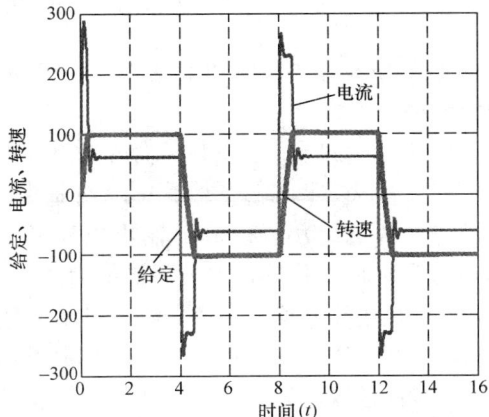

图 3-75 根据移相控制特性构建的配合控制有环流调速系统给定、电流和转速曲线

得到给定、电流和转速曲线。

由图 3-75 可见，根据移相控制特性构建的配合控制有环流调速系统输出电流曲线和转速曲线与图 3-71 的输出曲线是一致的。

3.4 直流脉宽调速系统的仿真实验

以晶闸管整流器作为直流电源的单环、多环以及可逆直流调速系统具有主电路模型基本相同而控制电路有差别的特点。而以下所要讨论的直流脉宽调速系统与前面所述的各系统相比较，控制电路和主电路都有区别，其建模有一定的特点。

3.4.1 H 型 PWM 可逆直流变换器的建模与仿真

一、H 型 PWM 可逆直流变换器的工作原理

首先回顾一下 H 型 PWM 可逆直流变换器的工作情况，其原理电路如图 3-76 所示。图中的开关器件可以是电力晶体管 GTR、电力场效应晶体管 P-MOSFET 和 IGBT 等。

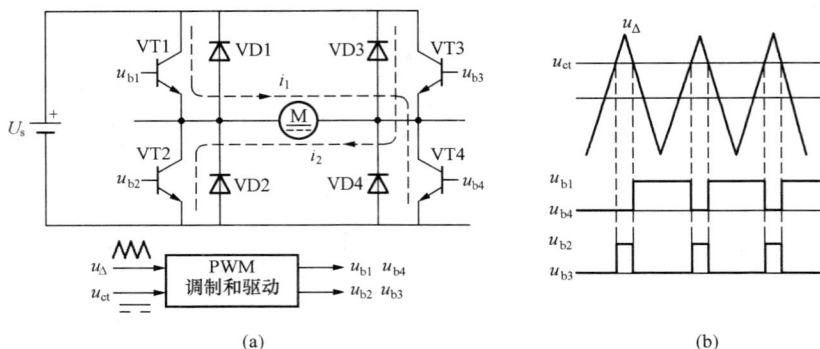

图 3-76　H 型 PWM 直流可逆变换器原理电路图
（a）直流 PWM 变换器主电路；（b）PWM 变换器驱动信号

H 型可逆直流 PWM 变换器从控制方式上区分有双极式调制、单极式调制和受限单极式调制三种。

（1）双极式调制。4 个开关器件 VT1 和 VT4、VT2 和 VT3 两两成对同时导通和关断，且工作于互补状态，即 VT1 和 VT4 导通时 VT2 和 VT3 关断，反之亦然。控制开关器件的通断时间（占空比）可以调节输出电压的大小，若 VT1 和 VT4 的导通时间大于 VT2 和 VT3 的导通时间，则输出电压平均值为正；若 VT2 和 VT3 的导通时间大于 VT1 和 VT4 的导通时间，输出电压平均值为负，所以可用于直流电动机的可逆运行。桥式 PWM 直流变换器器件的驱动一般都采用 PWM 方式，由调制波（三角波或锯齿波）与直流信号比较产生驱动脉冲，由于调制波频率较高（通常在数千赫兹以上），所以变换器输出电流一般连续，用于直流电机调速时电枢回路不用串联电抗器，但 4 个开关器件都工作于 PWM 方式，开关损耗较大。

（2）单极式调制。4 个开关器件中 VT1 和 VT2 工作于互补的 PWM 方式，而 VT3 和 VT4 则根据电动机的转向采取不同的驱动信号。电动机正转时，VT3 恒关断，VT4 恒导通；电动机反转时，VT3 恒导通，VT4 恒关断。由于减少了 VT3 和 VT4 的开关次数，开关损耗减少，这是单极式调制的优点。

（3）受限单极式调制。在单极式调制基础上，为进一步减小开关损耗和减少桥臂直通的可能性，在电动机要求正转时，只有 VT1 工作于 PWM 方式，VT4 始终处于导通状态，而 VT2 和 VT3 都关断；电动机反转时，只有 VT2 工作于 PWM 方式，VT3 始终处于导通状态，而 VT1 和 VT4 都关断，这就是受限单极式调制。在受限单极式工作模式，当电动机电流较小时会出现电流断续的现象。

二、双极式 H 型 PWM 可逆直流变换器的建模

双极式调制 H 型 PWM 直流变换器的仿真模型如图 3-77 所示。

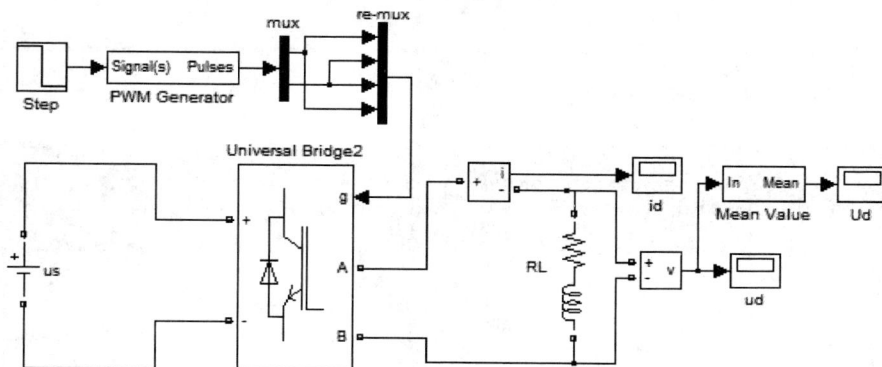

图 3-77　双极式调制 H 型 PWM 直流变换器仿真模型

图 3-77 中 H 型主电路的开关器件 VT1～VT4 采用 Universal Bridge 模块中的 IGBT 元件，模块的提取路径与晶闸管模块相同，参数设置如图 3-78 所示。驱动采用 PWM Generator 模块（按"SimPower Systems/ Extra Library/Control Block/PWM Generator"路径提取）。因为双极性控制的桥式电路开关器件两两成对通断，因此 PWM Generator 模块参数（Generator Mode）中桥臂数选择"1"，产生互补的两个驱动信号，如图 3-79 所示；然后通过 re-mux 和 mux 模块的信号重组得到桥式电路需要的 4 路驱动脉冲。PWM Generator 模块的调制信号采用了外部输入的方式，外部调制信号由 Step 模块（按"Simulink/ Sources/Step"路径提取）产生，通过 Step 模块改变控制信号 U_{ct} 来调节变换器输出电压和电流。模型中用 Mean Value 模块（按"SimPower Systems/Extra Library/Measurements/ Mean Value"路径提取）来观察输出电压的平均值。

三、双极式 H 型 PWM 可逆直流变换器的仿真与分析

图 3-77 中设电源电压为 12V，RL 负载的 R 值为 0.5Ω，L 值为 0.5mH。Step 模块设置为 0.01s 时，控制信号从 0.8 切换为 -0.4，PWM Generator 的调制频率取 3kHZ。仿真参数设置：仿真时间 0.02s，仿真算法 ode23t，仿真结果如图 3-80 所示。

图 3-80（a）为直流输出平均电压波形，在 0.01s 前 PWM 正脉冲宽度大于负脉冲宽度，输出电压平均值为正；0.01s 时控制信号 U_{ct} 由 +0.8 切换为 -0.4，输出电压的负脉冲宽度大于正脉冲宽度，输出电压平均值变负；输出电压的变化使输出电流也从正变负，如图 3-80（b）所示。改变控制信号 U_{ct} 可以改变占空比，就可以调节输出电压和电流。

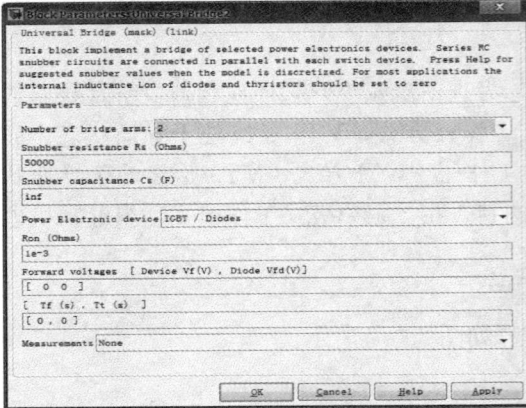

图 3 - 78　Universal Bridge 模块参数设置

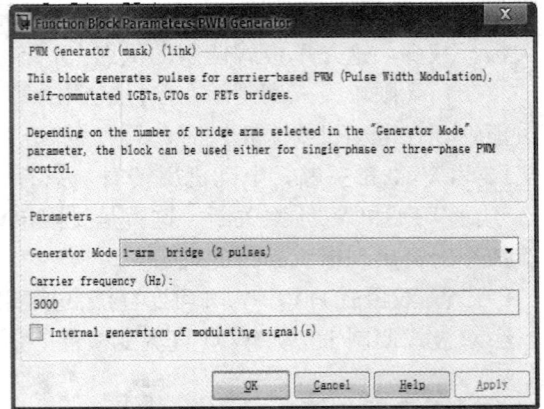

图 3 - 79　PWM Generator 模块参数设置

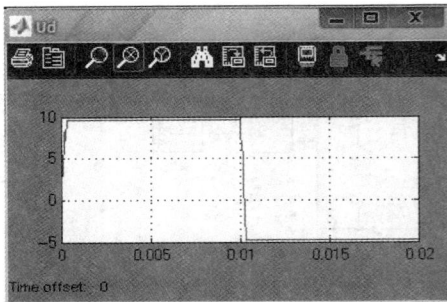

(a)

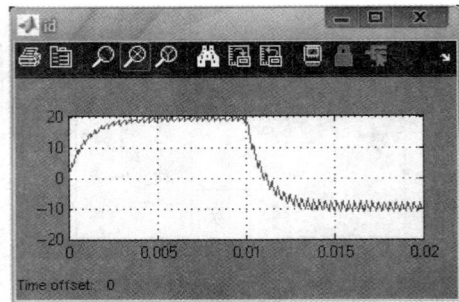

(b)

图 3 - 80　H 型 PWM 可逆直流变换器输出平均电压、电流波形
(a) 输出平均电压；(b) 输出平均电流

3.4.2　双极式 H 型 PWM - M 可逆直流开环调速系统的建模与仿真

将图 3 - 77 中的 RL 负载替换成直流电动机就组成了双极式 H 型 PWM - M 可逆直流调速系统。PWM - M 直流调速系统与晶闸管调速系统的不同主要在变流器主电路上，至于转速和电流的控制和晶闸管直流调速系统一样。PWM - M 直流调速系统的 PWM 变换器有可逆和不可逆两类，而可逆变换器又有双极式、单极式和受限单极式等多种电路。这里主要研究 H 型主电路双极式 PWM - M 调速的仿真，并通过仿真分析直流 PWM - M 可逆调速系统的工作过程。单极式和受限单极式只分析其 PWM 调制控制方式的建模和仿真。

一、　双极式 H 型 PWM - M 可逆直流开环调速系统的建模

H 型 PWM - M 直流调速系统的主电路组成如图 3 - 76 (a) 所示，主电路由 4 个 IGBT 元件 VT1～VT4 和 4 个续流二极管 VD1～VD4 组成 H 型连接。当 VT1 和 VT4 导通时，有正向电流 i_1 通过电动机 M，电动机正转；当 VT1 和 VT3 导通时，有反向电流 i_2 通过电动机 M，电动机反转。VT1～VT4 的驱动信号的调制原理如图 3 - 76 (b) 所示，在三角波与控制信号 U_{ct} 相交时，分别产生驱动信号 u_{b1}、u_{b4} 和 u_{b2}、u_{b3}。

H 型 PWM - M 直流开环调速系统的仿真模型如图 3 - 81 所示。其与图 3 - 77 相比较，不同之处是：

（1）将 PWM Generator 的输入信号换成了较复杂的组合信号（见图 3 - 82 中的给定信号）；

（2）将 H 型 PWM 直流变换器负载换成了直流电动机，其参数设置与前面仿真用的直流电动机参数相同。

二、 双极式 H 型 PWM - M 可逆直流开环调速系统的参数设置与仿真

（1）PWM Generator 的组合输入信号的第一个区间时间（$t=0\sim8$）设置得比较长是为了反映直流开环 PWM - M 调速系统不可逆时的工作情况。

（2）模型中 $U_s=200$V；平波电抗器经过试验选取 1e - 1H；仿真时间 20s；仿真算法 ode23t。

其他参数与图 3 - 77 模型一致。

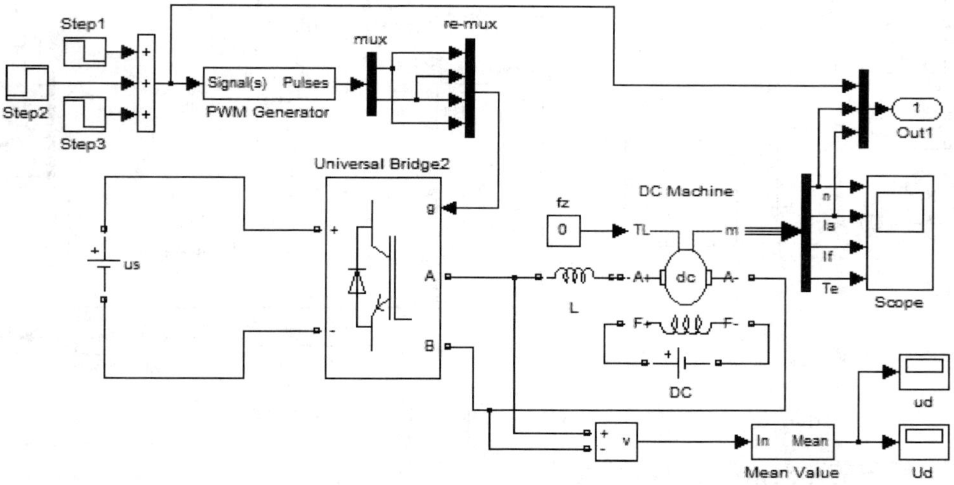

图 3 - 81　H 型 PWM - M 直流开环调速系统仿真模型

三、 双极式 H 型 PWM - M 可逆直流开环调速系统的仿真结果

从图 3 - 82 所示仿真结果可见，转速、电流随着给定信号极性的变化实现了可逆。

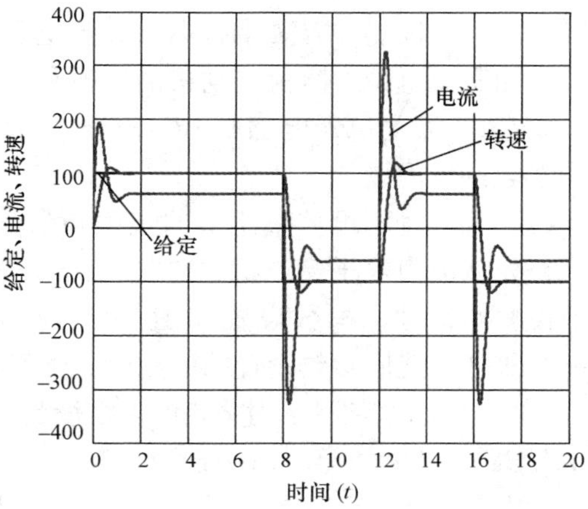

3.4.3　双极式 H 型 PWM - M 单闭环可逆直流调速系统的建模与仿真

PWM - M 单闭环直流可逆调速系统的电气原理结构图如图 3 - 83 所示。图 3 - 84 所示为采用面向电气原理结构图方法构作的直流脉宽调速系统的仿真模型。下面介绍各部分的建模与参数设置过程。

图 3 - 82　双极式 H 型 PWM - M 可逆直流开环调速系统给定、电流和速度曲线

151

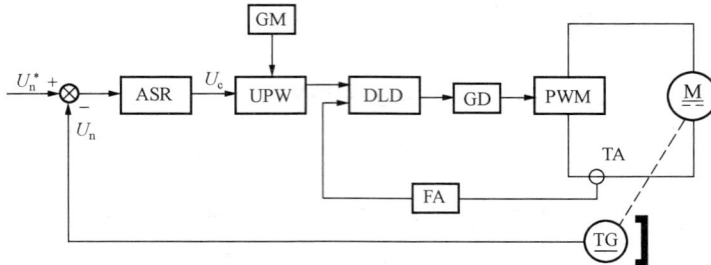

图 3-83 单闭环直流脉宽调速系统的电气原理结构图

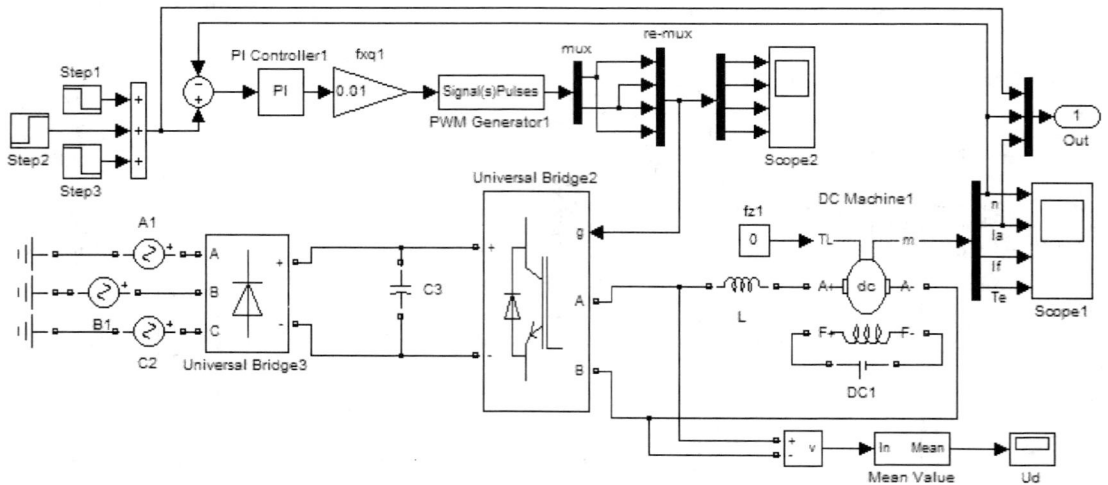

图 3-84 双极式 H 型 PWM-M 单闭环可逆直流调速系统仿真模型

一、 系统的建模和模型参数设置

（一）主电路的建模和参数设置

由图 3-84 可见，主电路由三相对称交流电压源、二极管不可控整流桥、滤波电容器、IGBT 双极式 H 型 PWM 变换器、直流电动机等部分组成。

三相交流电源、直流电动机的建模和参数设置已经作过讨论，三相对称交流电压源幅值为 125V，平波电抗器电感取 3e－3H。此处着重讨论二极管不可控整流桥、滤波电容器的建模和参数设置问题。

（1）二极管不可控整流桥的建模与参数设置。二极管整流桥的建模与晶闸管整流桥相同，首先从电力电子模块组中选取"Universal Bridge"模块；然后打开"Universal Bridge"参数设置对话框，参数设置如图 3-85 所示，将"Power Electronic device"选择为"Di-odes"即可。其他参数设置的原则同晶闸管整流桥。

（2）滤波电容器的建模和参数设置。首先按"SimPowerSystems/Elements/Series RLC Branch"路径从元件模块组中选取"Series RLC Branch"模块，并将滤波电容器模块标签改为"C"；然后打开滤波电容器参数设置对话框，参数设置如图 3-86 所示。参数通过仿真实验优化而定。

（3）双极式 H 型 PWM 变换器主电路的建模和参数设置。其建模与参数设置与开环系统相同。

（二）控制电路的建模和参数设置

直流脉宽调速系统的控制电路包括给定环节、转速调节器 ASR、转速反馈环节、PWM

信号发生器等。除 PWM 信号发生器外，其他环节都已经介绍过，下面重点讨论一下 PWM 信号发生器及其相关环节。

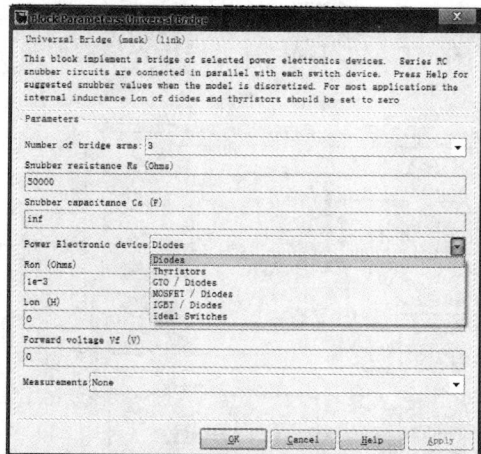

图 3-85 "Universal Bridge" 参数设置对话框和参数设置

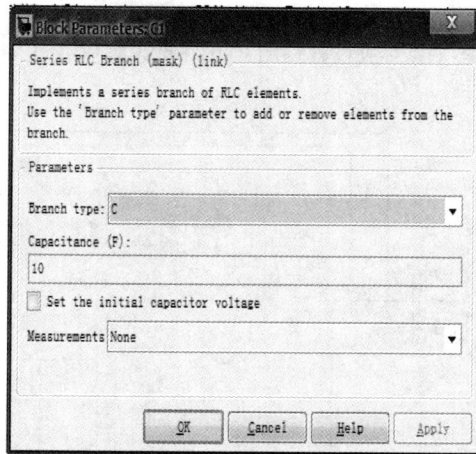

图 3-86 滤波电容器 C 参数设置对话框及参数设置

PWM 信号发生器要求的输入范围为 −1～1 之间的数（包括 −1 和 1），输出脉冲受输入信号的控制，脉冲最大输出频率设置为 3000Hz，如图 3-79 所示。当输入为 1 时，输出脉冲宽度最大，相当于完全导通，占空比为 1；当其输入为 −1 时，脉冲宽度最小，相当于完全关断。在从 −1 到 1 的变化过程中，脉冲宽度是呈线性增长的。

由于 PWM 信号发生器要求的输入范围为 [1，−1]，而 ASR 设置的输出限幅范围为 −100～100，为了能够将这两个相差很大的数匹配，在 ASR 的后面接一放大器，其放大倍数为 0.01，那么输出的数就被限制在 −1～1 的范围内了。

控制电路中 ASR 调节器的参数设置为：$K_{pn}=0.8$，$K_{in}=20$，上下限幅值为 [100，−100]。其他未作说明的参数为系统默认值。

二、系统的仿真参数设置

仿真中所选择的算法为 ode23t；仿真 Start time 设为 0，Stop time 设为 16。

三、系统的仿真、仿真结果的输出及结果分析

当建模和参数设置完成后，即可开始进行仿真。图 3-87 所示为双极式 H 型 PWM-M 单闭环可逆直流调速系统的给定、电流和转速曲线。从仿真结果可知，系统实现了调速。由于系统中没有限流措施，所以起动电流很大。

转速电流双闭环控制电路中的电流环具有限制起动电流的作用，况且转速电流双闭环控制也是一种典型的闭环控制结构。下面分析双极式 H 型 PWM-M 双闭环可逆直流调速系统的建模与仿真问题。

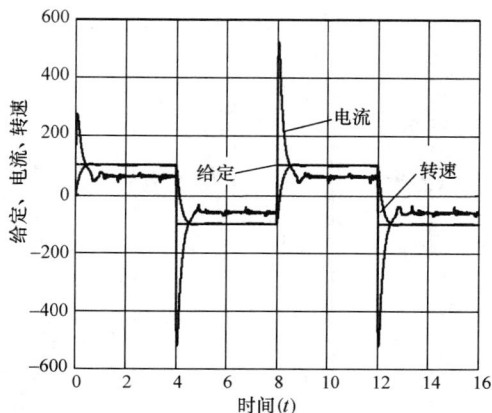

图 3-87 双极式 H 型 PWM-M 单闭环可逆直流调速系统的给定、电流和转速曲线

3.4.4　双极式 H 型 PWM - M 双闭环可逆直流调速系统的建模与仿真

基于电气原理结构图构作的双极式 PWM - M 双闭环直流可逆调速系统仿真模型如图 3 - 88 所示。

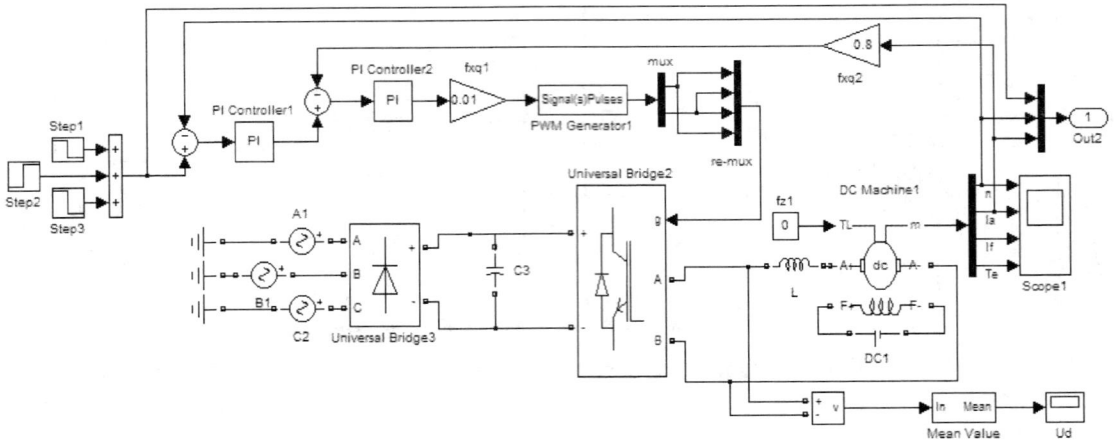

图 3 - 88　双极式 H 型 PWM - M 双闭环可逆直流调速系统仿真模型

（一）系统的建模与参数设置

1. 主电路的建模和参数设置

主电路的建模和参数设置与单闭环系统完全相同。

2. 控制电路的建模和参数设置

和单闭环控制电路相比较，双闭环控制主要是增加了一个电流闭环。其控制电路的有关参数设置如下：

（1）ASR 调节器的参数设置为：$K_{pn}=8$，$K_{in}=30$，上下限幅值为 [100，-100]。

（2）ACR 调节器的参数设置为：$K_{pn}=5$，$K_{in}=20$，上下限幅值为 [100，-100]。

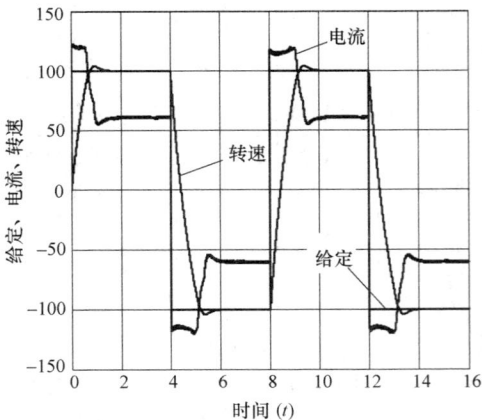

图 3 - 89　双极式 H 型 PWM - M 双闭环可逆直流调速系统的给定、电流和转速曲线

（3）电流反馈系数经过多次调试后取 0.8。

其他没作说明的为系统默认参数或与单闭环系统相同。

（二）系统的仿真参数设置

仿真中所选择的算法为 ode23t；仿真 Start time 设为 0，Stop time 设为 16。

（三）系统的仿真、仿真结果的输出及结果分析

当建模和参数设置完成后，即可开始进行仿真。图 3 - 89 所示为双极式 H 型 PWM - M 双闭环可逆直流调速系统的给定、电流和转速曲线。从仿真结果可知，转速、电流实现了可逆，并且由于电流负反馈的作用，起动电流得到有效抑制。

3.4.5 PWM直流变换器的双极式、单极式、受限单极式控制模式的仿真与分析

H型PWM-M可逆直流调速系统的重要内容是H型PWM变换电路的调制方式，其中各种调制方式所需要的PWM驱动信号的产生是研究的核心内容。表3-5为H型PWM电路各种调制所对应的VT1～VT4通断情况。

表3-5　　　　　　　H型PWM电路各种调制方式下VT1～VT4通断情况表

控制方式	电动机转向	开关状态	
双极式	正转	VT1和VT4、VT2和VT3两两成对	
	反转	按照PWM方式同时导通和关断，工作于互补状态	
单极式	正转	VT3恒关断 VT4恒导通	VT1和VT2工作于
	反转	VT3恒导通 VT4恒关断	互补的PWM方式
受限单极式	正转	VT4始终处于导通状态，而VT2和VT3都关断	VT1工作于PWM方式
	反转	VT3始终处于导通状态，而VT1和VT4都关断	VT2工作于PWM方式

一、双极式PWM调制方式的建模与仿真
（一）双极式PWM调制方式的建模与参数设置
双极式PWM调制方式的仿真模型如图3-90所示。

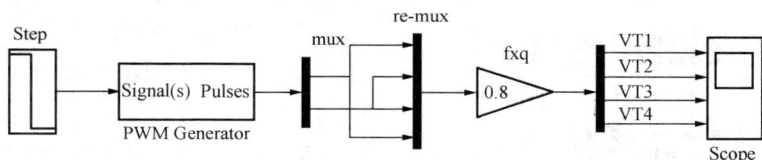

图3-90　双极式PWM调制方式的仿真模型

系统参数设置如下：

（1）输入阶跃信号的阶跃时间0.5s；初始值0.5，终了值-0.5。

（2）PWM Generator的调制频率设置为15Hz，频率设置得比较低是为了能够看出4个驱动信号的相位关系。

（二）双极式PWM调制方式的仿真结果与分析

仿真选择的算法为ode23t；仿真Start time设为0，Stop time设为1。图3-91所示为双极式PWM驱动信号波形，波形从上而下依次为VT1、VT2、VT3、VT4。由图可见，驱动信号完全符合：VT1和VT4、VT2和VT3两两成对按照PWM方式同时导通和关断，并且工作于互补

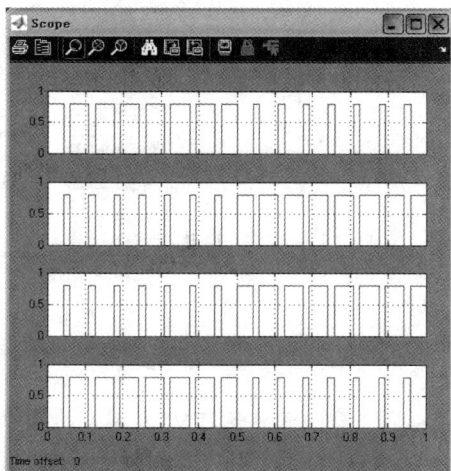

图3-91　双极式PWM驱动信号波形

155

状态。

二、 单极式 PWM 调制方式的建模与仿真

（一）单极式 PWM 调制方式的建模与参数设置

单极式 PWM 调制方式的仿真模型如图 3-92 所示。其参数设置同双极式方式。

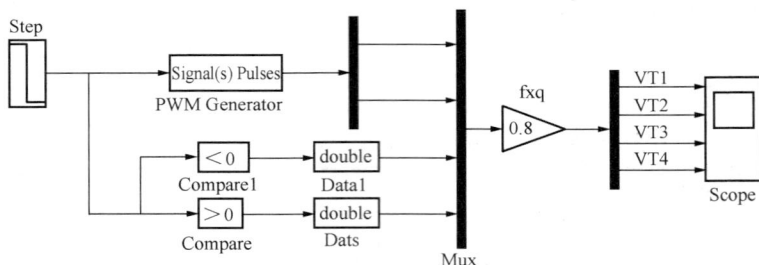

图 3-92　单极式 PWM 调制方式的仿真模型

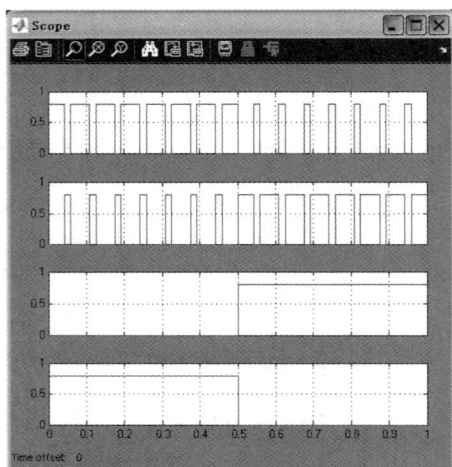

图 3-93　单极式 PWM 驱动信号波形

（二）单极式 PWM 调制方式的仿真结果与分析

仿真选择的算法为 ode23t；仿真 Start time 设为 0，Stop time 设为 1。图 3-93 所示为单极式 PWM 驱动信号波形。

由图 3-93 可见，驱动信号完全符合：正转时，VT3 恒关断 VT4 恒导通；反转时，VT3 恒导通 VT4 恒关断；无论是正转还是反转，VT1 和 VT2 总是工作于互补的 PWM 方式。

三、 受限单极式 PWM 调制方式的建模与仿真

（一）受限单极式 PWM 调制方式的建模与参数设置

受限单极式 PWM 调制方式的仿真模型如图 3-94 所示。选择开关的第二输入端的值设置为 1，其他参数设置同单极式方式。

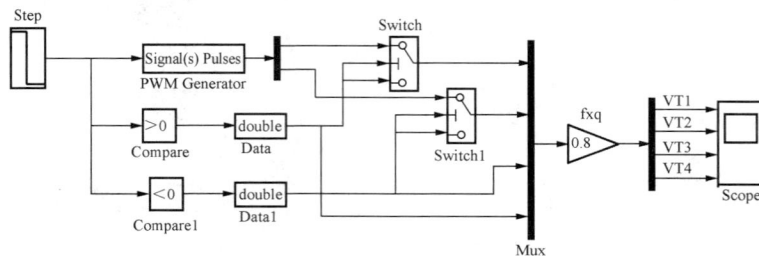

图 3-94　受限单极式 PWM 调制方式的仿真模型

（二）受限单极式 PWM 调制方式的仿真结果与分析

仿真选择的算法为 ode23t；仿真 Start time 设为 0，Stop time 设为 1。图 3-95 所示为受限单极式 PWM 驱动信号波形。

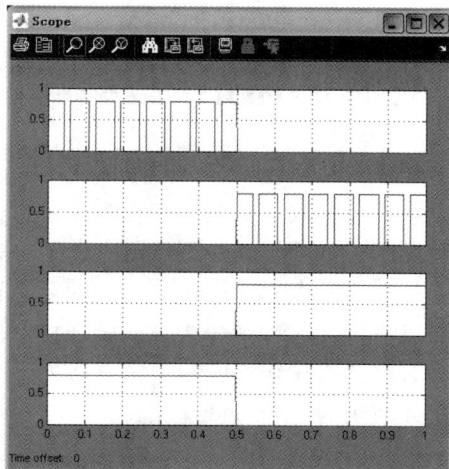

图 3-95　受限单极式 PWM 驱动信号波形

由图 3-95 可见，驱动信号完全符合：正转时，VT1 工作于 PWM 方式，VT4 处于恒导通而 VT2 和 VT3 恒关断；反转时，VT2 工作于 PWM 方式，VT3 处于恒导通而 VT1 和 VT4 恒关断方式。

习题与思考题

1. 练习 MATLAB 的 Simulink 和 SimPower System 模块库的使用，熟悉两个模块库中模块的内容和模块的用途。

2. 采用面向控制系统电气原理结构图的建模与仿真方法，对本章所介绍的典型单闭环系统、双闭环系统、三闭环调速系统、可逆直流调速系统自行进行建模与仿真练习，并探讨每种系统在不同负载下的输出情况以及给定信号允许的变化范围。

3. 采用面向控制系统电气原理结构图的建模与仿真方法，对本章所介绍的直流脉宽调速系统自行进行建模与仿真练习，并探讨模型的调速范围和抗负载扰动能力。

4 交流调速系统及其控制技术

本章按照对转差功率的不同处理方式，对交流调速系统进行了分类。首先讨论了交流异步电动机调压调速系统，简要介绍了晶闸管交流调压器，着重分析了闭环控制的交流调压调速系统。其次从绕线式转子异步电机串级调速原理入手，简要讨论了串调系统中转子整流器的特殊工作状态和串调系统的机械特性，详细分析了双闭环控制的串级调速系统。最后介绍了变频调速的基本控制方式和对应的机械特性；讨论了变频器，分析了变频调速所用的控制环节，利用变频器及变频控制环节组成了变频调速系统。

4.1　概　　述

4.1.1　交流调速系统的特点

直流调速系统虽然性能优异，但却解决不了直流电动机本身的换向问题和在恶劣环境下的不适用问题；同时，制造大容量、高转速及高电压直流电动机也十分困难，这就限制了直流拖动系统的进一步发展。交流电动机自 1885 年出现后，由于没有理想的调速方案，因而长期用于恒速拖动领域。20 世纪 70 年代后，交流电动机调速方案中的关键控制问题得到了解决，使得交流调速得到迅速发展，逐步取代了大部分直流调速系统。目前，交流调速系统已具备了宽调速范围、高稳态精度、快速动态响应、高工作效率以及可以四象限运行等优异性能，其静、动态特性均可以与直流调速系统相媲美。

交流调速系统与直流调速系统相比，具有如下特点：

（1）容量大；

（2）转速高且耐高压；

（3）交流电动机的体积、质量、价格比同等容量的直流电机小，且结构简单、经济可靠、惯性小；

（4）交流电动机环境适应性强，坚固耐用，可以在恶劣环境下使用；

（5）高性能、高精度的新型交流拖动系统已达到同直流拖动系统一样的性能指标；

（6）交流调速系统能显著地节能。

4.1.2　交流调速系统的分类

交流异步电动机的转速表达式为

$$n = \frac{60 f_s}{p_m}(1-s)$$

从该式可归纳出交流异步电动机的三类调速方法，即变极对数 p_m 的调速、变转差率 s 调速和变定子电源频率 f_s 调速。常见的交流调速系统种类有：①变极调速；②调压调速；③绕线式异步电动机转子串电阻调速；④绕线式异步电动机串级调速；⑤电磁转差离合器调速；⑥变频调速；等等。其中②、③、④、⑤属变 s 调速。以上是一种比较原始的分类方法。

现在科学的分类方法是：看调速系统是如何处理转差功率的，转差功率是消耗掉还是得到回收，还是保持不变。从这点出发，可以把异步电动机的调速系统分成三类：

（1）转差功率消耗型调速系统——转差功率全部转化成热能而被消耗掉。这类系统的调速效率低，是以增加转差功率的消耗来换取转速的降低（恒转矩负载时），越向下调速，效率越低。这类系统结构最简单，因而还有一定的应用场合。上述②、③、⑤种调速系统属于这类系统。

（2）转差功率回馈型调速系统——转差功率的少部分被消耗掉，大部分则通过变流装置回馈给电网或者转化为机械能予以利用。转速越低，回收的转差功率越多。异步电动机串级调速④就属于这类系统。这类系统的效率显然比上一类要高得多。

（3）转差功率不变型调速系统——这类系统在调速过程中，转差功率的消耗基本不变，与额定转速相差不多，因此效率最高。上述中的①、⑥种调速系统属于此类。其中变极对数 p_m 的方法只能实现有级调速，应用场合有限。只有变频调速应用最广，可以构成高动态性能的交流调速系统，是最有发展前景的。

4.2 交流异步电动机调压调速系统

交流异步电动机调压调速属于转差功率消耗型的调速系统。

4.2.1 交流异步电动机调压调速原理和方法

一、调压调速原理

异步电动机的机械特性方程式为

$$T_e = \frac{3p_m U_s^2 R_r'/s}{\omega_s[(R_s+R_r'/s)^2+\omega_s^2(L_s+L_r')^2]}$$

式中：p_m 为电动机的极对数；U_s、ω_s 为电动机定子相电压和供电电源角频率；s 为转差率；R_s、R_r' 为定子每相电阻和折算到定子侧的转子每相电阻；L_s、L_r' 为定子每相漏感和折算到定子侧的转子每相漏感；下标 s 代表定子侧变量，r 代表转子侧变量（或用 1 代表定子侧变量，2 代表转子侧变量）。

可见，当转差率 s 一定时，电磁转矩 T_e 与定子电压 U_s 的平方成正比。改变定子电压可得到一组不同的人为机械特性，如图 4-1 所示。在带恒转矩负载（T_L）时，可得到不同的稳定转速，如图中的 A、B、C 点，其调速范围较小；而带风

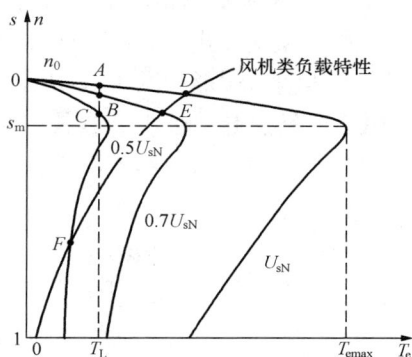

图 4-1 异步电动机在不同电压下的机械特性
U_{sN}—定子额定相电压

159

机泵类负载时，可得到较大的调速范围，如图中的 D、E、F 点。

所谓调压调速，就是通过改变定子相电压来改变电磁转矩，从而达到改变电机转速的目的，即 $U_s \updownarrow \rightarrow T_e \updownarrow \rightarrow n \updownarrow$。

二、调压调速方法

交流调压调速是一种比较简便的调速方法，关键是如何获取可调的交流调压电源。为了获得可调交流电压，可采用下列调压方法。

（一）传统调压器调压

过去主要是利用自耦变压器 TU（小容量时）调压，其原理如图 4-2（a）所示。

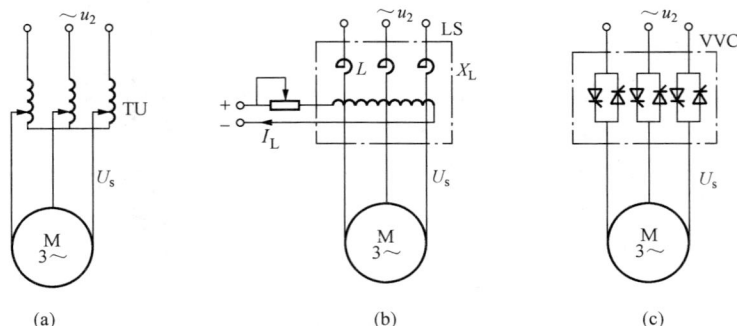

图 4-2 异步电动机调压调速原理

（a）自耦变压器调压；（b）饱和电抗器调压；（c）晶闸管交流调压器调压

（二）饱和电抗器调压

利用饱和电抗器调压原理如图 4-2（b）所示，饱和电抗器 LS 是带有直流励磁绕组的交流电抗器。改变直流励磁电流 I_L 可以控制铁心的磁饱和程度，从而改变其交流电抗值 X_L。铁心饱和时，交流电抗很小，因而电动机定子所得电压高；铁心不饱和时，交流电抗随直流励磁电流而变化，因而定子电压也随其变化，从而实现调压调速，即 $I_L \updownarrow \rightarrow X_L \updownarrow \rightarrow U_s \updownarrow \rightarrow T_e \updownarrow \rightarrow n \updownarrow$

（三）晶闸管交流调压器调压

如图 4-2（c）所示，采用三对反并联的晶闸管或三个双向晶闸管调节电动机定子电压，这就是晶闸管交流调压。晶闸管元件组成的调压器是自动交流调压器的主要形式。

现以图 4-3 所示单相调压电路为例来说明晶闸管的控制方式，其控制方法有两种：

（1）相位控制方式。通过改变晶闸管的导通角（见图 4-4 中阴影部分）来改变输出交流电压。电压输出波形如图 4-4 所示。相位控制输出电压较为精确，调速精度较高、快速性好，低速时转速脉动较小，是晶闸管交流调压的主要方式。但由于相位控制的导通波形只是工频正弦波一周期的一部分，含有成分复杂的谐波，易对电网造成谐波污染。

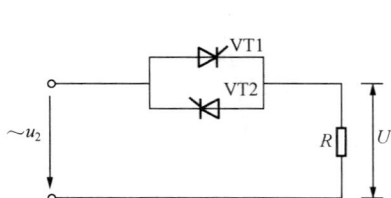 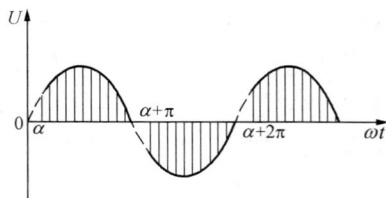

图 4-3 晶闸管单相调压电路   图 4-4 晶闸管开关控制下的负载电压波形

（2）开关控制方式。为了克服相位控制方式所产生的谐波影响，可采用开关控制。也就是把晶闸管作为开关，使其工作在全导通或全关断状态，将负载电路与电源完全接通几个半波，然后再完全断开几个半波。交流电压的大小靠改变通断时间比 t_0/t_p 来调节。这种控制下的单相输出电压波形如图 4-5 所示。

开关控制由于采用了"过零"触发方式，谐波污染小。但在导通周期内电动机承受的电压为额定电压，而在间歇周期内电动机承受的电压为零，故加在电动机上的电压变化剧烈，转速脉动较大，特别是在低转速时，影响尤为严重，故开关控制方式常用于大容量、调速范围较小的场合。

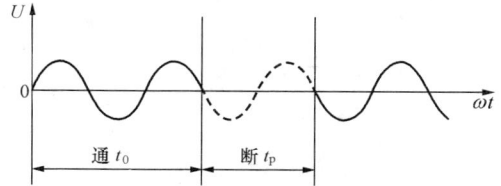

图 4-5　晶闸管开关控制下的
单相输出电压波形

在晶闸管交流调压器调压中，晶闸管可借助于负载电流过零而自行关断，不需要另加换流装置，故线路简单、调试容易、维修方便、成本低廉，便于对原交流拖动系统改造时应用。

4.2.2　交流调压调速系统中的交流调压电源

一、晶闸管相控式交流调压电路

（一）单相交流调压电路

用晶闸管对单相交流电压进行调压的电路有多种形式，这里以应用最广泛的反并联电路为例来分析，晶闸管控制采用相位控制方式。

1. 电阻性负载的情形

晶闸管单相交流反并联电路如图 4-3 所示。当电源电压 U_s 为正半周，控制角为 α 时，触发晶闸管 VT1 使之导通。电源通过 VT1 向负载 R 供电，U_s 过零时，VT1 自行关断。U_s 负半周时在同一控制角 α 触发 VT2 使之导通，电源通过 VT2 向负载供电。不断重复上述过程，在负载 R 上就得到正负对称的交流电压，如图 4-4 所示。显然，改变控制角 α 就可改变负载 R 上交流电压和电流的大小。

2. 电阻—电感性负载的情形

当交流调压电路的负载是电阻—电感性负载（如交流电动机）时，晶闸管的工作情况与电阻性负载时就不相同了，此时晶闸管的工作不只与触发控制角 α 有关，还与负载电路的阻抗角 φ 参数有关。在单相交流调压电路中，当以阻抗角 φ 来表征电阻—电感性负载的参数情况时，通过一系列分析，可以得到如下结论：对电阻—电感性负载，晶闸管调压电路应采用宽脉冲或脉冲列方式触发，晶闸管控制角的正常移相范围为 $\varphi \leqslant \alpha \leqslant 180°$

（二）三相交流调压电路

交流调压调速需要三相交流调压电路，晶闸管三相交流调压电路的接线方式很多，工业上常用的是三相全波星形连接的调压电路，如图 4-6 所示。这种电路接法的特点是负载输出谐波分量低，适用于低电压大电流的场合。

要使该电路正常工作，必须满足下列条件：

（1）在三相电路中至少要有一相的正向晶闸管与另一相的反向晶闸管同时导通。

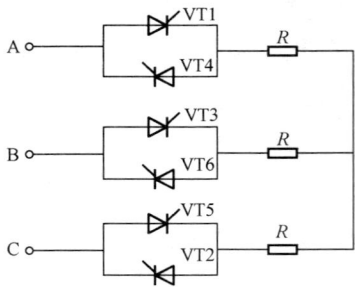

图 4-6 三相全波星形连接的
调压电路

（2）要求采用宽脉冲或双窄脉冲触发电路。

（3）为了保证输出电压三相对称并有一定的调节范围，要求晶闸管的触发信号除了必须与相应的交流电源有一致的相序外，各触发信号之间还必须严格地保持一定的相位关系：要求 A、B、C 三相电路中正向晶闸管（即在交流电源为正半周时工作的晶闸管）的触发信号相位互差 120°，三相电路中反向晶闸管（即在交流电源为负半周时工作的晶闸管）的触发信号相位也互差 120°；但同一相中反并联的两个正、反向晶闸管的触发脉冲相位应互差 180°。根据上面的结论，可得出三相调压电路中各晶闸管触发的次序为 VT1、VT2、VT3、VT4、VT5、VT6、VT1···，相邻两个晶闸管的触发信号相位差为 60°。

三相交流调压电路的输出波形较复杂，详细内容可参考有关专门资料。

二、斩波式交流调压电路

（一）交流斩波调压原理

单相斩控式交流调压电路的基本工作原理和直流斩波电路类似，它将交流开关同负载串联或并联，如图 4-7（a）所示。假定电路中各部分都处在理想状态，开关 S1 为斩波开关，S2 为考虑负载电感续流的开关。S1 和 S2 不允许同时导通，通常二者在导通时序上互补。

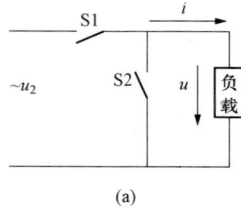

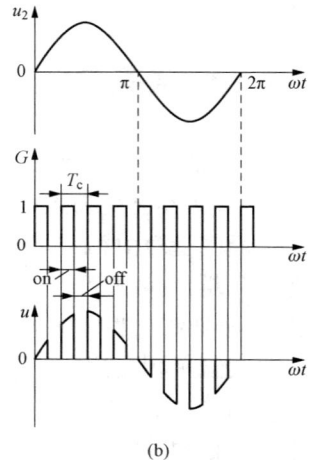

（二）交流斩波控制开关

交流斩波调压电路的交流开关一般采用全控型器件，如 GTO、GTR、IGBT 等。常用交流开关的电路结构如图 4-8 所示。

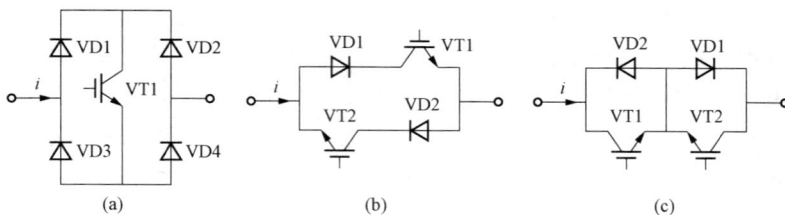

图 4-7 交流斩波调压电路原理图和波形
（a）斩控式交流调压电路；（b）电路的输出波形
G—控制 S1 的开关信号

图 4-8 常用交流开关电路结构图
（a）结构一；（b）结构二；（c）结构三

在图 4-8（a）所示电路中，只使用 1 个全控开关器件。当负载电流方向改变时，二极管桥中导通的桥臂自然换相（从 VD1、VD4 切换到 VD2、VD3），而流过开关器件中的电流方向不会改变。在图 4-8（b）、（c）所示电路中，每 1 个双向开关中含有两个全控开关，它们在负载电流的不同方向上分别进行控制。控制电路必须有严格的同步要求，两个开关可独立控制，控制方式比较灵活。

（三）单相交流斩波调压电路的输出

单相交流斩波调压电路的结构如图 4 - 9（a）所示。纯电阻负载时，负载电流 i 的基波波形与负载电压波形同相，如图 4 - 9（b）所示。

单相和三相交流斩波调压电路的结构、原理和波形请扫描二维码阅读详细内容。

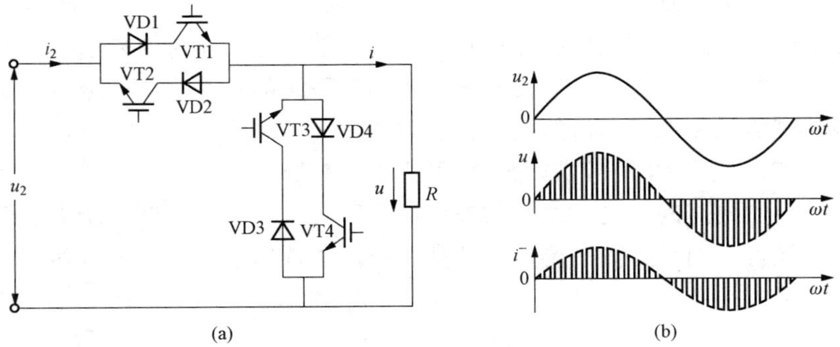

图 4 - 9　斩控式交流调压电路及波形
（a）斩控式交流调压电路；（b）电路的输出波形
i^-——负载电流的基波

4.2.3　交流调压调速系统的闭环控制

一、异步电动机调压调速的机械特性

普通异步电动机调压调速时的机械特性如图 4 - 1 所示，其机械特性较硬，带恒转矩负载运行时调速范围不大（见图 4 - 1 中 A、B、C 点），最大转速变化范围为 $0 \sim s_m$；如果使电动机运行在 $s \geqslant s_m$ 的低速段，虽然调速范围可以变大，但问题是：一方面可能使系统运行不稳定；另一方面随着转速降低，转差功率增大，转子阻抗减小，将引起转子电流增大，因过热而损坏电机。为了扩大调速范围，使电动机在低速下能稳定运行又不致过热，这就要求电动机转子绕组有较高的电阻。对于笼型异步电动机，可以将转子的鼠笼由铸铝材料改为电阻率较大的新材料，制成高转子电阻的电动机，称为力矩电机，其机械特性如图 4 - 10 所示。

显然，在恒转矩负载下，电动机的调速范围增大了，而且这种电动机可在堵转力矩下工作而不被烧坏。但低速运行时，电动机转子回路电阻的增大必然导致机械特性变软，这是这种调速的缺陷。

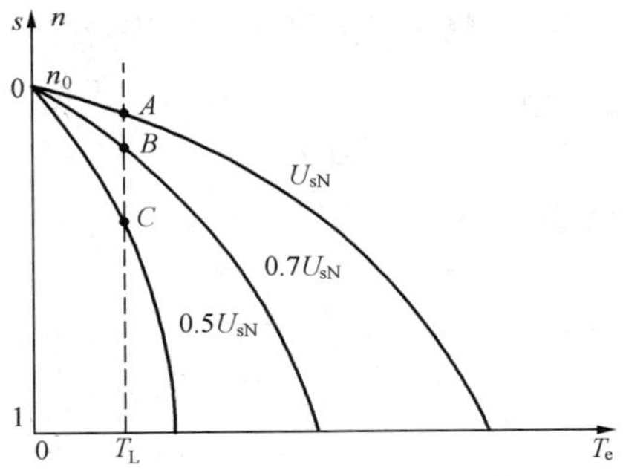

二、闭环控制的调压调速系统

在调压调速系统中，采用普通异步电动机时，其调速范围不大，且低速运行时稳定性差，在电网电压、负载有扰动时会引起较大的转速变化。采用

图 4 - 10　高转子电阻异步电动机
在不同电压下的机械特性
U_{sN}——定子额定相电压

高转子电阻异步电动机时，虽然调速范围扩大了，但机械特性变软，转速静差率变大了，如图 4-10 所示。开环控制很难解决这些矛盾，解决的根本方法是采用带速度负反馈的闭环控制。在调速要求不高的场合，也可采用定子电压负反馈闭环控制。

图 4-11（a）为带转速负反馈的闭环调压调速系统原理图，图 4-11（b）为相应的调速系统静特性。如果系统带负载 T_L 在 A 点运行，当负载增大引起转速下降时，反馈控制作用将提高定子电压，使转速恢复，即在新的一条机械特性上找到工作点 A'。同理，当负载减小使转速升高时，也可得到新工作点 A''。将工作点 A'、A、A'' 连接起来便是闭环系统的静特性。尽管异步电动机的开环机械特性和直流电动机的开环机械特性差别很大，但在不同开环机械特性上各取相应的工作点，连接起来得到闭环系统静特性这样的分析方法是完全一致的。所以，虽然交流异步力矩电机的机械特性很软，但由系统放大系数决定的闭环系统静特性却可以很硬。如果采用 PI 调节器，同样可以做到无静差。改变给定信号 U_n^*，则静特性上下平行移动，达到调速的目的。这样的静特性由于具有一定的硬度，所以不但能保证电机在低速下的稳定运行，而且提高了调速的精度，扩大了调速范围，一般可达 10∶1。

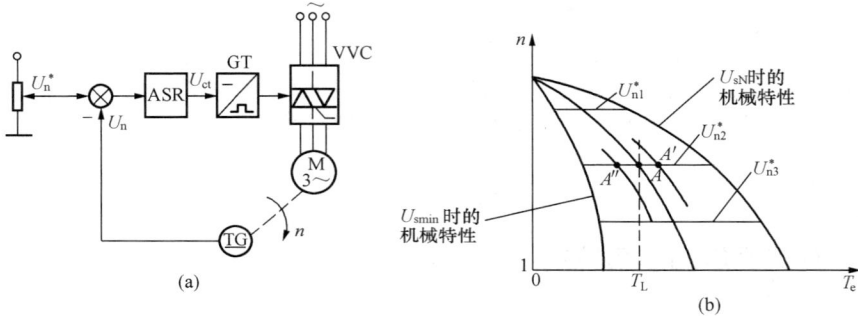

图 4-11 转速闭环调压调速系统
（a）调压调速系统原理图；（b）调压调速系统静特性
U_{n1}^*、U_{n2}^*、U_{n3}^*—给定电压

与直流变压调速系统不同的是：在额定电压 U_{sN} 下的机械特性和最小电压 U_{smin} 下的机械特性是闭环系统静特性左右两边的极限，当负载变化达到两侧的极限时，闭环系统便失去控制能力，回到开环机械特性上工作。

三、 调压调速系统闭环稳态结构

根据图 4-11（a）所示的系统原理图，可画出系统的静态结构关系，如图 4-12 所示。它与单闭环直流调速系统的静态结构框图非常相似，只要将单闭环直流调速系统中的晶闸管整流器、直流电动机换成晶闸管交流调压器（图 4-12 中的晶闸管调压装置）、异步电动机即可。

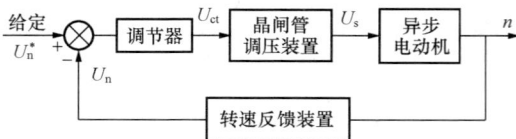

图 4-12 调压调速系统稳态结构框图

单闭环交流调压调速系统的稳态计算和动态设计可参见第 6 章的工程计算内容。

四、 调压调速系统的可逆运行及制动

为使调压调速系统能可逆运行，可采用改变电机定子供电电压相序的办法。改变相序可以用晶闸管来实现。图 4-13 采用了五组反并联的晶闸管来实现无触点开关的切换。图

中，晶闸管1~6供给电动机定子正相序电源，晶闸管7~10及1、4则供给电动机定子反相序电源，从而可使电动机正、反向旋转。

利用图4-13的电路还可以进行电动机的反接制动与能耗制动。反接制动时，工作的晶闸管就是上述供给电动机定子反相序电源的6个元件。当电动机要进行耗能制动时，可根据制动电路的形式不对称地控制某几个晶闸管工作。如仅使1、2、6三个元件导通，其他元件都不工作，这样就可使电动机定子绕组中流过直流电流，而对旋转着的电动机产生制动转矩，所以调压调速系统具有良好的制动特性。

图4-13　电动机的正反转及制动电路

五、　调压调速系统中的能耗与效率分析

由异步电动机的运行原理可知：当电动机定子接入三相交流电源后，定子绕组中建立的旋转磁场使转子绕组中感应出电流，两者相互作用产生电磁转矩 T_e 使转子加速，直到稳定于低于同步转速 n_0 的某一转速 n。由于旋转磁场和转子承受同样的转矩，但具有不同的转速，因此传到定子上的电磁功率 P_2 与转子轴上产生的机械功率 P_M 之间存在功率差 P_s，大小为

$$P_s = P_2 - P_M = \frac{1}{9550}T_e n_0 - \frac{1}{9550}T_e n = \frac{1}{9550}T_e(n_0 - n) = sP_2 \qquad (4-1)$$

P_s 称为转差功率，它将通过转子导体发热而消耗掉（即转子铜损耗），图4-14为异步电动机的能量流程图。

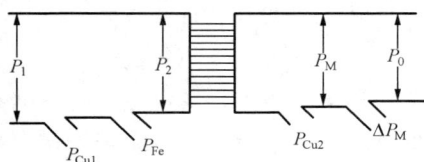

图4-14　异步电动机的能量流程图

由图4-14可以看出，除了转差功率外，电动机中还存在其他能量损耗，不过对调压调速系统来说，特别是在低速时，转差功率占主要成分。因此若忽略其他损耗，则电动机的效率为

$$\eta = \frac{P_0}{P_1} \approx \frac{P_M}{P_2} = \frac{n}{n_0} = 1 - s \qquad (4-2)$$

（1）恒转矩负载时的效率。带恒转矩负载时，有 $T_e = T_L$ 不变；因为 f_s 不变，故 n_0 不变，所以电磁功率 P_2 也不变。从式（4-1）、式（4-2）可知，随着转速的降低，转差功率 sP_2 增大，效率降低。

（2）风机泵类负载时的效率。对风机泵类负载而言，有 $T_e = T_L = Kn^2$，随着转速的降低，T_e、P_2 按平方速率下降，尽管低速时，转差率 s 增大，但总的来说转差功率 $P_s = sP_2$ 下降，损耗变小。

由此可见，交流调压调速系统带恒转矩负载时，随着转速的降低，效率降低；而带风机泵类负载时，随着转速的降低，效率反而升高。所以，调压调速系统适合于风机、水泵等设备的调速节能。

4.3　绕线式异步电动机串级调速系统

绕线式异步电动机串级调速属转差功率回馈型调速。

4.3.1 串级调速的原理

一、 串电阻调速的原理

众所周知，绕线式异步电动机在转子回路中串接附加电阻可实现调速，下面介绍其工作原理。

从异步电动机转子电流表达式可知

$$I_2 = \frac{sE_{r0}}{\sqrt{(R_r + R_f)^2 + (sX_{r0})^2}}$$

式中：E_{r0} 和 X_{r0} 分别为异步电动机转子不转时的转子感应电动势和转子电抗；R_r 为转子电阻；R_f 为转子回路串接电阻。

当转子回路串入电阻 R_f 后，转子电流 I_2 瞬时降低，电动机的电磁转矩 T_e 也随转子电流 I_2 值的减小而相应降低，出现电磁转矩小于负载转矩的状态，稳定运行条件被破坏，电动机减速。随着转速的降低，s 值增大，转子电流回升，电磁转矩也相应回升，当电磁转矩与负载转矩又相等时，减速过程结束，电动机就在此转速下稳定运转。此时，转速已降低，实现了调速，具体调节过程如下：

$R_f\uparrow \to I_2\downarrow \to T_e\downarrow \to (T_e-T_{dL})<0 \to \dfrac{dn}{dt}<0 \to n\downarrow \to s\uparrow \to I_2\uparrow \to T_e\uparrow \to$ 使 $T_e=T_{dL} \to$ 达到新的平衡，但速度已经降低。

分析串电阻调速方法的目的主要是从串电阻调速的原理获得串级调速的启发，串电阻调速虽然简单方便，但无论从调速的性能还是从节能的角度来看，这种调速方法的性能都是低劣的。

二、 串级调速的原理

为了改变绕线式异步电动机的转子电流，除了在转子回路串电阻外，还可以在转子回路中串入与转子电动势同频率的附加电动势，通过改变附加电动势的幅值和相位实现调速。这样，在低速运转时，转差功率只有一小部分在转子绕组本身的电阻上消耗掉，而大部分被串入的附加电动势所吸收，再利用产生附加电动势的装置，设法把所吸收的这部分转差功率回馈给电网（或送回电动机轴上输出），这样就使电动机在低速运转时仍具有较高的效率。这种在绕线式异步电动机转子回路中串入附加电动势的高效率调速方法，称为串级调速。串级调速完全克服了转子串电阻调速方法的缺点，具有高效率、无级平滑调速等许多优点。

当电动机转子串入的附加电动势 E_f 相位与转子感应电动势 sE_{r0} 的相位相差 180°时，电动机在额定转速值以下调速，称为次同步调速。

从转子电流表达式

$$I_2 = \frac{sE_{r0} - E_f}{\sqrt{R_r^2 + (sX_{r0})^2}} \tag{4-3}$$

可以看出，因为串入反相位的附加电动势 E_f，它引起转子电流减小，而电动机的电磁转矩 T_e 随转子电流的减小也相应减小，出现电磁转矩小于负载转矩的情况，稳定运行条件被破坏，电动机减速，随着转速的降低，s 增大，转子电流回升，电磁转矩也相应回升，当电磁转矩回升到与负载阻转矩相等时，减速过程结束，电动机就在此转速下稳定运转。串入与转子感应电动势相位相反的附加电动势幅值越大，电动机的稳定转速就越低。这就是低于同步转速的串级调速原理，具体调节过程如下：

$$E_f\uparrow\to I_2\downarrow\to T_e\downarrow\to(T_e-T_{dL})<0\frac{\mathrm{d}n}{\mathrm{d}t}<0\to n\downarrow\to s\uparrow\to I_2\uparrow\to T_e\uparrow\to 使\ T_e=T_{dL}\to 达$$

到新的平衡，但速度已经降低。

串级调速还可以向高于同步转速的方向调速，只要使电动机转子回路串入的附加电动势 E_f 相位与转子感应电动势 sE_{r0} 的相位相同即可。其分析方法与上述相同，读者可自行分析。

4.3.2 串级调速系统主回路中的电源问题

一、串级调速系统需要的电源

根据串级调速的原理，串级调速系统主回路中串入的附加电动势 E_f 应该是与转子感应电动势 sE_{r0} 反相位同频率且频率随转子频率同步变化的交流变频电源。这样的电源在工程上是很难得到的。

二、串级调速系统主回路电源的工程实现

工程上，次同步串级调速系统是用不可控整流器将转子电动势 sE_{r0} 整流为直流电动势，并与转子整流回路中串入的直流附加电动势 U_β 进行合成，通过改变 U_β 值的大小，实现低于同步转速的调速运行。可调直流附加电动势 U_β 在工程上比较容易得到。

（一）串级调速系统主回路组成

根据工程实现方法的思路，串级调速系统主回路构成如图4-15所示。系统主回路的电气部分（除机械负载外）由绕线式异步电动机、转子整流器 UR、平波电抗器、晶闸管有源逆变器 UI、逆变变压器等部件组成。转子整流器 UR 的作用是将交流转子电动势 sE_{r0} 整流为直流电动势 sE_{d0}，晶闸管有源逆变器 UI 产生直流附加电动势 U_β，改变逆变角就改变了逆变电动势，即改变了直流附加电动势 U_β，就可实现串级调速。其具体

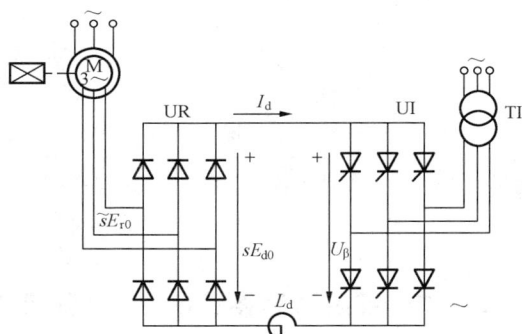

图4-15 串级调速系统主回路构成图

调节过程为：$U_\beta\uparrow\to I_d\downarrow\to I_2\downarrow\to T_e\downarrow\to(T_e-T_{dL})<0\to\frac{\mathrm{d}n}{\mathrm{d}t}<0\to n\downarrow\to s\uparrow\to I_2\uparrow\to T_e\uparrow\to$ 使 $T_e=T_{dL}\to$ 达到新的平衡，但速度已经降低。

（二）串级调速系统中转子整流器的工作状态

串级调速系统主回路中的核心部件是有源逆变器和转子整流器。有源逆变器在电力电子技术课程中已有讨论，下面主要分析转子整流器的工作状态。

在转子整流器中，绕线式异步电动机充当了整流变压器的角色。电动机的定子绕组相当于整流变压器的一次绕组，转子绕组相当于整流变压器的二次绕组。但是电动机的电气特性毕竟不同于变压器，因此在分析串级调速系统的转子整流器时，应特别注意其与一般整流器的几点不同：

（1）转子三相感应电动势的幅值和频率都是转差率 s 的函数；

（2）折算到转子侧的漏抗值也是转差率 s 的函数；

（3）由于电动机折算到转子侧的漏抗值较大，换流重叠现象严重，转子整流器会出现"强迫延迟换流"现象，引起转子整流电路的特殊工作状态。

转子整流器换流重叠角 γ 的一般表达式为

$$\cos\gamma = 1 - \frac{2X_{D0}}{\sqrt{6}E_{r0}}I_d$$

式中：I_d 为整流电流平均值；E_{r0} 为转子开路时的相电动势有效值；X_{D0} 为折算到转子侧的每相漏抗（$s=1$ 时）。

由上式可见，当 E_{r0} 和 X_{D0} 确定时，换流重叠角 γ 随着 I_d 的增大而增大。

（1）转子整流器的第一工作状态（$0<\gamma\leqslant60°$）。在第一工作状态中，$I_d<\dfrac{\sqrt{6}E_{r0}}{4X_{D0}}$，$\gamma<60°$，随 I_d 的增加，γ 也增加，二极管元件在自然换流点换流。

（2）转子整流器的第二工作状态（$\gamma=60°$，$0<\alpha_p\leqslant30°$）。当 $I_d=\dfrac{\sqrt{6}E_{r0}}{4X_{D0}}$ 时，$\gamma=60°$，此时，若继续增大 I_d，则出现强迫延迟换流现象，即二极管元件的起始换流点从自然换流点向后延迟一段时间，这段时间用强迫延迟换流角 α_p 表示。在这一阶段，γ 保持 $60°$ 不变，而 α_p 在 $0\sim30°$ 间变化。

（3）转子整流器的第三工作状态（$\alpha_p=30°$，$\gamma>60°$）。当 $\alpha_p=30°$ 后再继续增大 I_d，则 $\alpha_p=30°$ 不变，而随 I_d 增大 γ 从 $60°$ 继续增大。第三工作状态属于故障工作状态。

图 4-16 表示了在不同工作状态下 I_d 与 γ、α_p 间的函数关系。

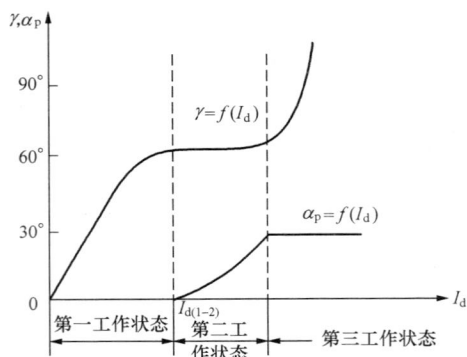

图 4-16　转子整流电路的 $\gamma=f(I_d)$、$\alpha_p=f(I_d)$

$I_{d(1-2)}$—第一、二工作状态分界点处的整流电流

4.3.3　串级调速系统的调速特性和机械特性

一、串级调速系统的调速特性

根据图 4-15 所示的串级调速系统主回路，可画出主回路接线图和忽略导通二极管、晶闸管压降的直流等效电路图，如图 4-17（a）、（b）所示。下面进行直流主回路的有关参数的计算。其方法是将电动机的定子侧参数折算到转子侧，将变压器的一次绕组参数折算到二次绕组；再将电动机和变压器的交流侧参数折算到直流侧。

（一）电动机的参数计算

图 4-17（a）中，R_{Ds} 和 X_{Ds} 为电动机的定子电阻和电抗，R_{Dr} 和 X_{Dr0} 为电动机的转子电阻和转子不动时的转子电抗。

（1）电动机的定子电抗折算到转子侧后，转子总电抗为

$$X_{D0} = \frac{1}{K_D^2}X_{Ds} + X_{Dr0}$$

式中：X_{D0} 为经过折算后的转子电抗（转子不动时）；K_D 为电动机的定子电压和转子电压之比。

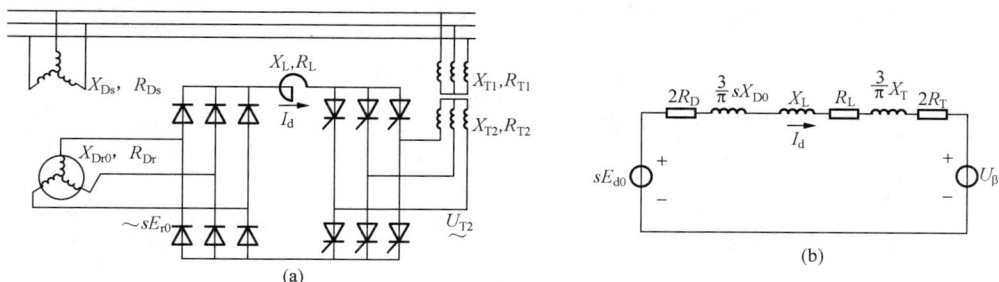

图 4-17 电气串级调速系统主回路接线图和直流等效电路

(a) 主回路；(b) 直流等效电路

（2）电动机的定子电阻折算到转子侧后，转子总电阻为

$$R_D = s\frac{R_{Ds}}{K_D^2} + R_{Dr} = sR'_{Ds} + R_{Dr}$$

（3）转子转动时的转子总电抗为 $X_D = sX_{D0}$。电动机转子侧参数折算到直流侧后，直流总电抗为

$$\frac{3}{\pi}X_D = \frac{3}{\pi}sX_{D0}$$

直流总电阻为

$$R_d = 3\left(\frac{I_2}{I_d}\right)^2 R_D$$

式中：I_2 和 I_d 为转子电流和直流主回路电流。

对转子整流器而言，有 $\dfrac{I_2}{I_d} = \sqrt{\dfrac{2}{3}\left(1 - \dfrac{\gamma}{2\pi}\right)^2}$，$\gamma$ 为换流重叠角，通常 $\gamma = \dfrac{\pi}{6} \sim \dfrac{2\pi}{9}$，此处简化为 $\gamma = 0$，则 $R_d = 2R_D$。

（二）转子整流器输出整流电压的计算

$$2.34sE_{r0} = sE_{d0}$$

（三）平波电抗器的电阻和电感

平波电抗器的电阻和电感分别为 R_L 和 X_L。

（四）逆变变压器参数的计算

图 4-17（a）中，R_{T1} 和 X_{T1} 为逆变变压器一次绕组的电阻和电抗，R_{T2} 和 X_{T2} 为变压器二次绕组的电阻和电抗。逆变变压器的参数计算与电动机基本相同。

（1）变压器的一次绕组电抗折算到二次侧后，二次绕组总电抗为

$$X_T = \frac{1}{K_T^2}X_{T1} + X_{T2}$$

式中：K_T 为变压器的一次电压和二次电压之比。

（2）变压器的一次绕组电阻折算到二次后，二次绕组总电阻为

$$R_T = \frac{1}{K_T^2}R_{T1} + R_{T2}$$

（3）变压器二次绕组总电抗折算到直流侧后，直流总电抗为

$$X_t = \frac{3}{\pi}X_T$$

变压器二次绕组总电阻折算到直流侧后，直流总电阻为

$$R_{t} = 3\left(\frac{I_{T2}}{I_{d}}\right)^{2} R_{T}$$

式中：I_{T2} 和 I_{d} 为变压器二次电流和直流主回路电流。

对变压器而言，有 $\dfrac{I_{T2}}{I_{d}} = \sqrt{\dfrac{2}{3}}$，则 $R_{t} = 2R_{T}$。

（五）逆变器逆变电压的计算

$$U_{\beta} = 2.34 U_{T2} \cos\beta$$

式中：U_{β} 为逆变器直流侧电压；U_{T2} 为逆变器交流侧的逆变变压器二次侧相电压；β 为逆变角。

根据图 4-17（b）所示的直流等效电路，可列出其转子整流器第一工作状态下的直流回路电压平衡方程式，即

$$sE_{d0} - U_{\beta} = 2.34 sE_{r0} - 2.34 U_{T2} \cos\beta = I_{d}\left(\frac{3}{\pi} sX_{D0} + \frac{3}{\pi} X_{T} + 2R_{D} + 2R_{T} + R_{L}\right)$$

$$(4-4)$$

其中，平波电抗器电感 X_{L} 已归并到 $\dfrac{3}{\pi} X_{T}$ 中。

将 $s = 1 - n/n_{0}$ 代入式（4-4）得转速 n 为

$$n = \frac{2.34(E_{r0} - U_{T2}\cos\beta) - I_{d}\left(\frac{3}{\pi} X_{D0} + \frac{3}{\pi} X_{T} + 2R_{D} + 2R_{T} + R_{L}\right)}{\dfrac{2.34 E_{r0} - \dfrac{3}{\pi} X_{D0} I_{d}}{n_{0}}}$$

$$(4-5)$$

$$= \frac{U' - I_{d} R_{\Sigma}}{C'_{e}}$$

$$U' = 2.34(E_{r0} - U_{T2}\cos\beta)$$

$$R_{\Sigma} = \frac{3}{\pi} X_{D0} + \frac{3}{\pi} X_{T} + 2R_{D} + 2R_{T} + R_{L}$$

$$C'_{e} = \frac{2.34 E_{r0} - \dfrac{3}{\pi} X_{D0} I_{d}}{n_{0}}$$

由式（4-5）可见，串级调速系统通过调节逆变角 β 进行调速时，其特性 $n = f(I_{d})$ 相当于他励直流电动机调压调速时的调速特性。但由于串级调速系统直流主回路等效电阻 R_{Σ} 比直流电动机电枢回路总电阻大，故串级调速系统的调速特性 $n = f(I_{d})$ 相对要软一些。

上述结论是在串级调速系统转子整流器为第一工作状态时得到的，转子整流器处于第二工作状态时仍可用相同的方法获得调速特性，其表达式见式（4-6），由式可见第二工作状态特性更软了。

$$n = \frac{2.34(E_{r0}\cos\alpha_{p} - U_{T2}\cos\beta) - I_{d}\left(\frac{3}{\pi} X_{D0} + \frac{3}{\pi} X_{T} + 2R_{D} + 2R_{T} + R_{L}\right)}{\dfrac{2.34 E_{r0}\cos\alpha_{p} - \dfrac{3}{\pi} X_{D0} I_{d}}{n_{0}}}$$

$$(4-6)$$

$$= \frac{U'' - I_{d} R_{\Sigma}}{C''_{e}}$$

$$U'' = 2.34(E_{r0}\cos\alpha_p - U_{T2}\cos\beta)$$

$$R_\Sigma = \frac{3}{\pi}X_{D0} + \frac{3}{\pi}X_T + 2R_D + 2R_T + R_L$$

$$C''_e = \frac{2.34E_{r0}\cos\alpha_p - \frac{3}{\pi}X_{D0}I_d}{n_0}$$

二、 串级调速系统的机械特性与最大转矩

由于转子整流器有第一和第二工作状态，相应地，串级调速系统机械特性也有第一和第二两个工作区，由此可以得到串级调速系统在这两个工作区的机械特性和最大转矩，并将它们与绕线式异步电动机固有特性的最大转矩进行比较，可以得出以下重要结论：串级调速系统的额定工作点位于机械特性第一工作区；串级调速系统在该区的过载能力比绕线式异步电动机固有特性时的过载能力降低了 17% 左右。

（一） 第一工作区的机械特性及最大转矩

经过推导，可以求得串级调速系统在第一工作区的机械特性表达式为

$$T_e = \frac{E_{d0}^2\left(\frac{3}{\pi}s_0 X_{D0} + \frac{3}{\pi}X_T + 2R_D + 2R_T + R_L\right)}{\omega_s\left(\frac{3}{\pi}s X_{D0} + \frac{3}{\pi}X_T + 2R_D + 2R_T + R_L\right)^2}(s - s_0) \qquad (4\text{-}7)$$

式中：s_0 为理想空载转差率，$s_0 = \dfrac{U_{T2}}{E_{r0}}\cos\beta$；$E_{d0}$ 为 $s = 1$ 时的转子空载整流电动势，$E_{d0} = 2.34E_{r0}$。

经推导可得第一、二工作区分界点电流为 $I_{d(1-2)} = \dfrac{\sqrt{6}E_{r0}}{4X_{D0}}$，分界点的转矩为 $T_{e(1-2)} = \dfrac{27E_{r0}^2}{8\pi\omega_s X_{D0}}$。绕线式异步电动机固有特性的最大转矩为（忽略定子电阻时）$T_{emax} = \dfrac{3E_{r0}^2}{2\omega_s X_{D0}}$，由此可得，$\dfrac{T_{e(1-2)}}{T_{emax}} = 0.716$，即 $T_{e(1-2)} = 0.716T_{emax}$。

由于一般绕线式异步电动机的最大转矩为 $T_{emax} \geqslant 2T_{eN}$，$T_{eN}$ 为绕线式异步电动机额定转矩，故 $T_{e(1-2)} \geqslant 1.432T_{eN}$。所以串级调速系统在额定转矩下运行时，一般处于机械特性第一工作区，而最大转矩发生在第二工作区。

（二） 第二工作区的机械特性及最大转矩

同样经过推导，可以求得串级调速系统在第二工作区的机械特性表达式为

$$T_e = \frac{9\sqrt{3}E_{r0}^2}{4\pi\omega_s X_{D0}}\sin(60° + 2\alpha_p) \qquad (4\text{-}8)$$

当强迫延迟换流角 $\alpha_p = 15°$ 时，可得串级调速系统机械特性在第二工作区内的最大转矩为

$$T_{e2m} = \frac{9\sqrt{3}E_{r0}^2}{4\pi\omega_s X_{D0}} \qquad (4\text{-}9)$$

由此可得

$$\frac{T_{e2m}}{T_{emax}} = 0.826 \qquad (4\text{-}10)$$

式（4-10）说明，采用串级调速后，绕线式异步电动机的过载能力降低了 17.4%。在

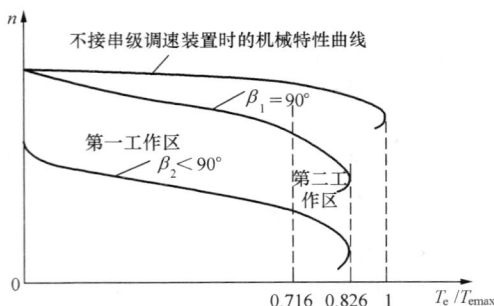

图 4 - 18 晶闸管串级调速系统机械特性曲线

选择串级调速系统绕线式异步电动机容量时，应特别考虑这个因素。

此外，在式（4 - 11）中，令 $\alpha_p = 0$，可得机械特性第二工作区的起始转矩 $T_{e2in} = T_{e(1-2)}$ $= \dfrac{27E_{r0}^2}{8\pi\omega_s X_{D0}}$，故两段特性在交点处（$\gamma = 60°$，$\alpha_p = 0$）衔接。

图 4 - 18 为晶闸管串级调速系统的机械特性曲线。由图可见，串级调速系统的机械特性比绕线异步电动机固有机械特性软，最大转矩

比固有机械特性的小。

4.3.4 串级调速系统的双闭环控制

根据生产工艺对调速系统静、动态性能要求的不同，串级调速系统可采用开环控制或闭环控制。其中，由转速电流双闭环组成的串级调速系统较为常用。

一、 双闭环串级调速系统的组成和工作原理

双闭环串级调速系统结构与双闭环直流调速系统相似，如图 4 - 19 所示。图中，ASR 和 ACR 分别为转速调节器和电流调节器，TG 和 TA 分别为测速发电机和电流互感器，GT 为触发器。为了使系统既能实现转速和电流的无静差调节，又能获得快速的动态响应，调节器 ASR 和 ACR 一般都采用 PI 调节器。

通过改变转速给定信号 U_n^* 的值，可以实现调速。例如：

$U_n^* \uparrow \rightarrow U_i^* \uparrow \rightarrow U_{ct} \uparrow \rightarrow \beta \uparrow \rightarrow U_\beta \downarrow \rightarrow I_2 \uparrow \rightarrow T_e \uparrow \rightarrow (T_e - T_{dL}) > 0 \rightarrow \dfrac{\mathrm{d}n}{\mathrm{d}t} > 0 \rightarrow n \uparrow \rightarrow s \downarrow \rightarrow I_2 \downarrow \rightarrow T_e \downarrow \rightarrow$ 使 $T_e = T_{dL} \rightarrow$ 达到新的平衡，但速度已经升高。

当电流调节器 ACR 的输出电压为零时，应整定触发脉冲，使逆变角为最小值 β_{min}。通常 β_{min} 限制为

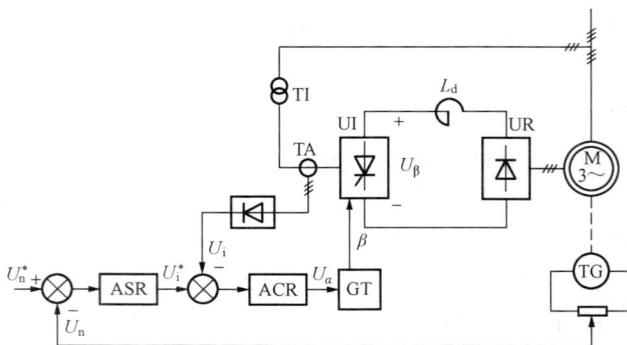

图 4 - 19 双闭环串级调速系统的组成框图

30°，以防止逆变失败。利用转速调节器 ASR 的输出限幅作用和电流调节器 ACR 的电流负反馈调节作用，可以使双闭环串级调速系统在加速过程中实现恒流升速，获得良好的加速特性。通过转速负反馈实现闭环调速。

二、 双闭环串级调速系统动态结构图

1. 串级调速系统直流主回路的传递函数

根据图 4 - 17 （b）可写出直流主回路的动态电压平衡方程式为

$$sE_{d0} - U_\beta = L_\Sigma \frac{\mathrm{d}I_d}{\mathrm{d}t} + R_{s\Sigma}I_d \qquad (4 - 11)$$

式中：U_β 为逆变电动势，$U_\beta = 2.34U_{T2}\cos\beta$；$L_\Sigma$ 为转子直流主回路总电感，$L_\Sigma = 2L_D + 2L_T + L_L$；$L_D$ 为折算后电动机转子侧的每相漏感；L_T 为折算后逆变变压器二次侧的每相漏感；L_L 为平波电抗器电感；$R_{s\Sigma}$ 是转差率为 s 时的转子直流主回路等效总电阻，$R_{s\Sigma} = \dfrac{3}{\pi}sX_{D0} + \dfrac{3}{\pi}X_T + 2R_D + 2R_T + R_L$。

将 $s = 1 - \dfrac{n}{n_0}$ 代入式（4-11）可得

$$E_{d0} - \frac{n}{n_0}E_{d0} - U_\beta = L_\Sigma \frac{\mathrm{d}I_d}{\mathrm{d}t} + R_{s\Sigma}I_d \tag{4-12}$$

将式（4-12）取拉氏变换，可求得转子直流主回路的传递函数

$$\frac{I_d(s)}{E_{d0} - \dfrac{E_{d0}}{n_0}n(s) - U_\beta(s)} = \frac{K_{Ln}}{T_{Ln}s + 1} \tag{4-13}$$

式中：K_{Ln} 为转子直流主回路的放大系数，$K_{Ln} = \dfrac{1}{R_{s\Sigma}}$；$T_{Ln}$ 为转子直流主回路的时间系数，$T_{Ln} = \dfrac{L_\Sigma}{R_{s\Sigma}}$。

2. 异步电动机的传递函数

因为串级调速系统的额定工作点处于第一工作区，则电动机转矩 T_e 与转子主回路直流电流 I_d 的关系为

$$T_e = \frac{\left(E_{d0} - \dfrac{3}{\pi}X_{D0}I_d\right)I_d}{\omega_s} = C_m I_d$$

$$C_m = \frac{E_{d0} - \dfrac{3}{\pi}X_{D0}I_d}{\omega_s} \tag{4-14}$$

式中：C_m 为串级调速系统的转矩系数。

由式（4-14）可见，系数 C_m 是 I_d 的函数，在动态情况下 C_m 不是常数，用式（4-14）表示 T_e 与 I_d 的关系时有一定的误差，但为了计算方便，静、动态下都用该式表示 T_e 与 I_d 的关系。这样，串级调速系统的运动方程式可写为

$$C_m(I_d - I_{dL}) = \frac{GD^2}{375}\frac{\mathrm{d}n}{\mathrm{d}t} \tag{4-15}$$

式中：I_{dL} 为负载转矩 T_L 所对应的等效直流电流。

对式（4-15）求拉氏变换，可得电动机的传递函数为

$$\frac{n(s)}{I_d(s) - I_{dL}(s)} = \frac{1}{T_1 s} \tag{4-16}$$

式中：T_1 为电动机环节的非线性积分时间常数，$T_1 = \dfrac{GD^2}{375}\dfrac{1}{C_m}$。

关于双闭环串级调速系统中其他环节的传递函数，与双闭环直流调速系统中的结果是一致的。这样，可以得到双闭环串级调速系统的动态结构如图 4-20 所示。

双闭环串级调速系统的设计方法与双闭环直流调速系统基本相同，通常也采用工程设计方法。先设计电流环，然后将设计好的电流环看作是转速环中的一个等效环节，再进行转速

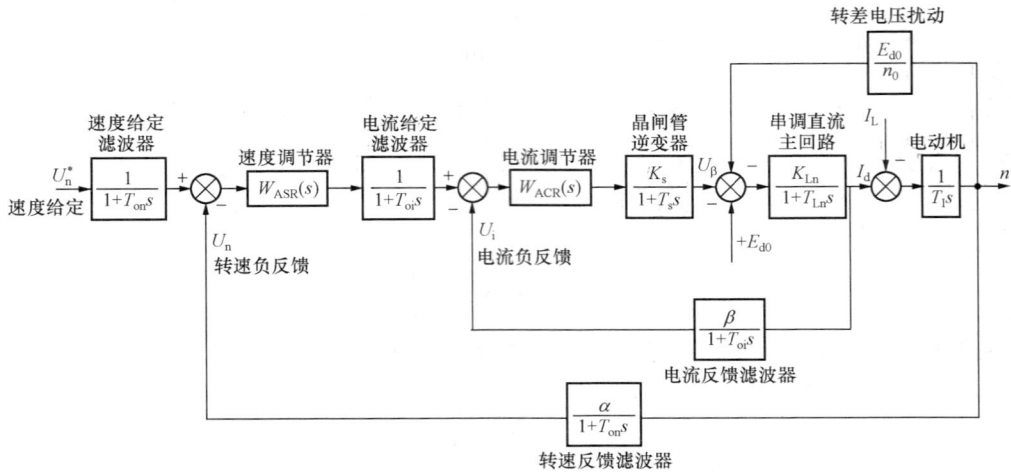

图 4 - 20 双闭环串级调速系统的动态结构图

环的设计。

在应用工程设计方法进行动态设计时，电流环宜按典型 Ⅰ 型系统设计，转速环宜按典型 Ⅱ 型系统设计，但由于串级调速系统直流主回路中的放大系数 K_{Ln} 和时间常数 T_{Ln} 都是转速 n 的函数，不是常数，所以电流环是一个非定常系统。另外，绕线式异步电动机的系数 T_l 也不是常数，而是电流 I_d 的函数，这是和直流调速系统设计的不同之处。目前，工程设计时常用的处理方法是：

（1）在进行电流环设计时，一般可按调速范围的下限，即低速时的 S_{max} 来计算 K_{Ln} 和 T_{Ln}，从而计算电流调节器的参数。突加转速给定信号 U_n^* 时，由于电动机机械惯性大，转速来不及变化电流已调节完毕，即电流调节过程是在电动机静止或处于某一低速下，且转速来不及变化时进行的，因此，应按低速时的 K_{Ln} 和 T_{Ln} 来计算电流调节器的参数。只要保证升速有好的动态性能，则降速时的动态性能也能得到保证。

（2）也可将电流环当作定常系统，按 $S_{max}/2$ 时所确定的 K_{Ln} 和 T_{Ln} 值，去计算电流调节器的参数。

（3）转速环一般按典型 Ⅱ 型系统进行设计，由于电动机环节的非线性积分时间常数 T_l 非定常，所以在设计时，可以选用与实际运行工作点电流值 I_d 相对应的 T_l 值，然后按定常系统进行设计，这样经校正后的系统会尽可能地接近满意的动态特性。

串级调速系统的稳态计算和动态设计可参见第 6 章的工程计算。

4.3.5 串级调速系统的效率和功率因数

由于串级调速系统的效率和功率因数与节能效果密切相关，下面进行具体讨论。

一、 串级调速系统的总效率

串级调速系统的总效率是指电动机轴上输出功率与串级调速系统从电网输入的总有功功率之比。图 4 - 21 所示为反映串级调速系统各部分有功和无功功率间关系的单线原理图。由图可见：

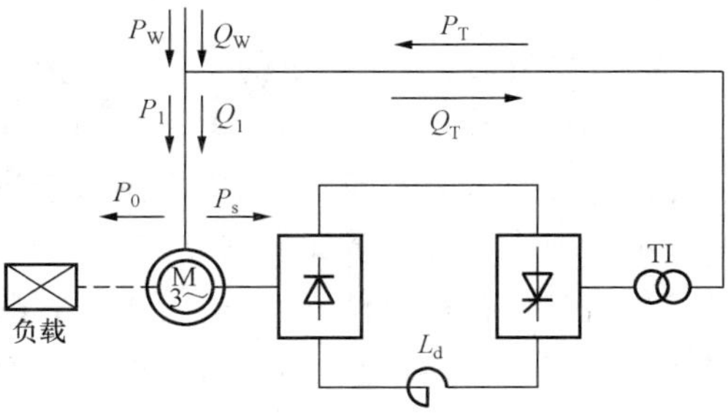

（1）定子输入功率

$$P_1 = P_W + P_T$$

即定子输入功率 P_1 由电网向整个串调系统提供的有功功率 P_W 及晶闸管逆变器返回到电网的回馈功率 P_T 构成。

（2）旋转磁场传送的电磁功率

$$P_2 = P_1 - \Delta P_1 = P_s + P_M$$

图 4 - 21　串级调速系统功率关系单线原理图

由定子输入功率 P_1 减去定子损耗 ΔP_1（包括定子的铜耗和铁耗）得到电磁功率 P_2。P_2 中的一部分转变为转差功率 P_s，另一部分转变成机械功率 P_M。

（3）回馈电网的功率

$$P_T = sP_2 - \Delta P_2 - \Delta P_s$$

转差功率减去转子损耗 ΔP_2 和转子整流器、晶闸管逆变器和逆变变压器的损耗 ΔP_s，剩下部分即为回馈电网的功率 P_T。

（4）电网向整个系统提供的有功功率

$$P_W = P_1 - P_T = (P_2 + \Delta P_1) - P_T = (1-s)P_2 + \Delta P_1 + \Delta P_2 + \Delta P_s$$

（5）电动机轴上输出功率

$$P_0 = P_M - \Delta P_m = (1-s)P_2 - \Delta P_m$$

可见，电动机轴上输出功率 P_0 要从机械功率 P_M 中减去机械损耗 ΔP_m 后获得。

（6）串级调速系统的总效率

$$\eta = \frac{P_0}{P_W} = \frac{(1-s)P_2 - \Delta P_m}{(1-s)P_2 + \Delta P_1 + \Delta P_2 + \Delta P_s} \times 100\%$$

由于大部分转差功率被送回电网，使串级调速系统从电网输入的总有功功率并不多，故串级调速系统的效率很高，可达 90% 以上。

二、串级调速系统的总功率因数

晶闸管串级调速系统功率因数低的原因如下：

（1）逆变变压器和异步电动机都要从电网吸收无功电流，故串级调速系统比固有特性下绕线式异步电动机从电网吸收的无功功率增多，而串级调速系统把转差功率的大部分又回馈给电网，使系统从电网吸收的有功功率减少，这是造成串级调速系统总功率因数降低的主要原因。例如：

1）串调系统从电网吸收的有功功率 P_W 等于异步电动机从电网吸收的有功功率 P_1 与通过逆变变压器回馈到电网的有功功率 $-P_T$ 的代数和，即 $P_W = P_1 - P_T$，有功功率减少。

2）串调系统从电网吸收的无功功率 Q_W 等于异步电动机吸收的无功功率 Q_1 与逆变变压器吸收的无功功率 Q_T 之和，即 $Q_W = Q_1 + Q_T$，无功功率增加。

因此，串级调速系统的总功率因数降低为

$$\cos\varphi_s = \frac{P_W}{S} = \frac{P_1 - P_T}{\sqrt{(P_1 - P_T)^2 + (Q_1 + Q_T)^2}}$$

（2）由于串级调速系统中接入转子整流器，不仅出现换流重叠现象，而且使转子电流发生畸变，这些因素将使异步电动机本身的功率因数降低，这是造成串级调速系统总功率因数低的另一个原因。

为了改善串级调速系统的总功率因数，人们提出了各种方法，主要可归为两大类：一类是利用电力电容器补偿，另一类是采用高功率因数的串级调速系统。

三、 改善串级调速系统功率因数的方法

（一）利用电力电容器补偿

这种方法简单易行，应用得较多。其缺点是电容器对电网谐波敏感，容易发热；由于电机是感性负载，有时还会出现自激振荡现象，对电网产生不利影响。

（二）斩波式串级调速系统

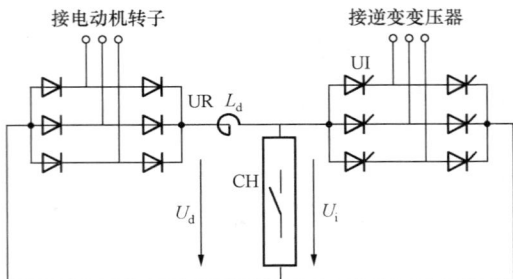

图 4-22 斩波控制串级调速系统原理图

如图 4-22 所示，在转子整流器和逆变器之间并联一个直流斩波器 CH。斩波器 CH 工作在开关状态，当它接通时，转子整流器电路被短接，电动机工作在转子短路状态；当它断开时，电动机工作在串级状态。一方面，将逆变器的逆变角保持在最小值不变，以减少从电网吸收的无功功率；另一方面，通过改变斩波器的占空比（即改变逆变电压）来调节电机转速。

这种系统不但提高了功率因数，减小了逆变器的容量，而且结构也简单可靠，是一种较好的调速方案。

4.4 交流异步电动机变频调速系统

4.4.1 变频调速的基本控制方式和机械特性

异步电动机的变频调速属转差功率不变型调速，是异步电动机各种调速方案中效率最高和性能最好的一种调速方法。

一、 变频调速的基本控制方式

根据异步电动机的转速表达式

$$n = \frac{60 f_s}{p_m}(1-s) = n_0(1-s) \tag{4-17}$$

可知，只要平滑调节异步电动机的供电电源频率 f_s，就可以平滑调节同步转速 n_0，从而实现异步电动机的无级调速，这就是变频调速的基本原理。

但实际上仅改变 f_s 并不能正常调速。实际系统中，是在调节定子电源频率 f_s 的同时调节定子相电压 U_s，通过 U_s 和 f_s 的协调控制实现不同类型的变频调速。下面进行具体分析。

由电机学知识可知

$$E_g = 4.44 f_s N_1 K_{N1} \Phi_m \tag{4-18}$$

$$T_e = C_m \Phi_m I_2' \cos\varphi_2 \tag{4-19}$$

式中：E_g 为电动机定子每相电动势有效值，V；N_1 为定子每相绕组串联匝数；K_{N1} 为基波绕

组系数；Φ_m 为每极气隙主磁通量，Wb；T_e 为电磁转矩，N·m；C_m 为转矩常数；I_2' 为转子电流折算至定子侧的有效值，A；$\cos\varphi_2$ 为转子电路的功率因数。

如果忽略定子上的电阻压降，则有

$$U_s \approx E_g = 4.44 f_s N_1 K_{N1} \Phi_m$$

式中：U_s 为定子相电压。

于是，主磁通

$$\Phi_m = \frac{E_g}{4.44 f_s N_1 K_{N1}} \approx \frac{U_s}{4.44 f_s N_1 K_{N1}}$$

假设只改变 f_s 调速，而 U_s 不变时：

(1) $f_s\uparrow \rightarrow \Phi_m\downarrow \rightarrow T_e\downarrow$，电动机的拖动能力会降低。

(2) $f_s\downarrow \rightarrow \Phi_m\uparrow \rightarrow f_s < f_{sN}$ 时，则 $\Phi_m > \Phi_{me}$。由于在电机设计时，主磁通 Φ_m 的额定值一般选择在定子铁心的临界饱和点，所以当在额定频率以下调频时，将会引起主磁通饱和，励磁电流急剧升高，使定子铁心损耗 $I_m^2 R_m$ 急剧增加。

这两种情况都是实际运行中所不允许的。

在交流笼型异步电动机中，磁通 Φ_m 是定子和转子磁动势合成产生的，怎样才能保持磁通恒定呢？

从三相异步电动机定子每相电动势的有效值公式（4-18）可知，在额定频率以下调频时，只要协调好 E_g 和 f_s 便可使磁通 Φ_m 恒定；在额定频率以上调频时，应控制定子电压 U_s 不超过电动机最高额定电压。那么，如何实现基频（额定频率）以下和基频以上两种情况的控制呢？

（一）基频以下的调速控制方式

由式（4-18）可知，要保持 Φ_m 不变，则当频率 f_s 从额定值 f_{sN} 向下调节时，必须同时降低 E_g，使 $E_g/f_s =$ 常数，即采用气隙磁通感应电动势与频率之比为常数的控制方式。然而，绕组中的气隙磁通感应电动势是难以直接控制的，$E_g/f_s =$ 常数的变频控制方式工程上不可以实现，主要作为原理分析之用。

根据公式 $U_s = I_s R_s + E_g$，当电动势值较高时，可以忽略定子绕组的阻抗压降，从而认为定子相电压 $U_s \approx E_g$，则得 $U_s/f_s =$ 常数。这是恒压频比的控制方式。

这种变频控制方式在低频时，U_s 和 E_g 都较小，定子阻抗压降所占的分量就比较显著，不能忽略。这时，可以人为地把 U_s 抬高一些，以便近似地补偿定子压降。带定子阻抗压降补偿的恒压频比控制特性示于图 4-23 中的 II 线，无补偿的控制特性则为 I 线。图中 I_s、R_s 为定子电流和电阻，U_{s0} 为低频补偿电压。

（二）基频以上调速控制方式

在基频以上调速时，频率可以从 f_{sN} 往上增高，但电压 U_s 却不能增加得比额定电压 U_{sN} 大，一般保持在电动机允许的最高额定电压 U_{sN}。由式（4-18）

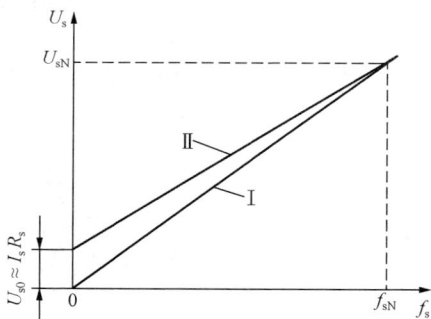

图 4-23 恒压频比控制特性

可知，这样只能迫使磁通与频率成反比地降低，相当于直流电机弱磁升速的情况，即

$$\Phi_m = \frac{U_{sN}}{4.44 f_s N_1 K_{N1}}$$

将基频以下和基频以上两种情况结合起来，可得到异步电动机变频调速的基本控制方式如下：

（1）在额定频率以下变频（$f_s \updownarrow < f_{sN}$）时，采用 $\begin{cases} (1)\ E_g/f_s = 常数\ C_1 \\ (2)\ U_s/f_s = 常数\ C_2 \end{cases}$；

（2）在额定频率以上变频（$f_s \updownarrow > f_{sN}$）时，采用（3）$U_s = U_{sN}$，变 f_s。

二、 变频调速的机械特性

（一）异步电动机恒压恒频时的机械特性

异步电动机的电磁转矩为

$$T_e = \frac{3 p_m U_s^2 R_r'/s}{\omega_s\left[(R_s + R_r'/s)^2 + \omega_s^2(L_s + L_r')^2\right]}$$

$$= 3 p_m \left(\frac{U_s}{\omega_s}\right)^2 \frac{s\omega_s R_r'}{(sR_s + R_r')^2 + s^2\omega_s^2(L_s + L_r')^2} \qquad (4-20)$$

式中：p_m 为电机极对数；ω_s 为电源角频率；R_r' 为经过折算后的转子电阻；L_{ls}、L_{lr}' 为定子电感和经过折算后的转子电感。

其机械特性的特征如下：

（1）当 s 很小时，忽略式（4-20）分母中含 s 的项，则 $T_e \approx 3 p_m \left(\frac{U_s}{\omega_s}\right)^2 \frac{s\omega_s}{R_r'} \propto s$，转矩近似与 s 成正比，机械特性 $T_e = f(s)$ 是一段直线，如图 4-24 所示。

（2）当 s 接近于 1 时，忽略式（4-20）分母中的 R_r'，则 $T_e \approx 3 p_m \left(\frac{U_s}{\omega_s}\right)^2 \frac{\omega_s R_r'}{s[R_s^2 + \omega_s^2(L_s + L_r')^2]}$ $\propto \frac{1}{s}$，转矩近似与 s 成反比，这时 $T_e = f(s)$ 是对称于原点的一段双曲线。

（3）当 s 为以上两段的中间数值时，机械特性从直线段逐渐过渡到双曲线段，如图4-24所示，这就是恒压恒频时异步电动机的机械特性曲线。

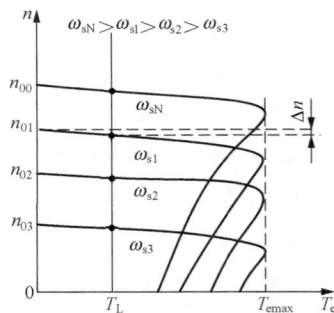

下面简要讨论变频控制方式下的三种机械特性。

（二）变频调速时的机械特性简介

变频调速机械特性的详细推导请扫描二维码阅读。

1. 恒 E_g/ω_s 控制（$E_g/f_s = C_1$）的机械特性简介

当 E_g/ω_s 为恒值时，异步电动机机械特性方程式为

$$T_e = 3 p_m \left(\frac{E_g}{\omega_s}\right)^2 \frac{s\omega_s R_r'}{R_r'^2 + s^2\omega_s^2 L_r'^2} \qquad (4-21)$$

机械特性曲线如图 4-25 所示。

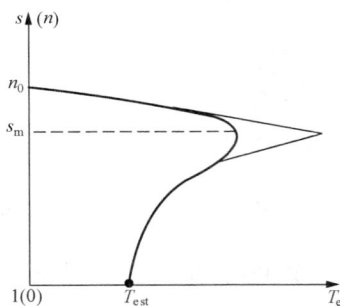

图 4-24　恒压恒频时异步电动机的机械特性　　图 4-25　恒 E_g/ω_s 控制变频调速时的机械特性

其机械特性的特征如下：

（1）当 s 很小时，忽略式（4-21）分母中含 s^2 的项，则 $T_e \approx 3p_m \left(\dfrac{E_g}{\omega_s}\right)^2 \dfrac{s\omega_s}{R'_r} \propto s$，这一段近似为一条直线。

（2）当 s 接近于 1 时，忽略式（4-21）分母中的 R'^2_r 项，则 $T_e \approx 3p_m \left(\dfrac{E_g}{\omega_s}\right)^2 \dfrac{R'_r}{s\omega_s L'^2_r} \propto \dfrac{1}{s}$，这一段是双曲线。

（3）s 为上述两段的中间值时，机械特性在直线和双曲线之间逐渐过渡，曲线形状与恒压恒频时的机械特性曲线形状同。

（4）同步转速 $n_0 = \dfrac{60\omega_s}{2\pi p_m} = \dfrac{60f_s}{p_m}$，同步转速随频率变化而变化。

（5）同一负载转矩时的转速降落 Δn 基本不变，即在恒 E_g/ω_s 条件下改变频率时，机械特性基本上是平行移动的。这是因为在机械特性的近似直线段上，可以导出

$$s\omega_s \approx \frac{R'_r T_e}{3p_m \left(\dfrac{E_g}{\omega_s}\right)^2} \tag{4-22}$$

当 E_g/ω_s 为恒值时，对于恒转矩负载，T_e 一定，则 $s\omega_s$ 基本不变的。又因为 $\Delta n = sn_0 = s\dfrac{60\omega_s}{2\pi p_m} \propto s\omega_s$，所以 Δn 也基本不变。这与直流他励电动机调压调速时特性的变化情况相似。

（6）当 E_g/ω_s 为恒值时，最大电磁转矩 T_{emax} 恒定不变。这是因为恒 E_g/ω_s 控制特性时有

$$T_{emax} = \frac{3}{2}p_m \left(\frac{E_g}{\omega_s}\right)^2 \frac{1}{L'_r} \tag{4-23}$$

由式（4-23）可知，当 E_g/ω_s 为恒值时，T_{emax} 恒定不变。

由此可见，随着频率的降低，恒 E_g/ω_s 控制的机械特性是一组曲线形状与恒压恒频时的机械特性曲线相同，最大电磁转矩恒定不变，且平行下移的特性。

2. 恒 U_s/ω_s 控制（$U_s/f_s = C_2$）的机械特性简介

由于 E_g 是电机内部参数，恒 E_g/ω_s 控制难以实现。工程上常采用恒压频比控制（U_s/ω_s=恒值）。其机械特性如图 4-26 所示，这时同步转速与频率的关系与恒 E_g/ω_s 控制相同。其机械特性特征如下：

（1）同一负载转矩时的转速降落 Δn 基本不变。即在恒 U_s/ω_s 条件下改变频率时，机械特性基本上是平行移动的。这是因为在机械特性的近似直线段上，可以导出

$$s\omega_s \approx \frac{R'_r T_e}{3p_m \left(\dfrac{U_s}{\omega_s}\right)^2} \tag{4-24}$$

由式（4-24）可见，当 U_s/ω_s 为恒值时，对同一电磁转矩 T_e，$s\omega_s$ 是基本不变的，因而 Δn 也基

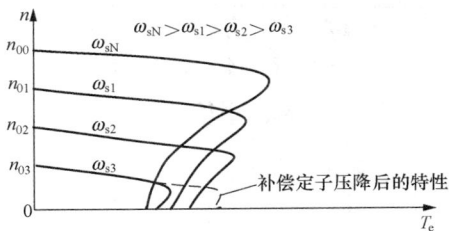

图 4-26　恒压频比控制变频调速时的机械特性

本不变，这就是说在恒压频比的条件下改变频率时机械特性基本上是平行移动的。

（2）T_{emax} 随着 ω_s 降低而减小的。当 U_s/ω_s 为恒值时，最大电磁转矩 T_{emax} 的关系式为

$$T_{emax} = \frac{3}{2} p_m \left(\frac{U_s}{\omega_s}\right)^2 \frac{1}{\frac{R_s}{\omega_s} + \sqrt{\left(\frac{R_s}{\omega_s}\right)^2 + (L_s + L'_r)^2}} \tag{4-25}$$

随着频率 ω_s 的降低，最大转矩减小。低频时，T_{emax} 太小将限制调速系统的带负载能力。为此需采用定子阻抗电压补偿，适当地提高定子电压以增强带负载能力。图 4-26 中虚线特性就是采用定子电压补偿后的特性曲线。恒 E_g/ω_s 控制的机械特性就是恒压频比控制中补偿定子阻抗压降所追求的目标。

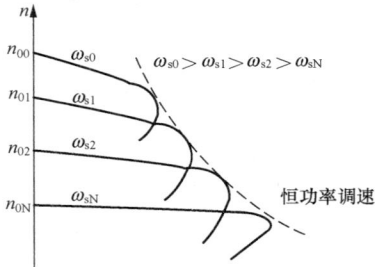

图 4-27 基频以上变频调速时的
机械特性

3. 基频以上变频调速时的机械特性（$U_s = U_{sN}$，变 f_s）简介

基频以上变频调速时的机械特性如图 4-27 所示。其机械特性特征如下：

（1）同步转速与频率的关系与恒 E_g/ω_s 控制相同。因为同步转速表达式为

$$n_0 = \frac{60\omega_s}{2\pi p_m} = \frac{60 f_s}{p_m}$$

当角频率 f_s 提高时，同步转速 n_0 随之提高。

（2）最大电磁转矩减小。在额定频率 f_{sN} 以上变频调速时，$U_s = U_{sN}$ 保持不变，最大电磁转矩为

$$T_{emax} = \frac{3}{2} p_m U_{sN}^2 \frac{1}{\omega_s \left[R_s + \sqrt{\left(\frac{R_s}{\omega_s}\right)^2 + (L_s + L'_r)^2}\right]} \tag{4-26}$$

由此可见，随着 $\omega_s = 2\pi f_s$ 增大，最大转矩减小。

（3）转速降落为

$$\Delta n = s n_0 = \frac{60}{2\pi p_m} s \omega_s \tag{4-27}$$

转速降落随频率的提高而增大，即特性斜率稍变大。

4.4.2 变频调速系统中的变频电源

将直流电能变换成交流电能供给负载的过程称为无源逆变，实现无源逆变的电路称为无源逆变（变频）电路，实现变频的装置叫变频器。

一、变频器的分类
变频器的基本分类如下：

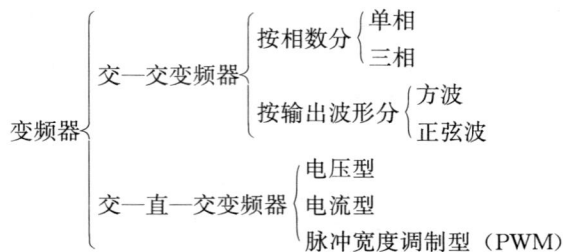

$$\text{变频器} \begin{cases} \text{交—交变频器} \begin{cases} \text{按相数分} \begin{cases} \text{单相} \\ \text{三相} \end{cases} \\ \text{按输出波形分} \begin{cases} \text{方波} \\ \text{正弦波} \end{cases} \end{cases} \\ \text{交—直—交变频器} \begin{cases} \text{电压型} \\ \text{电流型} \\ \text{脉冲宽度调制型（PWM）} \end{cases} \end{cases}$$

二、交—交（直接）变频电路及其特点

交—交变频器的构成如图 4-28 所示。交—交变频电路是不通过中间直流环节，而将工频交流电直接变换成不同频率交流电的变流电路，故又称为直接变频器或周波变换器（Cycloconverter）。因为其没有中间直流环节，仅用一次变换就实现了变频，所以效率较高。大功率交流电动机调速系统所用的变频器主要是交—交变频器。

（一）单相交—交变频电路

1. 单相交—交变频电路的基本结构

图 4-29（a）所示为单相交—交变频电路的原理图。电路由两组反并联的晶闸管可逆变流器（一般采用三相变流器）构成，与直流可逆调速系统用的四象限变流器一样，两者的工作原理也非常相似。

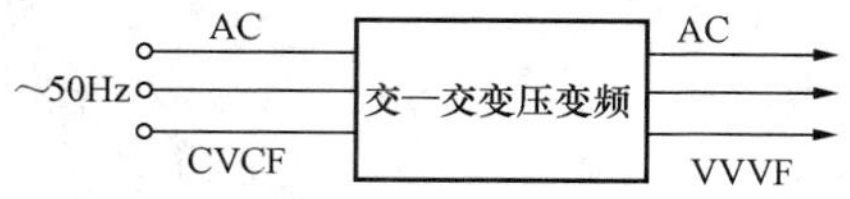

图 4-28 交—交变频器的构成

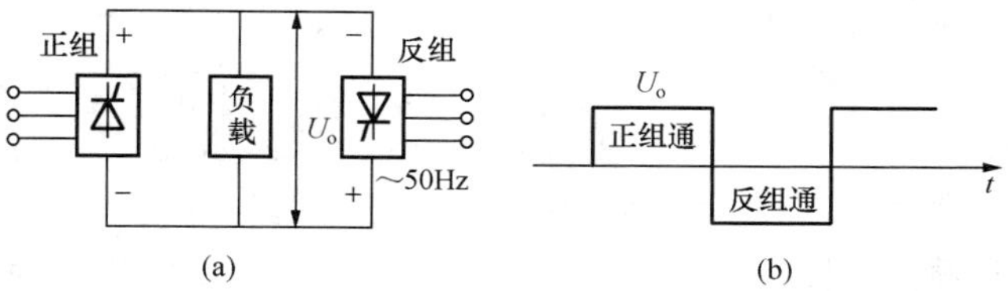

图 4-29 单相交—交变频器的主电路及输出电压波形
（a）主电路；（b）方波型交—交变频器平均输出电压波形

2. 工作原理

（1）方波型交—交变频器。在图 4-29（a）中，负载由正组与反组晶闸管整流电路轮流供电，各组整流器所供电压的高低由移相控制角 α 控制。当正组供电时，负载上获得正向电压；当反组供电时，负载获得负向电压。

如果在各组整流器工作期间 α 角不变，则输出电压 U_0 为矩形波交流电压，如图 4-29（b）所示。改变正、反两组整流器供电的切换频率可以调节输出交流电的频率，而改变 α 的大小即可调节矩形波的幅值，从而调节输出交流电压 U_0 的大小。

（2）正弦波型交—交变频器。正弦波型交—交变频器的主电路与方波型的主电路相同，区别在于移相控制角 α 的控制不同。下面介绍其工作原理。

在正组桥整流工作时，设法使控制角 α 由大到小再变大，如从 $\pi/2 \to 0 \to \pi/2$，必然引起输出平均电压由低到高再到低的变化，如图 4-30（a）所示。而在正组桥逆变工作时，使控制角由小变大再变小，如从 $\pi/2 \to \pi \to \pi/2$，就可以获得图 4-30（b）所示的平均值可变的负向逆变电压。

正弦波型克服了方波型交—交变频器输出波形高次谐波成分大的缺点，它比方波型交—交变频器更为实用。

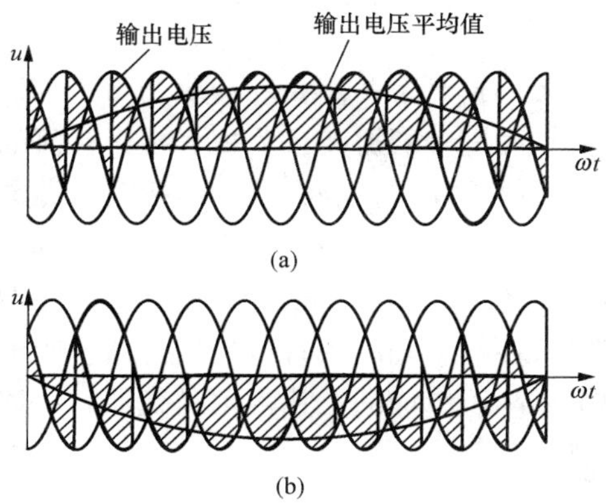

3. 交—交变频器特点

交—交变频器由于采用直接变换方式，所以效率较高，可方便地进行可逆运行，但主要缺点

图 4-30 正弦型交—交变频器的输出电压波形
（a）整流状态波形；（b）逆变状态波形

是：①功率因数低；②主电路使用晶闸管元件数目多，控制电路复杂；③变频器输出频率受到其电网频率的限制，最大变频范围在电网频率的 1/2 以下。因此，交—交变频器一般只适用于球磨机、矿井提升机、电动车辆、大型轧钢设备等低速大容量拖动场合。

（二）三相交—交变频电路

三相交—交变频电路由三组输出电压相位互差120°的单相交—交变频电路组成。三相交—交变频电路主要有两种接线方式，即公共交流母线进线方式和输出星形连接方式。

（1）公共交流母线进线方式。图 4-31 所示为采用公共交流母线进线方式的三相交—交变频电路原理图。它由三组彼此独立的、输出电压相位互相差开120°的单相交—交变频电路组成，它们的电源进线通过电抗器接在公共的交流母线上。因为电源进线端公用，所以三组单相变频电路的输出端必须隔离。为此，交流电动机的三个绕组必须拆开，共引出六根线。公共交流母线进线方式的三相交—交变频电路主要用于中等容量的交流调速系统。

（2）输出星形连接方式。图 4-32 所示为输出星形连接方式的三相交—交变频电路原理图。三组单相交—交变频电路的输出端星形连接，电动机的三个绕组也是星形连接，电动机的中性点不和变频器的中性点接在一起，电动机只引出三根线即可。图 4-32 中，三组单相变频器连接在一起，其电源进线必须隔离，所以三组单相变频器分别用三个变压器供电。

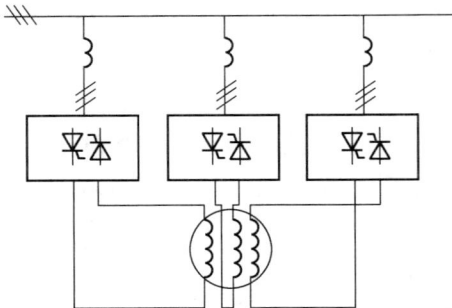

图 4-31 公共交流母线进线方式的三相
交—交变频电路

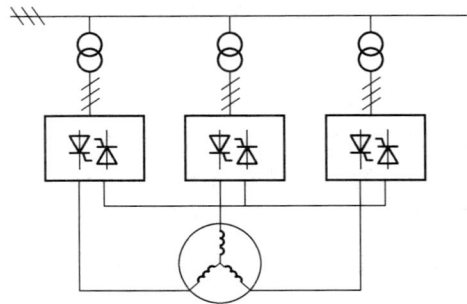

图 4-32 输出星形连接方式的三相
交—交变频电路

三、交—直—交（间接）变频电路

（一）交—直—交变频电路的基本结构

交—直—交变频器的构成如图 4-33（a）所示。交—直—交变频器先将交流电转换为直流电，经过中间滤波环节后，再将直流电逆变成变频变压的交流电，故又称为间接变频器。

按照不同的控制方式，间接变频器又有图 4-33 中（b）～（d）三种情况。

1. 采用可控整流器调压、逆变器调频的交—直—交变压变频器

在图 4-33（b）中，调压和调频在两个环节上分别进行，其结构简单，控制方便。但由于输入环节采用晶闸管可控整流器，当电压调得较低时，电网端功率因数低，而输出环节采用由晶闸管组成的三相六拍逆变器，每周期换相六次，输出谐波较大。这是这类装置的主要缺点。

2. 采用不可控整流器整流，斩波器调压，再用逆变器调频的交—直—交变压变频器

在图 4-33（c）的装置中，输入环节采用不可控整流器，只整流不调压，再增设斩波器进行脉宽调压。这样虽然多了一个环节，但输入功率因数提高，克服了图 4-33（b）所示电

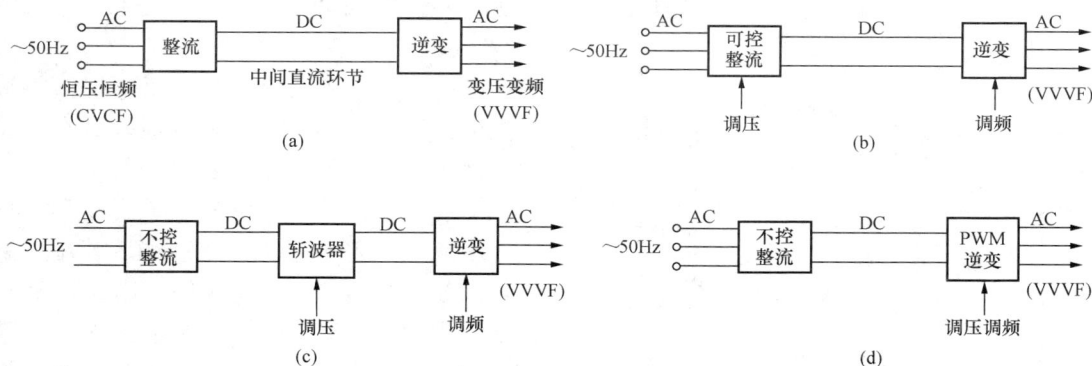

图 4-33　间接变压变频装置的不同结构形式

(a) 间接变频器构成；(b) 可控整流器调压、六拍逆变器调频；
(c) 不可控整流、斩波器调压、六拍逆变器调频；(d) 不可控整流、PWM 逆变器调压调频

路功率因数低的缺点。由于输出逆变环节未变，仍有输出谐波较大的问题。

3. 用不可控整流器整流、脉宽调制（PWM）逆变器同时调压调频的交—直—交变压变频器

由图 4-33（d）可见，输入采用不可控整流器，则输入功率因数高；用 PWM 逆变，则输出谐波可以减少。但 PWM 逆变器需要全控型电力电子器件，其输出谐波减少的程度取决于 PWM 的开关频率，而开关频率则受器件开关时间的限制。采用 P—MOSFET 或 IGBT 时，开关频率可达 10kHz 以上，输出波形已经非常逼近正弦波，因而又称之为正弦脉宽调制（Sinusoidal PWM，SPWM）逆变器。这是当前最有发展前途的一种装置形式，后面将对其进行详细分析。

（二）交—直—交变频电路的类型

交—直—交变频器就是通过整流器把工频交流电整成直流，然后通过逆变器，将直流电逆变成频率可调的交流电。根据中间滤波环节是采用电容性元件还是电感性元件，可以将交—直—交变频器分为电压型变频器和电流型变频器两大类。两类变频器的区别主要在于中间滤波环节采用什么样的滤波元件。

1. 交—直—交电压型变频器

在交—直—交变压变频装置中，当中间直流环节采用大电容滤波时，直流电压波形较平直，在理想情况下是一个内阻抗为零的恒压源，输出交流电压是矩形或阶梯波，这类变频装置称为电压型变频器，如图 4-34 所示。图中交—直—交变频器输入采用了二极管不可控整流，输出为采用 BJT 的六拍逆变。

通常的交—交变压变频器虽然没有滤波电容，但供电电源的低阻抗使其具有电压源的性质，它也属于电压型变频器。

2. 交—直—交电流型变频器

当交—直—交变压变频装置的中间直流环节采用大电感滤波时，直流电流波形较平直，因而电源内阻抗很大，对负载来说基本

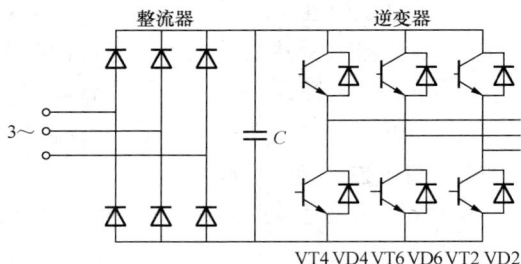

图 4-34　三相桥式电压型交—直—交变频器

上是一个恒流源，输出交流电流是矩形波或阶梯波，这类变频装置称为电流型变频器，如图4-35所示。

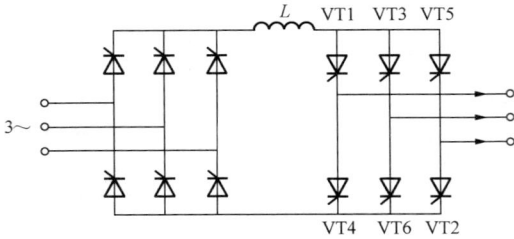

图 4-35 三相桥式电流型交—直—交变频器

有的交—交变压变频装置用电抗器将输出电流强制变成矩形波或阶梯波，具有电流源的性质，其也是电流型变频器。

3. 交—直—交电压型和电流型变频器比较

电流型变频器供电的变压变频调速系统，其显著特点是容易实现回馈制动。图4-36给出了电流型变压变频调速系统的电动和回馈制动两种运行状态。以由晶闸管可控整流器 UR 和六拍电流型逆变器（Current Source Inverter，CSI）构成的交—直—交变压变频装置为例，当可控整流器 UR 工作在整流状态（$\alpha<90°$）、逆变器工作在逆变状态时，电动机在电动状态下运行，如图4-36（a）所示。这时，直流回路电压的极性为上正、下负，电流由 U_d 的正端流入逆变器，电能由交流电网经变频器传送给异步电动机，电机处于电动状态；如果降低变频器的输出频率，使同步转速降低，同时使可控整流器的控制角 $\alpha>90°$，则异步电动机进入回馈制动发电状态，且直流回路电压 U_d 立即反向，而电流 I_d 方向不变。于是，逆变器变成整流器，而可控整流器 UR 转入有源逆变状态，电能由电动机回馈给交流电网，如图4-36（b）所示。

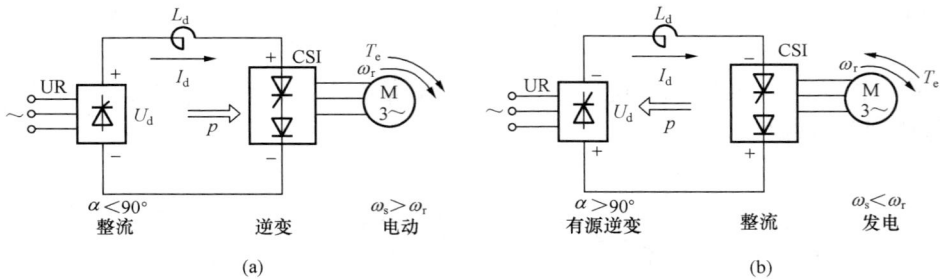

图 4-36 电流型变压变频调速系统的两种运行状态
（a）电动状态；（b）回馈制动状态

由此可见，虽然电力电子器件具有单向导电性，电流 I_d 不能反向，而可控整流器的输出电压 U_d 是可以迅速反向的，电流型变压变频调速系统容易实现回馈制动。与此相反，采用电压型变频器的调速系统要实现回馈制动和四象限运行却比较困难，因为其中间直流环节大电容上的电压极性不能反向，所以在原装置上无法实现回馈制动。若确实需要制动时，只有在可控整流器上反并联设置另一组反向整流器，并使其工作在有源逆变状态，以通过反向的制动电流，实现回馈制动。这样设备就要复杂多了。

下面分析180°导电型的交—直—交电压型和120°导电型的交—直—交电流型变频器。

四、 交—直—交变频器分析

（一）180°导电型的交—直—交电压型变频器

1. 主电路组成

变频器的主电路由整流器、中间滤波电容及晶闸管逆变器组成。图4-37所示为三相串联电感式电压型变频器逆变部分主电路。图中只画出了电容滤波器及晶闸管逆变器部分，整流器可采用单相或三相可控整流电路；C_d 为滤波电容；逆变器中 VT1～VT6 为主晶闸管，VD1～VD6 为反馈二极管，提供续流回路；R_A、R_B、R_C 为衰减电阻，L_1～L_6 为换流电感，C_1～C_6 为换流电容，Z_A、Z_B、Z_C 为变频器的三相对称负载。

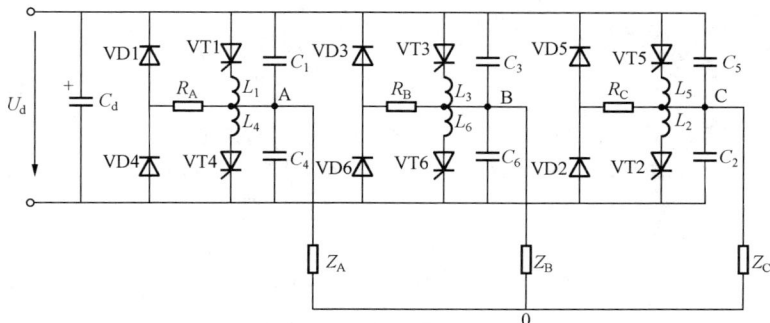

图 4-37 三相串联电感式电压型变频器逆变部分主电路

该逆变器部分没有调压功能，调压靠前级的可控整流电路完成。6 个晶闸管按一定的导通规则通断，将滤波电容 C_d 送来的直流电压 U_d 逆变成频率可调的交流电。

2. 晶闸管导通规则及输出波形分析

逆变器中 6 个晶闸管的导通顺序为 VT1→VT2→VT3→VT4→VT5→VT6→VT1…，各晶闸管的触发脉冲间隔为 60°。电压型逆变器通常采用 180°导电型，即每个晶闸管导通 180°电角度后被关断，由同相的另一个晶闸管换流导通。每组晶闸管导电间隔为 120°。按照每个晶闸管触发间隔为 60°，触发导通后维持 180°才被关断的特征（180°导电型），可以得到 6 个晶闸管在 360°区间里的导通情况，见表 4-1。

表 4-1 逆变器中晶闸管的导通情况（180°电压型）

晶闸管 / 区间	0°～60°	60°～120°	120°～180°	180°～240°	240°～300°	300°～360°
VT1	导通	导通	导通	×	×	×
VT2	×	导通	导通	导通	×	×
VT3	×	×	导通	导通	导通	×
VT4	×	×	×	导通	导通	导通
VT5	导通	×	×	×	导通	导通
VT6	导通	导通	×	×	×	导通

根据每 60°间隔中晶闸管的导通情况，可以作出每个 60°区间内负载连接的等效电路，如图 4-38 所示。由此可求出输出相电压和线电压，而线电压等于相电压之差。

由表 4-1 知，在 0°～60°区间，VT5、VT6、VT1 同时导通，等效电路如图 4-38 所示，三相负载分别为 Z_A、Z_B、Z_C，且 $Z_A = Z_B = Z_C = Z$，则逆变器输出相电压为

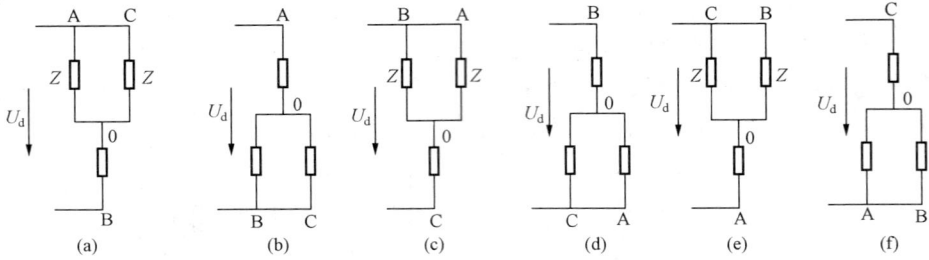

图 4-38 每个 60°区间内的负载等效电路

(a) 0°~60°；(b) 60°~120°；(c) 120°~180°；(d) 180°~240°；(e) 240°~300°；(f) 300°~360°

$$U_{A0} = U_d \frac{Z_A//Z_C}{(Z_A//Z_C) + Z_B} = \frac{1}{3} U_d$$

$$U_{B0} = -U_d \frac{Z_B}{(Z_A//Z_C) + Z_B} = -\frac{2}{3} U_d$$

$$U_{C0} = U_{A0} = \frac{1}{3} U_d$$

输出线电压为

$$U_{AB} = U_{A0} - U_{B0} = U_d$$

$$U_{BC} = U_{B0} - U_{C0} = -U_d$$

$$U_{CA} = U_{C0} - U_{A0} = 0$$

在 60°~120°区间，有 VT6、VT1、VT2 同时导通，该区间相、线电压计算值为

$$U_{A0} = \frac{2}{3} U_d, \ U_{B0} = -\frac{1}{3} U_d, \ U_{C0} = -\frac{1}{3} U_d$$

$$U_{AB} = U_d, \ U_{BC} = 0, \ U_{CA} = -U_d$$

同理，可求出后四个区间的相电压和线电压计算值，见表 4-2。

表 4-2   逆变器的相电压和线电压计算值（180°电压型）

相、线电压 ＼ 区间	0°~60°	60°~120°	120°~180°	180°~240°	240°~300°	300°~360°
U_{A0}	$\frac{1}{3} U_d$	$\frac{2}{3} U_d$	$\frac{1}{3} U_d$	$-\frac{1}{3} U_d$	$-\frac{2}{3} U_d$	$-\frac{1}{3} U_d$
U_{B0}	$-\frac{2}{3} U_d$	$-\frac{1}{3} U_d$	$\frac{1}{3} U_d$	$\frac{2}{3} U_d$	$\frac{1}{3} U_d$	$-\frac{1}{3} U_d$
U_{C0}	$\frac{1}{3} U_d$	$-\frac{1}{3} U_d$	$-\frac{2}{3} U_d$	$-\frac{1}{3} U_d$	$\frac{1}{3} U_d$	$\frac{2}{3} U_d$
U_{AB}	U_d	U_d	0	$-U_d$	$-U_d$	0
U_{BC}	$-U_d$	0	U_d	U_d	0	$-U_d$
U_{CA}	0	$-U_d$	$-U_d$	0	U_d	U_d

按表 4-2，将各区间的电压连接起来后即可得到交—直—交电压型变频器输出的相电压和线电压波形，如图 4-39 所示。三个相电压是相位互差 120°的阶梯状交变电压波形，三个线电压波形则为矩形波，三相交变电压为对称交变电压。

图 4-39 所示相、线电压波形的有效值为

$$U_{A0} = U_{B0} = U_{C0} = \sqrt{\frac{1}{2\pi}\int_0^{2\pi} u_A^2 \mathrm{d}\omega t} = \frac{\sqrt{2}}{3}U_d = U_{ph}$$

$$U_{AB} = U_{BC} = U_{CA} = \sqrt{\frac{1}{2\pi}\int_0^{2\pi} u_{AB}^2 \mathrm{d}\omega t} = \sqrt{\frac{2}{3}}U_d = U_l$$

用 U_{ph}、U_l 分别表示相、线电压，则有

$$U_l = \sqrt{3}U_{ph}$$

即线电压为 $\sqrt{3}$ 倍相电压。由上分析可知，线电压、相电压及二者关系的结论与正弦三相交流电是相同的。

现将 180°导电型逆变器工作规律总结如下：

（1）每个脉冲触发间隔 60°区间内有 3 个晶闸管元件导通，它们分属于逆变桥的共阴极组和共阳极组。

（2）在 3 个导通元件中，若属于同一组的有 2 个元件，则元件所对应的相电压为 $\frac{1}{3}U_d$，另一个元件所对应的相电压为 $\frac{2}{3}U_d$。

（3）共阳极组元件所对应相的相电压为正，共阴极组元件所对应相的相电压为负。

（4）三个相电压相位互差 120°，相电压之和为零。

（5）线电压等于相电压之差；三个线电压相位互差 120°；线电压之和为零。

（6）线电压为 $\sqrt{3}$ 倍相电压。

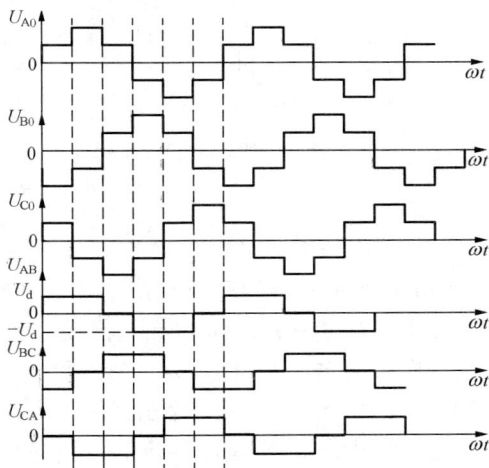

图 4-39 180°导电型逆变器输出的相电压和
线电压波形

除了上述串联电感式逆变器外，晶闸管交—直—交电压型逆变器还有串联二极管式、采用辅助晶闸管换流等典型接线形式。由于晶闸管元件没有自关断能力，这些逆变器都需要配置专门的换流元件来换流，装置的体积与质量大，输出波形与频率均受限制。随着各种全控式开关元件（如电力晶体管 GTR、可关断晶闸管 GTO、电力场效应管 MOSFET、绝缘栅双极型晶体管 IGBT）的研制与应用，在三相变频器中已越来越少采用普通晶闸管作为变流器件。

（二）120°导电型的交—直—交电流型变频器

在 180°导电型的交—直—交电压型逆变器中，晶闸管的换流是在同一相中进行的。换流时，若应该关断的晶闸管没能及时关断，它就会和换流后同一相上的晶闸管形成通路，使直流电源发生短路，带来换流安全问题；另外，需要外接换流衰减电阻、换流电感、换流电容等元件才能完成换流，使得逆变器体积增加、成本提高、换流损耗加大。为此，引入 120°导电型的交—直—交电流型逆变器，该逆变器晶闸管的换流是在同一组中进行的，不存在电源短路问题，也不需要换流衰减电阻和换流电感等元件。

因为三相变频器的负载通常是感应电动机，可以用感应电动机的定子电感来代替换流电

路中的换流电感，并且省去衰减电阻。下面分析一个串联二极管式交—直—交电流型变频器带异步电动机负载的例子，它利用电动机绕组的电感作为换流电感。为此，先讨论电动机的等效电路。

1. 异步电动机等效电路的简化

图 4-40（a）为三相异步电动机一相等效电路。其中 R_s、L_{1s} 分别为定子相电阻及漏感，R'_r、L'_{1r} 分别为折合到定子侧的转子相电阻及漏感，L_m 为定子每相绕组所产生的气隙主磁通对应的励磁电感。

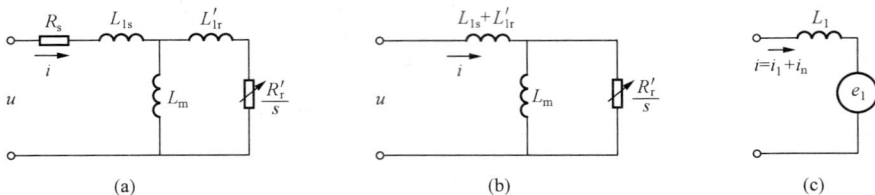

图 4-40 三相异步电动机一相等效电路及近似等效电路
(a) 等效电路；(b)、(c) 近似等效电路

为了简化分析，可以忽略定子电阻 R_s，并且将励磁电抗 L_m 移至 L'_{1r} 之后，形成如图 4-40（b）所示的近似等效电路。如果将流入三相异步电动机的相电流 i 分解为基波 i_1 与谐波 i_n 两部分 $i=i_1+i_n$，则 i_1 和 i_n 都要在该相产生感应电动势。在串联漏电感 $L_{1s}+L'_{1r}=L_1$ 上，基波 i_1 与谐波 i_n 电流都会产生感应电动势，而在 L_m 与 R'_r/s 的并联支路中，却只有基波电流 i_1 的感应电动势 e_1 存在（由于电动机主磁通分布是正弦的，故感应电动势只有基波分量而没有谐波），于是电动机的一相等效电路可进一步简化为图 4-40（c）。于是，电动机各相等效电路电压表达式可以写成

$$u_{ph} = L_1 \frac{di}{dt} + e_1$$

2. 主电路的组成

三相串联二极管式电流型变频器的主电路如图 4-41 所示。图中 L_d 为整流与逆变两部分电路的中间滤波环节——直流平波电抗器，VT1～VT6 为主晶闸管，C_{13}、C_{35}、C_{51}、C_{46}、C_{62}、C_{24} 为换流电容，VD1～VD6 为隔离二极管。电动机的电感和换流电容组成换流电路。

以 e_{1A}、e_{1B}、e_{1C} 分别表示电动机各相基波电流感应电动势，L_{1A}、L_{1B}、L_{1C} 表示各相漏电感，则有

$$u_{A0} = L_{1A} \frac{di_A}{dt} + e_{1A}$$

$$u_{B0} = L_{1B} \frac{di_B}{dt} + e_{1B}$$

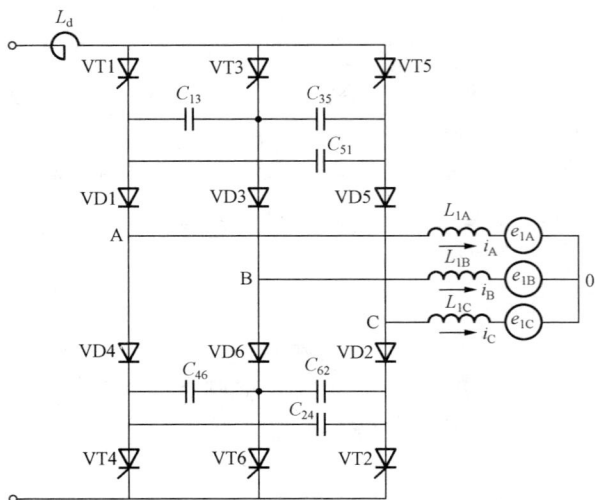

图 4-41 串联二极管式电流型逆变器典型主电路结构

$$u_{C0} = L_{1C}\frac{\mathrm{d}i_C}{\mathrm{d}t} + e_{1C}$$

该变频器的输入端采用可控整流，滤波电感 L_d 将整流器的输出强制变成恒定直流电流 I_d。逆变器部分没有调压功能，调压靠输入端的可控整流器。6 个晶闸管按一定的导通规则通断，将滤波电感 L_d 送来的恒流 I_d 逆变成频率可调的交流电。

3. 晶闸管导通规则及输出波形分析

逆变器中 6 个晶闸管的导通顺序为 VT1→VT2→VT3→VT4→VT5→VT6→VT1…，各晶闸管的触发间隔为 60°。电流型逆变器通常采用 120°导电型，即每个晶闸管导通 120°电角度后被关断，由同一组的另一个晶闸管换流导通。按照每个晶闸管触发间隔为 60°，触发导通后维持 120°才被关断的特征（120°导电型），可以得到 6 个晶闸管在 360°区间里的导通情况，见表 4-3。

根据每 60°间隔中晶闸管的导通情况，可以作出每个 60°区间内负载连接的等效电路，如图 4-42 所示。由此可求出输出的相电流和线电流。从表 4-3 和图 4-42 的等效电路可以很容易得到表 4-4 的逆变器相电流计算值。此处 Z 表示由 L_1 和 e_1 构成的负载。

表 4-3   逆变器中晶闸管的导通情况（120°电流型）

区间 晶闸管	0°~60°	60°~120°	120°~180°	180°~240°	240°~300°	300°~360°
VT1	导通	导通	×	×	×	×
VT2	×	导通	导通	×	×	×
VT3	×	×	导通	导通	×	×
VT4	×	×	×	导通	导通	×
VT5	×	×	×	×	导通	导通
VT6	导通	×	×	×	×	导通

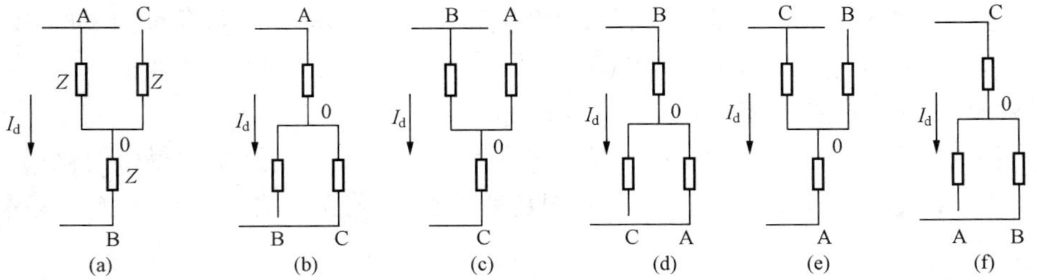

图 4-42　每个 60°区间内的负载等效电路

(a) 0°~60°；(b) 60°~120°；(c) 120°~180°；(d) 180°~240°；(e) 240°~300°；(f) 300°~360°

表 4-4   逆变器的相电流计算值（120°电流型）

区间 相电流	0°~60°	60°~120°	120°~180°	180°~240°	240°~300°	300°~360°
I_A	I_d	I_d	0	$-I_d$	$-I_d$	0
I_B	$-I_d$	0	I_d	I_d	0	$-I_d$
I_C	0	$-I_d$	$-I_d$	0	I_d	I_d

按表 4-4 将各区间的相电流连接起来后，即可得到电流型变频器输出的相电流波形。如图 4-43 所示，三个相电流是相位互差 120°电角度的矩形交变电流波形。

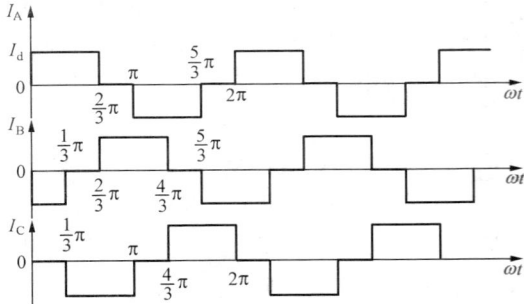

图 4-43 120°导电型逆变器输出的相电流波形

在星形对称负载中，线电流等于相电流；若是三角形对称负载，其线电流与相电流关系的分析与正弦电路类似。

与 180°导电型逆变器类似，将 120°导电型逆变器导电规律总结如下：

(1) 每个脉冲触发间隔 60°内，有 2 个晶闸管元件导通，它们分属于逆变桥的共阴极组和共阳极组。

(2) 在 2 个导通元件中，每个元件所对应相的相电流为 I_d；而不导通元件所对应相的相电流为零。

(3) 共阳极组中元件所通过的相电流为正，共阴极组元件所通过的相电流为负。

(4) 每个脉冲间隔 60°内的相电流之和为零。

五、脉宽调制变频器

脉宽调制（Pulse Width Modulation，PWM）技术是指利用全控型电力电子器件的导通和关断将直流电压变成一定形状的电压脉冲序列，实现变压变频控制并且消除输出谐波的技术。

变频调速系统采用 PWM 技术不仅能够及时、准确地实现变压变频控制要求，而且能够抑制逆变器输出电压或电流中的谐波分量，从而降低或消除变频调速时电机的转矩脉动，提高电动机的工作效率，扩大了调速系统的调速范围。

目前，实际工程中主要采用的 PWM 技术是正弦 PWM（SPWM），这是因为采用这种技术的变频器输出的电压或电流波形接近于正弦波形。

SPWM 方案多种多样，归纳起来可分为电压正弦 PWM、电流正弦 PWM 和磁通正弦 PWM 等三种基本类型，其中电压正弦 PWM 和电流正弦 PWM 是从电源角度出发的 SPWM，磁通正弦 PWM（也称为电压空间矢量 PWM）是从电动机角度出发的 SPWM 方法。

PWM 型变频器的主要特点是：

(1) 主电路只有一个可控的功率环节，开关元件少，控制线路结构得以简化；

(2) 整流侧使用了不可控整流器，电网功率因数与逆变器输出电压无关，基本上接近于 1；

(3) VVVF 在同一环节实现，与中间储能元件无关，变频器的动态响应加快；

(4) 通过对 PWM 控制方式的控制，能有效地抑制或消除低次谐波，输出交流电压波形接近于正弦波形。

（一）电压正弦脉宽调制变频器

1. 电压正弦脉宽调制原理

顾名思义，电压 SPWM 技术就是希望逆变器输出电压是正弦波形，它通过调节脉冲宽度来调节平均电压的大小。

电压正弦波脉宽调制法的基本思想是用与正弦波等效的一系列等幅不等宽的矩形脉冲波形来等效正弦波，如图 4-44 所示。具体是将一个正弦半波分作 n 等分 [图 4-44（a）中 $n=$

12］，然后将每一等分正弦曲线与横轴所包围的面积都用一个与之面积相等的矩形脉冲来代替，矩形脉冲的幅值不变，各脉冲的中点与正弦波每一等分的中点相重合，如图 4 - 44（b）所示。这样，由 n 个等幅不等宽的矩形脉冲所组成的波形就与正弦波的半周波形等效，称作 SPWM 波形。同样，正弦波的负半周也可用相同的方法与一系列负脉冲等效。这种正弦波正、负半周分别用正、负脉冲等效的 SPWM 波形称作单极式 SPWM。

在图 4 - 44（b）所示的一系列等幅不等宽的矩形脉冲波形中，由于每个脉冲的幅值相等，所以逆变器可由恒定的直流电源供电，也就是说，这种交—直—交变频器中的整流器采用不可控的二极管整流器就可以了。当逆变器各功率开关器件都是在理想状态下工作时，驱动相应功率开关器件的信号也应为与图 4 - 44（b）形状一致的一系列脉冲波形。

脉宽调制的方法是利用正弦波作为基准的调制波（Modulation Wave），受它调制的信号称为载波（Carrier Wave），在 SPWM 中常用等腰三角波当作载波。当调制波与载波相交时［见图 4 - 45（a）］，由它们的交点确定逆变器开关器件的通断时刻。具体的做法是，当 A 相的调制波电压 u_{ra} 高于载波电压 u_t 时，使相应的开关器件 VT1 导通，输出正的脉冲电压，见图 4 - 45（b）；当 U_{ra} 低于 u_t 时使 VT1 关断，输出电压为零。在 u_{ra} 的负半周中，可用类似的方法控制下桥臂的

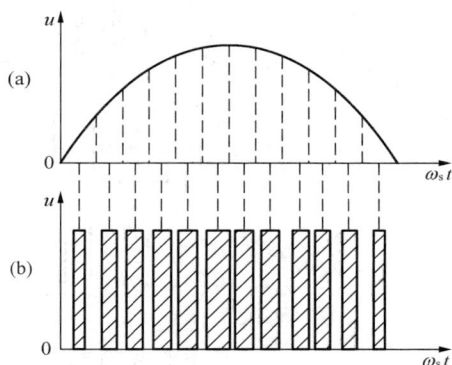

图 4 - 44　与正弦波等效的等幅不等宽的矩形脉冲波形

（a）正弦波形；（b）等效的 SPWM 波形

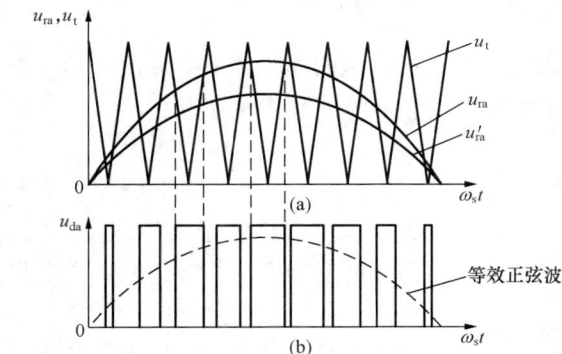

图 4 - 45　单极式脉宽调制波的形成

（a）正弦调制波与三角载波；（b）输出的 SPWM 波形

VT4，输出负的脉冲电压序列。改变调制波的频率时，输出电压基波的频率也随之改变；降低调制波的幅值时，如 u'_{ra}，各段脉冲的宽度都将变窄，从而使输出电压基波的幅值也相应减小。

由于上述 SPWM 波形在半周内的脉冲电压只在"正"或"负"和"零"之间变化，主电路每相只有一个开关器件反复通断。这样的脉宽调制方法称为单极式调制。

如果让同一桥臂上、下两个开关器件交替地导通与关断，则输出脉冲在"正"和"负"之间变化，就得到双极式的 SPWM 波形。图 4 - 46 给出了三相双极式的正弦脉宽调制波形，其调制方法和单极式相似，只是输出脉冲电压的极性不同。

当 A 相调制波 $u_{rA} > u_t$ 时，VT1 导通，VT4 关断，使负载上得到的相电压为 $u_{A0} = +U_d/2$；当 $u_{rA} < u_t$ 时，VT1 关断而 VT4 导通，则 $u_{A0} = -U_d/2$。所以 A 相电压 $u_{A0} = f(t)$ 是以 $+U_d/2$ 和 $-U_d/2$ 为幅值作正、负跳变的脉冲波形。同理，图 4 - 46（c）的 $u_{B0} = f(t)$ 是由 VT3 和 VT6 交替导通得到的，图 4 - 46（d）的 $u_{C0} = f(t)$ 是由 VT5 和 VT2 交替导通得到的。由 u_{A0} 和 u_{B0} 相减可得逆变器输出的线电压波形 $u_{AB} = f(t)$，见图 4 - 46（e），其脉冲幅值为 $+U_d$ 和 $-U_d$。

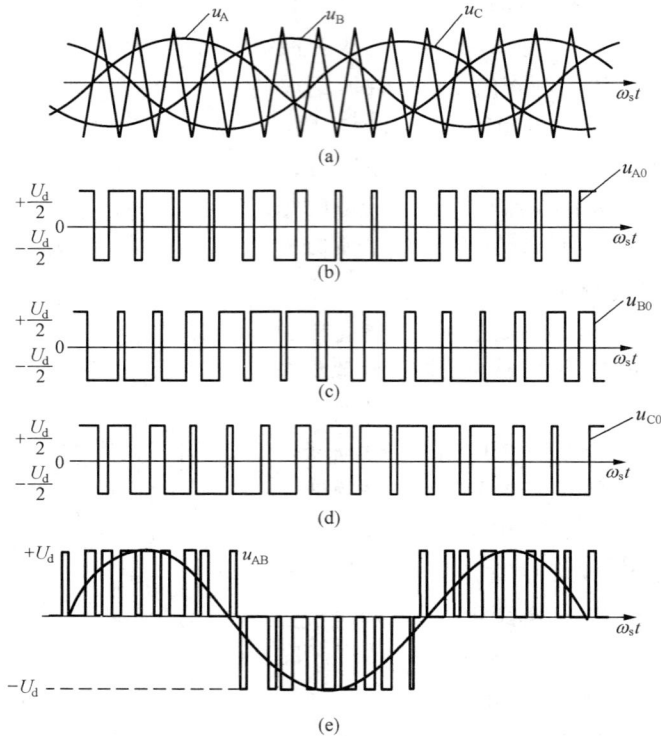

图 4 - 46　三相双极式 SPWM 波形

（a）三相调制波与双极性三角载波；（b）$u_{A0}=f(t)$；（c）$u_{B0}=f(t)$；（d）$u_{C0}=f(t)$；（e）$u_{AB}=f(t)$

　　双极式 SPWM 与单极式 SPWM 方法一样，对输出交流电压的大小调节要靠改变控制波的幅值来实现，而对输出交流电压的频率调节则要靠改变控制波的频率来实现。

　　2．SPWM 变频器的主电路

　　图 4 - 47 是 SPWM 变压变频器主电路的原理图。图中整个逆变器由三相不可控整流器供电，所提供的直流恒值电压为 U_d。为分析方便起见，认为异步电机定子绕组星形连接，其中中性点与整流器输出端滤波电容器的中点 0′ 相连，因而当逆变器任一相导通时，电动机绕组上所获得的相电压为 $U_d/2$。

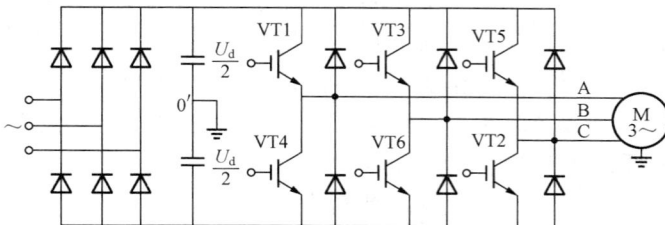

图 4 - 47　SPWM 变压变频器主电路原理图

　　滤波电容器起着平波和中间储能的作用，提供电感性负载所需的无功功率。

　　VT1～VT6 是逆变器的 6 个全控型功率开关器件，它们各有一个续流二极管反并联连接。VT1～VT6 工作于开关状态，其开关模式取决于供给控制极的

PWM 控制信号，输出交流电压的幅值和频率通过控制开关脉宽和切换点时间来调节。VD1～VD6 用来提供续流回路。以 A 相负载为例，当 VT1 突然关断时，A 相负载电流靠 VD2 续流，而当 VT2 突然关断时，A 相负载电流又靠 VD1 续流。B、C 两相续流原理同

上。由于整流电源是二极管整流器，能量不能向电网回馈，因此当电动机突然停车时，电动机轴上的机械能将转化为电能通过 VD1～VD6 的整流向电容充电，储存在滤波电容中，造成直流电压 U_d 的升高，该电压称为泵升电压，必须设置泵升电压限制电路。

（二）电流正弦脉宽调制变频器

交流电动机的控制性能主要取决于转矩或者电流的控制质量（在磁通恒定的条件下），为了满足电机控制的良好动态响应，经常采用电流正弦 PWM 技术。电流正弦 PWM 技术本质上是电流闭环控制，实现方法很多，主要有 PI 控制、滞环控制及无差拍预测控制等几种，都具有控制简单，动态响应快和电压利用率高的特点。

目前，实现电流控制的常用方法是电流滞环 SPWM，即将正弦电流参考波形和电流的实际波形通过滞环比较器进行比较，其结果决定逆变器桥臂上、下开关器件的导通和关断。这种方法的主要优点是控制简单、响应快、瞬时电流可以被限制，功率开关器件得到自动保护；主要缺点是相对的电流谐波较大。本节重点介绍电流滞环跟踪控制的 SPWM 技术及其控制系统。

电流滞环控制是一种非线性控制方法，电流滞环控制型逆变器一相（A 相）电流控制原理框图如图 4 - 48（a）所示。正弦电流信号发生器的输出信号作为相电流给定信号，与实际的相电流信号相比较后送入电流滞环控制器。设滞环控制器的环宽为 2ε，t_0 时刻，$i_A^* - i_A \geq \varepsilon$，则滞环控制器输出正电平信号，驱动上桥臂功率开关器件 VT1 导通，使 i_A 增大。当 i_A 增大到与 i_A^* 相等时，虽然 $\Delta i_A = 0$，但滞环控制器仍保持正电平输出，VT1 保持导通，i_A 继续增大，直到 t_1 时刻，$i_A = i_A^* + \varepsilon$，滞环控制器翻转，输出负电平信号，关断 VT1，并经保护延时后驱动下桥臂器件 VT2。但此时 VT2 未必导通，因为电流 i_A 并未反向，而是通过续流二极管 VD2 维持原方向流通，其数值逐渐减小，直到 t_2 时刻，i_A 降到滞环偏差的下限值，又重新使 VT1 导通。VT1 与 VD2 的交替工作使逆变器输出电流与给定值的偏差保持在 $\pm\varepsilon$ 范围之内，在给定电流上下作锯齿状变化。当给定电流是正弦波时，输出电流也十分接近正弦波，如图 4 - 48（b）所示。与此类似，负半周波形是 VT2 与 VD1 交替工作形成的。

显然，滞环控制器的滞环宽度越窄，则开关频率越高，可使定子电流波形更逼近给定基准电流波形，从而将有效地使电动机定子绕组获得电流源供电效果。

4.4.3 变频调速系统

要组成晶闸管变频调速系统仅有前面介绍的晶闸管变频器还不行，还必须加上相应的控制环节。为此，首先介绍晶闸管变频调速系统中的主要控制环节，然后再配上前述的静止型晶闸管交—直—交变频器，最终组成晶闸管变频调速系统。

一、晶闸管变频调速系统中的主要控制环节

（一）给定积分器

给定积分器又称软起动器，它是用来减缓突加阶跃给定信号造成的系统内部电流、电压的冲击，提高系统的运行稳定性。其输入、输出信号波形对比如图 4 - 49 所示。

（二）绝对值运算器

绝对值运算器是把给定积分器送来的输入信号（正值或负值）均转换为正值。其输入、输出信号的关系为 $u_o = |u_o|$，如图 4 - 50 所示。

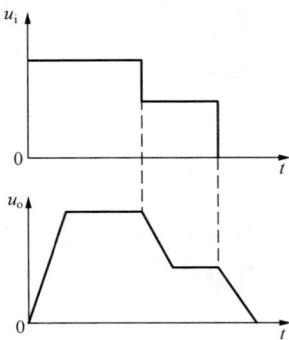

(a)

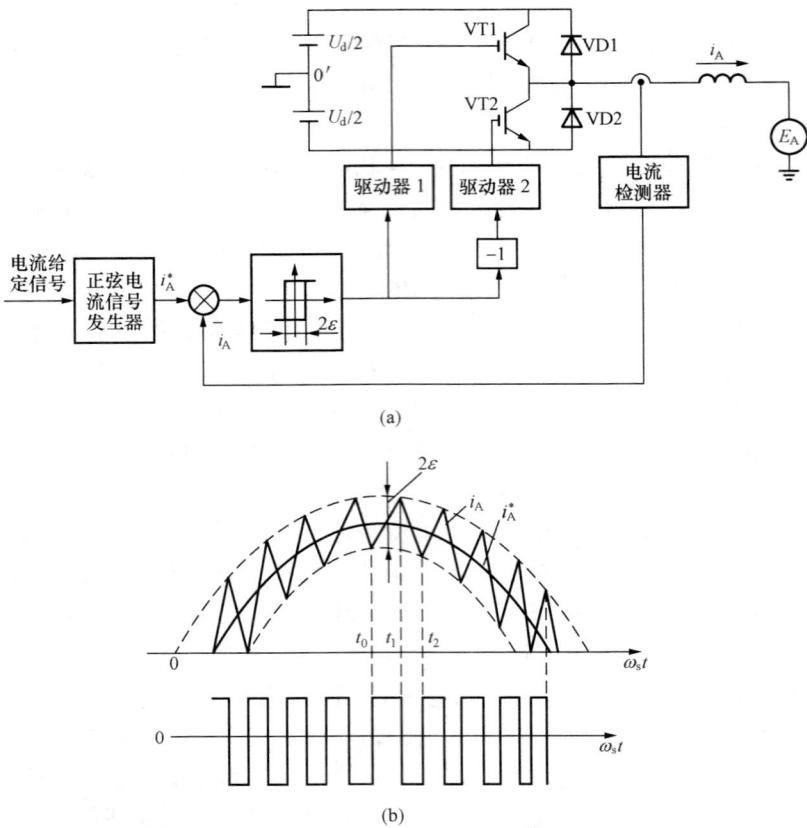

(b)

图 4-48　电流滞环控制逆变器一相电流控制框图及波形图

（a）滞环电流跟踪型 PWM 逆变器一相原理图；（b）滞环电流跟踪型 PWM 逆变器输出电流电压波形图

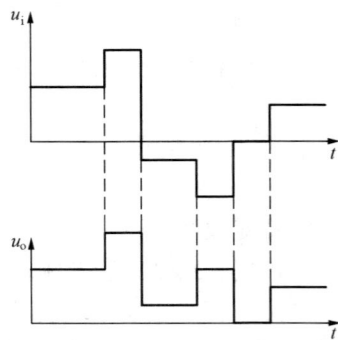

图 4-49　给定积分器的输入、输出信号波形　　图 4-50　绝对值运算器的输入、输出信号波形

（三）电压—频率变换器

转速给定信号是以电压形式给出的，而用晶闸管逆变桥实现变频必须将其转换成频率的形式，电压—频率（U/F）变换器就是用来将电压给定信号转换成脉冲信号的装置，输入电压越高，脉冲频率越高；输入电压越低，则脉冲频率越低。该脉冲频率是逆变器（六拍逆变器）输出频率的 6 倍。其输入、输出信号关系如图 4-51 所示。

电压—频率变换器的种类很多，有单结晶体管压控振荡器、555 时基电路构成的压控振荡器，还有各种专用集成压控振荡器构成的电路。

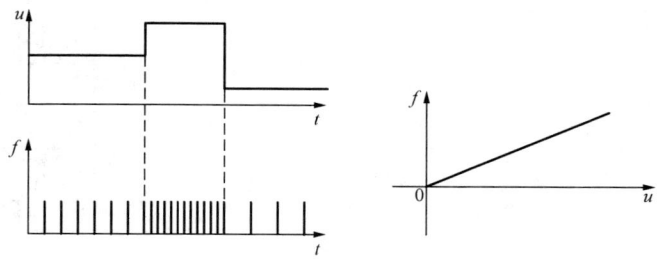

图 4 - 51　电压 - 频率变换器输入、输出信号关系

（四）环形分配器

环形分配器又称 6 分频器，它将 U/F 变换器送来的压控振荡脉冲，每 6 个为一组，分为 6 路输出，依次送给逆变桥的 6 个晶闸管元件。其输入、输出信号波形如图 4 - 52（a）、（b）所示。

在图 4 - 52（a）中，输入信号为频率变化的脉冲序列，环形分配器的输出脉冲特征是：① 各路脉冲发出的时间间隔为 60°；② 各路脉冲的宽度为 60°（因为带感性负载的晶闸管元件需要宽脉冲触发）。图 4 - 52（b）为环形分配器的输出波形。

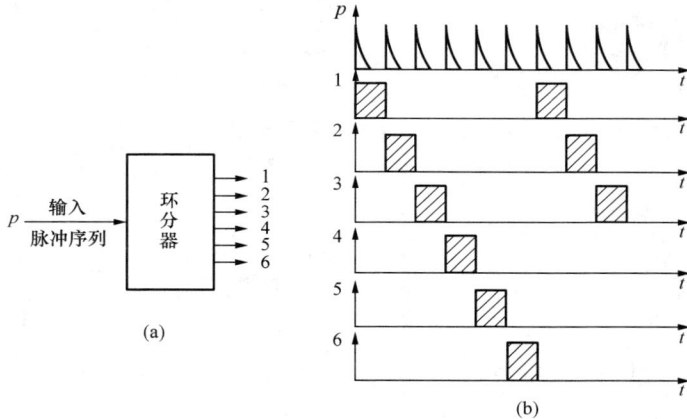

图 4 - 52　环形分配器的功能原理图与波形
（a）功能原理图；（b）环形分配器输出波形

（五）脉冲功率放大与脉冲输出级

（1）脉冲功率放大的作用：①根据逻辑开关发出的指令，使功率放大管按照 VT1→VT2→…→VT6→VT1…或 VT6→VT5→…VT1→VT6…的顺序导通，且导通 120°；②将宽度为 60°的脉冲拓宽为 120°的宽脉冲；③将环形分配器送来的脉冲进行功率放大。

图 4 - 53（a）为脉冲功率放大与脉冲输出级的功能原理图。图 4 - 53（b）是脉冲功率放大器的输出波形。

（2）脉冲输出级的作用：①将脉冲功率放大器送来的宽脉冲调制成触发晶闸管所需的脉冲列（用方波发生器产生的脉冲进行脉冲列调制）；②用脉冲变压器隔离输出级与晶闸管的门极。脉冲输出级的输出波形如图 4 - 54 所示。

脉冲输出级包括方波发生器、功放与解调两个部分。当 T1、T2 管的基极均为高电平，在脉冲变压器 TB 的原边得到调制后的信号，解调后得到原信号。

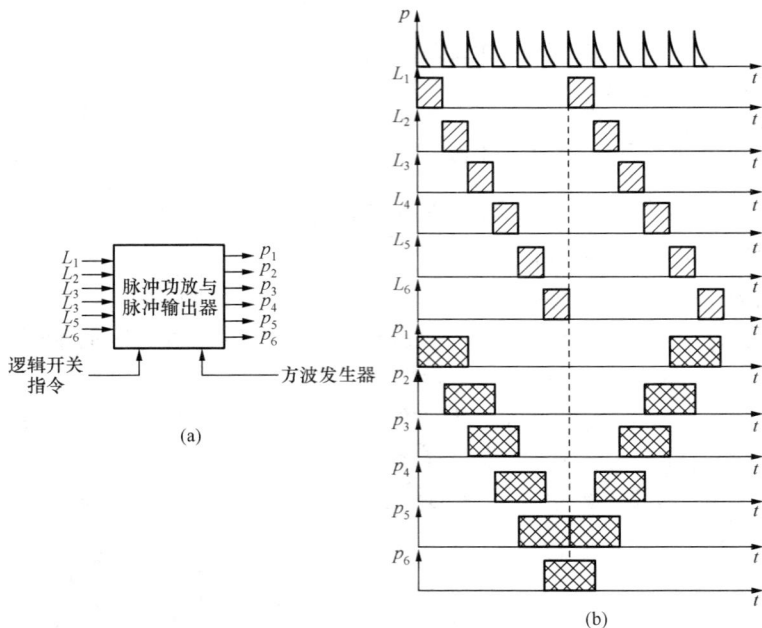

图 4-53　脉冲功率放大与输出级的功能原理图及输出波形

（a）功能原理图；（b）输出波形

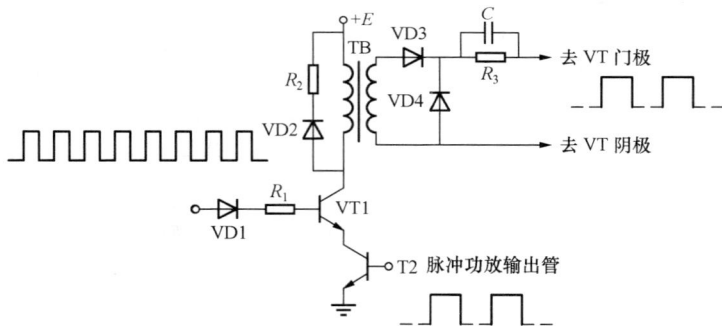

图 4-54　脉冲输出级输出波形

（六）函数发生器

函数发生器有两方面作用：① 在 $f_{smin} \sim f_{sN}$ 的调频范围内，为确保恒转矩调速，将频率给定信号正比例转换为电压给定信号并在低频下将电压给定信号适当提升，进行低频电压补偿以达到 $E_g / \omega_s =$ 常数；② 在 f_{sN} 以上，无论频率给定信号如何上升，电压给定信号保持不变，使输出电压 U_s 保持 U_{sN} 不变。函数发生器的输入、输出关系如图 4-55 所示。

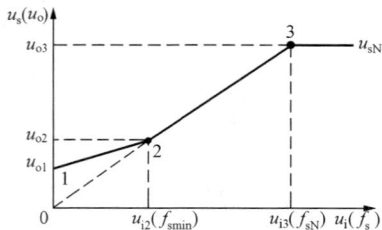

图 4-55　函数发生器的输入、
输出关系

（七）逻辑开关

逻辑开关电路的作用是根据给定信号为正、负或零来控制电动机的正转、反转或停车。如给定信号为正，则控制脉冲输出级按正相序触发，电动机正转；如给定信号为负，则控制脉冲输出级按负相序触发，电动机反转；如给定信号为零，则逻辑开关将脉冲输出级的正、负脉冲都封锁，电动机停车。

二、转速开环的电压型晶闸管变频调速系统

图 4-56 所示为交—直—交电压型晶闸管变频器供电的转速开环变频调速系统原理图。这是没有测速反馈的转速开环变频调速系统，其调速性能不如转速闭环系统。因此适用于调速要求不高的场合。

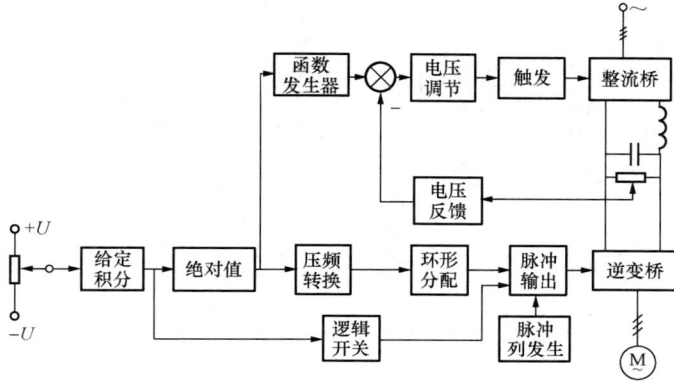

图 4-56　晶闸管交—直—交电压型变频器转速开环变频调速系统结构图

系统中电动机对变频器的控制要求如下：

（1）在额定频率 f_{sN} 以下，对电动机进行恒转矩调速，即要求在变频调速过程中，在改变频率的同时改变供电电压，保证变频器以恒压频比 $U_s/\omega_s = $ 常数控制电机。

（2）在额定频率 f_{sN} 以上，对电动机进行近似恒功率调速，即要求变频器保持输出电压不变，只改变频率调速。

下面对转速开环的晶闸管变频调速系统组成作一说明。图 4-56 中，主电路采用晶闸管交—直—交电压型变频器，控制电路有两个控制通道：上面是电压控制通道，采用电压单闭环控制可控整流器的输出直流电压；下面是频率控制通道，控制电压型逆变器的输出频率。电压和频率控制采用同一控制信号（来自绝对值运算器），以保证二者之间的协调。由于转速控制是开环的，阶跃的转速给定信号不能直接加到控制系统上，否则将产生很大的冲击电流。为了解决这个问题，设置了给定积分器将阶跃信号转变成合适的斜坡信号，从而使电压和转速都能平缓地升高或降低；此外，由于系统是可逆的，而电动机的旋转方向只取决于变频电压的相序，并不需要在电压和频率的控制信号上反映极性。因此，在后面再设置绝对值运算器将给定积分器的输出变换成只输出其绝对值的信号。

电压控制环采用电压闭环控制，以控制变频器输出电压。电压—频率控制信号加到电压环以前，应补偿定子阻抗压降，以改善调速时（特别是低速时）的机械特性，提高带负载能力。

频率控制环节主要由电压—频率变换器、环形分配器和脉冲放大器三部分组成，将电压—频率控制信号转变成具有所需频率的脉冲列，再按 6 个脉冲一组依次分配给逆变器，分别触发桥臂上相应的 6 个晶闸管。

三、 转速开环的电流型晶闸管变频调速系统

交—直—交转速开环电流型晶闸管变频调速系统结构原理图如图 4 - 57 所示。

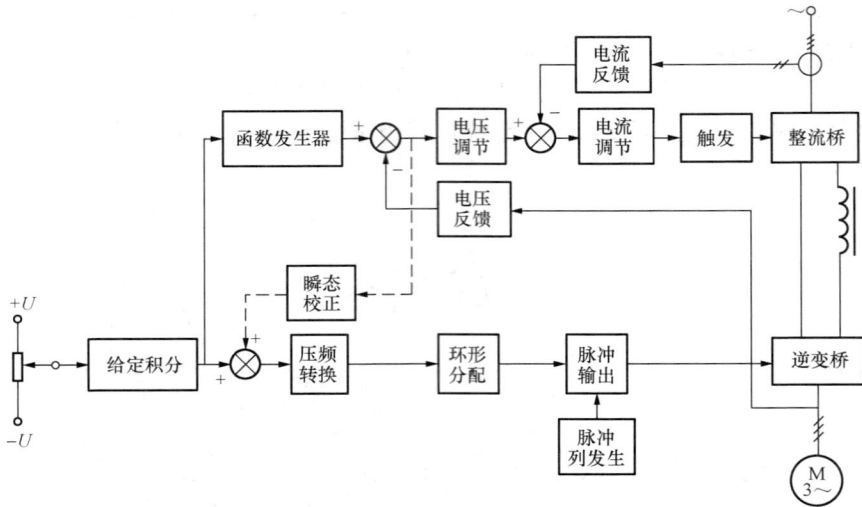

图 4 - 57　交—直—交转速开环电流型晶闸管变频器变频调速系统结构图

与前面所述的电压型变频器调速系统的主要区别在于，该系统主电路采用了大电感滤波的电流型逆变器。在控制系统上，两类系统结构基本相同，都是采用电压—频率协调控制。无论是电压型还是电流型变频调速系统，由于要用到电压—频率协调控制，因此都必须采用电压控制系统，只是电压反馈环节有所不同。电压型变频器直流电压的极性是不变的，而电流型变频器在回馈制动时直流电压要反向，因此后者的电压反馈不能从直流电压侧引出，而改从逆变器的输出端引出。

图 4 - 57 中系统所用各控制环节基本上与电压型变频器调速系统类似。图中电流型逆变器采用电压电流双闭环控制，能使电动机调速时保持恒磁通，但会引起系统不稳定。为了克服这种不稳定因素，在图 4 - 57 中增加了一个瞬态校正环节。

四、 电压型 SPWM 变频调速系统

电压型 SPWM 变频调速系统如图 4 - 58 所示，系统的主电路由不可控三相桥式整流器 UR、三相桥式 SPWM 逆变器 UI 和中间直流环节等三部分组成。对于电压型变频器而言，其中间直流环节采用大电容 C 进行滤波和中间储能。

二极管整流虽然是全波整流电路，但由于整流桥接滤波电容，只有当交流电压超过电容电压时，整流电路才进行充电（往往在交流电压的峰值处才进行充电）。交流电压小于电容电压时，电流为零，这将导致在电网上产生谐波。为了抑制谐波，通常在电网和变频器之间加一个进线电抗器 L_L。

由于电容量很大，合闸突加电压时，电容器相当于短路，将产生很大的充电电流，损坏整流二极管。为了限制充电电流，采用限流电阻 R_0 和延时开关 SA 组成的预充电电路对电容 C 进行充电，电源合闸后，延时数秒，通过 R_0 对电容 C 进行充电。电容的电压升高到一定值后，闭合开关 SA 将限流电阻 R_0 短路，避免正常运行时的附加损耗。

由于二极管整流的电压型 SPWM 变频器不能再生制动，对于小容量的通用变频器一般

都用电阻吸收制动能量。制动时，变频器整流桥处于整流，逆变器也处于整流状态，此时异步电动机进入发电状态，整流桥和逆变器都向电容 C 充电，当中间直流电压（称为泵升电压）升高到一定值时，通过开关器件 VTb 接通 R_b，将电动机的动能消耗于电阻 R_b 上。

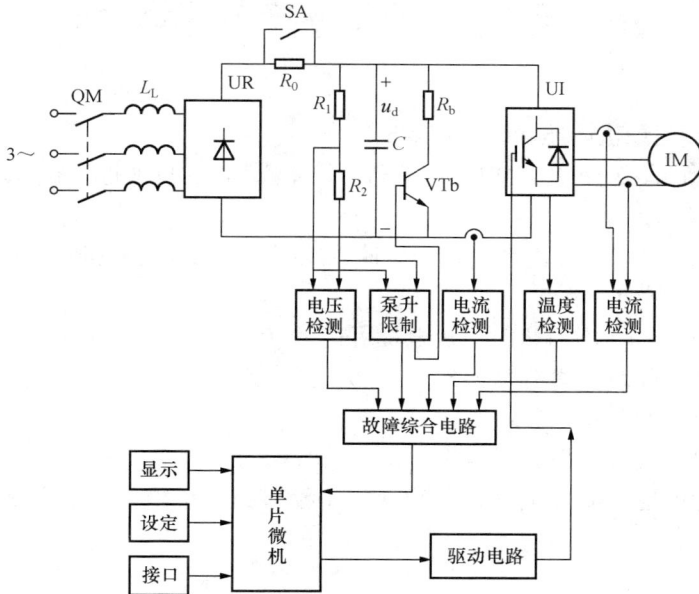

图 4-58　电压型 SPWM 变频调速系统结构图

五、 电流型 SPWM 变频调速系统

了解一相电流滞环控制型 SPWM 逆变器原理之后便可以组成三相电流滞环控制型 SPWM 变频调速系统，如图 4-59 所示。

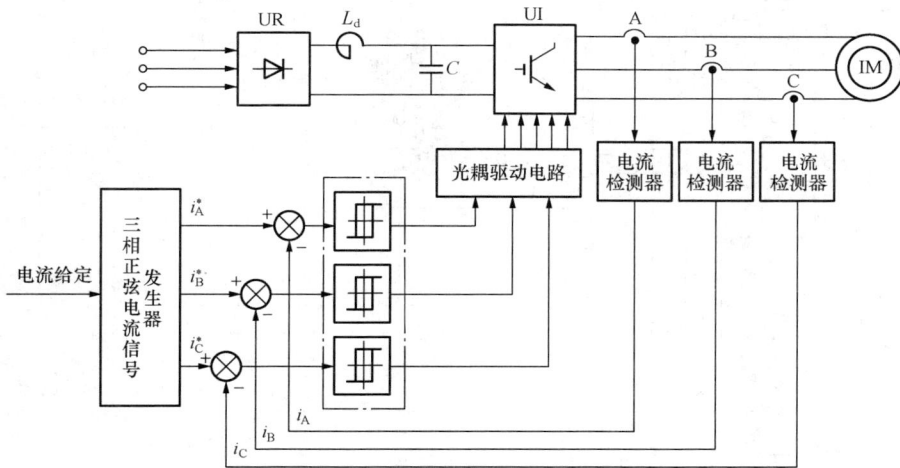

图 4-59　异步电动机电流滞环控制变频调速系统

需要指出的是，电流滞环控制对于给定的滞环宽度，其开关频率随着电动机运行状态的变化而变化。当开关频率超过功率器件的允许开关频率，将不利于功率器件的安全工作；当

开关频率过低将会造成电流波形畸变，导致电流谐波成分加大。因此，最好能使逆变器的开关频率在一个周期内基本保持一定。

4.5 交流调速系统的实例分析

一、交流异步电动机调压调速系统实例

下面介绍成套产品 KJF 系列双向晶闸管调压调速装置的技术指标和原理图。

1. 主要技术指标

（1）控制对象：三相异步电动机，交流输入三相，50Hz，进线电压 380V。

（2）装置功率：小于 40kW。

（3）调速范围：5：1 左右，对力矩电机可达 10：1。

（4）稳态精度：静态误差不大于 2.5%～5.5%。

（5）控制电压：0～8V。

（6）交流输出：交流三相电压连续可调。

KJF 系列装置既能对异步电动机实现无级平滑调速，也能作为工业加热、灯光控制用的交流调压器。

2. 装置原理图

KJF 系列双向晶闸管调压调速装置的原理图如图 4 - 60 所示。

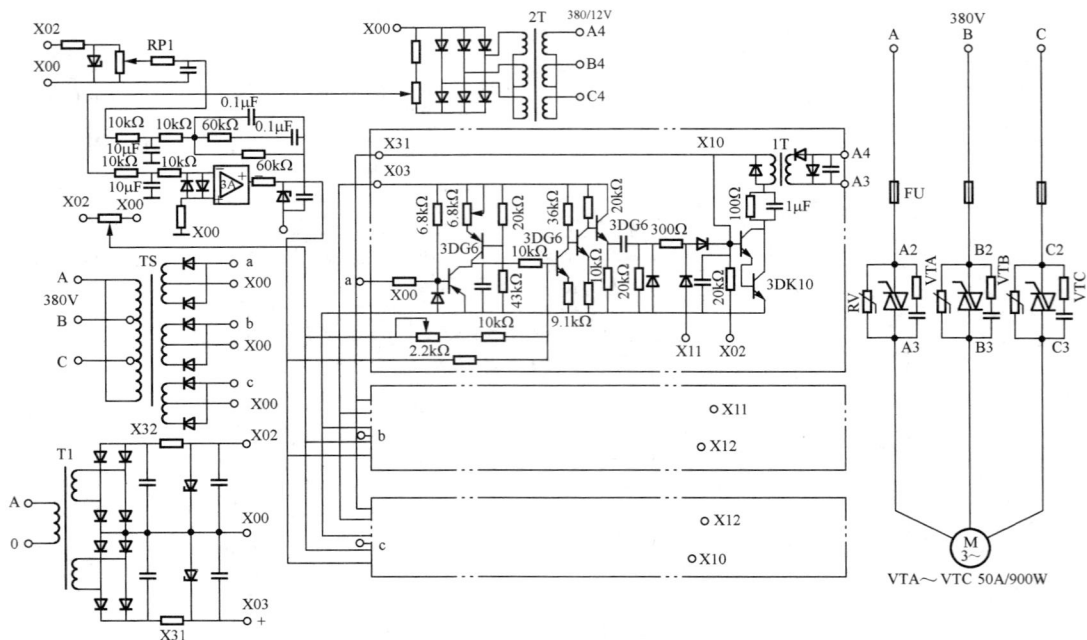

图 4 - 60 KJF 系列双向晶闸管调压调速系统原理图

（1）主电路。该系统采用 3 只双向晶闸管，具有体积小，控制极接线简单的特点。A、B、C 为交流输入端。A3、B3、C3 为输出端，接电动机定子绕组。为了保护晶闸管，在晶

闸管两端接有阻容吸收装置和压敏电阻。

（2）控制电路。转速给定电位器 RP1 所给出的电压经运算放大器 3A 组成的速度调节器送入移相触发电路。3A 还可得到来自测速发电机的转速反馈信号或来自受电器端电压的电压反馈信号，以构成闭环系统。

（3）移相触发器。双向晶闸管有四种触发方式，本系统中采用"Ⅰ"和"Ⅲ"方式，即要求在主电路电压正、负半波时都给出一个负脉冲，因为负脉冲触发所需要的门极电压和电流较小，可保证可靠触发。TS 是同步变压器，为保证晶闸管在正、负半波电压时都能被触发，且又有足够的移相范围，所以 TS 采用 DY-11 的接线方式。

该系统的移相触发器电路采用锯齿波同步方式；可产生双脉冲，并有强触发脉冲电源（+40V）经 X31 送到脉冲变压器的初级侧。

二、单片机控制的串级调速系统实例

图 4-61 所示为一种用单片微型计算机控制的串级调速系统，其由主电路、单片机 8031 及接口电路等部分组成。其中主电路与前面介绍过的串级调速系统主电路完全相同。

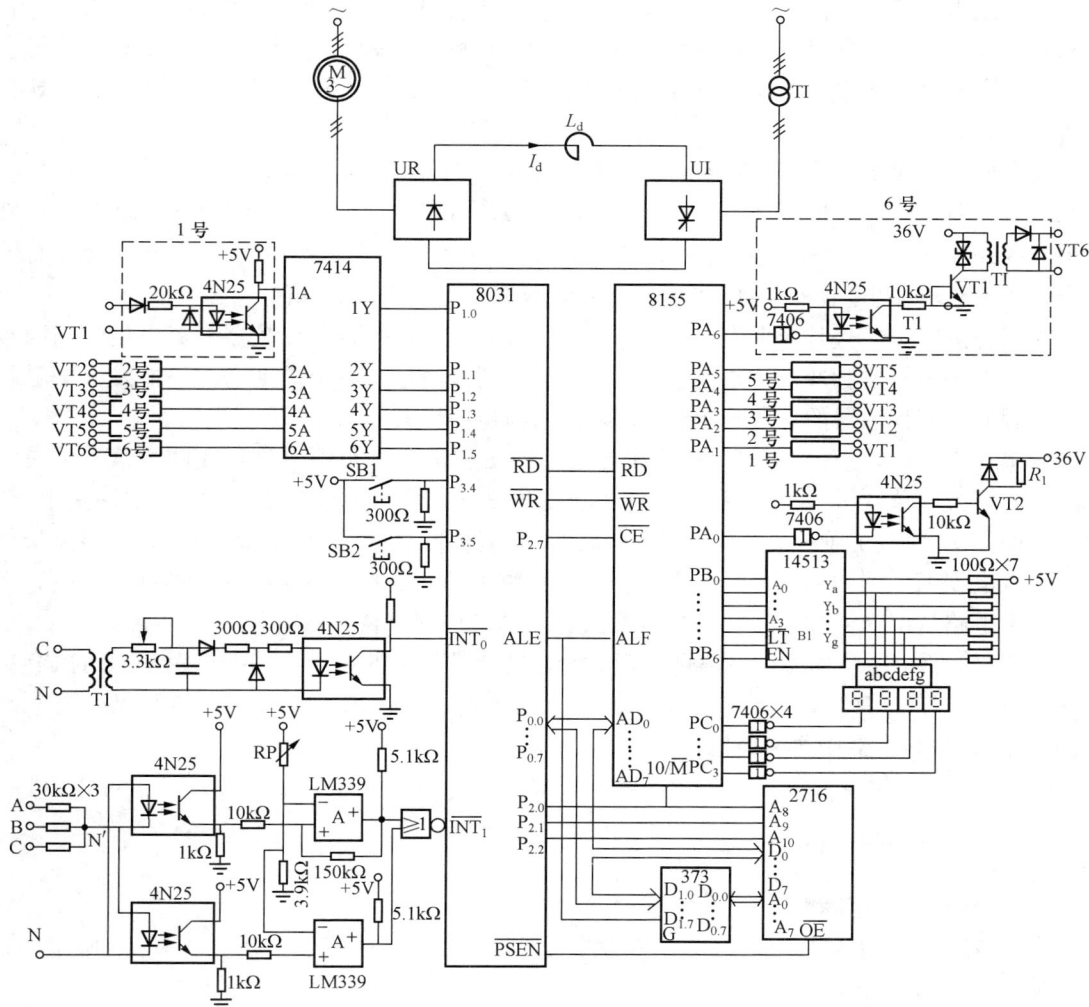

图 4-61　一种单片机控制的串级调速系统原理图

下面主要介绍单片机和接口电路的组成及其工作原理。

在图 4-61 中，系统所用的单片机是 MCS-51 系列中的 8031，并扩展了 I/O 接口 8155、程序存储器 2716。单片机 8031 中的 P_0 口及 P_2 口用于片外扩展的程序存储器及 I/O 口的数据/地址总线。P_1 口用来接收故障检测输入信号。$P_{3.4}$、$P_{3.5}$ 与升、降速按钮 SB1、SB2 相接。8031 内设转速计数器，在运行中查询 $P_{3.4}$、$P_{3.5}$，得到触发器移相控制电压，再配合程序软件实现升、降速。

微机数字触发器的同步信号则是来自电源相电压 U_{CN}，经变压器 T1 降压、二极管整流及光电耦合之后，送给单片机 8031 的外部中断源 $\overline{INT}_0$，使每周期 U_{CN} 为零时产生一次外部中断，作为同步信号。单片机 8031 每周期发 6 对触发脉冲，经过 8155 的 PA 口、驱动器 7406、光电耦合器 4N25、晶体管 VT1、脉冲变压器 TI 等隔离及功率放大后，作为逆变桥晶闸管的触发脉冲。

图 4-61 的系统可对晶闸管不导通、三相电源严重不对称和同步信号丢失这三种故障状态进行检测。每当发出触发脉冲后，要检测相应的晶闸管是否已正常导通。即从晶闸管阳、阴极两端取出信号，此信号经光电耦合、施密特触发器整形后送给单片机 8031 的 P_1 口。若晶闸管导通，则管压降很小，施密特触发器输出为低电平；若晶闸管未导通，则施密特触发器输出为高电平。因此，在触发脉冲发出后，检测 P_1 口的状态，可以检测出晶闸管导通与否。

为了检测三相电源是否严重不对称，将三相电源通过三个数值相同的电阻接成星形。三相电源电压对称时，中性点电压 $U_{NN'}=0$，两个电压比较器 LM339 的输出均为低电平，外部中断源 $\overline{INT}_1$ 为高电平。当三相电源电压严重不对称时，$U_{NN'}\neq 0$，于是光电耦合器有输出，电压比较器输出翻转，使 $\overline{INT}_1=0$，8031 收到电源严重不对称信号。

为了检测同步信号是否丢失，可在单片机 8031 内设置一脉冲计数器。每当接收到同步信号后，发一个触发脉冲，计数器就加 1。由于在同步信号的一个周期之内只能发 6 个触发脉冲，因此，若计数器的计数值小于 6，则说明同步信号丢失。

当单片机 8031 一旦检测出晶闸管未导通，或三相电源严重不对称，或同步信号丢失的故障时，一方面单片机 8031 由程序软件将逆变角 β 推至最小逆变角 $\beta_{\min}$，限制主回路电流；另一方面，由 8155 的 PA 口、驱动器 7406、光电耦合器 4N25、晶体管 VT2 等输出保护信号，使继电器 K（图中未画出）通电动作，由该继电器触点控制有关接触器的通、断电，实现系统主电路从串级调速运行状态到绕线式异步电动机固有特性运行状态的切换。

图 4-61 所示系统的显示电路可实现对给定转速及故障的显示。其中，用 8155 的 PB 口及译码、驱动器 14513 及发光二极管 LED 实现字形的显示，用 8155 的 PC 口及驱动器 7406 控制 4 位 LED 显示器中每一位输出。

习 题

一、判断题（正确填"T"，错误填"F"）

1. 交流调压调速系统中，对恒转矩负载来说，随着转速的降低，转差功率 sP_2 增大，效率升高。（   ）

2. 绕线式异步电动机串级调速属转差功率回馈型调速。（   ）

3. 电气串级调速系统具有恒转矩调速特性。（　　　）

4. 异步电动机的变频调速属转差功率不变型调速，是各种调速方案中性能最好的一种方法。（　　　）

5. 从电源的性质出发，可将静止式变频装置分为两类：电压源和电流源型变频装置。（　　　）

二、单项选择题

1. 交流异步电动机调压调速系统中所用调压方法有三种，下列哪种不是（　　　）。

A. 自耦变压器调压　　　　　　　　　　B. 饱和电抗器调压

C. 晶闸管交流调压器调压　　　　　　　D. 转子串电阻调压

2. 在（开环）交流调压调速系统中，采用高转子电阻异步电动机（力矩电机）时对系统性能的影响说法中错误的是（　　　）。

A. 在恒转矩负载下，电动机的调压调速范围增大了

B. 电动机可在堵转力矩下工作而不被烧坏

C. 在低速运行时损耗增大，机械特性变硬

D. 机械特性变软，转速静差率变大了

3. 下列关于绕线式异步电动机次同步串级调速系统的说法中错误的是（　　　）。

A. 串级调速的机械特性比绕线式异步电动机固有机械特性软

B. 串级调速系统通过逆变角进行调速时，其调速特性比他励直流电动机调压调速时硬

C. 串级调速的最大转矩比绕线式异步电动机固有机械特性的小

D. 效率高、功率因数低

4. 下列关于绕线式异步电动机次同步串级调速系统的说法中错误的是（　　　）。

A. 由于大部分转差功率被送回电网，使串级调速系统从电网输入的总有功功率并不多，故串级调速系统的效率很高

B. 系统容量越大，电动机越接近满载，各项损耗相对越小，系统总效率也越高

C. 斩波式串级调速系统功率因数较低

D. 晶闸管串级调速系统的主要缺点是总功率因数低

5. 串级调速系统的机械特性比固有特性（　　　）。

A. 软　　　　　　　B. 硬　　　　　　　C. 一样

6. 在 VVVF 调速系统中，基频以下调频时须同时调节定子电源的（　　　）。

A. 电压　　　　　　B. 电流　　　　　　C. 转矩

7. 按照不同的控制方式，间接变频器又有三种情况。下列说法中错误的是（　　　）。

A. 用可控整流器调压、逆变器调频的交—直—交变压变频器

B. 用不可控整流器整流、斩波器调压、再用逆变器调频的交—直—交变压变频器

C. 用可控整流器整流、脉宽调制（PWM）逆变器同时调压调频的交—直—交变压变频器

D. 用两组反并联晶闸管可逆变流器组成的交—交变压变频器

8. 对于 PWM 型变频器的主要特点的下列说法中错误的是（　　　）。

A. 主电路只有一个可控的功率环节，开关元件少，控制线路结构得以简化

B. 整流侧使用了可控整流器，电网功率因数与逆变器输出电压无关，基本上接近于 1

C. VVVF 在同一环节实现，与中间储能元件无关，变频器的动态响应加快

D. 通过对 PWM 控制方式的控制，能有效地抑制或消除低次谐波，实现接近正弦形的输出交流电压波形

9. SPWM 方案多种多样，归纳起来可分为以下三种，其中说法中错误的是（　　　）。

A. 电压正弦 PWM　　　　　　　　　　　B. 电流正弦 PWM

C. 磁通正弦 PWM　　　　　　　　　　　D. 功率正弦 PWM

10. 下列关于交流异步电动机变频调速系统的说法中错误的是（　　　）。

A. 将直流电能变换成交流电能供给负载的过程称为有源逆变

B. 基频以上变频调速属于弱磁恒功率调速

C. 在恒 E_g/ω_s 条件下改变频率时，机械特性基本上是平行移动的

D. 恒 E_g/ω_s 控制的机械特性就是恒压频比控制中补偿定子阻抗压降特性所追求的目标

11. 关于交—直—交电压源型和电流源型变频器在性能上的差异，以下说法中错误的是（　　　）。

A. 电压源型变频器用电容元件来储存无功能量；电流源型变频器用电感元件来储存无功能量

B. 由电流源型变频器构成的变频调速系统易实现回馈制动

C. 电压源型变频器比电流源型变频器的调速动态响应快

D. 电流源型变频器比电压源型变频器的调速动态响应快

三、填空题

1. 下列形式的交流电动机调速系统：①交流调压调速系统；②绕线式异步电动机串电阻调速系统；③绕线式异步电动机串级调速系统；④变频调速系统

属于转差功率消耗型的系统有（　　　）；属于转差功率回馈型的系统有（　　　）；属于转差功率不变型的系统有（　　　）。

2. 晶闸管串级调速系统的功率因数（　　　）、效率（　　　）。

3. 在 VVVF 调速系统中，当基频以上调频时，应保持（　　　）不变。

4. 180°导电型逆变器输出的三相电压，相位上互差（　　　）度，线电压是相电压的（　　　）倍。

四、问答题

1. 根据交流电动机的转速方程，说明目前交流调速主要有哪些方法？各有什么特点？

2. 异步电动机从定子输入转子的电磁功率中，有一部分是与转差成正比的转差功率，根据对其处理方式的不同，可把交流调速系统分成哪几类？并举例说明。

3. 交流调压调速系统的开环机械特性通常不能满足调速要求，要想获得实际应用，必须具备什么条件？

4. 交流电动机调压调速时，电动机为什么不能长期运行于低速状态？通常用什么方法来加以改善？

5. 简述绕线式异步电动机的串级调速原理。

6. 绕线式异步电动机转子所接整流电路的工作特点是什么？

7. 与不带串级调速系统的绕线式异步电机机械特性相比较，串级调速系统的机械特性的特点是什么？

8. 试定性比较晶闸管串级调速系统与转子串电阻调速系统的总效率。

9. 试分析次同步串级调速系统总功率因数低的主要原因，并指出提高系统总功率因数的主要方法。

10. 画出晶闸管串级调速系统主回路框图，试在图上标出各部分的名称、有功功率和无功功率的传递方向；分析晶闸管串级调速系统为什么效率 $\eta\%$ 高而功率因数 $\cos\varphi$ 低。

11. 变频调速有三种基本控制方式，在额定频率以下的变频控制方式是哪两种？在额定频率以上的变频方式是哪种？

12. 在基频以下变频调速系统中，是否保持 Φ_m 为常数？在低速空载（低频）时采用何种办法解决了什么问题？画出其控制特性曲线。

13. 分析电压型 SPWM 异步电动机变频调速系统中，直流电路部分的开关 SA 和电阻 R_0 的并联支路所起的作用。

14. 在电流正弦脉宽调制变频调速系统中，滞环控制器的滞环宽度与功率器件开关频率之间的关系是什么？

15. 分析电压型 SPWM 异步电动机变频调速系统中，直流电路部分的三极管 VTb 和电阻 R_b 的串联支路所起的作用。

16. 如何控制交—交变频器的正、反组晶闸管，以获得按正弦规律变化的平均电压？

5 高性能异步电动机变频调速系统

本章阐述了异步电动机矢量控制的基本概念，分析了矢量控制的原理及矢量坐标变换的方法，重点讨论了异步电动机的动态数学模型，利用矢量坐标变换将异步电动机模拟成直流电动机进行电磁转矩控制，实现了异步电动机的高性能速度控制。本章还介绍了异步电动机的转子磁链观测和无速度传感器技术，讨论了典型的异步电动机矢量控制系统。对双馈感应电机的矢量控制和异步电动机的直接转矩也作了简要讨论。

5.1 矢量控制的基本原理

任何电力拖动系统都服从基本运动方程式

$$T_e - T_L = \frac{GD^2}{375} \frac{dn}{dt} \tag{5-1}$$

式中：T_e 为电动机的电磁转矩；T_L 为负载转矩；$\frac{GD^2}{375}$ 为转动惯量；n 为电动机的转速。

由式（5-1）可以知道，如果能快速准确地控制电磁转矩 T_e，那么调速系统就具有较高的动态性能，因此，调速系统性能好坏的关键是对电磁转矩的有效控制。

众所周知，晶闸管供电的转速电流双闭环直流调速系统具有优良的稳、动态调速特性，其根本原因在于作为被控对象的他励直流电动机的电磁转矩可以灵活地进行控制，因为直流电动机电磁转矩 $T_e = K_m \Phi_m I_d$ 中的两个控制量磁通 Φ_m 和电枢电流 I_d 在空间位置上相互正交、Φ_m 和 I_d 之间相互独立无耦合，可分别进行控制。

而交流异步电动机的电磁转矩为 $T_e = K_m \Phi_m I_2 \cos\varphi_2$，可见其与磁通 Φ_m、转子电流 I_2、转子功率因数 $\cos\varphi_2$ 有关；磁通由定、转子磁动势共同产生；另外，磁通、转子电流、转子功率因数都是转差率 s 的函数，它们相互耦合，互不独立。因此，要想在动态中准确地控制异步电动机的电磁转矩显然是比较困难的。

那么交流电动机是否可以模仿直流电动机的转矩控制规律而加以控制呢？1971 年德国学者 Blaschke 等人提出的矢量变换控制原理实现了这种控制思想。矢量变换控制有效解决了交流电动机电磁转矩的控制，像直流调速系统一样，实现了交流电动机磁通和转矩的独立控制，从而使交流电动机变频调速系统具备了直流调速系统的优点。

当在交流异步电动机定子三相对称绕组中，通入对称的三相正弦交流电 i_A、i_B、i_C 时，则产生旋转磁动势，并由它建立相应的旋转磁场 Φ_{ABC}，如图 5-1（a）所示，磁场的旋转角速度等于定子电流的角频率 ω_s。然而，产生旋转磁场不一定非要三相绕组，除单相外任意的多相对称绕组，通入多相对称正弦电流，都能产生圆形旋转磁场。图 5-1（b）所示的具有位置互差 90° 的两相定子绕组 α、β 异步电动机，当通入两相对称正弦电流 i_α、i_β 时，也能产生旋转磁场 $\Phi_{\alpha\beta}$。如果这个旋转磁场的大小，转速及转向与图 5-1（a）所示三相绕组所产生的旋转磁场完全相同，则可认为图 5-1（a）、（b）所示的两套交流绕组等效。由此可知，处于三相静止坐标系上的三相对称静止交流绕组，可以等效为两相静止直角坐标系上的两相对称静止交流绕组；三相交流绕组中的三相对称正弦交流电流 i_A、i_B、i_C 与两相对称正弦交流电流 i_α、i_β 之间必存在着确定的变换关系，即

$$\left.\begin{array}{l} \boldsymbol{i}_{\alpha\beta} = \boldsymbol{C}_{3S/2S}\boldsymbol{i}_{ABC} \\ \boldsymbol{i}_{ABC} = \boldsymbol{C}_{3S/2S}^{-1}\boldsymbol{i}_{\alpha\beta} = \boldsymbol{C}_{2S/3S}\boldsymbol{i}_{\alpha\beta} \end{array}\right\} \tag{5-2}$$

式 (5-2) 为矩阵方程，其中 $\boldsymbol{C}_{3S/2S}$ 和 $\boldsymbol{C}_{2S/3S}$ 为变换矩阵。

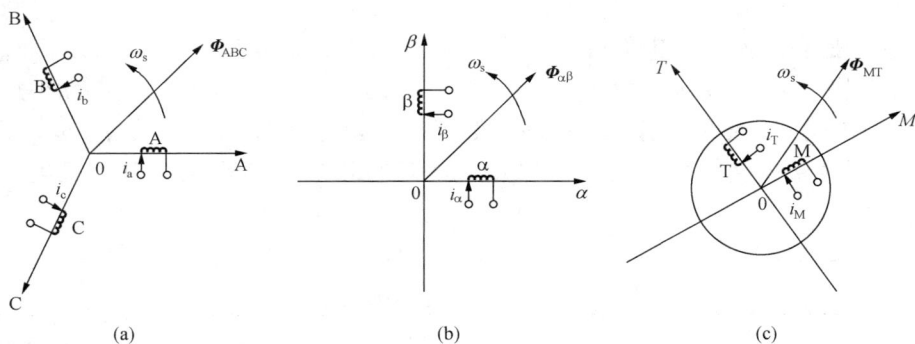

图 5-1 等效的交流电机绕组和直流电机绕组物理模型
(a) 三相交流绕组；(b) 两相交流绕组；(c) 旋转的直流绕组

由直流电动机的结构可知，直流励磁绕组是空间上固定的直流绕组，而电枢绕组是空间上旋转的绕组，虽然电枢绕组本身在旋转，但是由于换向器的作用，电枢磁动势 $\boldsymbol{F}_a$ 在空间上却有固定的方向。这样从磁效应的意义上来说，可以把直流电机的电枢绕组当成在空间上固定的直流绕组。因而直流电机的励磁绕组和电枢绕组就可以用图 5-1 (c) 所示的两个在空间位置上互差 90°的直流绕组 M 和 T 来等效。M 绕组是等效的励磁绕组，T 绕组是等效的电枢绕组。M 绕组中的直流电流 i_M 被称为励磁电流分量，T 绕组中的直流电流 i_T 称为转矩电流分量。

设 $\boldsymbol{\Phi}_{MT}$ 为 M 绕组和 T 绕组分别通入直流电流 i_M 和 i_T 时产生的合成磁通，且在空间固定不动。如果人为地使这两个绕组旋转起来，则 $\boldsymbol{\Phi}_{MT}$ 也自然地随着旋转。当观察者站在以同步转速旋转的 M-T 绕组上与其一起旋转时，在观察者看来，仍是两个通入直流电流的固定绕组。若使 $\boldsymbol{\Phi}_{MT}$ 的大小、转速和转向与图 5-1 (b) 相同，则两相 α-β 交流绕组所产生的旋转磁场 $\boldsymbol{\Phi}_{\alpha\beta}$ 与两相 M-T 直流绕组等效。又因为两相 α-β 交流绕组所产生的旋转磁场 $\boldsymbol{\Phi}_{\alpha\beta}$ 与三相 A-B-C 交流绕组产生的旋转磁场 $\boldsymbol{\Phi}_{ABC}$ 相同，则旋转的 M-T 直流绕组与 A-B-C 交流绕组等效。显而易见，使固定的 M-T 绕组旋转起来，只不过是一种物理概念上的假设，然而，这种旋转的实现，可以通过矢量坐标变换方法来完成。在旋转磁场等效的原则下，α-β 交流绕组可等效为 M-T 直流绕组，这时 α-β 交流绕组中的交流电流 i_α、i_β 与 M-T 直流电流 i_M、i_T 之间存在着确定的变换关系，即

$$\left.\begin{array}{l} \boldsymbol{i}_{MT} = \boldsymbol{C}_{2S/2R}\boldsymbol{i}_{\alpha\beta} \\ \boldsymbol{i}_{\alpha\beta} = \boldsymbol{C}_{2S/2R}^{-1}\boldsymbol{i}_{MT} = \boldsymbol{C}_{2R/2S}\boldsymbol{i}_{MT} \end{array}\right\} \tag{5-3}$$

式 (5-3) 为矩阵方程，其中 $\boldsymbol{C}_{2S/2R}$ 和 $\boldsymbol{C}_{2R/2S}$ 为变换矩阵。

式 (5-3) 的物理含义是表示一种旋转变换关系，或者说，对于相同的旋转磁场而言，

如果 α-β 交流绕组中的电流 i_α、i_β 与 M-T 直流绕组中的电流 i_M、i_T 存在着式（5-3）的变换关系，则 α-β 交流绕组与 M-T 直流绕组完全等效。

由于 α-β 两相交流绕组又与 A-B-C 三相交流绕组等效，所以 M-T 直流绕组与 A-B-C 交流绕组等效，即有

$$i_{MT} = C_{2S/2R} i_{\alpha\beta} = C_{3S/2R} i_{ABC}$$

由上式可知，M-T 直流绕组中的电流 i_M、i_T 与三相电流 i_A、i_B、i_C 之间存在着确定关系，因此通过控制 i_M、i_T 就可以实现对 i_A、i_B、i_C 的控制。

实际系统是在交流电动机的外部，把定子电流的励磁分量 i_M、转矩分量 i_T 作为给定控制量，记为 i_M^*、i_T^*；通过矢量旋转变换得到两相交流控制量 i_α、i_β，记为 i_α^*、i_β^*；然后通过两相—三相矢量变换（2S/3S）得到三相电流的控制量 i_A、i_B、i_C，记为 i_A^*、i_B^*、i_C^*，再用其来控制三相交流异步电动机的运行，从而实现交流电动机电磁转矩的控制。

上述矢量变换控制的基本思想和控制过程可用图 5-2 的控制通道来表达。

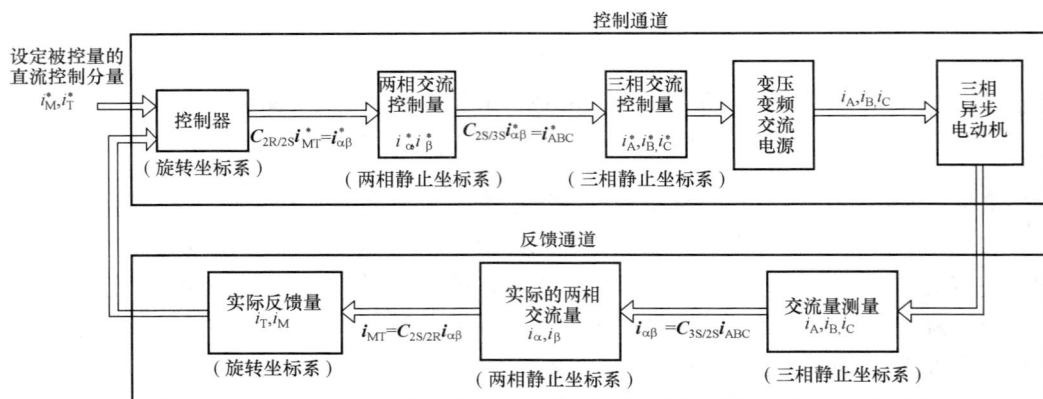

图 5-2 矢量变换控制过程框图

如果需要实现转矩电流分量、励磁电流分量的闭环控制，则要测量交流量，然后通过矢量坐标变换计算实际的 i_M、i_T，用其作为反馈控制量，其过程如图 5-2 所示的反馈通道。

5.2 矢量坐标变换及变换矩阵

矢量控制是通过矢量坐标变换将交流电动机的转矩控制与直流电动机的转矩控制统一起来的。可见，矢量坐标变换是实现矢量控制的关键。本节从确定交流电动机坐标系入手，讨论矢量坐标变换原理及实现方法。

一、 交流电动机的坐标系

1. 定子坐标系（A-B-C 和 α-β 坐标系）

交流电动机的定子三相绕组分别为 A、B、C，彼此相差 120°，构成一个 A-B-C 三相坐标系，如图 5-3 所示。矢量 X 在三个坐标轴上的投影分别为 X_A、X_B、X_C，代表了该矢

量在三个坐标轴上的分量，如果 X 是定子电流矢量，则 X_A、X_B、X_C 分别表示三个绕组中的定子电流分量。

由于平面矢量可用两相直角坐标系来描述，所以在定子坐标系中可定义一个 α‑β 两相直角坐标系，它的 α 轴与 A 轴重合，β 轴超前 α 轴 90°，也绘于图 5‑3 中，$X_α$、$X_β$ 为矢量 X 在 α‑β 坐标轴上的分量。

因为 α 轴和 A 轴固定在定子 A 相绕组的轴线上，所以这两个坐标系在空间固定不动，称为静止坐标系。

2. 转子坐标系（a‑b‑c 和 d‑q 坐标系）

转子三相绕组分别为 a、b、c，彼此相差 120°，构成一个 a‑b‑c 转子三相坐标系。转子坐标系固定在转子上，和转子一起在空间以转子角速度 $ω_r$ 旋转，如图 5‑4 所示。转子 d‑q 直角坐标系也位于转子上，q 轴超前 d 轴 90°，通常称 d‑q 坐标系为旋转坐标系。在异步电动机中，可定义转子上任一轴线为 d 轴（不固定），因而有不同的定向方式。

3. 同步旋转坐标系（M‑T 坐标系）

同步旋转坐标系的 M 轴固定在磁链矢量上，T 轴超前 M 轴 90°，该坐标系和磁链矢量一起在空间以同步角速度 $ω_s$ 旋转。各坐标轴之间的夹角如图 5‑5 所示。图中，$ω_s$ 为同步角速度；$ω_r$ 为转子角速度；$φ_s$ 为磁链（磁通）同步角，它是从定子轴 α 到磁链轴 M 的夹角；$φ_L$ 为负载角，是从转子 d 轴到磁链轴 M 的夹角；λ 为转子位置角，其中 $φ_s=φ_L+λ$。

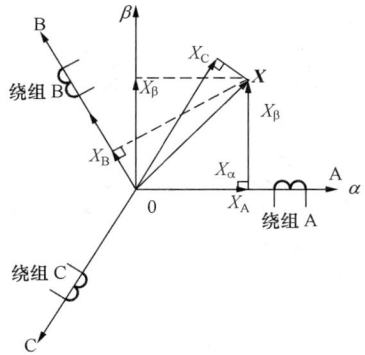

图 5‑3 异步电动机定子坐标系

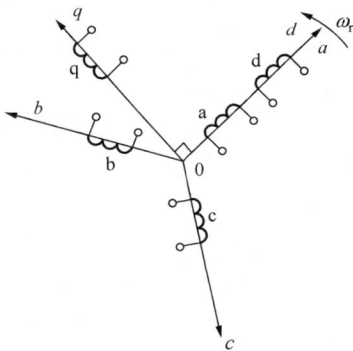

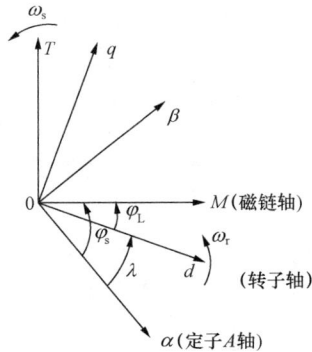

图 5‑4 异步电动机转子坐标系　　图 5‑5 各坐标轴的位置图

二、矢量坐标变换

异步电动机的坐标变换主要有三种，即三相静止坐标系变换到两相静止坐标系，或两相静止坐标系变换到三相静止坐标系；由两相静止坐标系变到两相旋转坐标系，或者由两相旋转坐标系变换到两相静止坐标系；由直角坐标系到极坐标系的相互变换。

确定电流变换矩阵时，应遵守变换前后所产生的旋转磁场等效的原则。确定电压变换矩阵和阻抗变换矩阵，应遵守变换前后电机功率不变的原则。

1. 定子绕组轴系的变换（A‑B‑C 和 α‑β 坐标系间的变换）

图 5‑6 表示异步电动机的定子三相绕组 A、B、C 和与之等效的异步电动机两相定子绕

组 α、β 各相磁动势矢量的空间位置。为了方便起见，令三相绕组的 A 轴与两相绕组的 α 轴重合。

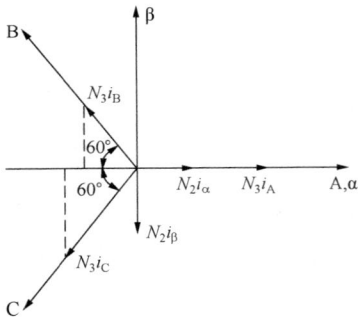

图 5-6　三相定子绕组和二相定子绕组磁动势的空间矢量位置

假设磁动势波形是正弦分布或只计其基波分量，当二者的旋转磁场等效时，合成磁动势沿相同轴向的分量必定相等，即三相绕组和两相绕组的瞬时磁动势沿 α、β 轴的投影相等，有

$$\boldsymbol{F}_{\alpha} = \boldsymbol{F}_{A} - \boldsymbol{F}_{B}\cos 60° - \boldsymbol{F}_{C}\cos 60° = \boldsymbol{F}_{A} - \frac{1}{2}\boldsymbol{F}_{B} - \frac{1}{2}\boldsymbol{F}_{C}$$

$$\boldsymbol{F}_{\beta} = \boldsymbol{F}_{B}\sin 60° - \boldsymbol{F}_{C}\sin 60° = \frac{\sqrt{3}}{2}\boldsymbol{F}_{B} - \frac{\sqrt{3}}{2}\boldsymbol{F}_{C}$$

因为各相磁动势均为有效匝数与其瞬时电流的乘积。设三相系统每相绕组的有效匝数为 N_3，两相系统每相绕组的有效匝数为 N_2，则有

$$N_2 i_{\alpha} = N_3 \left(i_A - \frac{1}{2}i_B - \frac{1}{2}i_C \right)$$

$$N_2 i_{\beta} = N_3 \left(\frac{\sqrt{3}}{2}i_B - \frac{\sqrt{3}}{2}i_C \right)$$

可以证明，为了保持变换前后功率不变，变换后的两相绕组每相有效匝数 N_2 应为原三相绕组每相有效匝数 N_3 的 $\sqrt{\frac{3}{2}}$ 倍。由此可得到：

三相电流变换为两相电流（3S/2S）的关系为

$$\boldsymbol{C}_{3S/2S} = \sqrt{\frac{2}{3}} \begin{bmatrix} 1 & -\frac{1}{2} & -\frac{1}{2} \\ 0 & \frac{\sqrt{3}}{2} & -\frac{\sqrt{3}}{2} \end{bmatrix}$$

两相电流变换为三相电流（2S/3S）的关系为

$$\boldsymbol{C}_{2S/3S} = \sqrt{\frac{2}{3}} \begin{bmatrix} 1 & 0 \\ -\frac{1}{2} & \frac{\sqrt{3}}{2} \\ -\frac{1}{2} & -\frac{\sqrt{3}}{2} \end{bmatrix}$$

当定子三相绕组为星形接法时，有 $i_A + i_B + i_C = 0$ 或 $i_C = -i_A - i_B$，则有

$$i_{\alpha} = \sqrt{\frac{3}{2}} i_A, \ i_{\beta} = \sqrt{\frac{1}{2}} i_A + \sqrt{2} i_B \tag{5-4}$$

写成矩阵形式得到三相/两相变换式为

$$\begin{bmatrix} i_{\alpha} \\ i_{\beta} \end{bmatrix} = \begin{bmatrix} \sqrt{\frac{3}{2}} & 0 \\ \frac{1}{\sqrt{2}} & \sqrt{2} \end{bmatrix} \begin{bmatrix} i_A \\ i_B \end{bmatrix} \tag{5-5}$$

将上式逆变换可得到两相/三相变换式为

$$\begin{bmatrix} i_A \\ i_B \end{bmatrix} = \begin{bmatrix} \sqrt{\dfrac{2}{3}} & 0 \\ -\dfrac{1}{\sqrt{6}} & \dfrac{1}{\sqrt{2}} \end{bmatrix} \begin{bmatrix} i_\alpha \\ i_\beta \end{bmatrix} \tag{5-6}$$

按式（5-5）和式（5-6）实现三相/两相和两相/三相的变换要简单得多。图5-7表示按式（5-5）构成的三相/两相（3S/2S）变换器模型结构图。由此可知，在三相系统中，只需检测两相电流即可。

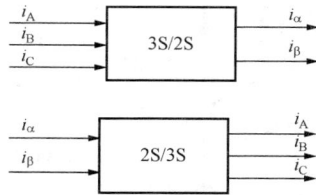

3S/2S变换器、2S/3S变换器在系统中的符号表示如图5-8所示。

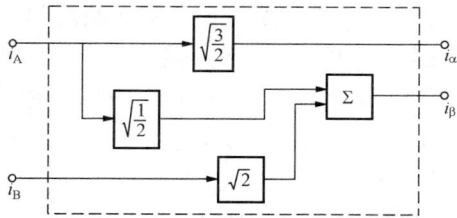

图5-7　3S/2S变换器模型结构图　　　　图5-8　3S/2S变换器和2S/3S变换器的符号表示

根据变换前后功率不变的约束原则，对于电压及阻抗的变换矩阵均可由电流变换矩阵求出，这里不再赘述。

2. 转子绕组轴系的变换（a-b-c和d-q坐标系间的变换）

图5-9（a）为一个对称的异步电动机三相转子绕组。图中$\Delta\omega_r$为转差角频率。不管是绕线式转子还是笼型转子，这个绕组被看成是经频率和绕组折算后，归算到定子侧的，即将转子绕组的频率、相数、每相有效串联匝数及绕组系数都归算成和定子绕组一样。归算的原则是，归算前后电机内部的电磁效应和功率平衡关系保持不变。

在转子对称多相绕组中，通入对称多相交流正弦电流时，生成转子磁动势F_r，由电机学知识可知，转子磁动势与定子磁动势具有相同的转速、转向。

同样，根据旋转磁场等效原则及功率不变原则，同定子绕组一样，可把转子三相轴系变换到两相轴系。具体做法是，把等效的两相电机的两相转子绕组d、q相序和三相电机的三相转子绕组a、b、c相序取为一致，且使d轴与a轴重合，如图5-9（b）所示，然后；直接使用定子三相/两相轴系的变换矩阵式进行变换。

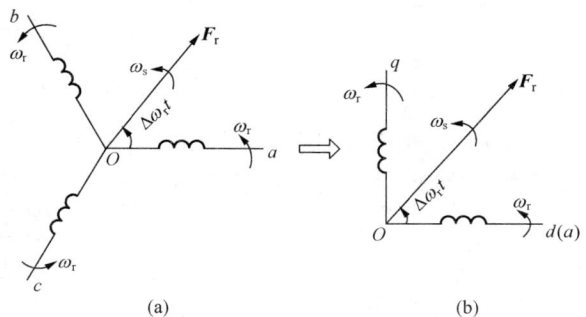

图5-9　转子三相轴系到两相轴系的变换
（a）转子三相轴系；（b）转子两相轴系

需要指出的是，转子三相轴系和变换后得到的两相轴系，相对于转子实体都是静止的，但是，相对于静止的定子三相轴系及两相轴系而言，却是以转子角频率ω_r旋转的。因此和定子部分的变换不同，它是三相旋转轴系（a-b-c）变换到两相旋转轴系（d-q）的变换。

3. 矢量旋转变换（Vector Rotator）

所谓矢量旋转变换就是交流两相α、β绕组和直流二相M、T绕组之间电流的变换，它是一种静止的直角坐标系与旋转的直角坐标系之间的变换，简称VR变换。把两个坐标系画在一起，如图 5-10 所示。图中，静止坐标系的两相交流电流 i_α 和 i_β，旋转坐标系的两个直流电流 i_M 和 i_T 均以同步转速 ω_s 旋转产生合成磁动势 F_s。由于各绕组匝数相等，可以消去合成磁动势中的匝数，而直接标上电流，例如 F_s 可直接标成 i_s。但必须注意，在这里，矢量 i_s 及其分量 i_α、i_β 和 i_M、i_T 所表示的实际上是空间磁动势矢量，而不是电流的时间相量。

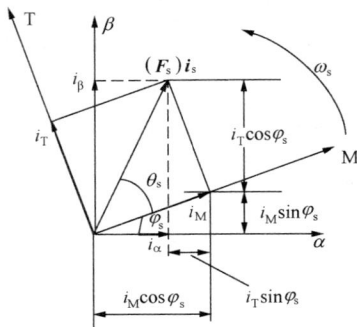

图 5-10 静止直角坐标系与旋转直角坐标系间的变换

在图 5-10 中，M 轴、T 轴和矢量 i_s 都以转速 ω_s 旋转，因此 i_M 和 i_T 分量的长短不变，相当于 M、T 绕组的直流磁动势。但 α 轴与 β 轴是静止的，α 轴与 M 轴的夹角 φ_s 随时间而变化，因此 i_s 在 α 轴与 β 轴上的分量 i_α 和 i_β 的长短也随时间变化，相当于 α、β 绕组交流磁动势的瞬时值。由图可见，i_α、i_β 和 i_M、i_T 之间存在着下列关系

$$i_\alpha = i_M\cos\varphi_s - i_T\sin\varphi_s$$
$$i_\beta = i_M\sin\varphi_s + i_T\cos\varphi_s \tag{5-7}$$

两相旋转坐标系到两相静止坐标系的矩阵形式为

$$\begin{bmatrix} i_\alpha \\ i_\beta \end{bmatrix} = \begin{bmatrix} \cos\varphi_s & -\sin\varphi_s \\ \sin\varphi_s & \cos\varphi_s \end{bmatrix} \begin{bmatrix} i_M \\ i_T \end{bmatrix} \tag{5-8}$$

由式（5-8）可求出两相静止坐标系到两相旋转坐标系的逆变换关系为

$$\begin{bmatrix} i_M \\ i_T \end{bmatrix} = \begin{bmatrix} \cos\varphi_s & \sin\varphi_s \\ -\sin\varphi_s & \cos\varphi_s \end{bmatrix} \begin{bmatrix} i_\alpha \\ i_\beta \end{bmatrix} \tag{5-9}$$

同理，电压和磁链的旋转变换也与电流旋转变换相同。

4. 直角坐标-极坐标变换

在图 5-10 中，令矢量 i_s 和 M 轴的夹角为 θ_s，已知 i_M、i_T 求 i_s、θ_s，就是直角坐标—极坐标变换，简称 K/P 变换。众所周知，直角坐标与极坐标的关系为

$$|i_s| = \sqrt{i_M^2 + i_T^2}$$
$$\theta_s = \arctan\left(\frac{i_T}{i_M}\right) \tag{5-10}$$

当 θ_s 在 $0\sim90°$ 取不同值时，$|\arctan\theta_s|$ 的变化范围是 $0\sim\infty$，变化幅度太大，很难在实际变换器中实现，因此常改用下列公式来表示 θ_s 值，即

$$\sin\theta_s = \frac{i_T}{i_s} \tag{5-11}$$

或

$$\arctan\left(\frac{\theta_s}{2}\right) = \frac{\sin\theta_s}{1+\cos\theta_s} = \frac{i_T}{i_s+i_M}$$

则

$$\theta_s = 2\arctan\left(\frac{i_T}{i_s+i_M}\right) \tag{5-12}$$

5.3 异步电动机在不同坐标系上的数学模型

为了获得高性能的变频调速系统，必须从交流电机的动态数学模型入手。首先，异步电

212

动机的变频调速需要进行电压（或电流）和频率的协调控制，因而有电压（或电流）和频率两个独立的输入变量；其次异步电动机只通过定子供电，而磁通和转速的变化是同时进行的，为了获得良好的动态性能，应对磁通进行控制，使它在动态过程中尽量保持恒定，所以，输出变量除转速外，还应包括磁通。因此，异步电动机的数学模型是一个多变量系统。此外，电压（或电流）、频率、磁通、转速之间又互相影响，所以异步电动机的数学模型是强耦合的多变量系统，主要的耦合是绕组之间的互感联系。在异步电动机中，磁通与电流的乘积产生转矩，转速与磁通之积得到旋转感应电动势，由于它们都是同时变化的，在数学模型中就会有两个变量的乘积项。因此，异步电动机的数学模型是非线性的。再有，三相异步电动机定子有三个绕组，转子也可等效为三个绕组，每个绕组产生的磁通都有自己的电磁惯性，再加上运动系统的机电惯性，异步电动机的数学模型必定是一个高阶系统。综上所述，异步电动机的数学模型是一个高阶的、非线性、强耦合的多变量系统。

5.3.1 异步电动机在静止坐标系的数学模型

异步电动机在不同坐标系上数学模型的表达形式是不同的。在研究异步电动机数学模型前，先作如下假设：

（1）电动机三相绕组完全对称；

（2）电机气隙磁通在空间按正弦分布；

（3）不计涡流、磁饱和等因素的影响。

在笼型异步电动机中，转子是短路的，即转子端电压为零。如果转子电路接入对称的电阻或电感，可将它们附加到转子本身的电阻或电感中去，计算时仍认为转子端电压为零。

一、 异步电动机在 A - B - C 静止坐标系的数学模型

1. 电压方程

（1）定子电压方程为

$$\left.\begin{aligned} u_A &= R_s i_A + p\psi_A \\ u_B &= R_s i_B + p\psi_B \\ u_C &= R_s i_C + p\psi_C \end{aligned}\right\} \tag{5-13}$$

（2）转子电压方程为

$$\left.\begin{aligned} u_a &= R_r i_a + p\psi_a \\ u_b &= R_r i_b + p\psi_b \\ u_c &= R_r i_c + p\psi_c \end{aligned}\right\} \tag{5-14}$$

式（5-13）、式（5-14）用电压矩阵方程可表示为

$$\begin{bmatrix} u_A \\ u_B \\ u_C \\ u_a \\ u_b \\ u_c \end{bmatrix} = \begin{bmatrix} R_s & 0 & 0 & 0 & 0 & 0 \\ 0 & R_s & 0 & 0 & 0 & 0 \\ 0 & 0 & R_s & 0 & 0 & 0 \\ 0 & 0 & 0 & R_r & 0 & 0 \\ 0 & 0 & 0 & 0 & R_r & 0 \\ 0 & 0 & 0 & 0 & 0 & R_r \end{bmatrix} \begin{bmatrix} i_A \\ i_B \\ i_C \\ i_a \\ i_b \\ i_c \end{bmatrix} + p \begin{bmatrix} \psi_A \\ \psi_B \\ \psi_C \\ \psi_a \\ \psi_b \\ \psi_c \end{bmatrix} \tag{5-15}$$

式中：u_A、u_B、u_C 为定子三相电压；u_a、u_b、u_c 为转子三相电压；i_A、i_B、i_C 为定子三相电

流；i_a、i_b、i_c 为转子三相电流；ψ_A、ψ_B、ψ_C 为定子三相磁链；ψ_a、ψ_b、ψ_c 为转子三相磁链；R_s、R_r 分别为定、转子电阻；$p=\dfrac{d}{dt}$为微分算子。

2. 磁链方程

$$
\begin{bmatrix} \psi_A \\ \psi_B \\ \psi_C \\ \psi_a \\ \psi_b \\ \psi_c \end{bmatrix} = \begin{bmatrix} \boldsymbol{\psi}_s \\ \boldsymbol{\psi}_r \end{bmatrix} = \begin{bmatrix} \boldsymbol{L}_{ss} & \boldsymbol{L}_{sr} \\ \boldsymbol{L}_{rs} & \boldsymbol{L}_{rr} \end{bmatrix} \begin{bmatrix} \boldsymbol{i}_s \\ \boldsymbol{i}_r \end{bmatrix} \tag{5-16}
$$

$$\boldsymbol{\psi}_s = \begin{bmatrix} \psi_A & \psi_B & \psi_C \end{bmatrix}^T, \boldsymbol{\psi}_r = \begin{bmatrix} \psi_a & \psi_b & \psi_c \end{bmatrix}^T$$

$$\boldsymbol{i}_s = \begin{bmatrix} i_A & i_B & i_C \end{bmatrix}^T, \boldsymbol{i}_r = \begin{bmatrix} i_a & i_b & i_c \end{bmatrix}^T$$

$$
\boldsymbol{L}_{ss} = \begin{bmatrix} L_s & -\frac{1}{2}L_m & -\frac{1}{2}L_m \\ -\frac{1}{2}L_m & L_s & -\frac{1}{2}L_m \\ -\frac{1}{2}L_m & -\frac{1}{2}L_m & L_s \end{bmatrix}, \boldsymbol{L}_{ss} = \begin{bmatrix} L_r & -\frac{1}{2}L_m & -\frac{1}{2}L_m \\ -\frac{1}{2}L_m & L_r & -\frac{1}{2}L_m \\ -\frac{1}{2}L_m & -\frac{1}{2}L_m & L_r \end{bmatrix}
$$

$$
\boldsymbol{L}_{rs} = \boldsymbol{L}_{sr}^T = L_m \begin{bmatrix} \cos\theta & \cos(\theta-120°) & \cos(\theta+120°) \\ \cos(\theta+120°) & \cos\theta & \cos(\theta-120°) \\ \cos(\theta-120°) & \cos(\theta+120°) & \cos\theta \end{bmatrix} \tag{5-17}
$$

式中：θ 为定子 A 轴和转子 a 轴间的空间位移角；L_m 为定子和转子间的最大互感；L_s、L_r 分别为定子和转子自感。$L_s=L_m+L_{s\sigma}$；$L_r=L_m+L_{r\sigma}$。其中 $L_{s\sigma}$ 为定子漏感，$L_{r\sigma}$ 为转子漏感。

3. 转矩方程

$$
\begin{aligned}
T_e = p_m L_m \big[&(i_A i_a + i_B i_b + i_C i_c)\sin\theta + (i_A i_b + i_B i_c + i_C i_a)\sin(\theta+120°) \\
&+ (i_A i_c + i_B i_a + i_C i_b)\sin(\theta-120°) \big]
\end{aligned} \tag{5-18}
$$

式中：p_m 为电动机极对数。

式（5-18）说明电动机转矩是定、转子电流和 θ 的函数，是一个多变量、非线性且强耦合的方程。

4. 运动方程

一般情况下，电力拖动系统的运动方程式为

$$
T_e = T_L + \frac{J}{p_m}\frac{d\omega_r}{dt} \tag{5-19}
$$

式中：T_L 为负载阻转矩；J 为系统转动惯量；ω_r 为转子转速。

二、 异步电动机在 α-β 静止坐标系的数学模型

从异步电动机在 A-B-C 坐标系中的数学模型可以看出，电动机是一个多变量、非线性、强耦合的系统。要想获得类似直流电动机的速度控制性能，必须按照矢量控制原理，进行矢量变换。先将三相 A-B-C 静止坐标系下异步电动机的数学模型变换到两相 α-β 静止坐标系下，从而得到异步电动机在两相静止坐标系下的数学模型。

为完成静止 3/2 变换和逆变换，需要分别使用如下变换矩阵，即

$$\boldsymbol{C}_{3S/2S} = \sqrt{\frac{2}{3}}\begin{bmatrix} 1 & -\frac{1}{2} & -\frac{1}{2} \\ 0 & \frac{\sqrt{3}}{2} & -\frac{\sqrt{3}}{2} \end{bmatrix}, \quad \boldsymbol{C}_{2S/3S} = \sqrt{\frac{2}{3}}\begin{bmatrix} 1 & 0 \\ -\frac{1}{2} & \frac{\sqrt{3}}{2} \\ -\frac{1}{2} & -\frac{\sqrt{3}}{2} \end{bmatrix}$$

经过变换可以得到感应电动机在两相 α-β 静止坐标系下的数学模型。

1. 电压方程

（1）定子电压方程为

$$\left.\begin{array}{l} u_{\alpha1} = R_s i_{\alpha1} + p\psi_{\alpha1} \\ u_{\beta1} = R_s i_{\beta1} + p\psi_{\beta1} \end{array}\right\} \tag{5-20}$$

（2）转子电压方程为

$$\left.\begin{array}{l} u_{\alpha2} = R_r i_{\alpha2} + p\psi_{\alpha2} + \omega_r\psi_{\beta2} \\ u_{\beta2} = R_r i_{\beta2} + p\psi_{\beta2} - \omega_r\psi_{\alpha2} \end{array}\right\} \tag{5-21}$$

2. 磁链方程

（1）定子磁链方程为

$$\left.\begin{array}{l} \psi_{\alpha1} = L_s i_{\alpha1} + L_m i_{\alpha2} \\ \psi_{\beta1} = L_s i_{\beta1} + L_m i_{\beta2} \end{array}\right\} \tag{5-22}$$

（2）转子磁链方程为

$$\left.\begin{array}{l} \psi_{\alpha2} = L_r i_{\alpha2} + L_m i_{\alpha1} \\ \psi_{\beta2} = L_r i_{\beta2} + L_m i_{\beta1} \end{array}\right\} \tag{5-23}$$

式中：$u_{\alpha1}$、$u_{\beta1}$ 为定子电压的 α、β 分量；$u_{\alpha2}$、$u_{\beta2}$ 为转子电压的 α、β 分量；$i_{\alpha1}$、$i_{\beta1}$ 为定子电流的 α、β 分量；$i_{\alpha2}$、$i_{\beta2}$ 为转子电流的 α、β 分量；$\psi_{\alpha1}$、$\psi_{\beta1}$ 为定子磁链的 α、β 分量；$\psi_{\alpha2}$、$\psi_{\beta2}$ 为转子磁链的 α、β 分量；L_s、L_r 分别为定子、转子两相绕组的自感；L_m 为定、转子两相绕组之间的互感；ω_r 为转子转速；下标1代表定子侧变量，2代表转子侧变量（也可用 s 代表定子侧变量，r 代表转子侧变量）。

对于笼型异步电动机，转子短路，即 $u_{\alpha2}=u_{\beta2}=0$，电压方程可变化为

$$\begin{bmatrix} u_{\alpha1} \\ u_{\beta1} \\ 0 \\ 0 \end{bmatrix} = \begin{bmatrix} R_s + pL_s & 0 & pL_m & 0 \\ 0 & R_s + pL_s & 0 & pL_m \\ pL_m & \omega_r L_m & R_r + pL_r & \omega_r L_r \\ -\omega_r L_m & pL_m & -\omega_r L_r & R_r + pL_r \end{bmatrix}\begin{bmatrix} i_{\alpha1} \\ i_{\beta1} \\ i_{\alpha2} \\ i_{\beta2} \end{bmatrix} \tag{5-24}$$

3. 转矩方程

$$T_e = p_m L_m(i_{\beta1} i_{\alpha2} - i_{\beta2} i_{\alpha1}) \tag{5-25}$$

以上是两相 α-β 静止坐标系当 α 轴固定在定子 A 轴上时异步电动机的数学模型，称为 Stanley 方程，也可称为 Kron 的异步电动机方程或原型电机基本方程。

与静止 A-B-C 坐标系下的数学模型相比较，显然 α-β 坐标系中方程的维数降低且变量间的耦合因子减少，可见经过坐标变换后，系统的数学模型得到了简化。

5.3.2 异步电动机在 d-q 同步旋转坐标系的数学模型

通过静止两相 α-β 坐标变换，虽然使异步电动机的数学模型得到了简化，但此时站在 α-β 静止坐标系上看异步电动机的各物理量，它们仍然是交流量。

按照矢量控制原理，要想将这些交流量转换成直流量，需要引进 d-q 同步旋转坐标变换。该坐标系是一个两相旋转直角坐标系，它 d 轴可按不同方向定向，q 轴逆时针超前 d 轴 90°空间电角度，该坐标系在空间以定子磁场的同步角速度（也就是转子磁场的同步角速度）旋转，站在 d-q 同步旋转坐标系上再来看交流电动机的各量，这些交流物理量就变为直流量了。

为此，将两相 α-β 静止坐标系下异步电动机的数学模型变换到两相同步旋转直角坐标系下，从而得到异步电动机在 d-q 同步旋转坐标系下的数学模型。

为完成同步旋转 d-q 坐标变换，需要分别使用变换矩阵 $\boldsymbol{C}_{2S/2R}$ 和 $\boldsymbol{C}_{2R/2S}$。经过变换可以得到异步电动机在 d-q 同步旋转坐标系下的数学模型。

1. 电压方程

（1）定子电压方程为

$$\left. \begin{aligned} u_{d1} &= R_s i_{d1} + p\psi_{d1} - \psi_{q1} p\theta_1 \\ u_{q1} &= R_s i_{q1} + p\psi_{q1} + \psi_{d1} p\theta_1 \end{aligned} \right\} \tag{5-26}$$

（2）转子电压方程为

$$\left. \begin{aligned} u_{d2} &= R_r i_{d2} + p\psi_{d2} - \psi_{q2} p\theta_2 \\ u_{q2} &= R_r i_{q2} + p\psi_{q2} + \psi_{d2} p\theta_2 \end{aligned} \right\} \tag{5-27}$$

2. 磁链方程

（1）定子磁链方程为

$$\left. \begin{aligned} \psi_{d1} &= L_s i_{d1} + L_m i_{d2} \\ \psi_{q1} &= L_s i_{q1} + L_m i_{q2} \end{aligned} \right\} \tag{5-28}$$

（2）转子磁链方程为

$$\left. \begin{aligned} \psi_{d2} &= L_r i_{d2} + L_m i_{d1} \\ \psi_{q2} &= L_r i_{q2} + L_m i_{q1} \end{aligned} \right\} \tag{5-29}$$

式中：u_{d1}、u_{q1} 为定子电压的 d、q 轴分量；u_{d2}、u_{q2} 为转子电压的 d、q 轴分量；i_{d1}、i_{q1} 为定子电流的 d、q 轴分量；i_{d2}、i_{q2} 为转子电流的 d、q 轴分量；ψ_{d1}、ψ_{q1} 为定子磁链的 d、q 轴分量；ψ_{d2}、ψ_{q2} 为转子磁链的 d、q 轴分量；θ_1 为 d 轴与 α-β 坐标系 α 轴间的夹角，$p\theta_1 = \omega_s$，ω_s 为定子旋转磁场同步角速度；θ 为转子 a 轴与 α-β 坐标系 α 轴的夹角，$p\theta = \omega_r$，ω_r 为转子角速度；θ_2 为 d 轴与转子 a 轴间的夹角（即 $\theta_2 = \theta_1 - \theta$），$\Delta\omega_r$ 为转子转差角速度。

对于笼型感应电动机，转子短路，即 $u_{d2} = u_{q2} = 0$，则电压方程可变化为

$$\begin{bmatrix} u_{d1} \\ u_{q1} \\ 0 \\ 0 \end{bmatrix} = \begin{bmatrix} R_s + pL_s & -\omega_s L_s & pL_m & -\omega_s L_m \\ \omega_s L_s & R_s + pL_s & \omega_s L_m & pL_m \\ pL_m & -\Delta\omega_r L_m & R_r + pL_r & -\Delta\omega_r L_r \\ \Delta\omega_r L_m & pL_m & \Delta\omega_r L_r & R_r + pL_r \end{bmatrix} \begin{bmatrix} i_{d1} \\ i_{q1} \\ i_{d2} \\ i_{q2} \end{bmatrix} \tag{5-30}$$

3. 转矩方程

$$T_e = p_m L_m (i_{q1} i_{d2} - i_{q2} i_{d1}) \tag{5-31}$$

d-q 坐标系中的运动方程与 α-β 静止坐标系下的方程形式基本相同。

以上是 d-q 同步旋转直角坐标系当 d 轴按任意方向定向时异步电动机的数学模型。当站在以同步速度旋转的 d-q 坐标上来看交流电动机的各物理量时，它们都已成为在空间静止不动的直流物理量了。

5.3.3 异步电动机在 d - q 定向坐标系的数学模型和特点

上面讨论的同步旋转 d - q 直角坐标系只是限制了坐标系的旋转速度，并没有规定 d 轴的定向方式。下面讨论 d - q 旋转坐标系的几种定向方式以及这几种定向方式下异步电动机的数学模型和特点。

一、 定子磁链定向异步电动机的数学模型和特点

按定子磁链定向方式是近年来提出的一种矢量控制方法。该方法将 d - q 同步旋转坐标系的 d 轴放在定子磁场方向上，由此可得到如下数学模型

$$
\left.
\begin{aligned}
&u_{d1} = R_s i_{d1} + p\psi_{d1} \\
&u_{q1} = R_s i_{q1} + \omega_s \psi_{d1} \\
&(1 + T_r p)L_s \psi_{q1} - \Delta\omega_r T_r (\psi_{d1} - \sigma L_s i_{d1}) = 0 \\
&(1 + T_r p)\psi_{d1} = (1 + \sigma T_r p)L_s i_{d1} - \Delta\omega_r T_r \sigma L_s i_{q1} \\
&T_e = p_m \psi_{d1} i_{q1}
\end{aligned}
\right\}
\tag{5-32}
$$

式中：T_r 为转子时间常数，$T_r = L_r/R_r$。

以上方程表明，按定子磁链定向的矢量控制使定子方程大大简化，从而有利于定子磁通观测器的实现。但转子方程并没有简化，在进行磁通控制时，不论采用直接磁通闭环控制，还是采用间接磁通闭环控制，均需消除 i_{q1} 耦合项的影响，因此往往需要设计一个解耦器使 i_{d1} 与 i_{q1} 解耦。

二、 气隙磁链定向异步电动机的数学模型和特点

设气隙磁链的 d 轴分量为 ψ_{dm}，q 轴分量为 ψ_{qm}，其中

$$\psi_{dm} = L_m(i_{d1} + i_{d2})$$

$$\psi_{qm} = L_m(i_{q1} + i_{q2})$$

当将 d - q 同步旋转坐标系的 d 轴放在气隙磁链方向上时，有 $\psi_{qm} = 0$，由此可得按气隙磁链定向的电动机数学模型为

$$
\left.
\begin{aligned}
&u_{d1} = R_s i_{d1} + \sigma L_s p i_{d1} - \omega_s \sigma L_s i_{q1} + p\psi_{dm} \\
&u_{q1} = R_s i_{q1} + \sigma L_s p i_{q1} + \omega_s \sigma L_s i_{d1} + \omega_s \psi_{dm} \\
&\Delta\omega_r = \frac{R_r + T_r p}{\dfrac{L_r}{L_m}\psi_{dm} - T_r i_{d1}} i_{q1} \\
&p\psi_{dm} = \frac{1}{T_r}\psi_{dm} + \frac{L_m}{L_r}(R_r + T_r p)i_{d1} - \Delta\omega_r T_r \frac{L_m}{L_r} i_{q1} \\
&T_e = p_m \psi_{dm} i_{q1} \\
&\sigma L_s = [1 - L_m^2/(L_s L_r)]L_s = L_\sigma \\
&L_\sigma = L_{s\sigma} + \frac{L_m}{L_r}L_{r\sigma} \approx L_{s\sigma} + L_{r\sigma}
\end{aligned}
\right\}
\tag{5-33}
$$

式中：$L_{s\sigma}$ 和 $L_{r\sigma}$ 分别为定、转子绕组漏感。

设总的漏感系数为 σ，则有

$$\sigma = 1 - L_m^2/(L_s L_r)$$

由转矩公式可看出，如果保持气隙磁链 ψ_{dm} 不变，转矩直接和 q 轴电流成正比，另外从式（5-33）可以看出，磁链和转差关系中存在耦合。所以，按气隙磁链定向的矢量控制系统的特点是：控制系统的结构复杂，但定向所用的气隙磁链容易测量，而且电机磁通的饱和程度与气隙磁链是一致的，故基于气隙磁链的控制方式适合于处理磁饱和效应。

三、转子磁链定向异步电动机的数学模型和特点

当 d-q 同步旋转坐标系的 d 轴与转子磁链方向一致时，转子磁链的 d 轴分量等于转子磁链，而 q 轴分量为零，这将使电机的数学模型更加简化。为了突出该定向方式，用同步旋转的 M-T 坐标系来表示以该方式定向的 d-q 同步旋转坐标系。此时有

$$\left.\begin{array}{l}\psi_{M2}=\psi_{d2}=\psi_r\\\psi_{T2}=\psi_{q2}=0\end{array}\right\} \tag{5-34}$$

式中：ψ_r 为转子磁链。

在 M-T 同步旋转坐标系下，感应电动机的数学模型表达如下。

1. 电压方程

（1）定子电压方程为

$$\left.\begin{array}{l}u_{M1}=R_s i_{M1}+p\psi_{M1}-\psi_{T1}\omega_s\\u_{T1}=R_s i_{T1}+p\psi_{T1}+\psi_{M1}\omega_s\end{array}\right\} \tag{5-35}$$

（2）转子电压方程为

$$\left.\begin{array}{l}u_{M2}=0=R_r i_{M2}+p\psi_r\\u_{T2}=0=R_r i_{T2}+\psi_r\Delta\omega_r\end{array}\right\} \tag{5-36}$$

2. 磁链方程

（1）定子磁链方程为

$$\left.\begin{array}{l}\psi_{M1}=L_s i_{M1}+L_m i_{M2}\\\psi_{T1}=L_s i_{T1}+L_m i_{T2}\end{array}\right\} \tag{5-37}$$

（2）转子磁链方程为

$$\left.\begin{array}{l}\psi_r=L_r i_{M2}+L_m i_{M1}\\0=L_r i_{T2}+L_m i_{T1}\end{array}\right\} \tag{5-38}$$

用矩阵形式表示的电压方程为

$$\begin{bmatrix}u_{M1}\\u_{T1}\\0\\0\end{bmatrix}=\begin{bmatrix}R_s+pL_s&-\omega_s L_s&pL_m&-\omega_s L_m\\\omega_s L_s&R_s+pL_s&\omega_s L_m&pL_m\\pL_m&0&R_r+pL_r&0\\\Delta\omega_r L_m&0&\Delta\omega_r L_r&R_r\end{bmatrix}\begin{bmatrix}i_{M1}\\i_{T1}\\i_{M2}\\i_{T2}\end{bmatrix} \tag{5-39}$$

3. 以转子磁链表达的异步电动机数学模型

$$\begin{bmatrix}u_{M1}\\u_{T1}\\0\\0\end{bmatrix}=\begin{bmatrix}R_s+\sigma L_s p&-\omega_s\sigma L_s&p\dfrac{L_m}{L_r}&-\omega_s\dfrac{L_m}{L_r}\\\omega_s\sigma L_s&R_s+\sigma L_s p&\omega_s\dfrac{L_m}{L_r}&p\dfrac{L_m}{L_r}\\-\dfrac{R_r L_m}{L_r}&0&p+\dfrac{R_r}{L_r}&-\Delta\omega_r\\0&-\dfrac{R_r L_m}{L_r}&\Delta\omega_r&p+\dfrac{R_r}{L_r}\end{bmatrix}\begin{bmatrix}i_{M1}\\i_{T1}\\\psi_{M2}\\\psi_{T2}\end{bmatrix} \tag{5-40}$$

考虑到 $\psi_{M2}=\psi_r$，$\psi_{T2}=0$，则有

$$
\left.
\begin{aligned}
u_{M1} &= (R_s+\sigma L_s p)i_{M1} - \omega_s\sigma L_s i_{T1} + p\frac{L_m}{L_r}\psi_r \\
u_{T1} &= (R_s+\sigma L_s p)i_{T1} + \omega_s\sigma L_s i_{M1} + \omega_s\frac{L_m}{L_r}\psi_r \\
0 &= -\frac{R_r L_m}{L_r}i_{M1} + \left(p+\frac{R_r}{L_r}\right)\psi_r \\
0 &= -\frac{R_r L_m}{L_r}i_{T1} + \Delta\omega_r\psi_r
\end{aligned}
\right\}
\tag{5-41}
$$

式中：u_{M1}、u_{T1} 为定子电压的 M、T 分量；u_{M2}、u_{T2} 为转子电压的 M、T 分量；i_{M1}、i_{T1} 为定子电流的 M、T 分量；i_{M2}、i_{T2} 为转子电流的 M、T 分量；ψ_{M1}、ψ_{T1} 为定子磁链的 M、T 分量；ψ_{M2}、ψ_{T2} 为转子磁链的 M、T 分量。

由数学模型式（5-41）的第 3 式得

$$
\psi_r = \frac{L_m}{T_r p+1}i_{M1}
\tag{5-42}
$$

4. 转矩方程

$$
T_e = p_m\frac{L_m}{L_r}i_{T1}\psi_r
\tag{5-43}
$$

在 M-T 坐标系按转子磁链定向后，定子电流的两个分量之间实现了解耦，i_{M1} 唯一确定磁链 ψ_r 的稳态值，i_{T1} 只影响转矩，与直流电动机中的励磁电流和电枢电流相对应，这样就大大简化了多变量、强耦合的交流电动机调速系统的控制问题。由上述各式可得异步电动机的动态结构框图，如图 5-11 所示。

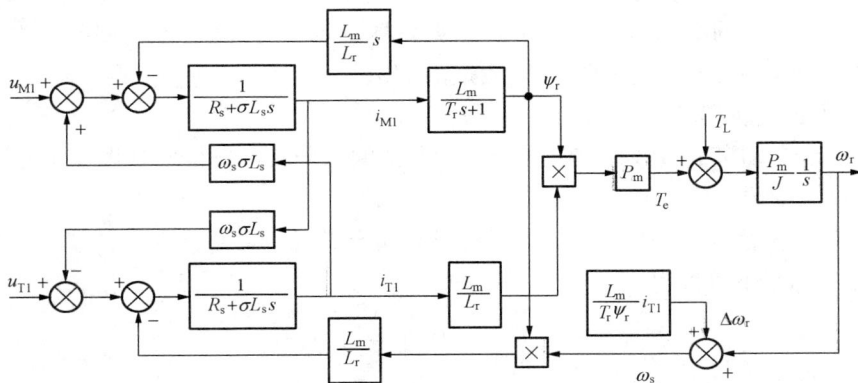

图 5-11 异步电动机的动态结构框图

5.4 异步电动机转子磁链观测器

矢量控制得以有效实现的基础在于异步电机磁链信息的准确获取。为实现磁场定向和磁链闭环控制，需要知道磁链的大小和位置，因而进行磁通观测问题的讨论很有必要。矢量控

制调速系统一般是按转子磁链进行磁场定向，因此重点讨论转子磁链的观测。

工程上，转子磁链的直接检测因工艺和技术问题难以实现，因而较多采用间接检测法，即利用易测得的定子电压、电流或转速，借助异步电动机的数学模型，计算转子磁链的幅值 ψ_r 和空间位置角 φ_s。间接检测法的闭环检测性能较好，但结构复杂；而开环检测结构简单，适当改进有较高的实用性。

异步电动机的磁链包括定子磁链、转子磁链、气隙磁链等。但只要观测出定子、转子、气隙磁链中的任何一个，另外两个就可推得。根据这一结论和按转子磁链定向的工作方式，下面重点讨论转子磁链的观测。

5.4.1 转子磁链的直接检测

在矢量控制研究初期，转子磁链是利用直接测得的转子磁通作为检测信号。直接检测磁通的方法有两种：一种是在电动机槽内埋设探测线圈；另一种是利用贴在定子内表面的霍尔片或其他电磁元件来检测磁通。从理论上说，直接检测应该比较准确。但实际上，埋设线圈和磁感元件都会遇到不少工艺和技术问题，特别是由于齿槽的影响，测得的磁通脉动较大，尤其是在低速运行时，使得实际应用相当困难。

5.4.2 转子磁链的间接检测

利用易测得的定子电压、电流或转速，借助感应电动机的数学模型，计算转子磁链的幅值 ψ_r 和空间位置角 φ_s，这就是转子磁链的间接检测方法。

根据实测物理量的不同组合，采用状态观测器技术，可以获得多种转子磁链的观测模型，主要可分为开环观测模型和闭环观测模型两类。

一、开环磁链观测模型

直接从异步电动机的数学模型推导出转子磁链的方程式，并将该方程式作为转子磁链的状态观测模型。主要有下列几种模型。

1. 电流模型 I 法（根据定子电流和转速检测值估算转子磁链 ψ_r）

在 α-β 坐标系下可推得

$$\left.\begin{aligned}\psi_{\alpha2} &= \frac{1}{T_r s+1}(L_m i_{\alpha1} - T_r \psi_{\beta2}\omega_r)\\\psi_{\beta2} &= \frac{1}{T_r s+1}(L_m i_{\beta1} - T_r \psi_{\alpha2}\omega_r)\end{aligned}\right\} \tag{5-44}$$

式中：$\psi_{\alpha2}$、$\psi_{\beta2}$ 分别为转子磁链的 α 和 β 分量。

从模型可知，电流模型 I 法的优点是模型计算不涉及纯积分，其观测值是渐近收敛的，同时低速观测性能优于电压模型法。其缺点是模型中采用了转速 ω_r 作为输入信息，不便于采用无速度传感器技术；另外模型中还包含转子时间常数 T_r 等时变参数，对转子磁链观测影响较大。

2. 电流模型 II 法（转差频率法——根据定子电流给定值计算得到的转子磁链 ψ_r^*）

电流模型 II 法是在 M-T 旋转坐标系下得到的转子磁链观测器模型，它根据定子电流励

磁分量给定值 i_{M1}^*、转矩分量给定值 i_{T1}^* 以及由转子位置检测器得到的 λ 角（定子静止 α 轴和同步旋转 d 轴间的夹角），计算出转子 d 轴和 M 轴间的夹角 φ_L^* 角，进一步计算出 α 轴和 M 轴之间的磁链位置角 φ_s^*，用 φ_s^* 代替 φ_s 进行坐标变换。有关表达式如下：

（1）转子磁链

$$\psi_r^* = \frac{L_m}{1+T_r s} i_{M1}^* \tag{5-45}$$

（2）转差角频率

$$\Delta\omega_r^* = \frac{L_m}{T_r \psi_r^*} i_{T1}^* \tag{5-46}$$

（3）负载角

$$\varphi_L^* = \frac{1}{s}\Delta\omega_r^* \tag{5-47}$$

（4）磁链位置角

$$\varphi_s^* = \varphi_L^* + \lambda \tag{5-48}$$

式中：λ 为转子位置角，它来自电动机轴上的位置发送器。

上述表达式可以用图 5-12 表示。

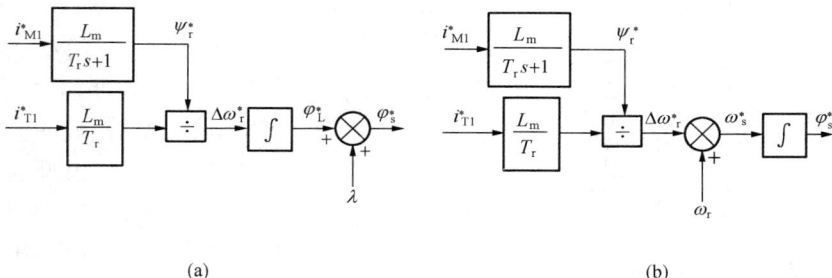

图 5-12 异步电动机的电流模型
（a）使用位置信号的结构；（b）使用转速信号的结构

电流模型 II 法中使用的是定子电流分量的给定值，所得到的转子磁链 ψ_r^* 和磁链角 φ_s^* 不是转子磁链 ψ_r 和磁链位置角 φ_s 的实际值。因此，使用 ψ_r^* 作为反馈量构成的磁链闭环系统形式上是磁链闭环控制，但本质仍然是磁链开环系统。

如果将上述电流模型中的电流给定值 i_{M1}^* 和 i_{T1}^* 换成电流实际值 i_{M1} 和 i_{T1}，则可得到能反映实际磁链状态的电流模型。但电流模型中包含电机转子电阻，模型准确度不高，所以很少用此模型得到的 ψ_r 和 φ_s 来单独构成磁链闭环系统。

3. 电压模型法

异步电动机的电压模型和电流模型一样，都是用来观测异步电动机转子磁链的大小和空间位置的。由于电流模型受转子参数 T_r 的影响，使异步电动机的控制性能受到影响，而电压模型可弥补上述不足。

电压模型的任务是：根据定子电流、电压实际测量值，经 3S/2S 变换后得到 $i_{\alpha1}$、$i_{\beta1}$、$u_{\alpha1}$、$u_{\beta1}$，再利用矢量分析器得到转子磁链的幅值 ψ_r 和位置角 φ_s。

（1）在 α-β 坐标系中，有

$$\left.\begin{array}{l} \psi_{\alpha 2} = \dfrac{L_r}{L_m}\left[\displaystyle\int (u_{\alpha 1} - R_s i_{\alpha 1})\,\mathrm{d}t - L_\sigma i_{\alpha 1}\right] \\[4mm] \psi_{\beta 2} = \dfrac{L_r}{L_m}\left[\displaystyle\int (u_{\beta 1} - R_s i_{\beta 1})\,\mathrm{d}t - L_\sigma i_{\beta 1}\right] \end{array}\right\} \tag{5-49}$$

式中：L_σ 为电动机总漏感；$L_\sigma = L_{s\sigma} + L_{r\sigma}$；$L_{s\sigma}$、$L_{r\sigma}$ 分别为定、转子漏感。

（2）在 α - β 坐标系中转子磁链矢量 $\boldsymbol{\psi}_r$ 的模 $|\boldsymbol{\psi}_r|$ 和位置角 φ_s 为

$$\left.\begin{array}{l} |\boldsymbol{\psi}_r| = \sqrt{\psi_{\alpha 2}^2 + \psi_{\beta 2}^2} \\[3mm] \cos\varphi_s = \dfrac{\psi_{\alpha 2}}{|\boldsymbol{\psi}_r|} \\[3mm] \sin\varphi_s = \dfrac{\psi_{\beta 2}}{|\boldsymbol{\psi}_r|} \end{array}\right\} \tag{5-50}$$

式中：$\boldsymbol{\psi}_r$ 表示由电压模型计算得到的转子磁链实际值，$|\boldsymbol{\psi}_r|$ 的模表示转子磁链的大小；φ_s 表示 α 轴和 M 轴之间的磁链位置角。

磁链实际值信号 $\boldsymbol{\psi}_r$ 可用于实现磁链反馈。异步电动机电压模型如图 5 - 13 所示，这是模拟系统中常采用的电压模型。

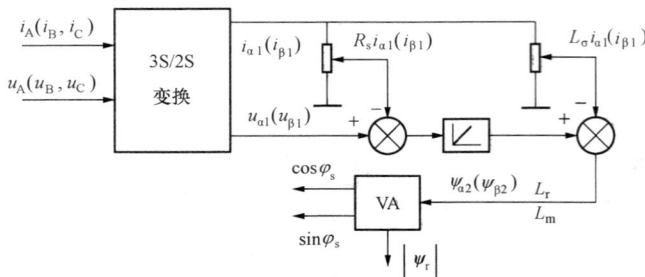

图 5 - 13　异步电动机的电压模型

4. 组合模型法（电压、电流模型相结合的方法）

考虑到电压模型和电流模型各自的特点，将两者结合起来使用，即在高速时用低通滤波器将电流模型滤掉，让电压模型起作用；在低速时用高通滤波器将电压模型滤掉，让电流模型起作用。令高、低通滤波器的转折频率相等，实现两模型的平滑过渡，这就是组合模型法。在 α - β 坐标系中的组合式模型为

$$\left.\begin{array}{l} \psi_{\alpha 2} = \dfrac{Ts}{Ts+1}\psi_{\alpha 2(\text{电压模型})} + \dfrac{1}{Ts+1}\psi_{\alpha 2(\text{电流模型})} \\[4mm] \psi_{\beta 2} = \dfrac{Ts}{Ts+1}\psi_{\beta 2(\text{电压模型})} + \dfrac{1}{Ts+1}\psi_{\beta 2(\text{电流模型})} \end{array}\right\} \tag{5-51}$$

用数字方式实现这种组合模型是很方便的。

5. 混合式转子磁链模型法

"组合模型法"是在 α - β 坐标系下，通过滤波器对传统电压模型和电流模型进行切换。仿照"组合模型法"的思想，提出混合式转子磁链模型：①混合式磁链模型由新电压模型和带磁链负反馈的电流模型组成；②混合式磁链模型由 M - T 坐标系参数表达；③在 M - T 坐标系中将新电压模型和电流模型相结合，通过滤波器进行切换。

这种模型较"组合模型"准确，系统性能有明显改善；当按转子磁链方向准确定向时有 $\psi_{T2} = 0$，与组合式模型相比较，仅需一套滤波器切换电路。

（1）新电压模型。新电压模型结构是在 d - q 同步旋转坐标系下提出的。在 d - q 坐标系下，用转子磁链表达的感应电动机定子电压方程为

$$u_{d1} = (R_s + \sigma L_s p)i_{d1} - \omega_s \sigma L_s i_{q1} + p\frac{L_m}{L_r}\psi_{d2} - \omega_s \frac{L_m}{L_r}\psi_{q2} \left.\begin{array}{c}\\\\\end{array}\right\}$$
$$u_{q1} = (R_s + \sigma L_s p)i_{q1} + \omega_s \sigma L_s i_{d1} + p\frac{L_m}{L_r}\psi_{q2} + \omega_s \frac{L_m}{L_r}\psi_{d2} \tag{5-52}$$

当同步旋转坐标系按转子磁链准确定向且电流进入稳态后，有

$$\psi_{d2} = \psi_{M2} = \psi_r, \ \psi_{q2} = \psi_{T2} = 0, \ pi_{d1} = pi_{q1} = 0$$

由式（5-52）可得

$$u_{M1} = R_s i_{M1} - \omega_s \sigma L_s i_{T1} + e_{M1} \left.\begin{array}{c}\\\\\end{array}\right\}$$
$$u_{T1} = R_s i_{T1} + \omega_s \sigma L_s i_{M1} + e_{T1} \tag{5-53}$$

对照式（5-53）与式（5-52）可得

$$e_{M1} = p\frac{L_m}{L_r}\psi_r - \omega_s \frac{L_m}{L_r}\psi_{T2} \left.\begin{array}{c}\\\\\\\\\end{array}\right\}$$
$$e_{T1} = \omega_s \frac{L_m}{L_r}\psi_r + p\frac{L_m}{L_r}\psi_{T2}$$

由此可得

$$e_{M1} = p\frac{L_m}{L_r}\psi_r \left.\begin{array}{c}\\\\\\\\\end{array}\right\}$$
$$e_{T1} = \omega_s \frac{L_m}{L_r}\psi_r \tag{5-54}$$

由式（5-54）可构成新电压模型为

$$|\psi_r| = K_1 \int e_{M1}\,\mathrm{d}t \left.\begin{array}{c}\\\\\\\\\\\\\end{array}\right\}$$
$$\omega_s = \frac{K_1 e_{T1}}{|\psi_r|} \tag{5-55}$$
$$\varphi_s = K_2 \int \omega_s\,\mathrm{d}t$$

$$K_1 = \frac{L_r}{L_m}$$

新电压模型如图 5-14 虚线框内所示，其中 K_2 是计算所需的比例系数。

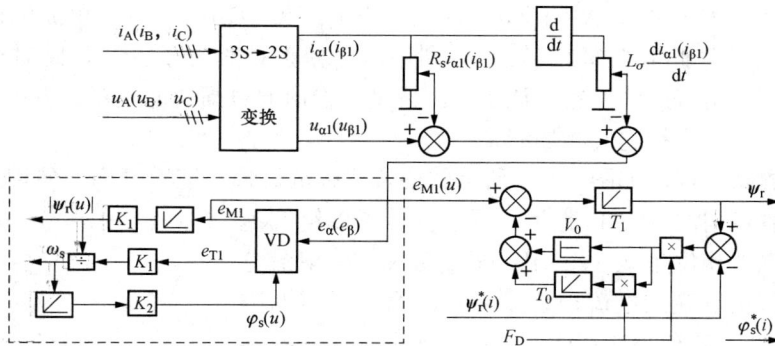

图 5-14　混合式磁链模型

由于新电压模型中 φ_s 角的内部反馈及两积分器的积分作用，与传统电压模型相比较，

新电压模型较传统模型准确，电流波形有明显改善。

求取新电压模型的方法如下：

1）将电压、电流互感器测得的定子三相电压实际值 u_A、u_B、u_C 和定子三相电流实际值 i_A、i_B、i_C 三个分量，分别利用 3S/2S 坐标变换，变换成 α-β 坐标系中的 $u_{\alpha1}$、$u_{\beta1}$，$i_{\alpha1}$、$i_{\beta1}$ 分量。

2）按 $e_\alpha = u_{\alpha1} - R_s i_{\alpha1} - L_\sigma \dfrac{di_{\alpha1}}{dt}$，$e_\beta = u_{\beta1} - R_s i_{\beta1} - L_\sigma \dfrac{di_{\beta1}}{dt}$，计算 e_α、e_β。

3）利用 2S/2R 坐标变换 VD，由 e_α、e_β 计算 e_{M1}、e_{T1}。

4）按式（5-55）计算磁链矢量 $\boldsymbol{\psi}_r$ 的模 $|\boldsymbol{\psi}_r|$ 和位置角 φ_s。

图 5-14 上部为计算 e_α、e_β 部分，右下部为滤波切换部分。

（2）带磁链闭环负反馈的电流模型。混合式磁链模型中的电流模型采用"转差频率法"模型。为了减小电动机参数 T_r 变化对输出磁链 $\psi_r^*(i)$ 的影响，保证电流模型输出 $\psi_r^*(i)$ 和 φ_s^* 的准确，可采用磁链闭环负反馈控制，如图 5-15 所示。

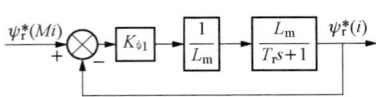

图 5-15 带磁链闭环负反馈的电流模型

转子磁链模型给定值 $\psi_r^*(Mi)$ 和电流模型的输出计算值 $\psi_r^*(i)$ 相比较，经 P 调节器对 $\psi_r^*(i)$ 进行调节，使其准确跟踪电流模型磁链给定值 $\psi_r^*(Mi)$ 的变化，抑制电动机参数变化的干扰。根据闭环负反馈的基本规律，（①闭环负反馈系统的输出能够紧跟输入；②闭环负反馈能够有效抑制前向通道上各种干扰的影响）经过负反馈的改造，电动机参数转子电阻 R_r 变化对转子磁链模型输出 $\psi_r^*(i)$ 的干扰可被减小 $1/(1+K_{\psi1})$，干扰得到有效抑制。为了实现输出 $\psi_r^*(i)$ 对电流模型磁链给定值 $\psi_r^*(Mi)$ 的无差跟踪，实际系统中可采用 PI 调节器。电流模型无论在模拟系统还是在数字系统中均适用。

（3）混合式磁链模型。电压模型计算转子磁链准确度较高、电路简单，存在的问题是：①电动机起动前，尚未建立起旋转电动势，此时电压模型中积分器的初始输出无法确定；②积分器存在误差积累，需解决积分准确度问题；③低速时，定子电动势小，电阻压降影响增大，电压模型变得不够准确。电流模型的优点是通过给定电流求磁链，不受电动机转速的影响，即使在电动机低速甚至不转时，电流模型照样能工作（当然电流模型也有缺点）。

在实际系统中，为发挥电压、电流两种模型各自的优点，通常将其配合使用：低速时（小于10%额定转速），由于电压模型误差大，将电压模型切除，系统单靠电流模型计算转子磁链；高速时（大于10%额定转速），利用电压模型计算转子磁链，此时电流模型不工作。两模型的切换是采用滤波器。让新电压模型的输出通过高通滤波器，电流模型的输出通过低通滤波器，然后再把它们相加起来。

按照上述思路，提出如图 5-14 所示的混合式磁链模型。该模型中，使用新电压模型且在以转子磁链轴定向的 M-T 坐标系下进行转子磁链幅值的切换，转子磁链相位角 $\varphi_s^*(i)$ 用定子励磁和转矩电流分量给定值通过带负反馈的电流模型来计算。当磁场定向准确时，$e_{T1}(u)=0$，系统只需一套滤波器切换电路，同时不需要初始角定位环节。在图 5-14 中，F_D 是唯一的直流量，F_D 信号与转速的关系如图 5-16 所示。

（4）混合式转子磁链模型的分析。从图 5-14 的混合

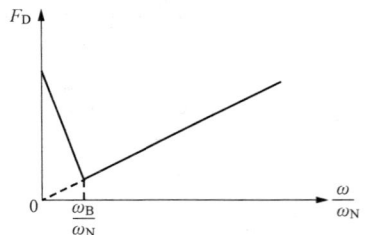

图 5-16 F_D 与转速的关系

式磁链模型可知，切换电路输入信号有来自电流模型的 $\psi_r^*(i)$ 和来自新电压模型的 $e_{M1}(u)$（括号内的 i 和 u 分别代表来自电流模型和电压模型），还有控制信号 F_D。以 ψ_r 为输出量，以 $\psi_r^*(i)$ 和 $e_{M1}(u)$ 为输入量的传递函数为

$$\psi_r(s) = F_1(s)e_{M1}(u) + F_2(s)\psi_r^*(i)$$

由图 5-14 得到 $\psi_r^*(i)=0$ 和 $e_{M1}(u)=0$ 时的传递函数结构图，分别如图 5-17（a）、（b）所示。

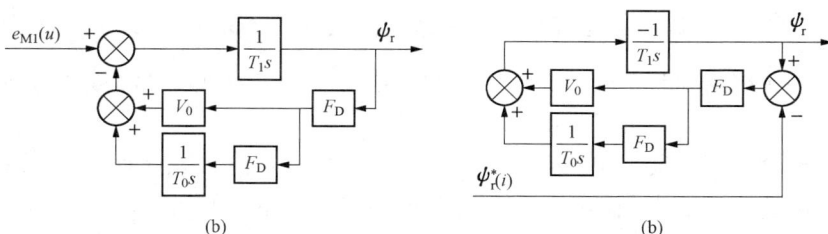

图 5-17　动态结构图

（a）$\psi_r^*(i)=0$ 时动态结构图；（b）$e_{M1}(u)=0$ 时动态结构图

由图 5-17（a）可得 $\psi_r^*(i)=0$ 时的传递函数为

$$F_1(s) = \frac{\psi_r(s)}{e_{M1}(u)} = \frac{\dfrac{T_0}{F_D^2}s}{\dfrac{T_1 T_0}{F_D^2}s^2 + \dfrac{V_0 T_0}{F_D}s + 1} \tag{5-56}$$

式中：T_0、T_1 为积分时间常数；V_0 为比例常数。

同理，由图 5-17（b）可得 $e_{M1}(u)=0$ 时的传递函数为

$$F_2(s) = \frac{\psi_r(s)}{\psi_r^*(i)} = \frac{\dfrac{V_0 T_0}{F_D}s + 1}{\dfrac{T_1 T_0}{F_D^2}s^2 + \dfrac{V_0 T_0}{F_D}s + 1} \tag{5-57}$$

$F_1(s)$ 和 $F_2(s)$ 的对数频率特性如图 5-18 所示。图中 ω_{E1} 和 ω_{E2} 为转折频率，ω_A 和 ω_D 为剪切频率。频率特性可分成三个区域，其电流模型和电压模型的切换方式如下：

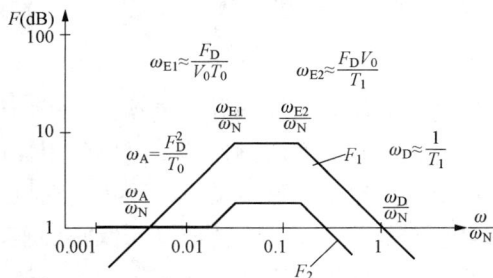

图 5-18　$F_1(s)$ 和 $F_2(s)$ 的对数频率特性

1）高频区，$\omega > \omega_{E2} = F_D V_0 / T_1$。$F_2(s)$ 相对于 $F_1(s)$ 很小，而 $F_1(s)$ 在这个区域里是一积分环节，此时 $\psi_r \approx F_1(s)e_{M1}(u)$，电压模型起主导作用。

2）低频区，$\omega < \omega_A = F_D^2 / T_0$。在这个区域里 $F_1(s)$ 很小，$F_2(s)$ 是一个比例环节，且比例系数为 1，有 $\psi_r \approx F_2(s)\psi_r^*(i) = \psi_r^*(i)$，电流模型起主导作用。

3）中频区，$\omega_A < \omega < \omega_{E2}$。这是一个两模型切换区域，在额定角速度时（即 $\omega = \omega_N$），工作点在高频区，转子磁链由电压模型输出，即

$$\psi_r \approx F_1(s)e_{M1}(u) = \int e_{M1}(u)\mathrm{d}t$$

随着电动机速度下降，ω 下降，控制信号 F_D 按比例下降，ω_{E2} 随之左移，工作点仍在高

频区，还是电压模型起主导作用。

当角速度 $\omega<\omega_B=(5\%\sim10\%)\omega_N$ 时，控制信号 F_D 迅速上升，ω_{E1} 和 ω_A 右移，工作点从高频区转入低频区，电流模型起主导作用。

这样既克服了低速时电压模型误差大的缺点，又使两模型的切换过渡平滑，不会对系统造成冲击。

另外，有了反馈通道后，如果两个模型均较准确，按两个模型算出的磁链分量 $\psi_r^*(i)$ 和 $\psi_r(u)=\int e_{M1}(u)\mathrm{d}t$ 应该近似相等，反馈通道的输入 $\Delta\psi_r=\psi_r(u)-\psi_r^*(i)\approx0$，反馈通道近似开路，不影响正回路积分精度。但积分器的漂移，不会被 $\psi_r^*(i)$ 抵消，反馈通道起作用，漂移被抑制，解决了积分器的零点漂移问题。

另外，在电动机起动前，$\omega=0$，$F_1(s)=0$，$F_2(s)=1$，输出 $\psi_r=\psi_r^*(i)$，积分器输出初始值被设定到电流模型输出值，不存在设定积分器输出初始值的问题。

利用混合式磁链模型可实现在高速时采用电压模型，低速时采用电流模型的控制，充分利用两模型的长处。

二、 闭环磁链观测模型

开环观测模型具有结构简单、实现方便等优点，但其精度受参数变化和各种干扰的影响，通过引入状态反馈构成闭环状态观测模型，可以有效改善转子磁链观测模型的稳定性，这就是磁链闭环观测器。常用的磁链闭环观测器有：

（1）基于误差反馈的转子磁链观测器；

（2）基于龙贝格状态观测理论的异步电动机全阶状态观测器；

（3）基于模型参考自适应理论的转子磁链观测器。

综上所述，转子磁链的直接检测因工艺和技术问题难以实现，工程上较多采用间接检测法；闭环转子磁链检测性能较好，但结构复杂；开环检测结构简单，适当改进有较高的实用性，所以应用较多；M-T坐标系下的混合式模型法在模拟系统中使用效果较好，已经得到了较广泛的应用。

5.5 异步电动机的无速度传感器技术

为了得到高性能的调速系统，需采用转速闭环控制，因而需要检测异步电动机转子的旋转转速。常用的速度检测方法有用测速发电机检测转速、用光电方法测速等。这些利用速度传感器的测速方法不可避免地要在电动机上安装硬件装置。对于直流电动机、同步电动机这类电机，因其本身较复杂，再附加上一个速度传感器硬件也可以；对笼型异步电动机而言，速度传感器的安装将破坏电动机本身坚固、简单、低成本的优点。因此，无速度传感器技术成为笼型异步电动机调速系统优先采用的技术。

一、 无速度传感器调速系统的速度估计方法

各国学者在这方面已做了大量的工作，研究出许多无速度传感器速度估计方法。较为典型的转速估计方法有：

（1）从电动机的物理模型出发直接根据电动机的电压、电流、等效电路参数估算电动机的转速或转差。

（2）采用模型参考自适应方法（MRAS）估算电动机的转速。模型参考自适应辨识速度的主要思想是将不含未知参数的方程作为参考模型，而将含有待估计参数的方程作为可调模型，两个模型应该具有相同物理意义的输出量，利用两个模型的输出量的误差构成合适的自适应率来实时调节可调模型的参数，以达到控制对象的输出跟踪参考模型的目的。模型参考自适应法解决了速度辨识上的理论问题，动态性能好，是目前用得较多的速度辨识方法。但参数变化对辨识结果的影响还没有完全解决，另外还存在着稳态不稳的现象，低速时也存在偏差。

（3）基于 PI 控制器法。这种方法适用于按转子磁场定向的矢量控制系统，其基本思想是利用某些量的误差项使其通过 PI 调节器而得到转速信息。

（4）采用扩展的卡尔曼滤波器（EKF）估算电动机转速。卡尔曼滤波器是一种基于状态方程的强有力的状态估算法，近几年也用于电动机的参数估算和转速估算。

（5）基于人工神经网络的转速估算。神经网络理论用于转速估算尚属起步阶段，各种方案仍处在不断探索与完善之中。

二、 基于转矩电流误差推算速度的方法

当异步电动机按转子磁场定向时，异步电机的电磁转矩仅由转矩电流分量 i_{T1} 产生，即

$$T_e = p_m \frac{L_m}{L_r} \psi_r^* i_{T1} \tag{5-58}$$

$$T_e - T_L = \frac{J}{p_m} \frac{d\omega_r}{dt} \tag{5-59}$$

将 $\omega_r = 2\pi n p_m / 60$ 及 $J = GD^2/4g$ 代入式（5-58）、式（5-59）并整理可得

$$T_e = C_m i_{T1} \tag{5-60}$$

$$T_e - T_L = \frac{GD^2}{375} \frac{dn}{dt} \tag{5-61}$$

$$C_m = p_m \frac{L_m}{L_r} \psi_r^*$$

由式（5-60）和式（5-61）可见，转矩电流变化量的积分可以反映电动机的转速。根据式（5-61）可得

$$n = C_m \frac{375}{GD^2} \int (i_{T1} - i_{dL}) dt$$

$$i_{dL} = T_L / C_m$$

考虑到实际可能检测到的电流分量为转矩电流分量 i_{T1}，因此构造一个电动机速度推算机构为

$$n = C_m \frac{375}{GD^2} \int (i_{T1}^* - i_{T1}) dt \tag{5-62}$$

即利用电动机转矩电流分量的给定值 i_{T1}^* 与实际值 i_{T1} 之差的积分来进行速度估计。

上述推算速度基于的物理概念是：因为估计的速度与实际速度之间的误差，一定会引起指令转矩与实际转矩（或转矩电流分量）之间产生误差，可以用这些误差去估计速度，并且实现转矩的无差控制。

5.6　异步电动机交叉耦合电压的解耦控制

5.6.1　异步电动机的解耦控制策略概述

前述分析可知，异电动机是一个多变量、非线性、强耦合的被控对象，其转矩和磁链间存在着耦合。要想获得理想的调速性能，需要解决的问题之一就是对异步电动机进行解耦。矢量控制利用坐标变换方法，将异步电动机等效为直流电动机，实现了电动机定子电流励磁分量与转矩分量的解耦。但从图 5 - 11 异步电动机的动态结构图看到，矢量变换后还存在着 M 轴和 T 轴之间的交叉耦合电动势的作用，必须进行去耦。为此，人们以矢量控制为基础，针对矢量变换后存在的交叉耦合电动势，提出了许多解耦方法。本节将介绍这些异步电动机交叉耦合电动势的主要解耦控制策略。

5.6.2　异步电动机交叉耦合电压的解耦控制策略

在按转子磁场定向的 M - T 坐标系下，从异步电动机的动态结构图可见，M 轴与 T 轴之间存在交叉耦合电压，为了突出这种耦合关系，将动态结构图中反映其耦合情况的部分重画于图 5 - 19。

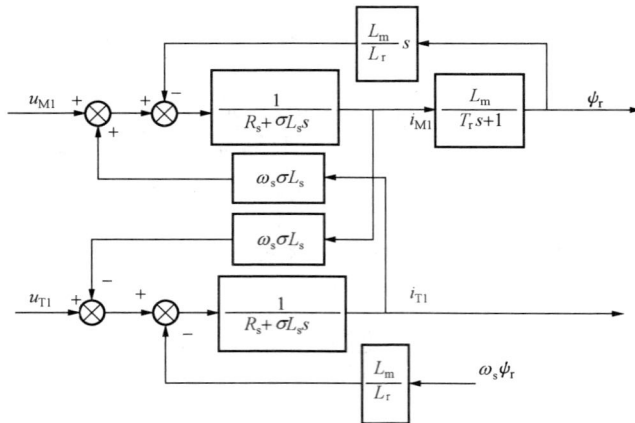

图 5 - 19　反映异步电动机交叉耦合电动势部分的动态结构图

反映上述动态结构图的数学模型为

$$\left.\begin{aligned}
u_{M1} &= (R_s + \sigma L_s p) i_{M1} - \omega_s \sigma L_s i_{T1} + p \frac{L_m}{L_r} \psi_r \\
u_{T1} &= (R_s + \sigma L_s p) i_{T1} + \omega_s \sigma L_s i_{M1} + \omega_s \frac{L_m}{L_r} \psi_r
\end{aligned}\right\} \tag{5-63}$$

异步电动机的交叉解耦就是通过一定的计算，使 M 轴与 T 轴之间存在的交叉耦合电动势消除，将定子交直轴分量的控制转化成两个独立通道的一阶惯性环节的控制，以达到异步电动机各轴分量仅受本轴自身分量控制的目的。从交叉耦合电动势系数 $\omega_s \sigma L_s$ 可知，交叉耦合电压与速度等因素有关。变频调速时，交叉耦合电动势也随着 ω_s 变化，耦合电动势的存在直接影响着调速系统的速度控制性能，对交叉耦合电动势的处理成为感应电动机解耦控制的关键之一。下面讨论一下常用的交叉耦合电动势的解耦方法。

一、前馈解耦法

前馈解耦是采用定子电流给定值来进行交叉耦合电压项的解耦电压计算。解耦控制策略如下：

根据图 5-19 知，由 M→T 轴的耦合电动势为 u_{MT}，即

$$u_{MT} = -\left[\omega_s \sigma L_s i_{M1} + \omega_s \left(\frac{L_m}{L_r}\right)\psi_r\right] \tag{5-64}$$

由 T→M 轴的耦合电动势为 u_{TM}，即

$$u_{TM} = +\omega_s \sigma L_s i_{T1} \tag{5-65}$$

为了消除 M 轴与 T 轴之间的耦合，在电动机的输入电压 u_{M1} 和 u_{T1} 中对这两个相互交叉的电动势予以前馈补偿解耦。

电动机的输入给定电压（u_{M1}^*、u_{T1}^*）包括两个分量：一个分量为 u_{MT}（或 u_{TM}），用来补偿 M 轴与 T 轴之间产生的耦合电动势，起到解耦作用；另一个分量为 u_{M1}'（或 u_{T1}'），用来产生电动机的励磁电流分量或转矩电流分量。定子给定电压的 M 和 T 分量 u_{M1}^*、u_{T1}^* 分别为

$$u_{M1}^* = u_{M1}' - u_{TM} \tag{5-66}$$

$$u_{T1}^* = u_{T1}' - u_{MT} \tag{5-67}$$

在 u_{MT} 和 u_{TM} 作用下，T 轴与 M 轴之间的耦合电动势得到补偿。异步电动机被解耦，解耦后的等效动态结构框图如图 5-20 所示。

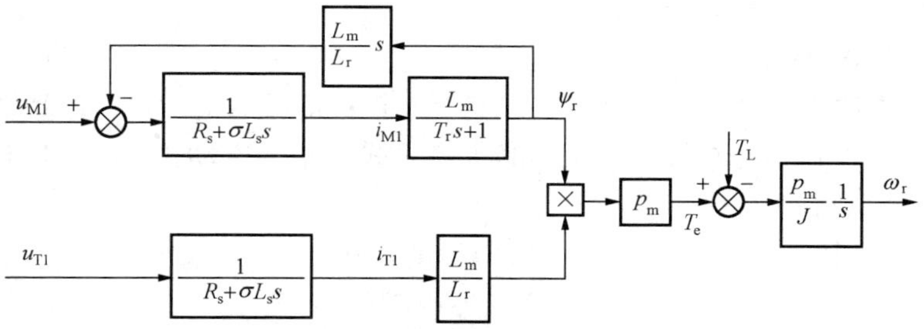

图 5-20　异步电动机前馈解耦后的等效动态结构图

由图 5-20 可见，异步电动机在 M、T 坐标上解耦后，其等效模型为两个定子电压子系统。其中 M 轴电压子系统产生 i_{M1} 及转子磁链 ψ_r，T 轴电压子系统产生 i_{T1}。假定忽略起动时电动机的磁场建立过渡过程，或采用预先励磁的方法，则转子磁链 ψ_r 可以视为恒定，于是 $p\psi_r = 0$，简化后的异步电动机解耦结构如图 5-21 所示。

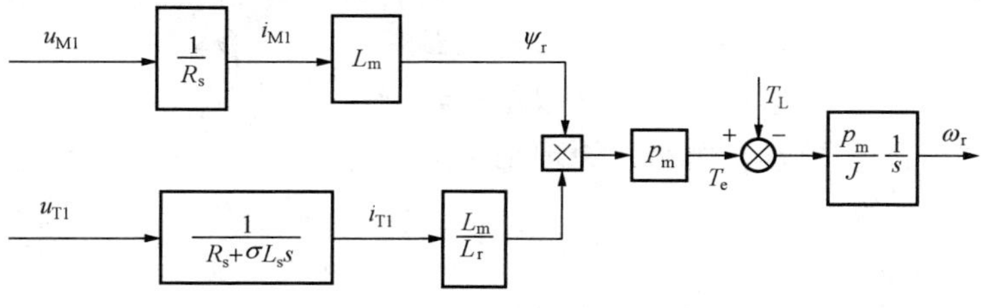

图 5-21　异步电动机转子磁链 ψ_r 恒定时的解耦结构图

其中，产生电动机励磁电流分量和转矩电流分量的电压信号为

$$\left.\begin{aligned} u'_{M1} &= R_s i^*_{M1} \\ u'_{T1} &= (R_s + \sigma L_s p) i^*_{T1} \approx R_s i^*_{T1} \end{aligned}\right\} \tag{5-68}$$

前馈解耦是用定子电流给定值引入抵消信号实现解耦，补偿 M 轴与 T 轴之间产生的耦合电动势，其解耦补偿信号为

$$u_{MT} = -\left[\omega_s \sigma L_s i^*_{M1} + \omega_s \left(\frac{L_m}{L_r}\right) \psi_r\right]$$

$$u_{TM} = +\omega_s \sigma L_s i^*_{T1} \tag{5-69}$$

在这一条件下，给定输入电压给定为

$$\left.\begin{aligned} u^*_{M1} &= u'_{M1} - u_{TM} \approx R_s i^*_{M1} - \omega_s \sigma L_s i^*_{T1} \\ u^*_{T1} &= u'_{T1} - u_{MT} \approx R_s i^*_{T1} + \omega_s \sigma L_s i^*_{M1} + \frac{L_m}{L_r} \omega_s \psi^*_r \end{aligned}\right\} \tag{5-70}$$

前馈解耦后，T 轴与 M 轴间的耦合电动势被消除，异步电动机被解耦。异步电动机在 M 轴和 T 轴上等效为两个独立的子系统，可以通过 PI 调节器进行控制。其中，M 轴电压子系统产生 i_{M1} 及转子磁链 ψ_r，T 轴电压子系统产生 i_{T1}。

但进一步分析发现，前馈解耦方法存在着问题，系统中的前馈解耦电压并不能完全补偿异步电动机的交叉耦合电压。因为式（5-70）是用定子电流给定值 i^*_{M1} 和 i^*_{T1} 引入抵消信号实现解耦的，而电动机中存在的交叉耦合项是由定子电流实际值 i_{M1} 和 i_{T1} 引起的，因此只有当条件 $i^*_{M1} = i_{M1}$ 和 $i^*_{T1} = i_{T1}$ 始终满足时，解耦才能成功。然而在速度调节或负载变化等动态过程中，由于电动机滞后环节存在，使 $i^*_{M1} \neq i_{M1}$ 和 $i^*_{T1} \neq i_{T1}$，这就会导致解耦失败，特别是在电动机起动和负载突变时最为严重。

二、对角矩阵解耦法

对角矩阵解耦法也是常见的解耦方法，它要求被控对象（电动机）的特性矩阵与解耦矩阵的乘积等于对角矩阵。通常使对角矩阵的主对角线元素为电动机 M 轴和 T 轴上的传递函数，即 $1/(R_s + \sigma L_s s)$。

在式（5-63）中，令 $u'_{T1} = u_{T1} - \omega_s(L_m/L_r)\psi_r$，则有

$$\boldsymbol{Y}(s) = \boldsymbol{G}(s)\boldsymbol{U}(s) \tag{5-71}$$

$$\boldsymbol{Y}(s) = \begin{bmatrix} i_{M1}(s) \\ i_{T1}(s) \end{bmatrix}, \boldsymbol{U}(s) = \begin{bmatrix} u_{M1}(s) \\ u'_{T1}(s) \end{bmatrix}, \boldsymbol{G}(s) = \begin{bmatrix} R_s + \sigma L_s s & -\omega_s \sigma L_s \\ \omega_s \sigma L_s & R_s + \sigma L_s s \end{bmatrix}^{-1}$$

在控制变量 $\boldsymbol{R}(s) = \begin{bmatrix} i^*_{M1}(s) \\ i^*_{T1}(s) \end{bmatrix}$ 和被控对象（电动机）的输入端口间引入解耦矩阵 $\boldsymbol{G}_1(s)$，则有

$$\begin{aligned} \boldsymbol{Y}(s) &= \begin{bmatrix} i_{M1}(s) \\ i_{T1}(s) \end{bmatrix} = \boldsymbol{G}(s)\boldsymbol{U}(s) = \boldsymbol{G}(s)\boldsymbol{G}_1(s)\boldsymbol{R}(s) \\ &= \begin{bmatrix} R_s + \sigma L_s s & -\omega_s \sigma L_s \\ \omega_s \sigma L_s & R_s + \sigma L_s s \end{bmatrix}^{-1} \boldsymbol{G}_1(s) \begin{bmatrix} i^*_{M1}(s) \\ i^*_{T1}(s) \end{bmatrix} \end{aligned} \tag{5-72}$$

对角矩阵法实现异步电动机解耦的原理是满足

$$\begin{bmatrix} R_s + \sigma L_s s & -\omega_s \sigma L_s \\ \omega_s \sigma L_s & R_s + \sigma L_s s \end{bmatrix}^{-1} \boldsymbol{G}_1(s) = \begin{bmatrix} R_s + \sigma L_s s & 0 \\ 0 & R_s + \sigma L_s s \end{bmatrix}^{-1} \tag{5-73}$$

由此可得解耦矩阵 $\boldsymbol{G}_1(s)$ 的传递函数为

$$G_1(s) = \begin{bmatrix} 1 & -\dfrac{\omega_s \sigma L_s}{R_s + \sigma L_s s} \\ \dfrac{\omega_s \sigma L_s}{R_s + \sigma L_s s} & 1 \end{bmatrix} \tag{5-74}$$

实现对角矩阵法解耦的异步电动机控制原理图如图 5-22 所示。利用对角矩阵解耦可得到两个彼此独立的等效控制系统。

三、 单位矩阵解耦法

单位矩阵解耦法是对角矩阵解耦法的一种特殊情况，原理与对角矩阵法基本相同。它要求被控对象（电动机）的特性矩阵与解耦矩阵的乘积等于单位矩阵。

设单位矩阵法的解耦矩阵为 $G_2(s)$，则该法实现解耦的原理是满足

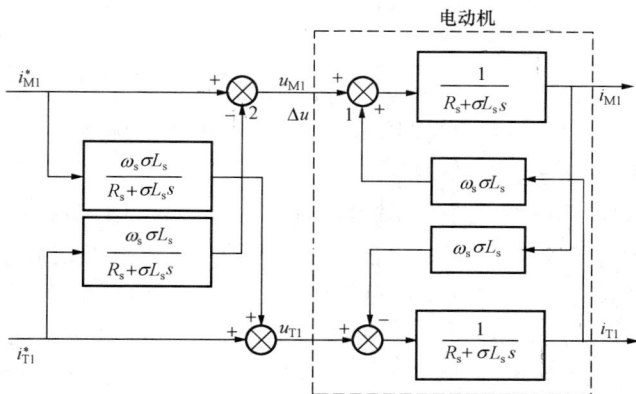

图 5-22 对角矩阵法解耦的异步电动机控制原理图

$$\begin{bmatrix} R_s + \sigma L_s s & -\omega_s \sigma L_s \\ \omega_s \sigma L_s & R_s + \sigma L_s s \end{bmatrix}^{-1} G_2(s) = \begin{bmatrix} 1 & 0 \\ 0 & 1 \end{bmatrix} \tag{5-75}$$

由此可得解耦矩阵 $G_2(s)$ 的传递函数为

$$G_2(s) = \begin{bmatrix} R_s + \sigma L_s s & -\omega_s \sigma L_s \\ \omega_s \sigma L_s & R_s + \sigma L_s s \end{bmatrix} \tag{5-76}$$

实现单位矩阵法解耦的异步电动机解耦控制原理图如图 5-23 所示。利用单位矩阵解耦也可得到两个彼此独立的等效控制系统，而且被控对象的传递函数为 1。

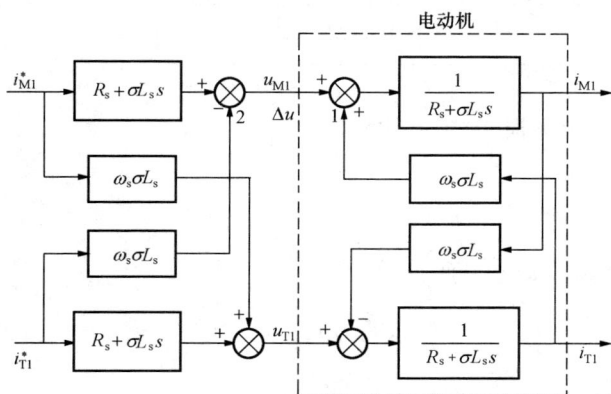

图 5-23 单位矩阵法解耦的异步电动机控制原理图

上述三种解耦方法都能达到解耦的目的，但是采用单位矩阵解耦法的优点更突出。对角矩阵解耦法和前馈控制解耦法得到的解耦效果和系统的控制质量是相同的，都是设法消除交叉通道，并使其等效成两个彼此独立的单回路控制系统。单位阵解耦法除了能获得优良的解耦效果之外，还能提高控制质量，减少动态偏差，加快响应速度。

存在的问题是：电动机中的交叉耦合项是由定子电流实际值 i_{M1} 和 i_{T1} 引起的，而前馈解耦法、对角矩阵解耦法、单位矩阵解耦法的解耦电压是用给定值 i_{M1}^* 和 i_{T1}^* 计算得到的，因此只有当条件 $i_{M1}^* = i_{M1}$ 和 $i_{T1}^* = i_{T1}$ 始终满足，电动机的实际参数与模型参数匹配时，解耦才能成功。然而，在速度调节或负载变化等动态过程中，$i_{M1}^* \neq i_{M1}$ 和 $i_{T1}^* \neq i_{T1}$，

231

这将导致解耦失败。为了克服上述缺点，可采用反馈解耦控制。

四、 反馈控制解耦法

当采用转子磁场定向时，有 $\psi_{T2}=0$ 和 $\psi_{M2}=\psi_r=$ 常数，异步电动机电压方程可写为

$$\left.\begin{aligned}\sigma L_s \frac{di_{M1}}{dt} &=- R_s i_{M1} + \omega_s \sigma L_s i_{T1} + u_{M1} \\ \sigma L_s \frac{di_{T1}}{dt} &=- R_s i_{T1} - \omega_s \sigma L_s i_{M1} + u_{T1} - \omega_s \frac{L_m}{L_r}\psi_r\end{aligned}\right\} \tag{5-77}$$

式（5-77）可以用图 5-24 方框图中的虚线框内的结构图表示，反电动势 $\omega_s(L_m/L_r)\psi_r$ 在图中未表示出来。

前馈解耦是在电动机输入电压 u_{M1}、u_{T1} 中附加一个去耦项 $-\hat{\sigma}\hat{L}_s\omega_s i_{T1}^*$、$\hat{\sigma}\hat{L}_s\omega_s i_{M1}^*$ 来抵消励磁和转矩电流间的耦合作用，去耦项中的电流是给定电流 i_{M1}^* 和 i_{T1}^*。前面已经说明了电动机励磁、转矩电流间的耦合作用是由电动机实际电流引起的，为了达到好的解耦效果，上述去耦项 $-\hat{\sigma}\hat{L}_s\omega_s i_{T1}^*$、$\hat{\sigma}\hat{L}_s\omega_s i_{M1}^*$ 中的电流给定值应该用电流实际值 i_{M1} 和 i_{T1} 来代替，并且采用图 5-24 的控制结构，这就是反馈解耦控制。图中方框 $\hat{\sigma}\hat{L}_s\omega_s$ 为由估计值 $\hat{\sigma}\hat{L}_s\omega_s$ 组成的去耦项，以 PI1、PI2 为核心组成了两个定子电流分量的控制闭环，这将有助于定子电流的动态响应。

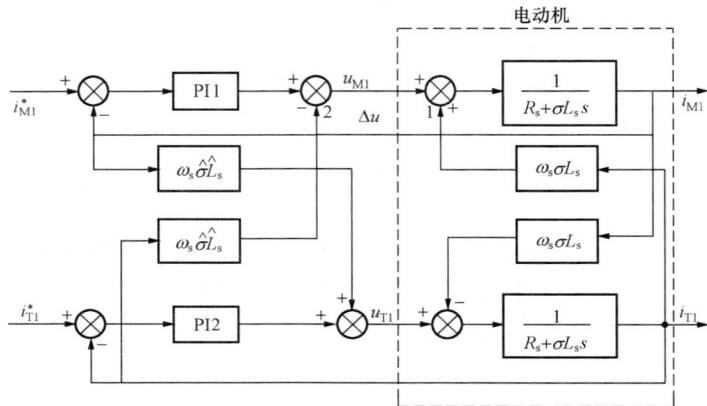

图 5-24 反馈解耦控制原理框图

根据图 5-24 可以得到

$$\left.\begin{aligned}u_{M1} &= \left(K_p + K_i \frac{1}{s}\right)(i_{M1}^* - i_{M1}) - \hat{\sigma}\hat{L}_s\omega_s i_{T1} \\ u_{T1} &= \left(K_p + K_i \frac{1}{s}\right)(i_{T1}^* - i_{T1}) + \hat{\sigma}\hat{L}_s\omega_s i_{M1}\end{aligned}\right\} \tag{5-78}$$

式中：K_p、K_i 分别为比例和积分放大倍数；$\hat{\sigma}$、$\hat{L}_s$ 为 σ、L_s 的估计值。

在图 5-24 中，反馈解耦是将异步电动机的交、直轴电流反馈量用于电动机解耦电压的计算，并将其引入电动机控制电压输入端进行叠加补偿，以实现异步电动机交叉耦合电压的解耦。反馈解耦是建立在定子电流反馈量无延迟和交叉耦合项中的电动机自感系数 L_s、漏感系数 σ 的估计值和实际值高度吻合基础上的。然而由于电动机本身为感性负载，负载电流滞后于电压，定子电流反馈引入的滤波环节和变换环节的延迟，会造成交叉耦合项中电流实

际值和计算值的偏差；另外，参数的估计值 $\hat{\sigma}$、$\hat{L}_s$ 一般有 20%～30% 的估计误差，所以存在 $(\sigma L_s - \hat{\sigma}\hat{L}_s)\omega_s i_{T1}$ 和 $(\sigma L_s - \hat{\sigma}\hat{L}_s)\omega_s i_{M1}$ 误差。加之电动机参数在实际运行过程中的变化，使得解耦电压的计算值和交叉耦合电压项实际值之间出现偏差，反馈解耦控制效果下降。所以，由于反馈解耦控制对参数变化敏感，不可能达到完全解耦。

以 M 轴为例，前馈、对角矩阵和单位矩阵解耦法解耦后的偏差耦合电压为 $\Delta U_{12} = i_{T1}\omega_s\sigma L_s - i_{T1}^*\omega_s\hat{\sigma}\hat{L}_s$，当且仅当电动机的实际参数与模型参数匹配（$\sigma L_s = \hat{\sigma}\hat{L}_s$）、实际电流准确复现给定电流（$i_{T1} = i_{T1}^*$）时，交叉耦合才能得到解耦；而反馈解耦法解耦后的偏差耦合电压为 $\Delta U_{12} = i_{T1}(\omega_s\sigma L_s - \omega_s\hat{\sigma}\hat{L}_s)$，当且仅当参数匹配（$\sigma L_s = \hat{\sigma}\hat{L}_s$）时，交叉耦合被解除。两种解耦的共同点是要求电动机参数能够准确估计，即解耦效果依赖于被控对象的准确数学模型。

五、基于控制理论不变性原理的偏差解耦法

不变性原理就是在耦合对象外部引入一个解耦支路来抵消被控对象的耦合影响。根据不变性原理，从电动机给定电流和反馈电流的偏差处引入异步电动机的外部解耦支路来抵消异步电动机的交叉耦合电压项的耦合作用。经有关推导可得到基于偏差解耦原理的解耦项为

$$G_1(s) = \frac{\omega_s\sigma L_s}{R_s + \sigma L_s s}$$

图 5-25 是异步电动机偏差解耦控制结构框图。按照偏差解耦的定义，解耦支路的信号引入点应在 PI 控制器的前面，若这样会使解耦项 $G_1(s)$ 中包含 PI 控制器的传递函数，因此做了部分变换，将解耦支路的信号引入点移到 PI 控制器之后，使解耦项传递函数变得简单。

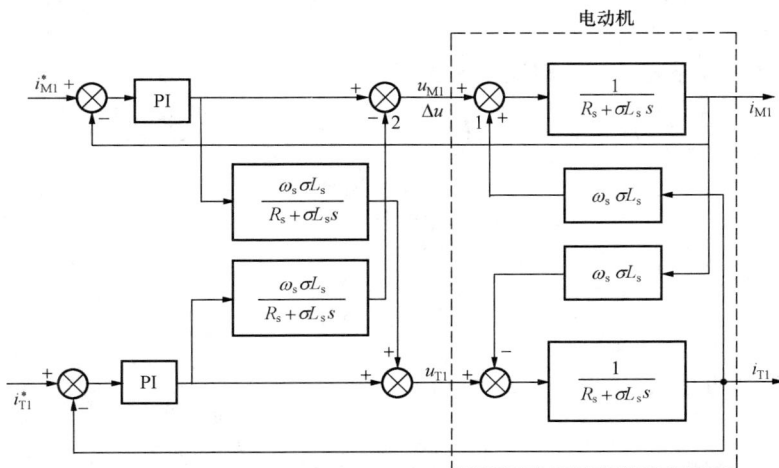

图 5-25 偏差解耦控制原理图

偏差解耦和前馈解耦、反馈解耦相比较，由于偏差解耦采用电动机给定电流和反馈电流的偏差进行交叉耦合电压的计算，避免了反馈解耦中解耦电压计算的定子电流延迟；另外，偏差解耦对电动机参数变化较反馈解耦有更强的鲁棒性。

六、异步电动机定子电流的内模解耦控制策略

为了克服解耦效果依赖于被控对象准确数学模型的不足，下面介绍一种对模型准确度要求不高的内模解耦控制策略。

在图 5-26 的内模控制结构图中，$\hat{G}(s)$ 为内模，其与被控对象 $G(s)$ 并行；$u(s)$、$Y(s)$ 分别对应于异步电动机的定子电压与电流；$R(s) = \begin{bmatrix} i_{M1}^* & i_{T1}^* \end{bmatrix}^T$ 是定子给定电流；$C_{IMC}(s)$ 为内模控制器。

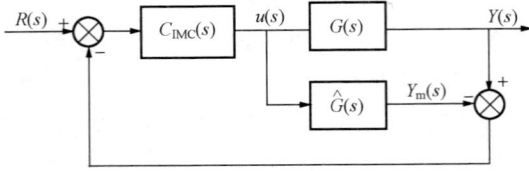

图 5-26　内模控制结构图

由电压方程式（5-77）并令 $u_{T1}' = u_{T1} - \omega_s (L_m / L_r) \psi_r$，则有

$$Y(s) = G(s)U(s) \quad (5-79)$$

$$Y(s) = \begin{bmatrix} i_{M1}(s) \\ i_{T1}(s) \end{bmatrix}, \quad U(s) = \begin{bmatrix} u_{M1}(s) \\ u_{T1}'(s) \end{bmatrix}$$

$$G(s) = \begin{bmatrix} R_s + \sigma L_s s & -\omega_s \sigma L_s \\ \omega_s \sigma L_s & R_s + \sigma L_s s \end{bmatrix}^{-1}$$

由式（5-79）可知，异步电动机的传函无右半平面零点，在高频下近似为一阶系统，则低通滤波器 $L(s)$ 可选为

$$L(s) = \left(\frac{\lambda}{s + \lambda} \right) I \quad (5-80)$$

式中：I 为单位矩阵。

故所设计的 IMC 电流控制器的传递函数 $C_{IMC}(s)$ 为

$$C_{IMC}(s) = \hat{G}^{-1}(s) L(s) = \begin{bmatrix} \hat{R}_s + \hat{\sigma} \hat{L}_s s & -\omega_s \hat{\sigma} \hat{L}_s \\ \omega_s \hat{\sigma} \hat{L}_s & \hat{R}_s + \hat{\sigma} \hat{L}_s s \end{bmatrix} L(s) \quad (5-81)$$

式中：$\hat{R}_s$、$\hat{L}_s$、$\hat{\sigma}$ 为定子电阻、定子自感及漏感系数的估计值；$L(s)$ 是低通滤波器，用以提高系统的鲁棒性。

IMC 电流控制器等效后的反馈控制器为

$$F(s) = \left[I - \frac{\lambda}{s + \lambda} I \right]^{-1} \hat{G}^{-1}(s) \frac{\lambda}{s + \lambda} = \frac{\lambda}{s} \hat{G}^{-1}(s)$$

$$= \lambda \begin{bmatrix} \hat{\sigma} \hat{L}_s \left(1 + \dfrac{\hat{R}_s}{s \hat{\sigma} \hat{L}_s} \right) & -\omega_s \dfrac{\hat{\sigma} \hat{L}_s}{s} \\ \omega_s \dfrac{\hat{\sigma} \hat{L}_s}{s} & \hat{\sigma} \hat{L}_s \left(1 + \dfrac{\hat{R}_s}{s \hat{\sigma} \hat{L}_s} \right) \end{bmatrix} \quad (5-82)$$

实现这一控制的原理图如图 5-27 所示。

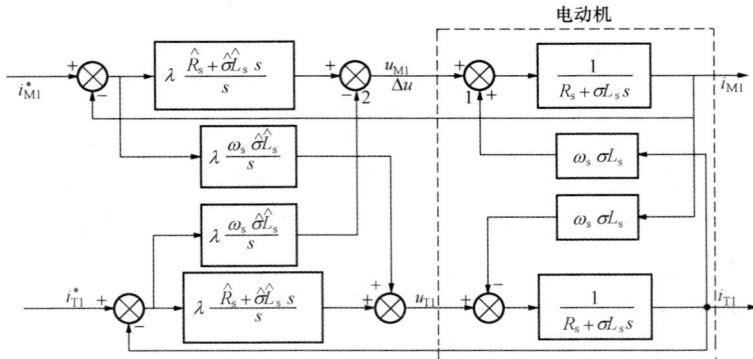

图 5-27　异步电动机的内模解耦原理图

式（5-82）的 $F(s)$ 表达式中，主对角线上的元素 $\lambda\left(\dfrac{\hat{R}_s+\hat{\sigma}\hat{L}_s s}{s}\right)$ 为定子电流控制器的传递函数表达式；反对角线上的元素 $\lambda\left(\dfrac{\omega_s\hat{\sigma}\hat{L}_s}{s}\right)$、$-\lambda\left(\dfrac{\omega_s\hat{\sigma}\hat{L}_s}{s}\right)$ 则为内模解耦网络的传递函数。

根据图 5-26 知，当电动机定子电流系统采用内模控制后，定子电流环的传递函数为

$$\frac{\boldsymbol{Y}(s)}{\boldsymbol{R}(s)}=\frac{\boldsymbol{F}(s)\boldsymbol{G}(s)}{1+\boldsymbol{F}(s)\boldsymbol{G}(s)}=\frac{\boldsymbol{C}_{\mathrm{IMC}}(s)\boldsymbol{G}(s)}{1+\boldsymbol{C}_{\mathrm{IMC}}(s)\left[\boldsymbol{G}(s)-\hat{\boldsymbol{G}}(s)\right]} \tag{5-83}$$

$$\boldsymbol{C}_{\mathrm{IMC}}(s)=\hat{\boldsymbol{G}}^{-1}(s)\boldsymbol{L}(s),\ \boldsymbol{L}(s)=\frac{\lambda}{s+\lambda}\boldsymbol{I},\ \boldsymbol{Y}(s)=\begin{bmatrix}i_{\mathrm{M1}}\\i_{\mathrm{T1}}\end{bmatrix},\ \boldsymbol{R}(s)=\begin{bmatrix}i_{\mathrm{M1}}^{*}\\i_{\mathrm{T1}}^{*}\end{bmatrix}$$

如果模型估计准确，即 $\boldsymbol{G}(s)=\hat{\boldsymbol{G}}(s)$，则由式（5-83）可得

$$\boldsymbol{Y}(s)=\begin{bmatrix}i_{\mathrm{M1}}\\i_{\mathrm{T1}}\end{bmatrix}=\boldsymbol{L}(s)\boldsymbol{R}(s)=\begin{bmatrix}\dfrac{\lambda}{s+\lambda}&0\\[2mm]0&\dfrac{\lambda}{s+\lambda}\end{bmatrix}\begin{bmatrix}i_{\mathrm{M1}}^{*}\\i_{\mathrm{T1}}^{*}\end{bmatrix} \tag{5-84}$$

由此可见，定子电流的两分量无耦合。

5.7　矢量控制的变频调速系统

矢量控制系统的构想是：在静止三相坐标系下的定子交流电流 i_A、i_B、i_C 通过三相/两相变换，可以等效成两相静止坐标系下的交流电流 i_α、i_β；再通过按转子磁场定向的旋转变换，可以等效成同步旋转坐标系下的直流电流 i_M、i_T。原交流电动机的转子总磁通 ψ_r 就是等效直流电动机的磁通；M 绕组相当于直流电动机的励磁绕组，i_{M1} 相当于励磁电流；T 绕组相当于电枢绕组，i_{T1} 相当于与转矩成正比的电枢电流。

把上述等效关系用结构图形式画出来，即得到图 5-28 双线方框内的结构图。从整体上看，A、B、C 三相输入，转速 ω_r 输出，是一台异步电动机；从内部看，经过三相/两相变换和同步旋转变换，异步电动机变换成一台由 i_{M1}、i_{T1} 输入，ω_r 输出的直流电动机。

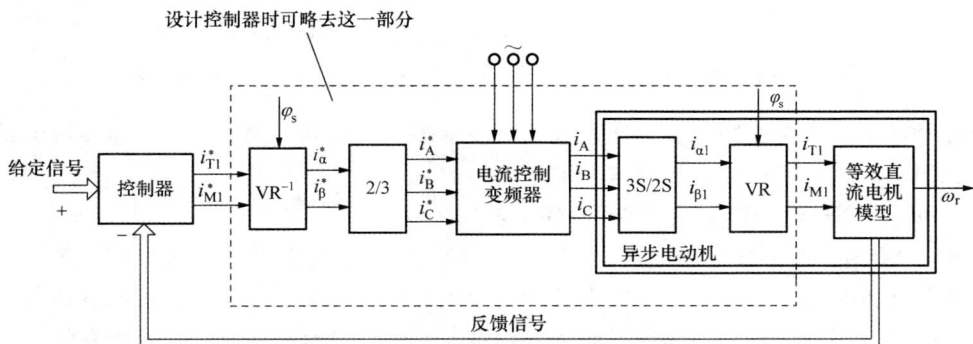

图 5-28　矢量控制系统的构想

既然异步电动机经过坐标变换可以等效成直流电动机，那么模仿直流电动机的控制方

法，求得直流电动机的控制量，再经过相应的坐标反变换，就能够控制异步电动机了。所构想的矢量变换控制系统如图 5-28 所示。图中给定和反馈信号经过类似于直流调速系统所用的控制器，产生励磁电流的给定信号 i_M^* 和电枢电流的给定信号 i_{T1}^*，经过反旋转变换 VR^{-1} 得到 i_α^* 和 i_β^*，再经过二相/三相变换得到 i_A^*，i_B^*，i_C^*。把这三个电流控制信号加到带电流控制的变频器上，就可以输出异步电动机调速所需的三相变频电流。

在设计矢量控制系统时，可认为在控制器后面引入的反旋转变换 VR^{-1} 与电动机内部的旋转变换环节 VR 抵消，2S/3S 变换器与电动机内部的 3S/2S 变换环节抵消。如果再忽略变频器中可能产生的滞后，则图 5-28 中虚线框内的部分可以完全删去，剩下的部分就和直流调速系统非常相似了。可以想象，矢量控制交流变频调速系统的静、动态性能应该完全能够与直流调速系统相媲美。

一、 直接磁场定向矢量控制变频调速系统

异步电动机变频调速的矢量控制系统近年来发展迅速。其理论基础虽然是成熟的，但实际系统却种类繁多，各有千秋，这里介绍三种，便于读者得到一个完整的系统概念。

图 5-29 为一种直接磁场定向矢量控制变频调速系统。整个系统与图 5-28 的矢量变换控制系统构想很相近。图中带 "＊" 号的是各量的给定信号，不带 "＊" 号的是各量的实测信号。系统主电路采用电流跟踪控制 PWM 变换器。系统的控制部分有转速、转矩和磁链三个闭环。磁通给定信号由函数发生环节获得，转矩给定信号同样受到磁通信号的控制。

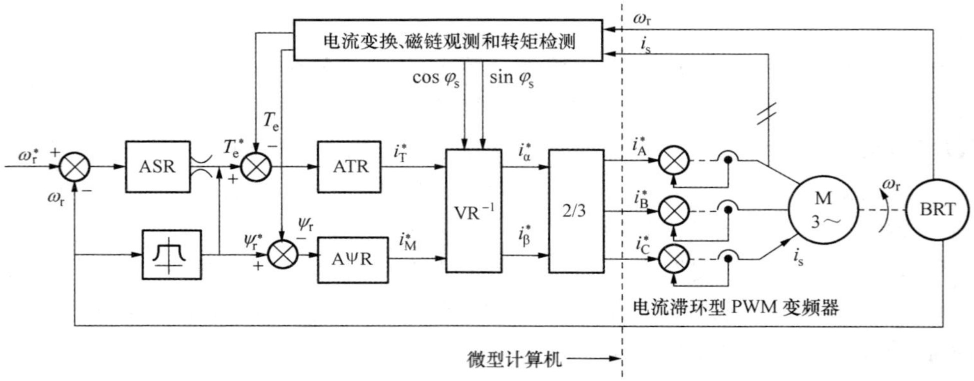

图 5-29 直接磁场定向矢量控制变频调速系统

ASR—转速调节器；ATR—转矩调节器；AΨR—磁链调节器；BRT—转速传感器

直接磁场定向矢量控制变频调速系统的磁链是闭环控制的，因而矢量控制系统的动态性能较高。但它对磁链反馈信号的精度要求很高。

二、 间接磁场定向矢量控制变频调速系统

图 5-30 所示为另一种矢量控制变频调速系统——暂态转差补偿矢量控制系统。该系统中磁链是开环控制的，由给定信号并靠矢量变换控制方程确保磁场定向，没有在运行中实际检测转子磁链的相位，这种情况属于间接磁场定向。由于没有磁链反馈，这种系统结构相对简单。但这种系统在动态过程中实际的定子电流幅值及相位与给定值之间总会存在偏差，从而影响系统的动态性能。为了解决这个问题，可采用参数辨识和自适应控制或其他智能控制方法。

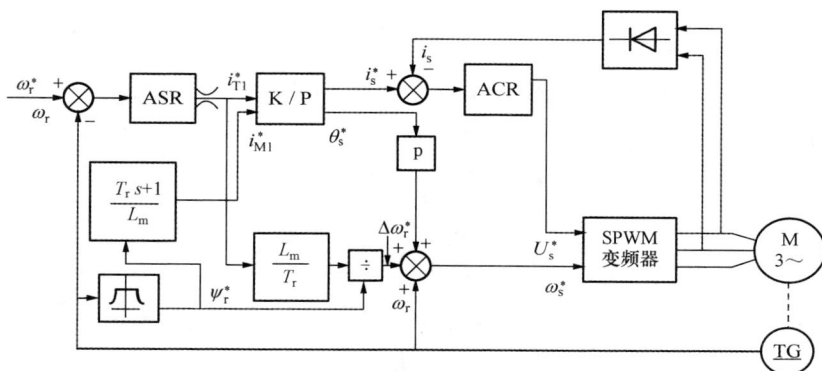

图 5 - 30　暂态转差补偿矢量控制变频调速系统

图 5 - 30 所示系统中，主电路采用由 IGBT 构成的 SPWM 变换器，控制结构完全模仿了直流电动机的双闭环调速系统。系统的外环是转速环，转速给定与实测转速比较后，经过转速调节器 ASR 输出转矩电流给定信号 i_{T1}^*。同时，实测转速角速度 ω_r 经函数发生器输出转子磁链给定值 ψ_r^*，经过运算得到励磁电流给定值 i_{M1}^*。i_{T1}^*、i_{M1}^* 经坐标变换（K/P）输出定子电流的给定值 i_s^* 和定子电流相角给定值 θ_s^*，对 θ_s^* 微分后作为暂态转差补偿分量。ψ_r^*、i_{T1}^* 运算后得到 $\Delta\omega_r^*$，加上 ω_r，再加上暂态转差补偿分量，得到频率给定信号 ω_s^*，作为 SP-WM 信号的频率给定。i_s^* 与反馈电流 i_s 比较后经电流调节器 ACR 输出信号 U_s^*，作为 SP-WM 的幅值给定信号。

三、 无速度传感器的矢量控制变频调速系统

目前无速度传感器的矢量控制变频调速系统主要方案有：

（1）基于转子磁通定向的无速度传感器矢量控制变频调速系统；

（2）基于定子磁通定向的无速度传感器矢量控制变频调速系统；

（3）基于定子电压矢量定向的无速度传感器矢量控制变频调速系统；

（4）基于直接转矩控制的无速度传感器直接转矩控制变频调速系统；

（5）采用模型参考自适应（MRAS）的无速度传感器交流调速系统；

（6）利用扩展的卡尔曼滤波器进行速度辨识的无速度传感器交流调速系统。

为了对无速度传感器交流调速系统有一个基本概念，选择方案（1）进行较为详细的介绍。

所谓无速度传感器调速系统就是取消图 5 - 29 中的传速传感器 BRT，通过间接计算法求出电动机运行的实际转速值作为转速反馈信号。下面着重讨论上述系统中间接计算转速实际值的基本方法，即转速推算器的基本组成原理。

在电动机定子侧装设电压传感器和电流传感器，检测三相电压 u_A、u_B、u_C 和三相电流 i_A、i_B、i_C。根据 3S/2S 变换求出静止轴系中的两相电压 $u_{\alpha1}$、$u_{\beta1}$ 及两相电流 $i_{\alpha1}$、$i_{\beta1}$。

由定子静止轴系（α-β）中的两相电压、电流可以推算定子磁链，估计电动机的实际转速。

在定子两相静止轴系（α-β）中磁链为

237

$$\psi_{\alpha 1} = \int (u_{\alpha 1} - R_s i_{\alpha 1}) \mathrm{d}t$$
$$\psi_{\beta 1} = \int (u_{\beta 1} - R_s i_{\beta 1}) \mathrm{d}t$$

(5 - 85)

磁链的幅值及相位角为

$$\psi_s = \sqrt{\psi_{\alpha 1}^2 + \psi_{\beta 1}^2}$$

(5 - 86)

$$\cos\varphi_s = \frac{\psi_{\alpha 1}}{\psi_s}, \ \sin\varphi_s = \frac{\psi_{\beta 1}}{\psi_s}$$

$$\varphi_s = \arctan\frac{\psi_{\beta 1}}{\psi_{\alpha 1}}$$

由式（5 - 86）中的第三式可求出同步角频率，即

$$\omega_s = \frac{\mathrm{d}\varphi_s}{\mathrm{d}t} = \frac{\mathrm{d}}{\mathrm{d}t}\left(\arctan\frac{\psi_{\beta 1}}{\psi_{\alpha 1}}\right) = \frac{(u_{\beta 1} - R_s i_{\beta 1})\psi_{\alpha 1} - (u_{\alpha 1} - R_s i_{\alpha 1})\psi_{\beta 1}}{\psi_s^2}$$

(5 - 87)

由矢量控制方程式可求得转差角频率 $\Delta\omega_r$ 为

$$\Delta\omega_r = \frac{L_m}{T_r}\frac{i_{T1}}{\psi_r}$$

(5 - 88)

根据式（5 - 85）～式（5 - 88）可得到转速推算器的基本结构，如图 5 - 31 所示。

无速度传感器的转差型异步电动机矢量控制变频调速系统如图 5 - 32 所示。

由式（5 - 88）可知，转速推算器受转子参数（T_r、L_r）变化的影响，因而基于转子磁链定向的转速推算器还需要考虑转子参数的自适应控制技术。此外，转速推算器的实用性还取决于推算的准确度和计算的快速性，因此对于任何速度推算器的

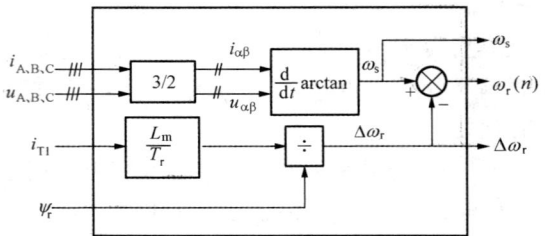

图 5 - 31 转速推算器结构图

推算准确度和计算的快速性达到应用水平都必须采用高速微处理器才能实现。本系统的目的是指出无速度传感器的一种基本实现方法。

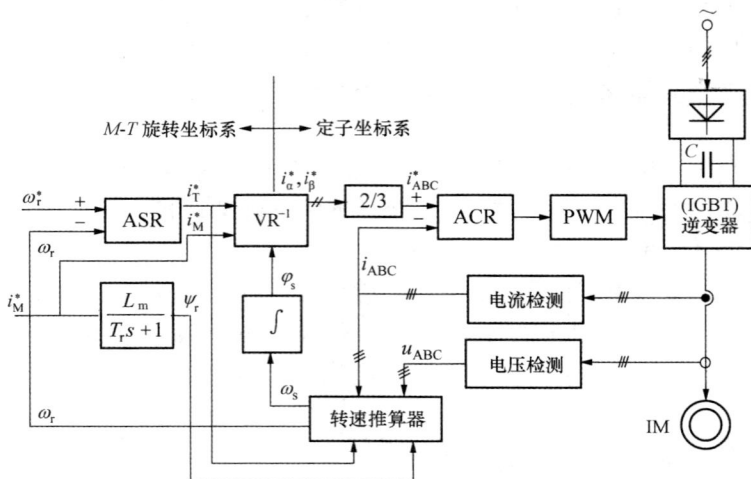

图 5 - 32 无速度传感器转差型矢量控制系统

5.8 异步电动机的交—交变频矢量控制调速技术

矿井提升机等大容量系统通常采用交—交变频供电电源。受自关断器件的容量限制，以及换相电容器换相能力的限制，目前大功率交—交变频器通常是由普通晶闸管构成、依靠电源自然换相。为此，本节讨论异步电动机的交—交变频矢量控制调速系统中的几个技术问题。

5.8.1 异步电动机的定子电流控制

异步电动机控制策略的实现最终是通过变频器落实到对电动机定子电流的控制上来的。在异步电动机交—交变频调速系统中，通常选择电动机定子电流作为被控量，其原因是：经磁场定向解耦后的电磁转矩和磁链直接受控于定子电流的转矩分量和励磁分量，通过控制定子电流就能有效地控制转矩和磁链。

交—交变频器是电压源性质的变频器，当用于提升机等低速大功率设备作拖动系统电源时，要求其能快速准确地控制电流，使其不受负载电压变化的影响。因此，也需要用电流控制方法将电压源型的交—交变频器改造成具有电流源特性的变频器；而电流闭环控制在一定意义上具有理想电流源特性，可以将电压源型的变频器改造成电流源特性的变频器。

鉴于上述两个原因，对异步电动机定子电流控制方法的讨论也成为一个重要的研究课题，目前常用的是 PI 电流控制法。

PI 控制法是一种性能优越的控制规律，在直流调速系统中已有很好的体现。在矢量控制中，可以在二相同步旋转坐标系和三相静止坐标系下对定子电流分别进行调节，然后再将二者结合起来。具体原理是：通过转子磁链定向，将三相静止坐标系中的定子电流分解成 M - T 坐标系中的二相直流电流 i_{M1}、i_{T1}，再仿照直流系统控制方法进行控制，这种控制可使电流稳态误差为零；同时，在三相静止坐标系中，每一相设置一个 PI 调节器分别去调节定子三相交流电，但实际上由于定子三相交流电流只有两相是独立的（三相电流之和等于零），三相不能同时采用 PI 调节器。解决办法有两个：一是在任意二相中使用 PI 调节器，再根据三相电流关系调节第三相；二是在静止坐标系下的定子三相交流调节器均采用 P 调节器，两相同步旋转坐标系下的直流调节器均采用 I 或 PI 调节器，二者结合起来，仍为 PI 调节器。

目前，交直流电流调节分离的 PI 控制法是较为常用的定子电流控制方法。图 5 - 33 为一种采用 PI 电流控制法的性能较好的三相电流调节线路结构图。

图 5 - 33 所示线路有下列特点：

（1）采用了电压前馈补偿环节。交—变频器基于可逆整流，单相输出的交—交变频器实质上是一套逻辑无环流三相桥式反并联可逆整流装置，装置中的晶闸管靠交流电源自然换流，移相控制信号是正弦交流信号。直流拖动系统中，电流控制是通过电流调节器 ACR 及以其为核心的电流闭环来实现的。ACR 为 PI 调节器，系统的稳态误差等于零，动态误差不

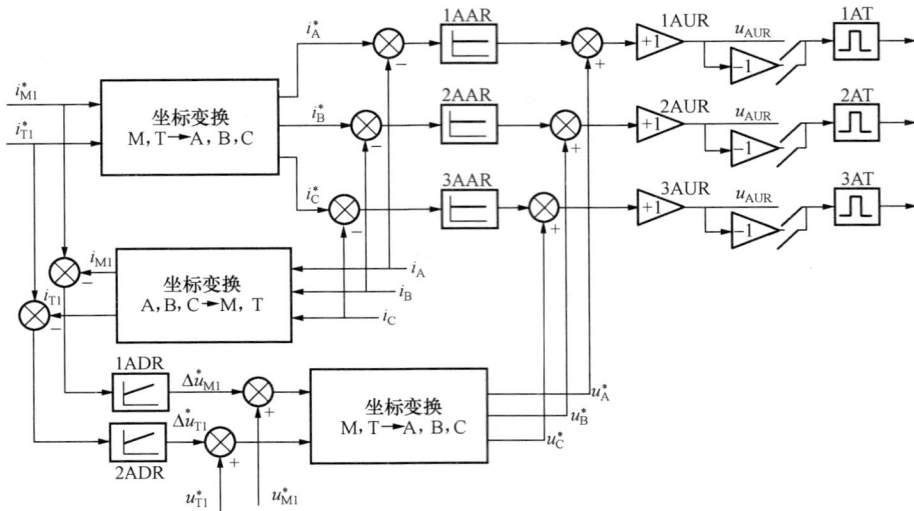

图 5 - 33　采用 PI 电流控制法的三相电流调节线路结构图

1～3AAR—交流电流调节器；1～2ADR—直流电流调节器；1～3AUR—电压调节器；1～3AT—触发装置

为零。而交—交变频器输出电流随时间正弦变化，对电流调节系统而言，系统始终处于动态，动态跟踪误差一直存在，输出电流总是比给定电流滞后一段时间。为了克服上述缺点，电流环中需加入电压前馈补偿环节。引入电压前馈补偿环节后，电流调节器不再担任产生输出电压的任务，仅起校正误差作用。

（2）采用了直流电流调节环节。将三相电流信号 i_A、i_B、i_C 通过坐标变换分解成励磁电流分量 i_{M1} 和转矩电流分量 i_{T1} 两个直流信号，然后与励磁电流给定 i_{M1}^* 和转矩电流给定 i_{T1}^* 相比较，它们的误差经比例积分调节器调节，输出两个直流校正信号 Δu_{M1}^* 和 Δu_{T1}^*，再与直流电压给定信号 u_{M1}^* 和 u_{T1}^* 叠加后，通过坐标变换，变成三个交流电压信号作为电压前馈补偿量，通过电压前馈补偿环节消除三相电流误差。图 5 - 33 中两个比例积分调节器 1ADR、2ADR 称为直流电流调节器。三相交流电流只有两个是独立的，经坐标变换后三个交流变量变成两个独立的直流变量，它们彼此不相关，因此可以用两个比例积分调节器分别控制，使两个直流量的静差为零。用这种方法测量三相电流，有偏差就同时校正三相电流，不存在对哪一相"偏爱"，对哪一相"疏远"问题。

（3）采用了交流电流调节环节。三个比例调节器 1AAR～3AAR 称为"交流电流调节器"。从图 5 - 33 中还看到，三相交流电流给定信号也是从它们的转矩分量及励磁分量经坐标变换获得的。经这样安排，总的电流调节还是比例积分调节，比例部分主要是针对动态，比例积分部分针对静态。

图 5 - 34 是在生产中得到应用的典型三相交—交变频电流控制系统。

5.8.2　异步电动机交—交变频调速系统的基本结构

在异步电动机矢量控制调速系统中，为了获得良好的转速动态性能和实现转子磁场定向控制，通常选择转速和转子磁链两个变量作为系统的被调量，加上前述的定子电流闭环，即构成具有电流、磁链及转速闭环控制的异步电动机矢量控制调速系统，如图 5 - 35 所示。

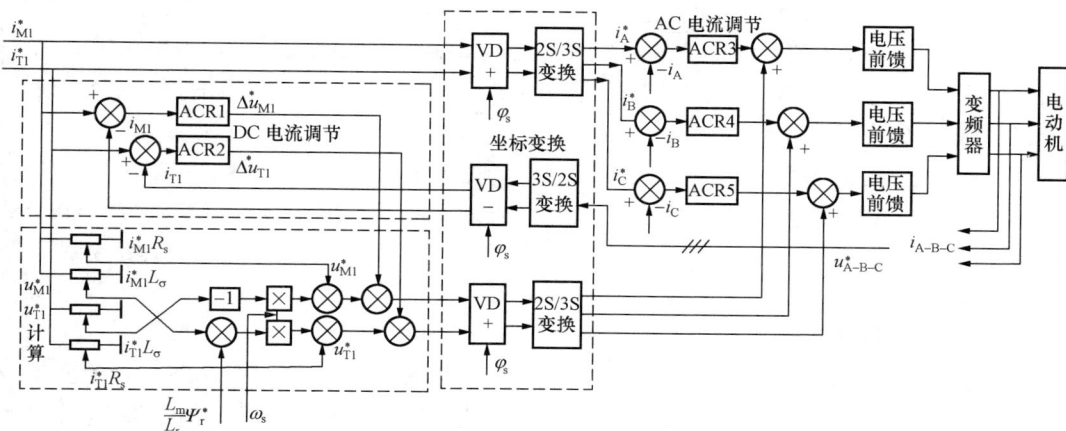

图 5 - 34　典型三相交—交变频电流控制系统

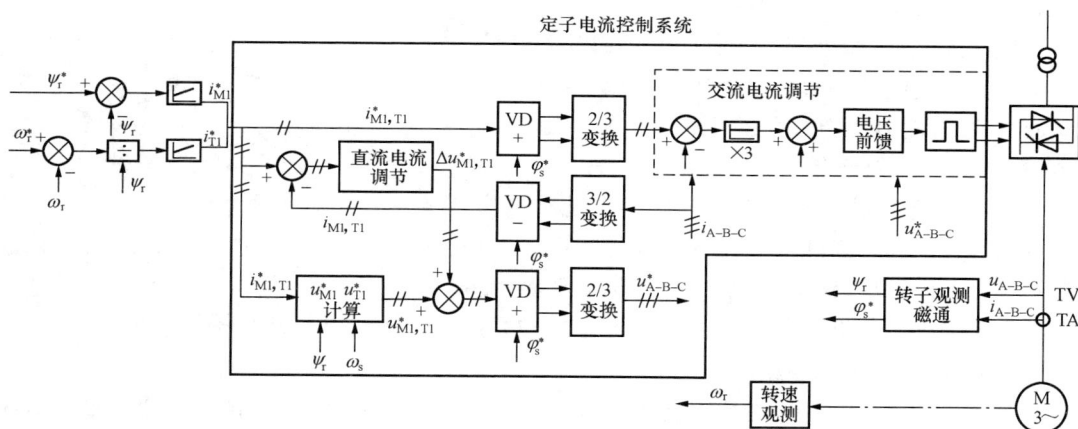

图 5 - 35　异步电动机矢量控制系统

该系统是以定子电流控制环为内环，以转子磁链及转速环为外环（其中磁链环和转速环为并行关系）的双闭环控制系统，系统中的定子电流采用了"PI 电流控制法"，磁链和转速采用了磁通观测器和无速度传感器技术。

一、定子电流控制系统

根据异步电动机的性质，对电机转矩的控制实质上是通过对定子电流的控制来实现的。图 5 - 35 所示系统中采用了 PI 电流控制法的定子电流（变频器电流）控制系统，它由交流电流调节、直流电流调节、定子电压给定 u_{M1}^*、u_{T1}^* 计算电路、矢量控制所需的坐标变换等环节组成。

在该电流控制系统中，给定输入有两路，励磁电流给定来自磁链调节器的输出 i_{M1}^*；转矩电流给定来自转速调节器的输出 i_{T1}^*，它们一路用于直流电流调节系统的给定和定子电压给定 "u_{M1}^*、u_{T1}^* 计算电路" 之用；另一路经 2R/2S 和 2S/3S 变换环节输出作为交流电流调节系统的给定。

241

该电流控制系统的反馈输入采用与直流调速系统中相同的交流电流检测方法获得定子三相电流实际值，一路直接作为交流电流调节系统的反馈信号 i_{A-B-C}；另一路经 3S/2S 和 2S/2R 变换环节输出，作为直流电流调节系统的反馈信号 i_{M1-T1}。

以交流电流调节器和直流电流调节器为核心构成定子电流控制系统。该电流控制系统的输出作用于交—交变频器，将其改造成具有电流源特性的变频器，用于高性能调速系统。

二、 转子磁链控制系统

异步电动机的磁场定向、转矩控制都离不开对转子磁链的控制，转子磁链作为异步电动机矢量控制系统的被控量之一是必需的。图 5 - 35 所示系统应用间接磁链检测方法进行转子磁通观测，实现磁链的开闭环复合控制。在不考虑弱磁控制的情况下，转子磁链控制系统包括下列几个环节。

1. 磁链给定环节

在调速系统中，磁链给定值 ψ_r^* 由系统设定，在不考虑弱磁调速情况下，这一环节就是一个恒值给定环节。磁链给定值 ψ_r^* 的一路经 "i_M 计算电路" 送至定子电流调节系统励磁电流分量输入端，通过定子电流控制系统来改变励磁电流大小；另一路送至磁链调节环节调节转子磁链。

2. 磁链调节环节

磁链调节环节如图 5 - 36 所示。

磁链给定值 ψ_r^* 减磁链实际值 ψ_r 得磁链误差信号 $\Delta\psi = \psi_r^* - \psi_r$，然后送磁链调节器 $A\Psi R$。以磁链调节器 $A\Psi R$ 为核心的磁链闭环系统对磁链进行调节。磁链调节器 $A\Psi R$ 采用比例—积分调节器。

在转子磁链控制环节中，根据转子磁链获取方式的不同，有直接矢量控制和间接矢量控制之分；若采用电流模型、电压模型方法获取转子磁链，又有磁链开环、磁链闭环和磁链开闭环复合控制之分。该系统中采用了磁链开闭环复合控制系统。

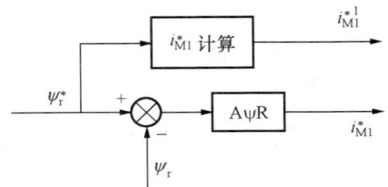

图 5 - 36 磁链调节环节

三、 速度闭环控制系统

异步电动机矢量控制系统重点控制的变量就是电动机的转速，在高性能调速系统中转速控制均采用闭环控制。

（1）速度给定和速度调节器。速度给定环节一般是一个带有正负限幅的恒值给定环节；速度调节器是比例—积分调节器，输入是速度给定值 $\omega_r^*(n^*)$ 和速度实际值 $\omega_r(n)$ 的偏差，输出为定子电流转矩分量给定 i_{T1}^*。

（2）速度检测环节。为了实现转速闭环控制，需要检测异步电动机转子的旋转转速。常用的转速检测方法有用测速发电机检测转速，用光电方法测速等。这些利用转速传感器的测速方法不可避免地要在电动机上安装硬件装置。对笼型异步电动机而言，转速传感器的安装将破坏电动机本身坚固、简单、低成本的优点，因此异步电动机调速系统通常采用无转速传感器技术。

5.8.3 基于 "工程设计方法" 的调节器设计

在异步电动机交—交变频矢量控制调速系统中，通常选择转子转速和转子磁链作为系统的被调量。根据电动机数学模型的有关方程，图 5-35 带电流、磁链及转速闭环的异步电动机矢量控制调速系统的结构可用图 5-37 表示。

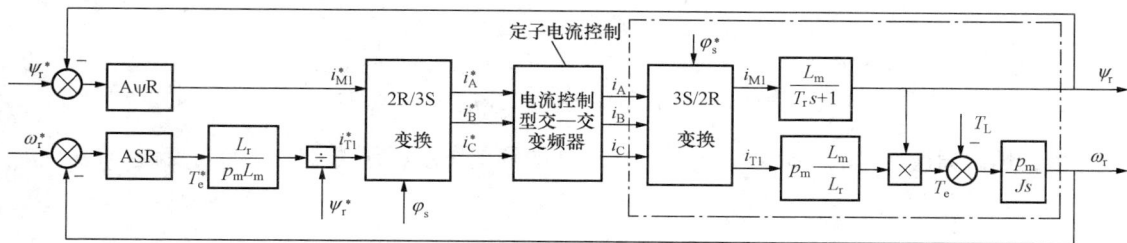

图 5-37　异步电动机交—交变频调速系统结构图

图 5-37 中，从输入 i_{M1}^*、i_{T1}^* 到输出 i_{M1}、i_{T1} 的部分为定子电流控制系统，它是调速系统的内环；调速系统的外环是转子磁链及转速环，$A\Psi R$ 和 ASR 为磁链和转速控制器，其中磁链环和转速环为平行结构关系；虚线框内为基于矢量控制原理的异步电动机动态结构图，通过坐标变换，将异步电动机等效成直流电动机进行控制；加入 T_e^* 和 i_{T1}^* 之间的环节是为了抵消电动机结构图中 i_{T1} 和 T_e 间的环节；φ_s^* 和 φ_s 为坐标变换所需的磁链位置角。图中，右上角带 * 的变量为给定值，不带 * 者为实际值。采用定子电流内模控制后，消除了电动机的交叉耦合，这样图 5-37 系统就可等效成两个独立的、以转子转速和转子磁链为输出量的直流控制系统了。

在单变量线性调速系统中，调节器设计常采用"工程设计方法"。交流电动机是一个多变量、非线性、强耦合的被控对象，在带电流、磁链及转速闭环控制的异步电动机矢量控制系统中，当采用矢量控制后，整个调速系统被解耦成电流、磁链和转速三个独立的单变量线性系统，因此也可采用单变量线性系统常用的"工程设计方法"来设计。下面概述用"工程设计方法"设计系统调节器的方法。在多环系统中，用"工程设计方法"设计调节器的顺序是先内环，后外环。为此，应先设计电流控制内环再设计磁链和转速控制外环。

一、电流环的设计

本系统采用的三相交—交变频电流控制系统如图 5-34 所示，图 5-38 为其结构关系。该电流控制系统设置了直流和交流两套电流调节系统，因此需要分别进行交流电流调节器和直流电流调节器的设计。

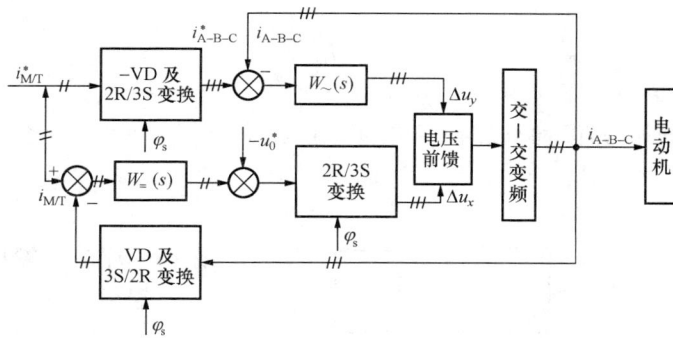

图 5-38　电流控制系统结构关系图

1. 交流电流调节器设计

可以看出，交流电流调节器的调节对象为电压前馈环节、交—交变频器及异步电动机，电

243

压前馈是系数为 1 的加法器。

（1）异步电动机的传递函数。按转子磁场定向时，异步电动机的电压方程为

$$
\left.\begin{aligned}
u_{M1} &= (R_s + \sigma L_s p)i_{M1} - \omega_s \sigma L_s i_{T1} + p\frac{L_m}{L_r}\psi_r \\
u_{T1} &= (R_s + \sigma L_s p)i_{T1} + \omega_s \sigma L_s i_{M1} + \omega_s \frac{L_m}{L_r}\psi_r
\end{aligned}\right\}
\tag{5-89}
$$

因为恒磁通调速，故 $p\psi_r=0$。通过电压前馈的解耦作用，则式（5-89）可变成

$$
\left.\begin{aligned}
u_{M1} &= \sigma L_s p i_{M1} \\
u_{T1} &= \sigma L_s p i_{T1}
\end{aligned}\right\}
\tag{5-90}
$$

由此可得电机定子电压与电流间的关系为：

两相旋转坐标系下，有

$$
\begin{bmatrix} i_{M1} \\ i_{T1} \end{bmatrix} =
\begin{bmatrix} \dfrac{1}{T_d s} & 0 \\ 0 & \dfrac{1}{T_d s} \end{bmatrix}
\begin{bmatrix} u_{M1} \\ u_{T1} \end{bmatrix}
$$

式中：T_d 为时间常数，$T_d=\sigma L_s$。

三相静止坐标系下，有

$$
\begin{bmatrix} i_A \\ i_B \\ i_C \end{bmatrix} =
\begin{bmatrix} \dfrac{1}{T_d s} & 0 & 0 \\ 0 & \dfrac{1}{T_d s} & 0 \\ 0 & 0 & \dfrac{1}{T_d s} \end{bmatrix}
\begin{bmatrix} u_A \\ u_B \\ u_C \end{bmatrix}
\tag{5-91}
$$

（2）交—交变频器的传递函数。通常交—交变频器的传递函数是 $K_s/(T_s s+1)$ 的惯性环节。此处 T_s 为交—交变频器的惯性时间常数。因交—交变频器是由三相全控桥整流器反并联构成，故 $T_s=1.7\text{ms}$。T_s 和其他一些小时间常数（反馈滤波、触发输入滤波等）合在一起考虑时，$T_s=3\text{ms}$。

（3）交流电流调节环的动态结构。由式（5-91）可知，在静止坐标系中，异步电动机每一坐标轴上都是一个时间常数为 $T_d=\sigma L_s$ 的积分环节，则

$$
i_x = \frac{1}{T_d s}u_x
\tag{5-92}
$$

式中：下标"x"代表 A、B、C 中任一分量。

所以，交流电流调节环可绘成图 5-39 所示的结构形式，成为三个独立的无耦合的线性系统。

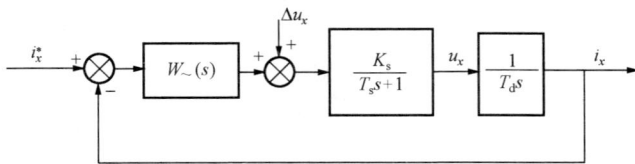

图 5-39　交流电流调节环框图

图 5-39 中，Δu_x 为直流电压前馈补偿环节的输出，当将其折合到输入端后，Δu_x 等效成输入端信号 $\Delta u_x/K_i$，这样交流电流调节器的调节对象就是一个积分和一个小时间常数的惯性环节。用工程设计方法

将其设计成典型Ⅰ型系统，则交流电流调节器可选为 P 调节器，其比例系数为

$$K_i = \frac{T_d}{2K_s T_s} \tag{5-93}$$

当交流电流调节环设计好后，可用一个时间常数为 $T_{eq.i} = 2T_s$（等效时间常数）的小惯性环节来等效。此时交流电流环等效传递函数为 $1/(2T_s s+1)$，等效时间常数 $T_{eq.i} = 2T_s = 6\text{ms}$。

2. 直流电流调节器设计

图 5-35 中输出电流为

$$i_x = \frac{1}{1+2T_s s}\left(i_x^* + \frac{\Delta u_x}{K_i}\right) = i_x' + \Delta i_x \tag{5-94}$$

式中：i_x' 为输入量 i_x^* 产生的输出；Δi_x 为输入 $\Delta u_x/K_i$ 产生的输出。

由式（5-94）得 A-B-C 坐标系下

$$\left. \begin{array}{l} \Delta i_A = \left(\dfrac{1/K_i}{2T_s s+1}\right)\Delta u_A \\[2mm] \Delta i_B = \left(\dfrac{1/K_i}{2T_s s+1}\right)\Delta u_B \\[2mm] \Delta i_C = \left(\dfrac{1/K_i}{2T_s s+1}\right)\Delta u_C \end{array} \right\} \tag{5-95}$$

M-T 坐标系下

$$\left. \begin{array}{l} \Delta i_{M1} = \left(\dfrac{1/K_i}{2T_s s+1}\right)\Delta u_{M1} \\[2mm] \Delta i_{T1} = \left(\dfrac{1/K_i}{2T_s s+1}\right)\Delta u_{T1} \end{array} \right\} \tag{5-96}$$

式（5-95）的分式是直流电流调节器的调节对象，于是直流电流调节环框图如图 5-40 所示。

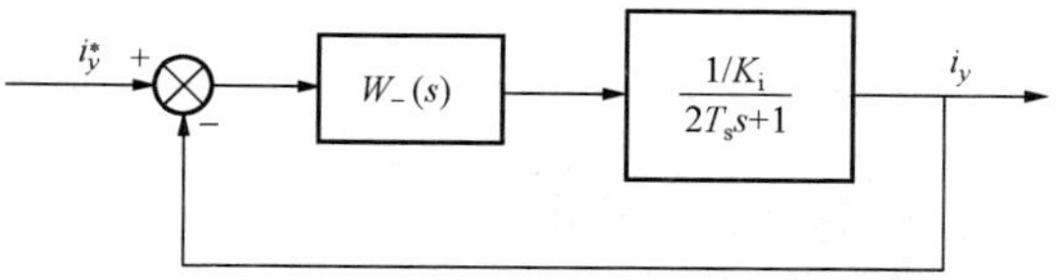

直流电流调节器的调节对象为仅含有一个小时间常数的惯性环节，其作用主要

图 5-40 直流电流调节环框图

是消除静态误差，通常也将其设计成典型Ⅰ型系统。调节器采用积分调节器，积分时间常数为

$$\tau_i = \frac{8K_s T_s^2}{T_d} \tag{5-97}$$

根据图 5-40 可求出直流电流调节环的闭环传递函数为

$$\frac{i_y(s)}{i_y^*(s)} = \frac{\dfrac{1}{\tau_i s}\dfrac{1}{K_i(2T_s s+1)}}{1+\dfrac{1}{\tau_i s}\dfrac{1}{K_i(2T_s s+1)}} = \frac{1}{4T_s s+1} = \frac{1}{T_{eq.Di} s+1} \tag{5-98}$$

直流电流调节环节等效时间常数为

$$T_{eq.Di} = 2T_{eq.i} = 4T_s = 12\text{ms} \tag{5-99}$$

此时，整个定子电流调节环节（交流电流调节环加直流电流调节环）可近似地用两个独立的、无耦合的惯性环节来等效，即

$$\left.\begin{array}{l} i_{M1} = \dfrac{1}{T_{eq.Di}s+1} i_{M1}^* \\[4mm] i_{T1} = \dfrac{1}{T_{eq.Di}s+1} i_{T1}^* \end{array}\right\} \qquad (5-100)$$

二、 磁链环的设计

在异步电动机中有

$$\psi_r = \frac{L_m}{T_r s + 1} i_{M1}$$

$$T_r = \frac{L_r}{R_r} = \frac{L_m + L_{r\sigma}}{R_r}$$

式中：$L_{r\sigma}$、R_r 为转子绕组漏感及电阻。

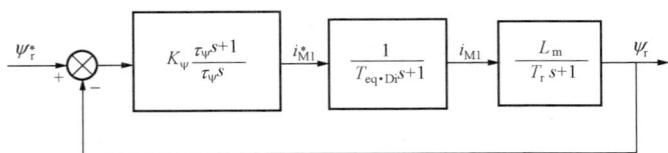

图 5-41　异步电动机磁链调节环框图

磁链环结构如图 5-41 所示。

由图 5-41 可见，磁链环调节对象是一个大时间常数 T_r 及一个小时间常数 $T_{eq.Di}$ 的惯性环节，所以磁链调节器应选 PI 调节器。图中，K_ψ 为磁链环调节器的比例系数，τ_ψ 为积分时间常数。

根据工程设计方法，将磁链调节环设计成典型 I 型系统，使磁链调节器的积分时间常数 $\tau_\psi = T_r$，且按"二阶最佳"选择调节器参数，则积分时间常数

$$\tau_\psi = T_r$$

比例系数

$$K_\psi = \frac{T_r}{2 L_m T_{eq.Di}}$$

三、 速度环的设计

速度调节环结构框图如图 5-42 所示。

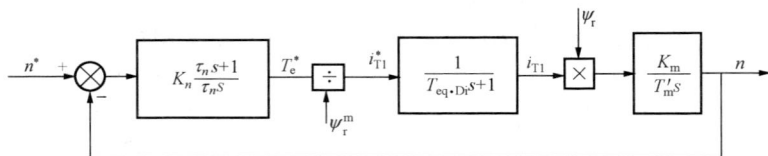

图 5-42　异步电动机速度调节环结构图

由图 5-42 可见，异步电动机的速度调节对象磁链 ψ_r 乘转矩电流分量 i_{T1} 存在耦合，耦合关系为

$$T_e = p_m \frac{L_m}{L_r} i_{T1} \psi_r = K_m i_{T1} \psi_r \quad （p_m \text{ 为电机极对数}）$$

电动机速度与转矩间的关系可由运动方程求得，因为

$$T_e - T_L = \frac{1}{p_m} J \frac{d\omega_r}{dt}$$

式中：J 为拖动系统的转动惯量。

在研究动态传递函数时，如为恒转矩负载，可认为 $\Delta T_{\mathrm{L}}=0$，则有

$$n(s) = \frac{p_{\mathrm{m}}}{2J\pi s}T_{\mathrm{e}}(s) = \frac{1}{T'_{\mathrm{m}}s}T_{\mathrm{e}}(s) \qquad (5-101)$$

$$T'_{\mathrm{m}} = \frac{2J\pi}{p_{\mathrm{m}}}$$

为解开速度调节环中的耦合，在速度调节器中加入除法器 $i^*_{\mathrm{T1}} = T^*_{\mathrm{e}}/\psi^{\mathrm{m}}_{\mathrm{r}}$，$\psi^{\mathrm{m}}_{\mathrm{r}}$ 为磁链模型值。若模型准确，$\psi^{\mathrm{m}}_{\mathrm{r}}$ 等于磁链实际值 ψ_{r}，除运算抵消了速度调节对象中的乘运算，把速度调节环解耦成独立的单变量线性系统，如图 5-43 所示。从定子电流转矩分量给定 i^*_{T1} 到实际值 i_{T1}，整个定子电流调节环用一个小时间常数 $T_{\mathrm{eq.Di}}$ 的惯性环节代替。

由图 5-43 知，速度环调节对象是一个积分和一个小时间常数环节，通常将速度环设计成典型 Ⅱ 型系统，所以速度调节器采用比例—积分调节器，调节器的比例系数

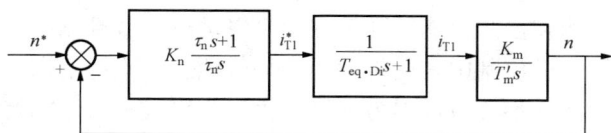

图 5-43 解耦后的速度环动态结构图

$$K_{\mathrm{n}} = \frac{h+1}{2h}\frac{T'_{\mathrm{m}}}{K_{\mathrm{m}}T_{\mathrm{eq.Di}}}$$

积分常数

$$\tau_{\mathrm{n}} = hT_{\mathrm{eq.Di}}$$

5.9 双馈感应电机矢量控制技术

交流励磁的双馈感应电机有两套绕组：定子三相绕组和转子三相绕组。转子绕组如果流过三相交流电流，就会在空间产生旋转磁场，这个磁场矢量切割定子绕组产生三相电流。同样，定子电流在空间也产生旋转磁场，对转子电流产生影响，使它的幅值、相位发生变化。交流励磁双馈感应电机中各个电磁量的相互作用，可以认为是各相应矢量的作用。影响交流电动机运行状态的还有转子转速和输入转矩。交流电动机中具有复杂的电磁耦合关系，而交流电动机的运行状态正是由这几个矢量依照某些关系决定的。矢量控制的目标就是使这些复杂的各个变量间的关系达到充分解耦，从而使得交流电动机控制简单。

在交流电路中，除了电阻外还包含电抗，使得电路中的电压和电流产生相位差，在这种含有电抗的交流电路中，电压和电流有效值的乘积称为视在功率。有功功率是指电流消耗在电阻中的功率，数值上是电流和电阻压降有效值的乘积；无功功率是指电流和电抗压降的乘积。由于正弦波电流可以由两个相互正交的同频率的正弦电流合成，所以电流可以看成是由与电压相位一致的分量和与电压相位相差 90°分量两部分组成。有功功率可以认为是电压和与其同相位的电流的乘积，无功功率可以认为是电压和与其正交的电流的乘积。设无穷大电网的电压和频率不变，当发电机并入无穷大电网之后，其端电压可以认为是常量，只有定子的电流是可控制的，其中和电压同相的分量称为有功分量，和电压正交的分量称为无功分量。可见，对双馈感应电机功率的控制，在并网的条件下，就是对电流的控制。

综上所述，本节对交流励磁双馈感应电机的控制思路是：通过转子的交流励磁电压来控制转子电流，使之满足：①转子电流的频率等于转差频率；②转子电流的有功分量和无功分量按照某种比例变化，依据转子电流和定子电流存在的某种内在关系，实现对电动机的功率控制。

5.9.1 矢量的定向

矢量控制的基本思路是在同步旋转 dq 坐标系下控制转子电流，并保证 d 轴和选择的矢量重合。而在双馈感应电机中，共有 6 个基本矢量：定子电压矢量、转子电压矢量、定子电流矢量、转子电流矢量、定子磁链矢量、转子磁链矢量。选择不同的矢量定向，所得到的控制结构和控制性能不同。在异步电动机矢量控制中，通常采用的是转子磁链定向；在同步电动机矢量控制中，通常采用的是气隙合成磁链定向；但在双馈感应电机发电情况下，上述定向方法并不合适，因为在发电机定子绕组中由于漏抗压降的影响，若以气隙磁链定向，发电机的端电压矢量与矢量控制参考轴之间会有相当大的相位差，这样有功无功电流分量的计算就会变得相当复杂。因此，在双馈感应电动机矢量控制技术中，通常选择定子电压矢量和定子磁链矢量作为定向矢量。

磁链定向矢量控制技术是双馈感应电机转子电流控制的首选方案。双馈感应电机最初也是使用气隙磁链定向，然而在实际控制系统中要准确做到气隙磁场的定向不容易，往往增加了控制系统的复杂性。为了克服气隙磁链定向存在的问题，定子磁链定向才被提出，并被广泛应用到风力发电系统的控制中。定子电压定向矢量控制技术是双馈感应电机转子电流控制的另一种选择。这种选择意味着双馈感应电机定子电压空间矢量定向在同步旋转 dq 坐标系的 d 轴上。该控制策略仅需要定子侧电流、电网电压和转子位置角信号，避免了矢量控制系统中对定、转子量测量准确度、实时性和一致性的严格要求，使控制系统得到了简化。

如果忽略定子电阻，上述两种定向方案是一样的。实际上，很难判断出上述两种定向方案哪种更好。然而，当电网电压发生变化时，上述两种定向方案之间的差别就明显起来了。由于本书重点讨论的是理想电网条件下的双馈感应电机矢量控制技术，故非理想电网条件下的情况不作进一步的讨论。

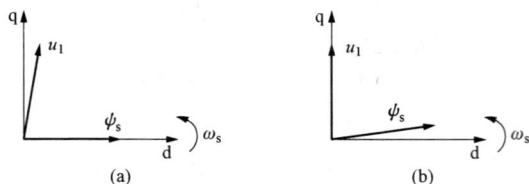

图 5-44 双馈感应电机矢量控制矢量定向示意图
(a) 定子磁链定向；(b) 定子电压定向

式中：$\boldsymbol{\psi}_1$ 为定子磁链空间矢量；ψ_s 为定子磁链的幅值。

定子励磁电流空间矢量为

一、磁链定向

定子磁链定向矢量控制技术是双馈感应电机首选的方案。由图 5-44（a）可知，如果选择定子磁链为定向矢量，并定向在同步旋转 dq 坐标系的 d 轴上，可以容易地获得定子磁链的 d 和 q 轴分量。

$$\psi_{d1} = |\boldsymbol{\psi}_1| = \psi_s \tag{5-102}$$
$$\psi_{q1} = 0 \tag{5-103}$$

$$\boldsymbol{i}_{m1} = \frac{\boldsymbol{\psi}_1}{L_m} = \frac{\psi_{d1} + \mathrm{j}\psi_{q1}}{L_m} \tag{5-104}$$

式中：i_{m1} 为定子励磁电流空间矢量。

将式（5 - 102）和式（5 - 103）代入式（5 - 104）有

$$i_{m1} = \frac{\psi_{d1} + j\psi_{q1}}{L_m} = \frac{\psi_{d1}}{L_m} = \frac{|\boldsymbol{\psi}_1|}{L_m} = \frac{\psi_s}{L_m} \tag{5 - 105}$$

于是，定子励磁电流空间矢量变为

$$i_{m1} = |i_{m1}| = i_{m1} \tag{5 - 106}$$

式中：i_{m1} 为定子励磁电流空间矢量幅值。

基于以上分析，定子磁链 d 轴分量还可写成为

$$\psi_{d1} = \psi_s = |i_{m1}|L_m = i_{m1}L_m = i_{m1}L_m \tag{5 - 107}$$

二、电压定向

定子电压也是双馈感应电机矢量控制可以选择的定向矢量。由图 5 - 44（b）可知，如果选择定子电压为定向矢量，那么该电压矢量的方向需和同步旋转 dq 坐标系的 q 轴保持一致，由此可以容易地获得定子电压 d 和 q 轴分量

$$u_{d1} = 0 \tag{5 - 108}$$

$$u_{q1} = |\boldsymbol{u}_1| = U_1 \tag{5 - 109}$$

式中：U_1 为定子电压空间矢量幅值；$\boldsymbol{u}_1$ 为定子电压空间矢量。

实际应用中，尤其是对大功率双馈感应电机，随着功率的增加，其电感更大而电阻更小，因此其定子电阻上的压降和总的压降相比要小很多，直接的后果就是定子电压和定子磁链之间的夹角可以近似为 90°。也就是在实际应用中，无论是定子磁链定向还是定子电压定向，如果忽略定子电阻的话，二者没有区别。此时的定向矢量图如图 5 - 45 所示。

根据图 5 - 45 易得式（5 - 102）、式（5 - 103）、式（5 - 108）和式（5 - 109）。

但要注意，此条件下，式（5 - 109）还可以写成为

$$u_{q1} = U_1 = \omega_s \psi_s \tag{5 - 110}$$

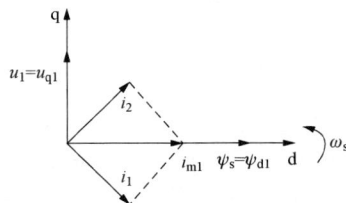

图 5 - 45　忽略双馈感应电机定子电阻后定子磁链定向矢量示意图

5.9.2　双馈感应电机定子磁链定向矢量控制技术

一、双馈感应电机定子磁链定向数学模型

为了实现双馈感应电机转子电流的转矩分量与励磁分量也即有功分量与无功分量的解耦控制，通常采用双馈感应电机基于定子磁链定向下的同步旋转 dq 坐标系下的动态数学模型，同时需要忽略双馈感应电机的定子电阻。此条件下可推导出双馈感应电机电压和电流的关系方程为

$$\begin{bmatrix} u_{d1} \\ u_{q1} \\ u_{d2} \\ u_{q2} \end{bmatrix} = \begin{bmatrix} R_s + pL_s & -\omega_s L_s & pL_m & -\omega_s L_m \\ \omega_s L_s & R_s + pL_s & \omega_s L_m & pL_m \\ pL_m & -\Delta\omega_r L_m & R_r + pL_r & -\Delta\omega_r L_r \\ \Delta\omega_r L_m & pL_m & \Delta\omega_r L_r & R_r + pL_r \end{bmatrix} \begin{bmatrix} i_{d1} \\ i_{q1} \\ i_{d2} \\ i_{q2} \end{bmatrix} \tag{5 - 111}$$

式中：$\Delta\omega_r$ 为双馈感应电机转差，即 $\Delta\omega_r = \omega_s - \omega_r$。

于是，用定转子电流表述的转子电压方程为

$$\left.\begin{aligned}
u_{d2} &= R_r i_{d2} + L_r \frac{di_{d2}}{dt} + L_m \frac{di_{d1}}{dt} - \Delta\omega_r(L_r i_{q2} + L_m i_{q1}) \\
u_{q2} &= R_r i_{q2} + L_r \frac{di_{q2}}{dt} + L_m \frac{di_{q1}}{dt} + \Delta\omega_r(L_r i_{d2} + L_m i_{d1})
\end{aligned}\right\} \tag{5-112}$$

与转子磁链定向的感应电机数学模型相比较，表达式（5-112）中转子电压不等于零。为了方便分析定子磁链定向矢量控制的原理，将式（5-112）中的状态变量选择为定子磁通和转子电流，也就是根据定子磁链的表达式

$$\left.\begin{aligned}
\psi_{d1} &= L_s i_{d1} + L_m i_{d2} \\
\psi_{q1} &= L_s i_{q1} + L_m i_{q2}
\end{aligned}\right\} \tag{5-113}$$

将定子电流用定子磁链 ψ_{d1} 或定子励磁电流 i_{m1} 和转子 d、q 轴电流 i_{d2}、i_{q2} 代替，利用式（5-102）和式（5-103）可将式（5-113）改写为

$$\left.\begin{aligned}
\psi_{d1} &= L_m i_{m1} = L_s i_{d1} + L_m i_{d2} \\
0 &= L_s i_{q1} + L_m i_{q2}
\end{aligned}\right\} \tag{5-114}$$

通过式（5-114）求出定子电流 d、q 轴分量为

$$\left.\begin{aligned}
i_{d1} &= \frac{L_m}{L_s}(i_{m1} - i_{d2}) \\
i_{q1} &= -\frac{L_m}{L_s} i_{q2}
\end{aligned}\right\} \tag{5-115}$$

将式（5-115）代入式（5-112）可得转子电压的状态方程式为

$$\left.\begin{aligned}
u_{d2} &= R_r i_{d2} + \sigma L_r \frac{di_{d2}}{dt} - \Delta\omega_r \sigma L_r i_{q2} + \frac{L_m^2}{L_s}\frac{di_{m1}}{dt} \\
u_{q2} &= R_r i_{q2} + \sigma L_r \frac{di_{q2}}{dt} + \Delta\omega_r \sigma L_r i_{d2} + \Delta\omega_r \frac{L_m^2}{L_s} i_{m1}
\end{aligned}\right\} \tag{5-116}$$

式中：σ 为总漏磁系数。

电磁转矩表达式可简化为

$$T_e = \frac{3}{2} p_m(\psi_{d1} i_{q1} - \psi_{q1} i_{d1}) = -\frac{3}{2} p_m \frac{L_m}{L_s} \psi_s i_{q2} \tag{5-117}$$

由式（5-117）可知，在定子磁链定向同步旋转 dq 坐标系下，转矩的大小仅取决于定子磁链的 d 轴分量（也就是定子磁链的幅值）和转子电流 q 轴分量的乘积，而由式（5-107）知，定子磁链幅值是一个常数。因此，可认为电磁转矩由 q 轴电流 i_{q2} 控制。通常，将 q 轴电流定义为转子电流的转矩分量。与之对应，d 轴电流 i_{d2} 为转子电流投影在定子磁链上的分量，与 i_{d1} 合成后产生定子磁场，故定义为转子电流的励磁分量。

在同步旋转 dq 坐标系下，双馈感应电机定子电压空间矢量、电流空间矢量可以分别用各自的 d 和 q 轴分量表示，分别为

$$\left.\begin{aligned}
\boldsymbol{u}_1 &= u_{d1} + j u_{q1} \\
\boldsymbol{i}_1 &= i_{d1} + j i_{q1}
\end{aligned}\right\} \tag{5-118}$$

式中：$\boldsymbol{u}_1$ 为定子电压空间矢量；$\boldsymbol{i}_1$ 为定子电流空间矢量。

根据双馈感应电机有功功率和无功功率的定义，有功和无功功率分别为

$$P_1 = \frac{3}{2}\text{Re}(\boldsymbol{u}_1 \boldsymbol{i}_1^*) = \frac{3}{2}(u_{d1}i_{d1} + u_{q1}i_{q1}) \left.\right\}$$
$$\boldsymbol{Q}_1 = \frac{3}{2}\text{Im}(\boldsymbol{u}_1 \boldsymbol{i}_1^*) = \frac{3}{2}(u_{q1}i_{d1} - u_{d1}i_{d1}) \left.\right\}$$
(5 - 119)

考虑到同步旋转 dq 坐标系中的 d 轴定向在定子磁链方向上，即有 $u_{d1}=0$、$u_{q1}=U_1$。双馈感应电机定子侧瞬时无功功率的表达式可简化为

$$P_1 = \frac{3}{2}u_{q1}i_{q1} = \frac{3}{2}U_1 i_{q1} \left.\right\}$$
$$\boldsymbol{Q}_1 = \frac{3}{2}u_{q1}i_{d1} = \frac{3}{2}U_1 i_{d1} \left.\right\}$$
(5 - 120)

将式（5-115）中对应的电流分别代入式（5-120）中，双馈感应电机定子侧瞬时有功功率和无功功率的表达式还可以写为

$$P_1 = -\frac{3}{2}U_1 \frac{L_m}{L_s}i_{q2} \left.\right\}$$
$$Q_1 = \frac{3}{2}U_1 \frac{L_m}{L_s}(i_{m1} - i_{d2}) \left.\right\}$$
(5 - 121)

考虑式（5-110）、式（5-120）可进一步写为

$$P_1 = -\frac{3}{2}\omega_s \psi_s \frac{L_m}{L_s}i_{q2} \left.\right\}$$
$$Q_1 = \frac{3}{2}\omega_s \frac{L_m}{L_s}(i_{m1} - i_{d2}) \left.\right\}$$
(5 - 122)

由式（5-121）或式（5-122）表明，在定子电压幅值（或定子磁链幅值）恒定的情况下，定子侧有功功率仅取决于转子电流 q 轴电流分量 i_{q2}，而无功功率仅取决于转子电流 d 轴电流 i_{d2}。

由式（5-117）和式（5-122）可知，在定子磁链定向的同步旋转 dq 坐标系下双馈感应电机的转矩（或定子侧功率）和定子侧的无功功率分别由转子电流的转矩分量 i_{q2} 和励磁分量 i_{d2} 控制。换句话说，通过控制转矩分量和励磁分量的大小，就可以控制电机的转矩（或有功功率）和无功功率。同时，式（5-117）和式（5-122）还表明两个控制量之间没有交叉耦合的关系。需要强调的是，这个结论是在定子磁链幅值恒定的前提下得到的。如果定子磁链有波动，转子转矩电流分量也会影响定子无功功率，但一般来说，定子无功功率主要由转子励磁电流决定。

二、 双馈感应电机转子电流控制

1. 转子电流环的交叉解耦

前已述及，为了控制双馈感应电机的转矩（或有功功率）和无功功率，必须对转子电流转矩分量和励磁分量进行控制。由于目前转子侧变流器大都为电压型，因而转子电流的控制必须利用电流闭环来实现。下面先分析双馈感应电机中转子电压和电流的关系。将式（5-116）改写为动态方程的标准结构，即

$$\sigma L_r \frac{di_{d2}}{dt} = -R_r i_{d2} + u_{d2} + \Delta\omega_r \sigma L_r i_{q2} - \frac{L_m^2}{L_s}\frac{di_{m1}}{dt} \left.\right\}$$
$$\sigma L_r \frac{di_{q2}}{dt} = -R_r i_{q2} + u_{q2} - \Delta\omega_r \sigma L_r i_{d2} - \Delta\omega_r \frac{L_m^2}{L_s}i_{m1} \left.\right\}$$
(5 - 123)

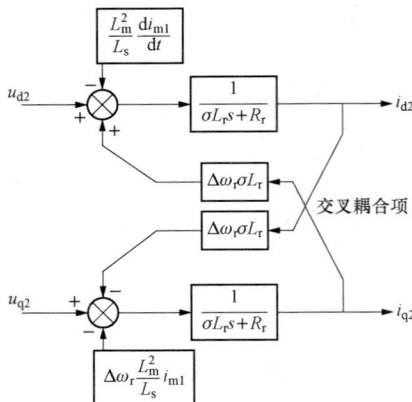

图 5-46 转子电流控制对象的传递函数框图

利用式（5-123）可绘制出转子电流控制对象的传递函数框图，如图 5-46 所示。

由式（5-123）可知，转子电流的 d、q 轴分量可以由转子电压的 d、q 轴分量控制。然而，从式（5-123）可知，两个方程等号右边的最后一项与电流环外部的独立变量定子磁链（或定子电压）有关，它是一个常数，可以看作是系统的扰动并可通过控制器进行补偿。此外，式（5-123）中两个方程右边第三项表明存在着交叉耦合，它是不同坐标之间的变换引起的。同样也影响转子电压对电流的控制，但它可以用解耦的方法进行处理。常用的解耦方法是电压前馈解耦，解耦电压为

$$
\left.\begin{aligned}
\Delta u_{d2} &= \Delta\omega_r \sigma L_r i_{q2} - \frac{L_m^2}{L_s}\frac{\mathrm{d}i_{m1}}{\mathrm{d}t} \\
\Delta u_{q2} &= -\Delta\omega_r \sigma L_r i_{d2} - \Delta\omega_r \frac{L_m^2}{L_s}i_{m1}
\end{aligned}\right\}
\tag{5-124}
$$

电压前馈解耦补偿后转子电流控制框图如图 5-47 所示，通过电压前馈解耦补偿后，实现了对转子电流 d、q 轴分量的解耦控制。电压对电流的方程变为简单的一阶惯性环节，可以得到很好的电流控制特性。

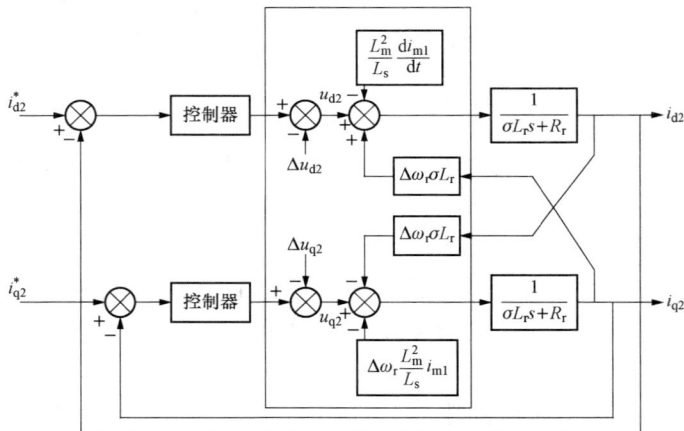

图 5-47 电压前馈解耦补偿后转子电流控制框图

对于双馈电机风力发电系统，考虑到双馈电机定子侧与电网直接相连，可以认为稳态时定子励磁电流大小恒定。因此，式（5-124）中补偿量 u_{d2} 中的励磁电流的导数项就可以认为是零，避免了励磁电流的导数项所引起的不能做到完全补偿的情况，此时转子 d、q 轴解耦电压的补偿量变为

$$
\left.\begin{aligned}
\Delta u_{d2} &= \Delta\omega_r \sigma L_r i_{q2} \\
\Delta u_{q2} &= -\Delta\omega_r \sigma L_r i_{d2} - \Delta\omega_r \frac{L_m^2}{L_s}i_{m1}
\end{aligned}\right\}
\tag{5-125}
$$

基于以上分析，可获得完整的转子电流控制系统框图，如图 5-48 所示，其中的转矩 T_e 由式（5-117）计算所得，减去负载转矩再通过积分，可获得双馈感应电机转速。

2. 转子电流 PI 控制器参数设计

双馈感应电机矢量控制系统是一个多环控制系统，由转速（或功率）外环和电流内环构成，一般可将电流内环校正成典型 I 型系统，以提高其动态响应速度，将转速（或功率）外环校正为典型 II 型系统，以提高其抗干扰能力。

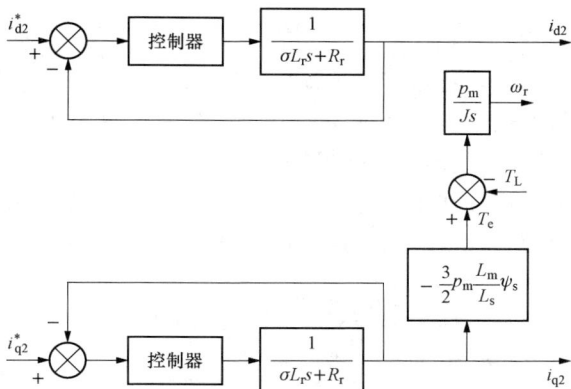

图 5-48　完整的转子电流控制系统框图

由图 5-47 可知，电流内环的 d、q 轴通道完全一样，因此，两个电流控制器参数一样，只设计一个控制通道即可。基于此，双馈感应电机转子电流实际动态控制框图如图 5-49 所示，其中在电流检测和电流给定部分增加了滤波环节。

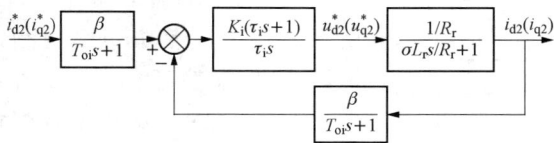

图 5-49　双馈感应电机转子电流环动态结构图

简化后的双馈感应电机转子电流环动态结构图如图 5-50 所示。

通常将电流环设计成典型 I 型系统。由于控制对象中包含一个时间常数较大的惯性环节和一个小时间常数的惯性滤波环节，为此电流控制器采用 PI 调节器，用电流控制器的微分环节去抵消时间常数较大的惯性环节，电流调节器的传递函数形式为

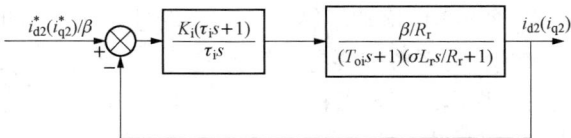

图 5-50　简化后的双馈感应电机转子电流环动态结构图

$$W_{ACR}(s) = K_i \frac{\tau_i s + 1}{\tau_i s} \tag{5-126}$$

式中：K_i 为电流控制器比例增益；τ_i 为电流控制器积分时间常数。

求得电流控制器的积分时间常数

$$\tau_i = \sigma L_r / R_r \tag{5-127}$$

按照典型 I 型系统的最佳参数选择方法，可以求得

$$K_i = \frac{R_r}{2\beta T_{oi}} \frac{\sigma L_r}{R_r} = \frac{\sigma L_r}{2\beta T_{oi}} \tag{5-128}$$

当然，在具体的系统调试中，计算得到的 PI 调节器参数一般并不是最终的结果，只是给出了参数的大致范围。在开始调试时，将上述计算结果作为调节器的初始参数，然后对其进行微调，直至电流环性能能满足设计要求为止。

确定了电流环中 PI 调节器参数以后，可以得出 d、q 轴电流环的闭环传递函数为

$$W_{cli}^*(s) = \frac{K_i \beta / (\tau_i R_r)}{T_{oi} s^2 + s + K_i / (\tau_i R_r)} = \frac{1}{T_{oi}^2 s^2 + 2 T_{oi} s + 1} \tag{5-129}$$

采用高阶系统的降阶近似处理方法，忽略高阶项后，电流环最终可等效为

$$W_{\text{cli}}(s) = \frac{1/\beta}{2T_{\text{oi}}s + 1} \tag{5-130}$$

可见，通过转子电流闭环控制改造了控制对象，将控制对象近似地等效为一个较小时间常数的惯性环节，加快了电流的跟随作用，这是内环控制的一个重要功能。

三、双馈感应电机的转速控制

为保证在中、低风速范围内，风力发电机都捕获最大风能。通常，无功功率控制通道采用单闭环控制，通过控制两相同步旋转 dq 坐标系下转子 d 轴电流来实现；转速控制通道采用双闭环控制，内环是双馈感应电机转子电流控制环，通过控制转子 q 轴电流来实现，外环是电机转速控制。据此可绘制出双馈感应电机完整的转速控制系统结构框图，如图 5-51 所示。其中，无功功率控制通道转子电流参考值 i_{d2}^* 可由式（5-122）中的无功功率方程计算所得；转速控制通道转子电

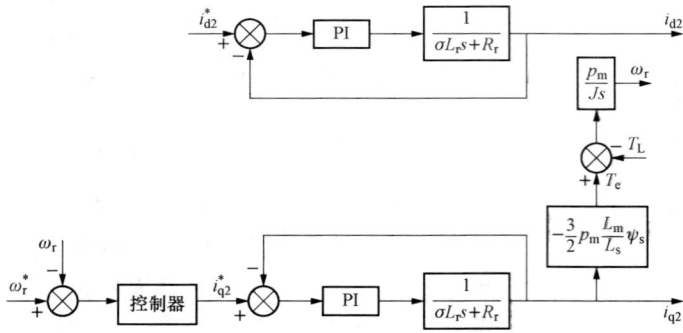

图 5-51 双馈感应电机转速控制系统结构框图

流参考值 i_{q2}^* 由转速给定值和实际测量值的误差通过控制器产生。

考虑到转子电流内环已简化为一惯性环节，则转速环动态结构图如图 5-52 所示。与电流控制环一样也增加了转速检测和转速给定信号的滤波环节。

转速控制系统需要有较好的抗干扰性能，根据这一要求将转速环设计成典型Ⅱ型系统。依据图 5-52 所示，为了将转速环校正成典型Ⅱ型系统，选择转速调节器 ASR 的传递函数为

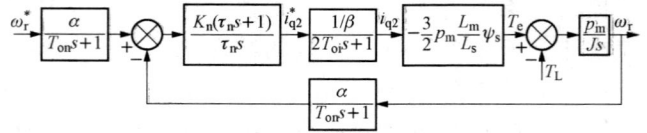

图 5-52 转速环控制系统动态结构图

$$W_{\text{ASR}}(s) = k_{\text{n}} \frac{\tau_{\text{n}}s + 1}{\tau_{\text{n}}s} \tag{5-131}$$

式中：K_{n} 为转速控制器比例增益；τ_{n} 为转速控制器积分时间常数。

引入常量 K_{ψ}，令其为

$$K_{\psi} = -\frac{3p_{\text{m}}L_{\text{m}}\psi_{\text{s}}}{2L_{\text{s}}} \tag{5-132}$$

再把小时间常数 T_{on} 和 $2T_{\text{oi}}$ 合并近似成一个时间常数 $T_{\Sigma n}(=T_{\text{on}}+2T_{\text{oi}})$ 的惯性环节，由此得到转速环动态结构图，如图 5-53 所示。

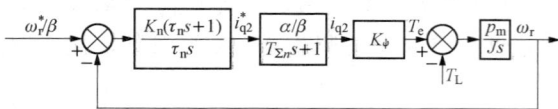

图 5-53 转速环动态结构图

不考虑负载扰动，求得转速控制器的积分时间常数

$$\tau_{\text{n}} = hT_{\Sigma n} \tag{5-133}$$

按照典型Ⅱ型系统的最佳参数选择方法，可以求得

$$K_{\text{n}} = \frac{J\beta}{\alpha K_{\psi}} \frac{h+1}{2hT_{\Sigma n}} \tag{5-134}$$

式中：J 为转动惯量；β 为电流反馈系数；α 为转速反馈系数；h 为中频带宽，该值的选择由系统对动态性能的要求来决定，实际经验表明一般取 $h=3\sim10$。

5.10 异步电动机的直接转矩控制

直接转矩控制（DTC）是 20 世纪 80 年代中期提出并发展起来的另一种高动态性能交流调速技术。DTC 为标量控制，但其对反馈信号的处理方法，以及磁链和转矩模型类似于按定子磁链定向的矢量控制，加之篇幅不多，不宜另外成章，本书将其与矢量控制放在同一章一并进行介绍。正如其英文全称（Direct Torque and Flux Control）那样，借助于逆变器提供的电压空间矢量，直接对异步电动机的转矩和定子磁链进行二位控制，也称为砰—砰（bang-bang）控制。

5.10.1 用定子和转子磁链表示的转矩方程

异步电动机在两相静止坐标系上的转矩方程可以写为

$$T_e = \frac{3}{2}p_m(\psi_{\alpha1}i_{\beta1} - \psi_{\beta1}i_{\alpha1}) = \frac{3}{2}p_m|\boldsymbol{\psi}_s\boldsymbol{i}_s| \qquad (5-135)$$

$$\boldsymbol{\psi}_s = \psi_{\alpha1} + j\psi_{\beta1}, \ \boldsymbol{i}_s = i_{\alpha1} + ji_{\beta1}$$

用电流矢量表示的磁链方程为

$$\boldsymbol{\psi}_s = L_s\boldsymbol{i}_s + L_m\boldsymbol{i}_r \qquad (5-136)$$

$$\boldsymbol{\psi}_r = L_m\boldsymbol{i}_s + L_r\boldsymbol{i}_r \qquad (5-137)$$

将式（5-137）代入式（5-136），削去转子电流矢量 $\boldsymbol{i}_r$，得到

$$\boldsymbol{\psi}_s = \frac{L_m}{L_r}\boldsymbol{\psi}_r + \sigma L_s\boldsymbol{i}_s = \frac{L_m}{L_r}\boldsymbol{\psi}_r + L_s^*\boldsymbol{i}_s \qquad (5-138)$$

这里 $L_s^* = \sigma L_s = L_s - \dfrac{L_m^2}{L_r}$。将式（5-138）整理后，得到

$$\boldsymbol{i}_s = \frac{1}{L_s^*}\boldsymbol{\psi}_s - \frac{L_m}{L_r L_s^*}\boldsymbol{\psi}_r \qquad (5-139)$$

将式（5-139）代入式（5-135），整理后得到

$$T_e = \frac{3}{2}p_m\frac{L_m}{L_r L_s^*}\boldsymbol{\psi}_r\boldsymbol{\psi}_s \qquad (5-140)$$

转矩的大小为

$$T_e = \frac{3}{2}p_m\frac{L_m}{L_r L_s^*}|\boldsymbol{\psi}_r||\boldsymbol{\psi}_s|\sin\gamma \qquad (5-141)$$

式中：γ 为定子磁链与转子磁链之间的夹角。

图 5-54 所示 α-β 坐标系下的定子磁链、转子磁链和定子电流的矢量关系（或相量关系），图中所示矢量关系产生正转矩（电动）。如果转子磁链保持恒定不动，定子磁链在定子电压的作用下产生一个幅值增量，相应的 γ 角

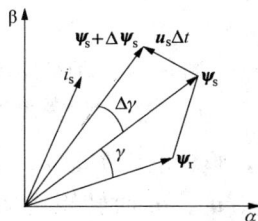

图 5-54 α-β 坐标系的定子磁链、转子磁链和定子电流矢量关系

255

也有一个增量，则转矩的增量为

$$|T_e + \Delta T_e| = \frac{3}{2} p_m \frac{L_m}{L_r L_s^*} |\psi_r| |\psi_s + \Delta\psi_s| \sin(\gamma + \Delta\gamma) \tag{5-142}$$

5.10.2 定子电压矢量对磁链和转矩的调节作用

在 SVPWM 中已经讲述过电压空间矢量对磁链的调节作用，在不计定子电阻时，定子磁链与定子电压的关系为

$$u_s = d\psi_s/dt \tag{5-143}$$

或者

$$\Delta\psi_s = u_s \Delta t \tag{5-144}$$

将式（5-144）离散化，得到

$$\psi_s(t_2) - \psi_s(t_1) = u_s \Delta t \tag{5-145}$$

即

$$\psi_s(t_2) = \psi_s(t_1) + u_s \Delta t = \psi_s(t_1) + \Delta\psi_s \tag{5-146}$$

图 5-54 示出了增量 $\Delta\psi_s$。这意味着在电压空间矢量的作用下，磁链不仅可以旋转，而且幅值也可以调节。在 SVPWM 工作原理中，三相逆变器可以提供 6 个基本的非零电压空间矢量和两个零电压空间矢量，如图 5-55（a）所示。图中还示出了在 6 个非零电压矢量的作用下产生的磁链增量 $\Delta\psi_i$，$i=1$，…，6。定子磁链初始状态的建立依靠在定子绕组上施加直流电压，此时磁场不旋转，幅值沿半径轨迹 OA 连续增加，如图 5-55（b）所示。在达到给定的额定磁链 ψ_s^* 后，开始施加非零电压空间矢量，于是磁链沿着"之"字形轨迹 $ABCDE$ 在磁链误差带宽 $2HB_\psi$ 限制的范围内旋转。图中 AB 段施加电压空间矢量 u_3，BC 段施加 u_4，CD 段施加 u_3，DE 段施加 u_4……在非零电压矢量的作用下，定子磁链 ψ_s 旋转得很快，而转子磁链变化缓慢。这是因为转子磁链存在电磁惯性（转子磁链变化时，会在转子绕组中感应出转子电流，阻止转子磁链的变化），受大的转子回路时间常数 T_r 的制约（或称滤波作用）基本匀速旋转；定子磁链则是跳跃旋转，借助施加零电压矢量使其停止旋转，转转停停，其平均旋转速度与转子磁链相同，均为同步转速。于是 ψ_s 和 ψ_r 之间的夹角 γ 时大时小，根据式（5-142），如果它们的幅值不变（这经常是人们所期望的），所产生的转矩与夹角的正弦成正比，也时增时减。表 5-1 总结了对图 5-55（a）中所示位置的 ψ_s 分别施加基本电压空间矢量时磁链和转矩的变化趋势。由

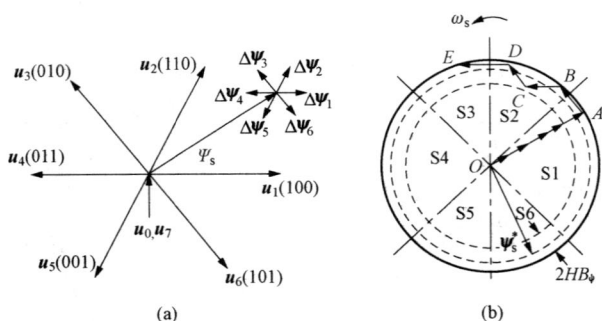

图 5-55 DTC 控制中定子磁链轨迹
S1~S6—电压矢量 u_1~u_6 平分的 6 个区域

表可见，施加电压矢量 u_1、u_2、u_6 时磁链幅值增加，而施加 u_3、u_4、u_5 时磁链幅值减小；施加 u_2、u_3、u_4 时转矩增加，而施加 u_5、u_6、u_1 时转矩减小；施加零电压矢量时，定子磁链停止旋转幅值不变，γ 角随时间变小，转矩下降。

表 5-1   磁链和转矩的变化趋势

电压矢量	u_1	u_2	u_3	u_4	u_5	u_6	u_7 或 u_0
ψ_s	升	升	降	降	降	升	0
T_e	降	升	升	升	降	降	降

5.10.3　异步电动机直接转矩控制系统

直接转矩控制的原理如图 5-56 所示。

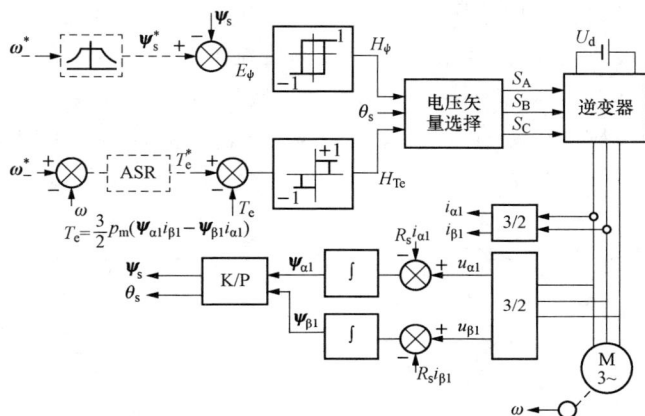

图 5-56　直接转矩控制原理图

转速控制环、磁链与转速的函数关系仍如前所述，这里不再赘述。转矩给定 T_e^* 与计算得到的实际转矩 T_e 相比较，误差 E_{Te} 送到转矩滞环控制器处理；定子磁链给定 ψ_s^* 与计算得到的实际磁链 ψ_s 相比较，误差送到磁链滞环控制器处理。

磁链控制器的输出是两个数字信号 1 和 -1，它们与输入的关系为

$$\left.\begin{array}{ll} H_\psi = +1 & 对应\ E \geqslant + HB_\psi \\ H_\psi = -1 & 对应\ E \leqslant - HB_\psi \end{array}\right\} \tag{5-147}$$

式中：HB_ψ 磁链控制器的滞环宽度。

定子给定磁链 ψ_s^* 沿圆轨迹反时针旋转，如图 5-55 所示。实际磁链跟踪给定磁链在滞环内沿"之"路径旋转。

转矩控制器的输出是 3 个数字信号 +1、-1、0，它们与输入的关系为

$$\left.\begin{array}{ll} H_{Te} = 1, & E_{Te} \geqslant + HB_{Te} \\ H_{Te} = 0, & -HB_{Te} < E_{Te} < + HB_{Te} \\ H_{Te} = -1, & E_{Te} \leqslant - HB_{Te} \end{array}\right\} \tag{5-148}$$

式中：HB_{Te} 转矩控制器的滞环宽度。

磁链反馈信号 ψ_s 和转矩反馈信号 T_e 是从两相静止坐标的数学模型计算得到，计算过程如图 5-56 所示。三相电压和三相电流经 3/2 变换，得到静止两相 α-β 坐标系上的电压 $u_{\alpha1}$、$u_{\beta1}$ 和电流 $i_{\alpha1}$、$i_{\beta1}$，利用 α—β 坐标系上的磁链模型和转矩模型，从电压 $u_{\alpha1}$、$u_{\beta1}$ 和电流 $i_{\alpha1}$、$i_{\beta1}$ 计算得到反馈的磁链和转矩。整个计算过程在两相静止坐标系上完成，不需要 2S/2R 旋

转坐标变换，与矢量控制相比简化了不少。

转矩的计算使用两相静止坐标系上的转矩方程式，即

$$T_e = \frac{3}{2} p_m (\psi_{\alpha 1} i_{\beta 1} - \psi_{\beta 1} i_{\alpha 1}) = \frac{3}{2} p_m L_m (i_{\alpha 2} i_{\beta 1} - i_{\beta 2} i_{\alpha 1})$$

对磁链的计算不仅包括幅值，还包括相位角

$$\left.\begin{array}{l} \psi_s = \sqrt{\psi_{\alpha 1}^2 + \psi_{\beta 1}^2} \\ \theta_s = \arcsin \dfrac{\psi_{\beta 1}}{\psi_s} \end{array}\right\} \tag{5-149}$$

使用相位角判断磁链所在的扇区，并将结果送到电压矢量选择（查表）模块。360°被划分成 6 个扇区 S1、S2、S3、S4、S5、S6，每个扇区宽度为 60°，如图 5-55 所示。图 5-56 中的电压矢量选择模块接受来自磁链滞环控制器和转矩滞环控制器送来的信号和扇区信号，经过查表输出适当的电压空间矢量 S_A、S_B、S_C（逆变桥开关状态）到逆变器。

逆变器—电压矢量选择见表 5-2。

表 5-2   逆变器—电压矢量选择

H_ψ	H_{Te}	S1	S2	S3	S4	S5	S6
	1	u_2	u_3	u_4	u_5	u_6	u_1
1	0	u_0	u_7	u_0	u_7	u_0	u_7
	−1	u_6	u_1	u_2	u_3	u_4	u_5
	1	u_3	u_4	u_5	u_6	u_1	u_2
−1	0	u_7	u_0	u_7	u_0	u_7	u_0
	−1	u_5	u_6	u_1	u_2	u_3	u_4

下面用一个实例说明，假定磁链矢量 ψ_s^* 旋转到第二扇区的 B 点，如图 5-55 所示。此时实际磁链太高，误差负超限（$H_\psi = -1$），转矩合适（$H_{Te} = 0$），查表 5-2 为 u_0，施加零电压矢量，定子磁链静止不动，转子磁链逐渐赶上来，转矩角 γ 变小，转矩变小，导致转矩误差正超限（$H_{Te} = 1$），查表 5-2 为 u_4。在 u_4 作用下，磁链幅值减小但是快速旋转，转矩角增加，导致转矩增加，到达 C 点，磁链太低。误差正超限（$H_\psi = 1$），转矩尚在允许范围内（$H_{Te} = 0$），查表 5-2 为 u_7。又一次施加零电压矢量等待，此时磁链不变，转矩变小，直到转矩误差正超限，又一次 $H_{Te} = 1$，查表 5-2 为 u_3，在 u_3 的作用下，定子磁链快速旋转，幅值增加转，转矩角增加，转矩增加，直到 D 点。此时，磁链达到上限，误差为负（$H_\psi = -1$），但转矩尚在误差允许的范围内（$H_{Te} = 0$），查表 5-2 为 u_0，施加零电压矢量，磁链停止旋转，幅值不变；转矩角逐渐变小，转矩随之变小，直到转矩达到允许的下限，误差上超限（$H_{Te} = 1$），查表 5-2 为 u_4，在 u_4 的作用下，定子磁链快速旋转……定子磁链走走停停，其平均转速与转子磁链相等。

上述系统示例中使用了磁链电压模型，实际不限于电压模型，也可以使用电流模型；或混合使用两者，在中高速使用磁链电压模型，在低速时使用磁链电流模型。

直接转矩控制系统可以四象限运行，如果需要，还可以增加转速环和弱磁控制，如图 5-56 虚线所示，其动态响应可以与矢量控制相比。

综上所述，直接转矩控制有下述特点：

（1）无电流反馈控制；

（2）没有刻意地使用某种 PWM 技术；

（3）无旋转坐标变换；

（4）对反馈信号的处理类似于定子磁场定向矢量控制；

（5）滞环控制产生磁链和转矩纹波；

（6）开关频率不恒定。

无电流反馈使得过电流保护环节的压力增大，为了避免电力电子器件因过电流而损坏，必须对电流加以限制。

5.10.4　矢量控制与直接转矩控制的比较

矢量控制系统和直接转矩控制系统都是已经获得实际应用的高性能异步电动机调速系统，两者都采用转矩和磁链分别控制，但是两者在性能上各有优劣。矢量控制强调 T_e 与 ψ_s 的解耦，有利于分别设计转速与磁链调节器，实行连续控制，调速范围宽，可达 $1：100$ 以上。转子磁链定向时受电动机参数变化的影响，特别是受转子电阻变化的影响，降低了鲁棒性；直接转矩控制则直接进行逆变器开关状态的控制，避开了旋转坐标变换，而且所控制的是定子磁链 ψ_s，它受定子电阻的影响，却不受转子电阻的影响。直接转矩控制在额定转速 30% 以上的高速段运行时，采用磁链电压模型，结构简单，准确度高；但在低速段运行时，鉴于准确度的问题，只能采用磁链电流模型，电流模型所使用的转子磁链 ψ_r 又将受转子电阻变化的影响（转子电阻变化大于定子电阻变化）。由于直接转矩采用砰—砰控制，不可避免地产生转矩脉动，降低了调速性能。因此，它较适合于风机、泵类、牵引传动等调速范围变化较小的使用场合（高速运行对转矩脉动不敏感）。直接转矩控制与矢量控制的性能特点与比较见表 5-3。

表 5-3　　　　　　　　　　直接转矩控制与矢量控制的性能特点与比较

特点与性能	直接转矩控制	矢量控制
磁链控制	定子磁链	转子磁链
转矩控制	砰—砰控制，脉动	连续控制，平滑
坐标变换	3S/2S	3S/2S 与 2S/2R
转子参数影响	高速时无，低速时有	高低速均有影响
调速范围	不够宽	较宽

异步电动机矢量控制可以转子磁链定向，也可以定子磁链定向，还可以气隙磁链定向，因为篇幅限制以上仅讨论了按转子磁链定向。矢量控制中的坐标变换和相应的对反馈信号的计算、观测技术相当复杂，需要使用运算高速、功能强大的微处理机或者 DSP。无传感器控制、模糊逻辑控制、基于神经网络的自适应控制正越来越多地与交流调速技术相结合。看到目前矢量控制的广泛应用情况，可以预期矢量控制技术最终会成为交流电动机控制的工业标准。

习题与思考题

1. 简述矢量控制的基本思路。
2. 矢量控制中常用哪几种磁场定向方式？
3. 列出矢量控制中所用到的坐标变换式。
4. 写出异步电动机按转子磁链定向时的数学模型表达式。
5. 说明用电流模型 II 法观测转子磁链的方法，该观测方法适合在什么场合使用？
6. 说明用电压模型观测转子磁链的方法，该观测方法适合在什么场合使用？
7. 为什么高性能笼型异步电动机调速系统需要采用无转速传感器技术？
8. 列举用无转速传感器技术估计转速的几种方法。
9. 说明异步电动机定子电流控制 PI 法的控制规律。
10. 从异步电动机按转子磁链定向时的动态结构图上说明交叉电动势的存在以及消除方法。

6 交流调速系统的工程计算与 MATLAB 仿真实验

本章以前述的交流调速系统理论为基础,进行了交流调压调速系统、绕线式异步电动机串级调速系统的工程计算,应用 MATLAB 的 Simulink 和 SimPower System 工具箱,采用面向电气原理结构图的图形化仿真技术,对典型的交流异步电动机调压调速系统、串级调速系统、变频调速系统、矢量控制调速系统和其他一些调速系统进行了仿真实验分析。

本章以 DKSZ-1 型变流技术及自控系统实验装置配套的交流电动机技术参数为基础,对交流调压调速系统、绕线式异步电动机串级调速系统仿真模型所需要的参数进行了工程计算,然后把求出的参数代入到仿真模型中进行仿真实验研究。

6.1 交流调压调速系统的工程计算和仿真实验

6.1.1 交流调压调速系统的工程计算

一、 电动机参数计算

生产厂家提供的电动机参数:额定功率 $P_N = 100W$,额定电压 $U_{1N} = 220V$,额定转速 $n_N = 1420 r/min$,定子电阻 $R_s = 15.45\Omega$,定子漏抗 $X_s = 18.1\Omega$,短路电阻 $R_k = 31.29\Omega$,短路漏抗 $X_k = 36.2\Omega$,转子电压 $E_{2N} = 96V$,转子额定电流 $I_{2N} = 0.55A$。在这里约定 s(或 1)代表定子侧变量,r(或 2)代表转子侧变量。其他参数计算过程如下。

(一)求定子电阻、定子漏电感

定子电阻为已知值,定子电感为

$$L_s = X_s / \omega_s = 18.1 / 314 = 0.057\ 6(H)$$

(二)求转子电阻 R_r、转子漏抗 X_r 和转子电感

(1)因为短路电阻 $R_k = R_s + R'_r$,那么转子折算值

$$R'_r = R_k - R_s = 31.29 - 15.45 = 15.84(\Omega)$$

同理可知转子漏抗折算值

$$X'_r = X_k - X_s = 36.2 - 18.1 = 18.1(\Omega)$$

(2)电动机参数折算变比

$$K = \frac{0.95 U_{1N}}{E_{2N}} = \frac{0.95 \times 220}{96} \approx 2.18$$

由此可求得转子电阻

$$R_r = \frac{R'_r}{K^2} = \frac{15.84}{2.18^2} \approx 3.33(\Omega)$$

转子漏抗

$$X_r = \frac{X'_r}{K^2} = \frac{18.1}{2.18^2} \approx 3.81(\Omega)$$

短路试验时，电动机堵转，转子频率等于定子频率。所以，转子电感

$$L_r = X_r / \omega_s = 3.81/314 = 0.012(H)$$

（三）定子侧总漏抗和转子侧总漏抗

（1）定子侧总电抗

$$X = X_s + X'_r = 18.1 + 18.1 = 36.2(\Omega)$$

（2）折算到转子侧总电抗

$$X' = \frac{X}{K^2} = \frac{36.2}{2.18^2} \approx 7.62(\Omega)$$

（四）电动机定、转子互感和转动惯量

电动机定转子互感取 $L_m = 0.8H$，转动惯量 $J = 0.01 \text{kg} \cdot \text{m}^2$。

（五）电动机同步转速

$$n_0 = \frac{60 f_s}{p_m} = \frac{60 \times 50}{2} = 1500(\text{r/min})$$

（六）额定转差率

$$s_N = \frac{n_0 - n_N}{n_0} = \frac{1500 - 1420}{1500} \approx 0.053$$

（七）晶闸管调压装置的放大倍数

仿真实验得到晶闸管调压装置的放大倍数 $K_s = 0.95$。生产厂家提供和经过计算得到的电动机参数见表6-1，用于设置电机参数对话框和下面进行动态设计工程计算。

表 6-1　　　　　　　　　　　　　电 动 机 参 数

额定功率 P_N	额定电压 U_{1N}	转子额定电流 I_{2N}	额定转速 n_N	定子相电阻 R_s
100W	220V	0.55A	1420r/min	15.45Ω
短路阻抗 Z_k	短路电阻 R_k	短路漏抗 X_k	定子漏抗 X_s	转子电阻 R_r
47.84Ω	31.29Ω	36.2Ω	18.1Ω	3.33Ω
转子漏抗 X_r	转子电阻折算 R'_r	转子漏抗折算 X'_r	定子侧总漏抗 X	转子侧总漏抗 X'
3.81Ω	15.84Ω	18.1Ω	36.2Ω	7.62Ω

二、 交流调压调速系统的传递函数

交流调压调速系统由转速调节器（ASR）、晶闸管交流调压器、异步电动机（MA）、测速发电机（FBS）组成。在调速系统中为了求交流调压调速系统的传递函数，首先要求出各个环节的传递函数，然后得到系统的动态结构图。

（1）转速调节器。在转速环设计过程中确定。

（2）晶闸管交流调压装置。晶闸管交流调压装置的传递函数与晶闸管整流器形式相同，近似为一阶惯性环节，其传递函数为

$$W_{GT-V}(s) = \frac{K_s}{T_s s + 1}$$

式中：T_s 为调压装置的滞后时间常数。

三相交流调压器晶闸管的导通过程与三相半波电路类似，所以滞后时间通常取 3.3ms。

（3）测速发电机。考虑到反馈的滤波作用，通常测速发电机的传递函数选择为

$$W_{\text{FBS}}(s) = \frac{\alpha}{T_{\text{on}}s + 1}$$

式中：T_{on} 为滤波时间常数，通常取 $T_{\text{on}} = 0.01\text{s}$。

（4）异步电动机。异步电动机的数学模型是一个高阶、非线性、强耦合的多变量系统，其动态过程是一组非线性微分方程，利用微偏线性化的方法可以求出它的近似传递函数。

已知电磁转矩为

$$T_e = \frac{3p_{\text{m}}U_s^2 R_r'/s}{\omega_s\left[(R_s + R_r'/s)^2 + \omega_s^2\,(L_{\text{ll}} + L_{\text{l2}}')^2\right]}$$

当 s 很小时，可以近似认为 $R_s \ll (R_r'/s)$，$\omega_s(L_{\text{ll}} + L_{\text{l2}}') \ll (R_r'/s)$。在此条件下，电动机电磁转矩的近似方程为

$$T_e \approx \frac{3p_{\text{m}}sU_s^2}{\omega_s R_r'}$$

若 A 点是机械特性曲线上的一个稳态工作点，那么在 A 点处有 $T_{eA} \approx \dfrac{3p_{\text{m}}U_{sA}^2 s_A}{\omega_s R_r'}$。当 A 点附近有小偏差波动时，则

$$T_e = T_{eA} + \Delta T_e, \ U_s = U_{sA} + \Delta U_s, \ s = s_A + \Delta s$$

将上式代入到电动机近似电磁转矩方程中得

$$T_{eA} + \Delta T_e = \frac{3p_{\text{m}}}{\omega_s R_s'}(U_{sA} + \Delta U_s)^2 (s_A + \Delta s)$$

将方程式展开，得

$$T_{eA} + \Delta T_e = \frac{3p_{\text{m}}}{\omega_s R_s'}(U_{sA}^2 s_A + 2U_{sA}\Delta U_s s_A + \Delta U_s^2 s_A + U_{sA}^2\Delta s + 2U_{sA}\Delta U_s\Delta s + \Delta U_s^2\Delta s)$$

忽略上式中两个以上偏差量的乘积得

$$T_{eA} + \Delta T_e = \frac{3p_{\text{m}}}{\omega_s R_s'}(U_{sA}^2 s_A + 2U_{sA}\Delta U_s s_A + U_{sA}^2\Delta s)$$

将简化的方程式与 A 点附近有偏差波动的方程式等价替换，得

$$\Delta T_e = \frac{3p_{\text{m}}}{\omega_s R_r'}(2U_{sA}\Delta U_s s_A + U_{sA}^2\Delta s)$$

在 A 点处转差率的偏差量为

$$\Delta s = s - s_A = \frac{\omega_s - \omega}{\omega_s} - \frac{\omega_s - \omega_A}{\omega_s} = \frac{\omega_A - \omega}{\omega_s} = -\frac{\Delta\omega}{\omega_s} = -\frac{\Delta n}{n_0}$$

式中：ω_s 为电动机同步角速度；ω 是转子角速度；n_0 为电机同步转速；n 是转子转速。

将转差率偏差方程式代入电磁转矩变化方程得

$$\Delta T_e = \frac{3p_{\text{m}}}{\omega_s R_r'}\left(2U_{sA}\Delta U_s s_A - U_{sA}^2\frac{\Delta n}{n_0}\right)$$

该式也反映了 ΔT_e、ΔU_s 和 Δn 三者之间的关系。

恒定负载下电动机运行时，电动机的运动方程式为

$$T_e - T_L = \frac{GD^2}{375}\frac{\text{d}n}{\text{d}t}$$

那么在 A 点处的偏差量方程式近似为

$$\Delta T_{\mathrm{e}} - \Delta T_{\mathrm{L}} = \frac{GD^2}{375} \frac{\mathrm{d}(\Delta n)}{\mathrm{d}t}$$

由此可得电机的动态结构图，如图 6-1 所示。

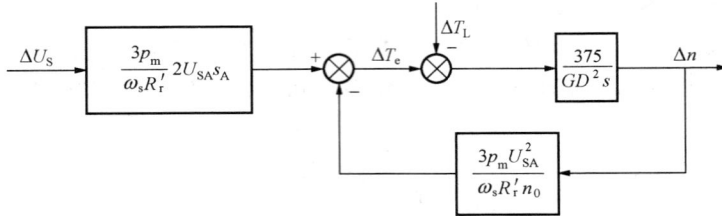

图 6-1 电动机动态结构图

恒转矩下电动机运行时，$\Delta T_{\mathrm{L}} = 0$，由图 6-1 可求得交流电机的传递函数为

$$W_{\mathrm{MA}}(s) = \frac{\Delta n}{\Delta U_{\mathrm{S}}} = \frac{3p_{\mathrm{m}}}{\omega_{\mathrm{s}} R'_{\mathrm{r}}} 2 U_{\mathrm{sA}} s_{\mathrm{A}} \frac{\dfrac{375}{GD^2 s}}{1 + \dfrac{375}{GD^2 s} \dfrac{3p_{\mathrm{m}} U_{\mathrm{sA}}^2}{\omega_{\mathrm{s}} R'_{\mathrm{r}} n_0}}$$

$$= \frac{2 s_{\mathrm{A}} n_0}{U_{\mathrm{sA}}} \frac{1}{\dfrac{GD^2}{375} \dfrac{\omega_{\mathrm{s}} R'_{\mathrm{r}} n_0}{3p_{\mathrm{m}} U_{\mathrm{sA}}^2} s + 1} = \frac{K_{\mathrm{MA}}}{T_{\mathrm{m}} s + 1}$$

$$K_{\mathrm{MA}} = \frac{2 s_{\mathrm{A}} n_0}{U_{\mathrm{sA}}} = \frac{2 \left(\dfrac{n_0 - n_{\mathrm{A}}}{n_0} \right) n_0}{U_{\mathrm{sA}}} = \frac{2(n_0 - n_{\mathrm{A}})}{U_{\mathrm{sA}}}$$

$$T_{\mathrm{m}} = \frac{GD^2}{375} \frac{\omega_{\mathrm{s}} R'_{\mathrm{r}} n_0}{3p_{\mathrm{m}} U_{\mathrm{sA}}^2}$$

式中：K_{MA} 为异步电动机的放大系数；T_{m} 为异步电机的机电时间常数。

三、转速环的设计

(1) 转速滤波时间常数 T_{on}。取滤波时间常数 $T_{\mathrm{on}} = 0.01\mathrm{s}$。

(2) 转速环的动态结构图。转速环由转速调节器、晶闸管调压—触发装置和异步电机组成，转速环的动态结构图及其简化图如图 6-2 所示。

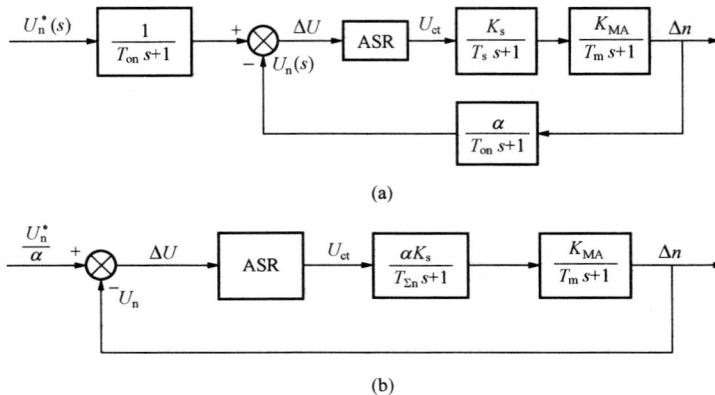

(a)

(b)

图 6-2 转速环的动态结构图及其简化图

(a) 结构图；(b) 简化图

由图 6-2 知，系统的开环传递函数为

$$W_{op}(s) = W_{ASR}(s) \frac{\alpha K_s K_{MA}}{(T_{\Sigma n}s + 1)(T_m + 1)}$$

把 T_{on} 与 T_s 当作小时间常数处理，则

$$T_{\Sigma n} = T_{on} + T_s = 0.01 + 0.003\,3 = 0.013\,3(s)$$

其中，$\alpha = 1(V \cdot min)/r$。

（3）转速调节器的类型选择。通常要求转速无静差，所以转速调节器必须带有积分环节。为此可采用 PI 调节器将转速环校正成典型 I 型系统。转速调节器的传递函数为

$$W_{ASR}(s) = K_n \frac{\tau_n s + 1}{\tau_n s}$$

式中：K_n 为调节器的比例系数；τ_n 为调节器的积分时间常数。

此时，系统的开环传递函数为

$$\begin{aligned} W_{op}(s) &= W_{ASR}(s) \frac{\alpha K_s K_{MA}}{(T_{\Sigma n}s + 1)(T_m + 1)} \\ &= K_n \frac{\tau_n s + 1}{\tau_n s} \frac{\alpha K_s K_{MA}}{(T_{\Sigma n}s + 1)(T_m + 1)} \\ &= \frac{K_N}{s(T_{\Sigma n}s + 1)} \\ \tau_n &= T_m, \quad K_N = \frac{1}{2T_{\Sigma n}} \end{aligned}$$

异步电动机传递函数中的参数为

$$K_{MA} = \frac{2(n_0 - n_A)}{U_{sA}} = \frac{2 \times (1500 - 1420)}{220} = 0.727(r/min/V)$$

$$GD^2 = 4gJ = 4 \times 9.8 \times 0.01 = 0.392(N \cdot m^2)$$

$$T_m = \frac{GD^2 \omega_s R'_r n_0}{375 \times 3 \times p_m U_{sA}^2} = \frac{0.392 \times 314 \times 15.84 \times 1500}{375 \times 3 \times 2 \times 220^2} = 0.027(s)$$

所以转速调节器中的比例系数 K_n 和积分时间常数 τ_n 为

$$\tau_n = T_m = 0.027(s)$$

$$K_N = \frac{1}{2T_{\Sigma n}} = \frac{1}{2 \times 0.013\,3} = 37.6$$

$$K_n = \frac{K_N T_m}{\alpha K_s K_{MA}} = \frac{37.6 \times 0.027}{1 \times 0.95 \times 0.727} \approx 1.47$$

6.1.2 交流调压调速系统的仿真实验

一、交流电机调速性能测试

电动机性能测试的仿真模型如图 6-3 所示。下面介绍各部分的建模与参数设置过程。

（一）系统的建模和模型参数设置

由图 6-3 可见，主电路由三相对称交流电压源、交流异步电动机、电机信号分配器和转子外接电阻等部分组成。

三相交流电源的建模和参数设置在第 3 章已经作过讨论（本模型三相电源的相序是 C-

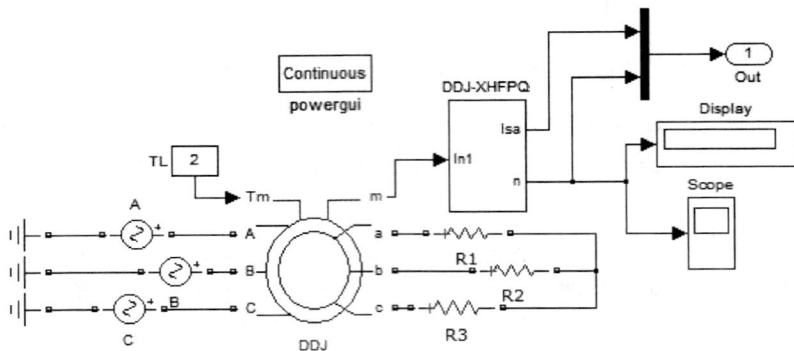

图 6-3　电动机性能测试仿真模型

A-B)，此处着重讨论交流异步电动机、电机测试信号分配器的建模和参数设置问题。

1. 交流异步电动机的建模和参数设置

在 SimPower System 工具箱中有一个电机模块库，模块库中有两个交流异步电动机模型，分别是标幺值单位制（PU unit）下和国际单位制（SI unit）下的异步电动机模型，此处采用后者。国际单位制下的异步电动机模型符号如图 6-4 所示。

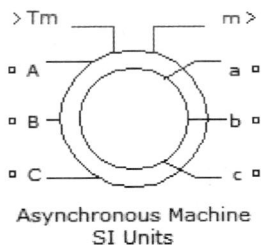

图 6-4　异步电动机模块符号

描述异步电动机模块性能的状态方程包括电气和机械两部分，电气部分有 5 个状态方程，机械部分有 2 个状态方程；该模块有 4 个输入端子，4 个输出端子。第 1 个输入端接负载，为加到电机轴上的机械负载，该端子可直接接 Simulink 信号；后 3 个输入端子（A，B，C）为电机的定子电压输入端。模块的第 1 个输出端为 m 端子，它返回一系列电机内部信号（共 21 路）；后 3 个输出端子（a，b，c）为转子电压输出，一般短接在一起，或连接其他附加电路。当异步电动机为笼型电动机时，电动机模块符号将不显示输出端子（a，b，c）。MATLAB R2012b 中不再有电机测试信号分路器模块。

异步电动机的默认值参数对话框如图 6-5 所示。也可通过电动机模块的参数设置对话框来输入参数。

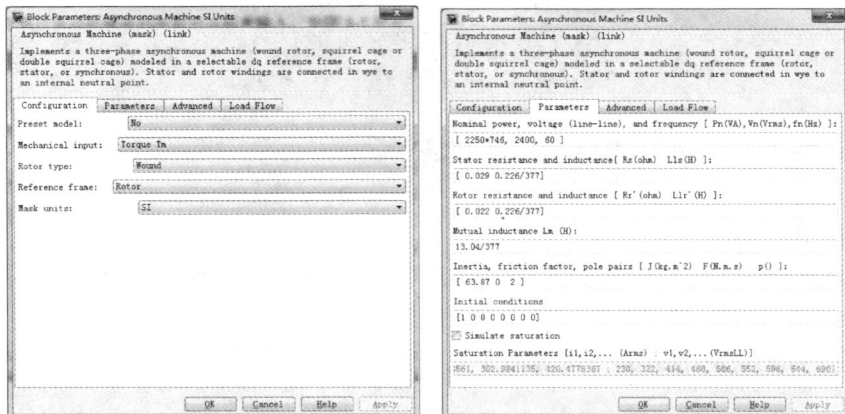

图 6-5　异步电动机参数设置对话框及默认值参数

在图 6-5 所示对话框中含有如下参数：

（1）预设模型（Preset model）下拉框：选择系统设置的内部模型，电动机将自动获取各项参数，如果不想使用系统给定的参数，请选择 No。

（2）机械量输入（Mechanical input）复选框：单击该复选框，可以浏览并选择电动机的机械参数（Torque T_m、Speed ω、Mechanical rotational port）。此处选择 Torgue Tm。

（3）绕组类型（Rotor type）下拉框：说明转子的结构，分绕线式（Wound）、笼型（Squirrel-cage）和双笼型（Double Squirrel-cage）三种，此处选笼型（Squirrel-cage）。

（4）参考坐标系（Reference frame）列表框：有定子坐标系（Stationary）、转子坐标系（Rotor）和同步旋转坐标系（Synchronous），此处选同步旋转坐标系。

注意：选择不同的坐标系将影响 d、q 轴上电压电流的波形，同时也影响仿真的速度，有时甚至影响仿真的结果。因此：①转子电压不平衡或不连续，而定子电压平衡时，推荐使用转子坐标系；②定子电压不平衡或不连续，而转子电压平衡或为零时，推荐使用定子坐标系；③所有电源均平衡且连续，推荐使用定子或同步旋转坐标系。

（5）额定参数：额定功率 P_N（单位：kW），线电压 U_N（单位：V），频率 f_N（单位：Hz）。

（6）定子电阻 R_s（Stator）（单位：Ω）和定子电感（L_{1s}）（单位：H）。

（7）转子电阻 R_r（Rotor）（单位：Ω）和转子电感（L_{1r}）（单位：H）。

（8）互感（Mutual inductance）L_m（单位：H）。

（9）机械参数（Inertia constant，friction factor and pairs of poles）文本框：对于 SI 异步电动机模块，该项参数包括转动惯量 J（单位：kg·m²）、阻尼系数 F（单位：N·m·s）和极对数 p_m 三个参数；对于 pu 异步电动机模块，该项参数包括惯性时间常数 H（单位：s）、阻尼系数 F（单位：p.u.）和极对数 p 三个参数。

（10）初始条件（Initial conditions）：初始转差率 s，转子初始角位 θ（单位：°），定子电流幅值 i_{as}、i_{bs}、i_{cs}（单位：A 或 p.u.）和相角 phase$_{as}$、phase$_{bs}$、phase$_{cs}$（单位：°）。

【例 6-1】 一台三相四极笼型转子异步电动机，额定功率 $P_N=10$kW，额定电压 $U_{1N}=380$V，额定转速 $n_N=1455$r/min，额定频率 $f_N=50$Hz。已知定子每相电阻 $R_s=0.458\Omega$，漏抗 $X_{ls}=0.81\Omega$，转子每相电阻 $R'_r=0.349\Omega$，漏抗 $X'_{1r}=1.467\Omega$，励磁电抗 $X_m=27.53\Omega$。计算电动机参数对话框中的参数。

解：（1）额定功率 $P_N=10$kW；额定电压 $U_{1N}=380$V；额定频率 $f_N=50$Hz。

（2）定子每相电阻 $R_s=0.458\Omega$；定子每相电感 $L_{1S}=X_{ls}/(2\pi s f_N)=0.81/314=2.58\mathrm{e}-3$(H)。

（3）转子每相电阻 $R'_r=0.349\Omega$；转子每相电感 $L'_{1r}=X'_{1r}/(2\pi f_N)=1.467/314=4.67\mathrm{e}-3$(H)。

（4）励磁电抗 $X_m=27.53\Omega$，则互感 $L_m=27.53/314=0.088$(H)。

其他参数为默认值。将上述计算结果输入后，异步电动机参数设置对话框如图 6-6 所示。

2. 绕线式电动机转子外接电阻和负载

为了获得较好调速的性能，转子外接电阻 12.5Ω；负载取 2N·m，较大的负载将会导致降压调速时无法起动。其他的测试模块与直流调速系统相同，不再重复介绍。

（二）系统的仿真参数设置

仿真所选择的算法为 ode23tb；仿真 Start time 设为 0，Stop time 设为 2。

（三）系统的仿真、仿真结果的输出及结果分析

当建模和参数设置完成后，即可开始进行仿真。图 6-7 所示为交流输入电压 220V，负载为 2N·m 时的电动机速度仿真结果。

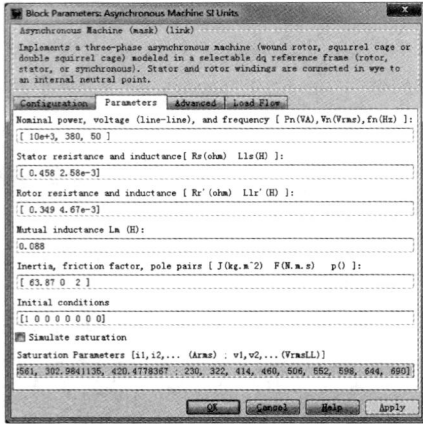

图 6-6　异步电动机参数设置对话框

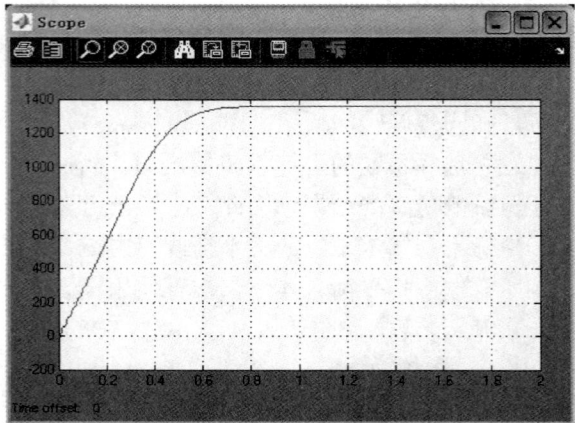

图 6-7　电动机速度仿真波形

调节输入电压时对应的电机速度见表 6-2。

表 6-2　　　　　　　　　　　　不同输入电压时的电动机速度

输入交流电压（V）	220	200	180
电动机速度（r/min）	1360	1323	1265

改变交流电源电压时，电机工作在机械特性的下降段，机械特性比较硬，调速范围不大，速度仿真波形现状大致相同。从速度波形看电机模型是有效的。由于转子外接了电阻，在 220V 输入电压时，转速低于额定转速。

二、开环交流调压调速系统的建模与仿真

图 6-8 为晶闸管开环交流调压调速系统的仿真模型。下面介绍各部分的建模与参数设置过程。

（一）系统的建模和模型参数设置

由图 6-8 可见，主电路由三相对称交流电压源、晶闸管三相交流调压器、触发器、交流异步电动机、电机信号分配器等部分组成。

下面讨论晶闸管三相交流调压器和电机信号分配器的建模和参数设置问题。

1. 晶闸管三相交流调压器的建模

晶闸管三相交流调压器通常采用三对反并联的晶闸管元件组成，单个晶闸管元件采用"相位控制"方式，利用电网自然换流。图 6-9（a）为晶闸管三相交流调压器的仿真模型，图 6-9（b）为三相交流调压器中晶闸管元件的参数设置情况。

图 6-9 是用单个晶闸管元件按三相交流调压器的接线要求搭建成的仿真模型，单个晶

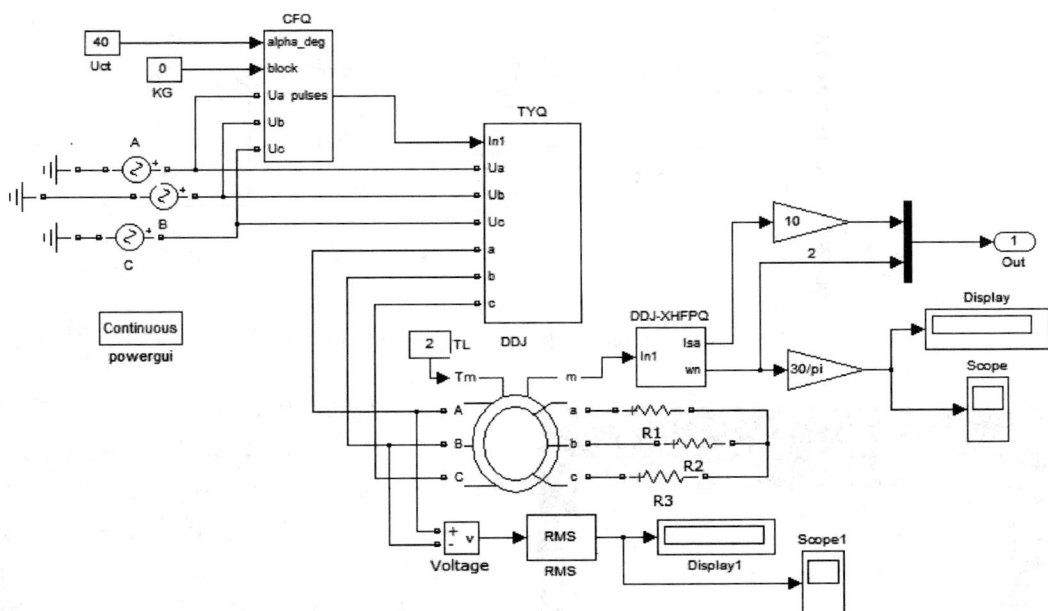

图 6-8　开环交流调压调速系统的仿真模型

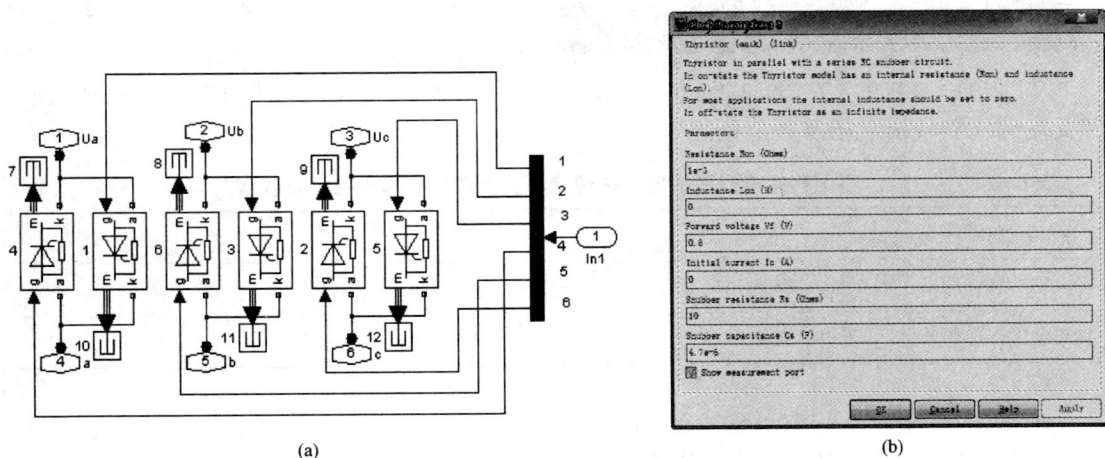

(a)　　　　　　　　　　　(b)

图 6-9　晶闸管三相交流调压器仿真模型和参数设置
(a) 仿真模型；(b) 晶闸管元件的参数设置

闸管元件的参数设置仍然遵循晶闸管整流桥的参数设置原则。

2. 电机信号分配器的建模和参数设置

R2012b 中没有现成的电机信号分配器模块，图 6-10 所示为自制的电机信号分配器模块以及图标。

晶闸管三相交流调压器的触发器与整流器的触发器相同；测试模块大部分与直流调速系统相同，只是交流调压器的输出采用 RMS 模块测量交流电压有效值；为了看清定子电流，对其进行了放大。另外，转子外接电阻 12.5Ω，负载取 2N·m，与上例相同。

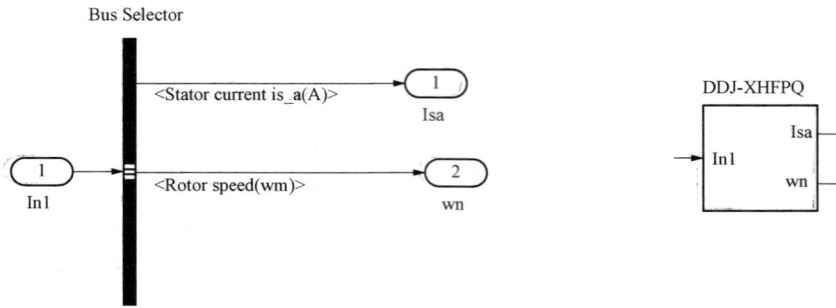

图 6-10 自制的电机信号分配器模块和图标

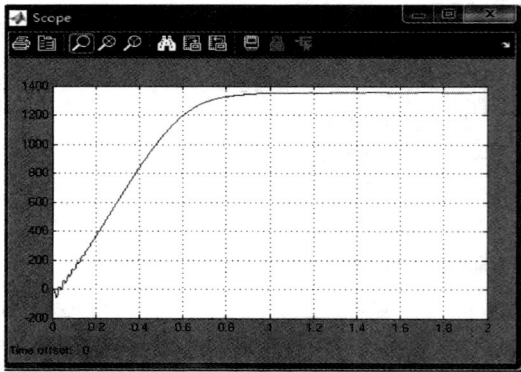

图 6-11 额定负载下的电机速度仿真波形

（二）系统的仿真参数设置

仿真所选择的算法为 ode23tb；仿真 Start time 设为 0，Stop time 设为 2。

（三）系统的仿真、仿真结果的输出及结果分析

当建模和参数设置完成后，即可开始进行仿真。

交流输入电压 220V，负载为 2N·m，$U_{ct}=40$ 时开环的晶闸管调压调速系统的速度仿真波形如图 6-11 所示。

不同移相输入电压时对应的电动机速度和交流调压器输出电压有效值见表 6-3。

表 6-3　　　　不同移相电压时的电动机速度和交流调压器输出电压有效值

移相输入电压（V）	30	40	50	60
电动机速度（r/min）	1358	1354	1347	1333
输出电压有效值（V）	269.4	261.1	252.8	240.7

由表 6-3 的数据，根据 $K_s=\Delta U/\Delta U_{ct}$ 以及取 K_s 平均值的计算方法，可以求得 $K_s=0.95$。因为没有进行偏置调整，所以移相输入电压与输出电压是单调下降的，从 K_s 小于 1 可知，晶闸管交流调压器是降压调压器。

三、 转速单闭环交流调压调速系统的建模与仿真

单闭环交流调压调速系统的电气原理结构图如图 6-12 所示。

图 6-13 为采用面向电气原理结构图方法构作的单闭环交流调压调速系统仿真模型。

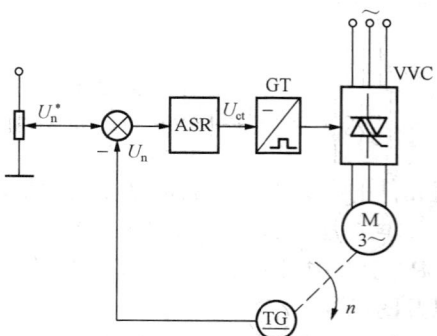

图 6-12 单闭环交流调压调速系统的
电气原理结构图

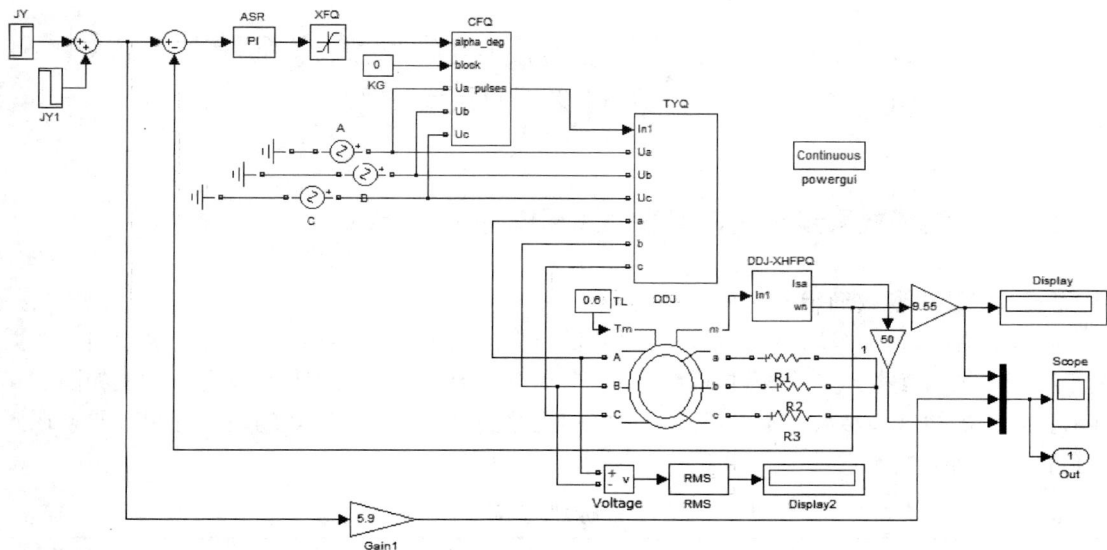

图6-13 单闭环交流调压调速系统的仿真模型

（一）系统的建模和模型参数设置

1. 主电路的建模和参数设置

主电路的建模和参数设置在前面已经讨论。

2. 控制电路的建模和参数设置

交流调压调速系统的控制电路包括给定环节、速度调节器ASR、限幅器、速度反馈环节等。它与单闭环直流调速系统没有什么区别。要说明的是：为了得到比较复杂的给定信号，这里仍采用了将简单信号源组合的方法。

控制电路的有关参数设置如下：

调节器的参数设置用前面的计算值，ASR参数为 $K_n = -1.47$、$K_\tau = K_n/\tau_n = 1.47/0.027 = 54.5$、上下限幅值为 $[180, -180]$；限幅器限幅值 $[180, 30]$；速度反馈系数取1。其他未作说明的为系统默认参数。

（二）系统的仿真参数设置

仿真所选择的算法为ode23tb；仿真 Start time 设为0，Stop time 设为7。

（三）系统的仿真、仿真结果的输出及结果分析

当建模和参数设置完成后，即可开始进行仿真。图6-14所示为单闭环交流调压调速系统的A相电流、给定转速和实际转速曲线。

从仿真结果可以看出：在稳态时，仿真系统的实际速度能实现对给定速度的良好跟踪；

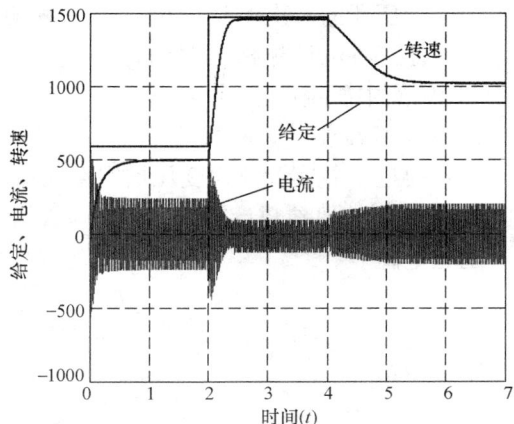

图6-14 交流调压调速系统的A相电流、给定转速和实际转速曲线

在过渡过程时，仿真系统的实际速度对阶跃给定信号的跟踪有一定的偏差。

6.2 绕线式异步电动机串级调速系统的工程计算和仿真实验

6.2.1 绕线式异步电动机串级调速系统的工程计算

一、电动机参数确定

实验装置上，串级调速系统所用的电动机与交流调压调速系统所用的电动机相同。根据生产厂家提供的参数，加上经过计算得到的电动机参数见表 6-4，参数设置对话框如图 6-6 所示。电动机的这些参数在上节已经通过电动机性能测试证明是有效的。为使用方便，在此补充后重新列举如下。

表 6-4   电 动 机 参 数

额定功率 P_N	额定电压 U_{1N}	转子额定电流 I_{2N}	额定转速 n_N	定子相电阻 R_s
100W	220V	0.55A	1420r/min	15.45Ω
短路阻抗 Z_k	短路电阻 R_k	短路漏抗 X_k	定子漏抗 X_s	转子电阻 R_r
47.84Ω	31.29Ω	36.2Ω	18.1Ω	3.33Ω
转子漏抗 X_r	转子电阻折算 R_r'	转子漏抗折算 X_r'	定子侧总漏抗 X	转子侧总漏抗 X'
3.81Ω	15.84Ω	18.1Ω	36.2Ω	7.62Ω
定子电感 L_s	转子电感 L_r	定转子互感 L_m	转动惯量 J	转子开路电压 E_{2N}（线电压）
0.0576H	0.012H	0.8H	0.01N·m	96V

二、逆变变压器参数的计算

1. 逆变变压器二次侧电压 U_2 的确定

逆变变压器的一次侧接电网，二次侧接晶闸管逆变器。在实验装置中，逆变变压器有高、中、低三种电压规格的绕组，分别是 220/110/55V，这里逆变变压器二次侧电压选择 $U_2 = 110V$ 的中压绕组。

2. 逆变变压器其他参数计算

(1) 通过空载实验测得变压器空载功率 $P_0 = 2.15W$，空载电流 $I_0 = 0.031\ 7A$，空载电压 $U_0 = 55V$。其他参数计算如下：

励磁电阻

$$R_m = \frac{P_0}{3 I_0^2} = \frac{2.15}{3 \times 0.031\ 7^2} \approx 713.2(\Omega)$$

励磁阻抗

$$Z_m = \frac{U_0}{\sqrt{3} I_0} = \frac{55}{\sqrt{3} \times 0.031\ 7} \approx 1002(\Omega)$$

励磁电抗

$$X_m = \sqrt{Z_m^2 - R_m^2} = \sqrt{1002^2 - 713.2^2} \approx 704(\Omega)$$

励磁电感值为

$$L_m = \frac{X_m}{2\pi f} = \frac{704}{314} \approx 2.242(\Omega)$$

下面是短路试验得到的数据，通过这些数据可以求出逆变变压器的有关参数。下标 k 表示短路试验，下标 1、2、3 分别表示高压、中压、低压三种绕组。

（2）通过变压器高压、中压绕组间的短路实验测得变压器短路功率 $P_{k12}=12.625W$，短路电流 $I_{k12}=0.395A$，短路电压 $U_{k12}=21.83V$。其他参数计算如下：

$$Z_{k12} = \frac{U_{k12}}{\sqrt{3}I_{k12}} = \frac{21.83}{\sqrt{3}\times 0.395} \approx 31.91(\Omega)$$

$$R_{k12} = \frac{P_{k12}}{3\times I_{k12}^2} = \frac{12.625}{3\times 0.395^2} \approx 26.97(\Omega)$$

$$X_{k12} = \sqrt{Z_{k12}^2 - R_{k12}^2} = \sqrt{31.91^2 - 26.97^2} \approx 17.05(\Omega)$$

（3）通过变压器高压、低压绕组间的短路实验测得变压器短路功率 $P_{k13}=11.75W$，短路电流 $I_{k13}=0.4A$，短路电压 $U_{k13}=26.08V$。其他参数计算如下：

$$Z_{k13} = \frac{26.08}{\sqrt{3}\times 0.4} \approx 37.64(\Omega), R_{k13} = \frac{11.75}{3\times 0.4^2} \approx 24.48(\Omega), X_{k13}=28.6(\Omega)$$

（4）通过变压器中压、低压绕组间的短路实验测得变压器短路功率 $P_{k23}=13.15W$，短路电流 $I_{k23}=0.8A$，短路电压 $U_{k23}=10.45V$。其他参数计算如下：

$$Z_{k23} = \frac{10.45}{\sqrt{3}\times 0.8} \approx 7.54(\Omega), R_{k23} = \frac{13.15}{3\times 0.8^2} \approx 6.85(\Omega), X_{k23}=3.15(\Omega)$$

（5）低压侧参数折算到中压侧的参数为

$$R'_{k23} = k_{23}^2 R_{k23} = 4\times 6.85 = 27.4(\Omega)$$

$$Z'_{k23} = k_{23}^2 Z_{k23} = 4\times 7.54 = 30.16(\Omega)$$

$$X'_{k23} = k_{23}^2 X_{k23} = 4\times 3.15 = 12.6(\Omega)$$

在三相变压器高、中、低压 3 个绕组中，仿真需要高压以及中压绕组的参数。

（6）计算得到的高压绕组参数为

$$Z_1 = \frac{1}{2}(Z_{k12} + Z_{k13} - Z'_{k23}) = 19.7(\Omega)$$

$$R_1 = \frac{1}{2}(R_{k12} + R_{k13} - R'_{k23}) = 12.03(\Omega)$$

$$X_1 = \frac{1}{2}(X_{k12} + X_{k13} - X'_{k23}) = 16.53(\Omega)$$

那么高压绕组的电感值为

$$L_1 = \frac{X_1}{2\pi f} = \frac{16.53}{314} \approx 0.0526(\Omega)$$

（7）计算得到的中压绕组参数为

$$Z_2 = \frac{1}{2}(Z_{k12} + Z'_{k23} - Z_{k13}) = 12.2(\Omega)$$

$$R_2 = \frac{1}{2}(R_{k12} + R'_{k23} - R_{k13}) = 14.9(\Omega)$$

$$X_2 = \frac{1}{2}(X_{k12} + X'_{k23} - X_{k13}) = 0.525(\Omega)$$

那么中压绕组的电感值为

$$L_2 = \frac{X_2}{2\pi f} = \frac{0.525}{314} \approx 0.001\,67(\Omega)$$

（8）逆变变压器二次侧电流 I_{2T}。根据选用的逆变变压器二次侧电压的规格可知，$U_2 = 110V$ 时，$I_{2T} = 0.788A$。

（9）变压器容量

$$S = \sqrt{3}U_2 I_{2T} = \sqrt{3} \times 110 \times 0.788 = 150(\text{V} \cdot \text{A})$$

（10）折算到直流侧等效电阻

$$R_t = 2R_T = 2\left(\frac{R_1}{2^2} + R_2\right) = 2 \times \left(\frac{12.03}{2^2} + 14.9\right) \approx 35.8(\Omega)$$

（11）折算到直流侧漏抗，即

$$X_T = \frac{X_1}{2^2} + X_2 = \frac{16.53}{2^2} + 0.525 = 4.68(\Omega)$$

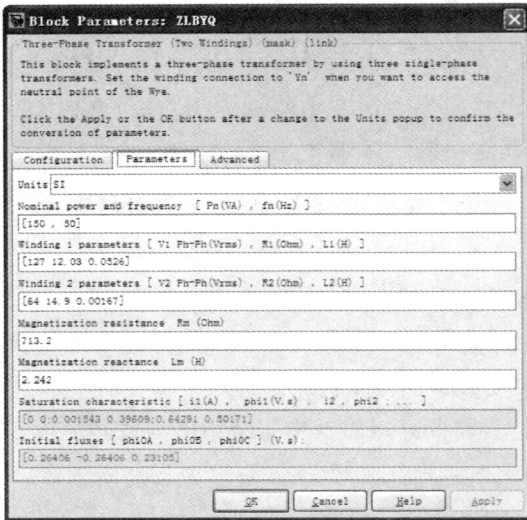

图 6-15　三相变压器参数设置对话框

因为三相变压器采用的是 Yy 接法，高、中压绕组变比为 2：1。当高压绕组电压规格为 127V 时，中压绕组的电压设置为 64V。仿真模型中三相变压器的参数设置对话框如图 6-15 所示。

三、直流回路平波电抗器的计算

在设计直流回路时，需要考虑直流回路电流是否连续，以及能否满足限制电流脉动的要求。一般来说，串入的电感值要大点，才能保证电流既能满足连续，也能满足限制其脉动的特点。

经过计算串入的平波电抗器电感值为 $L = 719.7\text{mH}$，平波电抗器直流电阻 $R_L = 1.01\Omega$。这时，转子直流回路总电感为 $L_\Sigma = 805\text{mH}$。

四、串级调速系统直流主回路的参数计算

1. 开路时转子的电动势 E_{d0}

$$E_{d0} = 1.35E_{2N} = 1.35 \times 96 = 129.6(\text{V})$$

2. 电动机的最低转速 n_{min}

考虑到串级调速系统的调速范围一般不大，约为 $D = 3$，所以

$$n_{min} = \frac{n_{max}}{D} = \frac{n_N}{3} = \frac{1420}{3} \approx 473(\text{r/min})$$

3. 电动机的最大转差率 s_{max}

$$s_{max} = \frac{n_0 - n_{min}}{n_0} = \frac{1500 - 473}{1500} \approx 0.685$$

在计算调节器参数时要用到 $s_{max}/2$，为此求得 $S_{max}/2 = 0.34$。

4. 直流回路总等效电阻

$$R_{s\Sigma} = \frac{3}{\pi}sX_{D0} + \frac{3}{\pi}X_T + 2R_D + 2R_T + R_L$$

$$= \frac{3}{\pi}\frac{s_{max}}{2}X_{D0} + \frac{3}{\pi}X_T + 2\left(\frac{s_{max}}{2}\frac{R_s}{K_D^2} + R_r\right) + 2\left(\frac{R_1}{K_T^2} + R_2\right) + R_L$$

$$= \frac{3}{\pi}\times0.34\times7.62 + \frac{3}{\pi}\times4.68 + 2\times\left(0.34\times\frac{15.45}{2.3^2} + 3.33\right)$$

$$+ 2\times\left(\frac{12.03}{2^2} + 14.9\right) + 1.01$$

$$= 52.4(\Omega)$$

其中　　　　　　　$$K_D = \frac{U_{1N}}{E_{2N}} = \frac{220}{96} \approx 2.3, \; K_T = 2$$

5. 直流回路最大整流电流 I_{dm} 和工作点电流 I_{dN}

$$I_{dm} = 1.05\lambda\frac{I_{2N}}{K_{IV}} = 1.05\times2\times\frac{0.55}{0.816} \approx 1.42(A)$$

又因 $I_{dm} = \lambda I_{dN}$，则 $I_{dN} = \frac{I_{dm}}{\lambda}$。当 $\lambda = 2$ 时，$I_{dN} = \frac{I_{dm}}{2} = 0.71$（A）。其中，$\lambda$ 为电动机过载倍数，取 $\lambda = 2$，$K_{IV} = 0.816$。

6. 电动势系数 C_e' ［见式（4-5）］

$$C_e' = \frac{E_{d0} - \frac{3}{\pi}X_{D0}I_d}{n_0} = \frac{E_{d0} - \frac{3}{\pi}X_{D0}\frac{I_{dm}}{2}}{n_0} = \frac{129.6 - \frac{3}{\pi}\times7.62\times\frac{1.42}{2}}{1500}$$

$$\approx 0.083(V\cdot min)/r$$

7. 接入串级调速装置后系统能够达到的最高转速 n_{XTmax}

$$n_{XTmax} = \frac{E_{d0} - R_{s\Sigma}I_{dN}}{C_e} = \frac{129.6 - 52.4\times0.71}{0.083} = 1113(r/min)$$

8. 转速降低系数 K_n

$$K_n = \frac{n_{XTmax}}{n_N} = \frac{1113}{1420} \approx 0.784$$

9. 直流回路电磁时间常数 T_{Ln}

$$T_{Ln} = \frac{L_{\Sigma}}{R_{s\Sigma}} = \frac{0.805}{52.4} \approx 0.0154(s)$$

10. 直流回路放大系数 K_{Ln}

$$K_{Ln} = \frac{1}{R_{s\Sigma}} = \frac{1}{52.4} \approx 0.019$$

11. 触发逆变装置的放大系数 K_s

K_s 与直流系统中的晶闸管整流器相同，取 4.7。

6.2.2　电流环和转速环的设计

双闭环串级调速系统的动态结构图如图 6-16 所示。双闭环串级调速系统中除电动机外，其他环节的传递函数，与双闭环直流调速系统是一致的。

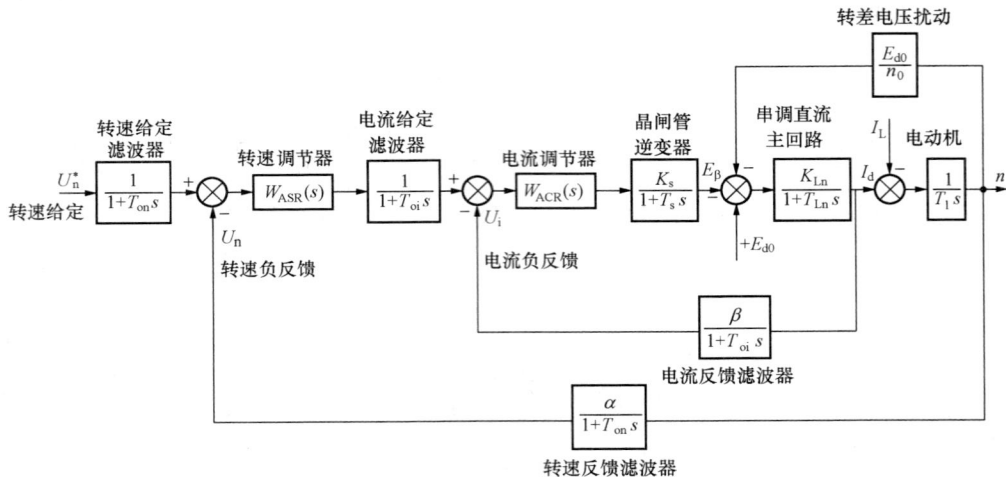

图 6-16　双闭环串级调速系统的动态结构图

双闭环串级调速系统的设计方法与双闭环直流调速系统基本相同，通常也采用工程设计方法。先设计电流环，然后将设计好的电流环看作是速度环中的一个等效环节，再进行转速环的设计。

在应用工程设计方法进行动态设计时，电流环宜按典型 I 型系统设计，转速环宜按典型 II 型系统设计，但由于串级调速系统直流主回路中的放大系数 K_{Ln} 和时间常数 T_{Ln} 都是转速 n 的函数，不是常数，所以电流环是一个非定常系统。另外，绕线式异步电动机的系数 T_1 也不是常数，而是电流 I_d 的函数，这是和直流调速系统设计的不同之处。

目前，工程设计时常用的处理方法是将电流环当作定常系统，按 $s_{max}/2$ 时所确定的 K_{Ln} 和 T_{Ln} 值去计算电流调节器的参数。转速环一般按典型 II 型系统设计，由于电机环节的积分时间常数 T_1 非定常，所以在设计时，可以选用与实际运行工作点电流值 I_d 相对应的 T_1 值，然后按定常系统进行设计。

一、电流环的设计

1. 时间常数确定

（1）电流滤波时间常数。通常取 $T_{oi}=0.002s$。实验证明，如果取值过小，它不能完全滤除掉谐波信号；如果时间太长，会影响系统的过渡过程。

（2）逆变装置滞后时间常数 T_s。实验装置采用的是三相桥式逆变电路，通常取 $T_s=0.0017s$。

（3）电流环小时间常数 $T_{\Sigma i}$。通过电流环小惯性环节的近似处理求得

$$T_{\Sigma i} = T_s + T_{oi} = 0.0017 + 0.002 = 0.0037(s)$$

2. 电流环的动态设计过程

电流环动态结构图及简化过程如图 6-17 所示。

（1）电流环按典型 I 型系统设计。按照 $s=s_{max}/2$ 计算得到的 K_{Ln}、K_{Ln} 去设计电流环，可以认为电流环是定常系统，设计方法与直流双闭环系统相同。

（2）电流调节器的类型选择。电流环的开环传递函数为

$$W_{opi}(s) = W_{ACR}(s) \frac{\beta K_s K_{Ln}}{(T_{\Sigma i}s+1)(T_{Ln}s+1)}$$

(a)

(b)

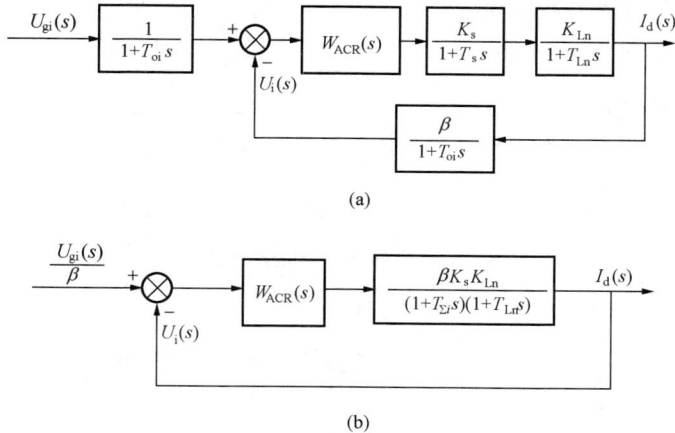

图 6-17　电流环动态结构图及简化过程

（a）电流环动态结构图；（b）化简后的电流环动态结构图

电流调节器选用 PI 调节器，其传递函数为

$$W_{ACR}(s) = K_i \frac{\tau_i s + 1}{\tau_i s}$$

（3）电流调节器的参数选择。由于 $T_{Ln} > T_{\Sigma i}$，所以取 $\tau_i = T_{Ln}$。这样可消去大的惯性环节，提高系统的快速性。根据图 6-7（b）可得

$$W_{opi}(s) = K_i \frac{\tau_i s + 1}{\tau_i s} \frac{\beta K_s K_{Ln}}{(T_{\Sigma i} s + 1)(T_{Ln} s + 1)}$$

$$= \frac{K_i \beta K_s K_{Ln}}{T_{Ln}} \frac{1}{s(T_{\Sigma i} s + 1)} = \frac{K_I}{s(Ts + 1)}$$

由此得到

$$K_i = \frac{K_I T_{Ln}}{\beta K_s K_{Ln}}, \ \tau_i = T_{Ln}$$

电流环反馈系数

$$\beta = \frac{U_{gim}}{I_{dm}} = \frac{8}{1.42} \approx 5.6$$

按照典型 I 型最佳参数方法选择 KT 参数，则 $K_I T = 0.5$，其中 $T = T_{\Sigma i} = 0.003 7s$。可求得

$$K_I = \frac{0.5}{T} = \frac{0.5}{T_{\Sigma i}} = \frac{0.5}{0.003 7} \approx 135$$

从而得到

$$K_i = \frac{K_I T_{Ln}}{\beta K_s K_{Ln}} = \frac{135 \times 0.015 3}{5.6 \times 4.7 \times 0.019} \approx 4.13, \ \tau_i = T_{Ln} = 0.015 3s$$

二、转速环的设计

1. 电流环的等效传递函数和转速环动态结构图

（1）电流环的等效传递函数为

$$W_{cli}(s) \approx \frac{1/\beta}{2T_{\Sigma i} s + 1}$$

（2）转速环动态结构图如图 6-18 所示。

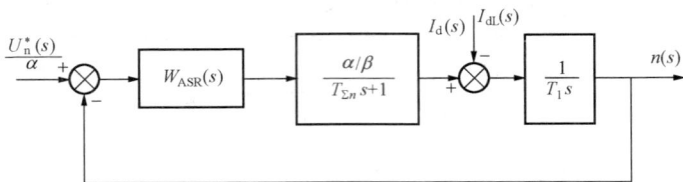

图 6-18　转速环动态结构图

2. 转速环参数计算

（1）转速反馈滤波时间常数 T_{on}。转速反馈滤波时间常数的数值是根据测速发电机的控制要求而定的，一般取 $T_{on}=0.01s$。

（2）转速环小时间常数为

$$T_{\Sigma n}=2T_{\Sigma i}+T_{on}=2\times0.003\,7+0.01=0.017\,4(s)$$

电动机的同步转速 $n_0=1500r/min$，那么电动机的同步角转速 ω_s 为

$$\omega_s=\frac{2\pi n_0}{60}=\frac{2\times\pi\times1500}{60}=157(rad/s)$$

在额定电流 I_{dN} 作用时，串级调速系统下电动机运行的额定转矩系数 C_m 为

$$C_m=\frac{1}{\omega_s}\left(E_{d0}-\frac{3X_{D0}I_{dN}}{\pi}\right)=\frac{1}{157}\times\left(129.6-\frac{3\times7.62\times0.71}{\pi}\right)=0.793[(N\cdot m)/A]$$

电动机的转动惯量 $J=0.01kg\cdot m^2$，则

$$GD^2=4gJ=4\times9.8\times0.01=0.392(N\cdot m^2)$$

所以电动机的积分时间常数 T_I 为

$$T_I=\frac{GD^2}{375}\frac{1}{C_m}=\frac{0.392}{375}\times\frac{1}{0.794}\approx0.001\,3(s)$$

3. 转速调节器的类型选择

在转速电流双闭环控制的调速系统中，电流环通常设计成典型 I 型，转速环设计成典型 II 型。为此转速调节器应该选择 PI 调节器。其传递函数为

$$W_{ASR}(s)=K_n\frac{\tau_n s+1}{\tau_n s}$$

4. 转速调节器的参数选择

转速环开环传递函数

$$W_{opn}(s)=\frac{K_n(\tau_n s+1)}{\tau_n s}\frac{\alpha/\beta}{T_{\Sigma n}s+1}\frac{1}{T_I s}=\frac{K_N(\tau s+1)}{s^2(Ts+1)}$$

比较等式两边系数，得到

$$K_N=\frac{K_n\alpha}{\beta\tau_n T_I},\ T=T_{\Sigma n}$$

$$K_N=\frac{h+1}{2h^2T_{\Sigma n}^2}=\frac{5+1}{2\times5^2\times0.017\,4^2}\approx396$$

所以，ASR 调节器参数 $\tau_n=hT_{\Sigma n}=5\times0.017\,4=0.087(s)$；而 $K_n=K_N\frac{\beta\tau_n T_I}{\alpha}$，$T_I=$0.001 3s。则

$$K_n = \frac{K_N \beta \tau_n T_I}{\alpha} = \frac{396 \times 5.63 \times 0.087 \times 0.001\,3}{1} = 0.252$$

6.2.3　晶闸管双闭环串级调速系统的仿真实验

晶闸管串级调速系统的电气原理结构图如图 6-19 所示。下面介绍各部分的建模与参数设置过程。

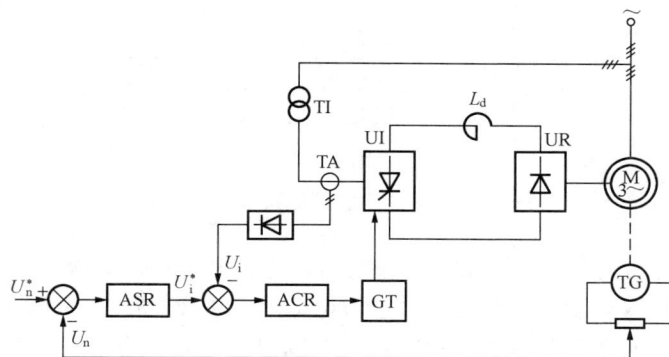

图 6-19　晶闸管串级调速系统的电气原理结构图

一、　系统的建模和模型参数设置

1. 主电路的建模和参数设置

晶闸管串级调速系统的主电路由三相对称交流电压源、绕线式交流异步电动机、二极管转子整流器、平波电抗器、晶闸管逆变器、逆变变压器、电机测试信号分配器等部分组成。图 6-20 所示为晶闸管串级调速系统除三相对称交流电压源、电机测试信号分配器之外的主电路子系统仿真模型，脉冲触发电路 CFQ 也归在主电路中。

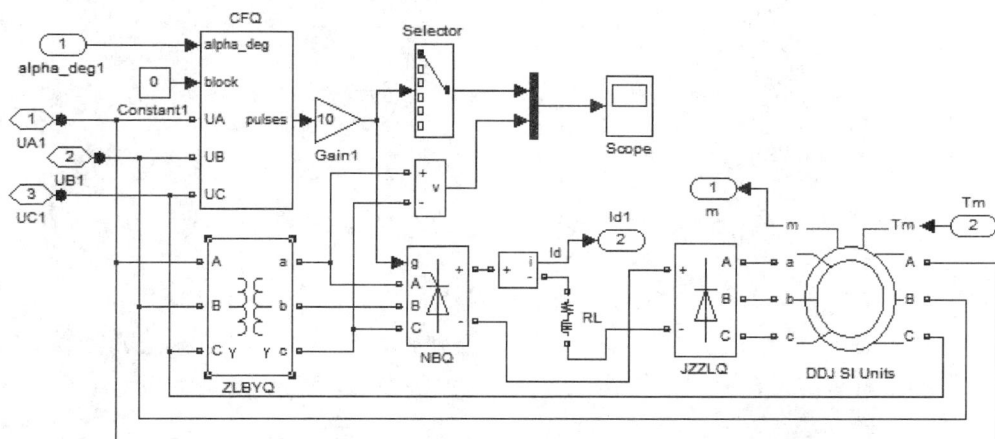

图 6-20　晶闸管串级调速系统主电路子系统仿真模型

图 6-21 所示为晶闸管串级调速系统的仿真模型。串级调速系统主电路子系统接上三相对称交流电压源、电机测试信号分配器和其他测量装置等模块后的仿真模型也包括在其中。

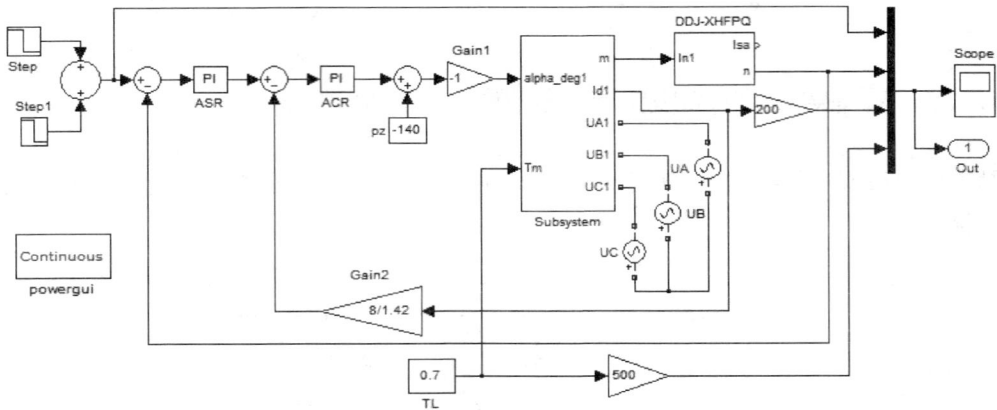

图 6-21 晶闸管串级调速系统的仿真模型

在图 6-20 的仿真模型中，同步脉冲触发器、平波电抗器、交流异步电动机（此处选择绕线式）的建模和参数设置在前面已经做过讨论，此处主要讨论二极管转子整流器、晶闸管逆变器、逆变变压器的建模和参数设置问题。本模型三相电源的相序是 C-A-B。

（1）二极管转子整流器的建模和参数设置。按 SimPowerSystems/Power Electronics/Universal Bridge 路径，在电力电子模块组中找到通用变流器桥。电力电子元件类型选择二极管，其标签为"JZZLQ"。图 6-22 为转子整流器的参数设置情况。

（2）晶闸管逆变器的建模和参数设置。同样在电力电子模块组中找到通用变流器桥。电力电子元件类型选择晶闸管，其标签为"NBQ"。图 6-23 为晶闸管逆变器的参数设置情况。

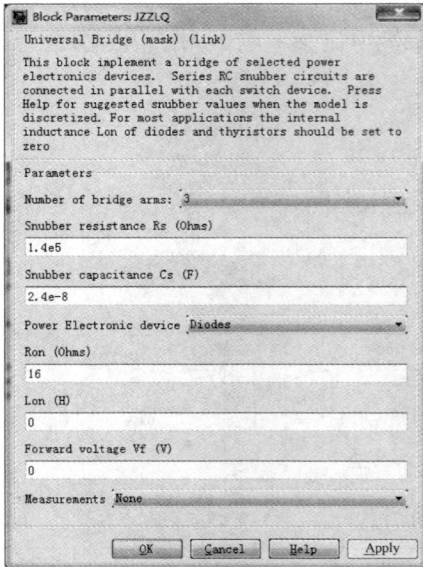

图 6-22 转子整流器的参数设置图

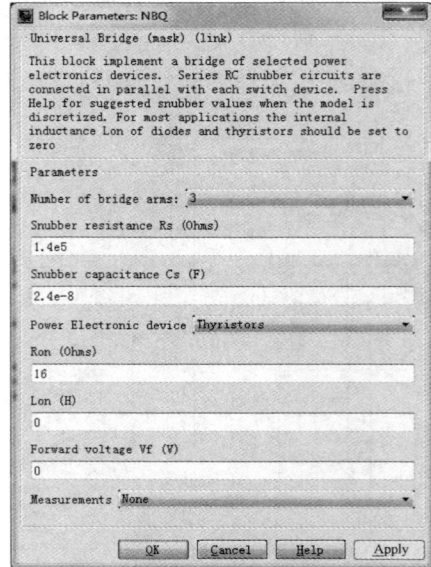

图 6-23 晶闸管逆变器的参数设置

（3）逆变变压器的建模和参数设置。按"SimPowerSystems/Elements/Three-Phase Transformer（Two-Windings）"路径从元件模块组中选取"Three-Phase Transformer

（Two‑Windings）"模块，其标签为"ZLBYQ"。"逆变变压器"的参数设置如图 6‑15 所示。逆变变压器的参数设置是根据工程计算得到的。

2．控制电路的建模和参数设置

由图 6‑21 可见，晶闸管串级调速系统的控制电路包括给定环节、速度调节器 ASR、电流调节器 ACR、限幅器、速度和电流反馈环节等。这些与双闭环直流调速系统的控制电路仿真模型没有什么区别，同步脉冲触发器也一样。晶闸管串级调速系统比较复杂，为了得到较好的性能，在控制电路的参数设置时，需要进行参数优化。本模型的转速调节器、电流调节器的参数是根据计算得到的。

闭环系统有两个 PI 调节器。即 ACR 和 ASR。这两个调节器的参数设置对话框如图 6‑24 和图 6‑25 所示。偏置为−140，给定信号由阶跃信号组合得到，详见图 6‑26。其他未详尽说明的参数与双闭环系统相同。

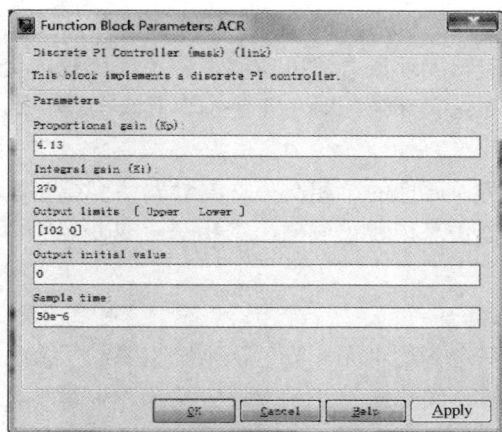

图 6‑24 ACR 参数设置对话框   图 6‑25 ASR 参数设置对话框

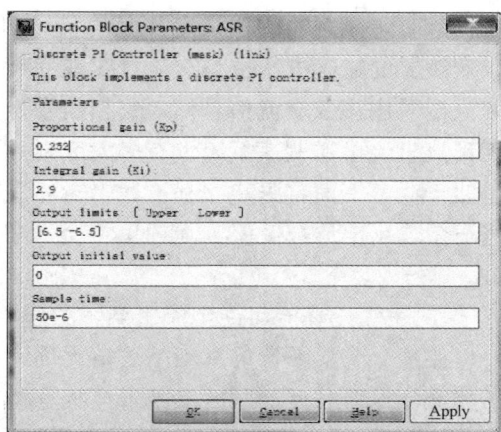

二、 系统的仿真参数设置

经仿真实验比较后，所选择的算法为 ode23t；仿真 Start time 设为 0，Stop time 设为 10。

三、 系统的仿真、 仿真结果的输出及结果分析

当建模和参数设置完成后，即可开始进行仿真。图 6‑26 所示为晶闸管串级调速系统的给定、实际转速、负载转矩和直流主回路电流曲线。

从仿真结果可以看出：在稳态时，仿真系统的实际速度能实现对给定速度的良好跟踪；在过渡过程中，仿真系统的实际速度对阶跃给定信号的跟踪有一定的偏差。另外，当负载转矩变化时，速度稍微有点波动，但经过系统自身的调节，很快得到恢复，读者可以输入变化的负载观察对速度的影响。

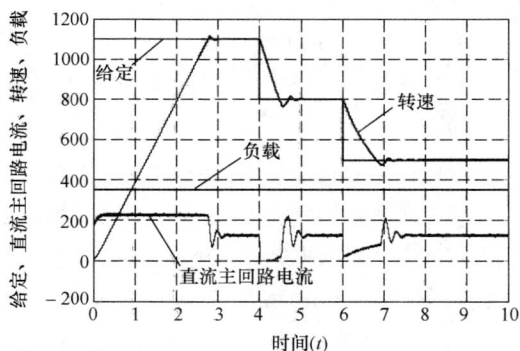

图 6‑26 晶闸管串级调速系统的给定转速、实际转速和负载转矩曲线

281

6.3 交流异步电动机变频调速系统的建模与仿真

6.3.1 交—交变频调速系统的建模与仿真

方波型交—交变频器的晶闸管整流时，其控制角 α 是一个恒值，该整流组的输出电压平均值也保持恒定。若使控制角 α 在某一组整流工作时，由大到小再变大，如从 $\pi/2 \to 0 \to \pi/2$，这样必然引起整流输出平均电压由低到高再到低的变化，输出按正弦规律变化的电压。

交—交变频基于可逆整流，单相输出的交—交变频器实质上是一套逻辑无环流三相桥式反并联可逆整流装置，装置中的晶闸管靠交流电源自然换流。当触发装置的移相控制信号是直流信号时，变频器的输出电压是直流，可用于可逆直流调速；若移相控制信号是交流信号，变频器的输出电压也是交流，实现变频。和逻辑无环流直流可逆调速系统相比较，交—交变频器采用正弦交流信号作为移相信号，并且要求无环流死时小于1ms，其余与第1章逻辑无环流直流可逆调速系统没有多大区别。

鉴于此，下面首先建立基于逻辑无环流直流可逆原理的单相交—交变频器仿真模型，然后将三个输出电压彼此差120°的单相交—交变频器仿真模型组成一个三相交—交变频器仿真模型。

一、 逻辑无环流可逆电流子系统的建模及仿真

单相交—交变频器的基础是逻辑无环流可逆系统，逻辑无环流可逆系统主要的子模块包括三相交流电源、反并联的晶闸管三相全控整流桥、同步6脉冲触发器、电流控制器 ACR、逻辑切换装置 DLC。除了同步6脉冲触发器、逻辑切换装置 DLC 模块需要自己封装外，其余均可从有关模块库中直接复制。

同步6脉冲触发器已经讨论过，此处不再重复，下面讨论逻辑切换装置 DLC 子系统的建模。用于交—交变频器的逻辑无环流可逆系统除了要求无环流切换死时小于1ms，以及采用正弦交流信号作为移相信号外，其他都与逻辑无环流直流可逆系统一样。

1. 逻辑切换装置 DLC 子系统的建模

在逻辑无环流可逆系统中，DLC 是一个核心装置，其任务是：在正组晶闸管桥 Bridge 工作时开放正组脉冲，封锁反组脉冲；在反组晶闸管桥 Bridge1 工作时开放反组脉冲，封锁正组脉冲。

根据 DLC 的工作要求，它应由电平检测、逻辑判断、延时电路和连锁保护四部分组成。

（1）电平检测器的建模。电平检测的功能是将模拟量转换成数字量供后续电路使用，它包括转矩极性鉴别器和零电流鉴别器，它将转矩极性信号 U_i^* 和零电流检测信号 U_{i0} 转换成数字量供逻辑电路使用，在实际系统中是用工作在继电状态的运算放大器构成，而用 MATLAB 建模时，可按路径 Simulink/Discontinuities/Relay 选择 "Relay" 模块来实现。

（2）逻辑判断电路的建模。逻辑判断电路根据可逆系统正反向运行要求，经逻辑运算后发出逻辑切换指令，封锁原工作组，开放另一组。其逻辑控制要求为

$$U_F = \bar{U}_R + U_T U_Z$$
$$U_R = \bar{U}_F + \bar{U}_T U_Z$$

有关符号含义如图 6-27 所示，利用路径 Simulink/Logic and Bit Operations/ Logical Operator 选择"Logical Operator"模块可实现上述功能。

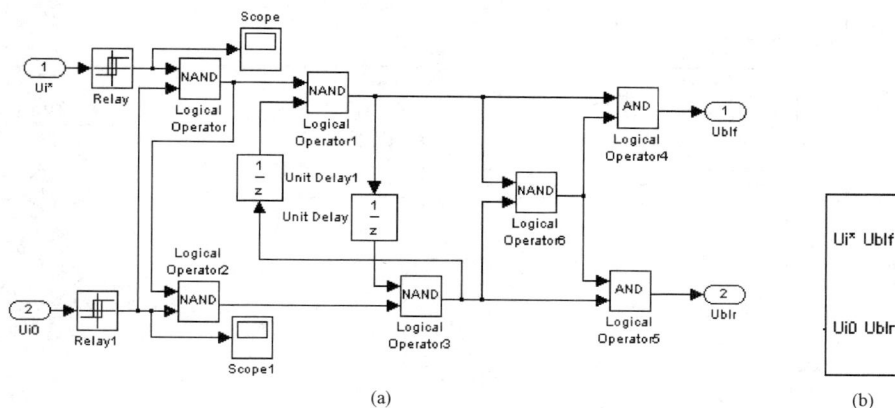

图 6-27　DLC 仿真模型及模块符号
(a) DLC 仿真模型；(b) DLC 模块符号

（3）延时电路的建模。在逻辑判断电路发出切换指令后，必须经过封锁延时 $t_{d1}=3\text{ms}$ 才能封锁原导通组脉冲，再经开放延时 $t_{d2}=7\text{ms}$ 后才能开放另一组脉冲。在数字逻辑电路的 DLC 装置中是在与非门前加二极管及电容来实现延时，它利用了集成芯片内部电路的特性。计算机仿真是基于数值计算，不可能通过加二极管和电容来实现延时。通过对数字逻辑电路的 DLC 装置功能分析发现：当逻辑电路的输出 $U_f(U_r)$ 由"0"变"1"时，延时电路应产生延时；当由"1"变"0"或状态不变时，不产生延时。根据这一特点，利用 Simulink 工具箱中 Discrete 模块组中的单位延迟（Unit Delay）模块，按功能要求连接即可得到满足系统延时要求的仿真模型，见图 6-27 中有关部分。

（4）连锁保护电路建模。DLC 装置的最后部分为逻辑连锁保护环节。正常时，逻辑电路输出状态 U_{blf} 和 U_{blr} 总是相反的。一旦 DLC 发生故障，使 U_{blf} 和 U_{blr} 同时为"1"，将造成两个晶闸管桥同时开放，必须避免此情况。利用 Simulink 工具箱的 Logic and Bit Operations 模块组中的逻辑运算（Logical Operator）模块可实现多"1"保护功能。

2. 逻辑无环流可逆电流子系统的建模

从 DLC 的工作原理可知，在逻辑无环流直流可逆系统中，任何时候只有一套触发电路在工作。所以，实际系统通常采用选触工作方式。按选触方式工作的、带电流负反馈的逻辑无环流可逆电流子系统的仿真模型如图 6-28（a）所示，封装后的子系统模块符号如图 6-28（b）所示。

二、 逻辑无环流直流可逆变流器的建模及仿真

当逻辑无环流可逆电流子系统带上负载，并且采用恒定直流给定信号进行移相控制时，就构成了逻辑无环流直流可逆变流器，其仿真模型如图 6-29（a）。为了验证系统的正确性，以 RL 负载为例进行仿真实验。

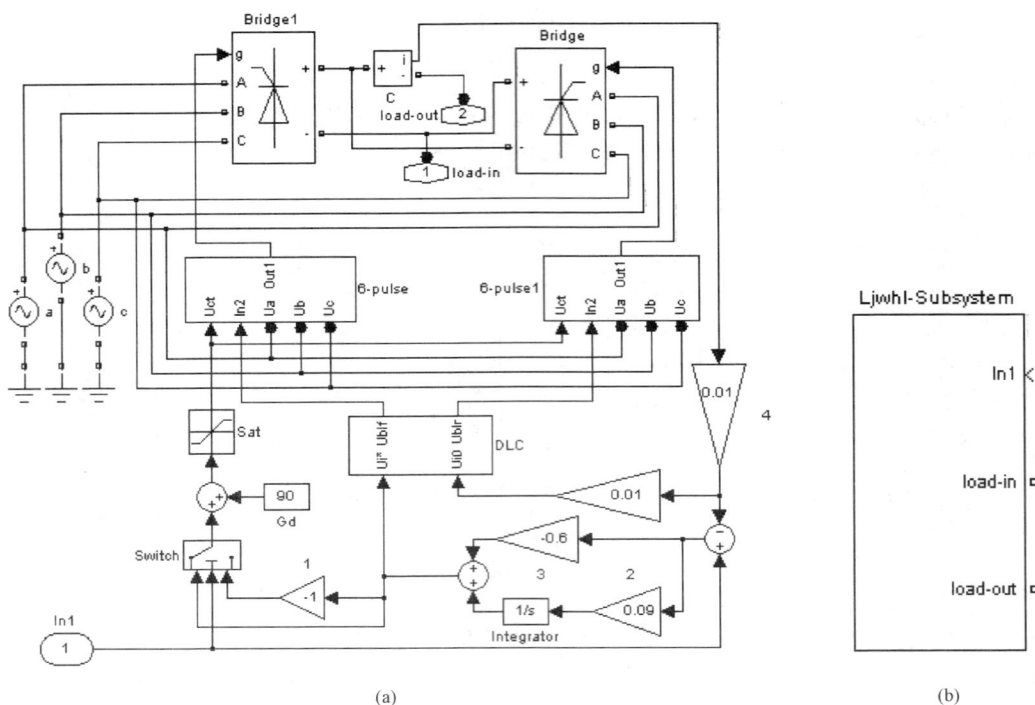

图 6-28　带电流负反馈的逻辑无环流可逆电流子系统仿真模型和子系统模块符号

（a）可逆电流子系统仿真模型；（b）子系统模块符号

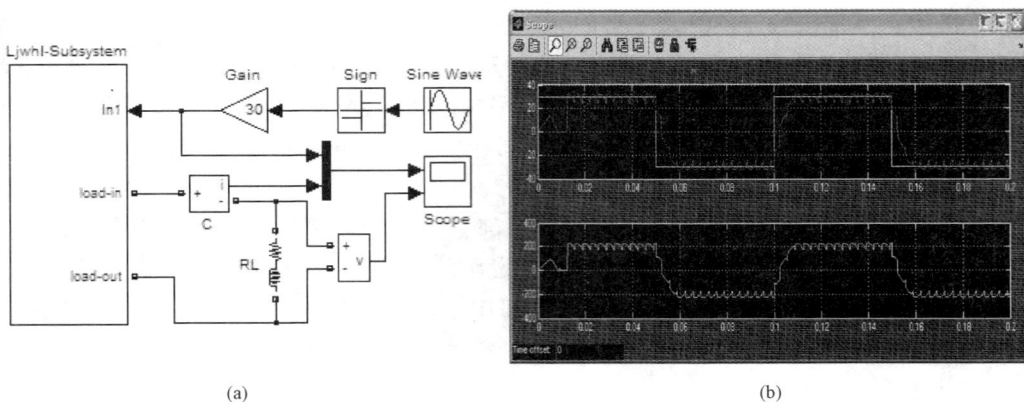

图 6-29　逻辑无环流直流可逆变流器仿真模型和电流波形

（a）可逆变流器仿真模型；（b）可逆变流器电流波形

系统主要环节的参数如下：

（1）交流电源。工频、幅值 133V；晶闸管整流桥参数：缓冲（snubber）电阻 $R_s = 500\Omega$、缓冲电容 $C_s = 0.1\mu F$、通态内阻 $R_{on} = 0.001\Omega$、管压降 0.8V。

（2）负载参数。负载电阻 $R = 7\Omega$、负载电感 $L = 0.5mH$；给定信号源由正弦信号源、符号函数、放大器共同组成，以获得正、负给定信号。

系统仿真结果如图 6-29（b）所示，从负载电流波形可见，当给定信号（图中方波）变极性时，输出电流（图中非光滑的那条曲线）也变极性，实现可逆变流。

三、 单相交—交变频器的建模与仿真

当逻辑无环流可逆变流器采用正弦信号作为移相控制信号时，则逻辑无环流可逆变流器成为单相交—交变频器。具体建模时，只要将图 6-29（a）中变流器的直流给定信号换成正弦给定信号，并使逻辑切换装置 DLC 的总延时不超过 1ms，其他参数不变。图 6-30 上层图中光滑的是正弦参考信号曲线，带锯齿的曲线即为单相交—交变频器的电流输出实际波形，它非常接近于参考信号曲线；下层图形为负载电压波形。

系统中的交流电源、晶闸管整流桥参数与上个系统相同；负载电阻 $R=2\Omega$，负载电感 $L=4mH$；给定信号源是正弦信号源。

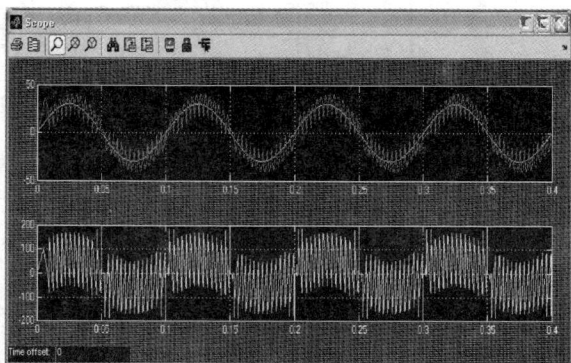

图 6-30　单相交—交变频器输出电流和
负载电压波形

四、 三相交—交变频器仿真

1. 三相交—交变频器的建模

大容量三相交—交变频器输出通常采用 Y 形连接方式，即将三个单相输出交—交变频器的一个输出端连在一起，另一输出端 Y 输出。三相交—交变频器仿真模型结构图如图 6-31（a）所示。本例负载为串联 RL 负载，负载采用 Y

连接，三根引出线与变频器的三根输出线对应相连，移相控制信号 sinA、sinB、sinC 为三个相位互差 120°的正弦给定信号，Dxjjbpq、Dxjjbpq1、Dxjjbpq2 为三个经过封装的单相交—交变频器。

2. 三相交—交变频器的仿真

三相交—交变频器的仿真参数：负载电阻为 1Ω，负载电感为 5mH；工频三相对称交流电源，A、B、C 相幅值 133V；正弦波，sinA、sinB、sinC 幅值为 30，频率为 10Hz。

图 6-31（b）中光滑的波形为正弦波波形，非光滑的波形为三相交—交变频器输出波形。仿真结果表明：三相交—交变频器的输出波形接近于正弦波波形，改变正弦波频率时，三相交—交变频器的输出波形频率也改变，实现变频。

晶闸管交—交变频器在大功率场合有很高的实用价值，上述提出的三相交—交变频器建模方法不依赖于数学模型，所建立的三相交—交变频器模型为后面研究高性能的交—交变频器调速系统奠定了坚实的基础。

五、 交—交变频异步电动机转速开环调速系统的建模与仿真

将构作好的三相交—交变频器和异步电动机组成一个最简单的转速开环交—交变频调速系统，以检验其变频效果。图 6-32（a）为转速开环调速系统的仿真模型，它是将图 6-31（a）中的 RL 负载换成异步电动机负载而得到的。图 6-32（b）、（c）分别为三相交—交变频器输出频率 f 为 5Hz 和 10Hz 时，异步电动机定子三相电流中的 A 相电流、转速波形。有关仿真参数如下：

三相正弦给定信号，幅值为 30、频率为 5Hz 和 10Hz。工频三相对称交流电源，A、B、

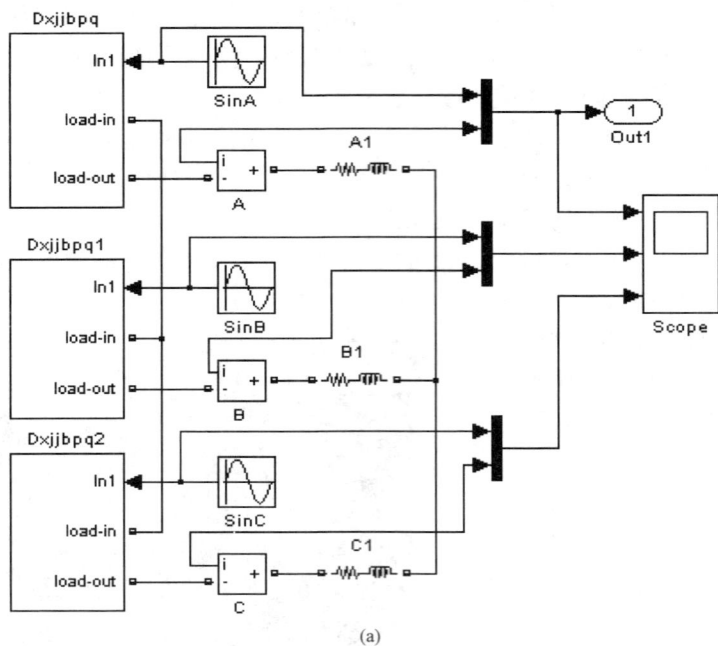

(a)

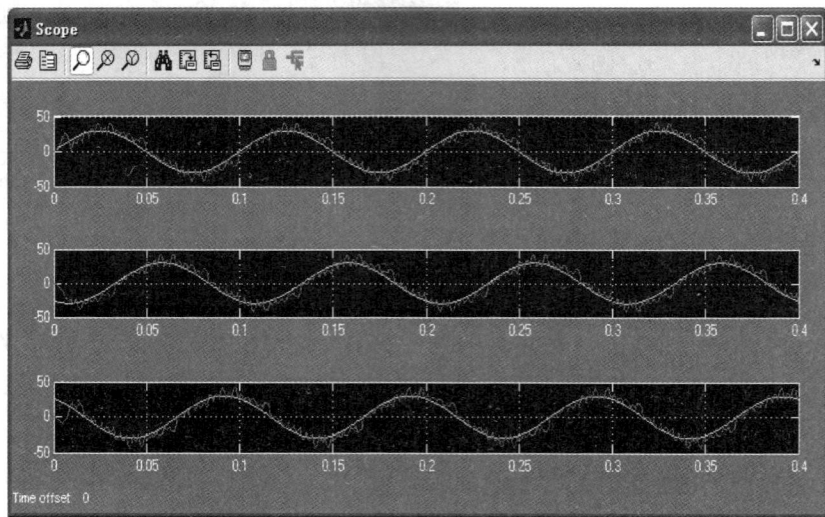

(b)

图 6-31 三相交—交变频器仿真模型结构图及电流输出波形

(a) 三相交—交变频器仿真模型；(b) 三相交—交变频器电流波形

C 相幅值为 133V。异步电动机参数，$U_N = 220V$，$P_N = 2.2kW$，$f_N = 50Hz$，$R_s = 2\Omega$，$R_r = 2\Omega$，$L_{1l} = L_{2l} = 10mH$，$L_m = 69.31mH$，转动惯量 $J = 2kg \cdot m^2$；极对数为 2，采用同步旋转坐标系。

由于未采用高性能电机控制策略，调速系统性能还不够好，但已能看到交—交变频的变频调速效果。

(a)

(b)

(c)

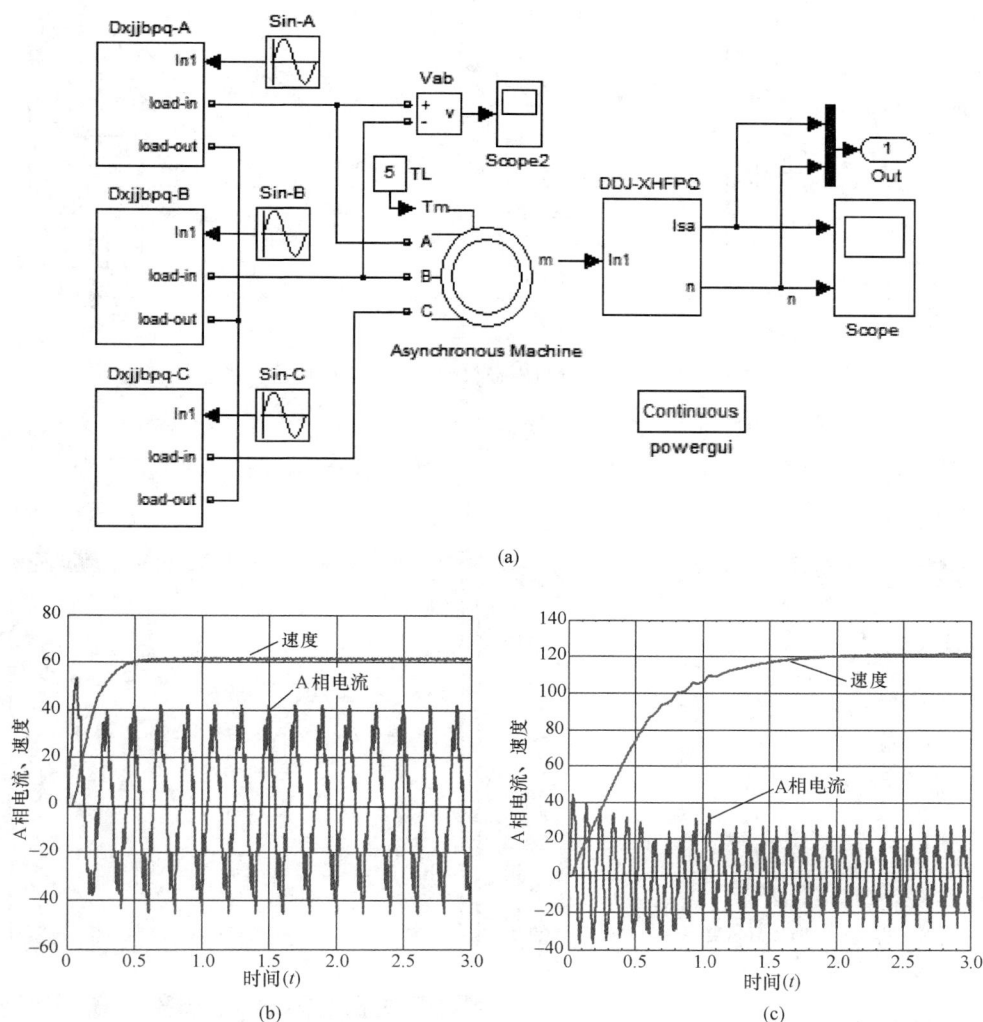

图 6 - 32　交—交变频开环调速系统仿真模型及电机定子 A 相输出电流和转速波形
（a）调速系统仿真模型；（b）$f=5\text{Hz}$ 时的定子 A 相电流和转速波形；（c）$f=10\text{Hz}$ 时的定子 A 相电流和转速波形

6.3.2　交—直—交变频调速系统的建模与仿真

图 6 - 33 所示为一个交—直—交变频调速系统的仿真模型。下面介绍各部分的建模与参数设置过程。

一、 系统的建模和模型参数设置

1. 主电路的建模和参数设置

由图 6 - 33 可见，异步电动机变频调速系统的主电路由交—直—交变频器、交流异步电动机、测量装置等部分组成。测量装置的建模在图中比较明确，此处只对交—直—交变频器和交流异步电动机的建模和参数设置问题作一简要说明。

（1）交—直—交变频器的建模和参数设置。交—直—交变频器由三相交流电源、二极管

287

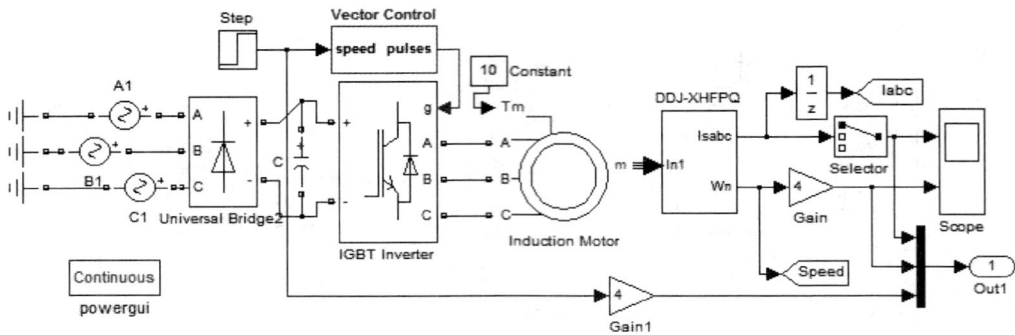

图 6-33　交—直—交异步电动机变频调速系统的仿真模型

整流器、滤波电容器和 IGBT 逆变器组成，这是一个电压型的交—直—交变频器。三相交流电源的 A 相电源、二极管整流器、滤波电容器、IGBT 逆变器的参数设置对话框分别如图 6-34（a）～（d）所示。

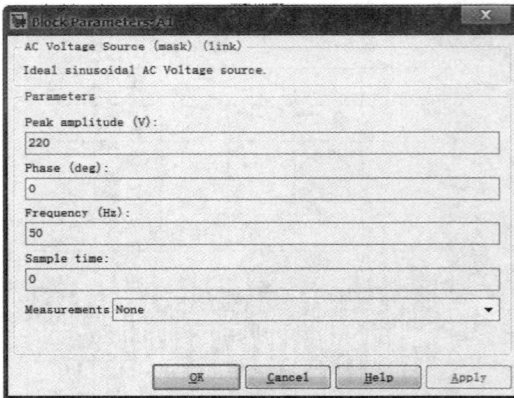

(a)

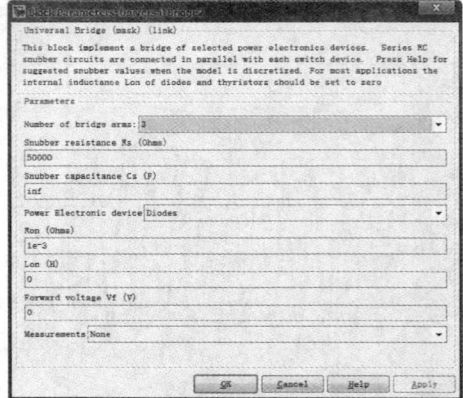

(b)

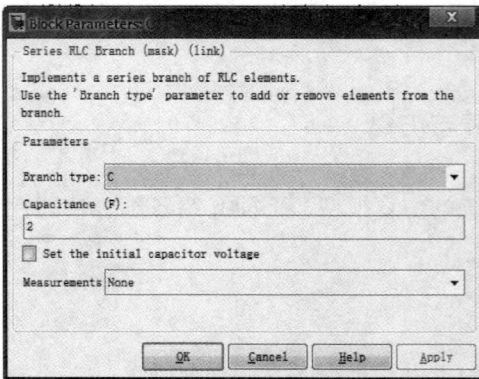

(c)

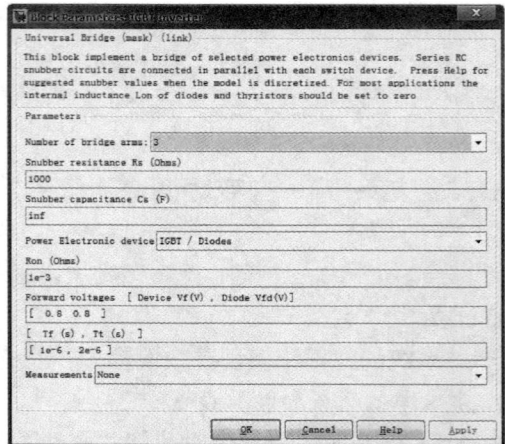

(d)

图 6-34　A 相交流电源、二极管整流器、滤波电容器、IGBT 逆变器的参数设置对话框
（a）A 相交流电源的参数设置对话框；（b）二极管整流器的参数设置对话框；
（c）滤波电容器的参数设置对话框；（d）IGBT 逆变器参数设置对话框

（2）交流异步电动机的参数设置。其参数设置如图 6-35 所示。

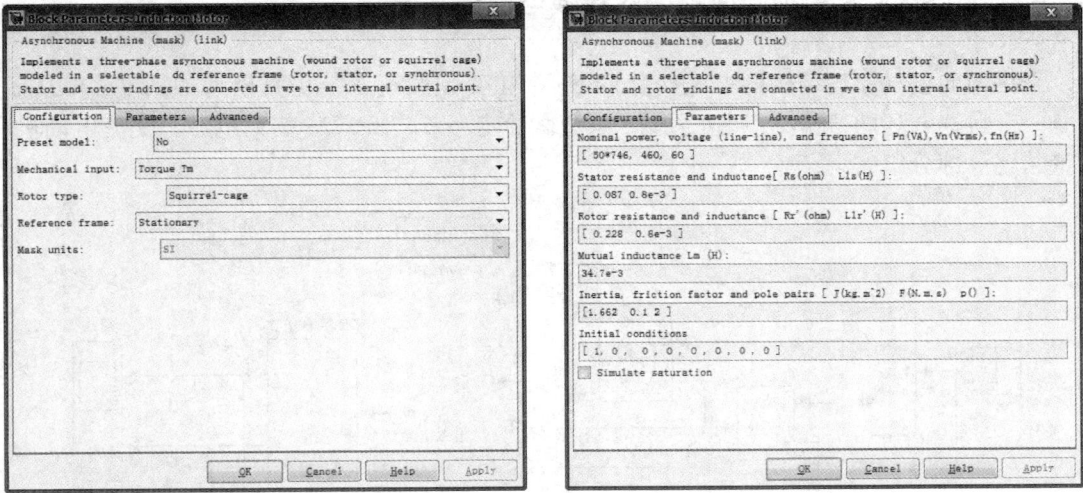

图 6-35　交流异步电动机的参数设置

　　测量装置中的 I_{abc} 和 Speed 端子的输出信号用于控制环节中的电流和速度反馈。负载转矩为 10。

　　2. 控制电路的建模和参数设置

　　异步电动机变频调速系统的控制电路包括给定环节和矢量控制环节，其核心部分是矢量控制环节。矢量控制是高性能变频调速系统使用的典型控制策略，由于本模型主要是说明主电路中交—直—交变频器的建模和参数设置，所以这里不对矢量控制环节的建模和参数设置进行说明，有关矢量控制环节的建模和参数设置留待后面矢量控制的仿真进行说明。

　　控制电路的有关参数设置如下：给定输入为阶跃信号，在 3s 时刻，由 400 阶跃到 600。其他未作说明的为系统默认参数。

　　二、 系统的仿真参数设置

　　仿真所选择的算法为 ode45；仿真 Start time 设为 0，Stop time 设为 6。

　　三、 系统的仿真、 仿真结果的输出及结果分析

　　当建模和参数设置完成后，即可开始进行仿真。图 6-36 所示为交—直—交异步电动机变频调速系统的 A 相电流、转速曲线。

　　从仿真结果可以看出：系统的实际速度能实现对给定速度的良好跟踪，并且能实现调速。

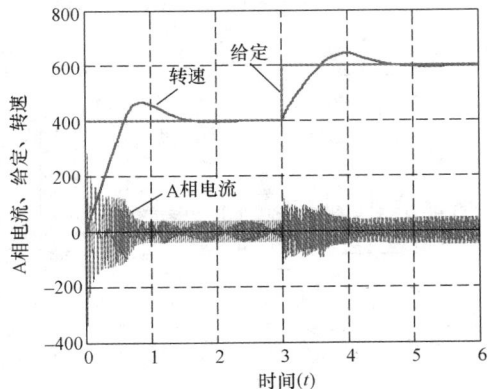

图 6-36　交—直—交异步电动机变频调速系统的
A 相电流和转速曲线

6.3.3 SPWM 变频调速系统的建模与仿真之一

采用面向电气原理结构图方法构作的 SPWM 变频调速系统仿真模型如图 6 - 37 所示。这是一个转速开环的 SPWM 调速系统，系统由给定环节、SPWM 变频电源、交流电动机和测量装置等部分组成。

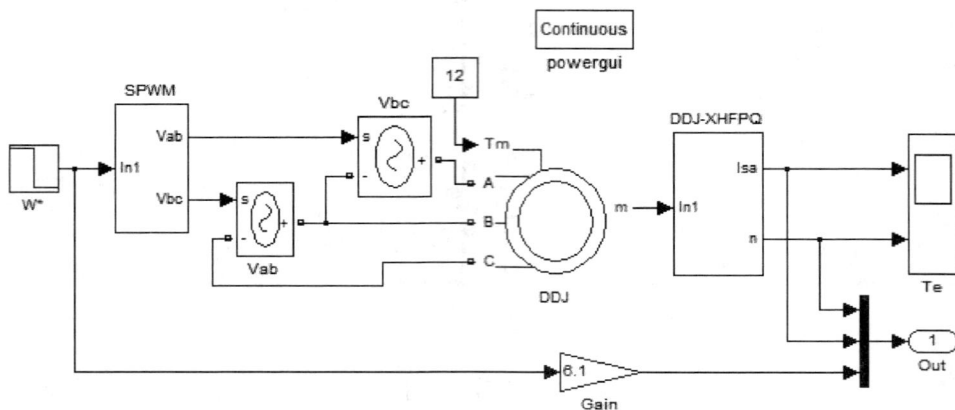

图 6 - 37　SPWM 变频调速系统仿真模型

一、 系统的建模和模型参数设置

1. 主电路的建模和参数设置

开环 SPWM 调速系统的主电路由 SPWM 变频电源、交流异步电动机和测量装置等部分组成。下面分别进行建模。

（1）SPWM 变频控制信号发生器的建模和参数设置。SPWM 变频控制信号发生器仿真模型如图 6 - 38 所示。它将三角波作为载波、正弦波作为调制波，两者比较后得到 SPWM 驱动信号。该仿真模型由正弦波发生器、三角波发生器、SPWM 波形发生器等环节组成。

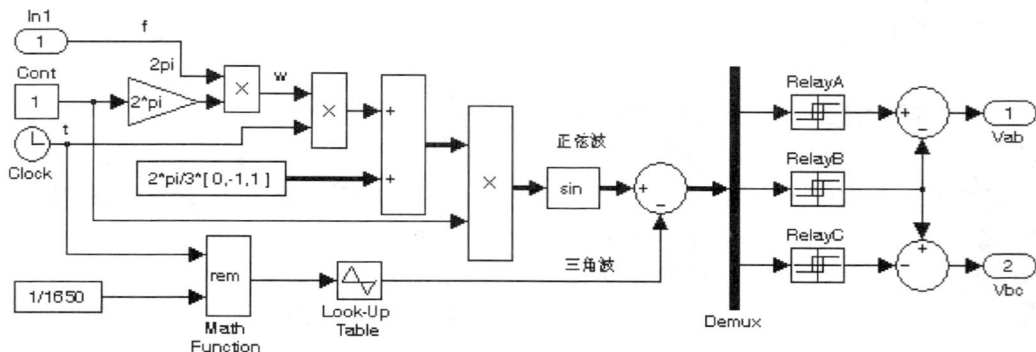

图 6 - 38　SPWM 变频控制信号发生器仿真模型

1）正弦波发生器仿真模型如图 6 - 39 所示。正弦波形发生器仿真模型的频率输入信号 f 乘上 2π 后得到正弦波的角频率 ω，再与 clock 模块提供的时间变量 t 相乘，得到输入三相正

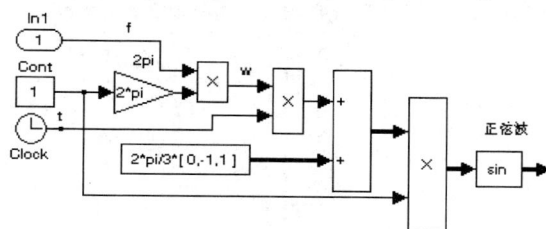

图 6-39　正弦波发生器仿真模型

弦波发生器（sin 运算模块）；正弦波初相位由一个 constant 模块提供，参数设置为：2π/3 ×[0 －1 1]，每相互差120°。

2）三角波频率通过 constant 模块进行设定，三角波的频率设为1650，它由图 6-40 所示电路模型实现。

SPWM 波形发生器：Sin 模块输出的正弦波和三角波发生器（Math Function 和 Look Up Table 的组合）输出的三角波比较后经 Relay 模块进行选择，得到系统所需要的 SPWM 波。

（2）SPWM 变频电源的建模和参数设置。SPWM 变频信号发生器的输出是 Simulink 控

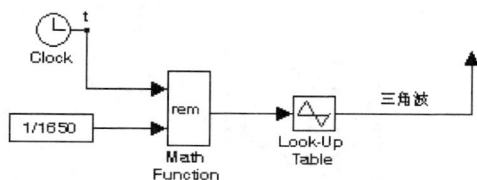

图 6-40　三角波发生器电路仿真模型

制信号，要去驱动电动机必须用电源模块组中的受控电压源模块（Controlled Voltage Source）获得三相交流电压来控制电动机的运行。SPWM 变频控制信号发生器和受控电压源模块经过图 6-37 所示的连接，就可得到驱动电动机的三相交流变频电压。受控电压源模块 2 的参数设置如图 6-41 所示。

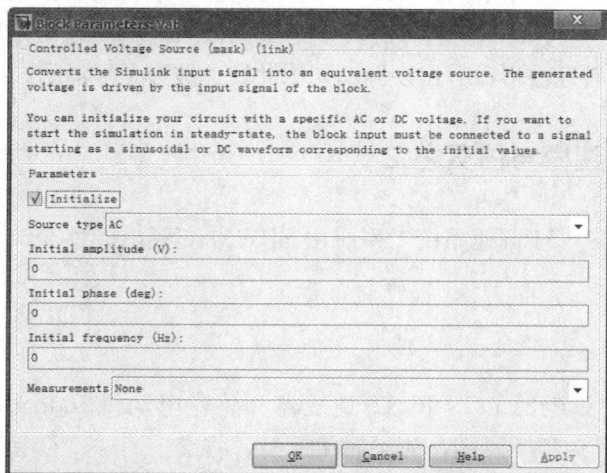

图 6-41　受控电压源模块 2 的参数设置

（3）电动机的参数设置。电动机采用三相笼型异步机，参数设置如图 6-42 所示。

（4）电机输出信号测量装置的建模。本系统输出了 A 相电流和转速信号。在 DDJ-XHFPQ 中，将转速信号增大了 2 倍，目的只是为了使输出信号之间分开，便于看清楚。

2. 控制电路的建模和参数设置

控制电路只有一个变频给定环节，系统仿真模型中用阶跃输入信号模块来实现，其初始值为 50Hz，在 1.2s 时刻阶跃到 25Hz，通过改变正弦调制波的频率来实现系统的变频，进而实现调速。本系统采用异步调制，改变正弦调制波的频率时，三角载波的频率不变。

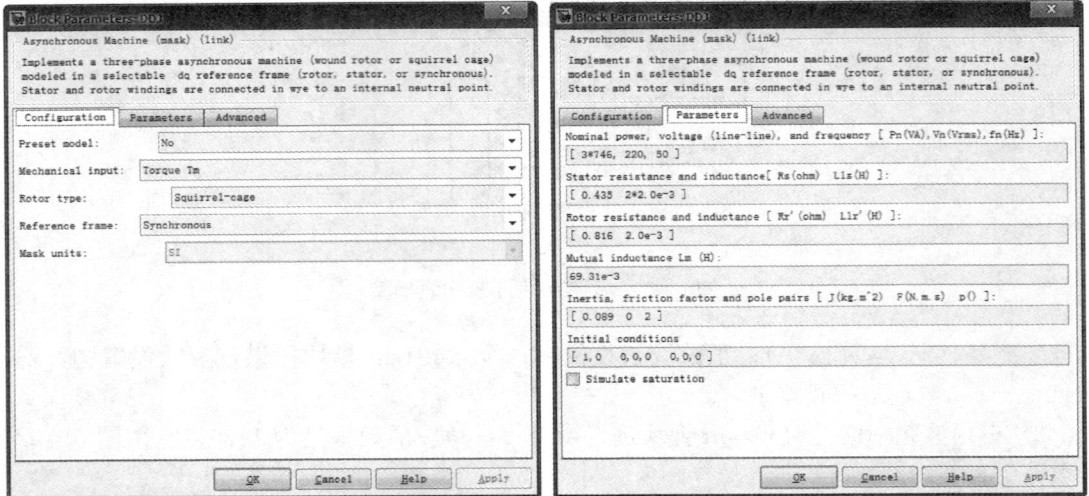

图 6-42 三相笼型异步电动机的参数设置

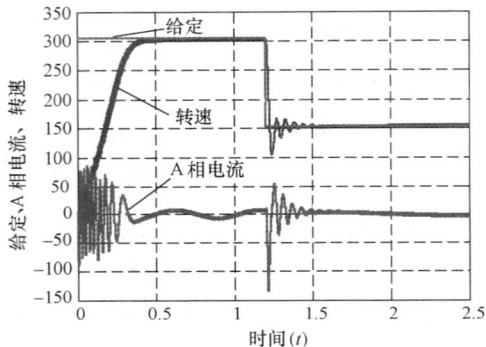

图 6-43 SPWM 变频调速系统的速度、
A 相电流和转矩仿真曲线

二、系统的参数设置及仿真结果分析

系统的仿真终止时间为 2.5s，仿真算法选择 ode23tb，相对允许误差和绝对允许误差均为 1e-3，变步长仿真。SPWM 变频调速系统的速度和 A 相电流仿真结果如图 6-43 所示。

由图 6-43 可以看出，电动机起动时电流很大，随着速度的升高，电流逐渐减小，在转速稳定时达到最小且基本稳定。这是因为电动机起动时，转差率很大，电动机的等效阻抗很小，所以起动时电流很大；在电动机正常运行时，其转差率很小，电动机的等效阻抗很大，从而限制了转子电流。另外，由于电动机惯性的作用，转速波形没有出现脉动，因此转速波形是平滑的。

6.3.4 SPWM 变频调速系统的建模与仿真之二

图 6-44 所示为另一种转速开环的 SPWM 调速系统，系统由 SPWM 变频电源、交流感应电动机和测量装置等部分组成。

一、系统的建模和模型参数设置

1. 主电路的建模和参数设置

开环 SPWM 调速系统的主电路由直流电源 DC、IGBT 逆变器和感应电动机 Induction Motor 等模块组成。本模型采用交—直—交变换模式，为了简化模型，将交—直—交变换中的交—直整流部分用直流电源 DC 代替，直流电源 DC 可以由交流电源和二极管整流器组成。IGBT 逆变器模块的直流端接直流电源 DC，三相交流端连接电动机。IGBT 逆变器由 PWM Generator 模块提供驱动信号，这是与上一个系统的不同之处。用于逆变器时 PWM Generator 模块的调制波是交流。对于 Induction Motor 感应电动机模块，在对话框中选择笼

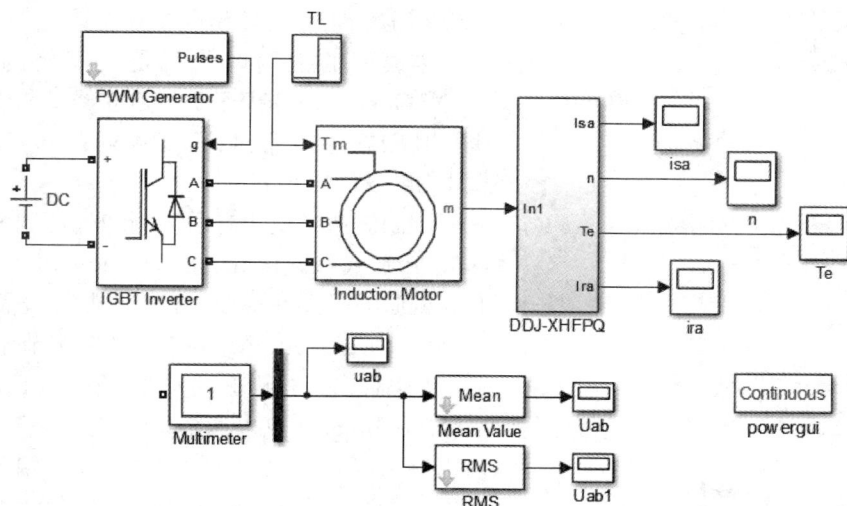

图 6-44　SPWM 转速开环变频调速系统仿真模型

型（Squirrel cage）异步电动机，电动机的负载由 TL 模块设定，通过电机信号分配器（DDJ－XHFPQ）模块观测有关波形。图 6-44 仿真模型中有关模块的参数设置如下。

（1）直流电源 DC 取 500V。

（2）IGBT 逆变器参数设置对话框如图 6-45 所示。

（3）Induction Motor 感应电动机模块参数设置对话框如图 6-46 所示。

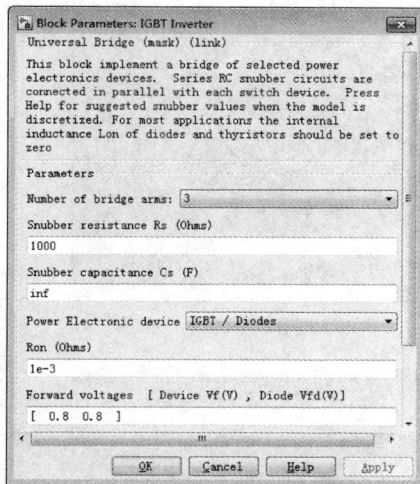

图 6-45　IGBT 逆变器参数设置对话框

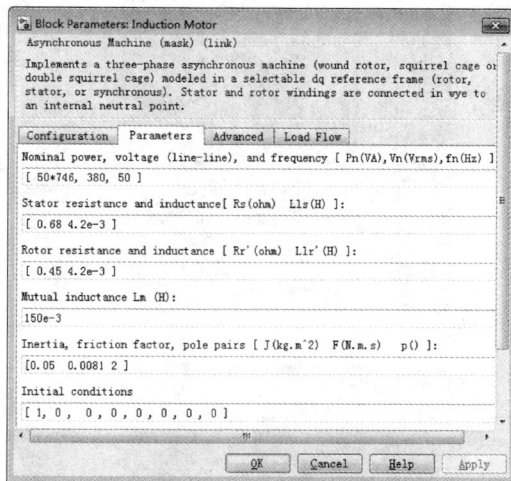

图 6-46　感应电动机模块参数设置对话框

（4）电动机的负载由 TL 模块设置。它是一个阶跃信号，在 0.6s 时刻由 0 跃升到 60N·m。

（5）电机信号分配器（DDJ-XHFPQ 自制）模块观测的波形有：电动机定子 A 相电流 i_{sa}、转子 A 相电流 i_{ra}、转速 n 和转矩 T_e 等。

（6）模型用多路测量仪 Multimeter（万用表）观察和记录逆变器输出三相交流线电压 U_{ab} 的瞬时值、平均值与有效值。

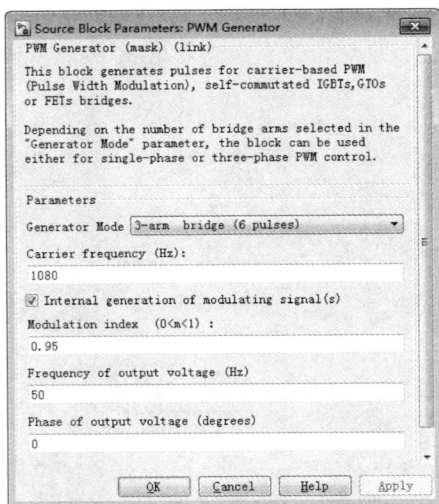

图 6-47 SPWM 变频控制信号发生器
仿真模型

2. 控制电路的建模和参数设置

本模型的控制电路就是逆变器的驱动电路 PWM Generator，由于是与逆变器一起使用，常常也将其归在主电路讨论。PWM Generator 的对话框中如图 6-47 所示。

调制波产生模式有内调制和外调制两种。选择内调制方式（Internal generation of modulation）时，调制波是用正弦 SPWM 调制，设置正弦波的调制度（Modulation index）可以调节输出正弦交流电的幅值，设置正弦波的频率（Frequency of output voltage）可以调节输出正弦交流电的频率。使用外调制方式时，调制波的频率、幅值和波形都由外部调制波决定。本例中设置调制度为 0.95，正弦波频率为 50Hz，载波频率为 1080Hz。

二、 系统的参数设置及仿真结果分析

系统的仿真终止时间为 1s，仿真算法选择 ode23t，相对允许误差为 1e-4，变步长仿真。

（1）SPWM 变频调速系统 A 相定子电流 i_{sa}、a 相转子电流 i_{ra}、转速 n 和转矩 T_e 的仿真波形如图 6-48（a）～（d）所示。

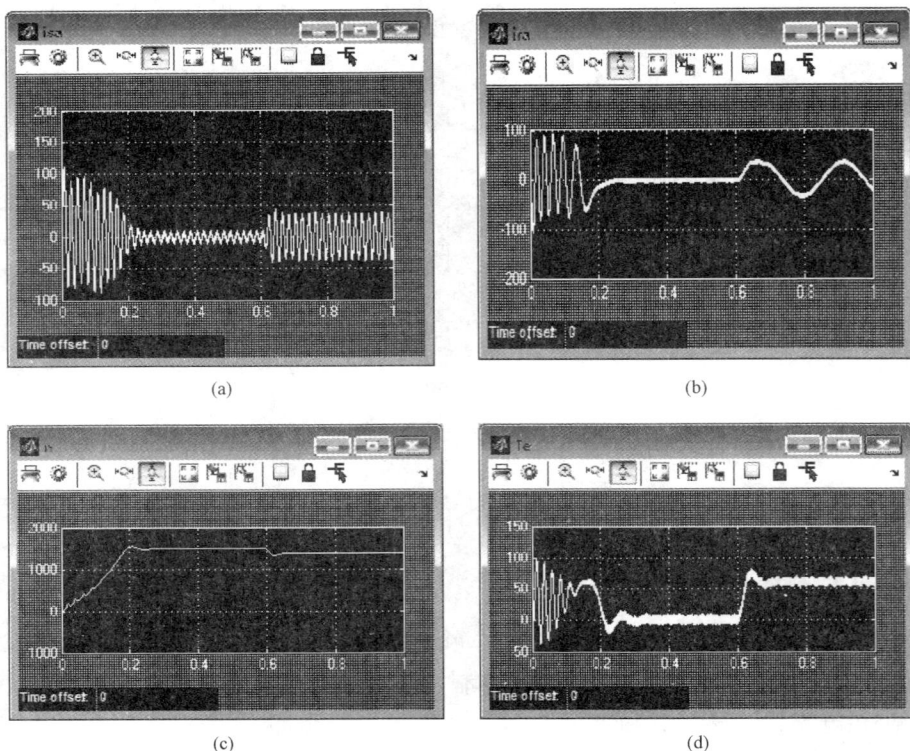

(a)

(b)

(c)

(d)

图 6-48 SPWM 变频调速系统的工作波形
（a）A 相定子电流波形；（b）a 相转子电流波形；（c）调速系统转速波形；（d）调速系统转矩波形

图 6 - 48 （a）、（b）分别为定子电流和转子电流波形 A 相波形。起动时，定子和转子都有较大电流，0.2s 之后起动结束，电流减小并趋于稳定；0.6s 加载后，定子和转子电流有所增加。

图 6 - 48 （c）为电动机转速波形，起动时转速上升到空载转速 1500r/min，0.6s 加载后转速下降并维持一定转差。电动机转矩波形如图 6 - 48 （d）所示，与电流和转速的变化相当。起动时，磁场在建立中转矩有较大波动，起动完成后磁场稳定，转矩的波动减小。

（2）SPWM 变频调速系统逆变器输出线电压瞬时值 u_{ab}、平均值 U_{ab} 和有效值 U_{ab1} 的仿真波形分别如图 6 - 49 （a）～（c）所示。

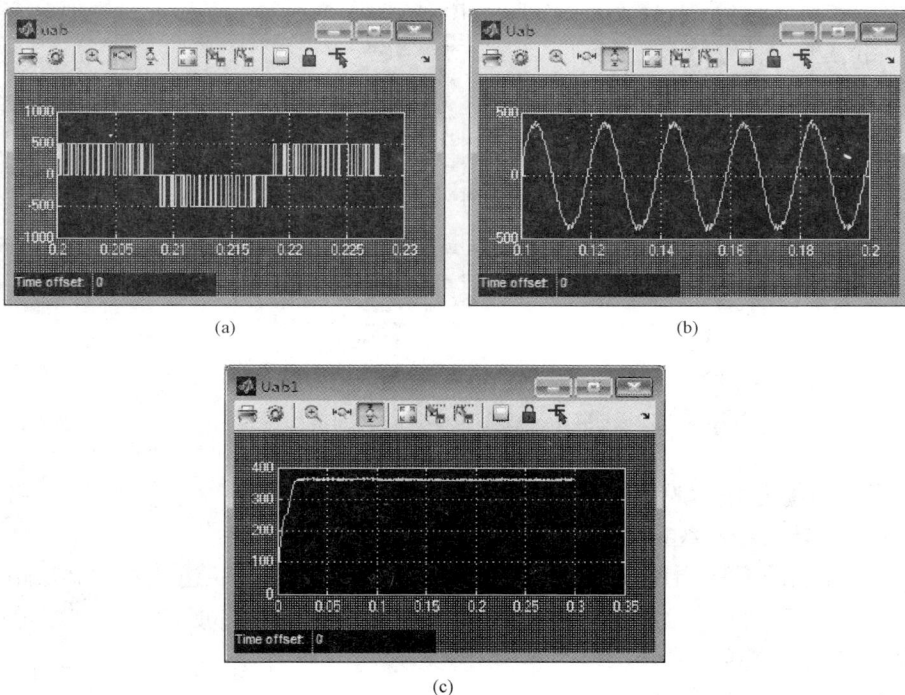

(a)　　　　　　　　　　　　　　　　(b)

(c)

图 6 - 49　SPWM 变频调速系统的工作波形
(a) 逆变器输出线电压瞬时值波形；(b) 逆变器输出线电压平均值波形；(c) 逆变器输出线电压有效值波形

图 6 - 49 （a）为逆变器输出线电压瞬时值 u_{ab} 波形的一部分（0.2～0.23s），可以看到电动机输入电压是一系列脉冲，正负脉冲的频率为设定的 50Hz，在一周期内脉冲宽度是变化的。从图 6 - 49 （a）的脉冲波形很难看出脉冲宽度的正弦变化规律，因此用平均值计算（Mean value）模块对输出电压按载波频率计算一个载波周期的平均值，这样就可以看出输出电压是正弦波，如图 6 - 49 （b）所示。有效值计算模块（RMS）用于测量输出电压的有效值，如图 6 - 49 （c）所示，按调制率计算的逆变器输出线电压约为 360V。

该模型可通过修改 PWM Generator 模块的调制波频率和调制度观察电动机在变频（电压不变）、调压（频率不变）以及不同电压和频率配合时的工作特性，设置不同的负载可以观察不同电压和频率配合下电动机的负载能力。仿真时应注意 PWM Generator 模块的载波频率（Carrier frequency）不宜设得太高，载波频率太高可能使三角载波出现变形，造成 SPWM 调制脉冲不规则，引起逆变器输出电压异常。

6.3.5 带电流滞环控制的变频调速系统的建模与仿真

带电流滞环控制的变频调速系统原理如图 4-59 所示，它是电流型的 SPWM 控制系统。图 6-50 为其仿真模型。

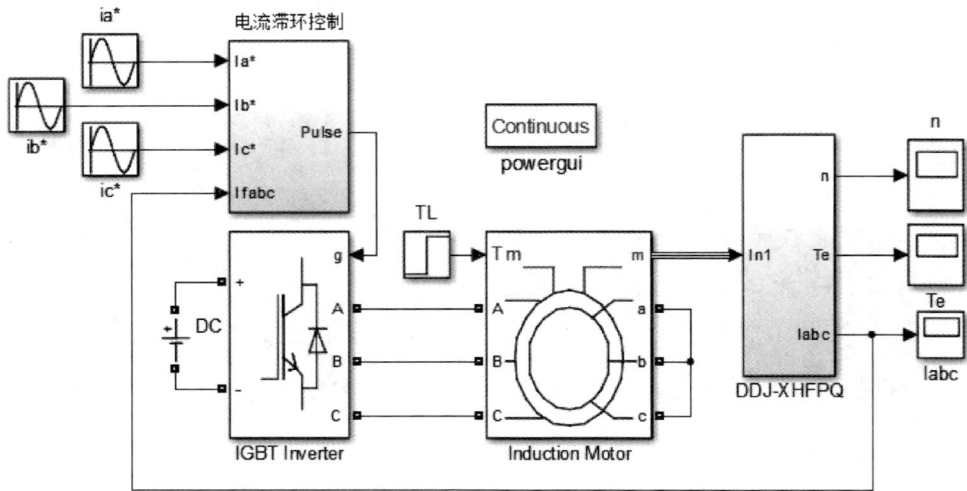

图 6-50 带电流滞环控制的变频调速系统仿真模型

一、系统的建模和模型参数设置

1. 主电路的建模和参数设置

电流滞环控制的变频调速系统主电路由直流电源 DC、IGBT 逆变器和感应电动机 Induction Motor 等模块组成。主电路结构与 6.3.4 节的系统基本相同。图 6-50 所示仿真模型中有关模块的参数设置如下。

（1）直流电源 DC 取 200V。

（2）IGBT 逆变器参数设置对话框如图 6-51 所示。

（3）Induction Motor 感应电动机模块参数设置对话框如图 6-52 所示。

（4）电动机的负载由 TL 模块设置。它是一个阶跃信号，在 4s 时刻由 10N·m 跃升到 50N·m。

（5）电机信号分配器（DDJ-XHFPQ 自制）模块观测的波形有：转速 n、转矩 T_e 和电动机定子三相电流 i_{sabc} 等，定子相电流 i_{sabc} 同时又作为电流滞环控制环节的反馈电流。

2. 控制电路的建模和参数设置

控制电路由三相正弦波电流给定环节、电流滞环控制环节组成。

（1）正弦波电流给定环节是 3 个相位互差 120°，峰值为 80A，频率为 50Hz 的三相对称正弦交流电流型电源。

（2）电流滞环控制环节的仿真模型子系统如图 6-53 所示，滞环控制器 Relay1、3、5 的参数设置对话框如图 6-54 所示，Relay2、4、6 的参数设置对话框中 Output when on 为 0，而 Output when off 为 1，其他参数与图 6-54 相同。

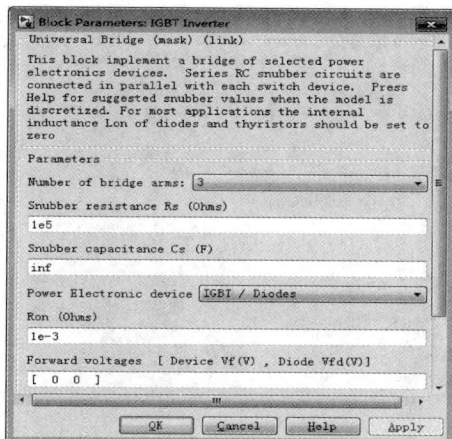

图 6-51　IGBT 逆变器参数设置对话框

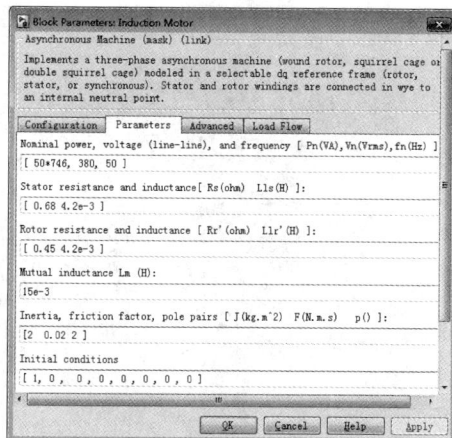

图 6-52　感应电动机模块参数设置对话框

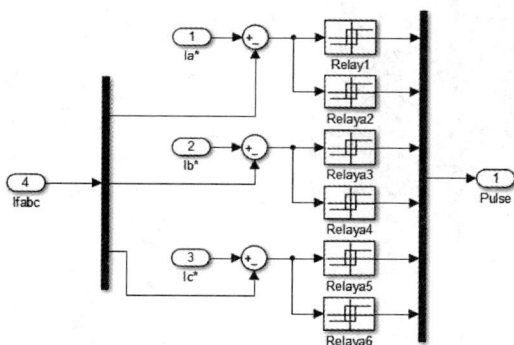

图 6-53　电流滞环控制环节子系统仿真模型

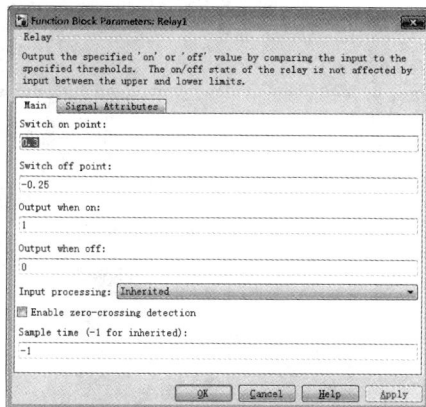

图 6-54　控制器 Relay1、3、5 的参数设置对话框

二、系统的参数设置及仿真结果分析

系统仿真的开始时间为 0，终止时间为 8s，仿真算法选择 ode23tb，相对允许误差为 1e-3，变步长仿真。

电流滞环控制变频调速系统的转速 n、电磁转矩 T_e 和定子三相电流的仿真波形如图 6-55 (a) ～ (c) 所示。

从图 6-55 (a) 电动机的转速波形可见，起动时转速上升到空载转速 235r/min，4s 加载后转速下降并维持一定转差。

图 6-55 (b) 为电动机转矩波形。负载在 4s 时刻从 10 加载跃升到 50N·m 时，电磁转矩也作相应变化。当然，电磁转矩的波形也有波动。

图 6-55 (c) 为逆变器输出的三相定子电流波形，输出电流是幅值为 80A 的正弦波，它很好地跟随了给定电流。改变滞环宽度，输出电流可更好接近给定，但是计算的时间和难度增加。

(a)

(b)

(c)

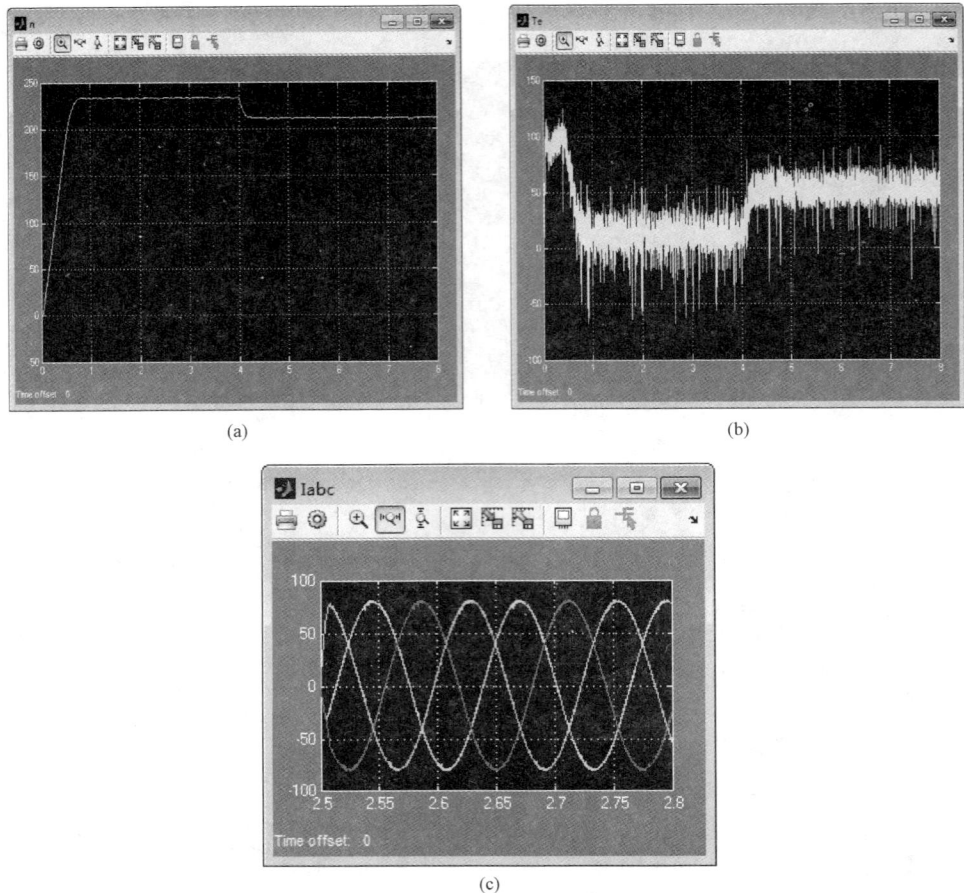

图 6-55　电流滞环控制变频调速系统的工作波形
(a) 调速系统转速波形；(b) 调速系统转矩波形；(c) 三相定子电流波形

6.3.6　恒压频比控制变频调速系统的建模与仿真

一、　恒压频比控制变频调速系统的组成

变频调速系统一般要求在变频时保持电动机气隙磁通为最大值且不变，这样可以在允许的电流下获得最大的电磁转矩，使电动机具有良好的调速性能。为此，要求异步电动机变频调速系统采用 U/f＝常数的控制方式，也称为恒压频比控制。

恒压频比变频调速系统的基本结构如图 6-56 所示。系统由频率给定、升降速时间设定 GI、U/f 曲线（低频电压补偿）、SPWM 调制和驱动、电压型逆变器和电动机等环节组成。其中升降速时间设定用来限制电动机的升频速度，避免转速上升过快而造成电流和转矩的冲击，相当于软起动控制的作用。U/f 曲线是根据频率确定相应的电压，以保持压频比不变。由于电动机端电压不能高于额定值，所以当 $f > f_N$ 时应保持 $U=U_N$ 不变，在低频时为了补偿定子电阻的电压降，需要适当提高电压 U_0。SPWM 调制和驱动环节根据给定频率和电压的要求，产生正弦脉宽调制的驱动信号，控制逆变器和电动机。改变频率给定信号 f^*，经过系统的调节，电动机的转速随之改变，实现电动机变压变频协调控制下的调速。一般恒压频比控制变频调速系统是转速开环调速系统，控制比较简单，基本能满足异步电动机稳态调速的要求。

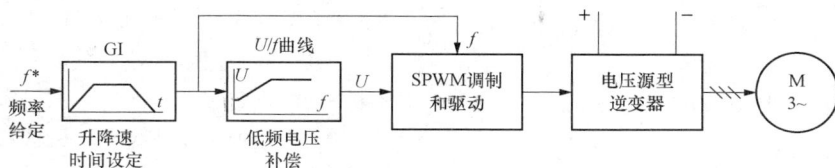

图 6-56　恒压频比控制变频调速系统原理图

二、 恒压频比控制变频调速系统的建模和模型参数设置

恒压频比控制变频调速系统的仿真模型如图 6-57 所示。

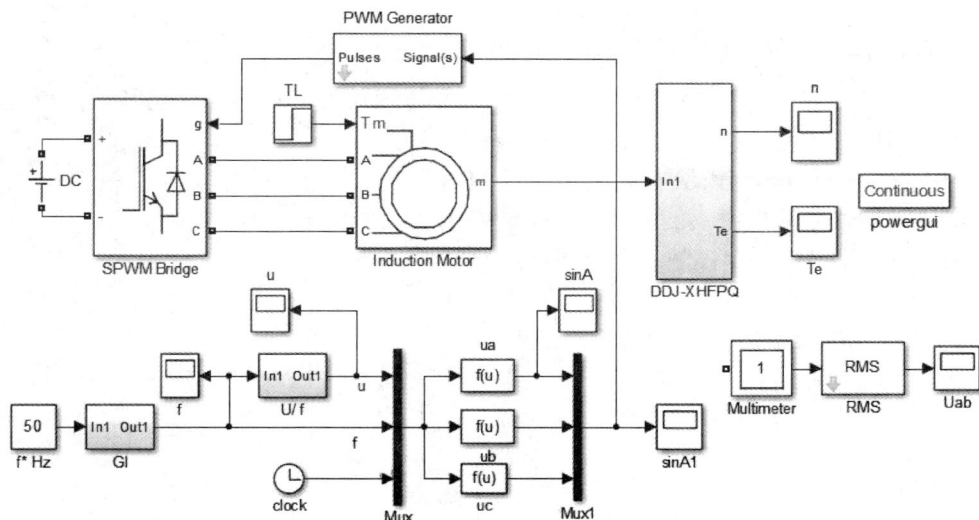

图 6-57　恒压频比控制变频调速系统的仿真模型

（一）系统的建模和模型参数设置

1. 主电路的建模和参数设置

恒压频比控制变频调速系统的主电路由直流电源 DC、SPWM 桥、感应电动机 Induction Motor 和测量环节等模块组成。主电路结构与 6.3.4 节的系统基本相同。图 6-57 所示仿真模型中有关模块的参数设置如下：

（1）直流电源 DC 取 514V。

（2）IGBT 逆变器参数设置对话框如图 6-51 所示。

（3）Induction Motor 感应电动机模块参数设置对话框如图 6-58 所示。

（4）电动机的负载由 TL 模块设置。它是一个阶跃信号，在 3s 时刻由 0 跃升到 100N·m。

（5）电机信号分配器（DDJ-XHFPQ 自制）模块观测的波形有：转速 n 和转矩 T_e 等。

2. 控制电路的建模和参数设置

（1）f^* Hz 模块用于设置给定频率，模型中给定频率为 50Hz。

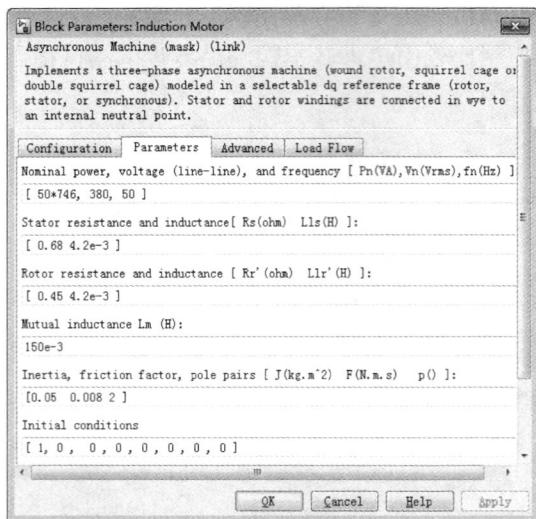

图 6 - 58　感应电动机模块参数设置对话框

（2）GI 模块用于限制升频速率。GI 模块结构如图 6 - 59 所示。它是一个带负反馈的积分器，设定放大器 Gain 放大倍数可以调节输出频率信号的上升速度。

（3）V - F 模块用于设定 U/f 曲线。U/f 曲线如图 6 - 60 （a）、V - F 模块结构如图 6 - 60 （b） 所示，模型中函数模块 Fcnl 用于产生与频率信号 f 相应的电压信号 u，函数的表达式为

$$f(u) = \frac{U_N - U_0}{f_N} f + U_0$$

本例具体取值为

$$f(u) = \frac{220 - 60}{50} u(1) + 60$$

式中：U_N 为电动机额定电压；U_0 为起动时补偿定子电阻压降的电压；f_N 为电动机额定频率。

因为 PWM Generator 模块有调制信号的幅值限制，电压调制信号的幅值不能大于 1，模型中用放大模块 Gain1 调整 Fcnl 模块的输出信号幅值，并且经过 Saturation 模块限幅，以保证 V - F 模块输出不大于 1，本例 Saturation 模块限幅值取 ±0.95。

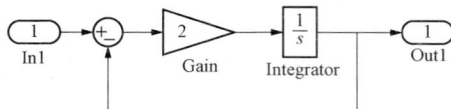

图 6 - 59　GI 模块结构

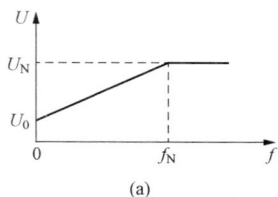

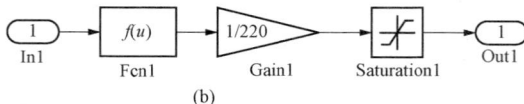

图 6 - 60　U/f 曲线和 V - F 模块结构
(a) U/f 曲线；(b) V - F 模块结构

（4）电压 u、频率 f 和时间信号经 Mux 汇总为一维向量 $[u(1), u(2), u(3)]$，其中 $u(1)$、$u(2)$、$u(3)$ 依次表示电压、频率和时间三个变量。经汇总的变量输入三个函数模块（Fcn）产生三相调制信号 u_a、u_b、u_c，再经 Muxl 输入 PWM Generator 模块产生逆变器 SP-WM Bridge 的控制脉冲。

函数模块 u_a、u_b、u_c 的仿真表达式为

$$u_a = u(1) * \sin[2 * pi * u(2) * u(3)]$$
$$u_b = u(1) * \sin[2 * pi * u(2) * u(3) - 2 * pi/3]$$
$$u_c = u(1) * \sin[2 * pi * u(2) * u(3) - 4 * pi/3]$$

（5）逆变器驱动电路 PWM Generator。采用外调制模式，PWM Generator 的对话框如图 6 - 61 所示。载波频率为 1080Hz。

（二）系统的参数设置及仿真结果分析

系统仿真的开始时间为 0，终止时间为 5s，仿真算法选择 ode23tb，相对允许误差为 1e-3，变步长仿真。

（1）恒压频比控制变频调速系统的转速 n、电磁转矩 T_e 的仿真波形如图 6-62（a）、（b）所示。

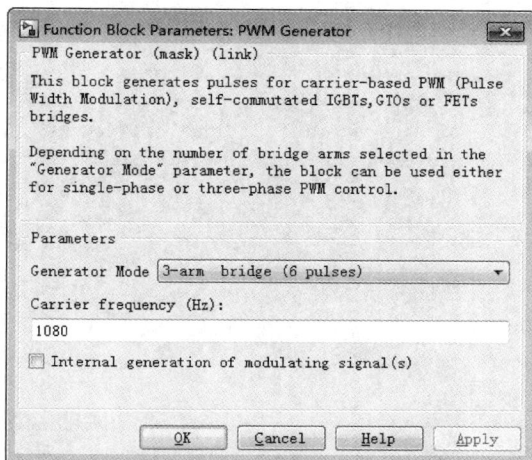

1）图 6-62（a）为电动机的转速变化过程。在起动的 0～3s 中，转速经历了上升、超调到稳定的过程，空载稳定转速为 1500r/min 左右。在 3s 时刻给电动机施加负载，转速下降到 1300r/min 左右。转速的变化与预想的情况相符。

2）图 6-62（b）为电动机转矩波形。负载在 3s 时刻从 0 加载跃升到 100N·m 时，电磁转矩也作相应变化，从 0 增加到 100N·m。当然，电磁转矩的波动比较大，主要是因为逆变器输出电压［见图 6-63（b）］不够稳定造成的。

图 6-61　SPWM 变频控制信号发生器对话框

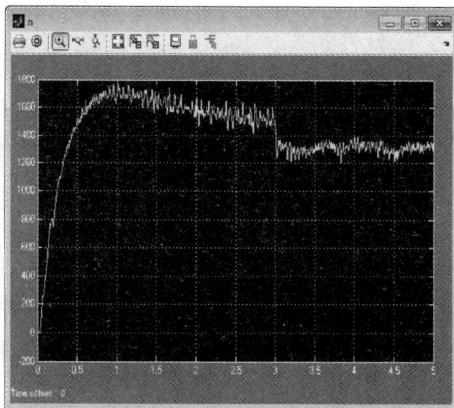

(a)

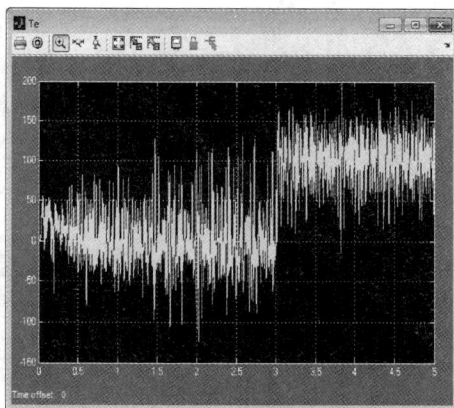

(b)

图 6-62　恒压频比控制变频调速系统的工作波形
（a）调速系统转速波形；（b）调速系统转矩波形

（2）恒压频比控制变频调速系统的频率 f、逆变器输出线电压有效值 U_{ab} 仿真波形如图 6-63（a）、（b）所示。

1）图 6-63（a）为 GI 模块输出频率信号的升频曲线，经过 3s 频率上升到给定频率 50Hz。

2）图 6-63（b）是逆变器输出的一相线电压（有效值）U_{ab}（RMS）。电压也在 3s 时达到 380 左右的电压额定值，电压和频率上升保持同步。

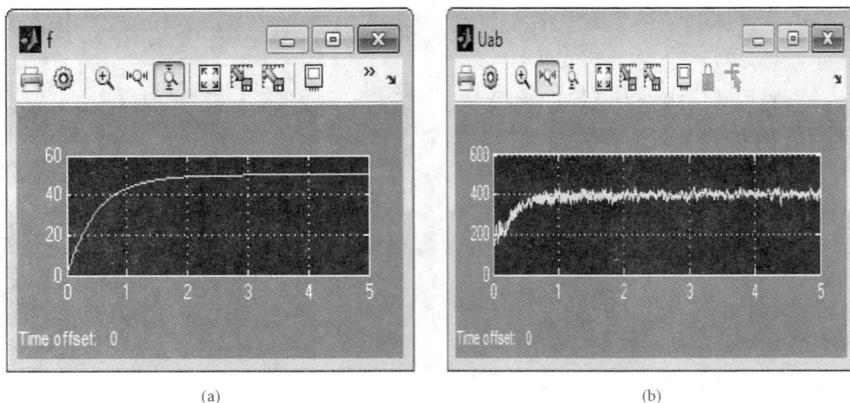

(a)　　　　　　　　　　　　　　　　　(b)

图 6 - 63　恒压频比控制变频调速系统的工作波形

（a）调速系统升频曲线；（b）调速系统线电压（有效值）U_{ab}波形

6.4　交流电动机矢量控制调速系统的建模与仿真

6.4.1　矢量控制坐标变换的建模与仿真

交流电动机动态控制需要建立动态数学模型，Simulink 中的交流电动机模型就是建立在矢量坐标变换基础上的动态模型，在矢量控制系统中坐标变换和磁链观察都是矢量控制系统的基础内容。本节首先介绍 Simulink 中的坐标变换和磁链观测器的建模方法，然后介绍矢量控制系统的建模和仿真。

一、矢量控制的坐标变换

坐标变换是简化交流电动机复杂模型的重要数学方法，是交流电动机矢量控制的基础。坐标变换包括三相静止坐标系和两相静止坐标系的变换（简称 3S/2S 变换）、两相静止坐标系和两相旋转坐标系的变换（简称 2S/2R 变换）。设 ABC 为三相静止坐标系，$\alpha\beta$ 为两相静止坐标系，dq 为两相旋转坐标系。dq 坐标系的旋转速度为 ω。

三相静止坐标系→两相旋转坐标系（3S/2R）的关系为

$$\left.\begin{aligned}
u_{\mathrm{d}} &= \frac{2}{3}\left[u_{\mathrm{a}}\sin\omega t + u_{\mathrm{b}}\sin\left(\omega t - \frac{2\pi}{3}\right) + u_{\mathrm{c}}\sin\left(\omega t + \frac{2\pi}{3}\right)\right] \\
u_{\mathrm{q}} &= \frac{2}{3}\left[u_{\mathrm{a}}\cos\omega t + u_{\mathrm{b}}\cos\left(\omega t - \frac{2\pi}{3}\right) + u_{\mathrm{c}}\cos\left(\omega t + \frac{2\pi}{3}\right)\right] \\
u_{0} &= \frac{1}{3}(u_{\mathrm{a}} + u_{\mathrm{b}} + u_{\mathrm{c}})
\end{aligned}\right\}$$

两相旋转坐标系→三相静止坐标系（2R/3S）的关系为

$$\left.\begin{aligned}
u_{\mathrm{a}} &= u_{\mathrm{d}}\sin\omega t + u_{\mathrm{q}}\cos\omega t + u_{0} \\
u_{\mathrm{b}} &= u_{\mathrm{d}}\sin\left(\omega t - \frac{2\pi}{3}\right) + u_{\mathrm{q}}\cos\left(\omega t - \frac{2\pi}{3}\right) + u_{0} \\
u_{\mathrm{c}} &= u_{\mathrm{d}}\sin\left(\omega t + \frac{2\pi}{3}\right) + u_{\mathrm{q}}\cos\left(\omega t + \frac{2\pi}{3}\right) + u_{0}
\end{aligned}\right\}$$

上述两式既可以用于三相静止和两相旋转坐标系的变换（3S/2R），也同样适用于三相静止和两相静止坐标系的变换（3S/2S）的变换。在矢量控制中，三相静止坐标系与两相静止坐标系的夹角 $\varphi = \int \omega dt + \varphi_0$，如果令 dq 坐标系的旋转速度 $\omega = 0$，初始角 $\varphi_0 = 0$，则 dq 坐标系与 αβ 为静止坐标系重合，即两相 dq 旋转坐标系变换为两相 αβ 静止坐标系。

二、坐标系变换模块和使用

（一）坐标系变换模块

在 MATLAB/Simulink 中三相/两相变换的模块如图 6-64 所示。图中 abc-to-dq0 Transformation 模块［见图 6-64（a）］用于三相→两相的坐标变换，dq0-to-abc Transformation 模块［见图 6-64（b）］用于两相→三相的逆变换。

模块的 abc 端输入或输出三相信号，dq0 端输入或输出二相信号和 0 轴信号，这些信号可以是电压、电流或磁链。sin-cos 端输入坐标轴旋转角 φ 的正弦和余弦信号。在 MATLAB/Simulink 中 3S/2S、3S/2R 使用同一模块，其反变换也是同一模块。模块提取路径为 SimPower Systems/Extra Library/Measure ments/abc-to-dq0 Transformation 和 SimPower Systems/Extra Library/Measurements dq0-to-abc Transforma tion。

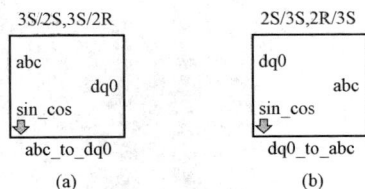

图 6-64 坐标变换模块
(a) 3S/2R 变换；(b) 2R/3S 变换

（二）坐标系变换模块的使用

观察三相电压经 3S/2S 和 3S/2R 变换及其反变换的波形。三相电压为 220V、50Hz。建立观察三相电压和两相电压变换的模型如图 6-65 所示。

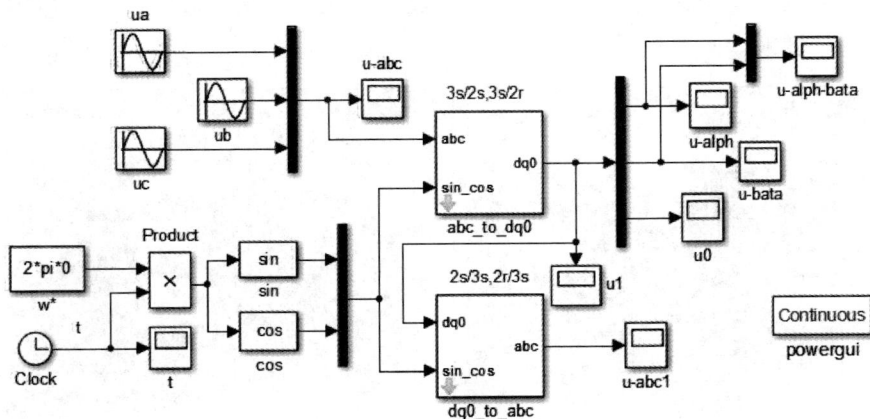

图 6-65 三相电压的 3S/2S 和 2S/3S 变换模型

模型中用 abc-to-dq0 Transformation 模块观察 3S/2S、3S/2R 变换，用 dq0-to-abc Transformation 模块观察 2S/3S、2R/3S 变换。ω^*、Clock、Product、sin 和 cos 模块用于计算 $\sin\omega t$ 和 $\cos\omega t$。

1. 3S/2S 变换

（1）坐标系变换的建模和参数设置。在图 6-65 中，设定三相电源 u_A、u_B、u_C 的参数：

A 相正弦交流电源幅值为 220 * sqrt（2），频率为 50H，初始相位为零。B、C 相电源与 A 相正弦交流电源对称，相位互差 120°。频率给定 w * 模块中的 f 为零，这意味着 dq 坐标系的 d 轴与静止坐标系 A 轴重合，dq 坐标系不旋转，这时 dq 坐标系蜕化为静止的 $\alpha\beta$ 坐标系。abc - to - dq0 模块现在进行的是 3S/2S 变换。

（2）坐标系变换模型的仿真和结果分析。系统仿真的开始时间为 0，终止时间为 0.04s，仿真算法选择 ode15s，相对允许误差为 1e - 3，变步长仿真。设置好仿真参数后起动仿真。

图 6 - 66（a）所示的波形是变换前初始相位为 0°的三相电压波形，图 6 - 66（b）为变换后静止两相坐标系上电压波形，这两相电压是频率为 50Hz 相位互差 90°的正弦波交流波形。

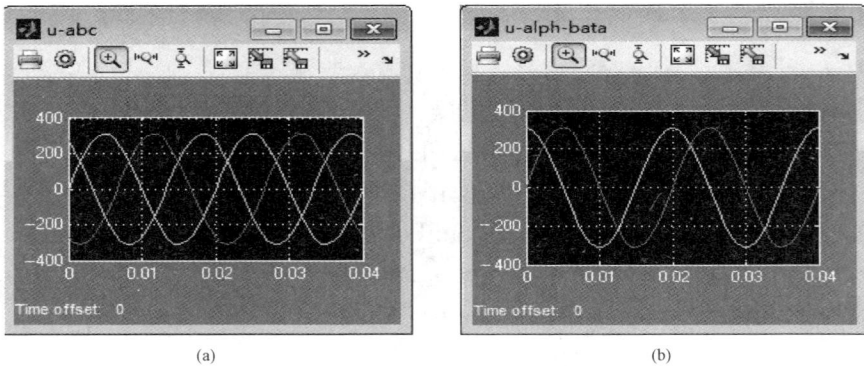

(a) (b)

图 6 - 66　3S/2S 坐标变换仿真波形（初始相位为 0）

(a) 变换前三相电压波形；(b) $\alpha\beta$ 坐标系二相电压波形

如果设定三相电源初始相位为 120°，则变换前的三相电压波形如图 6 - 67（a）所示，变换后静止两相坐标系上的电压波形如图 6 - 67（b）所示，这两相电压仍然是频率为 50Hz 相位互差 90°的正弦波，只不过有 120°的相位移。

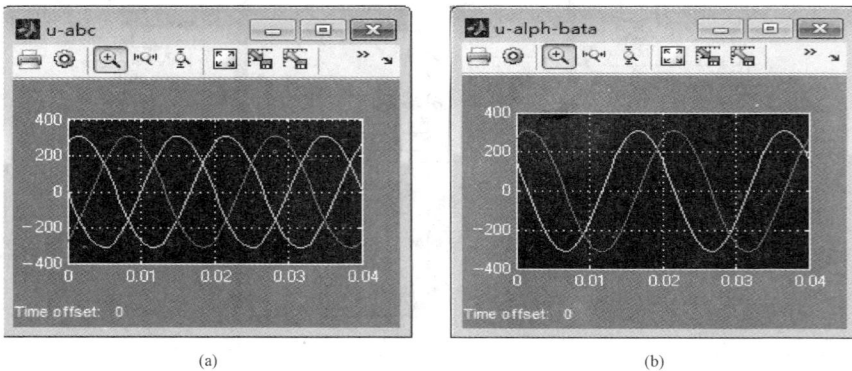

(a) (b)

图 6 - 67　3S/2S 坐标变换仿真波形（初始相位为 120°）

(a) 变换前三相电压波形；(b) $\alpha\beta$ 坐标系二相电压波形

2. 3S/2R 变换

（1）坐标系变换的建模和参数设置。在图 6 - 65 中，仍然设定三相电源 u_A、u_B、u_C 的参数为：A 相正弦交流电源幅值为 220 * sqrt（2），频率为 50Hz，初始相位为零。B、C 相电源与 A 相正弦交流电源对称，相位互差 120°。但频率给定 w * 模块中的 f 不为零而是设置为 50Hz，这意味着 dq 坐标系旋转频率与三相电源频率相同，即 dq 坐标系以同步速度旋转，所以输出两相电压频率为零，即在 dq 坐标系上两相电压 u_d、u_q 已经是直流。如果设三相电源初始相位为 120°，输出电压仍是直流，但是电压值发生了变化。

（2）坐标系变换模型的仿真和结果分析。系统仿真的开始时间为 0，终止时间为 0.04s，仿真算法选择 ode15s，相对允许误差为 1e - 3，变步长仿真。设置好仿真参数后起动仿真。

图 6 - 68（a）所示波形是初始相位为零时 dq 坐标系上两相电压 u_d、u_q 电压波形，上面那条直线是 u_d 电压波形，为直流 320V 左右；下面那条直线是 u_q 电压波形，为直流 0V。如果设置三相电源初始相位为 120°，则得到图 6 - 68（b）所示波形。与图 6 - 68（a）比较可知，输出电压仍是直流，但是电压值发生了变化，上面那条直线是 u_q 电压波形，为直流 270V 左右；下面那条直线是 u_d 电压波形，为直流 160V 左右。

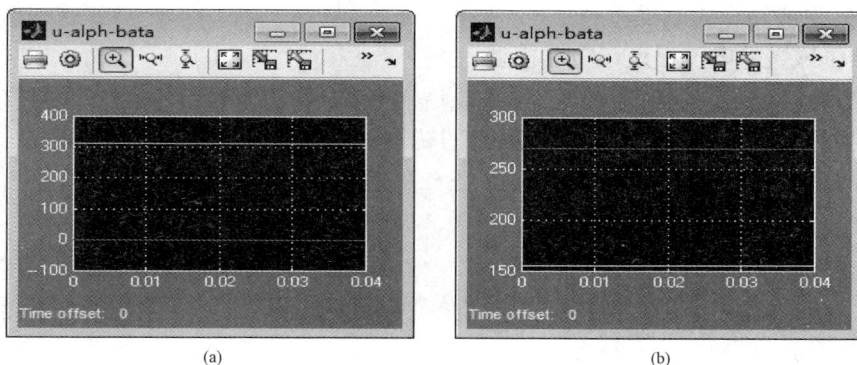

图 6 - 68　3S/3R 坐标变换仿真波形
（a）u_d、u_q 电压波形（初始相位为 0）；（b）u_d、u_q 电压波形（初始相位为 120°）

3. dq 坐标系任意旋转下的输出电压

（1）坐标系变换的建模和参数设置。依然设定三相电源 u_A、u_B、u_C 的参数为：A 相正弦交流电源幅值为 220 * sqrt（2），频率为 50Hz，初相位为零。B、C 相电源与 A 相电源对称，相位互差 120°。旋转频率给定 f 分别设定为 10、20Hz。

（2）坐标系变换模型的仿真结果分析。两相电压 u_d、u_q 电压波形如图 6 - 69（a）、（b）所示。

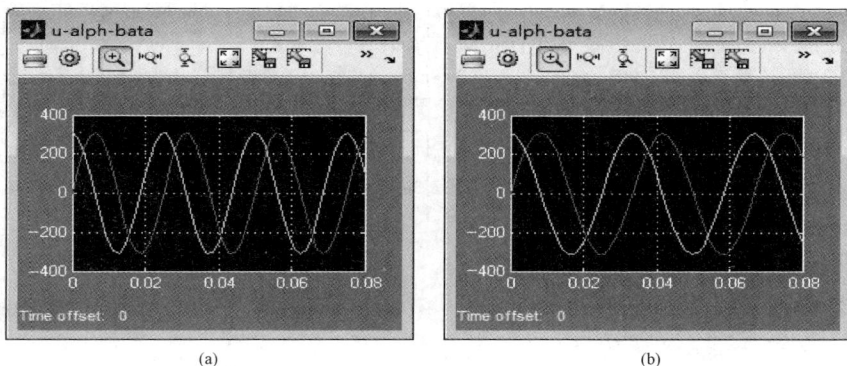

图 6 - 69　dq 坐标系任意旋转下两相电压仿真波形（初始相位为 0）
（a）u_d、u_q 电压波形（f＝10Hz）；（b）u_d、u_q 电压波形（f＝20Hz）

随频率 f 的增加，两相电压 u_d、u_q 波形的频率下降。在 $f=50\text{Hz}$ 时，u_d、u_q 波形变为直流电压波形。

6.4.2　异步电动机磁链观测器的建模与仿真

交流异步电动机变频调速时，在基频以下要求保持电动机气隙磁通恒定，在基频以上调速时需要弱磁控制，所以电动机的磁场控制是调速控制中的关键问题。异步电动机采用按转子磁场定向的矢量控制时，需要知道转子磁场的大小和位置，为此需要检测磁场。直接检测电动机磁场难以实现，一般采用计算的方法，即采用磁链模型进行观测。为此本节通过建立磁链模型观察磁链计算的效果。

一、转子磁链的电流模型和电压模型

（一）按转子磁链定向两相旋转坐标系上的转子磁链电流模型

按转子磁链定向的、两相旋转坐标系上的转子磁链电流模型是通过检测定子三相电流和转速 ω_r 来计算转子磁链，三相定子电流经 3S/2R 变换得到定子电流的励磁分量 i_{sm} 和转矩分量 i_{st}。异步电动机的矢量控制方程式为

（1）转子磁链 $\psi_r = \dfrac{L_m}{T_r s + 1} i_{sm}$；

（2）转差角速度 $\Delta\omega_r = \dfrac{L_m}{T_r \psi_r} i_{st}$。

采用电流模型计算转子磁链的框图如图 6-70 所示。

（二）两相静止坐标系上转子磁链的电压模型

转子磁链的电压模型方程式为

$$\left.\begin{array}{l}
\psi_{r\alpha} = \dfrac{L_r}{L_m}\left[\int (u_{s\alpha} - R_s i_{s\alpha})\mathrm{d}t - \sigma L_s i_{s\alpha}\right] \\[3mm]
\psi_{r\beta} = \dfrac{L_r}{L_m}\left[\int (u_{s\beta} - R_s i_{s\beta})\mathrm{d}t - \sigma L_s i_{s\beta}\right]
\end{array}\right\}$$

在两相静止坐标系上采用电压模型计算转子磁链的框图如图 6-71 所示。

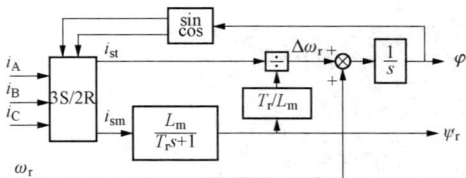

图 6-70　按转子磁链定向二相旋转
坐标系上的转子磁链电流模型

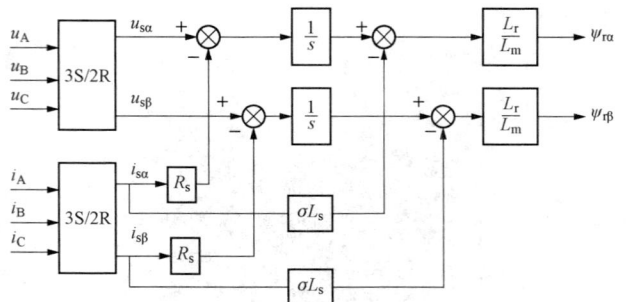

图 6-71　两相静止坐标系上的转子磁链电压模型

二、转子磁链模型仿真

因为要观测电动机的转子磁链，所以采用电流模型、电压模型检测转子磁链必须结合调

速系统中的电动机进行。为此构建了图 6‑72 所示的交流电动机调速系统仿真模型。

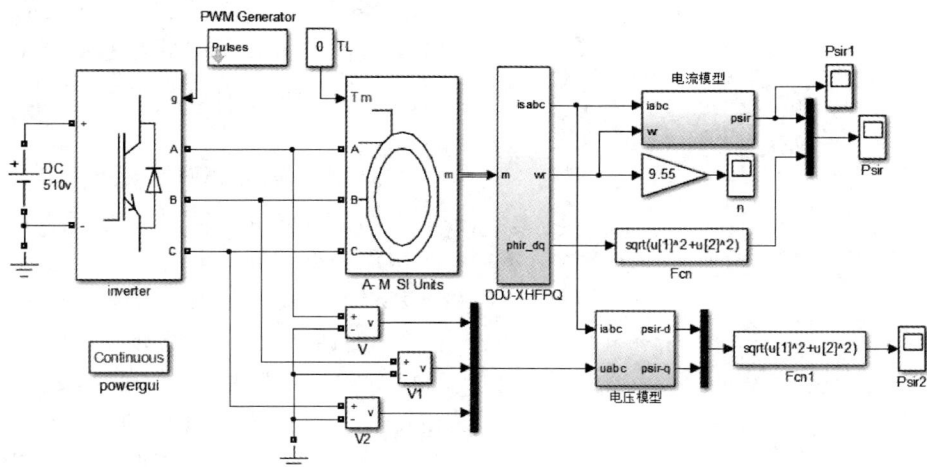

图 6‑72　用于检测转子磁链的变频调速系统仿真模型

三、 系统的建模和模型参数设置

（一）主电路的建模和参数设置

该变频调速系统主电路由直流电源 DC、IGBT 逆变器和感应电动机 Induction Motor 等模块组成。图 6‑72 所示仿真模型中有关模块的参数设置如下。

（1）直流电源 DC 取 510V。

（2）IGBT 逆变器参数设置对话框如图 6‑73 所示。

（3）Induction Motor 感应电动机模块参数设置对话框如图 6‑74 所示。

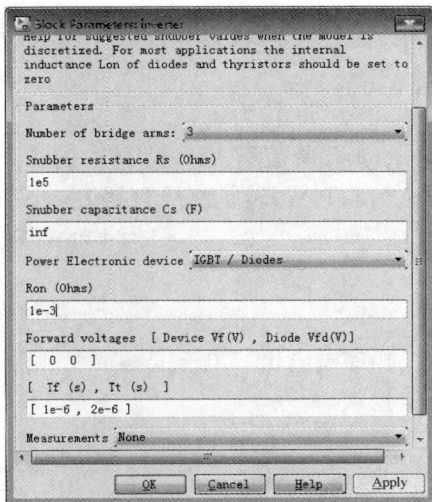

图 6‑73　IGBT 逆变器参数设置对话框

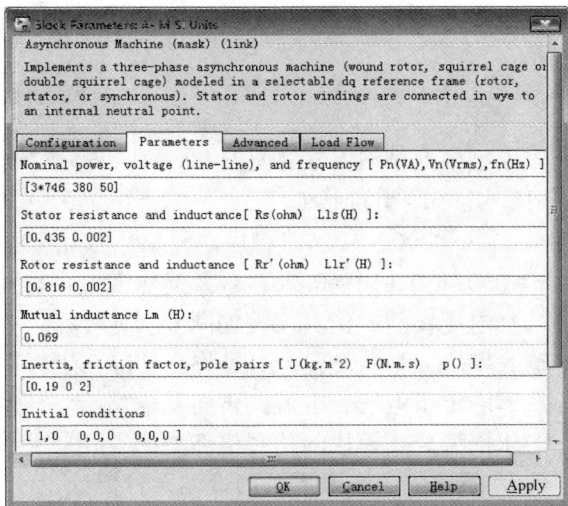

图 6‑74　感应电动机模块参数设置对话框

（4）电动机的负载由 TL 模块设置。本例为空载。

（5）电机信号分配器（DDJ‑XHFPQ 自制）模块观测的波形有转速 n、电动机定子三相

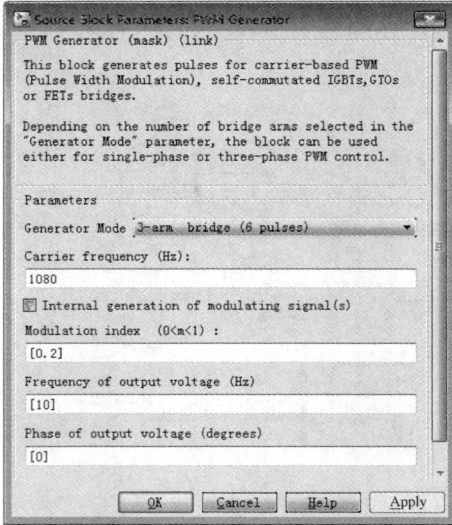

图 6-75 PWM Generator 的对话框

电流 i_{sabc} 和转子磁链的 dq 分量等。测量出的转子磁链的 dq 分量通过 $\sqrt{\psi_{rd}^2+\psi_{rq}^2}$ 求得其幅值 ψ_r，再与电流模型的观测值比较，然后在示波器 Psir 中显示。求 $\sqrt{\psi_{rd}^2+\psi_{rq}^2}$ 值的仿真模型函数为 sqrt(u[1]^2 +u[2]^2)。

（二）控制电路的建模和参数设置

控制电路主要由 PWM 驱动信号发生器、电流模型、电压模型等环节组成。

（1）PWM Generator 驱动信号发生器。PWM Generator 的对话框如图 6-75 所示。

调制波产生模式选择内调制方式（Internal generation of modulation）时，调制波是正弦波。本例中设置调制度为 0.2，正弦波频率为 10Hz，载波频率为 1080Hz。

（2）电流模型的仿真模型如图 6-76 所示。

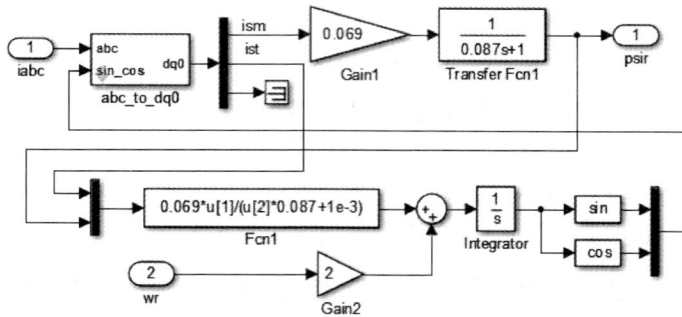

图 6-76 电流模型子系统的仿真模型

该模型根据图 6-70 构建，依据图 6-74 所给的电动机参数可知，模型中的 $L_m=0.069$H，定子绕组自感 $L_s=L_m+L_{ls}=0.069+0.002=0.071$(H)，转子绕组自感 $L_r=L_m+L_{lr}=0.069+0.002=0.071$(H)，漏感系数 $\sigma=1-L_m^2/(L_sL_r)=0.056$，转子时间常数 $T_r=L_r/R_r=0.071/0.816=0.087$(s)。其他模块容易理解。

（3）电压模型的仿真模型如图 6-77 所示。

输入模块 u_0、i_0 设置为 0 是将三相静止坐标系下的三相定子电压、电流变换成两相静止坐标系下的定子电压、电流，再将其输出给电压模型分支模块。

电压模型分支模块的仿真模型如图 6-78 所示。

四、系统的参数设置及仿真结果分析

系统仿真的开始时间为 0，终止时间为 1s，仿真算法选择 ode23tb，相对允许误差为 1e-3，变步长仿真。图 6-79（a）、（b）是 PWM 驱动信号发生器输出频率取 50Hz、调制度取 0.9 时，分别由电流模型、电压模型观测得到的转子磁链波形。图 6-80（a）、（b）是 PWM 信号发生器输出频率取 10Hz、调制度取 0.2 时，分别由电流模型、电压模型观

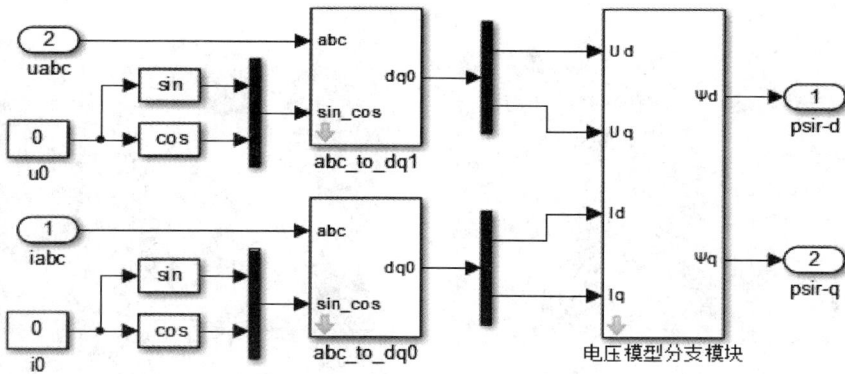

图 6 - 77　电压模型的仿真模型

测得到的转子磁链波形。波形表明转子磁链的电流模型和电压模型计算得到的结果是一致的；并且磁链模型的计算结果与电动机测量单元输出的转子磁链波形相差甚微，如图 6 - 79（a）所示。实际上转子磁链的电压模型因为受定子电阻的影响较大，比较起来电压模型更适合于中、高速范围内转子磁链的观测，而电流模型更适合低速时转子磁链的观测。

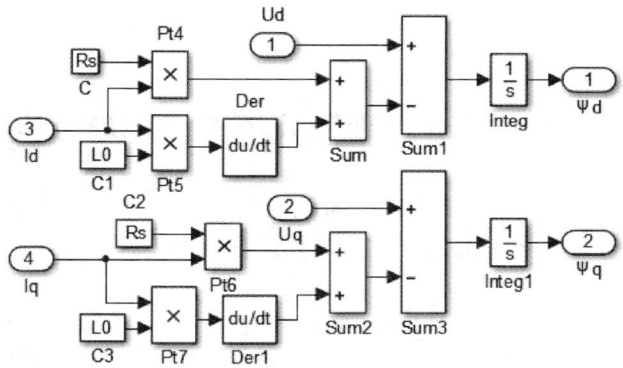

图 6 - 78　电压模型分支模块的仿真模型

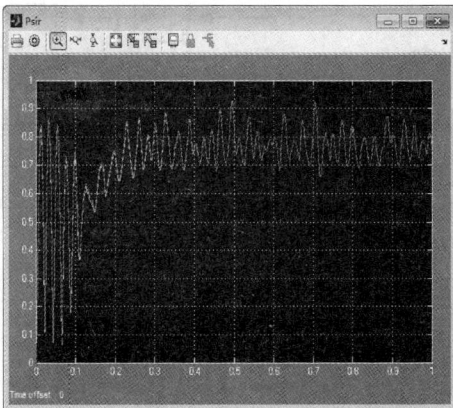

(a)

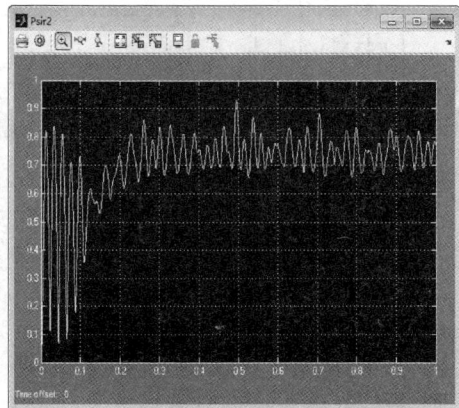

(b)

图 6 - 79　转子磁链观测器的仿真结果（频率 50Hz，调制度 0.9）

（a）电流模型观测结果；（b）电压模型观测结果

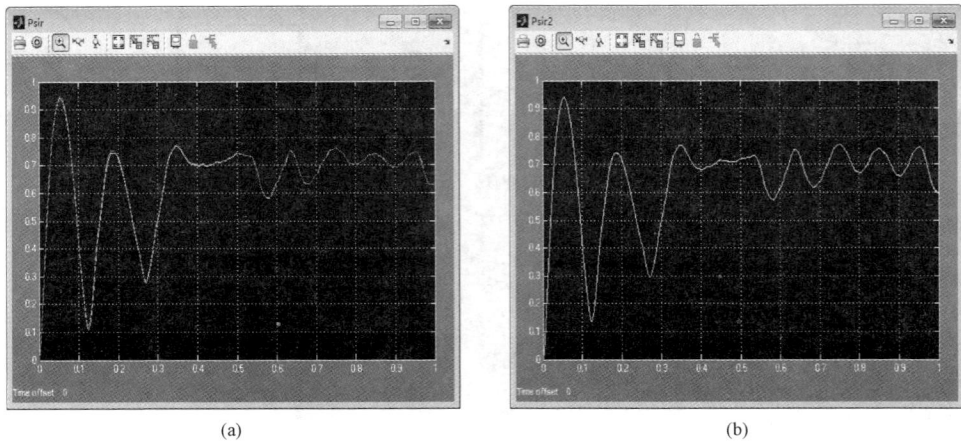

图 6-80　转子磁链观测器的仿真结果（频率 10Hz，调制度 0.2）

（a）电流模型观测结果；（b）电压模型观测结果

6.4.3　矢量控制变频调速系统的建模与仿真

图 6-81 为磁链开环而转速和电流闭环的异步电机矢量控制变频调速系统的仿真模型。下面介绍各部分的建模与参数设置过程。

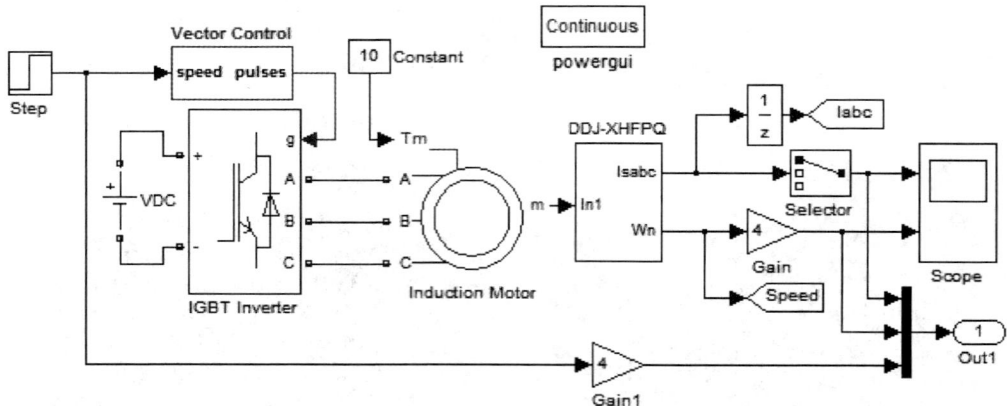

图 6-81　异步电动机矢量控制变频调速系统的仿真模型

一、系统的建模和模型参数设置

（一）主电路的建模和参数设置

由图 6-81 可见，异步电动机矢量控制变频调速系统的主电路由 IGBT 变频电源、异步电动机、测量装置等部分组成。测量装置的建模在图中比较明确，此处只对 IGBT 逆变电源和异步电动机的建模和参数设置问题作一简要说明。

1. IGBT 变频电源的建模和参数设置

IGBT 变频电源的仿真模型符号和参数设置对话框如图 6-82（a）、（b）所示。

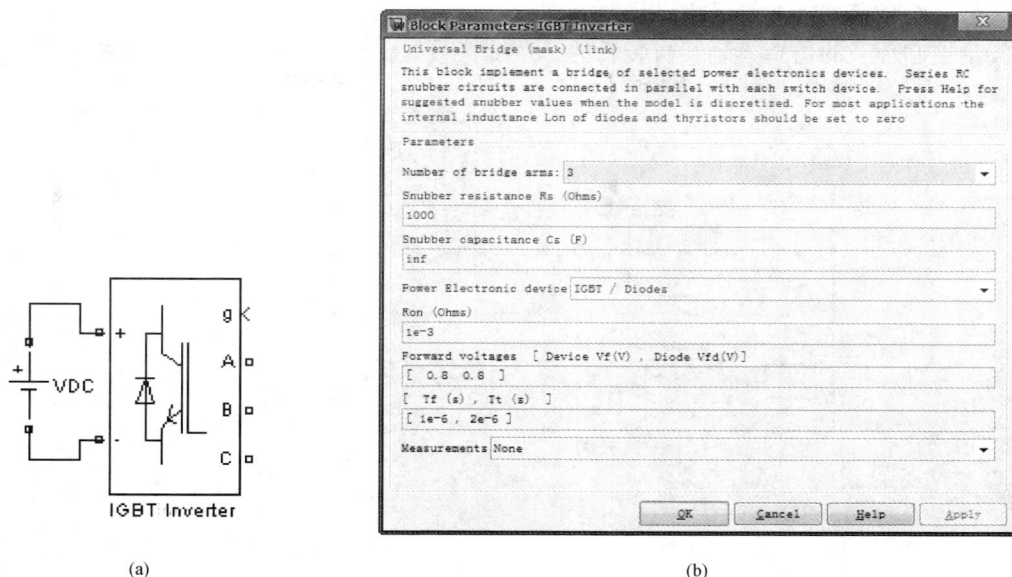

图 6-82 IGBT 逆变电源的仿真模型符号和参数设置对话框
(a) IGBT 变频电源仿真模型符号; (b) 参数设置对话框

IGBT 逆变电源由一个 780V 直流电压源和一个 IGBT 元件构成的通用变流器桥组成。通用变流器的参数设置见图 6-82(b)的对话框。

2. 异步电动机的参数设置

异步电动机的参数设置如图 6-83 所示。测量装置中的 i_{abc} 和 Speed 端子的输出信号用于矢量控制环节中的电流和速度反馈。负载转矩为 10N·m。

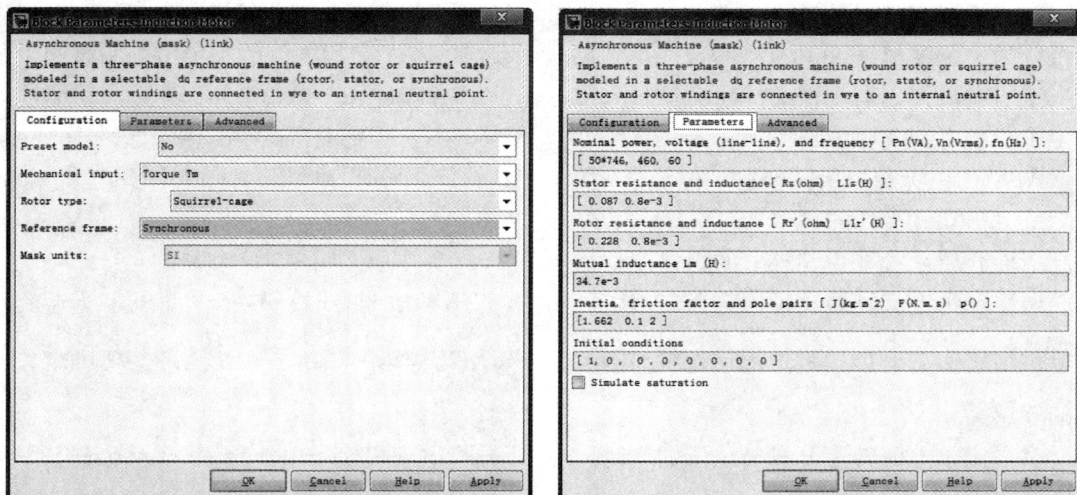

图 6-83 异步电动机的参数设置

(二)控制电路的建模和参数设置

异步电动机矢量控制变频调速系统的控制电路包括给定环节和矢量控制环节,其核心部分是矢量控制环节，下面给予重点说明。

矢量控制环节的仿真模型及封装后的子系统符号如图 6-84（a）、（b）所示。

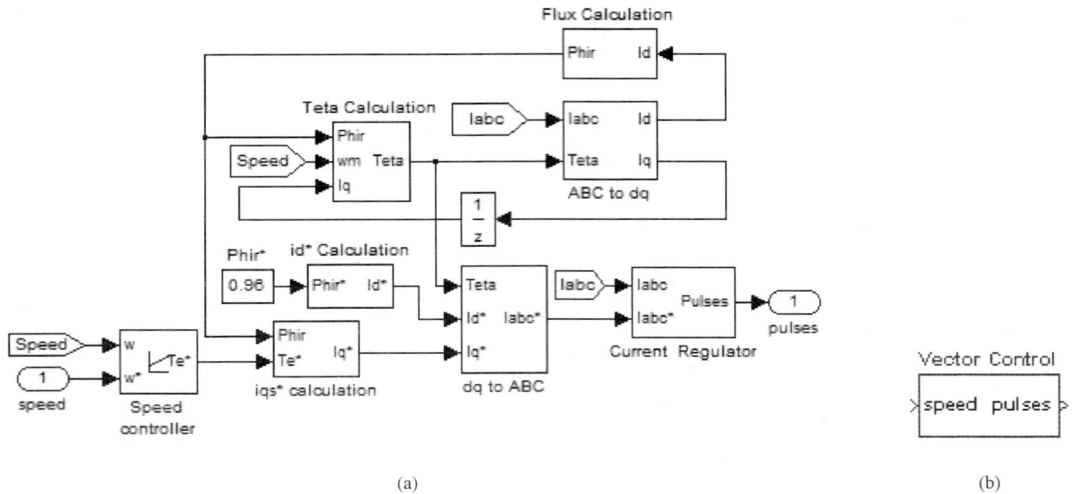

图 6-84 矢量控制环节仿真模型及子系统符号
（a）矢量控制环节仿真模型；（b）矢量控制环节子系统符号

从图 6-84（a）的矢量控制环节的仿真模型可以看出，矢量控制环节是由速度控制器、定子电流励磁分量给定值"i_d^* 计算电路"、转矩分量给定值"i_q^* 计算电路"、dq→ABC 及 ABC→dq 变换电路、电流控制器、磁链位置角"θ 计算电路""磁通计算电路"等部分组成的。

在该环节中，磁链给定 ψ_r^*（phir*）为固定值 0.98，经 i_d^* 计算电路（i_d^* Calculation）得到定子电流励磁分量给定值 i_d^*，定子电流转矩分量给定值 i_q^* 来自转速控制器和 i_q^* 计算电路（i_q^* Calculation）的输出，有了 i_d^* 和 i_q^* 后，经"同步旋转 dq 坐标系"到"静止 ABC 坐标系"的坐标变换（dq-to-ABC），得到物理上存在的定子三相电流的给定值。系统中设置了以定子电流控制器为核心的电流控制系统，其给定值来自 dq→ABC 变换电路，反馈输入为定子三相电流实际值，电流控制器的输出，作为 IGBT 逆变电源的触发控制信号 pulses。dq→ABC 的坐标变换所需的"磁链位置角 θ（Teta）"是通过磁链位置角 θ 计算电路（Teta Calculation）得到的。

下面介绍系统中主要环节的数学模型。

（1）定子电流励磁分量给定值 i_d^* 计算电路。在不考虑弱磁时，异步电动机定子电流励磁分量给定值 i_d^* 可以通过转子磁链给定值 ψ_r^* 来计算，其中 $i_d^* = \dfrac{\psi_r^*}{L_m}$，$L_m$ 为电动机定、转子的互感。

（2）定子电流转矩分量给定值 i_q^* 计算电路。异步电动机定子电流转矩分量给定值 i_q^* 可以通过电磁转矩给定值 T_e^* 来计算，T_e^* 来自转速调节器的输出，其中 $i_q^* = \dfrac{2}{3}\dfrac{2}{p_m}\dfrac{L_r}{L_m}\dfrac{T_e^*}{\psi_r^*}$，$p_m$ 为电机极对数，L_r 为电机转子的电感。

（3）电流模型。此处通过定子电流励磁分量给定值 i_d^* 来计算 ψ_r^*，其中 $\psi_r^* = \dfrac{L_m}{1+T_r s}i_d^*$，

T_r 为转子时间常数。

（4）转子磁链位置角 θ 计算电路。转子磁链位置角 $\theta = \int (\omega_r + \Delta\omega^*)\mathrm{d}t$，而转差频率 $\Delta\omega^*$

可通过定子电流转矩分量给定值 i_q^* 及电机参数来计算，其中 $\Delta\omega^* = \dfrac{L_m}{\psi_r T_r} i_q^*$。

此外，如 dq→ABC 及 ABC→dq……在 SimPower System 工具箱中有现成的模块，可直接调用，不需自己建模，故此处不再讨论其数学模型。

系统中建模所需的电机参数如下：定子电阻 $R_s = 0.087\Omega$、漏感 $L_{1s} = 0.8\mathrm{mH}$；转子电阻 $R_r = 0.228\Omega$、漏感 $L_{1r} = 0.8\mathrm{mH}$；互感（Mutual inductance）$L_m = 34.7\mathrm{mH}$；转动惯量（Inertia）$J = 1.662\mathrm{kg \cdot m^2}$；极对数 $P_m = 2$。

系统中主要环节的建模过程如下。

1. 定子电流励磁分量给定值 i_d^* 计算电路的建模

图 6-85 给出的是本环节的仿真模型、数学模型及封装后的子系统符号。其他各环节类同。

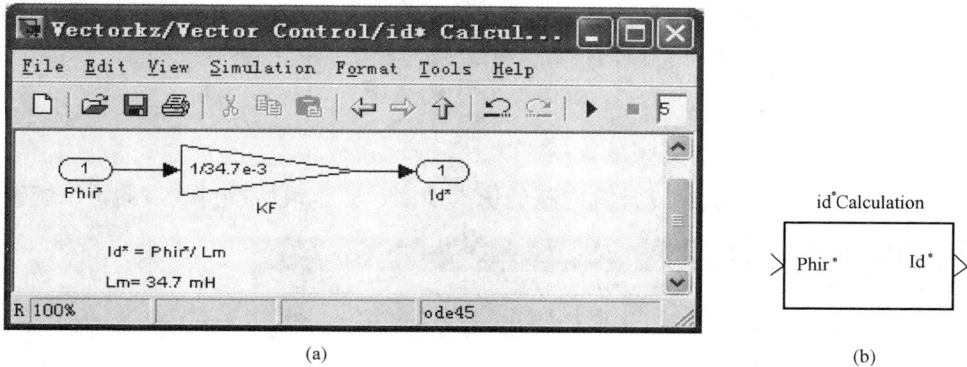

(a)   (b)

图 6-85 定子电流励磁分量给定值 i_d^* 计算电路的仿真模型、数学模型及子系统符号

（a）仿真模型；（b）子系统符号

2. 定子电流转矩分量给定值 i_q^* 计算电路的建模

图 6-86 是定子电流转矩分量给定值 i_q^* 计算电路的仿真模型、数学模型及封装后的子系统符号。

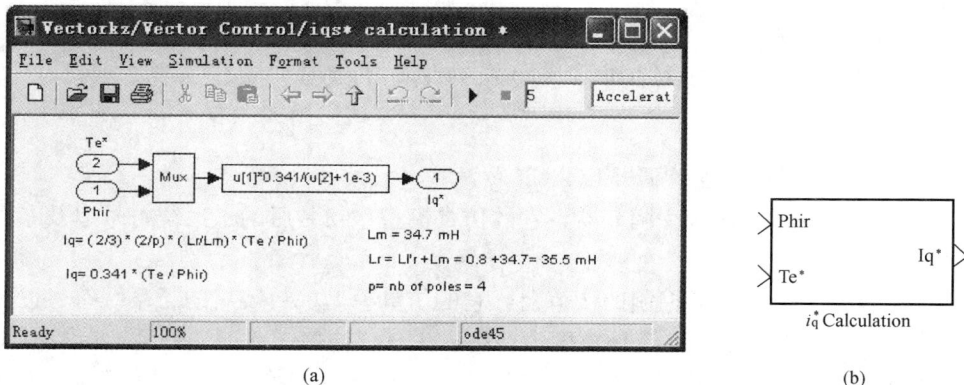

(a)   (b)

图 6-86 定子电流转矩分量给定值 i_q^* 计算电路的仿真模型、数学模型及子系统符号

（a）仿真模型；（b）子系统符号

3. 电流模型的建模

图 6-87 为电流模型的仿真模型、数学模型及封装后的子系统符号。

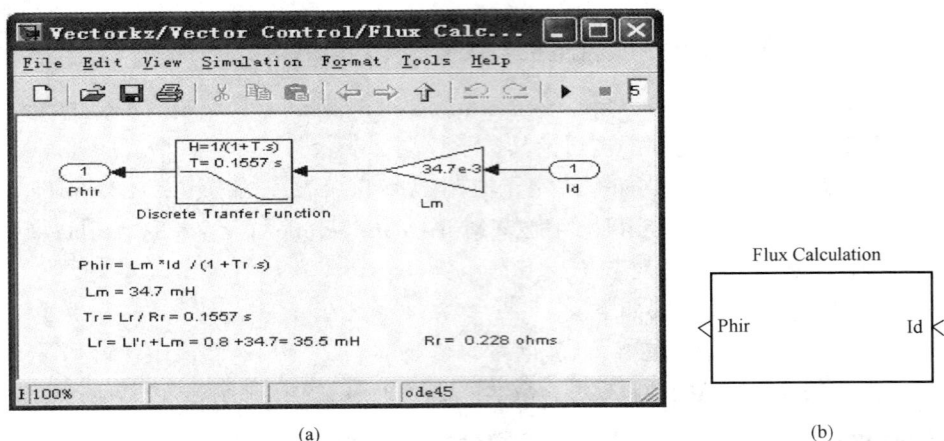

图 6-87　电流模型的仿真模型、数学模型及子系统符号

(a) 仿真模型；(b) 子系统符号

4. 转子磁链位置角 θ 计算电路的建模

图 6-88 是转子磁链位置角 θ 计算电路的仿真模型、数学模型及封装后的子系统符号。

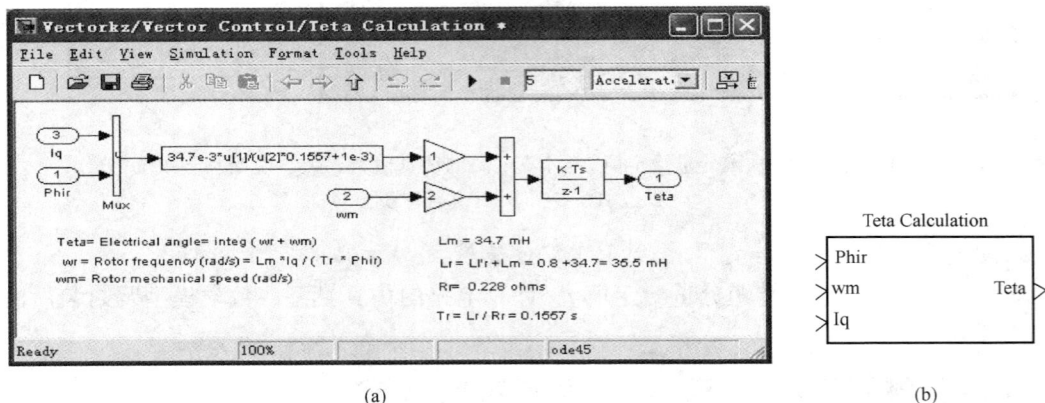

图 6-88　转子磁链位置角 θ 计算电路的仿真模型、数学模型及子系统符号

(a) 仿真模型；(b) 子系统符号

5. 速度调节器 ASR 和电流调节器 ACR 的建模

速度调节器 ASR 是一个 PI 调节器，它的仿真模型、封装后的子系统符号以及参数设置对话框如图 6-89 所示。

电流调节器是一个带滞环控制的调节器，它的仿真模型、封装后的子系统符号以及参数设置对话框如图 6-90 所示。电流环宽度为 20A。

系统中还用到一些其他环节，如 dq→ABC 及 ABC→dq 变换等。这些模型在 SimPower System 工具箱已做成库元件，可直接调用，其模块符号如图 6-91 所示。

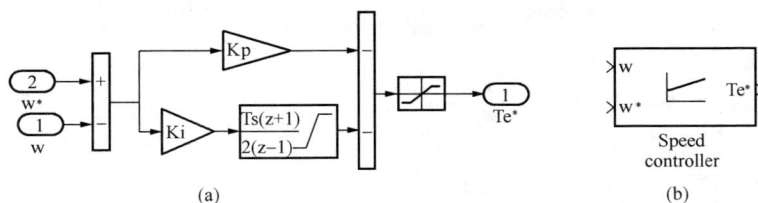

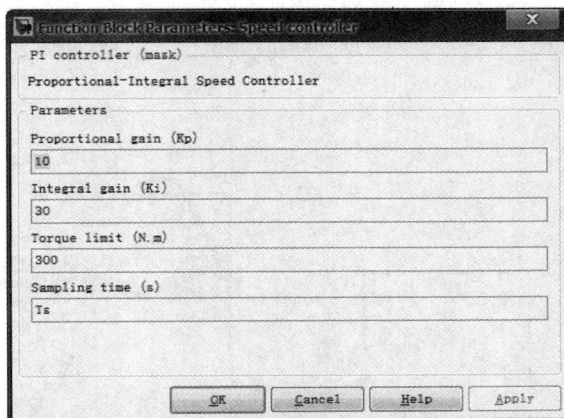

图 6-89 速度调节器的仿真模型、子系统符号和参数设置

(a) 仿真模型；(b) 子系统符号；(c) 参数设置

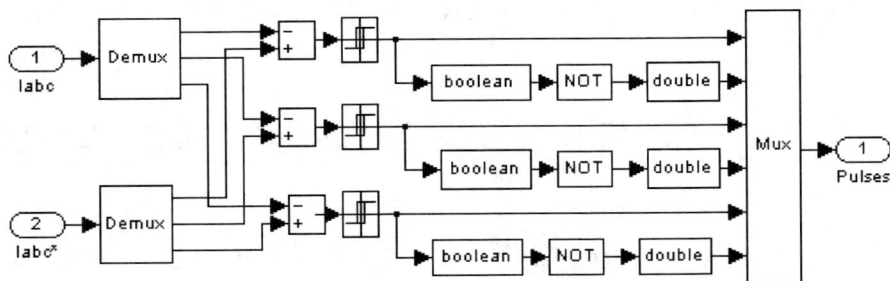

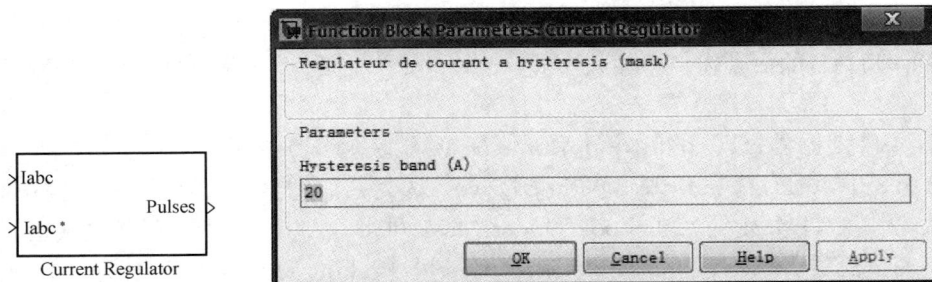

图 6-90 电流调节器的仿真模型、子系统符号和参数设置

(a) 仿真模型；(b) 子系统符号；(c) 参数设置

控制电路的有关参数设置如下：给定输入为阶跃信号，在 2.5s 时刻，由 100 阶跃到 200。其他未作说明的为系统默认参数。

二、系统的仿真参数设置

仿真所选择的算法为 ode45；仿真 Start time 设为 0，Stop time 设为 5。

三、系统的仿真、仿真结果的输出及结果分析

当建模和参数设置完成后，即可开始进行仿真。图 6-92 为异步电动机矢量控制变频调速系统的 A 相电流、给定和实际转速曲线。

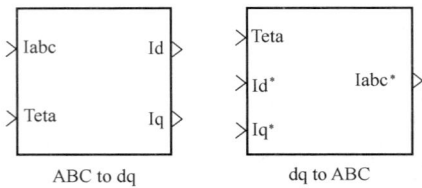

图 6-91　模块符号

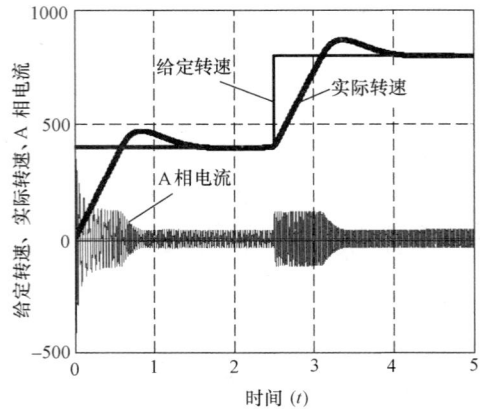

图 6-92　异步电动机矢量控制变频调速系统的 A 相电流、给定和实际转速曲线

从仿真结果可以看出：系统的实际速度能实现对给定速度的良好跟踪，并且能实现调速。

6.5　交流电动机直接转矩控制调速系统的建模与仿真

在 MATLAB/Simpower system 工具箱中附带了一个异步电动机直接转矩控制的示例，下面将该例作一解剖分析。

一、直接转矩控制系统及主要环节的建模

1. 直接转矩控制调速系统的仿真模型

在 MATLAB 的命令窗口中输入 "ac4_example" 命令，可得到如图 6-93 所示的仿真模型。

2. 直接转矩控制 DTC Induction Motor Drive 模块的仿真模型

图 6-93 中，"DTC Induction Motor Drive" 为封装好的直接转矩控制异步电动机传动系统模块，在菜单 Mask 下点击 Look Under Mask 可得到图 6-94 所示的仿真模型。该模型由三相不控整流器（Three-phase diode rectifier）、Braking chopper、三相逆变器（Three-phase inverter）、测量单元（Measures）、异步电动机模块（Induction machine）5 个模块组成主电路；由转速控制器（Speed Controller）和直接转矩控制模块 DTC 两个模块组成控制电路。这里主要介绍直接转矩控制 DTC 模块。

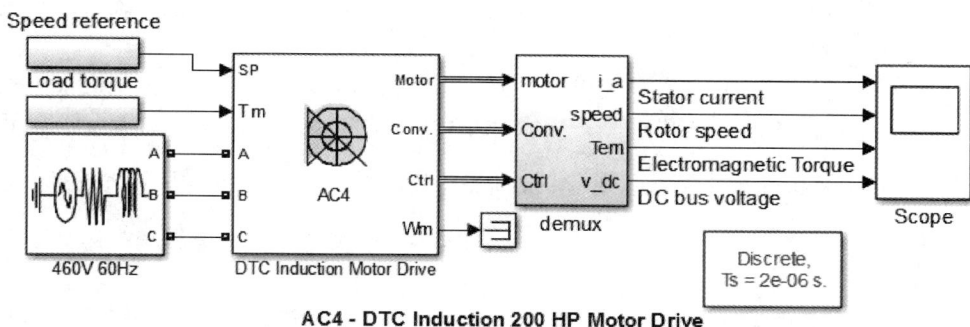

图 6-93　直接转矩控制仿真模型

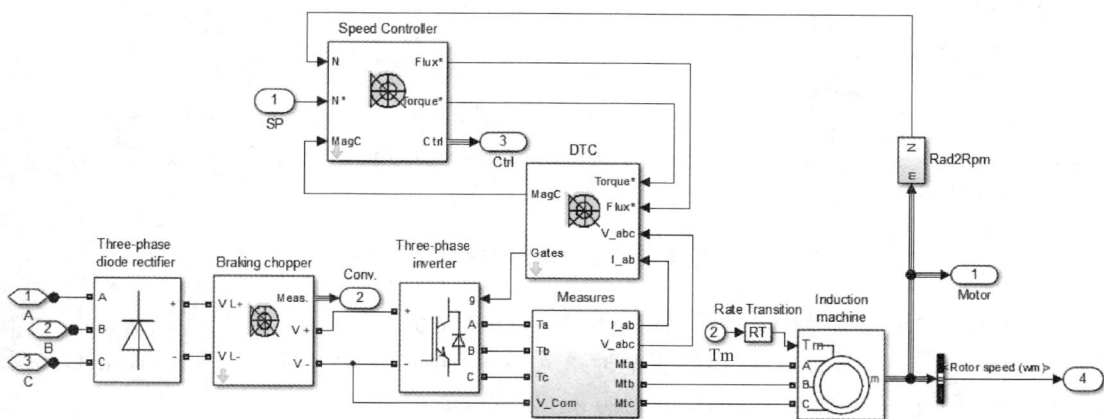

图 6-94　直接转矩控制 DTC Induction Motor Drive 模块的仿真模型

直接转矩控制 DTC 模块的内部结构如图 6-95 所示。

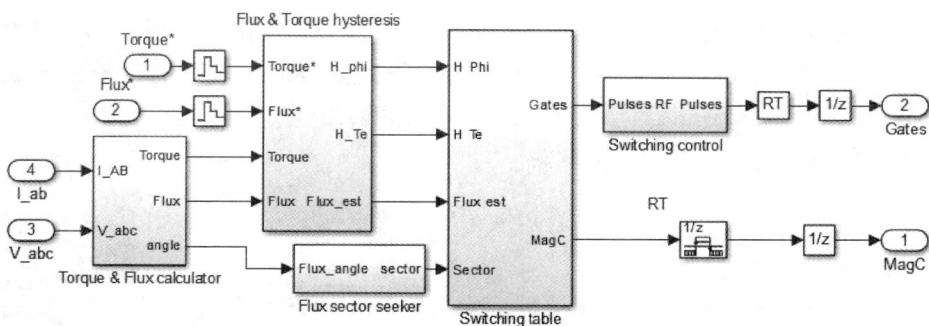

图 6-95　DTC 模块内部结构仿真模型

转矩给定 Torque *、磁通给定 Flux *、电流 I_ab 和电压 V_abe 输入信号都经过采样开关输入，DTC 模块包括转矩和磁通计算（Torque& Flux calculator）、磁通和转矩滞环控制（Flux & Torque hysteresis）、磁通选择（Flux sector seeker）、开关表（Switching ta-

317

ble)、开关控制（Switching control）等单元。DTC 模块输出的是三相逆变器 Three - phase inverter 开关器件的驱动信号。

直接转矩控制系统采用 6 个开关器件组成的桥式三相逆变器（Three - phase inverter）逆变器有 8 种开关状态，可以得到 6 个互差 60°的电压空间矢量和两个零矢量。交流电动机定子磁链 ψ_s 受电压空间矢量控制（$\psi_s = \int u_s dt$ 控制），因此改变逆变器开关状态可以控制定子磁链 ψ_s 的运行轨迹（磁链的幅值和旋转速度），从而控制交流电动机的运行。

3. 转矩和定子磁链计算模块的建模

转矩和定子磁链计算（Torque & Flux calculator）单元仿真模型结构如图 6 - 96 所示。

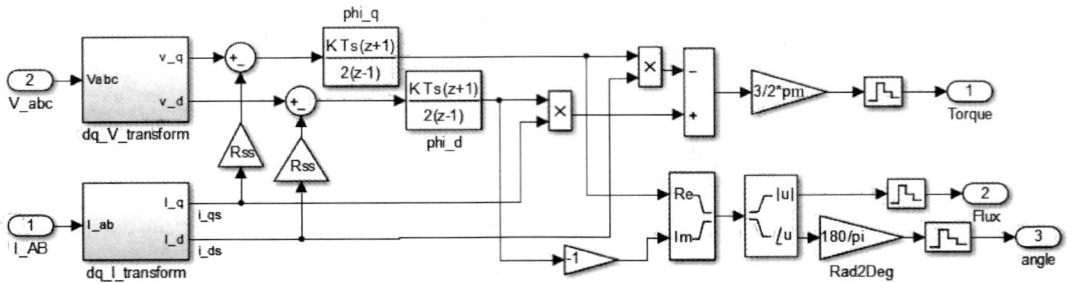

图 6 - 96　转矩和定子磁链计算单元仿真模型

它首先将检测到的异步电动机三相电压 V - abc 和电流 I - ab 经模块 dq - V - transform 和 dq - I - transform 变换，得到两相静止坐标系（αβ）上的电压和电流，dq - V - transform 和 dq - I - transform 变换模块就是前面介绍的 3s/2s 变换。

（1）定子磁链计算。定子磁链的模拟和离散计算式为

$$\psi_{s\alpha\beta} = \int (u_{s\alpha\beta} - R_s i_{s\alpha\beta}) dt, \ \psi_{s\alpha\beta} = (u_{s\alpha\beta} - R_s i_{s\alpha\beta}) \frac{KT_s(z+1)}{2(z-1)}$$

式中：$u_{s\alpha\beta}$ 和 $i_{s\alpha\beta}$ 为 αβ 两相静止坐标系上的定子电压和电流；K 为积分系数；T_s 为采样时间。

磁链计算采用离散梯形积分，模块 phi - d 和 phi - q 分别输出定子磁链的 α 和 β 轴分量 $\psi_{s\alpha}$ 和 $\psi_{s\beta}$。$\psi_{s\alpha}$ 和 $\psi_{s\beta}$ 经 Real - Imag to Complex 模块得到复数形式表示的定子磁链 ψ_s，并由 Complex to Magnitude - Angle 计算定子磁链的幅值和转角。

（2）转矩计算。电动机转矩计算式为

$$T_e = \frac{3}{2} p_m (\psi_{s\beta} i_{s\alpha} - \psi_{s\alpha} i_{s\beta})$$

4. 磁通和转矩滞环控制器的建模

电动机的转矩和磁链都采用滞环控制，磁通和转矩滞环控制器（Flux & Torque hysToresis）仿真模型如图 6 - 97 所示。

（1）转矩控制是三位滞环控制方式，在转矩滞环宽度设为 dT_e 时，当转矩偏差 $T_e^* - T_e > \frac{dT_e}{2}$ 和 $T_e^* - T_e < -\frac{dT_e}{2}$ 时，滞环模块 $dT_e/2$ 和 $-dT_e/2$ 分别输出状态"1"和"3"，当滞环模块 $dT_e/2$ 和 $-dT_e/2$ 输出为"0"时，经或非门 NOR 输出状态"2"。

（2）磁链控制是二位滞环控制方式，在磁链滞环宽度设为 $d\psi$ 时，当磁链偏差 $\psi_e^* - \psi_e >$

$\dfrac{\mathrm{d}\psi_e}{2}$ 和 $\psi_e^* - \psi_e < -\dfrac{\mathrm{d}\psi_e}{2}$，模块分别输出状态 "1" 和 "2"。

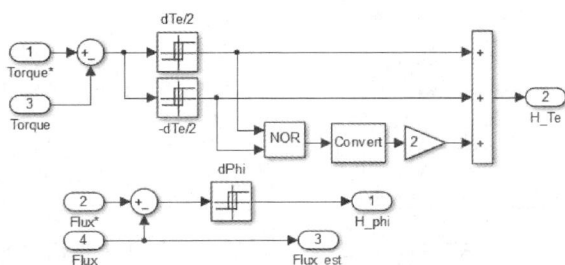

图 6-97　磁通和转矩滞环控制器仿真模型

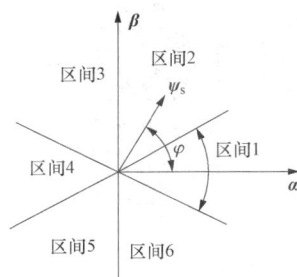

图 6-98　磁链矢量空间

5. 磁链选择器的建模

直接转矩控制将磁链空间划分为 6 个区间，如图 6-98 所示。磁链选择器模块（Flux sector seeker）根据定子磁链 ψ_s 的位置角 φ 判断磁链 ψ_s 运行在哪一个分区。磁链选择器（Flux sector seeker）仿真模型结构如图 6-99 所示，模块输入是磁链计算模块输出的磁链位置角 angle，通过比较和逻辑运算输出磁链所在分区编号。

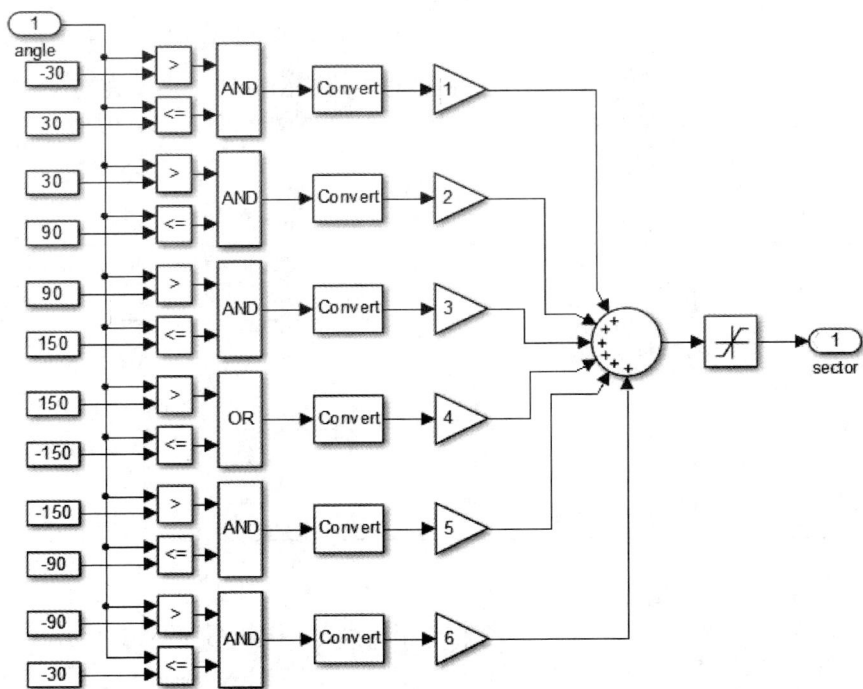

图 6-99　Flux sector seeker 模块仿真模型

6. 开关表的建模

开关表（Switching table）的仿真模型如图 6-100 所示，其用于控制三相逆变器 6 个开关器件的通断状态，它由两张 Lookup Table（2-D）表格（Flux=1 和 Flux=-1）和三个多路选择器组成。

319

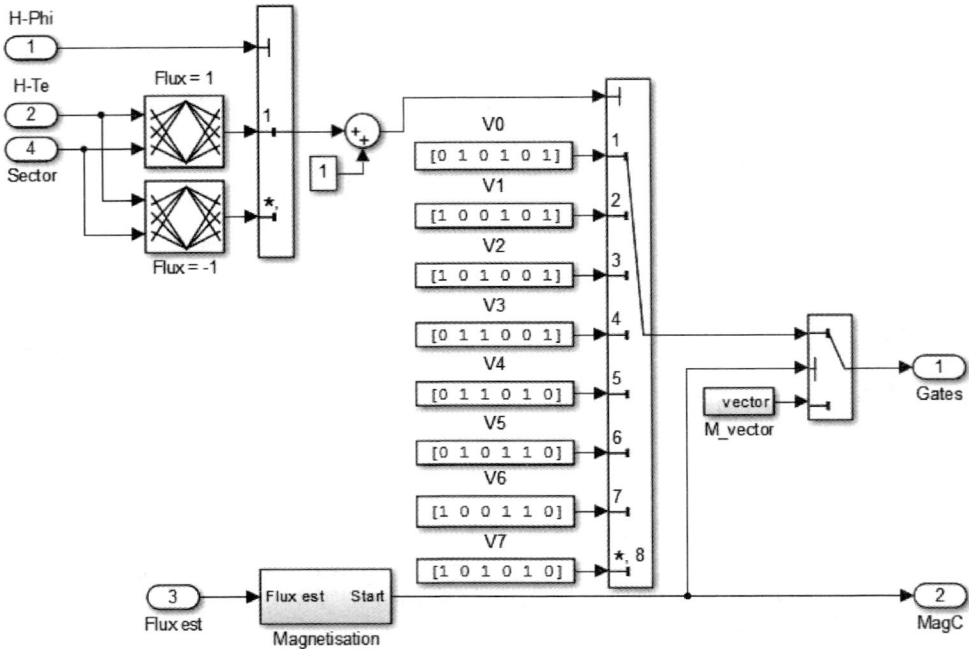

图 6-100 Switching table 开关表仿真模型

两张 Lookup Table（2-D）表格对应的输出见表 6-5。表格输出加 1 后通过选择开关 2（Multiport Switch2）输出对应的 6 个开关器件的 8 种开关状态 V0～V7，其中包含了两种零状态 V0 和 V7。

表 6-5   Lookup Table（2-D）表格

H phi 状态	H Te 状态	磁链选择器状态（Flux sector seeker）					
		1	2	3	4	5	6
1 （表格 Flux＝1）	1	2	3	4	5	6	1
	2	0	7	0	7	0	7
	3	6	1	2	3	4	5
2 （表格 Flux＝－1）	1	3	4	5	6	1	2
	2	7	0	7	0	7	0
	3	5	6	1	2	3	4

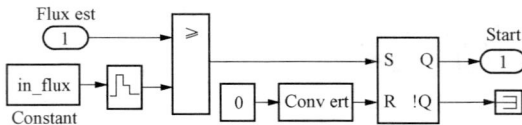

图 6-101 Magnetisation 模块

表 6-5 中，Magnetisation 仿真模块结构如图 6-101 所示。其作用是将磁链反馈值（Flux est）（见图 6-97）与设定值（in-flux）比较，当反馈值大于设定值时，S-R flip-flop 触发器 Q 端区间输出"1"，当反馈值小于设定值时，S-R flip-flop 触发器 Q 端输出"0"，从而控制电动机起动时逆变器和转速调节器工作状态，使电动机起动时产生初始磁通。

7. 开关控制模块的建模

开关控制的仿真模块（Switching control）如图 6-102 所示。它包含了三个 D 触发器

320

（D Fip - Flop），目的是限制逆变器开关的切换频率，并且确保逆变器每相上下两个开关处于相反的工作状态，开关的切换频率可以在模块对话框中设置。

二、 直接转矩控制系统及主要环节的仿真参数设置

（1）主要环节的参数设置。异步电动机直接转矩控制系统仿真模型如图 6 - 93 所示，系统由三相交流电源、直接转矩控制系统和检测单元等模块组成。三相电源线电压 460V、60Hz，电源内阻 0.02Ω，

图 6 - 102　Switching control 开关控制的仿真模块

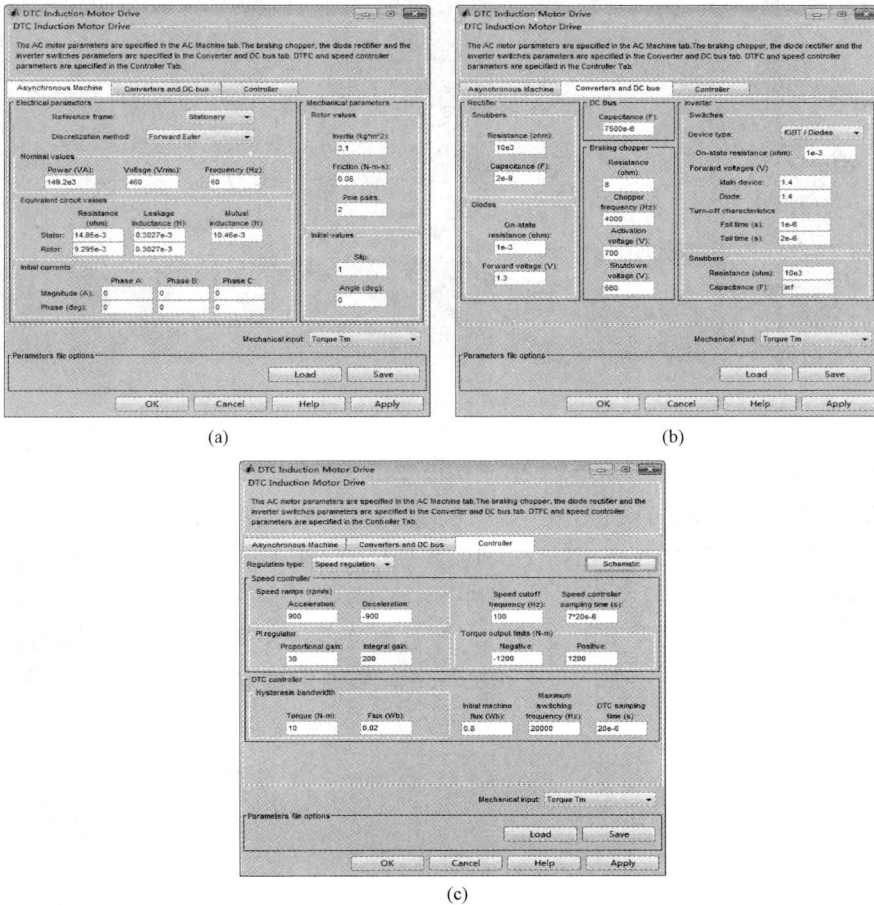

电感 0.05mH。图 6 - 103（a）～（c）为直接转矩控制系统模块 DTC induction motor Drive 中的电动机、变流器和控制器的参数页。

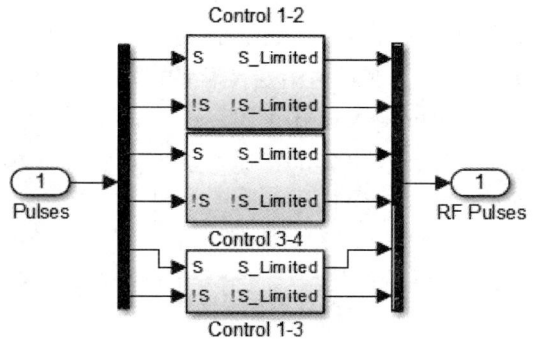

(a)

(b)

(c)

图 6 - 103　DTC induction motor Drive 中电动机、变流器和控制器的参数页

（a）电动机的参数页；（b）变流器参数页；（c）控制器的参数页

（2）给定转速和负载转矩参数设置。系统输入信号由转速给定（Speed reference）和负载转矩给定（Torque reference）两个模块给出，输入信号的变化规律由这两个模块所设定的函数决定。在转速给定变化的同时负载转矩也在变化，转速给定和负载转矩使用离散控制模型库 Discrete Control Blocks 中的 timer 模块，Speed reference 设定值为：$t=0$、1s 时转速分别为 500、0r/min。Torque reference 设定值为：$t=0$、0.5、1.5s 时转矩分别为 0、792、-792N·m。基本采样时间 $T_s=0.2\mu s$，转速调节器采样时间为 $1.4\mu s$。

（3）系统仿真参数设置。采用混合步长的离散算法，仿真开始时间为 0，停止时间 3s。

三、系统的仿真、仿真结果的输出及结果分析

当建模和参数设置完成后，即可开始进行仿真。图 6-104 为异步电动机直接转矩控制调速系统中电动机的 A 相电流、转速、电磁转矩和逆变器直流侧电压仿真波形。

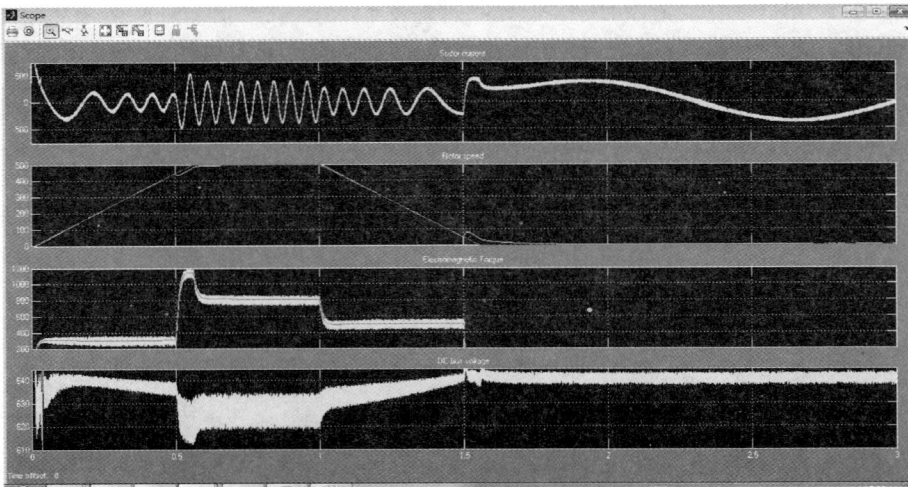

图 6-104　异步电动机直接转矩控制调速系统仿真波形

从仿真波形可以看到在 $t=0$s 时，转速按设定的上升率（900min/s）平稳升高，在起动 0.6s 时达到设定的转速 500r/min。在 0～0.5s 范围内电动机是空载起动，电动机电流 200A（稳定后的幅值）；0.5s 时加载 792N·m，电流上升为 400A（稳定后的幅值），加载时电磁转矩瞬间达到 1200N·m，但是在系统控制下，加载对转速的上升和稳定运行没有明显影响。1s 后电动机开始减速，定子电流减小，并且电流频率下降。在 $t=1.5$s 时转速下降为 0，这时转矩给定从 792N·m 变化为 -792N·m，转速仍稳定为 0r/min，表明系统有很好的转矩和速度响应能力。

参 考 文 献

[1] 史国生. 交直流调速系统. 2版. 北京：化学工业出版社，2006.

[2] 周渊深. 交直流调速系统与 MATLAB 仿真. 2版. 北京：中国电力出版社，2015.

[3] 洪乃刚. 电力电子、电机控制系统的建模和仿真. 北京：机械工业出版社，2010.

[4] 陈伯时. 电力拖动自动控制系统. 2版. 北京：机械工业出版社，1997.

[5] 林飞，杜欣. 电力电子应用技术的 MATLAB 仿真. 北京：中国电力出版社，2009.

[6] 丁学文. 电力拖动运动控制系统. 北京：机械工业出版社，2007.

[7] 潘再平. 电力电子技术与电机控制实验教程. 杭州：浙江大学出版社，2000.

[8] 周渊深. 异步电动机交/交变频调速系统的建模与仿真. 微特电机，2002（5）：10-12.

[9] 周渊深，宋永英，吴迪编. 电力电子技术. 3版. 北京：机械工业出版社，2016.

[10] 李华德. 电力拖动自动控制系统. 北京：机械工业出版社，2009.

[11] 厉无咎. 可控硅串级调速系统及其应用. 上海：上海交通大学出版社，1985.

[12] 周渊深. 感应电动机交—交变频调速系统的内模控制技术. 北京：电子工业出版社，2005.

[13] 宋书中. 交流调速系统. 北京：机械工业出版社，1999.

[14] 廖晓钟. 电气传动与调速系统. 北京：中国电力出版社，1998.

[15] 陈振翼. 电气传动控制系统. 北京：中国纺织出版社，1998.

[16] 易继锴. 电气传动自动控制原理与设计. 北京：北京工业大学出版社 1997.

[17] 黄忠霖. 控制系统 MATLAB 计算及仿真. 北京：国防工业出版社，2001.